云南森林结构研究与评价

云南省林业调查规划院营林分院

何绍顺◎编著

YNK 云南科技出版社
·昆 明·

图书在版编目（CIP）数据

云南森林结构研究与评价 / 何绍顺编著 . –– 昆明：
云南科技出版社 , 2023.5
ISBN 978-7-5587-4628-4

Ⅰ . ①云… Ⅱ . ①何… Ⅲ . ①林分组成—研究—云南
Ⅳ . ① S718.54

中国国家版本馆 CIP 数据核字 (2023) 第 095451 号

云南森林结构研究与评价
YUNNAN SENLIN JIEGOU YANJIU YU PINGJIA

何绍顺　编著

出 版 人：温　翔
责任编辑：肖　娅　杨志芳
封面设计：余仲勋
责任校对：秦永红
责任印制：蒋丽芬

书　　号：ISBN 978-7-5587-4628-4
印　　刷：云南灵彩印务包装有限公司
开　　本：889mm×1194mm　1/16
印　　张：28.5
字　　数：780 千字
版　　次：2023 年 5 月第 1 版
印　　次：2023 年 5 月第 1 次印刷
定　　价：128.00 元

出版发行：云南科技出版社
地　　址：昆明市环城西路 609 号
电　　话：0871-64192752

内容简介

本书从全国森林资源清查云南省森林资源连续清查原始数据库中收集到 2002—2017 年 15 年间 4 次（每 5 年调查 1 次）实测调查样地 7646 块，实测胸径 ≥ 5cm 的检尺样木 832332 株，并以此为统计分析基础，系统性地统计、分析了调查周期内森林资源动态变化和五大森林林木分布与生长控制因子间的量化关系，并借助计算机的统计软件，计算出 300 多种乔木树种和乔木化生长灌木树种的全省单株年平均生长量和生长率表，以及森林结构属性与环境主要影响因子间的量化测算表，有助于满足各类树种结构、森林质量的精准预测，并提供部分数据模型支撑。本书中的森林结构类型划分方法与云南省主要森林结构类型组成概况与评价，在同类研究成果中为原创性成果。

全书分为五章，分别介绍了云南林业发展条件、森林经营与森林结构状态、森林结构组成类型划分与分类评价、森林结构现状与森林目标林相群落结构优化模式探讨、森林植被类型与目标林相群落结构优化调整方案、设计案例等。同时，附表部分还提供了分树种检测胸径值与相对龄级对应表、研究期消耗木（包括采伐木、枯立木和枯倒木等枯死木）分树种胸径与蓄积组成关系表、树木年均生长量/率与树种、起测胸径值的量化关系表、树木年均生长量/率与树种、起源、分布地类等相关因子间的量化关系表等；附图部分展示了 20 个森林结构组成亚型的林相外貌照片和 18 个森林结构组成亚型的全省样地分布情况。

本书也是目前树木生长量/率估算数表在同类研究成果中包含树种数量最多（本书涉及 300 多个树种的数表信息）的林业数表信息类书籍，值得广大林业工作者参考使用。

前　言

据统计，云南森林蓄积量平均为 109.2m³/hm²，最高达 1149.7m³/hm²，高低悬殊较大；森林年均生长量约为 4.3 m³/hm²，只有德国、芬兰等林业发达国家的 1/2 左右（8.5m³/hm²），精准提升森林质量成了新时代生态文明建设的主要任务之一。目前，国内外林学专家普遍认为：天然异龄混交林结构是最有效率的森林结构，但时至今日，异龄混交林等森林结构类型优势的探索研究仍处于定性理论研究阶段，定量的大数据分析研究报道不多。本书以 2002—2017 年 15 年间 4 次（5 年／次）全国森林资源清查云南省森林资源连续清查调查原始数据为统计分析基础，系统性地统计分析了调查周期内森林资源动态变化与森林林木生长四大主要影响因子（立地因子、遗传因子、密度因子、人为干扰因子）间的量化关系，并借助计算机软件统计优势，分别用两种原创性统计方法，统计得出云南森林结构组成类型中，397 种乔木和乔木化生长灌木树种的 5 年期、10 年期、15 年期以及研究期（2002—2017 年）综合单株年平均生长量、年平均生长率及其所在森林的结构组成、主要立地条件等相关影响因子间的关系测算分析结果表单。该表单可用于森林经营方案编制、生态修复工程建设等森林经理活动中，为不同优势树种组成的森林生产量预测及森林结构优化调整技术方案编制提供基础性参考数据，有助于为精准提升云南森林质量的各种经营措施提供部分数据参考标准和模型支持。本书对 2017 年调查样地中的森林结构组成类型进行了分类探讨和评价，挖掘理想的森林目标林相组成结构类型状态和参数，可供云南各地森林结构优化调整技术方案、设计指标作参考。书中森林结构类型划分及云南省主要森林结构类型分析评价在同类研究成果中为原创性成果，在生产、科研及教学中，对广大林业工作者具有一定的参考价值。

本书的编著出版，承蒙单位领导、专家的支持和帮助。特别是得到了云南省林业调查规划院温庆忠、秋新选、曹顺伟等多位正高级工程师以及云南大学陆树刚教授、西南林业大学喻庆国教授等老师的指导和帮助，在此衷心感谢！鉴于编者水平有限，难免存在错误和不当之处，欢迎广大读者批评指正。

何绍顺

2022 年 3 月

目　录

第一章　研究区林业发展基础条件分析

　　云南地处我国西南边陲，地理位置介于东经 97°31′39″ ~ 106°11′47″，北纬 21°08′32″ ~ 29°15′08″，北回归线横贯南部，属低纬度内陆地区。东与贵州省、广西壮族自治区为邻，北与四川省相连，西北紧倚西藏自治区，西与缅甸接壤，南与老挝、越南毗邻，共有陆地边境线 4060km。东西最大横距 885km，南北最大纵距 990km，全省总面积 38.26 万 km²，占全国陆地总面积的 4.1%，居全国第八位。

　　全省因地形地貌复杂，海拔高低悬殊，导致光、热、水条件的差异，气候类型、土壤类型、植被类型多样，动植物资源丰富，素有"动物王国"和"植物王国"之美誉。

第一节　地形地貌

　　云南属山地高原地形。滇西北横断山脉北段属全省地势第一阶梯，其他属地势第二阶梯。地形以云岭、苍山、哀牢山为界，分为东、西两大地形区。东部山原位于云贵高原的西部，是云贵高原的组成部分，又称滇东、滇中高原，地面波状起伏，山岭短小，走向多变，海拔 2000m 左右，地貌表现为起伏和缓的低山和浑圆丘陵地貌。以乌蒙山和五岭峰山两大山脉为主体构成西南高、东南低的倾斜地形，两山之间保存波状起伏的高原面，多断陷高原湖泊，岩溶地貌发育，该区属滇东湖盆高原。南部为滇东南岩溶高原，包括红河东部、文山大部地区，发育有各种类型的岩溶地貌，云南石林、九乡溶洞群、阿庐古洞是其典型代表。昆明以西为红色高原，包括楚雄中部、大理东部，基本上是由中生代红色地层所组成，中部为起伏和缓的丘状高原，两侧为近乎南北向的山谷相间的地形。西部为横断山脉纵谷区，以保山、大理为界分成南、北两部分。北部属青藏高原的南延部分，为世界著名的三江并流区，在东西不到 80km 的水平距离内，由西到东依次分布有高黎贡山、怒江、怒山、澜沧江、云岭和金沙江，呈北向南紧密排列，山峰海拔在 4000m 以上，高山峡谷相间，地势险峻，以高山、极高山的深切割地貌为主。南部为横断山余脉，地势从滇西北方向以山脉为骨架呈掌状分布，地势逐渐下降，至南部、西南部边境区域，地势渐趋和缓，宽谷盆地较多，一般海拔 800 ~ 1000m，个别地区下降到 500m 以下，是云南的主要热带、南亚热带地区。全省海拔高低悬殊，最高点海拔 6740m，在滇藏交界处德钦县境内怒山山脉的梅里雪山主峰卡瓦格博峰；最低点海拔 76.4m，在河口县境内南溪河与红河交汇的中越界河处，两地直线距离约 900km，海拔相差约 6000m。

　　云南地貌主要有山地、高原和盆地。山地是云南主要的地貌类型，主要分布在西部的横断山脉及东部高原的南北边缘地带，约占全省总面积的 63.5%。依据绝对高程和切割深度，划分为极高山、高山、亚高山、中山和低山。极高山分布在横断山脉北段，亚高山、中山主要分布在横断山脉中段、下段和云贵高原的南北边缘地带，低山主要分布在滇南山地。云南高原主要位于元江河谷、大理、剑川以东，可分为滇中红层高原和滇东喀斯特高原。盆地（也称坝子）包括高原盆地和河谷盆地，主要集中分布在滇东北的高原面上，约占全省总面积的 6%。

云南地势整体西北高、东南低，自北向南呈阶梯状逐级下降。从残留的古夷平面来看，大致可以分为四个层次。第一层次为西北端北纬28°以北地区的云岭、怒山、高黎贡山北段，属青藏高原东南边缘部分，白马雪山、梅里雪山、碧罗雪山等高大山峰，属于古夷平面山的蚀余山头，滇东北的轿子山、牯牛寨山（乌蒙山系）也属这一层。第二层次海拔3000～3500m，在滇西北、滇东北表现为规模大小不一的高原面，滇南、滇中则是侵蚀山地顶部的山顶或山峰，含香格里拉以及丽江南部山顶上的高原面，也包括昭通西部大山包的山顶面。第三层次为云南高原的主体部分，河流溯源侵蚀不深，高原面保持完整，西部、西北部海拔稍高，为2000～2500m，滇东、滇东南高原的顶部，滇南、滇西南破碎的山原面是这一层的残余部分。第四层次为滇南山地各大河流的河谷底部，多在海拔1300m以下，低山宽谷中的河谷，地势较为平坦，出现缓丘状起伏平台，这一层高原面在西双版纳州北部，普洱市南部、西南部，临沧市南部。

第二节　气　候

云南属低纬高原山区，西北面有青藏高原阻挡寒流南下，南面又靠近辽阔的热带海洋，冬、春季节盛行干暖的西风气流，夏、秋时节又受湿润的海洋季风影响，从而形成独特的冬干夏湿、冬暖夏凉、四季温和的低纬高原季风气候。气温、降水、日照地区差异显著，干、雨季明显，山区雨量充沛，气温较低，河谷少雨干旱，气温较高。根据热量条件的差异，全省有北热带、南亚热带、中亚热带、北亚热带、暖温带、中温带、寒温带、寒带、高山冰雪带等类型。云南气候垂直变化显著，由山麓到山顶，往往出现山谷热带或亚热带，依次转变为山腰温带、山顶寒带的气候，所以人们称这里的景色是"一山有四季，十里不同天"。河谷到山顶，一般海拔高度每上升100m，温度平均递降0.6～0.7℃。云南大致以东经103°30'（即云岭—哀牢山山脉）为界，形成明显的两种气候类型，西部为南亚季风气候区（西部型季风气候），东部为东亚季风气候区（东部型季风气候）。全省年平均气温4.7～23.7℃。最热月（7月），月均温19～22℃；最冷月（1月），月均温6～8℃，年温差一般只有10～15℃，从南部的日温差10℃左右到最北端的15℃左右，仅冬季受北方冷空气影响较明显的偏东部分年温差较大。同日早、晚较凉，中午较热，尤其是冬、春两季，日温差可达12～20℃。自北向南，全省各地区≥10℃的活动积温644.7～8687℃，高低相差10倍以上。

第三节　森林土壤

一、云南森林主要土壤类型

据资料调查记载，云南森林土壤共分6个土纲、12个亚纲、16个土类和33个亚类（秋新选）。详见表1-1。

表 1-1　云南省森林土壤类型表

土纲	亚纲	土类	亚类
铁铝土	湿热铁铝土	砖红壤	砖红壤
			黄色砖红壤
		赤红壤	赤红壤
			黄色赤红壤
			赤红壤性土
		红壤	红壤
			黄红壤
			棕红壤
			山原红壤
			红壤性土
	湿暖铁铝土	黄壤	黄壤
			黄壤性土
淋溶土	湿暖淋溶土	黄棕壤	黄棕壤
			黄棕壤性土
	湿暖温淋溶土	棕壤	棕壤
			棕壤性土
	湿温淋溶土	暗棕壤	暗棕壤
			暗棕壤性土
	湿寒温淋溶土	棕色针叶林土	棕色针叶林土
半淋溶土	半湿热半淋溶土	燥红土	燥红土
			褐红土
初育土	土质初育土	新积土	冲积土
	石质初育土	石灰土	红色石灰土
			黑色石灰土
			黄色石灰土
		火山灰土	火山灰土
		紫色土	酸性紫色土
			中性紫色土
			石灰性紫色土
水成土	矿质水成土	沼泽土	泥炭沼泽土
高山土	湿寒高山土	黑毡土（亚高山草甸土）	黑毡土（亚高山草甸土）
			棕黑毡土（亚高山灌丛草甸土）
	寒冻高山土	寒冻土（高山寒漠土）	寒冻土（高山寒漠土）

注：引自《云南森林土壤》一书中的表 3-1"云南省森林土壤类型表"。

二、土壤的地带性分布

气候条件决定土壤的地带性分布。从南到北随纬度增加或从低到高随海拔的增加，温度、降水及其配合状况发生相应的变化，形成了云南土壤地带性分布状况。在水平分布上，从南到北，通常可以划分为热带砖红壤、南亚热带赤红壤、中亚热带红壤和黄壤3个水平带（据《中国植被》记载，云南水平纬度带气候类型涉及全国的北热带、南亚热带、中亚热带3个类型）；在垂直分布上，以纬度地带性土壤为基带，随着山体海拔的升高，土壤随着气候的变化也发生了山地垂直带上的变化，以哀牢山东、西垂直分布情况为例（择自《云南土壤》）：

云岭—哀牢山以西地区。从低海拔至高海拔的森林土壤类型大致为：砖红壤（海拔约700m以下）—赤红壤（北热带、南亚热带，海拔约600～1200m）—山地红壤及黄壤、黄红壤（南亚热带，海拔约1200～2300m）—黄棕壤（中亚热带，海拔约2200～2800m）—棕壤（暖温带，海拔约2700～3000m）—暗棕壤（温带，海拔约3000～3800m）—亚高山草甸土（高原苔原带，海拔约3700～5000m）—寒漠土（高山冰漠带，海拔约5000m以上）。

云岭—哀牢山以东地区。从低海拔至高海拔的森林土壤类型大致为：砖红壤（海拔约600m以下）—赤红壤（北热带、南亚热带，海拔约500～1000m）—山地红壤及黄壤、黄红壤（南亚热带，海拔约1000～1800m）—黄棕壤（中亚热带，海拔约1800～2500m）—棕壤（暖温带，海拔约2500～3000m）—暗棕壤（温带，海拔约3000～4000m）—亚高山草甸土（高原苔原带，海拔约4000m）。

以云岭—点苍山—哀牢山为界的东、西部热量水平的差异影响了土壤的类型和分布，其分布的纬度海拔上限，西部明显高于东部。此外，金沙江、元江、澜沧江等干热、干暖河谷地带，由于河谷内热量高、降水量少、蒸发量大，发育了燥红土和褐土土壤类型。

云南土壤分布特点与气候分布特点一样，是具有纬度地带与垂直地带相结合的"山原型水平地带性分布"。土壤带基本随着纬度和山体垂直海拔的变化，表现出纬度和垂直地带性分布规律，自南（或山体基部）向北（或山体顶部）依次出现北热带和南亚热带雨林、季雨林赤红壤与砖红壤；中亚热带南部、中部常绿阔叶林红壤、黄壤；山体中上部及顶部的亚热带北部落叶阔叶 – 常绿阔叶混交林黄棕壤以及暖温带落叶阔叶林棕壤。

第四节　水文资源及水热配合情况

云南河川纵横，湖泊众多。全省境内径流面积在100km²以上的河流有908条，分属长江（金沙江）、珠江（南盘江）、元江（红河）、澜沧江（湄公河）、怒江（萨尔温江）、大盈江（伊洛瓦底江）六大水系。红河和南盘江发源于云南境内，其余为过境河流。除金沙江、南盘江外，均为跨国河流，这些河流分别流入南中国海和印度洋。多数河流具有落差大、水流湍急、水流量变化大的特点。全省有高原湖泊40多个，多数为断陷型湖泊，大体分布在元江谷地和东云岭山地以南，多数在高原区内。湖泊水域面积约1100km²，占全省总面积的0.28%，总蓄水量约1480.19m³。湖泊中，数位于省会所在地昆明市的滇池面积最大，为306.3km²；大理州的洱海次之，面积约250km²；抚仙湖深度全省第一，最深处为151.5m；泸沽湖次之，最深处为73.2m。

云南省水资源丰富，仅次于西藏和四川，居全国第三，占全国水资源总量的1/7。云南省境内平均降水总量4820.8亿m³，多年平均自然产水量2210亿m³。由于受地形地貌及气候条件的影响，水资源分布不均。三江并流区的高黎贡山、碧罗雪山一带，无量山、哀牢山南段和越南、中国、老挝国境线一带，以及滇东北的高山地区水资源丰富；云南西北部的金沙江和澜沧江河谷延伸到红河流域南部的河谷地区，属少水地带。水资源年内分配不均，干、湿季节分明。雨季（5—10月）径流量占全年水量的73%～85%，而干季（1—4月）径流量仅占全年总量的15%～28%，在农业生产用水量最大的 4 月和 5 月，径流量仅占全年水量的 9% ～ 14%。水能资源十分丰富，境内的金沙江、珠江、红河、澜沧江、怒江和伊洛瓦底江六大流域水能资源理论蕴藏量为 1.0364 亿 kW·h，年发电量 9097 亿 kW·h，占全国水能资源的 15.3%，居全国第三位；全省水能开发量为 9400 万 kW·h，年发电量 3944.5 万 kW·h，占全国水能可开发量的 20.5%，居全国第二位。

云南河川径流除靠滇西北高海拔区的少量雪山雪水补给外，主要由降水补给，降水特性基本决定了水资源的特性。由于受地形、地貌多样性的影响，全省降水在季节上和地域上的分配极不均衡，多年平均降水量 1278.8mm，一般规律是南多北少、西多东少、边远地区多、中部和北部偏少、山区多坝区少的分布特点。西部中缅边境伊洛瓦底江一级支流勐乃河流域海拔大于 2000m 的山区，因属西南暖湿气流最前沿地带，降水量最多，多年平均降水量不低于 4000mm；金沙江河谷的奔子栏一带，因西南暖湿气流和东南暖湿气流到此已属强弩之末，再加上河谷焚风效应的影响，降水量最少，多年平均降水量 300mm。从降水的垂直分布看，一般随着海拔高度的增加降水量逐步增大，一般递增率在 30 ～ 50mm/100m。

降水量年内变化总体特征是夏半年降水量多，冬半年降水量少，有明显的干、湿季之分。湿季（雨季）为 5 ～ 10 月，集中了 85% 的降水量，这段时间因受热带海洋气团控制，阴雨天多，降水量多；干季（旱季）为 11 月至次年 4 月，这段时间因受热带大陆干暖气团影响，晴天多，雨天少，降水量只占全年的 15%。全省降水的地域分布差异大，最多的地方年降水量可达 2200 ～ 2700mm，最少的仅有 584mm，大部分地区年降水量在 1000mm 以上。

第五节　森林资源

据 2017 年第九次全国森林资源云南省连续资源清查结果显示，云南省土地总面积 3826.44 万 hm²，其中森林面积 2106.16 万 hm²，森林覆盖率 55.04%，比上一轮清查净增 5.01 个百分点；活立木总蓄积 21.324499 亿 m³，其中森林蓄积 119.726584 亿 m³，占 92.51%。全省森林面积列全国第二位，人工林保存面积 600.32 万 hm²，人工林面积列全国第三位。就地域分布而言，滇西北、滇西、滇南、滇中等区域森林资源分布相对集中，而滇东南、滇东、滇西南等地区森林资源分布较少，但这些区域的大部分地区，恰恰是云南光照和水热资源及其配合状况最丰富、植物生长最旺盛的热区之一。由此看来，云南森林在数量增加和质量提升方面，均具有较大的地域基础空间可实施。总的来看，云南省森林资源仍存在总量不足、质量不高、分布不均衡的问题。

第六节　森林植被

一、云南植被

根据《云南植被》，云南植被类型分为 12 个植被型，34 个植被亚型，169 个群系，209 个群丛。主要的植被类型有雨林、季雨林、常绿阔叶林、硬叶常绿阔叶林、落叶阔叶林、暖性针叶林、温性针叶林、竹林、稀树灌木草丛、灌丛、草甸、湖泊水生植物。

水平地带性分布规律大致为：热带雨林、季雨林地带，分布在北纬 23°30′ 以南（盆地海拔 900m 以下），滇西南上升至北纬 25°（盆地海拔 960m）以南；亚热带南部季风常绿阔叶林地带，分布在北纬 23°30′ ～ 25° 以北，盆地海拔 1200 ～ 1400m；亚热带北部半湿润常绿阔叶林地带，主要分布在滇中高原，盆地海拔 1600 ～ 1900m。

垂直地带性分布规律大致为：滇东南的植被垂直分布顺序由低到高是热带湿润雨林（海拔

300 ~ 500m 以下）—热带季节雨林（海拔 300 ~ 700m）—山地雨林（海拔 700 ~ 1300m）—山地季风常绿阔叶林（海拔 1300 ~ 1750m）—苔藓常绿阔叶林（海拔 1750 ~ 2900m）—山顶苔藓矮林（海拔 2700 ~ 2900m）。而在哀牢山以西地区，因气候偏干和超过海拔 2000m 的山地少，垂直带谱简单，由下向上的顺序是：热带季节雨林（海拔 800 ~ 900m）—山地雨林（海拔 800 ~ 1000m）—山地季风常绿阔叶林（海拔 1000 ~ 1100m 以上）。亚热带南部和北部山地，因水平地带性植被不同和南部没有高山分布影响而有所不同，北部垂直带谱自下而上为：半湿润常绿阔叶林（海拔 1900 ~ 2500m）—湿性常绿阔叶林（海拔 2500 ~ 2900m）—云南铁杉林及常绿针阔叶混交林（海拔 2900 ~ 3200m）—云冷杉林（海拔 3100 ~ 4100m）—高山灌丛和高山草甸（海拔 4000 ~ 4700m）。而南部垂直带谱由下至上是：季风常绿阔叶林和思茅松林（海拔 1300 ~ 1800m）—湿性常绿阔叶林（海拔 1800 ~ 2600m）—云南铁杉林及常绿针阔叶混交林（海拔 2400 ~ 2800m）—苔藓常绿矮林（海拔 2800 ~ 3000m）—冷杉林（海拔 3000m 以上）。

二、云南森林

森林是以乔木为主体的自然综合体，与动物、植物和微生物具有紧密的相互依存和相互制约的关系。云南森林具有树木种类复杂、森林类型多样的特点。据《云南森林》记载，云南的主要森林类型分为针叶林、阔叶林、竹林、灌木林 4 个森林植被型，寒温性针叶林、温凉性针叶林、暖性针叶林、暖热性针叶林、寒温性阔叶林、温凉性阔叶林、暖性阔叶林、暖热性阔叶林、热性阔叶林、寒温性竹林、暖性竹林、热性竹林、寒温性灌木林、温凉性灌木林、暖性灌木林、暖热性灌木林、热性灌木林 17 个植被亚型，云南松林、秃杉林等 105 个森林类型。

森林的水平分布规律。气候条件在纬度线上的变化，决定了森林的水平地带分布。云南全境从南到北跨越 8 个温度带，发育着热带和亚热带的森林。又因高山、峡谷多呈南北走向，森林分布虽然出现交错、镶嵌现象，但并未打乱森林水平分布规律。在滇东南的北纬 23°30′ 至滇南 23°（盆地海拔 900m 以下）以南，向滇西南逐渐北移到北纬 25°（盆地海拔 960m）以南一带，主要分布有热带森林，滇东南海拔 500m 以下，以云南龙脑香、毛坡垒、隐翼等树种为代表的热性阔叶林；滇东南海拔 300 ~ 700m 的宽谷至滇西南南汀河下游，以大药树、龙果、望天树等树种为代表的热性阔叶林；滇南海拔 1000m 以下的开阔河谷盆地和滇西南北纬 25° 以南，以高榕、毛麻楝、千果榄仁为代表的热性阔叶林。紧接着热性阔叶林向北主要为亚热带暖热性森林分布，在北纬 24° 左右，在滇西方向逐渐北移，至中缅边境时已接近 26°，分布着暖热性阔叶林和暖热性针叶林，地带性森林为常绿暖热性阔叶林；该分布带以北，分布着暖温性针叶林和暖温性阔叶林，其中暖性阔叶林为地带性森林。

云南森林分布的最显著特点是它的垂直分布规律，按热带山地森林和亚热带山地森林的垂直分布情况分述如下：

热带山地森林的垂直分布为滇东南中山地区，1000m 以下为热性阔叶林，1000 ~ 1600m 多为暖热性阔叶林，1600m 以上为暖性常绿阔叶林；滇南低山宽谷地区，1000m 以下为热性阔叶林，1000m 以上为暖热性阔叶林，个别地方有暖热性针叶林分布；滇西南中山地区，1000m 以下以半常绿热性阔叶林为主，900m 以下的南汀河流域有常绿热性阔叶林分布，1000m 以上是暖热性常绿阔叶林。

亚热带山地森林的垂直分布，分 3 个区域简述。

亚热带南部、滇中南和滇西地区，在海拔 1000m 以下多为干热河谷灌丛，海拔 1000 ~ 1700m 范围分布暖热性常绿阔叶林，海拔 1000 ~ 1700m 范围分布常绿暖热性阔叶林和思茅松林，海拔 1700 ~ 2400m 范围以暖性常绿阔叶林为主，海拔 2400m 以上多为温凉性针叶林、针阔叶混交林，至海拔 2400m 以上已有寒温性针叶林分布。

亚热带北部、滇中高原地区的森林，1500m 以下的峡谷两岸多为暖热性灌木林，海拔 1500 ~ 3000m 之间是常绿暖性阔叶林和云南松林（云南亚热带地带性森林），海拔 2700 ~ 3200m 之间分布以铁杉、石栎属树种为主的针阔叶混交林，海拔 3000m 以上分布冷杉树种为主的寒温性针叶林。

亚热带北部、滇西北山地森林，2000m 以下多为暖热性灌木林，海拔 2000 ~ 2800m 之间分布暖性针叶林和暖性阔叶林，海拔 3400 ～ 4200m 之间主要分布以冷杉、云杉为主要树种的寒温性针叶林，海拔 4200m 以上分布寒温性灌丛。

本书据 2017 年云南省第七次森林资源连续清查样地数据统计，云南乔木林主要森林类型按针叶林、阔叶林、针阔叶混交林分，共记录到 69 个森林类型，划分为 8 个森林结构类型，18 个亚型，259 个类型组。

第七节 林业发展区位

云南位于我国西南边陲，长江流域的中上游，地跨我国五大林区中的西南高山林区和热带林区，为中国西部亚热带高原季风气候区。境内地貌由北向南阶梯式下降延伸，地形复杂，水热条件类型多样，且受南亚季风、东亚季风和青藏高原南支急流等亚洲三大著名气候的交替、综合影响及境内一些高耸山体的地形阻隔，形成了丰富多样的气候资源及小区水热配合生境，有低纬、季风、山原的特点。全境光、热、水资源丰富，植物生长旺盛，生物物种丰富多样，是我国木材生产、储备的富集地之一，同时也是我国生态区位的关键区域。据文献《中国林业工作手册》（2017 年 9 月）资料记载，我国十大流域（长江、黑龙江、珠江、黄河、辽河、海河、淮河等）中的长江流域森林蓄积最大，占全国的 25.97%；在全国五大林区（东北内蒙古林区、西南高山林区、东南低山丘陵林区、西北高山林区、热带林区）中，西南高山林区森林覆盖率最低，但森林蓄积最多，也就是说西南高山林区的森林面积相对较少，但单位面积森林蓄积最高，这充分说明西南高山林区是全国最具有发展森林木材储备和利用的区域之一。云南地处我国长江流域、西南高山林区，除了具备广阔的适宜林业发展的山原地貌特点外，还具有低纬、高湿热空气广布的独特地理、气候资源，是全国为数不多的几个植物生长旺盛热区之一、全国乃至全世界生物多样性热点之一，森林对全国木材的生产、储备以及长江流域、珠江流域、澜沧江流域、怒江流域等国内、国际著名江河流域的生态防护，具有无可替代的重要作用。

据 2018 年《全国林业和草原发展统计公报》显示：2018 年，我国原木和锯材进口总量为 9642.2 万 m³，全国商品材总产量为 8811 万 m³，木材缺口为 52.3%。云南地处我国南方热区，木材生产的光、水、热等自然地理条件较北方优越，同时，伴随城镇化率的不断提高以及云南拟建设为全国生态文明排头兵的远景发展目标、战略定位要求，全省应在扩大营造多功能近自然林的基础上，以经营稳定的森林生态系统为目标，森林全周期经营培育为手段，利用森林近自然育林技术、森林生态修复技术、天然林保护修复技术，全面改造、提升现有的低质、低效次生林质量，坡度 15° 以上的撂荒地（即废弃耕地）商品林培育经营以及恢复林地森林，大力提升森林质量和扩大森林面积，增加木材净生长量，为我国木材生产和储备做出更大的贡献。同时云南地处国内、国际各大江河源头，是最容易发生水土流失的潜在区域，也是国内、国际重要生态环境保护的屏障之一。再者，云南植物种类的丰富和独特的自然地理植被景观，如三江流域区地貌 – 植被景观是我国乃至世界生物多样性分布的中心区域、绿色旅游胜地及世界自然遗产保护地，而且还是一些以云南特有种为依托的特殊林副、林下产品的主要生产区域。

总之，云南森林生态系统是国内、国际重要的自然生态环境屏障，同时也是我国木材生产、储备及林下经济发展、美丽乡村生态宜居环境建设、广大山区乡村振兴主导产业等重要的物质基础资源和产业发展环境基础资源，应作为我国多功能森林经营、实践"绿水青山就是金山银山"的绿色生态文明建设的典范区域来发展。

当然，以生态文明建设优先的战略部署，要求云南林业要筑牢中国西南生态安全屏障、保护生物多样性等，以资源保护优先，兼顾木材储备利用功能的资源保护型行业，要充分体现保护优先的森林经营战略地位。森林经济效益的体现，重点把握两条基本途径：首先，可从经营全周期持续目标林相群落中，周期性地获取木材及林副产品的经济效益，以及从经营林下经济中获取经济效益；其次，可通过服务国家实现"双碳"目标而进行的市场化森林碳汇交易中获取影子替代价值经济效益；通过开展森林观光旅游、森林康养等非木材产品服务业获取经济收益等。

第二章 森林经营与森林结构状况分析

第一节 研究背景

森林关系到国家生态安全。2016 年，习近平总书记在主持召开中央财经领导小组第十二次会议上提出四个要着力做好的工作，其中，第二个着力就是要着力提高森林质量。森林质量问题是我国森林经营管理中长期存在的主要问题，是林业工作的重心所在。森林质量包括多项指标，我国森林质量最为突出的问题就是生产力问题（盛炜彤）。森林生产力最显著的特征因子是反映森林生长质量和效率的生长量、生长率表现以及森林单位面积蓄积量状况，而与之关系最紧密的要素就是森林结构的优化组合状态。第九次全国森林资源清查云南省森林资源连续清查成果数据统计分析显示：云南省乔木林蓄积量平均为 109.2m³/hm²，最高达 1149.7m³/hm²，高低悬殊较大；每公顷森林年均生长量约为 4.3m³，只有德国、芬兰等林业发达国家的 1/2 左右（8.5 m³/hm²）。分析云南森林结构组成发现，首先，森林龄组结构中的幼、中龄林木占据主要地位，成熟和过熟林木成分缺乏；其次，在近、成、过熟龄森林中，树种组成结构的多样性相对缺乏；再次，森林的林层结构较为单一，复层林面积占比不足 10%，80% 的森林蓄积集中分布在以纯林结构组成的天然森林中。为此，精准提升云南森林质量，森林林木的林龄结构组成（有利于目标林相的全周期经营产出）、树种结构组成（有利于生境区光、热、水、土等非有机物质养分的充分利用以及对聚集性、偏食性昆虫、病害等有害生物的阻隔防治作用）、林层结构组成（主要有利于对光、热、水的立体利用）、起源结构组成（育林成本重要影响因素之一）的优化组合至关重要。

在树种结构组成中，有林学专家认为，遗传上同质的森林是高度脆弱的，单作（纯林）常常导致增加病虫害的严重性。也就是说，森林的纯林结构对森林火灾、病虫害等自然灾害的抵抗能力相对较低，极易成灾，尤其是针叶纯林。例如：我省云南松纯林很容易遭受松毛虫、松纵坑切梢小蠹虫、萧氏松茎象、松梢螟等病虫害危害而影响林木质量。树种组成单一的森林（如单树种结构纯林）：一方面，可为森林生物群落提供的食物类型相对单一，为相应的偏食性昆虫等有害生物的聚集、繁殖提供充足的食物条件，而易引发有害生物聚集性栖息而暴发森林灾害；另一方面，对土壤矿物养分及水量的综合均衡利用能力也相对低下而影响林下土壤生物生存的养分环境，导致土壤生物多样性减弱，组成森林生态系统的部分生物群落组成成分食物链残缺，森林生态系统的稳定性相较降低。再如滇中地区长期以人工短轮伐期经营为主体的桉树纯林林地，常出现林中动植物种类匮乏、土壤板结、林下地被物稀少等地力衰退现象。云南省森林资源连续清查统计结果显示，云南现有分布的人工林，多数为同龄单层纯林，对森林环境中光、热、水等立体空间条件的高效耦合利用程度较低，严重制约了森林质量的提升以及实现森林生产力的最大化。

19 世纪末 20 世纪初，德国人工乔木纯林的经营发展导致区域森林植被类型与树种结构的剧烈改变，这给区域森林的稳定性和质量带来了不利影响，是德国森林经营历史上的深刻教训。当时，德国的纯林与针叶化严重，导致针叶人工林灾害频起，害虫繁衍，真菌引起的病腐、雪折、风倒等灾害均属空前，灾害规模达到惊人程度（邵青还）。为此，德国采用近自然林业和生态林业的经营思路，探索和总结出相应的技术措施，把森林面积约达 99% 的人工林向近自然森林模式转变。至今，德国森林的质量和所产生的实际效益证明：近自然多功能森林培育持续经营是德国林业可行、高效且可持续经营的最佳途径。2018 年 2 月，我国发布《南方集体林区天然次生林近自然森林经营技术规程》，规程阐明了近自然森林经营技术的原则、目标、技术措施。2019 年 7 月，我国制定出台的《天然林保护修复制度方案》中阐述了天然林是森林资源的主体和精华，是自然界中群落最稳定、生物多样性最丰富的陆地生态系统，要用最严格的制度、最严密的法治来保护天然林资源。据统计，天然林（特别是天然异龄混交林结构）在云南森林结构类型中的面积占比为 78.0%，蓄积占比为 89.0%，是云南森林结构组成中的主要成分。全面保护天然林，对建设云南全国生态文明排头兵地位，统筹发展生态林业与民生林业，实现林草资源大省向林草强省迈进，推动云南社会、经济持续发展具有重大意义。

森林可持续经营思想于 1992 年里约世界环发大会得到国际认可，从此，林业的基本原则已经由"木材永续利用"发展为"森林可持续经营"（唐守正）。也就是说，森林经营需要从两个方面着手。首先，森林要以维护和提升森林生态系统的稳定性为主导因素着手，以满足人类生产、生活中的空气净化、生态防护、森林康养、旅游、休憩及林下经济等多功能、多效益经营需求；其次，要以森林的生产力为主导因素，满足木材及其林副产品的生产需求。

森林经营技术是精准提升森林质量的有效手段。党的十八大将生态文明建设纳入"五位一体"总体布局。其中对林业，中央还强调了天然林保护及森林质量的精准提升。这是新时代林业发展的方向和任务，也是中国林学发展的新方向。为此，我们需要探索出一条更适合我国各地民情、林情的森林经营技术体系。

在森林经营技术中，欧美等林业发达国家的实践证明，走近自然多功能的森林培育经营技术模式是实现森林可持续经营的有效途径之一。如何精准提升森林质量，我国的一些专家、学者早就提出了目标林分培育的近自然育林技术方案，并在我国多地开展了森林经营样板林基地研究，力图探索出适宜相应区域精准提升森林质量的技术措施和经营模式。2017 年 12 月，我国新时代林学发展座谈会上，专家、学者们针对我国的森林资源现状和林业经营现状，再次提出我国林业需要走"近自然多功能林业经营道路"。之后，中国林业科学研究院陆元昌等多位专家、学者就"近自然多功能林业经营理论技术"在我国多地进行了宣讲。

云南森林资源和生物多样性极为丰富，但与全国一样，随着城镇化率的不断提高，多年来大量的农村劳动力向城镇转移，广大山区农村由于缺少劳力，许多坡耕地基本上处于闲置、荒废状态，有的地方仍存在成片的荒地或成片荒废的天然低质、低效次生林、退化林。大面积的天然次生林生产力不高，经营粗放且地理分布不均，优良完备的森林木材供给和储备不足，严重制约着云南林业的持续发展。云南全面停伐天然林保护工程，目的也是为了让退化的或生产力极其低下的天然次生林得到休养生息的机会。除了生态脆弱区和原生植被的物种及生境特别需要保护的自然保护地等生态敏感区位外，实施全面禁伐不是永久的保护措施，走近自然多功能林业经营之道才是林业发展的出路。云南精准提升森林质量，加快林业发展步伐，走"绿水青山就是金山银山"的林业持续发展之路，实现云南林业从资源大省向林业强省的发展蓝图，需要大力实施近自然育林及国土绿化空间生态修复之道，广泛进行森林结构优化调整，不断提升退化林修复技能，分区施策，积极探索并建立森林经营管理技术体系，以支撑全省林业的发展壮大，并依托云南得天独厚的气候资源、山地资源、物种多样性资源等自然资源，本着森林资源保护第一、传载优先、经营利用并举的森林经营永续利用方案，助力云南建成全国生态文明排头兵的国家战略部署。同时，统筹好生态林业与民生林业齐头并进，努力探索"绿水青山就是金山银山"之道（"绿水青山就是金山银山"的核心要义是森林资源保护优先，走绿色持续经营利用之道），促进广阔的林区群众走向持续的林产业振兴发展之道，实现产业振兴。

据 2017 年完成的第九次全国森林资源清查云南省森林资源连续清查成果数据统计，全省乔木林面积中，按优势树种统计，纯林占 54.0%（针叶纯林占 28.1%、阔叶纯林占 25.9%），混交林占 46.0%（针叶混交林占 3.2%、阔叶混交林占 32.4%、针阔叶混交林仅占 10.4%）。按起源统计，天然乔木林面积 1452.1hm²、占乔木林总面积的 78%，蓄积 175619.57m³、占乔木林总蓄积的 89%；人工乔木林面积 410.77hm²、占乔木林总面积的 22%，蓄积 21646.27m³、占乔木林总蓄积的 11%；按起源、优势树种组统计，天然乔木林中纯林占 43.8%（针叶林占 26.8%、阔叶林占 17.0%）、混交林占 56.2%（针叶混交林占 3.3%、阔叶混交林占 40.7%、针阔叶混交林占 12.2%）；人工乔木林中纯林占 90.1%（针叶林占 33.1%、阔叶林占 57.0%），混交林占 9.9%（针叶混交林占 2.7%、阔叶混交林占 2.9%、针阔叶混交林占 4.3%）（张成程、覃阳平等）。从以上数据可知，云南省的森林资源重在天然林经营（天然乔木林面积占 78%，蓄积占 89%）；其次，乔木林经营需注重森林结构的优化转变（按优势树种统计，纯林占 54%，混交林占 46%；纯林结构应通过近自然森林培育方式逐步转变为异龄混交林可持续经营结构模式）。为此，要使云南省的森林短期实现提质增效，森林（特别是天然次生林）结构优化调整技术的研究与应用尤其重要。

提升森林结构优化调整技术水平，实现云南省森林多功能持续经营，有必要利用多次森林资源连续清查材料、全省近期的森林资源调查规划材料、《云南省植被志》研编材料以及云南省各地森林顶极群落及演替关系的资料等相关的调查、科考等现状和历史资料，对云南省不同地带性植被区域的自然森林结构的发展演替规律进行研究，尤其是在云南天然林结构现状与地带性森林顶极群落结构类型间的内在联系方面的研究和实践探索，并在森林结构组成的自然发展规律和目标林相培育的全周期经营过程中做出能够发挥最优生产力的合理安排。本书通过云南省森林资源连续清查样地及部分州市近期森林资源规划调查样地、样木资料的统计分析，对样地森林结构组成类型现状（尤其是天然异龄混交林结构类型）进行了生长量和生长率的分析研究，并结合森林经营的五个控制（立地控制、树种遗传控制、密度控制、地力控制和种间植被控制）和一个森林结构优化育林体系（近自然、异龄、混交、多林层的立体空间组成体系），为森林目标林相设计及其森林全周期经营活动的各级森林经营方案编制提供实例数据参考。例如：根据现有森林结构组成类型、全省各地树种分布及生长量差异特点和树种组成情况，按照实地自然生态、生境状况和森林资源的发展需求，设计好人工与天然结构混交植被，针叶树种与阔叶树种、常绿树种与落叶树种、速生树种与慢生树种、先锋树种与顶极树种、乡土普生树种与珍贵树种以及乡土树种与适生外来树种等树种组成结构混交森林，并确定相应的混交比例；设计好珍稀濒危物种的就地保护与迁地培育等森林经营技术，以及以目标树木定株抚育、培育和适时的抚育采伐、利用相结合的经营利用措施，研究山地林木定株采伐技术与作业装备，以保持森林林木个体的最大生长活性和合理利用方式，达到木尽其用、林尽其能的最优利用目标，形成丰富多彩的森林类型和保存植物物种多样性，促进森林生产力的最大化和形成森林生态系统各组成要素间持续稳定的森林生态系统结构。

第二节 研究现状

一、国外先进的森林经营技术概况

全世界林业最发达的国家主要分布在欧美国家，如德国、芬兰、法国、瑞士、美国等，其中，德国林业的理论探索和生产实践最值得关注，也最具有代表性（候元兆）。首先，德国林业 19 世纪中期把 99% 的天然林改造成了人工林（邵青还），到 19 世纪末 20 世纪初，德国森林的纯林与针叶化严重，导致针叶人工林灾害频起，害虫繁衍，真菌引起的病腐、雪折、风倒灾害均属空前；其次，德国目前森林每公顷蓄积量在 200 ~ 300m³，每公顷蓄积年生长量 8 ~ 12m³（刘于鹤，2017 年），均处于世界高质量林业经营行列；再次，森林永续效益理论起源于德国（邵青还），该理论占据了现代林业的制高点。

20 世纪，德国用人工纯林的近自然转变、采用目标树经营体系以培育天然异龄混交林、实现森林的永续性等关于近自然林业的思想和技术体系逐渐替代了以土地纯收益理论指导下的人工用材纯林、经济林经营理论。德国的林业开始全面向以生态社会市场经济为主的"接近自然的林业"转变。1975 年的"德国森林法"规定了林业的三大目标：经济效益（木材生产）、保持自然平衡、提供休憩场所。1992 年，德国新的森林法以自然保护为第一目标顺序。德国推行"接近自然的林业"政策通过法律制度进行立法（邵青还）。

德国新的技术政策规定林业部门进行森林群落生境调查、评估、绘图和转入实践使用。一方面，使人工林经营加快转向接近自然的森林经营方式；另一方面，则通过开展生态基础上的造林工作，逐步完成林业经营机制的全面转轨，并以森林群落生态覆盖率和森林群落生境值作为衡量近自然森林的技术评价指标（邵青还）。

二、国内及云南森林经营技术发展情况

新中国的林业发展大体上经历了 4 个阶段：第一阶段，国家经济建设初期（1950—1963 年）。二十世纪五六十年代，与我国其他地区一样，云南人口快速增长，年均增加近 32 万人。人口数量的大幅、快速增加及处于原始落后的自然经济条件下的云南广大山区，刀耕火种、毁林开垦严重，加上农村群众的生产、生活用材随之增加。同时又以有色金属和煤矿工业为主的建筑业等各类工业的快速发展，都在急速地消耗着森林资源。根据《中国森林资源》（2005 年版）和相关资料记载：这一阶段，云南森林覆盖率由 1949 年的 28.4% 降到 1963 年的 23.3%。森林面积和蓄积大幅减少，林业的发展以森林木材资源消耗为主体，在一些大江、大河周边，生态比较脆弱、敏感区域的部分原始天然森林的过度采伐，导致这些区域森林植被的逆向演替，现今局部地区已沦为造林困难地区，如金沙江流域、澜沧江流域、南盘江流域的一些面山区域。第二阶段，国家林业三线建设时期（1964—1978 年）。1964 年，国家制定了"三线"建设规划，我国西部地区以备战为指导思想的大规模基础设施建设，致使各行业对木材的需要量急促增加。为了支持国家建设，西南国有林区进行了全面开发，大量的原始天然森林被采伐利用，但由于森林经营单位在森林采伐的同时重视了人工造林和天然更新，虽然森林蓄积和储量减少了，但森林覆盖率并未下降，反而稍有提高。云南也不例外，据云南森林资源"四五"清查结果显示：云南森林蓄积 1975 年比 1963 年减少了 12.6%，全省森林覆盖率由 1963 年的 23.3% 上升到 1975 年的 24.9%。第三阶段，国家林业建设调整时期（1978—2000 年）。国家提出改革开放、以经济建设为中心，各行各业又开始步入快速发展的轨道。云南林业的发展也不例外，以森林分类经营为指导的林业发展思想得到重视和落实。但是，伴随着云南森林进行了林权制度改革和后来的林业"三定"（即稳定山林权、划定自留山和确定林业生产责任制）政策的实施，使大面积的国有林转成了集体林。在"三定"后的最初几年内，由于地方经济力量薄弱，为解决山区农民吃饭问题以及少数地区一直沿用的刀耕火种农作方式，毁林开垦风行一时，大量的天然林地和天然次生林地遭到破坏，再次将局部地区保留的天然林推向了毁灭性的深渊。同时，这一时期，云南较发达的烟草种植业及其加工业、采矿业、林下经济产品，如茯苓、木耳等简易种植业的发展，增加了木材的消耗。20 世纪 90 年代后期，我省实施了防护林体系建设、退耕还林还草以及其他森林生态保护工程，并着手限制低价值森林资源的消耗。森林经理才逐步步入以森林生态保护为主，合理开发利用的轨道上来。第四阶段，国家林业生态建设初期。进入 21 世纪，林业进入以森林持续发展理论为指导，全面实施生态文明建设为主导的新阶段。重点以天然林资源保护工程、退耕还林还草工程等林业六大生态工程实施为主线，森林分类经营、集体林权制度改革及林地保护利用规划为措施。在这一时期，以造林为主，兼顾木材利用和储备，林地、森林保护进入森林经营的新阶段，受到国家及地方各级政府部门的重视并得以实施。自然保护区建设突飞猛进，一些区域的国家森林公园也在加紧建设，但还不够全面。例如：在一些自然保护地内因林地所有者的利益没有得到合理补偿或平衡，集体林地上森林资源的保护与利用间的发展冲突依然严峻。当然，2020 年，全国开始实施以国家公园为主体的自然保护地整合优化建设规划，将逐步有序地把自然保护地内的成片集体商品林退出或流转为公益林进行管护，用对森林经营中林农矛盾比较突出的、保护价值一般的林地退出保护地等方式最大限度地解决保护与利用间的冲突；同时，加强发展保护区及其周边社区群众的绿色经济、生态经济创收新模式等

方式以提高保护地的保护效率。由此，自然保护地的资源保护与利用冲突将有望得到逐步解决。人工森林经营重两头（重造林、重木材采伐利用），轻中间（轻中间抚育管理），少多功能经营利用（如缺少为培育顶极森林群落过程中科学合理的、可获取短期经济效益支持的林下精细型产业经营及科学抚育收获林产品）及森林经营周期短（人工林多数以经营短轮伐期、中小径材林木为主，缺少长周期、大径材林木森林培育利用思想和手段）。人工森林生产力极为低下，植物生命周期中对地力的消耗和增肥平衡被破坏，短周期经营利用导致地力消耗大于植物增肥能力而不断退化，经营成本不断增加。天然林经营仍较为随性，立地条件好的地方常被改造为人工林，到地力差了，就丢弃，任其自然发展，少量地区仍存在火灾延绵，病虫害蔓延，林分质量低劣，促成天然次生林逆向发育演替。局部的森林抚育措施因抚育成本高、投入不足、见效缓慢而流于形式，有的地方森林抚育曾出现过拔"大毛"等不良抚育间伐行为；有的地方森林抚育却又出现禁止间伐林木，只搞林下割灌除草，甚至修枝打杈的整枝技术都实现不了，森林抚育缺乏全周期经营的先进经营理论、自然森林生态系统的平衡理论等科学的理论技术指导，常以短期木材产品经济效益获取为出发点，忽视森林经营的永续性原则，忽视了林业是一项"前人栽树，后人乘凉"的发展规律，忽视了森林生态系统的平衡规律和森林多功能、多效益利用的本质特征。

为提高森林质量和真正实现森林的持续经营，我国一些林学专家、学者找准了我国林业发展的瓶颈，借鉴欧美林业发达国家的经验和教训，一致认为，我国林业应走"近自然多功能林业经营道路"，并结合我国已建的1000多块样板林基地中总结出来的近自然森林经营技术，提出了一些配套的技术体系。一些专家针对我国大面积分布的天然次生林，提出直接经营天然次生林的经营论点，即直接把天然次生林转变为近自然人工与天然混交、多龄级树种异龄混交、多树种组成结构混交的优质森林。提出目标林相的森林结构优化技术方案、全周期经营措施及相应的国家层面的7个类型的森林作业法。目前，近自然森林经营技术已逐步在我国林业经营理论思想中占据主导位置，并迅速发展。新一轮森林经营方案的编制，将充分应用近自然森林经营理论技术，切实强化对森林生态效益、社会效益及经济效益等多种效益综合经营的森林生态系统全周期经营作业法的设计理念。

为了更好地调和森林的生态、社会、经济三大效益和谐发展，发挥森林多种功能的永续利用，夯实生态文明建设基础，实现"绿水青山就是金山银山"的林业发展思路，走近自然、多功能森林经营，培育优质多功能森林，实现森林质量和数量的持续经营和天然原始林的自然保护管理是今后我国森林经理的两大主要发展趋势。探索适合省情、民情、林情的近自然森林经营技术体系，将为实现"森林云南"提供强有力的理论和技术支持。

第三节　研究目的

开展本研究的主要目的是以云南省7974块省级森林资源清查固定样地为样本，对3个清查周期（5年为1个清查周期）、4个清查年度（2002年、2007年、2012年、2017年）共15年内的样地、样木调查因子，如立地因子（海拔、坡向、坡位、土壤、地带性气候等综合因子）、遗传因子（树种、树高、胸径等样木测树因子）、密度因子（郁闭度或盖度，样木株数密度）、人为干扰因子（森林起源，自然度等）、种群制约与促进因子（森林群落结构组成等）森林五大主要相关因子及相应的森林林木生长（主要统计树木的胸径和蓄积的年生长量与年生长率）和消耗变化情况进行统计和分析研究，力图了解云南主要森林类型的分区分布现状、结构组成及其潜在的发展变化和林木生长规律（特别是常见的天然异龄混交林类型）、森林结构组成与森林质量的联系、森林质量与森林五大控制因子间的关系、森林消耗结构发展变化趋势等，探析现有森林质量最好的结构类型和相关组成因子情况，试图构建健康、稳定的云南森林生态系统多功能持续经营培育技术体系和云南各立地森林目标林相结构类型图表及其全周期森林经营技术方案。实现云南林业建设以生态防护及环境宜居等自然资源保护为第一要务，在广袤的天然次生林分布区和人工林经营区，在现有分类经营的基础上，以近自然多功能的森林经营思想为指导，采用适宜云南各立地的不同经营作业法和森林生态修复技术，把自然度较高区域的低质天然次生林（含有低质先锋树种长期占据的低效森林）、萌生矮林、人工纯林及疏林、灌木林、荒山、迹地等林地逐渐转变为具有多功能森林结构的高质、高效、木材储备能力超强、能永续利用的优质森林结构。同时，对森林结构简单，树种组成及其年龄结构单一，经营管理粗放的一般生态林、兼用林及商品林进行近自然复层异龄混交林转变，为云南森林目标林相群落发展全周期、多效益经营作业的典型设计提供参考方法，对实现森林生态系统经营的永续利用以及大幅提升云南森林质量的森林经理技术提供参考方案。

第四节 研究内容

本书研究内容主要围绕以下几个主题展开：

一、研究期森林生态系统组成要素与特征因子间的动态变化、量化分析研究。

二、研究期森林生长量与消耗量、动态量化分析研究。

三、研究期森林林木蓄积及胸径年平均生长量、生长率分析研究。

四、以 2017 年云南森林资源连续清查数据为基础的云南森林结构组成类型研究。

五、云南森林结构组成类型评价及优化调整技术探讨。

六、云南森林植被类型及森林结构优化模式设计。

第五节 技术路线

一、数据来源

研究数据主要采用 2002—2017 年全国森林资源清查云南省连续清查 3 个监测周期（1 个监测周期 5 年，共计 15 年），4 个调查年度（2002 年、2007 年、2012 年、2017 年），共计 7974 块连清固定样地的森林资源调查信息数据库的数据。

全国森林资源清查云南省连续清查是按照国家的统一部署，于 1973—1975 年开展首次清查，1978 年，初次建立了以固定样地监测为手段的森林资源清查体系，并于 1987 年、1992 年、1997 年、2002 年、2007 年、2012 年、2017 年进行了七次全面复查（2021 年复查期，该森林资源监测项目已列入自然资源部门统一组织完成，复查方式、复查队伍发生变化，复查成果数据暂无法获取），作者参与了 1997—2017 年的 5 次复查生产一线内外业调查统计工作，并从云南省森林资源调查大数据应用课题中心处获得了 2002—2017 年全省的调查成果数据材料，作为本书研究的基础数据资料。

全国森林资源清查云南省连续清查样地是以云南全省国土范围为总体，总面积 3826.44 万 hm²，样地间距分别为经度方向和纬度方向 6km×8km 的正方形固定样地 7974 块，样地边长 28.28m×28.28m，样地面积 0.08hm²，样地采用系统机械抽样布设。由于该工作野外调查条件的不断改善和先进技术手段的引入使用，研究期各年度调查样地类别不尽相同，调查内容和精度逐次提高，其中：2002 年度调查样地中复测样地 7615 块，目测样地 245 块，回收样地 30 块，改设样地 1 块，放弃样地 83 块；2007 年度调查样地中，复测样地 7628 块，目测样地 245 块，遥感样地 83 块，改设样地 18 块；2012 年度调查样地中，复测样地 7645 块，目测样地 241 块，遥感样地 83 块，改设样地 5 块；2017 年调查样地中，复测样地 7636 块，目测样地 244 块，遥感样地 83 块，改设样地 11 块。

研究期（2002—2017 年，以下简称研究期），各调查年度的主要调查成果的精度指标（95% 可靠性）均达到《技术规定》的精度要求。例如：2017 年，全国森林资源清查云南省连续清查主要调查成果的精度指标（95% 可靠性）为：林地面积抽样精度 98.49%，乔木林面积抽样精度 97.75%，竹林面积抽样精度 60.04%，人工林面积抽样精度 94.39%，天然林面积抽样精度 97.41%，森林面积抽样精度 98.02%。详见表 2-1。抽样精度均达到《技术规定》的精度要求（覃阳平、张成程）。

表 2-1　2017 年全国森林资源清查云南省连续清查主要成果精度表

项目	抽样精度（%）	估计中值	估测区间
活立木总蓄积	96.28	213244.99	205312.28 ~ 221177.7
森林蓄积	96.06	197265.84	189493.57 ~ 205038.11
人工林蓄积	90.77	21646.27	19648.32 ~ 23644.22
天然林蓄积	95.59	175619.57	167874.75 ~ 183364.39
总生长量	97.16	47498.3	46149.35 ~ 48847.25
总消耗量	93.86	30642.15	28760.72 ~ 32523.58
林地面积	98.49	2599.44	2560.19 ~ 2638.69
乔木林面积	97.75	1862.87	1820.96 ~ 1904.78
竹林面积	60.04	11.52	6.92 ~ 16.12
森林面积	98.02	2106.16	2064.46 ~ 2147.86
人工林面积	94.39	507.68	479.2 ~ 536.16
天然林面积	97.41	1598.48	1557.08 ~ 1639.88

注：前后期森林面积、森林蓄积和活立木总蓄积增减趋势判断统计量 t 值分别为：14.509、19.834 和 18.475。

为提高研究结果在实际生产工作中的指导性和参考价值，本研究所采用样地中的分树种样木生长量 / 率测算值，均以实测样地中的样木数据进行统计分析，不包括目测样地和遥感样地中的估测或判读样木。但其他林木因子分析项（如样地森林结构类型等）均采用全省所有固定样地（7974 块，含目测样地和遥感样地）中的样地、样木数据进行统计分析。

二、数据处理

（一）跨角林样地中乔木林地、疏林地面积处理

跨角林样地是指优势地类为非乔木林地和非疏林地但跨有外延面积 0.0667hm² 以上有检尺样木的乔木林地或疏林地的样地。跨角林样地除调查记载优势地类的有关因子外，还需调查跨角乔木林地或疏林地的面积比例、地类、权属、林种、起源、优势树种、龄组、郁闭度、平均树高、森林群落结构、树种结构、商品林经营等级等因子（艾建林等）。由此可见，跨角林样地中乔木林地和疏林地的样地、样木调查因子是可调查获取的详细因子。相反地，在乔木林地和疏林地中也存在的非乔木林地和非疏林地且外延面积达 0.0667hm² 以上的地类情况，这说明存在乔木林地和疏林地在样地中的实际地类分布面积不一定完全等于整块样地面积，但由于现有样地样木调查资源数据库信息中未有样地分跨角地类面积调查相关因子信息记载，即不能从乔木林地（或疏林地）样地中扣除非乔木林地（或非疏林地）地类的镶嵌面积。为此，森林面积和蓄积在达到森林资源清查抽样精度的前提下，本研究中，既不把跨角林样地中乔木林地、疏林地调查面积、蓄积纳入森林面积、蓄积统计，亦不扣除乔木林地和疏林地中存在的非乔木林地和非疏林地的面积。当然，为了增加样本数量以提高地带性样木树

种的生长量 / 率估算精度，已将跨角林样地中的检尺样木纳入样地分树种年生长量 / 率值估算。

（二）研究期样地检尺类型为树种错测木的样地样木树种蓄积修正

在确保各调查年度内分区域、分树种蓄积计算参数一致的前提下，可不进行样地检尺样木单株蓄积的更新计算，否则需用统一的计算公式、方法和参数，对各调查年度样地检尺样木单株蓄积进行计算更新、汇总。为保持检尺树种和蓄积数据分析的一致性，本研究对全国森林资源清查云南省连续清查各清查年度内样地、样木蓄积的计算均采用统一的计算方法、公式及分树种、分区域参数，计算更新各样地的检尺样木树种和样木单株蓄积。

样地每木检尺表中树种错测木的树种及蓄积修正值以最近一个调查年度（2017 年度开始逐一向前面的调查年度推算，如 2017 年度调查数据中不存在的，看 2012 年度调查数据，依此类推）中对样木检尺类型为树种错测木的样木，要对前面几期相应的检尺样木树种进行纠正，用纠正后的样木树种计算其单株蓄积，样地样木单株蓄积汇总后得到修正后的样地蓄积。用纠正后的检尺树种及其蓄积计算参数和公式顺序去修正前几轮调查周期年度数据（即 2012 年、2007 年、2002 年相应的调查样木树种及其蓄积计算参数），并计算更新样木单株蓄积和样地蓄积。如此，再用 2012 年、2007 年调查数据分别作为计算年度，用计算年度更正后的树种错测木去更正相应的前几轮调查的样木调查树种，并计算修正相应样木、样地的蓄积。

（三）调查周期内不纳入样木年平均生长量 / 率测算的样木

检尺类型中的胸径错测木：2017 年调查为胸径错测木的样木不纳入 2015—2017 年间的 5 年相应调查树种的年均生长量 / 率统计分析；2012 年调查为胸径错测木的样木不纳入 2007—2012 年、2007—2017 年、2002—2012 年、2002—2017 年 4 个计算期中的相应调查树种的年均生长量 / 率统计分析；2007 年调查为胸径错测木的样木不纳入 2002—2007 年、2002—2012 年、2002—2017 年 3 个计算期中的相应调查树种的年均生长量 / 率统计分析。为计算各树种适宜年均生长量的数据可供营林技术参考应用，本研究中对周期生长量为负值（负生长）的样木不纳入样木正常年均生长量 / 率的整体估算，只对其成因作定性分析。

检尺类型中的类型错测木：2007 年为类型错测木，2002 年为采伐木的样木不纳入 2002—2007 年、2002—2012 年、2002—2017 年 3 个计算期中的相应调查树种的年均生长量 / 率统计分析；2012 年为类型错测木，2007 年为采伐木的样木不纳入 2007—2012 年、2007—2017 年、2002—2007 年 3 个计算期中的相应调查树种的年均生长量 / 率统计分析。

样地类别为改设或增设样地的样木：2007 年调查为改设或增设样地的样木，其 2002—2007 年、2002—2012 年、2002—2017 年 3 个计算期中的相应样木不纳入生长量 / 率统计分析；2012 年为改设或增设样地的样木，其 2007—2012 年、2007—2017 年、2002—2012 年、2002—2017 年 4 个计算期中的相应样木不纳入生长量 / 率统计分析；2017 年有 11 块增设样地，不存在改设样地，样木检尺类型为增设样地的样木，不纳入生长量 / 率统计分析；2002 年的增设样地或改设样地的样木均不会影响到本研究中样木生长量 / 率的统计分析，不存在样木的取舍情况。

样地类别为目测或遥感样地的样木：为提高测算精度，样地内样木不纳入分树种生长量 / 率测算。

新增检尺乔木经济林样地样木：2007 年为新增检尺乔木经济树，其 2002—2007 年、2002—2012 年、2002—2017 年 3 个计算期中的样木不纳入相应的生长量 / 率统计分析；2012 年、2017 年新增检尺的乔木经济树种与 2007 年新增检尺的乔木经济树种处理方法一致。

检尺类型中的枯木、采伐木：调查年度为类型错测木，其上一轮调查为枯木、采伐木的样木不纳入该年度的生长量 / 率统计分析。例如：2007 年为采伐木或枯木，2012 年调查为类型错测木的样木，不纳入 2002—2012 年、2007—2012 年、2002—2017 年、2007—2017 年间相应样木的生长量 / 率统计分析。

本研究中，生长量 / 率估算的统计样木所在样地地类为有检尺样木的乔木林地和竹林地。研究期内负生长或零生长的样木多数为被压木、灾害木、过熟木（或衰产木）等生长不正常的树木，除过熟木（或衰产木）纳入分树种生长量/率按龄组、龄级统计分析外，其他均不纳入样木生长量/率的计算统计。

（四）研究期生长量/率测算方法

1. 研究期用于生长量/率测算的样木获取方法

首先，从2017年度调查的样地、样木信息表中提取样地号、样地类别、立地控制因子、林龄等样地因子及对应样地内林木检尺类型为保留木、采伐木、枯倒木、枯立木的样木号、样木树种名称、样木检尺胸径、蓄积计算参数组、样木单株蓄积（可根据蓄积计算参数组计算更新各调查年度对应样木的蓄积）、样木在样地林层结构中所处的林层、立木类型等样木测树因子；其次，用提取到的样地号、样木号来依次提取这些样地、样木在2012年度、2007年度、2002年度调查时的对应样地样木的样地特征因子和样地测树因子（对在某一调查年度不存在的样木，其相应的信息赋空值，对不符合本文中确定的生长量/率测算样木条件的样木，可直接删除该样木或该样木全部信息赋空值），如表2-2、表2-3。重复前述方法，用2012年度调查的样地、样木信息提取2007年度、2002年度调查的对应样地号、样木号的相关信息；用2007年度调查的样地、样木信息提取2002年度调查的对应样地号、样木号的相应信息。如此确定各调查年度中用于测算林木生长量/率的样地固定样木。

表2-2 2002—2017年度调查样地样木测树因子样表

样地号	样木号	树种名称	2017年样木调查信息				2012年样木调查信息			2007年样木调查信息			2002年样木调查信息		
			检尺类型	胸径（mm）	参数组	单株蓄积（m³）	检尺类型	胸径（mm）	单株蓄积（m³）	检尺类型	胸径（mm）	单株蓄积（m³）	检尺类型	胸径（mm）	单株蓄积（m³）
6	1	高山松	保留木	160	16	0.124	保留木	145	0.095	保留木	134	0.077	保留木	119	0.056
6	2	高山松	采伐木	—	—	—	保留木	153	0.110	保留木	148	0.101	保留木	141	0.088
6	51	高山松	保留木	102	16	0.036	保留木	88	0.024	保留木	82	0.019	进界木	57	0.006
6	52	高山松	保留木	105	16	0.039	保留木	77	0.016	保留木	65	0.01	进界木	60	0.007

2. 生长量/率测算方法

（1）树木的生长量常用连年生长量（又称年生长量）和定期平均生长量（以下简称生长量或平均生长量）表示。当树木生长量处于上升期时，连年生长量大于平均生长量；当树木生长量处于衰老期时，连年生长量小于平均生长量；当树木生长量处于最高期时，连年生长量等于平均生长量。速生树种可采用连年生长量表示树木的生长变化量，即生长量；慢生树种采用平均生长量表示树木的生长量更符合实际。

生长量计算公式为：连年生长量 $Z_V = V_a - V_{a-1}$；平均生长量 $\Delta n_v = (V_a - V_{a-n})/n$。式中：$V_a$ 为现在的蓄积生长量，V_{a-1} 为前一年的蓄积生长量，V_{a-n} 为以 a 年为起点，n 年前的蓄积生长量。本书中，各树种的生长量值均采用平均生长量计算值表示。把公式中的蓄积值改为胸径值，则计算结果为胸径生长量。

（2）生长率（又称连年生长率），计算的基本公式为：$P_V = Z_V \times 100/V_A$。式中：P_V 为生长率，单位为%；Z_V 为连年生长量，单位为 m³；V_A 为总生长量，单位为 m³。用定期平均生长量替代连年生长量计算出的生长率，称为定期平均生长率（以下简称生长率或平均生长率），定期平均生长率有复利式和单利式2种计算方法：

①复利式又称莱布尼兹（Leibnitz）式，计算公式为：

$$P_v = \left(\sqrt[n]{\frac{V_{a+n}}{V_a}} - 1 \right) \times 100$$

式中：P_V 为生长率，单位为%；V_a 为现在的蓄积生长量，单位为 m³；V_{a+n} 为 n 年后的蓄积生长量，单位为 m^3 ；n 为统计周期，单位为年。

②单利式有普莱斯拉（Pressler）式、贝尔叶（Belyea）式等多种计算公式，本书中采用比较符合树木生长实际，我国常用的普莱斯拉公式计算。读者可对几种公式进行验证对比，找出最符合研究区树木生长实际的公式计算生长率。普莱斯拉公式计算蓄积生长率的公式如下：

$$P_v = \frac{(V_a - V_{a-n})}{(V_a + V_{a-n})} \times \frac{200}{n}$$

式中：P_V 为生长率，单位为%；V_a 为现在的蓄积生长量，单位为 m^3 ；V_{a-n} 为 n 年前的蓄积生长量，单位为 m^3 ；n 为统计周期，单位为年。

复利式适用于树木生长旺盛期的幼、中龄阶段生长率计算，对生长缓慢期的成、过熟林林木的计算结果误差较大；单利式比较符合树木生长实际，但计算结果略有偏小。故不同的树种及相同树种在不同的分布区，不同的龄级期，应采用不同的生长率计算公式进行生长率计算。采用何种公式计算，可根据计算结果的标准差和精度分析来确定。本书中为了方便计算及对比研究目的的实现，生长率计算值采用单利式中的普莱斯拉公式计算。

根据上述公式计算表 2-2 中的测量数据，得出表 2-3 中相应样木蓄积年均生长量和生长率值。

表 2-3　2002—2017 年调查样地样木蓄积年均生长量 / 率测算结果示例样表

样地号	样木号	蓄积年均生长量（m³）/ 生长率（%）											
		5 年生长期						10 年生长期				15 年生长期	
		2002—2007 年		2007—2012 年		2012—2017 年		2002—2012 年		2007—2017 年		2002—2017 年	
		年均生长量	年均生长率	年均生长量	年均生长率	年均生长量	年均生长率	年均生长量	年均生长率	年均生长量	年均生长率	年均生长量	年均生长率
6	1	0.021	6.32	0.039	5.17	0.068	5.04	0.018	4.19	0.047	4.68	0.029	5.30
6	2	0.013	2.75	0.022	2.22	—	—	0.009	1.71	—	—	—	—
6	51	0.013	20.8	0.018	12.0	0.030	9.52	0.005	4.65	0.017	6.18	0.012	8.00
6	52	0.003	7.06	0.009	7.83	0.032	9.28	0.006	9.23	0.029	11.84	0.023	16.73

把上述公式中的蓄积值改为胸径值，则计算结果为胸径年均生长率 P_d 。根据上述公式计算表 2-2 中的测量数据，得出表 2-4 中相应样木的胸径年均生长量和年均生长率值。

表 2-4　2002—2017 年调查样地样木胸径年生长量 / 率测算结果示例样表

样地号	样木号	胸径年均生长量（mm）/ 生长率（%）											
		5 年生长期						10 年生长期				15 年生长期	
		2002—2007 年		2007—2012 年		2012—2017 年		2002—2012 年		2007—2017 年		2002—2017 年	
		年均生长量	年均生长率	年均生长量	年均生长率	年均生长量	年均生长率	年均生长量	年均生长率	年均生长量	年均生长率	年均生长量	年均生长率
6	1	15	2.37	11	1.58	15	1.97	26	1.97	26	1.77	41	1.96
6	2	7	0.97	5	0.66	—	—	12	0.82	—	—	—	—
6	51	25	7.19	6	1.41	14	2.95	31	4.28	20	2.17	45	3.77
6	52	5	1.6	12	3.38	28	6.15	17	2.48	40	4.71	45	3.64

生长量反映的是树木的实际生长速度，生长率既能反映树木的平均生长速度，又能反映树木各种生长力的强弱，便于预测培育树木预期生长量的大小。

（五）纯林与混交林划分标准

纯林与混交林的区别在林学和植被生态学中的概念是有所区别的。本书中除特别交代的地方外，均以第九次全国森林资源清查技术标准为准，即：纯林与混交林的区分按森林各树种结构进行划分。具体为，将森林树种结构分为以下 7 个等级：针叶纯林（单个针叶树种蓄积 ≥ 90%）、阔叶纯林（单个阔叶树种蓄积 ≥ 90%）、针叶相对纯林（单个针叶树种蓄积占 65% ~ 90%）、阔叶相对纯林（单个阔叶树种蓄积占 65% ~ 90%）、针叶混交林（针叶树种总蓄积 ≥ 65%）、针阔叶混交林（针叶树种或阔叶树种总蓄积占 35% ~ 65%）、阔叶混交林（阔叶树种总蓄积 ≥ 65%）。显然，上述针叶纯林、针叶相对纯林和阔叶纯林、阔叶相对纯林为纯林的范畴，而其他组成成分均为混交林的范畴。简而言之，样地内有某个树种（优势树种）的蓄积量 ≥ 65% 时，该样地地类确定为纯林；样地内任一树种的蓄积量均 < 65% 时，该样地地类确定为混交林。当森林组成树种为未达检尺幼树（胸径 < 5cm）和竹类等不计算立木蓄积时，各树种（竹种）的组成结构比例按样地各树种的活立木株数占比计算，同时把竹类视作阔叶树做上述树种结构类型划分。为更具有使用针对性，本书中直接去除对竹林样地的分析研究。对于单纯的森林树种组成结构，作者更趋向于由树种的活立木个体数量，即株数比例来体现森林树种种类组成的多样性（丰富度）和纯洁度（纯度）。当然，从森林质量和森林健康角度讨论，用能够更好地体现树种生长力强弱的林木蓄积来表达树种种类组成的多样性与纯洁度更趋合理，是不错的选择。

（六）研究期（4 个调查年度）样地检尺木树种名称的确定

随着我国生态保护优先政策在林业建设发展中的落实和深入推进，近年来，云南省连续资源清查中不断增加了生态环境成分和物种生物多样性变化的监测调查项。2017 年开展的第九次全国森林资源云南省连续资源清查样地调查中，专门新增了对全省 7974 块固定样地中的 955 块复查样地开展了专业的检尺树种、植被专项生态状况及物种多样性固定样地、样方的本底调查。同时，在 2012 年已深入开展的样地每木检尺树种调查的基础上，进一步拓宽了对全省 7974 块固定样地中每木检尺树种从树种组名称到种的树种调查记录，实现了大部分样地中被监测的树种从过去多数样木为简单的树种组记录到目前以树种生物学名称为主的调查记录，这为我省林业的快速发展提供了极为重要的生物物种多样性数据信息。为此，在统计分析分树种生长量 / 率、分调查年度森林类型等研究项时，样地样木的树种名称以 2017 年度开展的第九次全国森林资源云南省连续资源清查样地中样木的树种名称为基准，部分参照 2012 年完成的第八次全国森林资源云南省连续资源清查样地中样木的树种名称，对 2017 年、2012 年调查时样木检尺类型为保留木、采伐木、枯木等可追溯至 2012 年、2007 年、2002 年的调查样地中的样木（即样地为复测样地，样木号一致的样木），树种名称均以 2017 年、2012 年（主指 2012 年调查时已消耗的样木）调查时的样木名称为准进行修正后，再行各项统计分析；对无法以 2017 年度、2012 年度调查结果进行树种名称确定的样木，维持原调查时的样木名称（例如：2007 年调查时已消耗的采伐木、枯木，以及 2017 年调查时仍以其他阔叶、栎类等树种组作为树种名称记录的样木）。

（七）样地中检尺样木的龄级划分及林龄结构确定

参照云南省常用的乔木林龄组、龄级划分标准（见表 2-5），结合从样地样木中统计得到的各调查树种的单株年均生长率及相应的龄级期限，估算出样地内各调查年度中每株检尺样木所处的相对龄级。

表 2-5　乔木林龄级与龄组划分标准

树种（组）	起源	龄组					龄级期限
		幼龄林	中龄林	近熟林	成熟林	过熟林	
云杉、柏木、紫杉、铁杉等	天然	≤ 40 年	41～60 年	61～80 年	81～120 年	≥ 121 年	20 年
	人工	≤ 20 年	21～40 年	41～60 年	61～80 年	≥ 81 年	20 年
冷杉、落叶松等	天然	≤ 40 年	41～60 年	61～80 年	81～120 年	≥ 121 年	20 年
	人工	≤ 20 年	21～30 年	31～40 年	41～60 年	≥ 61 年	10 年
云南松、华山松、油杉、思茅松等	天然	≤ 20 年	21～30 年	31～40 年	41～60 年	≥ 61 年	10 年
	人工	≤ 10 年	11～20 年	21～30 年	31～50 年	≥ 51 年	10 年
杨、桉、泡桐、枫杨、檫、楝、桤木等软阔类	天然	≤ 10 年	11～15 年	16～20 年	21～30 年	≥ 31 年	5 年
	人工	≤ 5 年	6～10 年	11～15 年	16～25 年	≥ 26 年	5 年
桦、木荷、枫香、榆等其他阔叶树	天然	≤ 20 年	21～40 年	41～50 年	51～70 年	≥ 71 年	10 年
	人工	≤ 10 年	11～20 年	21～30 年	31～50 年	≥ 51 年	10 年
栎、柞、栲、石栎、楠、樟、椴等硬阔类	天然	≤ 40 年	41～60 年	61～80 年	81～120 年	≥ 121 年	20 年
	人工	≤ 20 年	21～40 年	41～50 年	51～70 年	≥ 71 年	10 年
杉木、柳杉、秃杉等	人工	≤ 10 年	11～20 年	21～25 年	26～35 年	≥ 36 年	5 年

注：天然含纯天然、人工促进天然更新、天然林采伐后萌生；人工含植苗、直播、飞播、人工林采伐后萌生。

　　一般地，树木年龄可通过树木生长锥取样、伐桩年轮等实木调查，人工林造林档案查阅等方法获取树木的生长年龄。在云南省已开展的 7 次连续森林资源清查样地中，森林林木的年龄未被列为主要调查因子，仅对森林林分整体年龄进行综合调查，没有对森林林木个体年龄进行调查记录。本研究通过长期对森林资源监测调查数据的研究和管理认为：一般在狭窄地域空间范围内，当森林主要组成树木的年龄在进入衰败期前，在组成森林的树木密度或者郁闭度相近的地段范围内，森林林木的胸径与年龄呈正相关关系。由此，我们把森林资源清查样地（单个样地面积 0.08hm²）中，规定样木的起测胸径（5cm）作为样地各种树木年龄大小对比的最小年龄龄级相对应的胸径（以下简称"起测龄级胸径"）值，结合固定实测样地样木调查因子计算得出的各树种的分径阶单株胸径年均生长率值、云南省常见树种龄组龄级划分标准值，利用数表编制常采用的树木生长率计算公式，估算出各调查树种相对龄级（相对龄级指用于对比研究采用的定义龄级，如本书中的起测龄级为将胸径 5cm 的各树种龄级定义为 0 级）与其对应的胸径值计算结果表（见附表 1），通过该表中的相关值，求算各森林样地中各树种样木的相对龄级值，最后以优势树种或者各树种龄级加权平均值，综合判断确定每块调查森林样地为同龄级森林，还是异龄级森林的森林龄级结构情况。本书中将样地内绝对优势树种相同龄级（或者为无绝对优势树种组成样地内的各树种龄级加权平均龄级）的样木株数 ≥ 样木总株数的 90% 时，该样地确定为同龄林森林结构样地；反之，该样地确定为异龄林森林结构样地。同时，树木生长率按树木各龄组生长特点常规计算经验，分别选取复利或单利两种公式计算生长率。具体为，树木胸径 5cm（本研究样地中的样木起测胸径）为各检尺树种起测龄级胸径，Ⅰ～Ⅱ龄级（一般为幼、中龄树木）树木生长率采用莱布尼兹复利公式计算，Ⅲ龄级（一般为近熟林、成熟林、过熟林树木）以上树木生长率采用单利公式中的普莱斯拉公式计算，结合通过研究期样地样木推算出的单株胸径年均生长率、云南省常用的各树种龄级间隔年限标准，反估测出乔木林组成树种龄级相对胸径值表，如表 2-6。详见附表 1：云南乔木树分树种相对龄级与对应胸径值估算表（起测龄级胸径为 5cm）。

表2-6 人工乔木树5cm起测龄级胸径分树种相对龄级与对应胸径值估算结果示例表

树种名称	林分起源	5年期胸径年生长率（%）	10年期胸径年生长率（%）	15年期胸径年生长率（%）	综合年生长率（%）	龄级期限（年）	估算用胸径年生长率（%）	龄级胸径（cm）					
								起测龄级	I龄级	II龄级	III龄级	IV龄级	V龄级
桉树	人工	7.20	6.55	3.07	7.00	5	7.20	5.0	7.2	10.4	14.9	21.4	30.9
八角	人工	4.17	0.90	0.42	2.94	10	0.90	5.0	5.5	6.0	6.6	7.2	7.8
柏木	人工	4.16	3.58	3.44	3.88	20	3.88	5.0	11.3	25.7	58.3	132.3	—
赤桉	人工	5.19	3.55	3.40	4.47	5	5.19	5.0	6.5	8.4	10.9	14.2	18.4
干香柏	人工	0.69	0.53	0.62	0.63	20	0.63	5.0	5.7	6.4	7.3	8.3	9.4
高山松	人工	2.22	2.00	1.84	2.09	10	2.00	5.0	6.1	7.5	9.1	11.2	13.6
构树	人工	3.25	2.82	2.61	3.02	10	2.82	5.0	6.6	8.8	11.7	15.6	20.7
旱冬瓜	人工	4.59	3.73	3.33	4.16	5	4.59	5.0	6.3	7.9	10.0	12.6	15.8
核桃	人工	5.85	4.26	2.66	5.31	10	4.26	5.0	7.7	11.9	18.3	28.2	43.5
黑荆	人工	6.30	6.01	4.39	6.19	5	6.30	5.0	6.9	9.4	13.0	17.8	24.5
红椿	人工	4.66	4.35	3.82	4.47	10	4.35	5.0	7.8	12.1	18.8	29.3	45.6
华山松	人工	3.98	3.43	3.09	3.70	10	3.43	5.0	7.1	10.0	14.1	20.0	28.3
昆明朴	人工	2.17	1.38	1.53	1.85	10	1.38	5.0	5.7	6.6	7.6	8.7	10.0
蓝桉	人工	6.59	5.53	4.21	6.19	5	6.59	5.0	7.0	9.7	13.6	18.9	26.4
楝	人工	3.18	2.72	2.24	2.93	5	3.18	5.0	5.9	6.9	8.1	9.5	11.1
柳杉	人工	6.57	4.93	4.51	5.83	5	6.57	5.0	7.0	9.7	13.5	18.8	26.2
泡核桃	人工	8.68	5.43	—	8.10	10	5.43	5.0	8.7	15.2	26.6	46.4	81.0
漆树	人工	4.39	3.68	3.21	4.07	5	4.39	5.0	6.2	7.8	9.7	12.1	15.1
杉木	人工	5.42	3.95	3.25	4.80	5	5.42	5.0	6.6	8.6	11.3	14.9	19.5
思茅松	人工	4.09	3.25	2.83	3.64	10	3.25	5.0	6.9	9.6	13.4	18.6	25.8

注：本表中的年生长率值为单株树木的年生长率值。

（八）生长率估测树木各径阶周期龄级胸径精度验证

抽取云南松、滇青冈、滇石栎、华山松、滇油杉等5个云南常见且广布的树种，经其样地4个调查年度（2002年、2007年、2012年、2017年）内各树种样木胸径测量值进行精度验证估算，分树种验证示例结果见表2-7。

表2-7 5个常见树种样木用生长率估算胸径与实测胸径精度验证示例表

检验树种	分析周期	年生长率（%）	起测D / 验证内容	胸径（cm）								
				6.0	8.0	10.0	12.0	14.0	16.0	18.0	20.0	22.0
云南松	5年	3.31	实测	7.09	9.49	11.92	14.17	16.73	18.4	20.47	22.74	24.19
			估算	7.08	9.44	11.80	14.17	16.53	18.89	21.25	23.61	25.97
			精度（%）	99.8	99.5	99.0	100.0	98.8	97.3	96.2	96.1	92.5

续表 2-7

检验树种	分析周期	年生长率（%）	起测D 验证内容	胸径（cm）								
				6.0	8.0	10.0	12.0	14.0	16.0	18.0	20.0	22.0
云南松	10年	2.85	实测	8.25	11.10	13.73	16.1	18.89	20.37	22.45	24.95	26.39
			估算	7.99	10.66	13.32	15.99	18.65	21.32	23.98	26.65	29.31
			精度（%）	96.8	96.0	97.0	99.3	98.7	95.3	93.2	93.2	88.9
	15年	2.56	实测	9.28	12.54	15.39	17.8	20.57	21.95	23.91	26.67	28.07
			估算	8.85	11.80	14.75	17.70	20.65	23.60	26.55	29.50	32.46
			精度（%）	95.4	94.1	95.8	99.4	99.6	92.5	89.0	89.4	84.4
滇青冈	5年	3.08	实测	7.34	8.95	12.14	13.8	15.27	—	19.94	22.16	24.31
			估算	7.00	9.33	11.67	14.00	16.34	18.67	21.00	23.34	25.67
			精度（%）	95.4	95.8	96.1	98.6	93.0	—	94.7	94.7	94.4
	10年	2.52	实测	8.49	9.82	13.76	15.70	16.53	—	21.28	24.16	26.37
			估算	7.73	10.31	12.88	15.46	18.04	20.61	23.19	25.77	28.34
			精度（%）	91.0	95.0	93.6	98.5	90.9	—	91.0	93.3	92.5
	15年	2.18	实测	9.48	10.50	15.18	16.82	17.48	—	22.77	25.60	27.77
			估算	8.35	11.13	13.91	16.69	19.47	22.25	25.04	27.82	30.60
			精度（%）	88.1	94.0	91.6	99.2	88.6	—	90.0	91.3	89.8
滇石栎	5年	3.13	实测	6.61	9.36	11.92	13.01	16.93	17.94	18.81	21.30	—
			估算	7.02	9.36	11.70	14.04	16.38	18.72	21.06	23.40	25.74
			精度（%）	93.8	100.0	98.2	92.1	96.8	95.7	88.0	90.1	—
	10年	2.52	实测	6.61	9.36	11.92	13.01	16.93	17.94	18.81	21.30	—
			估算	7.73	10.31	12.88	15.46	18.04	20.61	23.19	25.77	28.34
			精度（%）	83.1	89.9	91.9	81.2	93.4	85.1	76.7	79.0	—
	15年	2.25	实测	7.24	12.29	15.34	15.08	20.84	21.32	20.23	23.10	—
			估算	8.44	11.25	14.06	16.87	19.68	22.50	25.31	28.12	30.93
			精度（%）	83.4	91.5	91.7	88.1	94.4	94.5	75.0	78.3	—
华山松	5年	3.98	实测	6.95	9.49	11.79	14.24	14.99	18.47	19.62	23.26	25.1
			估算	7.33	9.77	12.21	14.65	17.09	19.54	21.98	24.42	26.86
			精度（%）	94.5	97.0	96.4	97.1	86.0	94.2	88.0	95.0	93.0
	10年	3.43	实测	7.87	10.67	13.47	16.42	17.25	20.83	21.85	26.48	28.3
			估算	8.48	11.31	14.14	16.97	19.8	22.62	25.45	28.28	31.11
			精度（%）	92.2	94.0	95.0	96.7	85.2	91.4	83.5	93.2	90.1
	15年	3.09	实测	8.10	11.94	15.15	18.49	19.20	22.65	23.98	28.81	32.10

续表2-7

检验树种	分析周期	年生长率（%）	起测D 验证内容	胸径（cm）								
				6.0	8.0	10.0	12.0	14.0	16.0	18.0	20.0	22.0
华山松	15年	3.09	估算	9.62	12.83	16.03	19.24	22.45	25.65	28.86	32.07	35.27
			精度（%）	81.2	92.5	94.2	95.9	83.1	86.8	79.6	88.7	90.1
滇油杉	5年	3.03	实测	6.90	9.19	11.77	13.83	15.50	17.64	19.63	22.53	23.35
			估算	6.98	9.31	11.64	13.97	16.29	18.62	20.95	23.28	25.61
			精度（%）	98.8	98.7	98.9	99.0	94.9	—	93.3	96.7	90.3
	10年	2.68	实测	8.39	10.39	13.8	15.47	17.04	19.57	21.21	25.46	24.35
			估算	7.86	10.48	13.09	15.71	18.33	20.95	23.57	26.19	28.81
			精度（%）	93.7	99.1	94.9	98.4	92.4	—	88.9	97.1	81.7
	15年	2.45	实测	10.37	11.55	15.23	17.00	18.24	21.09	22.20	27.48	25.55
			估算	8.70	11.60	14.50	17.40	20.30	23.20	26.10	29.00	31.91
			精度（%）	83.9	99.6	95.2	97.6	88.7	—	82.4	94.5	75.1

上表中各树种最小起测径阶为6.0cm的实测保留样木，最大起测胸径为22cm的实测保留样木（统计中，大于22cm的样木样本数量较少，代表性较差，故本书中不再进行示例计算统计验证）；表中，"—"代表没有统计到该起测胸径的实测保留样木而赋空值。从表中数据可见：用5年单株年均生长率估算6cm到22cm的胸径值，除华山松（最低精度为86.0%）外，其余4个参检树种的精度均在90.0%以上，最高达100%；同时分别用5年、10年、15年单株年均生长率估算胸径值时，随间隔年限增长，估算精度呈逐年下降的趋势（但参检树种的精度均在75%以上），这一结论可为该方法在森林分类经营和采伐限额编制中估算各经营周期末的立木生长量/率预测提供高精度估算方法。本表中计算精度低于90%的样木，主要原因是样本数量较少，同时本次检验估算采用的综合生长率未分林木起源计算，其对检验结果精度的精准率也会产生一定的负面影响。

本书因篇幅有限，对其他森林结构中的优势树种未进行胸径和蓄积的单株年平均生长率精度验证计算，仅提供上述5种树种的精度验证计算示例方法，有兴趣、有基础数据的读者可用相同的方法尝试研究树种蓄积生长率，估算各龄级（即时间间隔）对应的蓄积量，在精度允许的范围内，可模拟建立某区域内树种年龄与蓄积量间的线性关系，供生产和科研参考使用。

（九）样地复层林林层结构确定方法

样地因子表中林层结构为复层林的样地，乔木幼、中龄林内有高大散生木分布，且散生木蓄积与林木蓄积差在30%以上的样地，均确定为复层林样地。本研究中，对竹林样地不进行林层结构划分和研究。

特别说明：本研究中的数据处理方法和结果，侧重点为研究应用，其数据的使用量与常规的森林资源监测数据统计量要求存在不完全一致性，故本书中的统计结果数据可能与国家正式发布的各类统计数据不完全一致，均属正常情况。

（十）乔木林样地林木密度等级确定方法

根据研究期样地样木冠幅初步统计情况，将乔木林样地林木密度等级与株数密度或郁闭度粗略划分为疏、中、密3个等级。具体为，幼中林样地中，将每公顷株数小于1633株或郁闭度0.20～0.49的样地林木密度等级划为疏，每公顷株数1633～2300株或郁闭度0.50～0.69的样地林木密度等级划为中，每公顷株数大于 2300 株或郁闭度大于 0.70 的样地林木密度等级划为密；近、成、过熟林样地中，每公顷株数小于 1225 株或郁闭度 0.20 ~ 0.49 的样地林木密度等级为疏，每公顷株数 1225 ~ 1725 株或郁闭度 0.50 ~ 0.69 的样地林木密度等级为中，每公顷株数大于 1725 株或郁闭度大于 0.70 的样地林木密度等级为密。详见表 2-8。

表 2-8　乔木林样地密度等级划分表

龄组	密度等级	郁闭度	每公顷株数
幼中林	疏	0.20 ~ 0.49	< 1633 株
	中	0.50 ~ 0.69	1633 ~ 2300 株
	密	> 0.70	> 2300 株
近、成、过熟林	疏	0.20 ~ 0.49	< 1225 株
	中	0.50 ~ 0.69	1225 ~ 1725 株
	密	> 0.70	> 1725 株

三、研究方法

（1）利用样地检尺样木所在的样地号（全省 7974 块样地的样地号为固定号码，具有稳定的一致性）、样木号（研究期内具有稳定的连续一致性）、检尺胸径值、样木单株蓄积，计算样木在复查定期间隔年限内的平均生长量（计算胸径和蓄积的定期平均生长量为主）、平均生长率（采用普莱斯拉 Pressler 式计算）、样地优势树种、样木龄级结构、树种数量组成结构（主要算样地各树种的株数和蓄积量占比）、样木密度等森林树木的特征因子值，如表 2-9。根据计算统计出的数值，结合样地其他调查因子，分析研究林木的胸径、生长率、林木密度、立地因子、气候因子、树种组成、林层结构、森林群落结构、林木消耗结构、起源结构、龄级结构等因子对云南省不同区域森林林木的生长影响强度，并尝试提出影响林木生长的相关因子的程度秩序和弱化影响强度的调节方法，并将其应用于以 2017 年调查结果为基础的现状森林结构优化调整技术模型中。

表 2-9　样地分树种平均生长量 / 率统计基础表结构范例

树种名称	州市	林分起源	地类	研究期平均生长量 / 率															最大胸径平均生长量 / 率					
				研究期胸径				5年期胸径	10年期胸径	15年期胸径	研究期蓄积				5年期蓄积	10年期蓄积	15年期蓄积			起测胸径	蓄积平均生长量	蓄积平均生长率	龄级/龄组	样木种数	样木密度	样地号
				最大平均生长量	最大平均生长率	综合平均生长量	综合平均生长率	平均生长量	平均生长率	平均生长量	平均生长率	平均生长量	平均生长率	最大平均生长量	最大平均生长率	综合平均生长量	综合平均生长率	平均生长量	平均生长率						

（2）研究森林结构组成类型与其地带性顶极森林植物群落的演替关系。首先，参照《云南森林》（云南科技出版社，1983 年）一书中的森林类型调查信息以及云南省历年来调查编制完成的各

地自然保护区科考资料中的顶极森林群落类型样地资料，推测出云南各地地带性顶极森林植物群落类型和结构。其次，从2017年度调查的样地中，获取全省常见的森林结构类型（以下简称现状森林类型，含起源结构、树种结构、龄组结构、群落结构、林层结构等）及自然顶极森林结构类型。最后，对比分析现状森林类型中地带性顶极森林植物群落组成树种成分出现的有无情况、数量、频度等信息，以推测森林植被所处的演替阶段，为在培育地带性顶极森林植物群落正向演替的各阶段全周期森林经营过程中采取合理的技术安排提供参考。

（3）灌木林结构现状分析。通过分析灌木林样地中乔木目标幼树和先锋树种的种类、数量、分布及其生长情况、生长控制因子等样地信息，研究分析可能转变为最佳乔木林的经营方案和技术措施，为灌木林结构向乔—灌—草—层间等完整型森林植物群落结构的演替，提供科学合理的技术支持。地类为乔线以上分布的特殊灌木林及灌木经济林不建议作结构优化调整。乔线以上分布的特殊灌木林经营应采取禁止采伐、放牧等全封闭措施进行封山育林管护。本书因篇幅有限，仅提供该研究方向，为相关森林经营与退化林修复等相关领域研究作技术路线参考，不对本课题研究中的数据统计结果进行分析评价。

第六节　术语与释义

土地类型（简称地类）：是根据土地的覆盖和利用状况综合划定的类型，包括林地和非林地。林地地类释义顺应不同时期林业建设发展的需要，在各监测清查期间不断地进行完善和更新。最近3个森林资源清查周期内分别对林地的地类作了如下划分：2007年完成的第七次全国森林资源清查技术标准中将林地划分为有林地、疏林地、灌木林地、未成林地、苗圃地、无立木林地、宜林地、林业辅助生产用地8个二级地类，12个三级地类；2012年完成的第八次全国森林资源清查技术标准中的林地地类划分标准在维持上一周期8个二级地类、12个三级地类的基础上，新增了1个三级地类划分标准，并在三级地类划分标准的基础上增设了3个四级地类划分标准；2017年完成的第九次全国森林资源清查技术标准（即现行的技术标准）则将上一次清查周期内的林地二级、三级、四级地类划分标准重新进行调整、概定，以更好地适应新时代林业发展的目标和要求。具体地将林地划分为乔木林地、灌木林地、竹林地、疏林地、未成林造林地、苗圃地、迹地、宜林地8个二级地类，乔木林地、特殊灌木林地、一般灌木林地、竹林地、疏林地、未成林造林地、苗圃地、采伐迹地、火烧迹地、其他迹地、造林失败地、规划造林地、其他宜林地13个三级地类；将特殊灌木林地细分为乔木分布上限的灌木林、灌木经济林、岩溶地区灌木林、干热河谷灌木林；竹林地细分为散生型竹林、丛生型竹林和混生型竹林等共7个标准作为四级地类划分标准。详见表2-10。此次技术标准取消了有林地的提法，扩大了乔木林地的范围，把乔木型灌木树种组成的森林纳入乔木林地调查统计；把由因生境恶劣矮化成灌木型的乔木树种组成的，以经营灌木林为主要目的或专为防护用途且覆盖度在30%以上的乔木树种组成的林地纳入灌木林地调查统计。从而把过去对乔木林地和灌木林地的区别，从仅以森林组成优势树种的生物学遗传特性，即乔木树种还是灌木树种进行区分，转向了强调森林组成优势树种的生态学外貌特征和森林经营类型特点划分乔木林地和灌木林地标准。同时，对灌木林地的四级地类划分标准还加入了林木生长的生境因子成分，这些技术标准的调整和更新，将更好、更准确地适应我国新时代林业的发展目标和要求。

乔木林地，指由乔木树种（含乔木型灌木树种）组成的片林或林带、郁闭度≥0.20的林地（包括郁闭度<0.20，但已到成林年限且生长稳定，保存率达到合理造林株数80%以上的人工起源的林分；采用大苗栽植造林1年以上、造林密度≥750株/hm²，造林成活率≥85%的林地）。

表 2-10　云南省第九次全国森林资源清查林地地类划分标准

一级	二级	三级	四级
林地	乔木林	乔木林	
	灌木林地	特殊灌木林地	乔木分布线以上特灌
			岩溶地区特灌
			干热河谷特灌
			灌木经济林
		一般灌木林地	—
	竹林地	竹林地	散生型竹林
			丛生型竹林
			混生型竹林
	疏林地	疏林地	—
	未成林造林地	未成林造林地	—
	苗圃地	苗圃地	—
	迹地	采伐迹地	—
		火烧迹地	—
		其他迹地	—
	宜林地	造林失败地	—
		规划造林地	—
		其他宜林地	—

灌木林地：指附着有灌木树种，或因生境恶劣矮化成灌木型的乔木树种以及胸径小于 2cm 的小杂竹丛，以经营灌木林为主要目的或专为防护用途，覆盖度在 30% 以上的林地；特殊灌木林地：指国家特别规定的灌木林地；一般灌木林地：指不属于特殊灌木林地的其他灌木林地。

竹林地：指附着有胸径 2cm 以上的竹类植物，郁闭度 ≥ 0.2 的林地。

森林：按森林覆盖率计算方法，包括：乔木林地、竹林地和特殊灌木林地。本书中除特别介绍外，森林均指乔木林部分。

消耗木：包括采伐木和枯损木。枯损木在样地样木检尺表中又分为枯立木和枯倒木。

活立木：指样地样木检尺表中除了消耗木之外的所有检尺样木。

胸径：指检尺木树杆基部地表位置向树梢方向 1.3m 处的树杆直径，当检尺木位于坡地上时，为上坡位方向树杆基部地表位置向树梢方向 1.3m 处的树杆直径。检尺木常为乔木树种和乔木化灌木树种，胸径单位 cm。

森林覆盖率 =（乔木林地面积 + 竹林地面积 + 特殊灌木林地面积）/ 土地总面积 × 100%。

森林是一种植被类型，以乔木为主体，包括灌木、草本植物、林下枯落物、表层土壤以及其他生物在内的所有这些要素形成的一个有结构、有功能的生态系统，是占有相当大的空间，密集生长，并能显著影响周围环境的生物群落。森林是陆地生态系统的核心要素，对社会经济、自然生态和人类生存环境状况有巨大的影响（陆元昌）。本课题中所研究的森林主要指乔木林，不包括疏林、竹林及灌木林。

天然林：指由起源为自然落种或萌蘖、分蘖生长起来的林木组成的森林，其林木的生长省去了造林成本，同时林木生存是对生境适应的结果，抗逆性强、不易死亡；天然林结构复杂、枯枝落叶层厚、土壤孔隙大，蓄水能力是人工林的 3 倍左右。据有关研究文献报告，25 年生的天然林，每小时可吸收降雨量 150mL，而草地及裸露地每小时可吸收降雨量仅 5 ~ 10mL。按森林的属性特征，天然林可细分为：原始林、天然过伐林、天然次生林、退化次生林。

近天然林（或称近自然林）：指林木起源组成既有天然起源、也有人工起源混合组成的森林。在之前完成的森林资源连续清查工作中，将天然起源林木占优势的森林并入天然林调查记载；将人工起源林木占优势的森林并入人工林调查记载。

人工林：指由起源为人工植苗、分殖、扦插、直播、飞播、撒播等方式生长起来的林木组成的森林，是目前荒山、迹地、灌木林地、退化残次林地及非林地等形成和恢复森林的主要方式。

纯林、混交林：植被学认为，纯林指由单一树种组成的森林，混交林指由两个或两个以上树种组成的森林。纯林与混交林是对森林树种种类组成结构特征进行的释义，是天然乔木林树种组成结构的主要形式（乔木林分为纯林、混交林）。混交林中的各树种在空间上的分布主要有点状、带状、团状等契合分布形式。从林木个体空间的养分竞争关系和日常的人工造林成效来看，树木高密度、同质的集中分布有助于幼、中龄林木个体在展冠期前的高生长和自然整枝。由此，幼、中龄林期（特别是幼龄林期）适宜面积的带状和团状高密度混交林经营结构配置，既有利于提高幼苗的成活率，又能发挥森林树种组成结构的混交优势以及促进林木高生长和自然整枝，同时，还可避免纯林成片分布在森林树种组成结构上的多样性匮乏。

年龄与龄级：年龄，可理解为树木通过吸收地表土壤养分而存活、生长的时间，单位一般以"年"表示；龄级，根据不同树木的生长特点和利用需求，以一定的时间间隔划分等级，便于简要反映树木所处的生理、生长特征趋同的阶段，单位一般以"级"表示。云南省各乔木树种（组）分起源的龄级划分年龄间隔标准见前文。

异龄林及同龄林：由生长年龄（或者龄级）不同的同个树种或多个树种的树木个体组成的森林称之为异龄林；反之，称之为同龄林。异龄林的森林结构组成树种，其年龄结构为多代同堂，森林的生产力具有持续的生机活力。混交林样地中，由龄级划分年龄间隔标准不同的树种共同组成的森林（如：天然云南松的龄级划分年龄间隔标准为 10 年，天然麻栎等栎类的龄级划分年龄间隔标准为 20 年），在进行异龄林和同龄林的森林结构组成类型归类分析、研究中，具体界定应根据研究对象和目标确定。例如：天然林中，由年龄为 25 年（中龄）的云南松林木和年龄为 25 年（幼龄）的栎类林木共同组成的森林，从森林经营周期（2 树种的林木生长及成熟的生命周期不同，以及龄级划分间隔年限不同）的角度讨论，应视为异龄林结构（即：中、幼龄异龄林结构）；但从林木起源纯年龄的角度讨论，应视为同龄林结构（林木起源存活时间均为 25 年）。这类森林结构组成在云南各地广泛分布。正常情况下，同一生境区样地的森林，各组成树种的树木个体年龄差异可通过样地每木检尺表中的样木胸径、树高及样地林木密度（单位面积株数）和林分郁闭度综合判断。

近自然育林：指顺应自然规律、依托自然条件、借助自然力量、模拟自然形态，通过人为干预，加速森林发育进程，培育接近自然又优于自然、功能完备并能够实现森林可持续经营的育林理念和技术操作体系。近自然育林理论表明：人类为了生产生活的需求，可以在保持森林自然结构的前提下开展适合人类社会需要的林业经营活动。森林结构特征只要不被破坏，森林生态系统就不会消失，森林的生态防护及空气净化等自然属性功能就依然存在，森林的多功能经营就可以持续。换句话说，森林的多功能持续经营，首先要有森林存在，然后人类才有可能围绕森林进行多功能、多效益的经营收获。这与习近平总书记提出的"绿水青山就是金山银山"的新时代林业生态建设经营思想一脉相承。

第七节　结果与分析

主要分为研究期动态数据统计结果和乔木林现状（2017 年调查基础数据）结构组成类型数据两个部分进行统计分析与研究。

一、研究期数据整理统计结果与分析

（一）研究期调查样地、样木情况

全国森林资源清查云南省调查样地共设置 7974 块样地，研究期的样地、样木调查情况分别如下：

1. 调查样地、样木按样地类型统计

2002 年度，调查样地记录到 5 个样地类别，其中：放弃样地 83 块，实测样地 7646 块（改设样地 1 块、复测固定样地 7615 块、回收固定样地 30 块），目测样地 245 块。实测样地检尺样木 248327 株，蓄积 26882.1m³，其中：活立木 206488 株，蓄积 22832.3m³；消耗木 41839 株，蓄积 4049.8m³。样地活立木单位面积蓄积最大 1285.7m³/hm²，平均 37.3m³/hm²，森林质量分布不均，优质森林面积较少，单位面积蓄积量悬殊较大。

2007 年度，调查样地记录到 4 个样地类别，其中：实测样地 7646 块（改设样地 18 块，复测固定样地 7628 块），遥感样地 83 块，目测样地 245 块。实测样地检尺样木 302725 株，蓄积 29860.0m³，其中：活立木 257362 株，蓄积 25860.4m³；消耗木 45363 株，蓄积 3999.6m³。样地活立木单位蓄积最大 1320.7m³/hm²，平均 40.5m³/hm²。

2012 年度，调查样地记录到 4 个样地类别，其中：实测样地 7650 块（改设样地 5 块，复测固定样地 7645 块），遥感样地 83 块，目测样地 241 块。实测样地检尺样木 333919 株，蓄积 32251.2m³，其中：活立木 2791.71 株，蓄积 28052.0m³；消耗木 54748 株，蓄积 4199.2m³。样地活立木单位蓄积最大 1157.4m³/hm²，平均 45.8m³/hm²。

2017 年度，调查样地记录到 4 个样地类别，其中：实测样地 7647 块（改设样地 11 块，复测固定样地 7636 块），遥感样地 83 块，目测样地 244 块。实测样地检尺样木 423880 株，蓄积 37119.6m³，其中：活立木 365222 株，蓄积 32534.9m³；消耗木 58658 株，蓄积 4584.7m³。样地活立木单位蓄积最大 1149.7m³/hm²，平均 53.2m³/hm²。

研究期调查样地、样木按样地类型统计见表 2–11。从表中可以看出，研究期内，样地样木 2002—2017 年达检尺样木数量、蓄积量及森林质量（以活立木单位面积蓄积量为衡量指标）基本呈现逐年上升的趋势。

2. 研究期各调查年度调查样地分布地类及样木情况

研究期各调查年度调查样地、样木按土地类型统计详见表 2–12，表中样木均为胸径 5cm 以上的检尺木，且不含目测样地和遥感样地样木。具体为：

2002 年度，实测调查样地 7646 块（即：放弃样地、目测样地及遥感样地之外的调查样地，下同），其中：林地 4825 块，非林地 2821 块。检尺样木 248327 株（林地 241699 株，非林地 6628 株），蓄积 26882.1m³（林地 26030.0m³，非林地 852.1m³）。林地中：

乔木林样地 2631 块，占林地总样地数的 54.5%，样地活立木 193182 株，占林地总检尺木的 77.8%，蓄积 21299.1m³，占林地总蓄积的 79.2%；消耗木 33454 株，占林地总检尺木的 13.5%，消耗木蓄积 2961.2m³，占林地总蓄积的 11%；单位面积平均蓄积量 101.2m³/hm²，单位面积最大蓄积量 1285.7m³/hm²。

表 2-11 调查样地类别、样木株数、蓄积统计表

调查年度	样地类别	样地数（块）	检尺样木合计		活立样木		消耗样木		活立木单位蓄积（m³/hm²）	
			株数（株）	蓄积（m³）	株数（株）	蓄积（m³）	株数（株）	蓄积（m³）	最大值	平均值
2002年	总计	7974	248327	26882.1	206488	22832.3	41839	4049.8	1285.7	37.3
	放弃样地	83	—	—	—	—	—	—		
	改设样地	1	121	6.2	121	6.2	—	—	77.6	77.6
	复测样地	7615	246876	26514.1	205037	22464.3	41839	4049.8	1285.7	36.9
	回收样地	30	1330	361.9	1330	361.9	0	0	725.8	150.8
	目测样地	245	—	—	—	—	—	—		
2007年	总计	7974	302725	29860.0	257362	25860.4	45363	3999.6	1320.7	42.3
	复测样地	7628	301441	29722.2	256078	25722.6	45363	3999.6	1320.7	42.2
	目测样地	245	—	—	—	—	—	—		
	改设样地	18	1284	137.8	1284	137.8	—	—	293.8	95.7
	遥感样地	83	—	—	—	—	—	—		
2012年	总计	7974	333919	32251.3	279171	28052	54748	4199.3	1157.4	45.8
	复测样地	7645	333701	32236.4	278953	28037.2	54748	4199.2	1157.4	45.8
	改设样地	5	218	14.8	218	14.8	—	—	114.3	36.9
	目测样地	241	—	—	—	—	—	—		
	遥感样地	83	—	—	—	—	—	—		
2017年	总计	7974	423880	37119.6	365222	32534.9	58658	4584.7	1149.7	53.2
	复测样地	7636	422797	36857.4	364139	32272.7	58658	4584.7	1149.7	52.8
	改设样地	11	1083	262.2	1083	262.2	—	—	1010.9	298
	目测样地	244	—	—	—	—	—	—		
	遥感样地	83	—	—	—	—	—	—		

注：表中未达检尺幼林样地未纳入单位面积蓄积量统计，遥感样地和目测样地的估测样木未纳入调查样木株数和蓄积量统计。

疏林样地163块，占林地总样地数的3.4%，样地活立木3257株，占林地总检尺木的1.3%，蓄积397.2m³，占林地总蓄积的1.5%；消耗木1236株，占林地总检尺木的0.5%，消耗木蓄积196.7m³，占林地总蓄积的0.7%；单位面积平均蓄积量30.5m³/hm²。

灌木林样地828块，占林地总样地数的17.2%，散生活立木2254株，占林地总检尺木的0.9%，蓄积229.7m³，占林地总蓄积的0.9%；消耗木1166株，占林地总检尺木的0.5%，消耗木蓄积128.6m³，占林地总蓄积的0.5%；单位面积平均蓄积量3.5m³/hm²。

竹林样地17块，样地散生活立木143株，蓄积32.6m³；消耗木29株，消耗木蓄积4.3m³，单位面积平均蓄积量23.9m³/hm²。

其他林地 1186 块（包括乔木林地、疏林地、灌木林地、竹林地以外的其他所有林地），样地散生活立木 3655 株，蓄积 379.5m³；消耗木 3323 株，消耗木蓄积 401.1m³。

非林地样地内活立木 3997 株，蓄积 494.2m³；消耗木 2631 株，消耗木蓄积 357.9m³。

2007 年度，实测调查样地 7646 块，其中：林地 4887 块，非林地 2759 块。检尺样木 302725 株（林地 294711 株，非林地 8014 株），蓄积 29860m³（林地 28966.0m³，非林地 894.2m³）。林地中：

乔木林样地 3076 块，占林地总样地数的 62.9%，样地活立木 243072 株，占林地总检尺木的 82.5%，蓄积 24277m³，占林地总蓄积的 83.8%；消耗木 35868 株，占林地总检尺木的 12.2%，消耗木蓄积 3134.9m³，占林地总蓄积的 10.8%；单位面积平均蓄积量 98.7m³/hm²，单位面积最大蓄积量 1320.7m³/hm²。

疏林样地 106 块，占林地总样地数的 2.2%，样地活立木 2013 株，占林地总检尺木的 0.7%，蓄积 233.5m³，占林地总蓄积的 0.8%；消耗木 1373 株，占林地总检尺木的 0.5%，消耗木蓄积 131.1m³，占林地总蓄积的 0.5%；单位面积平均蓄积量 27.5m³/hm²。

灌木林样地 861 块，占林地总样地数的 17.6%，散生活立木 3344 株，占林地总检尺木的 1.1%，蓄积 295.2m³，占林地总蓄积的 1.0%；消耗木 669 株，占林地总检尺木的 0.2%，消耗木蓄积 56.8m³，占林地总蓄积的 0.2%。

竹林样地 18 块，样地散生活立木 143 株，蓄积 67.4m³；消耗木 31 株，消耗木蓄积 37.0m³。

其他林地 826 块（包括乔木林地、疏林地、灌木林地、竹林地以外的其他所有林地），样地散生活立木 3460 株，蓄积 330.6m³；消耗木 4738 株，消耗木蓄积 402.7m³。

非林地样地内活立木 5330 株，蓄积 657.1m³；消耗木 2684 株，消耗木蓄积 237.1m³。

2012 年度，实测调查样地 7650 块，其中：林地 4943 块，非林地 2707 块。检尺样木 333919 株（林地 324927 株，非林地 8992 株），蓄积 32251m³（林地 31252m³，非林地 999.2m³）。林地中：

乔木林样地 3254 块，占林地总样地数的 65.8%，样地活立木 263306 株，占林地林木总株数的 81.0%，蓄积 26196m³，占林地总蓄积的 83.8%；消耗木 40951 株，占林地林木总株数的 12.6%，消耗木蓄积 2980.3m³，占林地总蓄积的 9.5%；单位面积平均蓄积量 100.6m³/hm²，单位面积最大蓄积量 1157.4m³/hm²。

疏林样地 70 块，占林地总样地数的 1.4%，样地活立木 1393 株，占林地林木总株数的 0.4%，蓄积 193.0m³，占林地总蓄积的 0.6%；消耗木 608 株，占林地林木总株数的 0.2%，消耗木蓄积 87.4m³，占林地总蓄积的 0.3%，单位面积平均蓄积量 34.5m³/hm²。

灌木林样地 819 块，占林地总样地数的 16.6%，散生活立木 3977 株，占林地林木总株数的 1.2%，蓄积 361.2m³，占林地总蓄积的 1.2%；消耗木 1025 株，占林地林木总株数的 0.3%，消耗木蓄积 70.2m³、占林地总蓄积的 0.2%。

竹林样地 22 块，样地散生活立木 204 株，蓄积 76.3m³；消耗木 58 株，消耗木蓄积 6.6m³。

其他林地 778 块（包括乔木林地、疏林地、灌木林地、竹林地以外的其他所有林地），样地散生活立木 4094 株，蓄积 439.6m³；消耗木 9311 株，消耗木蓄积 841.6m³。

非林地样地内活立木 6197 株，蓄积 786.0m³；消耗木 2795 株，消耗木蓄积 213.2m³。

2017 年度实测调查样地 7647 块，其中：林地 5145 块，非林地 2502 块。检尺样木 423880 株（林地 412253 株，非林地 11627 株），蓄积 37120m³（林地 36046m³，非林地 1073.3m³）。林地中：

乔木林样地 3662 块，占林地总样地数的 71.2%，样地活立木 343137 株，占林地林木总株数的 83.2%，蓄积 30662m³，占林地总蓄积的 85.1%；消耗木 48385 株，占林地林木总株数的 11.7%，消耗木蓄积 3722.8m³，占林地总蓄积的 10.3%；单位面积平均蓄积量 109.2m³/hm²，单位面积最大蓄积量 1149.7m³/hm²。

疏林样地 49 块，占林地总样地数的 1.0%，样地活立木 1067 株，占林地林木总株数的 0.3%，蓄积 112.7m³，占林地总蓄积的 0.3%；消耗木 424 株，占林地林木总株数的 0.1%，消耗木蓄积 39m³，占林地总蓄积的 0.1%；单位面积平均蓄积量 28.7m³/hm²。

灌木林样地 869 块，占林地总样地数的 16.9%，散生活立木 7751 株，占林地林木总株数的 1.9%，蓄积 494.9m³，占林地总蓄积的 1.4%；消耗木 2271 株，占林地林木总株数的 0.6%，消耗木蓄积 190.9m³，占林地总蓄积的 0.5%。

竹林样地 23 块，样地散生活立木 294 株，蓄积 79.7m³；消耗木 98 株，消耗木蓄积 16.2m³。

其他林地 3044 块（包括乔木林地、疏林地、灌木林地、竹林地以外的其他所有林地），样地散生活立木 4350 株，蓄积 347.5m³；消耗木 4476 株，消耗木蓄积 380.7m³。

非林地样地内活立木 8623 株，蓄积 838.2m³；消耗木 3004 株，消耗木蓄积 235.1m³。

上述统计中，2002 年度调查地类中，乔木林中未包括乔木经济林样地（乔木经济林中检尺木的单位面积蓄积量往往很小，会大大减少乔木林综合单位面积蓄积量的统计值），与其他 3 个调查年度均有不同，而不具有对比性意义；2007 年、2012 年及 2017 年的调查，把乔木经济林全部归入乔木林中统计，故乔木林的单位面积蓄积量更具有对比性。为此，本节下述涉及乔木林调查内容项的对比分析研究不包括 2002 年度调查的乔木林样地蓄积情况。

上述统计表明：①研究期全省活立木单位面积平均蓄积量从 2002—2017 年分别为：2002 年 37.3m³/hm²、2007 年 42.3m³/hm²、2012 年 45.8m³/hm²、2017 年 53.2m³/hm²，呈逐年递增态势。②全省林地中，乔木林（云南森林的主要结构类型）面积占林地总面积（即：乔木林样地在林地中的占比）从 2002 年、2007 年、2012 年及 2017 年分别为 54.5%、62.9%、65.8%、71.2%，呈逐年增加趋势。单位面积蓄积量从 2007—2017 年间，也逐年稳步增长（98.7m³/hm²、100.6 m³/hm²、104.7m³/hm²），说明研究期云南森林的数量和质量均呈现逐年增长的良好态势。③采伐迹地样地数自 2002—2012 年逐年增高，2012 年达最高值。党的十八大将生态文明建设纳入"五位一体"总体布局。2017 年，全省林木采伐量回落，采伐迹地样地数（15 块）回落到较 2002 年（21 块）还低，说明我省生态文明建设对减少森林采伐等森林资源的利用，强化森林资源的保护和发展成效显著。④火灾（火烧迹地）等森林自然灾害控制在一个较低的、相对稳定的发生水平，但森林自然灾害反复发生。林草自然灾害综合防控能力的提升，仍然任重道远。

表 2-12　研究期实测调查样地分地类按样地数、样木株数及蓄积统计表

调查年度	样地地类	样地数（块）	检尺样木合计		活立样木		消耗样木		活立木单位面积蓄积（m³/hm²）	
			株数（株）	蓄积（m³）	株数（株）	蓄积（m³）	株数（株）	蓄积（m³）	最大值	平均值
2002 年	合计	7646	248327	26882	206488	22832	41839	4049.8	1285.7	37.3
	采伐迹地	21	873	155.1	103	34.7	770	120.4	111.6	20.6
	火烧迹地	8	520	52.1	57	14.2	463	37.9	131.5	22.2
	灌木林地	828	3420	358.3	2254	229.7	1166	128.6	278.8	3.5
	经济林	284	1663	137.8	1140	107.9	523	29.9	101	4.7
	乔木林地	2631	226636	24260	193182	21299	33454	2961.2	1285.7	101.2
	疏林地	163	4493	593.9	3257	397.2	1236	196.7	333.3	30.5
	竹林	17	172	36.9	143	32.6	29	4.3	97.4	23.9
	其他林地	873	3922	435.6	2355	222.7	1567	212.9	—	—
	非林地	2821	6628	852.1	3997	494.2	2631	357.9	907.8	2.2
2007 年	合计	7646	302725	29860	257362	25860	45363	3999.6	1320.7	42.3

续表 2-12

调查年度	样地地类	样地数（块）	检尺样木合计		活立样木		消耗样木		活立木单位面积蓄积（m³/hm²）	
			株数（株）	蓄积（m³）	株数（株）	蓄积（m³）	株数（株）	蓄积（m³）	最大值	平均值
2007年	采伐迹地	38	2368	228.6	315	40.2	2053	188.4	78.3	13.2
	火烧迹地	5	140	12.1	26	8.9	114	3.2	103.8	22.2
2007年	国特灌	380	1388	130.1	1108	109	280	21.1	119.1	3.6
	其他灌	481	2625	221.9	2236	186.2	389	35.7	200.2	4.8
	乔木林地	3076	278940	27412	243072	24277	35868	3134.9	1320.7	98.7
	疏林地	106	3386	364.7	2013	233.5	1373	131.1	116.3	27.5
	竹林地	18	174	104.3	143	67.4	31	37	505.9	46.8
	其他林地	783	5690	492.6	3119	281.5	2571	211.1	—	—
	非林地	2759	8014	894.2	5330	657.1	2684	237.1	1059.7	3
2012年	总计	7650	333919	32251	279171	28052	54748	4199.3	1157.4	45.8
	采伐迹地	62	4683	441.2	620	71.1	4063	370.1	92.4	14.3
	火烧迹地	9	653	83	42	23.3	611	59.7	148.4	32.4
	国特灌	478	2851	284.9	2224	228.9	627	56	201.5	6
	其他灌	341	2151	146.5	1753	132.3	398	14.2	141.9	4.8
	乔木林地	3254	304257	29176	263306	26196	40951	2980.3	1157.4	100.6
	疏林地	70	2001	280.4	1393	193	608	87.4	172.9	34.5
	竹林地	22	262	82.9	204	76.3	58	6.6	393.4	43.4
	其他林地	707	8069	757	3432	345.2	4637	411.8	—	—
	非林地	2707	8992	999.2	6197	786	2795	213.2	1067.2	3.6
2017年	总计	7647	423880	37120	365222	32535	58658	4584.7	1149.7	53.2
	采伐迹地	15	1096	96.8	131	33.4	965	63.4	110.5	27.8
	火烧迹地	7	308	45.3	73	4	235	41.3	28.3	7.2
	灌木经济林	168	2624	226.9	1929	167	695	59.9	125.1	12.4
	特殊灌	299	2347	119.7	2166	105.3	181	14.4	217.6	4.4
	一般灌	402	5051	339.2	3656	222.6	1395	116.6	147.1	6.9
	乔木林地	3662	391522	34385	343137	30662	48385	3722.8	1149.7	104.7
	疏林地	49	1491	151.7	1067	112.7	424	39	180.3	28.7
	竹林地	23	392	95.9	294	79.7	98	16.2	402.3	43.3
	其他林地	520	7422	586.1	4146	310.1	3276	276	—	—
	非林地	2502	11627	1073.3	8623	838.2	3004	235.1	1092.6	4.2

（二）研究期调查样地、样木按乔木林、竹林、疏林、灌木林与其他地类间的转变情况

研究期4个调查年度内记录到乔木林或竹林的样地有3857块（所有乔木林或竹林样地，含目测和遥感样地）。其中：均为乔木林的样地共2586块，均为竹林的样地共8块，研究期内4个调查年度中仅有一个调查年度为乔木林的样地366块。详见表2-13。

据表中数据统计，研究期森林主要地类的转变情况如下：

1. 乔木林样地转变情况：2002年，乔木林样地2989块，其中：研究期各年度均为乔木林的样地有2586块；研究期初始年与末尾年均为乔木林地的样地有2743块（以2002年和2017年调查地类为判定因子，以下同），研究期内乔木林地发生过地类转变的有157块，未发生过地类转变的有2586块；有1139块非乔木林样地转变为乔木林样地；有246块乔木林样地转变为非乔木林样地，其中，乔木林转变为灌木林的样地有58块，转变为竹林的样地3块，转变为疏林的样地15块，转变为其他用地的样地有170块。

2. 竹林样地转变情况：2002年，竹林样地18块，其中：研究期各年度均为竹林的样地有8块，这8块竹林样地的地类始终未转变；有15块非竹林样地转变为竹林样地；有10块竹林样地转变为非竹林样地，其中，竹林转变为灌木林的样地1块，转变为乔木林的样地6块，转变为其他用地的样地3块。

疏林地和灌木林地因未纳入或未完全纳入森林覆盖率计算，在表2-13中，对其样地数据未做完整统计，故对地类转变情况分析意义不大，而予以忽略。

上述统计表明，研究期内乔木林地类的绝对稳定率为86.5%，即平均约86.5%的乔木林地一直没有发生地类转变；乔木林地类动态稳定率为91.8%，即平均约91.8%的乔木林地研究期起始年（2002年）和末尾年（2017年）的样地地类没有发生变化，但中途样地地类可能发生变化。13.5%的乔木林发生了在乔木林地和非乔木林地间转变，但是乔木林地的转入（1139块）远远大于转出（246块）；研究期内竹林地类的绝对稳定率等于动态稳定率，为44.4%，不足50%，竹林地类转化较大，但是竹林的转入（15块）还是大于转出（10块）；体现了研究期内云南森林保护力度不断增强的明显成效。

表2-13 研究期（2002—2017）乔木林、竹林样地按地类转移变化情况统计表

样地调查年度地类					样地调查年度地类			
样地数（块）	2002年	2007年	2012年	2017年	样地数（块）	2002年	2007年	2012年	2017年
2586	乔木林地	乔木林地	乔木林地	乔木林地	5	其他用地	乔木林地	其他用地	乔木林地
8	竹林地	竹林地	竹林地	竹林地	1	疏林地	疏林地	其他用地	乔木林地
14	放弃样地	乔木林地	乔木林地	乔木林地	4	乔木林地	乔木林地	乔木林地	疏林地
106	灌木林地	乔木林地	乔木林地	乔木林地	1	乔木林地	乔木林地	乔木林地	竹林地
193	其他用地	乔木林地	乔木林地	乔木林地	24	乔木林地	乔木林地	乔木林地	灌木林地
76	疏林地	乔木林地	乔木林地	乔木林地	1	灌木林地	乔木林地	乔木林地	疏林地
1	竹林地	乔木林地	乔木林地	乔木林地	1	其他用地	乔木林地	乔木林地	疏林地
2	灌木林地	竹林地	竹林地	竹林地	1	灌木林地	乔木林地	其他用地	疏林地
2	其他用地	竹林地	竹林地	竹林地	3	其他用地	其他用地	其他用地	竹林地
14	乔木林地	疏林地	乔木林地	乔木林地	1	其他用地	乔木林地	灌木林地	灌木林地
6	灌木林地	疏林地	乔木林地	乔木林地	1	竹林地	其他用地	其他用地	灌木林地

续表 2-13

样地数（块）	2002年	2007年	2012年	2017年	样地数（块）	2002年	2007年	2012年	2017年
6	其他用地	疏林地	乔木林地	乔木林地	4	灌木林地	乔木林地	其他用地	灌木林地
17	疏林地	疏林地	乔木林地	乔木林地	2	其他用地	乔木林地	其他用地	灌木林地
1	其他用地	竹林地	乔木林地	乔木林地	1	灌木林地	灌木林地	乔木林地	灌木林地
1	竹林地	竹林地	乔木林地	乔木林地	1	灌木林地	其他用地	乔木林地	灌木林地
1	放弃样地	灌木林地	乔木林地	乔木林地	1	其他用地	其他用地	乔木林地	灌木林地
64	灌木林地	灌木林地	乔木林地	乔木林地	2	灌木林地	乔木林地	乔木林地	灌木林地
9	其他用地	灌木林地	乔木林地	乔木林地	5	其他用地	乔木林地	乔木林地	灌木林地
6	乔木林地	其他用地	乔木林地	其他用地	1	疏林地	乔木林地	乔木林地	灌木林地
41	乔木林地	其他用地	乔木林地	乔木林地	1	灌木林地	疏林地	乔木林地	灌木林地
12	灌木林地	其他用地	乔木林地	乔木林地	1	竹林地	其他用地	其他用地	其他用地
159	其他用地	其他用地	乔木林地	乔木林地	3	灌木林地	乔木林地	其他用地	其他用地
2	疏林地	其他用地	乔木林地	乔木林地	8	其他用地	乔木林地	其他用地	其他用地
2	竹林地	其他用地	乔木林地	乔木林地	1	竹林地	竹林地	其他用地	其他用地
1	其他用地	灌木林地	竹林地	竹林地	1	灌木林地	灌木林地	乔木林地	其他用地
1	灌木林地	灌木林地	竹林地	竹林地	7	其他用地	其他用地	乔木林地	其他用地
1	疏林地	其他用地	竹林地	竹林地	5	疏林地	其他用地	乔木林地	乔木林地
2	其他用地	其他用地	竹林地	竹林地	2	灌木林地	乔木林地	乔木林地	其他用地
6	乔木林地	乔木林地	疏林地	乔木林地	15	其他用地	乔木林地	乔木林地	其他用地
6	乔木林地	疏林地	疏林地	乔木林地	3	疏林地	乔木林地	乔木林地	其他用地
1	乔木林地	竹林地	竹林地	乔木林地	1	疏林地	疏林地	乔木林地	其他用地
6	乔木林地	灌木林地	灌木林地	乔木林地	1	其他用地	其他用地	竹林地	其他用地
3	灌木林地	灌木林地	疏林地	乔木林地	1	竹林地	竹林地	竹林地	其他用地
3	其他用地	其他用地	疏林地	乔木林地	72	乔木林地	乔木林地	乔木林地	其他用地
1	疏林地	乔木林地	疏林地	乔木林地	8	乔木林地	乔木林地	灌木林地	灌木林地
2	灌木林地	疏林地	疏林地	乔木林地	1	乔木林地	乔木林地	疏林地	灌木林地
1	其他用地	疏林地	疏林地	乔木林地	1	乔木林地	乔木林地	疏林地	其他用地
14	疏林地	疏林地	疏林地	乔木林地	4	乔木林地	乔木林地	疏林地	疏林地
128	灌木林地	灌木林地	灌木林地	乔木林地	1	乔木林地	乔木林地	竹林地	竹林地
9	其他用地	灌木林地	灌木林地	乔木林地	12	乔木林地	乔木林地	其他用地	灌木林地
2	其他用地	其他用地	灌木林地	乔木林地	57	乔木林地	乔木林地	其他用地	其他用地
14	乔木林地	其他用地	其他用地	乔木林地	1	乔木林地	竹林地	竹林地	竹林地
1	乔木林地	灌木林地	其他用地	乔木林地	1	乔木林地	疏林地	其他用地	灌木林地
2	乔木林地	疏林地	其他用地	乔木林地	3	乔木林地	疏林地	其他用地	其他用地
66	乔木林地	乔木林地	其他用地	乔木林地	1	乔木林地	疏林地	乔木林地	灌木林地

续表 2-13

样地数（块）	样地调查年度地类				样地数（块）	样地调查年度地类			
	2002 年	2007 年	2012 年	2017 年		2002 年	2007 年	2012 年	2017 年
6	灌木林地	灌木林地	其他用地	乔木林地	2	乔木林地	疏林地	疏林地	其他用地
2	其他用地	灌木林地	其他用地	乔木林地	7	乔木林地	疏林地	疏林地	疏林地
8	灌木林地	其他用地	其他用地	乔木林地	7	乔木林地	灌木林地	灌木林地	灌木林地
269	其他用地	其他用地	其他用地	乔木林地	1	乔木林地	灌木林地	灌木林地	其他用地
5	疏林地	其他用地	其他用地	乔木林地	1	乔木林地	其他用地	灌木林地	灌木林地
2	竹林地	其他用地	其他用地	乔木林地	3	乔木林地	其他用地	其他用地	灌木林地
3	灌木林地	乔木林地	其他用地	乔木林地	28	乔木林地	其他用地	其他用地	其他用地

注：上表中其他用地为乔木林地、疏林地、灌木林地之外的所有地类统称。

（三）研究期森林结构、立地结构与林木生长因子关系分析

以下从森林起源结构、龄组结构、树种组成结构、树种多样性结构、树木龄级组成结构、林木密度等级、主要立地因子（坡向与海拔）等几个方面，对研究期内 4 个调查年度（2002 年、2007 年、2012 年、2017 年）均为乔木林的森林（即稳定森林）样地情况进行总体的统计分析研究，结果如下：

1. 密度结构

云南研究期稳定森林（仅指乔木林）的综合平均每公顷株数为 1130 株，公顷蓄积为 127.0 m³，树木单株蓄积为 0.112 m³。当森林密度等级为密级时，其单位面积树木株数及蓄积量最高，但树木平均单株蓄积量最低。随森林树木密度等级由疏到密递增时，森林单位面积树木株数及蓄积量依次增高，组成森林树木的平均单株蓄积量却相反，呈现依次降低。这一结论，对在全周期森林经营过程中目标树的定株培育经营措施、设计思想方面有较好的指导意义，详见表 2-14。

从研究期内 4 个监测年度分析，密度等级为疏级的森林，林分密度（公顷株数）、单位面积蓄积量及单株蓄积量有逐年增加的趋势，但总体增量不大；林分密度等级为中级的森林，密度前期保持动态平衡，但最终有逐年递减的趋势，单位面积蓄积量及单株蓄积量有逐年增加的趋势，且增量明显，表明森林间伐抚育有明显成效；密度等级为密级的森林，其林分密度、单位面积蓄积量及单株蓄积量基本呈动态平衡，详见表 2-14。

表 2-14 研究期均为乔木林的样地活立木生长因子按密度结构统计

密度结构	密度等级	综合			研究期调查年度										
					2002 年样地活立木			2007 年样地活立木			2012 年样地活立木			2017 年样地活立木		
		公顷株数（株）	公顷蓄积（m³）	单株蓄积（m³）	公顷株数（株）	公顷蓄积（m³）	单株蓄积（m³）	公顷株数（株）	公顷蓄积（m³）	单株蓄积（m³）	公顷株数（株）	公顷蓄积（m³）	单株蓄积（m³）	公顷株数（株）	公顷蓄积（m³）	单株蓄积（m³）
综合		1130	127.0	0.112	903	111.2	0.123	1094	113.7	0.104	1292	144.4	0.112	1223	137.4	0.112
密度等级	疏	788	119.3	0.151	704	106.5	0.151	801	105.5	0.132	848	138.5	0.163	819	130.9	0.160
	中	1738	141.5	0.081	1757	127.8	0.073	1741	132.1	0.076	1753	148.8	0.085	1709	147.6	0.086
	密	2754	162.1	0.059	2765	162.7	0.059	2773	160.2	0.058	2773	166.9	0.060	2722	158.1	0.058

2. 龄组结构

如果把森林密度等级和森林龄组结构同时作为双变量进行分析：

（1）在同一龄组结构内，仍然为森林密度等级为密级时，其单位面积树木株数及蓄积量最高，但树木平均单株蓄积量最低。随森林树木密度等级由疏到密递增时，森林单位面积树木株数及蓄积量依次增高（过熟林除外，在过熟林中森林密度等级为中等时，单位面积蓄积量最高，森林密度等级为疏或密等时，单位面积蓄积量相差不大，反而较低些。这表明，过熟林经营中，树木过密或过稀均不能获得最佳生物量，维持一定密度的森林，及时进行定株采伐，实现树木更新换代是获取最大生物量的有效途径），组成森林树木的平均单株蓄积量却相反，呈现依次降低。

（2）森林从幼龄林到过熟林逐级递增，组成森林的树木密度（以公顷株数体现）逐渐降低，森林单位面积蓄积量及单株蓄积量逐渐增大，这在大的尺度范围内，一定程度上体现了森林顶极群落形成过程中，森林成林年限与其组成树木个体数量间变化情况的自然规律，笔者认为，这一现象是目标林相的全周期森林经营规划设计中最为科学的理论指导依据之一。详见表2-15。

表2-15 研究期均为乔木林的样地活立木生长因子按龄组结构统计

龄组结构	密度等级	综合			研究期调查年度										
					2002年样地活立木			2007年样地活立木			2012年样地活立木			2017年样地活立木		
		公顷株数（株）	公顷蓄积（m³）	单株蓄积（m³）	公顷株数（株）	公顷蓄积（m³）	单株蓄积（m³）	公顷株数（株）	公顷蓄积（m³）	单株蓄积（m³）	公顷株数（株）	公顷蓄积（m³）	单株蓄积（m³）	公顷株数（株）	公顷蓄积（m³）	单株蓄积（m³）
综合		1130	127.0	0.112	903	111.2	0.123	1094	113.7	0.104	1292	144.4	0.112	1223	137.4	0.112
幼龄林	综合	1302	67.6	0.052	1020	52.5	0.051	1206	61	0.051	1636	87.4	0.053	1560	81.3	0.052
	疏	878	54.1	0.062	786	46.5	0.059	870	50.8	0.058	1010	69	0.068	985	63.9	0.065
	密	2933	110.8	0.038	2894	100.9	0.035	2914	107.5	0.037	2946	118.9	0.040	2948	108	0.037
	中	1921	92.8	0.048	1913	74.9	0.039	1913	84.8	0.044	1941	101.3	0.052	1909	105.7	0.055
中龄林	综合	1243	104.7	0.084	945	92.1	0.097	1182	94.1	0.080	1441	117.3	0.081	1346	112.1	0.083
	疏	916	94.1	0.103	757	85.3	0.113	893	85.8	0.096	1035	104.5	0.101	985	101.3	0.103
	密	3071	153.0	0.050	3210	144.5	0.045	3104	146.7	0.047	3030	154.8	0.051	3053	157.9	0.052
	中	1901	131.3	0.069	1830	136.7	0.075	1888	115.5	0.061	1906	138.4	0.073	1933	132.9	0.069
近熟林	综合	1074	135.1	0.126	867	134.6	0.155	1005	126.1	0.125	1147	145.1	0.127	1185	133.6	0.113
	疏	721	120.7	0.167	677	129.1	0.191	715	114.8	0.161	756	125.3	0.166	730	115.2	0.158
	密	2488	175.9	0.071	2475	186	0.075	2678	172.5	0.064	2481	190.6	0.077	2427	164.9	0.068
	中	1442	160.8	0.112	1430	146.8	0.103	1444	151.7	0.105	1433	171.9	0.120	1453	159.3	0.11
成熟林	综合	896	183.6	0.205	727	185.6	0.255	920	184.8	0.201	971	196.9	0.203	927	170.1	0.183

续表 2-15

龄组结构	密度等级	综合 公顷株数（株）	综合 公顷蓄积（m³）	综合 单株蓄积（m³）	2002年样地活立木 公顷株数（株）	2002年样地活立木 公顷蓄积（m³）	2002年样地活立木 单株蓄积（m³）	2007年样地活立木 公顷株数（株）	2007年样地活立木 公顷蓄积（m³）	2007年样地活立木 单株蓄积（m³）	2012年样地活立木 公顷株数（株）	2012年样地活立木 公顷蓄积（m³）	2012年样地活立木 单株蓄积（m³）	2017年样地活立木 公顷株数（株）	2017年样地活立木 公顷蓄积（m³）	2017年样地活立木 单株蓄积（m³）
综合		1130	127.0	0.112	903	111.2	0.123	1094	113.7	0.104	1292	144.4	0.112	1223	137.4	0.112
成熟林	疏	632	170.5	0.270	563	173.3	0.308	663	171.8	0.259	660	180.5	0.273	639	159	0.249
成熟林	密	2268	259.0	0.114	2196	321.1	0.146	2169	251.4	0.116	2347	270.9	0.115	2287	235	0.103
成熟林	中	1439	205.6	0.143	1426	227.2	0.159	1411	206.4	0.146	1471	222.6	0.151	1433	181.4	0.127
过熟林	综合	602	314.7	0.523	493	321.1	0.651	663	316.4	0.477	627	314.6	0.502	636	307.9	0.484
过熟林	疏	472	310.8	0.658	398	318.5	0.800	523	306	0.585	472	313.9	0.665	507	303.8	0.599
过熟林	密	2258	313.5	0.139	2165	342.0	0.158	2340	315.7	0.135	2173	277.8	0.128	2425	348.7	0.144
过熟林	中	1426	366.6	0.257	1424	361.3	0.254	1446	423.3	0.293	1385	350.8	0.253	1450	340.8	0.235

3. 起源结构

如果把云南森林起源划分为飞播、萌生、人工、天然4种，同时把森林密度等级和森林起源作为双变量进行分析，那么森林密度等级与森林单位面积树木株数及蓄积量、树木平均单株蓄积量间的内在相互关系（见前述密度结构小节的总结）似乎不受森林林木起源影响。但是，无论是从森林单位面积蓄积量统计，还是从树木平均单株蓄积量统计，均显示出：①萌生起源的森林，蓄积量最低。②天然起源的森林，蓄积量最高。这进一步说明，云南必须坚持搞好天然林保护工程和大力倡导走近自然、多功能森林经营的发展道路的重要性、科学性和持久性。同时，在森林经营中必须逐渐更替现有萌生矮林，充分认识到萌生林的低效性，要坚持选择实生苗育林培育大径材林的原则和森林全周期经营方法。详见表2-16。

表2-16　研究期均为乔木林的样地活立木生长因子按起源结构统计

起源结构	密度等级	综合 公顷株数（株）	综合 公顷蓄积（m³）	综合 单株蓄积（m³）	2002年样地活立木 公顷株数（株）	2002年样地活立木 公顷蓄积（m³）	2002年样地活立木 单株蓄积（m³）	2007年样地活立木 公顷株数（株）	2007年样地活立木 公顷蓄积（m³）	2007年样地活立木 单株蓄积（m³）	2012年样地活立木 公顷株数（株）	2012年样地活立木 公顷蓄积（m³）	2012年样地活立木 单株蓄积（m³）	2017年样地活立木 公顷株数（株）	2017年样地活立木 公顷蓄积（m³）	2017年样地活立木 单株蓄积（m³）
综合		1130	127.0	0.112	903	111.2	0.123	1094	113.7	0.104	1292	144.4	0.112	1223	137.4	0.112
飞播	综合	1489	78.8	0.053	—	—	—	1454	66.8	0.046	1675	86.5	0.052	1332	83.3	0.063
飞播	疏	948	57.1	0.060	—	—	—	883	40.2	0.046	1049	60	0.057	928	71.4	0.077
飞播	密	2911	130.2	0.045	—	—	—	3131	111.4	0.036	2891	144	0.050	2622	131	0.05
飞播	中	1749	94.6	0.054	—	—	—	1681	111	0.066	1804	85.1	0.047	1752	90.2	0.051
萌生	综合	1331	41.2	0.031	—	—	—	802	26.7	0.033	1861	58.3	0.031	1193	35.7	0.03

续表 2-16

起源结构	密度等级	综合			研究期调查年度											
					2002年样地活立木			2007年样地活立木			2012年样地活立木			2017年样地活立木		
		公顷株数（株）	公顷蓄积（m³）	单株蓄积（m³）	公顷株数（株）	公顷蓄积（m³）	单株蓄积（m³）	公顷株数（株）	公顷蓄积（m³）	单株蓄积（m³）	公顷株数（株）	公顷蓄积（m³）	单株蓄积（m³）	公顷株数（株）	公顷蓄积（m³）	单株蓄积（m³）
综合		1130	127.0	0.112	903	111.2	0.123	1094	113.7	0.104	1292	144.4	0.112	1223	137.4	0.112
萌生	疏	785	31.8	0.041	—	—	—	718	25.9	0.036	1068	48	0.045	680	26.8	0.039
	密	3051	74.8	0.025	—	—	—	—	—	—	3050	77.8	0.026	3053	70.5	0.023
	中	1819	44.3	0.024	—	—	—	1813	36.7	0.020	1996	50.8	0.025	1688	41.3	0.024
人工	综合	1038	64.1	0.062	943	41.2	0.044	905	52.9	0.058	1320	76.1	0.058	1008	83	0.082
	疏	580	48.8	0.084	540	29	0.054	530	42.4	0.080	688	52.6	0.076	585	69	0.118
	密	3161	123.6	0.039	3339	95.4	0.029	3455	100.4	0.029	3221	136.7	0.042	2822	139.5	0.049
	中	1671	99.8	0.060	1710	84	0.049	1701	100.9	0.059	1720	104	0.060	1555	106.4	0.068
天然	综合	1134	134.7	0.119	899	117.5	0.131	1113	122.1	0.110	1279	152.4	0.119	1246	145.8	0.117
	疏	809	127.9	0.158	717	112.9	0.157	834	114.9	0.138	859	148.2	0.173	849	141	0.166
	密	2684	169.9	0.063	2639	177.4	0.067	2654	171.2	0.065	2697	174.2	0.065	2704	162.5	0.06
	中	1742	145.5	0.084	1761	131.9	0.075	1745	134.7	0.077	1753	153.1	0.087	1718	152	0.088

4. 树种组成结构

如果把云南森林树种组成简单地划分为纯林和混交林 2 种，同时，把森林密度等级和森林树种组成作为双变量进行分析，则森林密度等级与森林单位面积树木株数及蓄积量、树木平均单株蓄积量间的内在相互联系（见前述密度结构小节的总结）似乎不受森林树种组成的影响。同时，从综合统计情况来看，纯林和混交林在森林单位面积树木株数及蓄积量、树木平均单株蓄积量等方面存在的差异不显著。从研究期 4 个监测年度监测结果来看，森林纯林结构中，密度等级为疏的森林，林分密度、单位面积蓄积及林木单株蓄积总体呈逐年小幅上升趋势；密度等级为中的森林，林分密度呈逐年小幅下降趋势，但林分单位面积蓄积及林木单株蓄积总体呈逐年小幅上升趋势；密度等级为密的森林，林分密度、林分单位面积蓄积及林木单株蓄积总体均呈小幅下降趋势。详见表 2-17。

表 2-17 研究期均为乔木林的样地活立木生长因子按树种结构统计

树种结构	密度等级	综合			研究期调查年度										
					2002 年样地活立木			2007 年样地活立木			2012 年样地活立木			2017 年样地活立木		
		公顷株数（株）	公顷蓄积（m³）	单株蓄积（m³）	公顷株数（株）	公顷蓄积（m³）	单株蓄积（m³）	公顷株数（株）	公顷蓄积（m³）	单株蓄积（m³）	公顷株数（株）	公顷蓄积（m³）	单株蓄积（m³）	公顷株数（株）	公顷蓄积（m³）	单株蓄积（m³）
综合		1130	127.0	0.112	903	111.2	0.123	1094	113.7	0.104	1292	144.4	0.112	1223	137.4	0.112
纯林	综合	1051	123.8	0.118	868	114.5	0.132	1042	106.1	0.102	1215	140.9	0.116	1111	135.6	0.122
纯林	疏	722	118.7	0.164	665	110.4	0.166	742	98.9	0.133	786	138.1	0.176	715	133.2	0.186
	密	2819	154.6	0.055	2794	161.4	0.058	2933	150.2	0.051	2881	161.1	0.056	2695	147.4	0.055
	中	1721	131.8	0.077	1759	127.9	0.073	1734	123.2	0.071	1722	137.1	0.080	1676	136.9	0.082
混交林	综合	1274	132.9	0.104	996	102.2	0.103	1195	128.5	0.108	1422	150.3	0.106	1375	139.8	0.102
	疏	924	120.6	0.131	811	95.6	0.118	922	119.1	0.129	976	139.4	0.143	977	127.4	0.13
	密	2644	174.6	0.066	2680	166.4	0.062	2482	178.1	0.072	2593	176.6	0.068	2759	173.1	0.063
	中	1758	152.9	0.087	1751	127.7	0.073	1752	145.2	0.083	1784	160.3	0.090	1738	156.6	0.09

5. 物种多样性结构

如果把云南森林组成物种多样性按组成树种数量的多少，人为地划分为 3 级，同时，把森林密度等级和森林物种多样性作为双变量进行分析，则森林密度等级与森林单位面积树木株数及蓄积量、树木平均单株蓄积量间的内在相互联系（见前述密度结构小节的总结）似乎不受森林物种多样性组成情况的影响。但是，从综合统计结果来看，组成森林的物种多样性越丰富，森林单位面积树木株数及蓄积量就越大。相反，森林树木平均单株蓄积量趋小，但趋势不显著。详见表 2-18。

表 2-18 研究期均为乔木林的样地活立木生长因子按物种多样性结构统计

物种多样性	密度等级	综合			研究期调查年度										
					2002 年样地活立木			2007 年样地活立木			2012 年样地活立木			2017 年样地活立木		
		公顷株数（株）	公顷蓄积（m³）	单株蓄积（m³）	公顷株数（株）	公顷蓄积（m³）	单株蓄积（m³）	公顷株数（株）	公顷蓄积（m³）	单株蓄积（m³）	公顷株数（株）	公顷蓄积（m³）	单株蓄积（m³）	公顷株数（株）	公顷蓄积（m³）	单株蓄积（m³）
综合		1130	127.0	0.112	903	111.2	0.123	1094	113.7	0.104	1292	144.4	0.112	1223	137.4	0.112
2 种以内	综合	884	116.4	0.132	771	119	0.154	925	89.6	0.097	1034	128	0.124	882	129	0.146
	疏	613	115.1	0.188	596	115.4	0.194	653	85.2	0.130	646	131.7	0.204	566	132	0.233
	密	2992	135.7	0.045	2974	169.7	0.057	3033	122.8	0.040	3081	130.5	0.042	2854	127.4	0.045
	中	1745	112.2	0.064	1736	135.4	0.078	1762	103.7	0.059	1783	99.4	0.056	1682	102.4	0.061

续表 2-18

物种多样性	密度等级	综合			研究期调查年度											
					2002年样地活立木			2007年样地活立木			2012年样地活立木			2017年样地活立木		
		公顷株数（株）	公顷蓄积（m³）	单株蓄积（m³）	公顷株数（株）	公顷蓄积（m³）	单株蓄积（m³）	公顷株数（株）	公顷蓄积（m³）	单株蓄积（m³）	公顷株数（株）	公顷蓄积（m³）	单株蓄积（m³）	公顷株数（株）	公顷蓄积（m³）	单株蓄积（m³）
综合		1130	127.0	0.112	903	111.2	0.123	1094	113.7	0.104	1292	144.4	0.112	1223	137.4	0.112
3~4个树种	综合	1140	123.2	0.108	1003	99.9	0.100	1091	120.4	0.110	1300	141.4	0.109	1174	133.4	0.114
	疏	830	114.6	0.138	795	92.9	0.117	825	112.5	0.136	898	134.6	0.150	802	126.6	0.158
	密	2636	166.7	0.063	2596	159	0.061	2607	175.4	0.067	2701	175.5	0.065	2591	150.7	0.058
	中	1725	138.7	0.080	1797	124.1	0.069	1735	135.2	0.078	1718	142.9	0.083	1659	149.1	0.09
多于4个树种	综合	1394	143.6	0.103	1123	113.7	0.101	1323	132.7	0.100	1525	163.7	0.107	1410	143.3	0.102
	疏	988	132.3	0.134	894	109.1	0.122	988	123.3	0.125	1046	153.6	0.147	986	132.6	0.134
	密	2705	174.4	0.064	2691	155.3	0.058	2736	177.3	0.065	2652	181.1	0.068	2735	171	0.063
	中	1747	156.5	0.090	1702	120.6	0.071	1740	142.4	0.082	1776	172.6	0.097	1733	155.3	0.09

6. 龄级组成结构

表 2-19 统计显示：如果把云南森林组成树木的年龄按龄级差异划分为同龄林和异龄林 2 个对立种类，同时，把森林密度等级和森林林木个体龄级差异情况作为双变量进行分析。

（1）同龄林中森林密度等级从疏到密渐次递增时，森林单位面积树木株数由少到多，森林单位面积蓄积量及树木平均单株蓄积量均呈现从高到低的变化趋势；异龄林中森林密度等级从疏到密渐次递增时，森林单位面积树木株数由少到多，森林树木平均单株蓄积量也呈从高到低的变化趋势，但是森林单位面积蓄积量则呈从低到高的变化分布趋势，较好地反映了森林质量的变化趋势。

（2）从综合统计情况看，云南森林中，同龄林较异龄林的单位面积林木株数少，但同龄林的森林单位面积蓄积量和组成森林的林木平均单株蓄积量均较异龄林高，从前述分析结合样地情况得知，云南森林分布中，同龄林主要为原始天然近、过熟林以及部分人工成、过熟林组成，而异龄林则多数为天然次生幼、中龄林组成，具有林分总体成熟度低、树木单株生产量不高的特点。

表2-19 研究期均为乔木林的样地活立木生长因子按森林龄级结构统计

龄级结构	密度等级	综合			研究期调查年度										
					2002年样地活立木			2007年样地活立木			2012年样地活立木			2017年样地活立木		
		公顷株数（株）	公顷蓄积（m³）	单株蓄积（m³）	公顷株数（株）	公顷蓄积（m³）	单株蓄积（m³）	公顷株数（株）	公顷蓄积（m³）	单株蓄积（m³）	公顷株数（株）	公顷蓄积（m³）	单株蓄积（m³）	公顷株数（株）	公顷蓄积（m³）	单株蓄积（m³）
综合		1130	127.0	0.112	903	111.2	0.123	1094	113.7	0.104	1292	144.4	0.112	1223	137.4	0.112
同龄林	综合	416	176.2	0.424	307	174.8	0.569	231	104.9	0.454	466	177.8	0.382	489	186.5	0.381
	疏	339	179.3	0.529	258	176.2	0.683	231	104.9	0.454	374	181.6	0.486	392	191.4	0.488
	密	3021	55.7	0.018	2458	52	0.021	—	—	—	3379	61.8	0.018	3175	54	0.017
	中	1679	137.0	0.082	1331	240.5	0.181				1729	122.2	0.071	1729	122.2	0.071
异龄林	综合	1178	123.7	0.105	949	106.2	0.112	1106	113.8	0.103	1363	141.5	0.104	1289	133	0.103
	疏	827	114.0	0.138	744	100.2	0.135	811	105.5	0.130	910	132.9	0.146	873	123.2	0.141
	密	2751	163.2	0.059	2773	165.6	0.060	2773	160.2	0.058	2767	167.9	0.061	2716	159.4	0.059
	中	1739	141.6	0.081	1760	126.9	0.072	1741	132.1	0.076	1753	149.1	0.085	1709	148	0.087

7. 主要立地因子相关性分析

本书仅对研究期内4个调查年度，地类均为乔木林的样地进行海拔、坡向等对树木生长光、水、热供给与配合影响较大的主要立地因子与林木生长状况进行统计分析研究。为了更好地反映森林与气候间的相互关系，本书综合云南气候地带性分布规律，将云南森林垂直海拔带大致划分为：1200m以下、1200～2400m及2400m以上3个海拔带谱，结合东、南、西、北、东北、东南、西北、西南、无坡向（主要是开阔平地），共9个坡向对研究期内的云南森林情况进行统计研究，结果见表2-20。

从表中样地综合情况分析，海拔1200m以下和海拔1200～2400m研究区域，森林单位面积蓄积和单株蓄积都较海拔2400m以上低下，且差距明显，这与海拔越高、热量越低且空气湿度越大，相应植被生长越缓慢的云南气候和植被分布垂直带谱特点相悖。事实上，海拔2400m以下区域为人类居住集聚区，人类生产、生活活动频繁，对森林的干扰程度较大，致使该区域分布的森林次生性质的残次林广泛分布，甚至有的区域已存在小范围的森林逆向演替发展，乔木林适生区域已被灌木林，甚至灌草丛所替代；而海拔2400m以上，则生态脆弱，区位显著，生态保护力度大，人为干扰程度较低，现有森林分布的原生性质明显，故森林单位面积蓄积和单株蓄积量均出现最高。海拔1200m以下区域主要分布在滇东南、滇东、滇南、滇西南及云南各大江河流域河谷下部区域，该区热量最充沛，但形成两个极端：①各大江河流域河谷下部干热河谷区域，热量充沛，但大多数区域雨量不足，常形成以锥桩栗、高山栲、灰背栎等为主的硬叶常绿阔叶稀树灌草丛植被、干热草丛植被及零星分布以木棉、楹树为主的落叶季雨林植被，是全省困难造林地集中分布区域，该区森林蓄积量普遍较低。②滇东南、滇东、滇南、滇西南等低山丘陵地带，该区分布面积较大，为低海拔（1200m以下）分布的主要区域。区域内不仅热量充沛，而且雨量也十分充足，是云南热带雨林、季雨林以及季风常绿阔叶林（或思茅松林）分布的主要区域。区域内植被生长旺盛，植物资源物种多样性非常丰富，在自然保护地等重点保护区域仍保留有完整的原生性森林，但由于热区农业资源较为丰富，林业与农业间用地矛盾突出，森林的次生性质也由此广泛存在。森林的龄组普遍偏小，林木单株蓄积量低下，其综合平均单位面积蓄积保有量总体不高。海拔1200～2400m区域是人类生产、生活活动的集聚区，区域内森林受人为干扰最为严重，原始天然森林仅在村边、庙旁及水源地等局部小区域有少量分布，大面积集中连片分布情况基本消失，这也是该区森林单位面积蓄积与林木单株蓄积量最低的主要原因。结合坡向分析，海拔1200m以下，阴坡（主要是东北坡、北坡、西北坡）的森林单位面积蓄积与林木单株蓄积量总体较阳坡（主要是南坡、西南坡）坡面高，是人为农作等活动干扰方式中，阳坡区较阴坡区突出所致；海拔1200～2400m区域，平地（无坡向）森林单位面积蓄积与林木单株蓄积量均表现为最高，阳坡中的南坡和西南坡表现为最低，但与阴坡（如：北坡、东北坡）坡面情况差异不大；海拔2400m以上区域，也呈现出阴坡（主要是东北坡、北坡、西北坡）的森林单位面积蓄积与林木单株蓄积量总体较阳坡（东南坡、南坡、西南坡）坡面高。

从研究期4个调查监测年度统计情况分析，在海拔1200m以下，森林密度与单位面积蓄积量逐年呈现先增后减，但总体保持增加（2002年每公顷株数为825株、公顷蓄积为103.8m³，至2017年，公顷株数为950株、公顷蓄积为123.8m³）；林木单株蓄积量则呈现先减后增，为森林质量逐年不断调整，最终有提升之趋势。在海拔1200～2400m，森林密度与单位面积蓄积量及林木单株蓄积量的变化均与海拔1200m以下区域的变化特点相似，这充分表明海拔2400m以下区域，人类集聚，其生产、生活活动对森林动态发展的干扰程度殊途同归，影响较大。在海拔2400m以上，森林密度逐年呈增加趋势，表明该区森林保护有力，人工造林、自然更新等林业生态修复不断取得成效；但森林单位面积蓄积量呈先减后增，总体保持增长态势，而林木单株蓄积量则呈逐年先减后缓慢增长，总体呈下降态势，表明该区森林抚育间伐经营强度有力。结合坡向情况分析，结果如下。

在海拔1200m以下，2002—2017年的森林特征变化情况为，森林密度变化情况：①在西北坡和西南坡呈逐年先减后增，总体保持动态平衡。②在其他坡面上基本呈逐年先增后减，总体为增加态势。森林单位面积蓄积量变化情况：①在西北坡面上，呈逐年先减后增，总体为增加趋势。②在西南坡面上，呈逐年增加趋势。③在其他坡面上，呈逐年先增后减，总体为增加趋势。森林林木单株蓄积量变化情况：①在东北和西南坡面上，呈逐年增加趋势。②在西坡面上，呈逐年递减趋势。③在其他坡面上，呈逐年先减后增趋势。

在海拔1200～2400m，2002—2017年的森林特征变化情况：森林密度和森林单位面积蓄积量变化情况一致，均为除了平地等无坡向区域呈逐年增加趋势，其他坡向上均呈逐年先增后减，总体为增加趋势。森林林木单株蓄积量变化情况：①在北坡和西坡面上，研究期内基本保持动态平衡。②平地等无坡向区域逐年呈先增后减，总体为下降平衡趋势。③在其他坡面上基本呈逐年先减后增趋势。

在海拔2400m以上，2002—2017年的森林特征变化情况为，森林密度变化情况：除了在南坡面上呈逐年先增后减，总体保持增加趋势外，其他坡向上均表现为呈逐年增加趋势。森林单位面积蓄积量变化情况：①在西坡面上，呈逐年递增趋势。②在东北坡和南坡坡面上，逐年呈先增后减，总体保持增加。③在其他坡向上均表现为逐年先减后增，总体保持增加。森林林木单株蓄积量变化情况：①在北坡和南坡两个一阴一阳的对立坡面上，呈逐年先减后增的趋势。②在其他坡面上均呈现依次逐年减（2007年）—增（2012年）—减（2017年）的波形变化形式，总体呈向下降低趋势。这一趋势为不良现象，监管部门应高度引起重视，加强年度监测，防止该区域森林质量下降。

表 2-20 研究期均为乔木林的样地活立木生长因子分海拔按坡向统计

分布海拔	坡向	样地综合			研究期调查年度										
					2002 年样地活立木			2007 年样地活立木			2012 年样地活立木			2017 年样地活立木		
		公顷株数（株）	公顷蓄积（m³）	单株蓄积（m³）	公顷株数（株）	公顷蓄积（m³）	单株蓄积（m³）	公顷株数（株）	公顷蓄积（m³）	单株蓄积（m³）	公顷株数（株）	公顷蓄积（m³）	单株蓄积（m³）	公顷株数（株）	公顷蓄积（m³）	单株蓄积（m³）
综合		1130	127	0.112	903	111.2	0.123	1094	113.7	0.104	1292	144.4	0.112	1223	137.4	0.112
1200m以下	综合	950	118.8	0.126	825	103.8	0.126	900	111.3	0.124	1113	136.3	0.123	950	123.8	0.129
	北	950	126.3	0.133	825	112.5	0.136	963	125	0.131	1113	143.8	0.129	913	125.0	0.136
	东	963	135.0	0.14	725	122.5	0.17	938	130.0	0.139	1200	147.5	0.122	988	140.0	0.141
	东北	900	138.8	0.154	850	121.3	0.143	913	136.3	0.149	1013	160.0	0.157	813	136.3	0.168
	东南	1000	123.8	0.123	838	107.5	0.128	1000	116.3	0.117	1200	143.8	0.12	975	126.3	0.129
	南	1013	91.3	0.089	838	77.5	0.092	913	78.8	0.086	1288	110.0	0.086	1050	97.5	0.093
	西	975	111.3	0.113	800	98.8	0.124	850	98.8	0.116	1125	127.5	0.113	1088	116.3	0.107
	西北	963	120.0	0.126	913	116.3	0.128	850	103.8	0.123	1100	133.8	0.122	988	127.5	0.129
	西南	875	101.3	0.114	800	81.3	0.102	775	92.5	0.118	988	116.3	0.118	963	116.3	0.12
1200～2400m	综合	1150	103.8	0.090	913	85.0	0.092	1100	93.8	0.086	1338	121.3	0.091	1250	115.0	0.092
	北	1100	107.5	0.098	900	91.3	0.101	1075	98.8	0.092	1250	125.0	0.100	1150	115.0	0.099
	东	1113	100.0	0.090	850	78.8	0.092	1075	88.8	0.083	1288	118.8	0.092	1200	113.8	0.094
	东北	1113	108.8	0.098	863	90	0.104	1075	98.8	0.092	1288	126.3	0.099	1225	120.0	0.098
	东南	1150	102.5	0.089	875	81.3	0.093	1100	93.8	0.085	1363	121.3	0.089	1263	112.5	0.089
	南	1163	97.5	0.083	875	71.3	0.082	1100	88.8	0.081	1388	115	0.083	1288	112.5	0.088
	无坡向	1313	152.5	0.116	813	96.3	0.119	1175	157.5	0.134	1563	163.8	0.105	1600	182.5	0.114
	西	1163	102.5	0.088	988	82.5	0.084	1100	92.5	0.084	1300	118.8	0.091	1263	113.8	0.09
	西北	1200	110.0	0.092	1013	91.3	0.09	1125	100.0	0.089	1400	128.8	0.092	1263	121.3	0.095
	西南	1200	97.5	0.082	975	82.5	0.085	1138	88.8	0.077	1400	113.8	0.082	1288	107.5	0.084
2400m以上	综合	1163	197.5	0.169	900	190.0	0.211	1200	176.3	0.147	1263	211.3	0.168	1313	207.5	0.159
	北	1163	230.0	0.197	963	222.5	0.232	1225	216.3	0.176	1250	238.8	0.191	1250	242.5	0.193
	东	1075	176.3	0.165	825	161.3	0.195	1063	152.5	0.144	1113	190.0	0.170	1263	198.8	0.157
	东北	1038	233.8	0.225	825	226.3	0.276	1113	230.0	0.207	1100	247.5	0.226	1150	230.0	0.200
	东南	1225	161.3	0.132	963	162.5	0.169	1213	137.5	0.114	1350	170.0	0.127	1400	173.8	0.124
	南	1263	171.3	0.136	913	155.0	0.171	1388	156.3	0.113	1438	188.8	0.132	1313	180.0	0.137
	西	1200	191.3	0.16	763	171.3	0.222	1188	172.5	0.145	1325	208.8	0.158	1450	210.0	0.145
	西北	1288	210.0	0.164	1000	207.5	0.209	1363	175.0	0.128	1363	228.8	0.168	1413	222.5	0.157
	西南	1188	178.8	0.151	963	171.3	0.179	1188	157.5	0.133	1275	193.8	0.151	1300	190.0	0.147

（四）研究期森林生长、消耗情况分析

1. 研究期乔木林年均生长量 / 率情况

研究期内的 4 个调查年度，以 2002 年为起始参照年，其年均生长量 / 率、消耗量 / 率均不进行计算统计，2017 年为研究期终止年，其年均生长量 / 率也不进行计算统计。统计结果见表 2-21。统计数据显示，研究期内各调查年度均为乔木林的森林样地样木平均胸径、平均树高、单位面积株数及蓄积量，基本呈逐年上升趋势。其中 2002 ～ 2012 年的 10 年间增幅较大；2012 ～ 2017 的 5 年间增幅不大，生长量趋于平稳。2017 年与 2012 年比较，活立木单位面积蓄积量略偏小，消耗木单位面积蓄积量偏大。消耗木中，枯木的单位面积蓄积量偏大，相反采伐木的单位面积蓄积量偏小。这表明，研究期内随着森林保护政策力度的不断强化，森林年采伐利用量逐年下降，森林植被更加丰富，但森林全生命周期科学、合理的经营措施仍较缺乏。全省以中、幼龄为主体的乔木林单位面积蓄积枯损量呈逐年上升趋势（2002 年的 3.5m³/hm² 到 2017 年的 7.8m³/hm²，特别是 2012—2017 年的 5 年间枯损量急速上升），主要与组成森林的林木密度过大有关，这与缺乏科学、合理的森林抚育间伐措施密切相关，多为森林全生命周期经营作业技术措施中的阶段性科学间伐、疏伐抚育措施的缺失所致。

表 2-21　研究期乔木林样地生长、消耗状况分析

年度	平均胸径（cm）	平均树高（m）	活立木		消耗木						年均生长量（m³/hm³）	年均消耗量（m³/hm³）	年均生长率（%）	年均消耗率（%）
			公顷株数（株）	公顷蓄积（m³）	计		枯损木		采伐木					
					公顷株数（株）	公顷蓄积（m³）	公顷株数（株）	公顷蓄积（m³）	公顷株数（株）	公顷蓄积（m³）				
2002 年	14.6	9.7	903	111.2	139	12.4	28	3.5	111	9.0	—	—	—	—
2007 年	15.6	10.4	1094	113.7	151	13.0	34	4.0	117	8.9	0.50	0.12	0.44	0.94
2012 年	16.3	11.1	1292	144.4	168	12.8	49	4.2	119	8.6	6.14	−0.04	4.76	−0.30
2017 年	16.7	11.5	1223	137.4	185	15.8	80	7.8	106	7.9	−1.4	0.60	−0.99	4.20

2. 研究期森林树木主要消耗形式

（1）研究期乔木林采伐树种结构动态分析

研究期乔木林（含研究期非稳定乔木林部分，即乔木林地类转入、转出部分）平均单位面积采伐量从 2002 年（16.9m³/hm²）到 2017 年（12.4m³/hm²）呈逐年下降趋势，这与云南近年来，强力实施生态保护优先理念，不断加强天然林保护力度，禁止一切天然林采伐政策的实施预期结果一致。

从采伐木的起源结构分析，研究期天然林的采伐量较人工林的采伐量大 1 倍以上。从采伐木的龄组结构分析，2002—2012 年，成、过熟林每年的采伐量占比约为 44%，2017 年，成、过熟林的采伐量占比仅为 26.5%。由此可见，云南森林过去在全周期经营利用过程中的采伐利用主要特点有：首先，森林采伐利用的成熟度不高（成、过熟林采伐量约为 44%，低于 50%）；其次，伴随生态保护优先制度的确立和天然林保护政策的实施，近期森林采伐主要为抚育性质的中、幼龄林木采伐，成、过熟林主伐利用量锐减（2017 年，成、过熟林采伐量下降至 26.5%）。从采伐木的密度结构分析，研究期内采伐木的密度等级以疏级占优势（采伐量均大于 58%，除 2012 年为 58.5% 外，其余调查年度均大于 70%），表明研究期内的森林采伐以抚育间伐和生态疏伐等作业法为主，皆伐等作业法占比较低。从采伐木的树种数量结构分析，研究期内乔木林内的采伐树种种类呈逐年增多的趋势，表明乔木林内物种多样性呈现丰富，天然异龄混交林森林结构优势逐渐形成。从采伐木的龄级结构分析，

研究期内异龄林内的采伐量占压倒式优势（研究期4个调查年度，采伐蓄积量占比均大于92%）。

如果按研究期2个及以上调查年度均出现采伐的树种统计，研究期4个调查年度均出现采伐的树种称为主要采伐树种，那么云南森林主要采伐树种有：桉树、柏树、高山松、华山松、桦木、冷杉、栎类、木荷、杉木、思茅松、铁杉、杨树、油杉、云南松、云杉共15个（不含其他软阔类和其他硬阔类2个树种组中的多个树种）主要采伐树种；研究期3个调查年度出现采伐的树种有：高山栎、柳杉、桤木、青冈、樟、泡桐共6个一般性采伐树种。以上21个树种均为云南的常见用材树种，应作为云南森林经营中主要的木材储备树种加以规划培育。研究期2个调查年度出现采伐的树种有：红椿、槲栎、麻栎、扭曲云南松、落叶松、楠木、红豆杉共7个采伐树种；研究期1个调查年度出现采伐的树种有60种，分别为：黄杉、香椿、池杉、枫香、水杉、柚木、核桃、柳树、白穗石栎、大叶石栎、滇石栎、多变石栎、光叶石栎、厚鳞石栎、截头石栎、杯状栲、刺栲、短刺栲、高山栲、小果栲、银叶栲、印度栲、元江栲、川滇高山栎、川西栎、光叶高山栎、黄背栎、灰背栎、栓皮栎、锥连栎、黄毛青冈、曼青冈、毛叶曼青冈、毛叶青冈、小叶青冈、披针叶楠、粗壮琼楠、滇厚朴、滇润楠、黑荆树、黄丹木姜子、尖叶桂樱、楝、毛叶黄杞、云南黄杞、南酸枣、三尖杉、云南泡花树、云南厚壳桂、橡胶、水冬瓜、石楠、香面叶、枫树、其他阔叶、桐类、杜鹃、其他灌木、其他松类、乌桕。这些树种多数为2017年调查时，树种调查精度提高后树种组（如：栎类、其他阔叶类、其他软阔类、其他硬阔类等）被细分到种所致，这部分采伐树种未在表2-22中列出。

计算统计结果见表2-22，详见附表2：研究期乔木林主要组成结构中采伐树种蓄积占比动态统计表。

表2-22 研究期乔木林主要组成结构中经常性采伐树种蓄积占比动态统计表

采伐频率（次）	乔木林样地常见采伐树种	统计年度（年）	乔木林平均采伐量 m³/hm²	起源结构（%）人工	起源结构（%）天然	龄组结构（%）幼龄林	龄组结构（%）中龄林	龄组结构（%）近熟林	龄组结构（%）成熟林	龄组结构（%）过熟林	密度结构（%）疏	密度结构（%）中	密度结构（%）密	树种数量结构（%）2种以内	树种数量结构（%）3~4个树种	树种数量结构（%）4个树种以上	龄级结构（%）同龄林	龄级结构（%）异龄林
	研究期综合	2002	16.9	26.3	73.7	23.6	17.3	15.2	19.4	24.6	74.8	14.4	10.9	34.2	37.8	28	7.9	92.1
	研究期综合	2007	16.2	33.9	66.1	23.1	22.6	10.6	20.9	22.8	70.0	18.1	11.9	22.2	44.2	33.6	1.3	98.7
	研究期综合	2012	13.1	38.1	61.9	22	15.9	16.2	29.9	16	58.5	17.6	23.8	18.7	39.6	41.7	2.4	97.6
	研究期综合	2017	12.4	19.4	80.6	32.9	27	13.6	16.9	9.6	77.0	16.1	7	13.1	21.6	65.2	2.6	97.4
4	桉树	2002	7.7	82.1	17.9	13.2	72.2	14.6	—	—	100	—	—	82.5	17.5		—	100
	桉树	2007	7.3	38.1	61.9	30.9	58.2	10.9	—	—	71.8	28.2	—	11.7	30.8	57.5	9.6	90.4
	桉树	2012	13.8	79.5	20.5	28.7	30.2	31.5	9.6	—	14.4	5.2	80.4	45.5	29.7	24.8	—	100
	桉树	2017	17.3	61.6	38.4	60.4	33.2	5	1.4	—	16	—	84	64.9	1.3	33.8	—	100
4	柏木	2002	4.4	8.5	91.5	4.4	0.5	—	—	95.1	100	—	—	97.5	—	2.5	—	100
	柏木	2007	0.3	100	—	100	—	—	—	—	100	—	—	—	—	100	—	100
	柏木	2012	1.7	75.6	24.4	75.6	—	24.4	—	—	24.4	5.2	75.6	45.5	—	100	—	100
	柏木	2017	1	75.5	24.5	24.5	75.5	—	—	—	75.5	24.5	—	—	24.5	75.5	—	100
	西藏柏木	2017	83.6	100	—	—	100	—	—	—	100	—	—	—	100	—	—	100
4	高山松	2002	10.8	—	100	12.7	26	12.9	18.2	30.2	34.5	46.4	19.1	41.8	35.1	23.1	77.6	22.4
	高山松	2007	12.1	—	100	8.4	31.6	18.7	13.9	27.4	37.4	49.2	13.4	35.5	32.4	32.1	8.2	91.8
	高山松	2012	10.6	—	100	27.6	24.6	38.8	9	—	22.8	36.2	40.9	46.9	12.8	40.3	10.1	89.9
	高山松	2017	14.6	—	100	—	15.5	19.5	16.1	48.9	19	19.7	61.3	17.1	63.1	19.8	—	100

续表 2-22

采伐频率（次）	乔木林样地常见采伐树种	统计年度（年）	乔木林平均采伐量 m³/hm²	起源结构（%）		龄组结构（%）					密度结构（%）			树种数量结构（%）			龄级结构（%）	
				人工	天然	幼龄林	中龄林	近熟林	成熟林	过熟林	疏	中	密	2种以内	3~4个树种	4个树种以上	同龄林	异龄林
4	华山松	2002	6.7	44.6	55.4	10.2	10.2	20.7	44.5	14.4	51.8		48.2	41.9	44.1	14	89.2	10.8
	华山松	2007	14.8	67.9	32.1	38.9	6	17.6	25	12.5	33.1	9.9	57	31.6	62.6	5.8	1.3	98.7
	华山松	2012	8.3	40.7	59.3	13.9	14.2	18.8	20.4	32.7	48.3	16	35.7	24.4	29.5	46.1	—	100
	华山松	2017	9.6	50.5	49.5	0	22.6	11.4	28	38	35.9	28.6	35.5	24.9	26.8	48.3	—	100
4	桦木	2002	7.8	8.2	91.8	8.9	11.3	30.7	6.6	42.5	87.1	12.9	0	46.2	21.2	32.6	—	100
	桦木	2007	10	46.9	53.1	19.1	7	21.8	24.3	27.8	38.9	61.1	0	47.5	23	29.5	—	100
	桦木	2012	3.8	27.8	72.2	10.8	9	10.1	—	70.1	67.2	15.4	17.3	8.8	81.3	9.9	—	100
	桦木	2017	3.4	78.6	21.4	11.4	25.1	63.5	—	—	71.4	28.6	0	66.4	15	18.6	—	100
	红桦	2017	4.3	—	100	100	—	—	—	—	100	—	—	—	—	100	—	100
	西南桦	2017	38.1	1.5	98.5	—	88.4	0.7	10.9	—	98.5	1.5	—	—	96.2	3.8	—	100
4	冷杉	2002	107.1	—	100	71.5	8.7	0.1	9.8	9.9	100	—	—	57.8	42.2	—	21	79
	冷杉	2007	112.1	—	100	—	—	—	43.2	56.8	67.7	12.6	19.7	26.3	53.7	20	—	100
	冷杉	2012	0.6	—	100	30.9	—	—	30.9	38.2	34.6	50.2	15.2	5.7	40	54.3	—	100
	冷杉	2017	0.2	—	100	100	—	—	—	100	100	—	—	—	100	—	—	100
	长苞冷杉	2017	40.6	0.4	99.6	43.5	27	—	29.5	—	100	—	—	51	48.8	0.2	—	100
	中甸冷杉	2017	10.8	—	100	—	—	1.9	96.2	1.9	100	—	—	98.1	—	1.9	—	100
	川滇冷杉	2017	3.6	—	100	—	—	—	100	—	100	—	—	100	—	—	—	100

续表 2-22

采伐频率（次）	乔木林样地常见采伐树种	统计年度（年）	乔木林平均采伐量 m³/hm²	起源结构（%）		龄组结构（%）					密度结构（%）			树种数量结构（%）			龄级结构（%）	
				人工	天然	幼龄林	中龄林	近熟林	成熟林	过熟林	疏	中	密	2种以内	3~4个树种	4个树种以上	同龄林	异龄林
	栎类	2002	17.9	20.4	79.6	18	21.4	17.2	19.6	23.8	42.4	29.1	28.5	40.2	25.7	34.1	5.8	94.2
	栎类	2007	16.3	55	45	11.6	16.7	12.7	22.4	36.6	44.9	35.5	19.6	33.2	31.9	34.9	10.4	89.6
4	栎类	2012	13.1	78.2	21.8	12.2	11.7	12.9	18.8	44.4	38	32.7	29.2	23.2	36.4	40.4	1.3	98.7
	栎类	2017	13.9	29.4	70.6	15.3	15.8	9.5	48.9	10.5	55	20.9	24.1	73.6	11.3	15	34.1	65.9
	木荷	2002	11.8	0.7	99.3	28.7	22.7	0	48.6	—	100	—	—	30.4	45	24.6	—	100
	木荷	2007	8.4	65.2	34.8	28.4	29.4	42.2	—	—	100	—	—	3.5	46.7	49.8	—	100
4	木荷	2012	8.7	26.2	73.8	62.9	29.4	3.7	4	—	35.1	50.7	14.2	23.1	24.9	52	—	100
	红木荷	2017	12.7	46.5	53.5	60.7		39.3	—	—	69.7	30.3	—	—	90	10	—	100
	木荷	2017	7	61.5	38.5	31.1	8.8	47.1	—	13	37	44.1	18.9	2.1	74.8	23.2	—	100
	银木荷	2017	4.8	90.7	9.3	48.2	49.6	2.2	—	0	93.4	6.6	—	90.7	0	9.3	—	100
	其他软阔类	2002	22	0.3	99.7	21.5	7.6	11.2	40.4	19.3	48.3	7.4	44.3	50.1	16.3	33.6	—	100
4	其他软阔类	2007	16.4	60.6	39.4	19.6	26.9	18.7	14	20.8	41.6	25.2	33.2	35.8	31.7	32.5	—	100
	其他软阔类	2012	13	63.3	36.7	20	20	21.6	22	16.4	37.4	28.9	33.7	16.6	39.9	43.5	—	100
	其他软阔类	2017	10.8	63.9	36.1	25.7	20.5	20.5	9.4	23.9	60.7	26.3	13	52	25.1	22.9	28.6	71.4
	其他硬阔类	2002	23.8	51.6	48.4	20	19.2	37.8	17.8	5.2	38	55.2	6.8	24.6	19.1	56.3	—	100
4	其他硬阔类	2007	22.6	55.1	44.9	14.9	28.6	26.6	21.3	8.6	34.4	35.8	29.8	33	40.6	26.4	—	100
	其他硬阔类	2012	22.1	69.9	30.1	19.9	10	29.2	38.3	2.6	47.9	13.8	38.3	67.2	15.3	17.5	4.3	95.7
	其他硬阔类	2017	5.7	1.7	98.3	40.7	32.1	8.5	8.7	10	43.9	44	12.1	19.7	34.8	45.5	—	100

续表 2-22

采伐频率（次）	乔木林样地常见采伐树种	统计年度（年）	乔木林平均采伐量 m³/hm²	起源结构（%）		龄组结构（%）					密度结构（%）			树种数量结构（%）			龄级结构（%）	
				人工	天然	幼龄林	中龄林	近熟林	成熟林	过熟林	疏	中	密	2种以内	3~4个树种	4个树种以上	同龄林	异龄林
	杉木	2002	10	50.7	49.3	57.1	35.6	—	4	3.3	39.5	—	60.5	27.6	34	38.4	—	100
4	杉木	2007	20.1	76.2	23.8	48	15.1	9.1	7.6	20.2	34.2	59.3	6.5	25.3	18.2	56.5	—	100
	杉木	2012	19.7	45.1	54.9	34.6	11.3	9.6	33.2	11.3	21.3	23	55.6	27.8	28.8	43.4	—	100
	杉木	2017	33.3	20	80	38.8	5	1.3	3.5	51.4	86.3	10.5	3.2	56.1	21.8	22.2	78.8	21.2
	思茅松	2002	19.7	67.4	32.6	31.8	29.4	19.4	19.4	—	54.6	23	22.4	29.7	29.6	40.7	—	100
4	思茅松	2007	19.8	18.7	81.3	35.5	22.4	21.1	21	—	41.6	18	40.4	42.6	31.6	25.8	—	100
	思茅松	2012	28.1	77.9	22.1	24.6	39.8	21.6	14	0	16.6	21.4	62	43.2	34.8	22	—	100
	思茅松	2017	19.9	75.6	24.4	37.1	18.3	12	9.3	23.3	61.8	29.3	8.9	53.6	16.9	29.5	79.5	20.5
	铁杉	2002	36.1	—	100	—	—	—	52.9	47.1	100	—	—	—	0	100	—	100
4	铁杉	2007	28.9	—	100	—	62	—	32	6	100	—	—	—	48.4	51.6	—	100
	铁杉	2012	14	—	100	—	95.4	—	4.6	—	100	—	—	—	4.6	95.4	—	100
	丽江铁杉	2017	70.8	—	100	—	100	—	—	—	100	—	—	—	—	100	—	100
	云南铁杉	2017	11.8	—	100	—	—	100	—	—	100	—	—	—	—	100	—	100
	杨树	2002	21.7	20.5	79.5	2.7	2.5	12.8	12.8	69.2	90.6	9.4	—	11.8	19	69.2	—	100
4	杨树	2007	16.1	36.7	63.3	2.2	4.5	12.4	10.7	70.2	60	26.5	13.5	28.1	46.9	25	—	100
	杨树	2012	12	90.8	9.2	15	7.6	46.8	29.8	0.8	55.9	28.2	16	83.6	3.9	12.5	—	100
	杨树	2017	9.3	66.4	33.6	—	18	9	7	66	81.5	13.3	5.2	73.6	10.2	16.2	—	100
	滇杨	2017	10.2	79.6	20.4	—	57.6	—	42.4	—	94.6	5.4	—	—	3.1	96.9	—	100

续表 2-22

采伐频率（次）	乔木林样地常见采伐树种	统计年度（年）	乔木林平均采伐量 m³/hm²	起源结构（%）		龄组结构（%）					密度结构（%）			树种数量结构（%）			龄级结构（%）	
				人工	天然	幼龄林	中龄林	近熟林	成熟林	过熟林	疏	中	密	2种以内	3~4个树种	4个树种以上	同龄林	异龄林
4	油杉	2002	8.3	3.6	96.4	29.8	22.7	27.1	20.4	—	43.7	49.2	7.1	24	30	46	—	100
	油杉	2007	4.2	64.4	35.6	20.7	39.5	24.7	15.1	—	31.8	16	52.2	24.5	35.6	39.9	—	100
	油杉	2012	9.1	82.5	17.5	10.3	12.8	38.6	34.5	3.8	19	40.3	40.8	23.3	47.8	28.9	—	100
	油杉	2017	7.4	—	100	9.1	18	37	9.3	26.6	45.5	6.5	48	14.6	24.3	61	—	100
4	云南松	2002	12.5	32.9	67.1	16	22.5	21.8	21.9	17.8	40.8	31	28.2	25.2	34.2	40.6	14	86
	云南松	2007	11.5	28.6	71.4	13.6	19.3	19.1	31.3	16.7	38.9	38.2	22.9	24	29.9	46.1	7.1	92.9
	云南松	2012	10.9	47.6	52.4	10.2	18.1	18.1	14.5	39.1	36.8	40.1	23.1	22.4	37.7	39.9	53.4	46.6
	云南松	2017	11.5	43.8	56.2	13.9	20.7	22.7	18.1	24.6	44.7	28.5	26.8	23.5	36	40.5	—	100
4	云杉	2002	22.4	—	100	1.4	—	—	—	98.6	100	—	—	41	59	—	—	100
	云杉	2007	22.7	—	100	—	—	3	—	97	100	—	—	—	100	—	—	100
	云杉	2012	18.3	5.8	94.2	—	22.8	—	70.8	6.4	100	—	—	51.5	2.9	45.6	1	99
	丽江云杉	2017	64.2	—	100	—	0.4	—	—	99.6	99.6	—	0.4	23.8	76.2	—	—	100
	油麦吊云杉	2017	2.5	—	100	—	—	—	100	0	100	—	—	—	—	100	—	100
3	高山栎	2002	19.8	—	100	29.1	16.1	11.4	36.2	7.2	66	33.7	0.3	32.9	38.8	28.3	—	100
	高山栎	2007	24.9	—	100	2.1	40.6	6	49.5	1.8	43.3	56	0.7	50.8	10.2	39	—	100
	高山栎	2017	6.4	—	100	24.9	27.2	—	47.9	—	80.3	13.4	6.3	5.5	67.6	26.9	—	100
3	柳杉	2002	20.8	100	—	—	—	100	—	—	100	—	—	—	—	100	—	100
	柳杉	2012	56.7	100	—	—	—	100	—	—	—	100	—	—	—	100	—	100
	柳杉	2017	52.9	100	—	—	—	—	100	—	100	—	—	—	—	100	—	100

续表 2-22

采伐频率（次）	乔木林样地常见采伐树种	统计年度（年）	乔木林平均采伐量 m³/hm²	起源结构（%）		龄组结构（%）					密度结构（%）			树种数量结构（%）			龄级结构（%）	
				人工	天然	幼龄林	中龄林	近熟林	成熟林	过熟林	疏	中	密	2种以内	3~4个树种	4个树种以上	同龄林	异龄林
3	樟	2002	8.5	—	100	—	100	—	—	—	100	—	—	—	100	—	—	100
	樟	2012	2.9	—	100	—	—	—	—	100	100	—	—	—	100	—	—	100
	云南樟	2017	6.2	51.2	48.8	30.3	69.7	—	—	0	100	—	—	—	44.4	55.6	—	100
3	泡桐	2007	2	45.7	54.3	—	54.3	—	—	45.7	100	—	—	—	100	—	—	100
	泡桐	2012	16.6	93.2	6.8	3	3.5	—	—	93.5	100	—	—	—	94.2	5.8	—	100
	泡桐	2017	7.6	82.6	17.4	9.6	—	—	7.4	83	100	—	—	—	—	100	—	100
3	椆木	2002	8.7	39.4	60.6	23.1	18.5	5.7	26	26.7	35.4	26.2	38.4	39.4	34.4	26.2	28.4	71.6
	椆木	2007	16.3	24.4	75.6	5.2	26.6	20.3	12	35.9	59.5	14.7	25.8	55.1	18.9	26	—	100
	椆木	2017	17.9	60.3	39.7	31.9	14.7	29.9	14.6	8.9	35.5	62.2	2.3	35.2	24.8	40	—	100
3	青冈	2002	4.7	—	100	61.5	11.1	—	27.4	—	32.1	67.9	—	25.1	74.9	—	—	100
	青冈	2007	26.6	—	100	26.3	61	11.8	0.9	—	97.2	—	2.8	1.3	32.6	66.1	—	100
	青冈	2017	11.8	—	100	44.7	26.1	—	3.2	26	99.3	—	0.7	—	64	36	—	100
	滇青冈	2017	13.3	—	100	27	26.1	2.7	43.7	0.5	67.9	17.9	14.2	3	38	59	—	100

　　研究期内，云南森林采伐木的胸径主要集中在小径材（胸径 12cm 以下）树木的采伐（占 60% 以上），这可能主要与研究期内云南山区农村采薪利用及普遍的林区中幼林抚育间伐、各类工程使用林地皆伐性采伐、桉树等短轮伐期工业原料用材林经营性采伐等林木经营利用方式有关。大、中径材（胸径 12cm 以上）采伐木虽然采伐数量占比不大（不足 40%），但是采伐蓄积占比却超过了 60%，最高达 78.4%（2007 年）；胸径 18cm 以上，主要做板材利用的采伐木数量最大不足 20%，这些现象表明云南在森林多功能科学经营利用、做大做强林产业方面有较大的培育提升空间。统计结果见表 2-23。详见附表 3：研究期样地采伐树种按胸径径级占比动态统计表。

表 2-23　研究期样地样木采伐量按胸径径级占比动态统计表

调查统计年度	胸径 5 ~ 12cm		胸径 12 ~ 18cm		胸径 18 ~ 24cm		胸径 24cm 以上	
	株数（%）	蓄积（%）	株数（%）	蓄积（%）	株数（%）	蓄积（%）	株数（%）	蓄积（%）
2002 年	65.7	22.5	15.8	16.0	8.9	14.8	9.6	46.3
2007 年	61.9	21.6	19.6	20.1	7.1	12.9	11.4	45.3
2012 年	71.0	32.5	11.0	13.8	6.5	17.8	11.5	35.8
2017 年	71.1	37.9	14.9	20.7	5.8	12.7	8.2	28.7

　　（2）研究期乔木林枯损木结构组成动态分析

　　研究期内，森林单位面积平均枯损量从 2002—2012 年依次出现下降趋势，2017 年，枯损量突然急增并超过前三年各年度统计量。"十三五"期间，云南加强了天然林保护力度，逐步禁止天然林商品性采伐。同时，执行了严格的森林保护为优先的生态文明建设战略举措。随之而来，各种性质的森林采伐锐减，森林密度增大，森林中枯木没有得到及时清理等因素，可能是导致 2017 年森林枯损量增加的主要原因之一。

　　从起源结构看，除自然灾害强烈影响外，研究期天然林的枯损量总体上大于人工林（2007 年人工林枯损量比天然林大的主要原因是一场较大的雪灾所致，这同时也说明云南的人工林较天然林抗雪灾等自然灾害能力弱）。

　　从龄组结构看，研究期内过熟林枯损量占比最高，4 个调查年度均超过 24%，最高达 36%。其次是中龄林，有 2 个调查年度超过了 20% 的平均值。幼龄林、近熟林的枯损量占比均不到 20%。这些统计数据显示，云南的森林现状经营中，应重点做好中龄林透光、疏伐、增粗抚育和过熟林顶极森林群落目标林相中、上层林林木定株疏伐的多功能持续经营利用的目标林相森林群落。

　　从密度结构看，研究期内的 4 个调查年度显示，森林密度等级为疏时的枯损量占比最高，并从 2002—2017 年，枯损量占比有逐年依次下降趋势。这是否与森林覆盖率的高低对林下地表含水量多少产生影响有关？具体为，森林密度越大，覆盖率就越高，森林地表水涵养能力和储量增强，林木就不易枯死；反之，林木枯死风险就增大。是否如此，需要进一步研究论证。当然，也不排除人为干扰因素，例如：森林在高强度保护政策背景下，存在一些林农通过人为使树木枯死后，逐渐采伐蚕食，实现林地经营方向的调整转变。森林密度越小，就越容易被林农自发地将地类调整转化，由此引起森林枯死木增多及森林地类的转变。

　　从组成森林的物种多样性（即树种数量结构）来看，研究期内，3 ~ 4 个树种组成的森林中的枯木量总体较大，但差异不显著。同样，也有组成森林的物种多样性越丰富，树木枯木量就越大的趋势，但差异亦不显著。从能量循环观点分析，森林的物种多样性越丰富，能量循环就越快，树木枯木量就越大，森林内的微生物就越活跃，土壤就越肥沃，进而又促进树木的快速生长，形成森林生态系统的良性循环。

　　从龄级组成看，研究期内，基本上是异龄林的枯木量占据主导地位，这表明："爷、儿、孙"

世代同堂的森林（异龄林），更具有生木与枯木动态均衡的能力，实现森林多功能、多效益的永续利用；而同龄林常伴有"同生同枯"的特点，不便于森林生态系统的持续利用。统计结果见表2-24。详见附表4：研究期乔木林样地枯损树种结构类型蓄积占比统计表。

表2-24 研究期乔木林样地枯损量按森林结构类型蓄积占比统计表

统计年度（年）	样地平均枯损量（m³/hm²）	起源结构（%）		龄组结构（%）					密度结构（%）			树种数量结构（%）			龄级组成（%）	
		人工	天然	幼龄林	中龄林	近熟林	成熟林	过熟林	疏	中	密	2种以内	3~4个树种	5个树种及以上	同龄林	异龄林
2002	9.5	11.9	88.1	16.2	20.4	18.9	18.6	26.0	74.1	7.4	18.5	38.1	39.2	22.7	5.7	94.3
2007	8.9	77.1	22.9	19.5	14.9	17.4	23.6	24.5	70.0	16.7	13.2	24.1	41.2	34.7	0.5	99.5
2012	7.8	29.6	70.4	19.1	22.4	16.2	18.0	24.3	57.9	16.2	25.9	12.0	45.2	42.9	5.7	94.3
2017	11.1	29.6	70.4	10.8	15.9	18.7	18.6	36.0	43.1	33.6	23.3	29.3	32.5	38.2	59.0	41.0

研究期内的4个调查年度枯木数量以小径材树为最多（超61.0%），但枯木蓄积总量则以大、中径材树（胸径18cm以上）为主（超45.0%），这表明，研究期内云南森林中的林木健康状况在森林经营中仍存在不足，林木的科学采伐利用仍有空间。统计结果见表2-25。详见附表5：研究期样地枯损树种按胸径径级占比动态统计表。

表2-25 研究期样地样木枯损量按胸径径级占比动态统计表

调查年度（年）	胸径5~12cm		胸径12~18cm		胸径18~24cm		胸径24cm以上	
	株数（%）	蓄积（%）	株数（%）	蓄积（%）	株数（%）	蓄积（%）	株数（%）	蓄积（%）
2002	62.4	23.4	13.3	13.3	6.8	12.4	17.5	50.9
2007	61.0	26.3	16.0	13.8	12.2	16.6	10.8	43.3
2012	78.4	36.3	11.9	17.5	5.4	13.4	4.3	32.7
2017	67.7	30.7	17.3	22.5	5.2	10.7	9.8	36.1

二、研究期乔木林生长量和生长率计算结果与分析

经固定监测样地检尺木分析，本研究中用于生长量和生长率估算分析的样木共计437634株，记录到检尺树种397种。其中：5年期（2002—2007年，2007—2012年，2012—2017年）监测检尺树种397种，样木437634株；10年期（2002—2012年，2007—2017年）监测检尺树种381种，样木248810株；15年期（2002—2017年）监测检尺树种349种，样木98665株。

（一）乔木林生长量和生长率按起源统计

天然林：单株树木胸径年平均生长量0.33cm，蓄积年平均生长量0.0058m³；单株树木胸径年平均生长率0.28%，蓄积年平均生长率6.98%。人工林：单株树木胸径年平均生长量0.51cm，蓄积年平均生长量0.0064m³；单株树木胸径年平均生长率0.45%，蓄积年平均生长率10.35%。萌生林：单株树木胸径年平均生长量0.53cm，蓄积年平均生长量0.0060m³；单株树木胸径年平均生长率0.52%，蓄积年平均生长率12.10%。

结论：人工林的生长力远比天然林旺盛，萌生林（以人工采伐后萌生成林为主）的生长力与人工林相当。原因分析，一方面，人工林（含人工萌生林）的经营抚育管护措施普遍较好，而天然林普

遍缺乏抚育管护，特别是公益林区域；另一方面，人工林（含人工萌生林）的林龄90%以上为幼中龄林，属生长力旺盛期，而天然林（特别是滇西北片区原始天然林区）有很大一部分为成过熟林，属生长力衰败期，符合幼中龄林的生长力较成过熟林生长力强的自然规律。

（二）乔木林生长量和生长率按地类统计

纯林：单株树木胸径年平均生长量综合平均为0.34cm，蓄积年平均生长量为0.0052m³；单株树木胸径年平均生长率0.31%，蓄积年平均生长率7.6%。

混交林：单株树木胸径年平均生长量综合平均为0.34cm，蓄积年平均生长量为0.00585m³；单株树木胸径年平均生长率0.29%，蓄积年平均生长率7.2%。

结论：从云南森林纯林和混交林的综合年平均生长量和年平均生长率来看，二者生长力区别不大，但结合森林起源分析，天然混交林的生长力（单株树木蓄积年平均生长量0.00575m³和年平均生长率7.0%）比天然纯林的生长力（单株树木蓄积年平均生长量0.0049m³和年平均生长率6.88%）强；人工混交林的生长力（单株树木蓄积年平均生长量0.0063m³和年平均生长率10.16%）比人工纯林的生长力（单株树木蓄积年平均生长量0.0065m³和年平均生长率10.54%）弱。结合样地材料分析，天然林普遍缺乏抚育管护，自然形成的混交林多数为次生性质的幼、中龄林，而纯林多数为上层林木占绝对优势的成、过熟林，故天然混交林的生长力强于天然纯林；人工林现状多数以经营纯林为主，混交林多数为因疏于经营管护而自然形成的近自然林初始阶段，纯林目标树明确、经营管护较精细，混交林经营管护普遍较粗放、优势树种不明确，原人工目标树多数有被大然入侵的次生树种替代的趋势。

从乔木林的起源、地类及其生长量统计数据综合分析，萌生纯林的单株树木胸径年平均生长量（0.56cm）、生长率（12.34%）最高；天然纯林的单株树木胸径年平均生长量（0.30cm）、生长率（6.88%）最低；萌生纯林的单株树木蓄积年平均生长量（0.0065 m³）、生长率（12.34%）最高；天然纯林的单株树木蓄积年平均生长量（0.0049 m³）、生长率（6.88%）最低。这一结论与前文研究期内，乔木林密度结构与起源结构对森林单位面积蓄积量及森林树木单株蓄积量影响情况的分析结论（萌生起源的森林，蓄积量最低；天然起源的森林，蓄积量最高），看似是两种截然相反的矛盾结果，但仔细分析，二者其实并不矛盾，因为，在研究期内，云南萌生乔木林无论是公顷蓄积（41.2m³）还是单株蓄积（0.031m³）都较其他起源的乔木林低下，再结合乔木林的龄组和其组成林木个体龄级结构统计分析，萌生乔木林以幼龄林样地为主体，有极少量的中龄林样地分布，无近、成、过熟林样地分布。这证明萌生乔木林在幼中龄林阶段确实比天然林和人工林生长得快（年平均生长量和生长率均领先），天然林生长最慢，但是森林整体年龄进入中龄以后，萌生林生长就逐渐放慢，且很快进入衰退期，林木个体走向枯死或停滞生长，这也是萌生乔木林为何单位面积蓄积和单株蓄积均较低的原因。相反，天然林幼林期生长十分缓慢，但进入中龄以后，林木生长就会加速，且生长周期较长，故从顶极森林的培育目标出发，天然实生林更具有生长量积累优势。由此，笔者认为，在森林经营规划设计中，不能只强调天然林培育优势，而否定人工林和萌生林的培育发展，应根据区域多功能林业，特别是林产业的发展需求，按需进行详细的分类经营规划。例如：对非生态脆弱区，适宜发展短轮伐期原料用材林、短轮伐期薪炭林、短轮伐期纸浆林等商品林产业的森林，可考虑规划发展萌生林或者人工林（如滇东南、滇南、滇西南的杉木林和桉树林），以缩短经营周期；相反，对生态林经营来说，那就一定得培育天然林和近自然林以获取最优的、长周期的、持续性的多种经营效益。

乔木林按起源分地类的胸径及蓄积年均生长量和年均生长率统计，见表2-26。

表 2-26　研究期乔木林按起源分地类单株树木年平均生长量 / 率统计表

森林起源	地类	单株胸径年平均生长量（cm）	单株蓄积年平均生长量（m³）	单株胸径年平均生长率（%）	单株蓄积年平均生长率（%）
综合		0.34	0.0058	0.30	7.30
计	纯林	0.34	0.0052	0.31	7.60
	混交林	0.34	0.0059	0.29	7.20
天然	计	0.33	0.0058	0.28	6.98
天然	纯林	0.30	0.0049	0.27	6.88
天然	混交林	0.33	0.0058	0.28	7.00
人工	计	0.51	0.0064	0.45	10.35
人工	纯林	0.52	0.0065	0.47	10.54
人工	混交林	0.50	0.0063	0.44	10.16
萌生	计	0.53	0.0060	0.52	12.10
萌生	纯林	0.56	0.0065	0.54	12.34
萌生	混交林	0.50	0.0055	0.50	11.87

（三）研究期乔木林林分胸径与生长量、生长率间的变化关系分析

取样木株数大于 100 株的乔木林样地进行估算统计分析，结果显示：在可获取的胸径分析区间（6 ~ 78cm）内，云南森林单株树木蓄积（材积）年平均生长量随林木平均胸径（6 ~ 78cm）的增加呈总体增长趋势，当胸径达 96cm 时，单株蓄积年平均生长量达最大值（0.0581m³），之后单株蓄积年平均生长量随胸径的增加呈总体下降趋势；与之不同，单株胸径年平均生长量则随林木胸径的增加而呈规律性区间波动。云南森林单株树木胸径与年平均生长量变化关系，如图 2-1 所示。

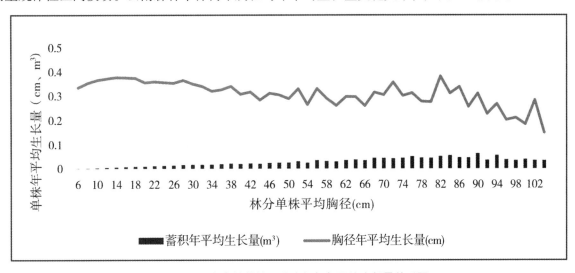

图 2-1　云南森林单株平均胸径与年平均生长量关系图

1.胸径年平均生长量

当林木胸径在 6 ~ 68cm 时，单株胸径年平均生长量随林分胸径的增长呈逐渐增大，林木胸径达

16cm 时，单株胸径年平均生长量达最大值（0.379cm）；之后，随林木胸径的增长，单株胸径年平均生长量总体呈逐步下降趋势，当林木胸径达 68cm 时，单株胸径年生长量为最小（0.262cm）。

当林木胸径大于 68cm 时，单株胸径年平均生长量随林木胸径的增长而呈逐渐增大，胸径达 74cm（样本数 99 株）时，单株胸径年平均生长量达最大值（0.359cm）。之后，随林木胸径的增长而单株胸径年平均生长量逐渐减小，森林龄组已进入过熟林阶段，在确保上层林木采伐后郁闭度仍不低于 0.20 时，可进行定株收获性采伐利用。

总体而言，当林木胸径为 12 ~ 20cm 时，单株胸径年平均生长量为 0.367 ~ 0.379cm，是本研究中统计样木数超过 100 株时的最大值范围，其中，林木胸径为 16cm 时，单株胸径年平均生长量达 0.379cm，为最大值。当林木胸径小于 16cm 时，胸径年平均生长量随胸径的增长而增加；当林木胸径大于 16cm 时，单株胸径年平均生长量随胸径的增长呈不规律的曲线下降。

2. 蓄积年平均生长量

云南森林蓄积年平均生长量随林木平均胸径的增加呈总体增长趋势；当胸径达 96cm 时，单株蓄积年平均生长量达最大值（0.0581m³），之后蓄积年平均生长量随胸径的增加呈总体下降趋势。

3. 年平均生长率情况

胸径和蓄积的年平均生长率基本上随样木胸径的增大而下降，当样木胸径为 6cm（本研究中的最小起始胸径径阶值）时，单株胸径年平均生长率（4.22%）和蓄积年平均生长率（10.3%）为最大值。这一规律再次证明，前文森林起源数据统计分析中，云南萌生乔木林之所以年平均生长率较人工乔木林和天然乔木林的年平均生长率高，最主要原因就是研究期内从萌生乔木林中统计到的分析样木，其胸径综合平均值比天然乔木林和人工乔木林中的样木小得多，主要为幼龄林中调查到的样木之故，如图 2-2 所示。

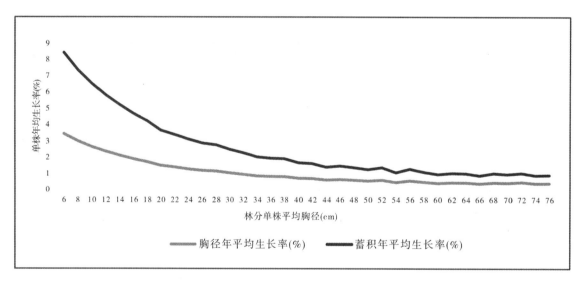

图 2-2　云南森林单株平均胸径与年均生长率关系图

研究期森林树木按起测胸径年均生长量和年均生长率估算，见表 2-27。

表 2-27　研究期森林林木按起测胸径单株年生长量和年生长率估算表

起测胸径（cm）	单株胸径年平均生长量（cm）	单株蓄积年平均生长量（m³）	单株胸径年平均生长率（%）	单株蓄积年平均生长率（%）	统计样木数（株）	起测胸径（cm）	单株胸径年平均生长量（cm）	单株蓄积年平均生长量（m³）	单株胸径年平均生长率（%）	单株蓄积年平均生长率（%）	统计样木数（株）
6	0.329	0.0021	4.22	10.3	195573	44	0.319	0.0245	0.69	1.61	1392
8	0.337	0.0030	3.44	8.45	164427	46	0.286	0.0233	0.60	1.39	1091
10	0.355	0.0042	2.99	7.38	115608	48	0.314	0.0265	0.63	1.46	851
12	0.367	0.0055	2.64	6.54	81621	50	0.307	0.0271	0.59	1.36	641
14	0.374	0.0069	2.35	5.83	58506	52	0.291	0.0277	0.54	1.25	623
16	0.379	0.0083	2.11	5.24	42105	54	0.332	0.0329	0.59	1.36	475
18	0.378	0.0097	1.89	4.69	29935	56	0.267	0.0273	0.46	1.06	423
20	0.376	0.0111	1.71	4.23	21857	58	0.333	0.0375	0.55	1.28	340
22	0.357	0.0119	1.49	3.65	16615	60	0.293	0.0334	0.48	1.09	252
24	0.361	0.0135	1.39	3.39	12595	62	0.263	0.0320	0.41	0.95	310
26	0.358	0.0148	1.28	3.11	9444	64	0.300	0.0374	0.45	1.02	240
28	0.355	0.0160	1.19	2.87	6946	66	0.299	0.0394	0.44	1.00	219
30	0.367	0.0181	1.15	2.76	5491	68	0.262	0.0372	0.38	0.87	177
32	0.352	0.0188	1.04	2.48	4376	70	0.318	0.0470	0.44	1.01	136
34	0.342	0.0194	0.95	2.27	3247	72	0.307	0.0464	0.42	0.95	142
36	0.322	0.0199	0.85	2.02	2961	74	0.359	0.0446	0.47	1.02	99
38	0.328	0.0214	0.82	1.94	2303	76	0.304	0.0468	0.39	0.88	107
40	0.342	0.0237	0.81	1.91	1792	78	0.315	0.0534	0.40	0.90	105
42	0.310	0.0225	0.71	1.66	1502	胸径大于78cm后，统计样木数小于100株，精度较低，未列入本表中。					

注：统计样木数越大，精度越高；反之，样木数越小，精度越低。

（四）研究期乔木林分树种按林木起测胸径综合估算年均生长量和年均生长率

由于分树种、分胸径的统计样木数量相对较少，有的树种胸径直接没有收集到检尺统计样木数，因此，当参与统计样木的数量小于50株时，本统计数据所得结果可信度较低。不推荐用于指导营林生产设计，仅供理论研究参考，特别是在分州、市估算统计的数据表中，样木数量更少。本研究中记录到的乔木（含乔木化灌木树种）检尺树种达397种，因文中篇幅有限，仅列出滇中8个常见树种的估算统计结果，如表2-28，目的是与读者分享统计方法，更多树种情况参见附表6：研究期乔木林分树种按林木起测单株胸径年均生长量和年均生长率综合估算表。

表 2-28　研究期乔木林分树种按林木起测胸径与其单株年均生长量和年均生长率综合估算表

树种	胸径（cm）	单株胸径年均生长量（cm）	单株胸径年均生长率（%）	单株蓄积年均生长量（m³）	单株蓄积年均生长率（%）	样木数量（株）	树种	胸径（cm）	单株胸径年平均生长量（cm）	单株胸径年平均生长率（%）	单株蓄积年平均生长量（m³）	单株蓄积年平均生长率（%）	样木数量（株）
杉木	6	0.64	7.27	0.0041	15.49	4523	杉木	8	0.63	5.87	0.0055	13.12	3952
杉木	10	0.59	4.69	0.0063	10.88	3022	杉木	12	0.54	3.75	0.0071	8.96	2483
杉木	14	0.49	3.03	0.0076	7.34	1676	杉木	16	0.5	2.74	0.0092	6.67	1162
杉木	18	0.49	2.42	0.0105	5.96	778	杉木	20	0.47	2.13	0.0114	5.26	431
杉木	22	0.44	1.84	0.0118	4.58	351	杉木	24	0.46	1.75	0.0142	4.33	294
杉木	26	0.44	1.59	0.0152	3.96	173	杉木	28	0.4	1.38	0.0149	3.43	91
杉木	30	0.43	1.34	0.0177	3.31	79	杉木	32	0.39	1.17	0.0178	2.91	36
杉木	34	0.32	0.92	0.0158	2.28	19	杉木	36	0.5	1.32	0.0273	3.24	16
滇油杉	6	0.29	3.88	0.0015	9.13	3549	滇油杉	8	0.29	3.07	0.002	7.48	3121
滇油杉	10	0.31	2.72	0.003	6.69	2247	滇油杉	12	0.32	2.38	0.0039	5.93	1595
滇油杉	14	0.34	2.19	0.0051	5.49	1169	滇油杉	16	0.35	1.98	0.0061	4.98	777
滇油杉	18	0.36	1.86	0.0074	4.67	391	滇油杉	20	0.4	1.83	0.0095	4.6	276
滇油杉	22	0.36	1.5	0.0098	3.74	205	滇油杉	24	0.37	1.44	0.0116	3.59	136
滇油杉	26	0.37	1.34	0.0125	3.33	74	滇油杉	28	0.33	1.11	0.0123	2.75	57
滇油杉	30	0.34	1.08	0.0138	2.67	28	滇油杉	32	0.42	1.22	0.0195	2.97	36
滇油杉	34	0.36	1.02	0.0181	2.48	22	滇油杉	38	0.42	1.02	0.0247	2.47	12
滇油杉	42	0.38	0.86	0.0252	2.04	10	滇油杉	44	0.28	0.61	0.019	1.46	13
滇油杉	46	0.16	0.35	0.0114	0.82	14	云南松	6	0.33	4.22	0.0021	10.58	48209
云南松	8	0.34	3.46	0.0032	8.8	40972	云南松	10	0.35	3.02	0.0045	7.79	29705
云南松	12	0.37	2.67	0.0061	6.91	21626	云南松	14	0.38	2.38	0.0077	6.18	15654
云南松	16	0.38	2.16	0.0095	5.58	11182	云南松	18	0.38	1.93	0.0112	4.98	7565
云南松	20	0.37	1.7	0.0126	4.38	5252	云南松	22	0.35	1.49	0.0139	3.83	3534
云南松	24	0.36	1.39	0.0159	3.54	2372	云南松	26	0.35	1.25	0.0171	3.19	1716
云南松	28	0.36	1.2	0.0197	3.04	1137	云南松	30	0.36	1.13	0.0216	2.85	807
云南松	32	0.35	1.03	0.0226	2.57	596	云南松	34	0.34	0.95	0.0235	2.36	398
云南松	36	0.31	0.82	0.0236	2.02	318	云南松	38	0.29	0.74	0.0243	1.85	250
云南松	40	0.31	0.74	0.0265	1.81	138	云南松	42	0.26	0.59	0.0255	1.47	106
云南松	44	0.34	0.75	0.0354	1.85	52	云南松	46	0.25	0.53	0.0287	1.31	34
云南松	48	0.31	0.63	0.0375	1.55	38	云南松	50	0.38	0.73	0.0424	1.79	24

续表 2-28

树种	胸径（cm）	单株胸径年均生长量（cm）	单株胸径年均生长率（%）	单株蓄积年均生长量（m³）	单株蓄积年均生长率（%）	样木数量（株）	树种	胸径（cm）	单株胸径年平均生长量（cm）	单株胸径年平均生长率（%）	单株蓄积年平均生长量（m³）	单株蓄积年平均生长率（%）	样木数量（株）
云南松	52	0.2	0.37	0.0247	0.9	17	云南松	54	0.24	0.45	0.0312	1.1	15
高山栲	6	0.31	4.05	0.0017	10.75	3020	高山栲	8	0.28	3.02	0.0022	7.82	2493
高山栲	10	0.33	2.81	0.0034	7.04	1719	高山栲	12	0.34	2.53	0.0044	6.34	1027
高山栲	14	0.34	2.17	0.0053	5.34	731	高山栲	16	0.37	2.09	0.0068	5.08	447
高山栲	18	0.35	1.78	0.0074	4.29	283	高山栲	20	0.37	1.71	0.0089	4.08	194
高山栲	22	0.25	1.08	0.0068	2.57	167	高山栲	24	0.27	1.07	0.0083	2.53	127
高山栲	26	0.32	1.15	0.0108	2.69	138	高山栲	28	0.3	1.02	0.0113	2.38	79
高山栲	30	0.33	1.04	0.0127	2.39	67	高山栲	32	0.24	0.71	0.0102	1.67	41
高山栲	34	0.26	0.72	0.0126	1.69	40	高山栲	36	0.22	0.59	0.0102	1.33	48
高山栲	38	0.31	0.78	0.0156	1.76	27	高山栲	40	0.2	0.47	0.0121	1.1	17
高山栲	42	0.19	0.45	0.0114	1.02	24	高山栲	44	0.3	0.66	0.0181	1.48	25
高山栲	46	0.31	0.65	0.0188	1.42	12	高山栲	48	0.23	0.48	0.0146	1.05	21
高山栲	50	0.19	0.38	0.0126	0.83	12	高山栲	54	0.26	0.48	0.0187	1.04	11
高山栲	56	0.28	0.49	0.0232	1.08	11	华山松	6	0.38	4.86	0.0023	10.83	11197
华山松	8	0.39	4.02	0.0033	9.19	7940	华山松	10	0.42	3.51	0.0046	8.13	5373
华山松	12	0.45	3.18	0.0062	7.36	3593	华山松	14	0.45	2.8	0.0075	6.49	2473
华山松	16	0.46	2.54	0.009	5.86	1749	华山松	18	0.48	2.4	0.0107	5.56	1229
华山松	20	0.5	2.25	0.0124	5.15	726	华山松	22	0.51	2.11	0.0146	4.78	533
华山松	24	0.53	2.03	0.0171	4.56	363	华山松	26	0.51	1.79	0.0182	3.99	244
华山松	28	0.52	1.71	0.0198	3.82	164	华山松	30	0.57	1.75	0.024	3.86	138
华山松	32	0.6	1.71	0.0277	3.76	89	华山松	34	0.5	1.38	0.0246	3.03	99
华山松	36	0.46	1.21	0.0243	2.65	73	华山松	38	0.61	1.5	0.0334	3.31	49
华山松	40	0.57	1.36	0.0336	3	24	华山松	42	0.5	1.14	0.031	2.46	34
华山松	44	0.34	0.74	0.0218	1.62	22	华山松	46	0.49	1.04	0.0328	2.23	12
华山松	48	0.37	0.73	0.0269	1.54	15	旱冬瓜	6	0.77	8.01	0.0069	17.73	1853
旱冬瓜	8	0.74	6.43	0.0087	15.01	2069	旱冬瓜	10	0.73	5.41	0.0109	13.09	1965
旱冬瓜	12	0.66	4.32	0.012	10.7	1905	旱冬瓜	14	0.63	3.7	0.0133	9.37	1660
旱冬瓜	16	0.59	3.16	0.0147	8.11	1394	旱冬瓜	18	0.6	2.88	0.0173	7.39	1053
旱冬瓜	20	0.58	2.57	0.0195	6.59	878	旱冬瓜	22	0.55	2.24	0.0206	5.77	692

续表 2-28

树种	胸径（cm）	单株胸径年均生长量（cm）	单株胸径年均生长率（%）	单株蓄积年均生长量（m³）	单株蓄积年均生长率（%）	样木数量（株）	树种	胸径（cm）	单株胸径年平均生长量（cm）	单株胸径年平均生长率（%）	单株蓄积年平均生长量（m³）	单株蓄积年平均生长率（%）	样木数量（株）
旱冬瓜	24	0.56	2.1	0.0237	5.38	533	旱冬瓜	26	0.54	1.91	0.0258	4.89	442
旱冬瓜	28	0.49	1.63	0.0256	4.16	345	旱冬瓜	30	0.61	1.85	0.0361	4.69	281
旱冬瓜	32	0.52	1.51	0.0325	3.82	209	旱冬瓜	34	0.48	1.32	0.0325	3.36	142
旱冬瓜	36	0.47	1.23	0.0348	3.11	160	旱冬瓜	38	0.48	1.2	0.0378	3.01	97
旱冬瓜	40	0.49	1.16	0.0416	2.9	77	旱冬瓜	42	0.48	1.06	0.0444	2.63	57
旱冬瓜	44	0.44	0.95	0.0425	2.37	61	旱冬瓜	46	0.38	0.78	0.0384	1.94	55
旱冬瓜	48	0.45	0.89	0.0477	2.19	39	旱冬瓜	50	0.42	0.8	0.0477	1.98	24
旱冬瓜	52	0.24	0.46	0.0283	1.13	29	旱冬瓜	54	0.5	0.89	0.0627	2.18	15
旱冬瓜	56	0.29	0.5	0.0373	1.23	27	旱冬瓜	58	0.56	0.94	0.0771	2.29	15
旱冬瓜	60	0.24	0.4	0.034	0.97	17	滇石栎	6	0.29	3.94	0.0015	9.99	3859
滇石栎	8	0.29	3.06	0.0021	7.68	2665	滇石栎	10	0.32	2.73	0.0033	6.74	1737
滇石栎	12	0.31	2.29	0.0039	5.67	1032	滇石栎	14	0.29	1.89	0.0045	4.62	810
滇石栎	16	0.3	1.68	0.0056	4.06	632	滇石栎	18	0.29	1.46	0.0061	3.51	530
滇石栎	20	0.34	1.56	0.0084	3.74	306	滇石栎	22	0.38	1.57	0.0109	3.72	203
滇石栎	24	0.33	1.3	0.0103	3.08	157	滇石栎	26	0.38	1.37	0.013	3.26	95
滇石栎	28	0.42	1.41	0.0161	3.33	54	滇石栎	30	0.3	0.97	0.0124	2.31	54
滇石栎	32	0.28	0.85	0.0116	1.99	19	滇石栎	34	0.38	1.07	0.0171	2.48	13
滇石栎	36	0.3	0.83	0.0159	1.96	10	滇石栎	38	0.22	0.57	0.0116	1.31	31
滇石栎	40	0.36	0.86	0.0222	2.01	17	滇石栎	42	0.15	0.36	0.0082	0.82	12
滇石栎	44	0.31	0.67	0.0189	1.5	28	滇石栎	46	0.3	0.62	0.0202	1.39	18
滇石栎	48	0.39	0.79	0.0263	1.74	18	滇石栎	50	0.3	0.59	0.0203	1.29	11
滇青冈	6	0.28	3.81	0.0014	10.02	6022	滇青冈	8	0.29	3.12	0.0022	7.95	4133
滇青冈	10	0.3	2.61	0.003	6.53	2635	滇青冈	12	0.29	2.18	0.0037	5.44	1812
滇青冈	14	0.3	1.94	0.0046	4.78	1188	滇青冈	16	0.31	1.8	0.0056	4.4	689
滇青冈	18	0.32	1.62	0.0067	3.92	501	滇青冈	20	0.3	1.38	0.0074	3.3	389
滇青冈	22	0.28	1.21	0.0077	2.88	315	滇青冈	24	0.28	1.11	0.0086	2.61	214
滇青冈	26	0.29	1.04	0.0101	2.45	182	滇青冈	28	0.26	0.9	0.0097	2.12	143
滇青冈	30	0.31	0.98	0.0126	2.29	119	滇青冈	32	0.33	0.96	0.0153	2.24	95
滇青冈	34	0.25	0.7	0.0112	1.6	60	滇青冈	36	0.24	0.65	0.0121	1.5	52

续表 2-28

树种	胸径（cm）	单株胸径年均生长量（cm）	单株胸径年均生长率（%）	单株蓄积年均生长量（m³）	单株蓄积年均生长率（%）	样木数量（株）	树种	胸径（cm）	单株胸径年平均生长量（cm）	单株胸径年平均生长率（%）	单株蓄积年平均生长量（m³）	单株蓄积年平均生长率（%）	样木数量（株）
滇青冈	38	0.28	0.7	0.0152	1.62	60	滇青冈	40	0.27	0.65	0.0163	1.48	45
滇青冈	42	0.17	0.4	0.0102	0.93	28	滇青冈	44	0.33	0.71	0.021	1.61	36
滇青冈	46	0.24	0.5	0.0153	1.12	19	滇青冈	48	0.26	0.52	0.0177	1.16	18
滇青冈	52	0.18	0.34	0.0122	0.73	11	滇青冈	54	0.27	0.5	0.024	1.14	23
滇青冈	56	0.18	0.31	0.0135	0.68	18	滇青冈	64	0.15	0.23	0.0159	0.52	13

（五）研究期乔木林分树种按起源、地类综合估算生长量和生长率分析

本研究中记录到的乔木（含乔木化灌木树种）检尺树种达 397 种，因文中篇幅有限，仅列出云南 24 个常见主要树种的估算统计结果，如表 2-29，更多树种情况参见附表 7：研究期乔木林按树种、起源、地类分单株年生长量和生长率综合估算表。表 2-29 中将乔木林的组成树种按森林起源和地类计算，统计出该树种的最大胸径和蓄积年平均生长量、胸径和蓄积综合年生长量，当胸径生长量为最大值时，对森林树种密度及森林树种组成多样性（即样地树种数）情况进行统计记录，以供森林经营等林业生长量的预期估算设计作参考。

表2-29 研究期乔木林单株按树种、起源、地类分单株年均生长量和年均生长率综合估算表

树种名称	林分起源	地类	单株最大胸径年生长量（cm）	单株胸径综合年生长量（cm）	单株最大蓄积年生长量（m³）	单株蓄积综合年生长量（m³）	胸径生长量最大值时 样木每亩株数	胸径生长量最大值时 样地树种数
滇青冈	综合		2.24	0.289	0.1626	0.0035	44	3～4
滇青冈	—	纯林	2.00	0.218	0.1626	0.0033	—	—
滇青冈	—	混交林	2.24	0.301	0.1154	0.0035	—	—
滇青冈	天然	计	2.24	0.288	0.1626	0.0035	—	—
滇青冈	天然	纯林	2.00	0.217	0.1626	0.0032	—	—
滇青冈	天然	混交林	2.24	0.301	0.1154	0.0035	—	—
滇青冈	人工	计	1.9	0.518	0.0406	0.0101	—	—
滇青冈	人工	纯林	0.9	0.598	0.0406	0.028	—	—
滇青冈	人工	混交林	1.9	0.509	0.0231	0.0081	—	—
滇青冈	萌生	计	0.68	0.68	0.0054	0.0054	—	—
滇青冈	萌生	混交林	0.68	0.68	0.0054	0.0054	—	—
滇石栎	综合		2.5	0.297	0.0818	0.0036	109	1～2
滇石栎	—	纯林	0.68	0.279	0.0122	0.0019	—	—
滇石栎	—	混交林	2.5	0.297	0.0818	0.0036	—	—
滇石栎	天然	计	2.5	0.296	0.0818	0.0036	—	—
滇石栎	天然	纯林	0.66	0.275	0.0122	0.0018	—	—
滇石栎	天然	混交林	2.5	0.296	0.0818	0.0036	—	—
滇石栎	人工	计	0.98	0.43	0.0112	0.0031	—	—
滇石栎	人工	纯林	0.68	0.68	0.0036	0.0036	—	—
麻栎	综合		2.26	0.336	0.0918	0.0038	53	3～4
麻栎	—	纯林	1.36	0.298	0.0302	0.0034	—	—
麻栎	—	混交林	2.26	0.34	0.0918	0.0038	—	—
麻栎	天然	计	2.26	0.335	0.0918	0.0038	—	—
麻栎	天然	纯林	1.36	0.296	0.0302	0.0034	—	—
麻栎	天然	混交林	2.26	0.339	0.0918	0.0038	—	—
麻栎	人工	计	1.78	0.549	0.0202	0.0054	—	—
麻栎	人工	纯林	1.34	0.97	0.0098	0.0092	—	—
麻栎	人工	混交林	1.78	0.531	0.0202	0.0053	—	—
麻栎	萌生	计	0.84	0.331	0.0077	0.0023	—	—
麻栎	萌生	混交林	0.84	0.331	0.0077	0.0023	—	—
杉木	综合		4.46	0.56	0.108	0.0064	37	≥5种
杉木	—	纯林	4.46	0.571	0.091	0.0064	—	—
杉木	—	混交林	3.12	0.549	0.108	0.0065	—	—
杉木	天然	计	2.26	0.664	0.0709	0.0085	—	—
杉木	天然	纯林	1.12	0.87	0.0118	0.0077	—	—
杉木	天然	混交林	2.26	0.663	0.0709	0.0085	—	—
杉木	人工	计	4.46	0.548	0.108	0.0064	—	—
杉木	人工	纯林	4.46	0.562	0.091	0.0066	—	—

续表 2-29

树种名称	林分起源	地类	单株最大胸径年生长量（cm）	单株胸径综合年生长量（cm）	单株最大蓄积年生长量（m³）	单株蓄积综合年生长量（m³）	胸径生长量最大值时 样木每亩株数	胸径生长量最大值时 样地树种数
滇石栎	人工	混交林	0.98	0.427	0.0112	0.0031	—	—
滇石栎	萌生	计	0.96	0.559	0.0057	0.0034	—	—
滇石栎	萌生	混交林	0.96	0.559	0.0057	0.0034	—	—
滇杨	综合		1.92	0.341	0.0572	0.0041	24	≥5种
滇杨	—	纯林	0.64	0.254	0.0082	0.0024	—	—
滇杨	—	混交林	1.92	0.343	0.0572	0.0041	—	—
滇杨	天然	计	1.56	0.294	0.0572	0.0038	—	—
滇杨	天然	纯林	0.64	0.254	0.0082	0.0024	—	—
滇杨	天然	混交林	1.56	0.295	0.0572	0.0038	—	—
滇杨	人工	计	1.92	0.759	0.0258	0.0097	—	—
滇杨	人工	混交林	1.92	0.759	0.0258	0.0097	—	—
滇杨	萌生	计	1.22	0.551	0.0156	0.0045	—	—
滇杨	萌生	混交林	1.22	0.551	0.0156	0.0045	—	—
枫香	综合		1.9	0.554	0.1502	0.0164	58	≥5种
枫香	—	混交林	1.9	0.554	0.1502	0.0164	—	—
枫香	天然	计	1.9	0.554	0.1502	0.0164	—	—
高山栲	综合		2.66	0.312	0.1782	0.0039	33	3~4
高山栲	天然	纯林	1.78	0.192	0.016	0.0013	—	—
杉木	人工	混交林	3.12	0.534	0.108	0.0063	—	—
杉木	萌生	计	1.98	0.616	0.0276	0.0045	—	—
杉木	萌生	纯林	1.98	0.64	0.0276	0.0047	—	—
杉木	萌生	混交林	1.78	0.512	0.017	0.0039	—	—
思茅松	综合		3.66	0.489	0.1198	0.0095	79	3~4
思茅松	—	纯林	2.44	0.51	0.1198	0.0084	—	—
思茅松	—	混交林	3.66	0.479	0.1126	0.01	—	—
思茅松	天然	计	3.66	0.466	0.1198	0.0099	—	—
思茅松	天然	纯林	2.44	0.469	0.1198	0.009	—	—
思茅松	天然	混交林	3.66	0.465	0.1126	0.0102	—	—
思茅松	人工	计	2.62	0.66	0.1002	0.0061	—	—
思茅松	人工	纯林	2.18	0.674	0.1002	0.0061	—	—
思茅松	人工	混交林	2.62	0.643	0.0506	0.0062	—	—
枫香	萌生	计	1.82	1.063	0.055	0.0265	—	—
枫香	萌生	混交林	1.82	1.063	0.055	0.0265	—	—
铁杉	综合		1.54	0.406	0.0451	0.0089	19	≥5种
铁杉	—	纯林	0.6	0.478	0.0068	0.0052	—	—
铁杉	—	混交林	1.54	0.404	0.0451	0.009	—	—
铁杉	天然	计	1.54	0.393	0.0451	0.0088	—	—

续表2-29

树种名称	林分起源	地类	单株最大胸径年生长量(cm)	单株胸径综合年生长量(cm)	单株最大蓄积年生长量(m³)	单株蓄积综合年生长量(m³)	胸径生长量最大值时 样木每亩株数	胸径生长量最大值时 样地树种数
高山栲	—	混交林	2.66	0.324	0.1782	0.0042	—	—
高山栲	天然	计	2.66	0.311	0.1782	0.0039	—	—
高山栲	天然	纯林	1.78	0.192	0.016	0.0013	—	—
高山栲	天然	混交林	2.66	0.324	0.1782	0.0042	—	—
高山栲	人工	计	0.94	0.49	0.0095	0.0041	—	—
高山栲	人工	混交林	0.94	0.49	0.0095	0.0041	—	—
高山栲	萌生	计	0.94	0.82	0.0106	0.0084	—	—
高山栲	萌生	混交林	0.94	0.82	0.0106	0.0084	—	—
旱冬瓜	综合		4.42	0.631	0.3332	0.0155	58	3~4
旱冬瓜	—	纯林	3.42	0.733	0.2036	0.0189	—	—
旱冬瓜	—	混交林	4.42	0.616	0.3332	0.015	—	—
旱冬瓜	天然	计	4.42	0.608	0.3332	0.0156	—	—
旱冬瓜	天然	纯林	3.42	0.658	0.2036	0.0193	—	—
旱冬瓜	天然	混交林	4.42	0.603	0.3332	0.0152	—	—
旱冬瓜	人工	计	4.18	0.814	0.1268	0.0143	—	—
旱冬瓜	人工	纯林	2.9	0.967	0.124	0.0177	—	—
旱冬瓜	人工	混交林	4.18	0.761	0.1268	0.0131	—	—
旱冬瓜	萌生	计	2.96	0.838	0.085	0.0173	—	—
旱冬瓜	萌生	纯林	2.96	0.813	0.085	0.0183	—	—

单株最大胸径年生长量(cm)	单株胸径综合年生长量(cm)	单株最大蓄积年生长量(m³)	单株蓄积综合年生长量(m³)	胸径生长量最大值时 样木每亩株数	胸径生长量最大值时 样地树种数	树种名称	林分起源	地类
0.6	0.478	0.0068	0.0052	—	—	铁杉	天然	纯林
1.54	0.391	0.0451	0.0089	—	—	铁杉	天然	混交林
1.2	1.007	0.0208	0.0153	—	—	铁杉	萌生	计
1.2	1.007	0.0208	0.0153	—	—	铁杉	萌生	混交林
2.74	0.938	0.1128	0.0133	42	3~4	秃杉	综合	
2.44	0.956	0.0504	0.0161	—	—	秃杉	—	纯林
2.74	0.918	0.1128	0.01	—	—	秃杉	—	混交林
2.74	0.926	0.0318	0.0097	—	—	秃杉	天然	计
2.74	0.926	0.0318	0.0097	—	—	秃杉	天然	混交林
2.44	0.946	0.1128	0.0139	—	—	秃杉	人工	计
2.44	0.956	0.0504	0.0161	—	—	秃杉	人工	纯林
1.78	0.93	0.1128	0.0104	—	—	秃杉	人工	混交林
0.86	0.522	0.0092	0.004	—	—	秃杉	萌生	计
0.86	0.522	0.0092	0.004	—	—	秃杉	萌生	混交林
3.64	0.704	0.2084	0.015	78	3~4	西南桦	综合	
2.84	0.789	0.115	0.0127	—	—	西南桦	—	纯林
3.64	0.685	0.2084	0.0154	—	—	西南桦	—	混交林
3.64	0.685	0.2084	0.0168	—	—	西南桦	天然	计
2.34	0.853	0.115	0.0179	—	—	西南桦	萌生	纯林

续表 2-29

树种名称	林分起源	地类	单株最大胸径年生长量（cm）	单株胸径综合年生长量（cm）	单株最大蓄积年生长量（m³）	单株蓄积综合年生长量（m³）	胸径生长量最大值时 样木每亩株数	胸径生长量最大值时 样地树种数
旱冬瓜	萌生	混交林	2.06	0.91	0.0612	0.0145	—	—
黑荆树	综合		2.42	0.649	0.0684	0.0072	22	3～4
黑荆树	—	纯林	2	0.599	0.0438	0.0062	—	—
黑荆树	—	混交林	2.42	0.786	0.0684	0.0101	—	—
黑荆树	天然	计	0.7	0.645	0.0098	0.0078	—	—
黑荆树	天然	混交林	0.7	0.645	0.0098	0.0078	—	—
黑荆树	人工	计	2.42	0.649	0.0684	0.0072	—	—
黑荆树	人工	纯林	2	0.599	0.0438	0.0062	—	—
黑荆树	人工	混交林	2.42	0.793	0.0684	0.0103	—	—
黑荆树	萌生	计	0.7	0.64	0.0098	0.0063	—	—
黑荆树	萌生	混交林	0.7	0.64	0.0098	0.0063	—	—
红椿	综合		2.92	0.825	0.1486	0.0238	13	1～2
红椿	—	纯林	1.26	0.861	0.0268	0.02	—	—
红椿	—	混交林	2.92	0.824	0.1486	0.0239	—	—
红椿	天然	计	2.92	0.834	0.1486	0.0237	—	—
红椿	天然	纯林	1.26	0.861	0.0268	0.02	—	—
红椿	天然	混交林	2.92	0.833	0.1486	0.0238	—	—
红椿	人工	计	1.76	0.761	0.0961	0.0244	—	—
红椿	人工	混交林	1.76	0.761	0.0961	0.0244	—	—
西南桦	天然	混交林	3.64	0.675	0.2084	0.0168	—	—
西南桦	人工	计	2.84	0.751	0.1013	0.01	—	—
西南桦	人工	纯林	2.84	0.77	0.0548	0.0112	—	—
西南桦	人工	混交林	1.639	0.732	0.1013	0.0089	—	—
西南桦	萌生	计	1.1	0.782	0.0304	0.0122	—	—
西南桦	萌生	混交林	1.1	0.782	0.0304	0.0122	—	—
香椿	综合		2.46	0.738	0.0626	0.0112	1	1～2
香椿	—	混交林	2.46	0.738	0.0626	0.0112	—	—
香椿	天然	计	2.46	0.684	0.0626	0.0182	—	—
香椿	天然	混交林	2.46	0.684	0.0626	0.0182	—	—
香椿	人工	计	2.4	0.751	0.0348	0.0095	—	—
香椿	人工	混交林	2.4	0.751	0.0348	0.0095	—	—
圆柏	综合		1.62	0.371	0.02	0.003	3	1～2
圆柏	—	纯林	1.62	0.332	0.0185	0.0028	—	—
圆柏	—	混交林	1.38	0.538	0.02	0.0041	—	—
圆柏	天然	计	1.38	0.295	0.02	0.0024	—	—
圆柏	天然	纯林	1.1	0.18	0.01	0.0015	—	—
圆柏	天然	混交林	1.38	0.453	0.02	0.0036	—	—
圆柏	人工	计	1.62	0.53	0.0185	0.0044	—	—

续表 2-29

树种名称	林分起源	地类	单株最大胸径年生长量(cm)	单株胸径综合年生长量(cm)	单株最大蓄积年生长量(m³)	单株蓄积综合年生长量(m³)	胸径生长量最大值时 样木每亩株数	胸径生长量最大值时 样地树种数
红木荷	综合	综合	2.88	0.43	0.139	0.0079	69	≥5种
红木荷	—	纯林	1.3	0.42	0.0198	0.0044	—	—
红木荷	—	混交林	2.88	0.431	0.139	0.008	—	—
红木荷	天然	计	2.88	0.421	0.139	0.0078	—	—
红木荷	天然	纯林	1.3	0.392	0.0198	0.0043	—	—
红木荷	天然	混交林	2.88	0.422	0.139	0.0079	—	—
红木荷	人工	计	1.96	0.642	0.0436	0.0113	—	—
红木荷	人工	纯林	0.94	0.768	0.0114	0.0061	—	—
红木荷	人工	混交林	1.96	0.637	0.0436	0.0114	—	—
红木荷	萌生	计	1.22	0.502	0.015	0.0044	—	—
红木荷	萌生	纯林	1.22	0.935	0.0098	0.0064	—	—
红木荷	萌生	混交林	0.74	0.368	0.015	0.0038	—	—
华山松	综合	综合	2.86	0.409	0.1186	0.0052	37	≥5种
华山松	—	纯林	2.86	0.386	0.0634	0.0041	—	—
华山松	—	混交林	2.52	0.433	0.1186	0.0064	—	—
华山松	天然	计	2.52	0.438	0.1186	0.0073	—	—
华山松	天然	纯林	1.78	0.384	0.0382	0.0055	—	—
华山松	天然	混交林	2.52	0.455	0.1186	0.0078	—	—
华山松	人工	计	2.86	0.393	0.0903	0.0041	—	—

树种名称	林分起源	地类	单株最大胸径年生长量(cm)	单株胸径综合年生长量(cm)	单株最大蓄积年生长量(m³)	单株蓄积综合年生长量(m³)	胸径生长量最大值时 样木每亩株数	胸径生长量最大值时 样地树种数
圆柏	人工	纯林	1.62	0.494	0.0185	0.0042	—	—
圆柏	人工	混交林	1.34	1.04	0.0128	0.0071	—	—
圆柏	萌生	计	0.509	0.194	0.0098	0.0015	—	—
圆柏	萌生	纯林	0.509	0.194	0.0098	0.0015	—	—
云南松	综合	综合	2.9	0.345	0.1603	0.0056	3	3~4
云南松	—	纯林	2.9	0.316	0.1396	0.0047	—	—
云南松	—	混交林	2.82	0.371	0.1603	0.0064	—	—
云南松	天然	计	2.82	0.342	0.1603	0.0056	—	—
云南松	天然	纯林	2.64	0.313	0.1396	0.0046	—	—
云南松	天然	混交林	2.82	0.371	0.1603	0.0064	—	—
云南松	人工	计	2.9	0.381	0.0868	0.0053	—	—
云南松	人工	纯林	2.9	0.404	0.0868	0.0063	—	—
云南松	人工	混交林	2.58	0.367	0.0864	0.0047	—	—
云南松	萌生	计	2	0.661	0.1282	0.0125	—	—
云南松	萌生	纯林	1.939	0.624	0.1282	0.0215	—	—
云南松	萌生	混交林	2	0.672	0.0708	0.01	—	—
滇油杉	综合	综合	2.1	0.308	0.061	0.0035	22	3~4
滇油杉	—	纯林	1.56	0.348	0.031	0.0041	—	—
滇油杉	—	混交林	2.1	0.299	0.061	0.0034	—	—

续表 2-29

树种名称	林分起源	地类	单株最大胸径年生长量（cm）	单株胸径综合年生长量（cm）	单株最大蓄积年生长量（m³）	单株蓄积综合年生长量（m³）	胸径生长量最大值时 样木每亩株数	胸径生长量最大值时 样地树种数
华山松	人工	纯林	2.86	0.385	0.0634	0.0039	—	—
华山松	人工	混交林	2.44	0.406	0.0903	0.0046	—	—
华山松	萌生	计	1.54	0.738	0.038	0.0134	—	—
华山松	萌生	纯林	1.38	1.167	0.038	0.0252	—	—
华山松	萌生	混交林	1.54	0.497	0.023	0.0068	—	—
冷杉	综合		0.94	0.177	0.0978	0.0119	8	1~2
冷杉	—	纯林	0.78	0.15	0.0978	0.0126	—	—
冷杉	—	混交林	0.94	0.275	0.0942	0.0087	—	—
冷杉	天然	计	0.8	0.166	0.0978	0.0118	—	—
冷杉	天然	纯林	0.78	0.15	0.0978	0.0126	—	—
冷杉	天然	混交林	0.8	0.229	0.0942	0.0087	—	—
冷杉	人工	计	0.94	0.814	0.0166	0.0135	—	—
冷杉	人工	混交林	0.94	0.814	0.0166	0.0135	—	—
直杆桉	综合		4.16	0.856	0.1094	0.0134	26	1~2
直杆桉	人工	纯林	4.16	0.929	0.1094	0.015	—	—
直杆桉	人工	混交林	1.92	0.484	0.0406	0.0051	—	—

树种名称	林分起源	地类	单株最大胸径年生长量（cm）	单株胸径综合年生长量（cm）	单株最大蓄积年生长量（m³）	单株蓄积综合年生长量（m³）	胸径生长量最大值时 样木每亩株数	胸径生长量最大值时 样地树种数
滇油杉	天然	计	2.1	0.307	0.061	0.0035	—	—
滇油杉	天然	纯林	1.42	0.346	0.031	0.0041	—	—
滇油杉	天然	混交林	2.1	0.298	0.061	0.0033	—	—
滇油杉	人工	计	1.56	0.556	0.0296	0.0068	—	—
滇油杉	人工	纯林	1.56	0.722	0.0296	0.0093	—	—
滇油杉	人工	混交林	1.5	0.505	0.026	0.0061	8	1~2
滇油杉	萌生	计	0.613	0.32	0.0235	0.0032	—	—
滇油杉	萌生	混交林	0.613	0.32	0.0235	0.0032	—	—
云杉	综合		1.16	0.55	0.0694	0.0088	63	1~2
云杉	—	纯林	1.1	0.564	0.0191	0.006	—	—
云杉	—	混交林	1.16	0.544	0.0694	0.0099	—	—
云杉	天然	计	1.14	0.547	0.0694	0.0157	—	—
云杉	天然	混交林	1.14	0.547	0.0694	0.0157	—	—
云杉	人工	计	1.16	0.55	0.0198	0.006	—	—
云杉	人工	纯林	1.1	0.564	0.0191	0.006	—	—
云杉	人工	混交林	1.16	0.541	0.0198	0.0061	—	—

三、森林现状（以2017年调查监测数据为准）数据整理和分析

2017年，全省调查样地中，乔木林样地合计3882块（含无检尺样木样地）。其中：乔木林按样地样木检尺情况统计，检尺样木样地3835块，无检尺样木样地47块；乔木林按样地类型统计，实测样地3662块，目测样地205块，遥感样地15块。研究期4个调查年度均为乔木林的样地2586块。为更加真实地反映乔木林现状情况，以下各表按有检尺样木分布的样地情况进行统计分析。

（一）森林起源和林木龄级组成结构

经计算统计，2017年，云南森林起源和林木龄级组成结构规模如下：

人工乔木林样地810块，面积占乔木林统计总面积的21.1%，蓄积占乔木林统计总蓄积的11.1%，单位面积蓄积量57.3m³/hm²；天然乔木林样地3025块，面积占乔木林统计总面积的78.9%，蓄积占乔木林统计总蓄积的88.9%，单位面积蓄积量123.1m³/hm²。

乔木同龄林样地274块，面积占乔木林统计总面积的7.1%，蓄积占乔木林统计总蓄积的10.2%，单位面积蓄积量155.3m³/hm²；乔木异龄林样地3561块，面积占乔木林统计总面积的92.9%，蓄积占乔木林统计总蓄积的89.8%，单位面积蓄积量105.6m³/hm²。详见表2-30。

表2-30　2017年森林（仅含乔木林）按起源结构、龄级组成结构统计表

森林结构组成类型		乔木林检尺样木样地数量（块）	样地面积占比（%）	样地蓄积占比（%）	单位面积蓄积（m³/hm²）
全省综合		3835	100	100	109.2
起源结构	人工林	810	21.1	11.1	57.3
	天然林	3025	78.9	88.9	123.1
龄级组成结构	同龄林	274	7.1	10.2	155.3
	异龄林	3561	92.9	89.8	105.6

注：天然含纯天然、人工促进天然更新、天然林采伐后萌生；人工含植苗、直播、飞播、人工林采伐后萌生（下同）。

（二）森林树种组成结构及森林结构组成类型

1. 树种结构按蓄积占比统计

单个树种蓄积占样地总蓄积65%及以上时确定为纯林，否则确定为混交林，统计结果如表2-31所示。表中乔木纯林样地2245块，面积占乔木林统计总面积的58.5%，蓄积占乔木林统计总蓄积的57.0%，单位面积蓄积量106.3m³/hm²；乔木混交林样地1590块，面积占乔木林统计总面积的41.5%，蓄积占乔木林统计总蓄积的43.0%，单位面积蓄积量113.2m³/hm²。

按森林结构组成类型统计，该统计方法中：

人工同龄纯林占总面积的1.2%（统计结果不宜用于对比分析），占总蓄积的0.9%，单位面积蓄积量80.2m³/hm²。

人工同龄混交林占总面积不足0.1%（统计结果不宜用于对比分析），占总蓄积不足0.1%，单位面积蓄积量0.3m³/hm²。人工异龄纯林占总面积的16.1%，占总蓄积的8.3%，单位面积蓄积量55.7m³/hm²。

人工异龄混交林占总面积的3.7%，占总蓄积的2.0%，单位面积蓄积量57.0m³/hm²。天然同龄纯林占总面积的5.8%，占总蓄积的9.0%，单位面积蓄积量170.5m³/hm²。

天然同龄混交林占总面积的0.1%（统计结果不宜用于对比分析），占总蓄积的0.2%，单位面积蓄积量231.6m³/hm²。天然异龄纯林占总面积的35.4%，占总蓄积的38.8%，单位面积蓄积量

119.8m³/hm²。

天然异龄混交林占总面积的37.6%，占总蓄积的40.8%，单位面积蓄积量118.5m³/hm²。详见表2-31。

表2-31　2017年乔木林按树种蓄积占比组成情况统计表

森林结构组成类型		乔木林检尺样木样地数量（块）	样地面积占比（%）	样地蓄积占比（%）	单位面积蓄积（m³/hm²）
全省合计		3835	100	100	109.2
树种结构	1. 纯林	2245	58.5	57.0	106.3
	1.1 人工同龄纯林	47	1.2	0.9	80.2
	1.2 人工异龄纯林	619	16.1	8.3	55.7
	1.3 天然同龄纯林	222	5.8	9.0	170.5
	1.4 天然异龄纯林	1357	35.4	38.8	119.8
	2. 混交林	1590	41.5	43.0	113.2
	2.1 人工同龄混交林	1	0.0	0.0	0.3
	2.2 人工异龄混交林	143	3.7	2.0	57.0
	2.3 天然同龄混交林	4	0.1	0.2	231.6
	2.4 天然异龄混交林	1442	37.6	40.8	118.5

2. 树种结构按株数占比统计

单个树种株数占样地总株数90%及以上时确定为纯林，否则确定为混交林，统计结果如表2-32所示。表中乔木纯林样地1017块，面积占乔木林统计总面积的26.5%，蓄积占乔木林统计总蓄积的23.0%，单位面积蓄积量94.7m³/hm²；乔木混交林样地2818块，面积占乔木林统计总面积的73.5%，蓄积占乔木林统计总蓄积的77.0%，单位面积蓄积量114.4m³/hm²。

按森林组成结构类型统计，该统计方法中：

人工同龄纯林占总面积的1.2%（统计结果不宜用于对比分析），占总蓄积的0.9%，单位面积蓄积量81.9m³/hm²。

人工同龄混交林占总面积0.1%（统计结果不宜用于对比分析），占总蓄积不足0.1%，单位面积蓄积量0.4m³/hm²。

人工异龄纯林占总面积的10.5%，占总蓄积的5.0%，单位面积蓄积量52.3m³/hm²。

人工异龄混交林占总面积的9.4%，占总蓄积的5.2%，单位面积蓄积量60.0m³/hm²；天然同龄纯林占总面积的5.6%，占总蓄积的9.0%，单位面积蓄积量172.6m³/hm²。

天然同龄混交林占总面积的0.2%（统计结果不宜用于对比分析），占总蓄积的0.3%，单位面积蓄积量143.3m³/hm²。

天然异龄纯林占总面积的9.2%，占总蓄积的8.1%，单位面积蓄积量96.6m³/hm²。

天然异龄混交林占总面积的63.8%，占总蓄积的71.5%，单位面积蓄积量122.4m³/hm²。详见表2-32。

表 2-32　2017 年乔木林按树种株数占比组成情况统计表

森林结构组成类型		乔木林检尺样木样地数量（块）	样地面积占比（%）	样地蓄积占比（%）	单位面积蓄积（m³/hm²）
全省合计		3835	100.0	100.0	109.2
树种结构	1. 纯林	1017	26.5	23.0	94.7
	1.1 人工同龄纯林	46	1.2	0.9	81.9
	1.2 人工异龄纯林	402	10.5	5.0	52.3
	1.3 天然同龄纯林	218	5.6	9.0	172.6
	1.4 天然异龄纯林	351	9.2	8.1	96.6
	2. 混交林	2818	73.5	77.0	114.4
	2.1 人工同龄混交林	2	0.1	0.0	0.4
	2.2 人工异龄混交林	360	9.4	5.2	60.0
	2.3 天然同龄混交林	8	0.2	0.3	143.3
	2.4 天然异龄混交林	2448	63.8	71.5	122.4

综上所述，云南森林起源组成结构中，天然乔木林的面积占比为 78.9%，蓄积占比为 88.9%，平均单位面积蓄积量为 123.1m³/hm²，是人工乔木林平均单位面积蓄积量（57.3 m³/hm²）的 1 倍以上。

龄级结构组成中，乔木异龄林的面积占比（92.9%）、蓄积占比（89.8%）较大；乔木同龄林的面积和蓄积占比较小，但其平均单位面积蓄积量（155.3m³/hm²）较乔木异龄林平均单位面积蓄积量大（105.6 m³/hm²），这与样本统计到的多数乔木同龄林均为原始林区小片状分布的现状关系较大。

树种结构中，混交林的平均单位面积蓄积量较纯林大，但纯林和混交林的区划方法不同（分别按森林林木株数和蓄积标准区划），样地面积和蓄积的占比截然相反。按树种蓄积占比确定树种结构统计中，乔木林样地面积和蓄积占比均为纯林占优势（表明云南森林树种结构组成中，纯林的蓄积量较混交林大），但优势不太显著；按树种株数占比确定树种结构统计中，乔木林样地面积和蓄积占比则均为混交林占优势，且优势显著。但无论采用何种统计方法，云南乔木林结构组成现状中，天然异龄林的面积、蓄积占比均达到 70% 以上，单位面积蓄积量高于全省乔木林的平均值（109.2 m³/hm²）水平，为全省森林结构组成现状的主要结构模式，是本书重点研究介绍的对象，也是云南森林重点保护和森林多功能科学综合经营利用的对象。

第三章　森林结构组成类型研究

　　根据森林林木起源、龄级及树种结构等特点和差异，本书将森林（本书中研究的"森林"除有的地方特别交代外，均仅指乔木林范畴，不含竹林和灌木林）结构组成类型划分为人工同龄纯林、人工同龄混交林、人工异龄纯林、人工异龄混交林、天然同龄纯林、天然同龄混交林、天然异龄纯林、天然异龄混交林8个类型。本章通过对调查样地中不同森林结构组成类型情况进行分析研究，探索云南森林结构组成现状，力图为云南森林质量的精准提升，找准森林结构组成优化方向（提倡培育顶极目标森林林相群落）、范围（实施范围主要为两类林中的公益林限伐区和商品林区，重点范围为商品林区）和对策（以国有林区森林经营、生态修复作业设计规划为试点，建设以退化林修复为主的森林结构调整优化样板林，以及全生命周期森林培育利用林产品建设性、可控性销售市场引导机制，探索森林结构组成优化技术和目标林相培育经营管理模式，总结成功的作业技术和管理经验，示范森林培育全周期经营成效，带动周边集体林区的林农对低效森林结构的自发优化调整，进而实现云南森林资源目标林相群落培育的高质、高效；实现目标林相森林资源的持续利用）。

第一节　森林结构组成类型

一、森林结构组成类型主要研究因子

　　本书仅将森林林木起源、龄级及森林树种组成作为森林结构组成类型的主要研究因子，进行分析研究。

　　（一）起源组成

　　形成森林树木的起源结构组成情况。按森林优势树木的起源确定，本研究中分天然林和人工林两大类，其中：天然林含纯天然、人工促进天然更新、天然林采伐后萌生等；人工林含植苗、直播、飞播、人工林采伐后萌生等几种。林木起源划分标准参照前文相关章节。

　　（二）龄级组成

　　形成森林的所有树木的年龄、龄级结构组成情况。龄级划分标准参照前文相关章节。

　　为了统一分类标准和统计需求，本研究中仅以森林组成树种个体的龄级差异，作为异龄林或是同龄林的划分标准，即：由龄级相同的树木组成的森林称为同龄林；由龄级不同的树木组成的森林称为异龄林。

　　（三）树种组成

　　形成森林的树种组成结构，分纯林和混交林两大类。纯林分为针叶纯林和阔叶纯林；混交林分为针叶混交林、阔叶混交林及针阔叶混交林。森林树种组成划分标准参照前文相关章节。

二、森林结构组成类型

（一）划分方法

按我国现行森林覆盖率的计算方法，森林分为乔木林、竹林和特殊灌木林 3 类。本书中森林结构组成类型主要从乔木林林木的起源组成、龄级组成、树种组成 3 个主要森林结构因子的明显差异进行划分讨论，共分为 8 个类型，即：人工同龄纯林类型、人工异龄纯林类型、人工同龄混交林类型、人工异龄混交林类型、天然同龄纯林类型、天然异龄纯林类型、天然同龄混交林类型、天然异龄混交林类型。将树种组成中的纯林、混交林结构细分为针叶纯林、阔叶纯林，针叶混交林、阔叶混交林、针阔叶混交林，可进一步分为 20 个亚型。亚型以下，再按森林优势树种组成差异，又可分成多个类型组。本书因调查样本数量有限，故仅对样本数量相对较大的类型组进行统计描述，供生产和教学参考使用。

（二）亚型划分条件

1. 针叶林

针叶林是指以针叶乔木树种为优势种组成的森林，针叶乔木树种多数为裸子植物。这类森林常表现为树干通直高大，地理分布广而森林小区分布集中，单位面积森林蓄积量较高的特点。云南第九次森林资源连续清查中记录到检尺乔木针叶树种有 41 个种，形成林分优势树种有 26 个种，主要有松科的冷杉属、油杉属、松属、黄杉属、铁杉属、云杉属，柏科的圆柏属、柏属、刺柏属，杉木科的杉木属、秃杉属，红豆杉科的榧树属、紫杉属，三尖杉科的三尖杉属等。它们在适宜的生态环境条件下，能各自形成纯林，或以其为优势与其他树种组成针叶混交林或针阔叶混交林。

云南现有分布的各类针叶林，在其长期繁衍的自然生态环境中，都表现得比较稳定或持久，但在人为严重干扰下，会导致其消退，特别是分布在滇西北高海拔地区的各种冷杉、云杉、落叶松林，其分布生境已到达极限条件，如对其不合理的经营利用，必将导致原生植被破坏、生态环境恶化、土地荒漠化等恶性循环。森林被破坏，森林植被势必逆向演替，再修复就非常困难了。

2. 阔叶林

阔叶林是指由阔叶乔木树种为优势种组成的森林，阔叶乔木树种多数为被子植物。云南阔叶林的水平和垂直地带性分布类型较为丰富，从滇南、滇东南、滇西南的北热带雨林到滇西北高山山麓上的寒温带森林，皆为阔叶林的主要分布区。阔叶林类型丰富，组成种类复杂，组成生态系统中的物质循环和能量流动较快，其分布范围与人类的生产经营活动密切相关。云南省第九次森林资源连续清查中记录到乔木检尺阔叶树种 357 种，形成林分优势树种有 185 种。阔叶乔木树种记录到 73 个科 100 多个属，它们在适宜的生态环境条件下，能各自形成阔叶纯林、阔叶混交林和针阔叶混交林。

3. 针阔叶混交林

针阔叶混交林是指由针叶乔木树种和阔叶乔木树种各自按一定的比例（蓄积比例或者株数比例）混生形成的森林。如：滇西北德钦县境内的川滇冷杉 – 红桦 – 桦木 – 小叶青皮槭 – 云南栎 – 黄背栎针阔叶林。维西县境内的白桦 – 川滇冷杉 – 杜鹃 – 红桦 – 红棕杜鹃 – 小叶青皮槭林，香格里拉市境内的大果红杉 – 高山栎 – 落叶松 – 软阔类林；滇中武定县境内的华山松 – 麻栎林，易门县境内的云南松 – 滇油杉 – 滇青冈 – 滇石栎林，楚雄市境内的滇油杉 – 栓皮栎林；滇东南富宁县境内的杉木 – 西南桦软阔类林；滇南景谷县境内的思茅松 – 黄毛青冈 – 旱冬瓜林；滇东北威信县境内的柏木 – 杨树林，镇雄县境内的柏木 – 灯台树 – 泡桐 – 杉木 – 香椿林等。

4. 针叶混交林

针叶混交林是指由 2 个或 2 个以上针叶乔木树种按一定的比例（蓄积比例或者株数比例）混生形成的森林。如：滇中楚雄的滇油杉 – 云南松混交林，昆明的华山松 – 云南松混交林，文山的杉木 – 云南松混交林、杉木 – 柳杉混交林等。

5. 阔叶混交林

阔叶混交林是指由 2 个或 2 个以上阔叶乔木树种按一定的比例（蓄积比例或者株数比例）混生形成的森林。如：滇中昆明各县的麻栎 – 滇青冈混交林、黄毛青冈 – 滇石栎混交林、麻栎 – 槲栎 – 滇青冈混交林、旱冬瓜－栎类混交林等。

（三）划分系统及划分结果

森林结构组成类型采用：类型－亚型－类型组3级划分系统，共分8个类型，20个亚型，259个类型组。

Ⅰ.人工同龄纯林类型

森林起源为人工、林木龄级组成结构为同龄、树种组成结构为纯林的乔木林，下分2个亚型。

1.人工同龄针叶纯林亚型

2.人工同龄阔叶纯林亚型

Ⅱ.人工异龄纯林类型

森林起源为人工、林木龄级组成结构为异龄、树种组成结构为纯林的乔木林，下分2个亚型。

3.人工异龄针叶纯林亚型

4.人工异龄阔叶纯林亚型

Ⅲ.人工同龄混交林类型

森林起源为人工、林木龄级组成结构为同龄、树种组成结构为混交林的乔木林，下分3个亚型。

5.人工同龄针叶混交林亚型（本研究中未记录到样本，但云南森林结构现状中有分布，见附图）

6.人工同龄阔叶混交林亚型

7.人工同龄针阔叶混交林亚型

Ⅳ.人工异龄混交林类型

森林起源为人工、林木龄级组成结构为异龄、树种组成结构为混交林的乔木林，下分3个亚型。

8.人工异龄针叶混交林亚型

9.人工异龄阔叶混交林亚型

10.人工异龄针阔叶混交林亚型

Ⅴ.天然同龄纯林类型

森林起源为天然、林木龄级组成结构为同龄、树种组成结构为纯林的乔木林，下分2个亚型。

11.天然同龄针叶纯林亚型

12.天然同龄阔叶纯林亚型

Ⅵ.天然异龄纯林类型

森林起源为天然、林木龄级组成结构为异龄、树种组成结构为纯林的乔木林，下分2个亚型。

13.天然异龄针叶纯林亚型

14.天然异龄阔叶纯林亚型

Ⅶ.天然同龄混交林类型

森林起源为天然、林木龄级组成结构为同龄、树种组成结构为混交林的乔木林，下分3个亚型。

15.天然同龄针叶混交林亚型（本研究中未记录到样本，但云南省森林现状中有分布，如滇中分布的天然云南松、滇油杉同龄针叶混交林等）

16.天然同龄阔叶混交林亚型

17.天然同龄针阔叶混交林亚型

Ⅷ.天然异龄混交林类型

森林起源为天然、林木龄级组成结构为异龄、树种组成结构为混交林的乔木林，下分3个亚型。

18.天然异龄针叶混交林亚型

19.天然异龄阔叶混交林亚型

20.天然异龄针阔叶混交林亚型

本书因篇幅和样本数量有限，重点对样本数量相对较大的8个类型，人工同龄针叶混交林和天然同龄针叶混交林2个亚型除外的18个亚型进行分析评价。

第二节 人工同龄纯林类型

人工同龄纯林类型划分为人工同龄针叶纯林、人工同龄阔叶纯林2个亚型，第九次全国森林资源清查云南省第七次森林资源连续清查（以下简称"云南第七次森林资源连续清查"）中记录到2个亚型、7个类型组。详见表3-1。

表3-1 人工同龄纯林结构因子记录分析表

优势树种	公顷株数（株）	公顷蓄积（m³）	树种数（种）	平均胸径（cm）	平均树高（m）	单株蓄积年生长量（m³）	单株蓄积年生长率（%）	郁闭度	平均年龄（年）	分布海拔（m）
华山松	275	263.5	1	41.2	20.8	0.0172	7.0	0.40	47	2460
杉木	338	161.7	1	30.1	18.9	0.0053	9.7	0.22	42	1260
桉树	700	4.7	1～2	4.8	5.5	—	—	0.56	3	1250～1750
黑荆树	50	0.3	1	4.0	1.6	—	—	0.30	3	1109～2040
泡核桃	32	0.0	1	4.7	2.4	—	—	0.24	5	1610～2250
橡胶	380	110.6	1～2	22.6	17.6	—	—	0.72	24	140～1050
银荆树	13	0.1	1	2	1	—	—	0.25	4	2240

一、人工同龄针叶纯林亚型

人工同龄针叶纯林共记录到人工同龄华山松针叶纯林和人工同龄杉木针叶纯林2个类型组。

（一）人工同龄华山松针叶纯林

人工同龄华山松纯林类型在云南分布相对较为广泛，如：昆明市禄劝县则黑乡、九龙乡、转龙镇，宜良县的竹山乡，昆明市海口国有林场，施甸县善洲林场以及会泽县、东川区、寻甸县等长江防护林工程区等区域均有成片森林分布，这类森林结构类型多为20世纪60—90年代人工植苗或点播营造形成，森林分布相对集中连片，经济价值和生态价值非常高，森林密度普遍过大，且森林树种组成单一，主要为森林进入幼中龄期间的间伐抚育（生长伐）不充分或缺乏。森林密度过大，树木高，生长充分，自然整枝良好，但林层单一，林下植被十分缺乏，森林整体综合生长率相对较低，树木的径生长不充分，适宜做近自然异龄混交林结构模式调整。以分布在大理州云龙县境内的样地为例，样地海拔2460m，森林树种组成仅华山松1种，林分平均胸径41.2cm，平均树高20.8m，郁闭度0.40，平均年龄47年，成熟林，森林活立木密度为每公顷275株，公顷蓄积量263.5m³。林木单株胸径年平均生长量0.571cm，年平均生长率3.2%；单株蓄积年平均生长量0.0172m³，年平均生长率7.0%。该样地森林结构在全周期森林经营中可作如下优化调整：在森林进入近、成熟林后，适量采伐（定株伐）降低郁闭度和活立木密度，为幼苗、幼龄树种从林窗、林下进入，形成异龄混交林准备条件。具体为，郁闭度降调至0.30，活立木密度降调至每公顷100～140株，让出空间以培育隔代林层，最终形成多林层异龄混交林顶极目标林相。

（二）人工同龄杉木针叶纯林

人工同龄杉木纯林在云南主要集中分布在亚热带中部以南的区域，是过去长时间内杉木人工造林的主要模式。如文山、红河（部分县、市、区）、普洱、临沧、德宏、保山等州（市），尤其文山州分布最为广泛。亚热带北部也有分布（如：昆明市海口林场），但分布极为零星、破碎，面积规模很小。以分布在文山州马关县境内的样地为例，样地海拔 1260m，森林树种组成仅杉木 1 种，林分平均胸径 30.1cm，平均树高 18.9m，郁闭度 0.22，平均年龄 42 年，过熟林，森林活立木密度为每公顷338 株，公顷蓄积量 161.7m³。林木单株胸径年平均生长量 0.472cm，年平均生长率 4.3%；单株蓄积年平均生长量 0.0053m³，年平均生长率 9.7%。该类型样地较少，代表性差。该林分内林木较高大，但郁闭度较小，以培育林下经济为主要经营目标，当作为茶叶、咖啡、草果等林下经济经营中的上层林分经营时，它们往往不是经营的主要对象，可不作为森林结构优化调整类型的对象。

二、人工同龄阔叶纯林亚型

人工同龄阔叶纯林共记录到桉树林、黑荆树林、泡核桃林、橡胶林、银荆树林等 5 个类型组。

（一）人工同龄桉树阔叶纯林

人工同龄桉树纯林在云南分布较为广泛，是之前很长时间内人工桉树林经营培育的主要模式。本类型在森林资源第九次清查样本中共记录到 4 块样地，其中：镇沅县 1 块、景谷县 2 块、砚山县 1块。样地综合平均海拔 1250 ~ 1750m，森林树种组成均为蓝桉、赤桉等桉树，林分平均胸径 4.8cm，平均树高 5.5m，郁闭度 0.56，平均年龄 3 年，森林活立木密度为每公顷 700 株，公顷蓄积量 4.7m³。林木单株胸径年平均生长量 1.201cm，年平均生长率 9.6%；单株蓄积年平均生长量 0.0193m³，年平均生长率 22.1%。该类型多为短轮伐期工业原料林（主要为纸浆材），人工经营力度较大，经营周期短，见效快，多为集中连片分布、单一树种组成。全省滇东南、滇南分布较为突出。滇中区域桉树分布也较普遍，但经营周期相对较长（10 年以上），且多为采叶提取桉油收获林副产品以及坑木用材等模式经营，林下植被稀疏，对经营区地表水和土壤微环境系统有一定的破坏力，从维护生物物种多样性角度考虑，在滇中的生态保育区域建议将桉类（外来树种）逐步更替为适生乡土树种。

（二）人工同龄黑荆树阔叶纯林

黑荆树为我国外来引种树种，是我国生态修复造林绿化中的一种先锋树种、短命树种，在云南均为人工栽植分布。该类型是云南黑荆树绿化造林的主要模式，在研究样本中共记录到 6 块样地，分别为祥云县 1 块、姚安县 3 块、盈江县 1 块及呈贡区 1 块，样地综合平均海拔 1109 ~ 2040m，森林树种组成以黑荆树为优势，有桉树、云南松、旱冬瓜、粗糠柴、红木荷、栎类等零星分布，林分平均胸径 4.0cm，平均树高 1.6m，郁闭度 0.30，平均年龄 3 年，多为未达检尺幼林地。黑荆树纯林是荒漠化地区造林绿化先锋林，是外来树种，处于植被演替的初级阶段，是提高森林质量中树种更替的对象之一。调查周期内，已获取用于生长量／率估算的样木样本较少，估算结果精度较低。但为了数据的完整性，也将其估算结果报告如下，供参考。达检尺活立木密度为每公顷 50 株，公顷蓄积量 0.3m³。林木单株胸径年平均生长量 0.599cm，年平均生长率 6.6%；单株蓄积年平均生长量 0.0062m³，年平均生长率 15.5%。

（三）人工同龄泡核桃阔叶纯林

该类型是泡核桃人工造林的主要造林模式，研究样本中共记录到样地 2 块，分别在隆阳区和楚雄市境内，样地综合平均海拔 1610 ~ 2250m，森林树种组成仅泡核桃 1 种，密度为每公顷 32 株，林分平均胸径 4.7cm，平均树高 2.4m，郁闭度 0.24，平均年龄 5 年。该类型虽记录到样地较少，但在全省分布面积较大，人工经营强度也比较大，普遍存在截顶整枝灌木化情况，是云南的重要干果经济资源林。

（四）人工同龄橡胶阔叶纯林

人工同龄橡胶纯林样地记录到 26 块，其中：勐腊县 10 块、景洪市 9 块、河口县 3 块、沧源县 1块、西盟县 1 块、孟连县 1 块、江城县 1 块，样地综合平均海拔 140 ~ 1050m，森林树种组成为橡胶和少量的软阔类树种，林分平均胸径 22.6cm，平均树高 17.6m，郁闭度 0.72，平均年龄 24 年，森林活立木密度为每公顷 380 株，公顷蓄积量 110.6m³。林木单株胸径年平均生长量 2.4cm，年平均生长率 18.1%；单株蓄积年平均生长量 0.0366m³，年平均生长率 34.7%。该类型森林为经济和用材双用途林，树种组成单一，人为经营强度大，是我省乃至我国分布区域较为狭窄的国家战略物资橡胶的主要分布类型，社会效益重大。

（五）人工同龄银荆树阔叶纯林

银荆树与黑荆树一样，在我国是生态修复造林绿化中的一种常用先锋树种和紫胶寄主树种，在云南均为人工栽植分布，且分布较少，森林结构组成仅 1 个结构类型。研究样本中仅记录到样地 1 块，分布在五华区境内，样地海拔 2240m，森林树种组成仅银荆树 1 种，林分平均胸径 2.0cm，平均树高 1.0m，郁闭度 0.25，平均年龄 4 年，达检尺活立木每公顷 13 株，公顷蓄积量 0.1m³。该类型多为先锋造林绿化林，生态修复中有一定的价值，但经济价值总体不大，多为森林目标林相培育、演替的初级阶段。

第三节　人工异龄纯林类型

人工异龄纯林类型划分为人工异龄针叶纯林、人工异龄阔叶纯林 2 个亚型。云南第七次森林资源连续清查样地中，共记录到 2 个亚型、18 个类型组。详见表 3-2。

表 3-2　人工异龄纯林结构因子统计表

序号	优势树种	公顷株数（株）	公顷蓄积（m³）	树种数量（种）	胸径（cm）	树高（m）	郁闭度	平均年龄（年）	分布海拔（m）
1	杉木	1706	74.6	3	10.8	8.3	0.58	12	1549
2	柏树	1013	32.3	1 ~ 3	9.8	7.5	0.49	10	1695
3	华山松	2023	94.2	3	12.8	9.0	0.64	29	1920 ~ 2483
4	思茅松	1603	57.8	4	11.3	8.6	0.68	9	1373
5	秃杉	1380	69.6	2 ~ 3	10.8	7.4	0.61	10	1780 ~ 2180
6	云南松	1181	74.3	1 ~ 5	11.4	8.8	0.51	26	1492 ~ 2564
7	柳杉	1175	12.0	4	6.2	5.6	0.55	5	1420
8	高山松	775	6.3	1	6.1	3.1	0.45	10	3160
9	桉树	1419	82.3	1 ~ 5	11.8	14.4	0.67	8	790 ~ 2120
10	旱冬瓜	754	75.0	2	14.0	11.6	0.61	7.7	1760 ~ 2300
11	核桃	354	22.1	1 ~ 2	10.7	6.8	0.40	11	1304 ~ 2500
12	橡胶	504	48.6	2	14.2	11.8	0.52	11	710 ~ 900
13	西南桦	1017	71.0	2 ~ 3	13.9	13.0	0.63	10	1180 ~ 1520
14	柚木	1657	46.8	1 ~ 2	10.0	7.7	0.68	11	220 ~ 1270
15	黑荆树	603	32.0	1 ~ 2	11.8	8.4	0.43	12.8	1990
16	楝树	413	5.7	1	7.2	5.8	0.60	5	340
17	八角	775	44.1	1	12.5	9.1	0.50	12	1400
18	云南樟	725	15.2	3	8.7	4.8	0.35	14	1200

一、人工异龄针叶纯林亚型

该亚型共记录到8个类型组，具体如下：

（一）人工异龄杉木针叶纯林

人工异龄杉木纯林样地在云南分布较广，研究样本中在保山市的腾冲、龙陵，德宏州的盈江、陇川、芒市、瑞丽，普洱市的景东，昭通市的盐津、彝良，曲靖市的富源、罗平、师宗，红河州的元阳、个旧、蒙自、屏边、绿春、金平，文山州全州境内，均记录到样地分布。从上述样地分布的区域分析，人工杉木异龄纯林主要分布在滇西及滇东的滇东北至滇东南一线的高湿、多雾区域，这些区域也是杉木在云南种植的最适生区域。滇南的景东、滇中的昆明郊区均有人工杉木纯林小面积分布，但因不是最适生的树种，在人工造林树种选择中常被其他针叶树种所替代，如滇南普洱市主要分布的人工针叶林为思茅松林，滇中各地随处可见的人工针叶林主要有云南松林、柏树林、滇油杉林等。该类型样本综合平均分布最低海拔为670m（屏边），最高海拔为2320m（景东），平均海拔1549m，样地数量近70块，森林树种组成仅杉木1种的占比就达样地总数的一半，其他样地以杉木为绝对优势，多少混生有极少量的云南松、旱冬瓜、核桃、西南桦、栎类、柳杉、盐肤木、檫木、红木荷、山鸡椒、八角等种类中的1种或多种，最多时达5～6个乔木树种（平均1块样地有2.9个乔木树种分布）。样地林分平均胸径10.8cm，平均树高8.3m，郁闭度0.58，平均年龄12年（中龄林），森林活立木密度每公顷1706株，每公顷蓄积量74.6m³。林木单株胸径年平均生长量0.56cm，年平均生长率4.7%；单株蓄积年平均生长量0.0066m³，年平均生长率10.5%。综合样木各调查因子值，该类型正处于适合进行异龄混交林结构调整，培育大径材目标树的最佳时期。详见表3-3。

表3-3 人工异龄杉木针叶纯林结构因子统计表

优势树种	树种结构类型组	公顷株数（株）	公顷蓄积（m³）	树种数量（种）	胸径（cm）	树高（m）	郁闭度	平均年龄（年）	分布海拔（m）
杉木	综合平均	1706	74.6	3	10.8	8.3	0.58	12	1549
杉木	杉木	38	0.4	1	3.0	2.2	0.25	3	670
杉木	杉木－八角	3125	93.5	3	9.7	9.5	0.70	8	1540
杉木	杉木－檫木	1025	19.7	5	7.5	4.7	0.45	5	1360
杉木	杉木－旱冬瓜	1196	62.4	4	11.0	8.1	0.50	10	1270～2100
杉木	杉木－核桃	925	109.9	4	18.0	11.1	0.60	29	1785
杉木	杉木－红木荷	1329	29.0	3	8.5	6.3	0.45	7	1270～1750
杉木	杉木－栎类	1688	57.8	3	9.3	7.3	0.64	10	1070～1620
杉木	杉木－华山松	2150	144.7	5	11.2	10.9	0.62	15	1870
杉木	杉木－柳杉	2125	133.5	3	12.9	9.7	0.70	12	1660～2280
杉木	杉木－软阔类	2525	101.5	3	10.4	9.4	0.65	11	900～2320
杉木	杉木－盐肤木	1271	74.1	2	10.4	7.8	0.60	12	1090～1620
杉木	杉木－云南松	1638	84.8	2	11.4	8.3	0.53	14	1540～2071

注：树种组成系数按10成分级记录，森林树种组成中任意有1个树种系数≥7成时，为纯林结构，下同。

（二）人工异龄柏树针叶纯林

人工异龄柏树（此处为本研究在云南境内统计到的柏科树种的统称）纯林在云南分布广泛，其中的一些种是石漠化区域生态修复的主要树种，如圆柏、干香柏、刺柏等。本研究在曲靖市的沾益区，红河州的蒙自市、屏边县，文山州的丘北县境内，均记录到样地分布。从记录到的样地分布情况看，均位于我国西南地区重点石漠化区域的滇东-滇东南片区，是云南省石漠化集中分布区域。该类型样地综合平均分布海拔1695m，森林树种组成以圆柏、柏木（干香柏等）为绝对优势种，有极少量的杨树、桉树、软阔类树种分布。林分平均胸径9.8cm，平均树高7.5m，平均郁闭度0.49，平均年龄10年，森林活立木密度约为每公顷1013株，平均每公顷蓄积量32.3m³。林木单株胸径年平均生长量0.33cm（圆柏）、0.78cm（柏木），单株年平均生长率3.3%（圆柏）、5.7%（柏木）；单株蓄积年平均生长量0.0028 m³（圆柏）、0.0116 m³（柏木），单株年平均生长率8.1%（圆柏）、11.9%（柏木）。详见表3-4。

表3-4 人工异龄柏树针叶纯林结构因子统计表

优势树种	树种结构类型组	公顷株数（株）	公顷蓄积（m³）	树种数量（种）	胸径（cm）	树高（m）	郁闭度	平均年龄（年）	分布海拔（m）
柏树	综合平均	1013	32.3	1～3	9.8	7.5	0.49	10	1695
柏树	圆柏-杨树	1500	86.3	2	13.7	10.9	0.72	14	2060
柏树	圆柏	638	23.5	1	11.5	6.8	0.35	15	1330
柏树	柏木-软阔类-桉树	1238	12.5	3	7	6.1	0.5	7	1690
柏树	干香柏	675	7	1	7.1	6.2	0.4	4	1700

（三）人工异龄华山松针叶纯林

华山松为温暖性针叶树种，在云南多为人工种植和少量经天然更新后形成优势种的森林群落，一般分布在海拔1900m以上区域。本研究中，该类型记录到33块样地，其中：曲靖市11块，昭通市13块，昆明市4块，玉溪市2块，怒江州、保山市、临沧市各1块。森林树种组成有华山松单树种组成的森林，也有以华山松为绝对优势，有极少量的刺槐、软阔类、旱冬瓜、云南松、硬阔类、杨树、桦木、灰背栎、油杉、漆树等1种或多种同时分布的森林。样地综合海拔1920～2483m，平均胸径12.8cm，平均树高9.0m，平均郁闭度0.64，平均年龄29年，森林活立木密度为每公顷2023株，公顷蓄积量94.2m³。林木单株胸径年平均生长量0.386cm，年平均生长率3.7%；单株蓄积年平均生长量0.0041m³，年平均生长率8.5%。详见表3-5。

表3-5 人工异龄华山松针叶纯林结构因子统计表

优势树种	树种结构类型组	公顷株数（株）	公顷蓄积（m³）	树种数量（种）	胸径（cm）	树高（m）	郁闭度	平均年龄（年）	分布海拔（m）
华山松	综合平均	2023	94.2	3	12.8	9.0	0.64	29	1920 ~ 2483
华山松	华山松	2171	101.8	1	11.1	7.4	0.64	25	2428
华山松	华山松 – 刺槐	400	0.1	2	6.1	4.6	0.30	12	2250
华山松	华山松 – 软阔类	1975	64	2	10.3	8.4	0.80	14	2246
华山松	华山松 – 旱冬瓜 – 云南松	1725	155.3	4	14.5	11	0.70	38	2335
华山松	华山松 – 旱冬瓜 – 软阔类	2913	82.6	3	10	8.1	0.80	15	1950
华山松	华山松 – 旱冬瓜 – 硬阔类	4950	132.5	4	8.7	7.3	0.95	26	2430
华山松	华山松 – 旱冬瓜 – 杨树 – 云南松	2688	159.9	4	12.5	12	0.75	24	2343
华山松	华山松 – 云南松	2779	131.6	2	10.7	8	0.69	26	2483
华山松	华山松 – 桦木 – 云南松	3275	61.5	3	7.7	6.6	0.73	11	2480
华山松	华山松 – 灰背栎 – 油杉 – 云南松	400	89	4	22.5	13.2	0.40	50	1920
华山松	华山松 – 旱冬瓜	325	77	2	21.7	11.3	0.32	68	2300
华山松	华山松 – 漆树	669	74.5	2	18.3	10.5	0.55	37	2238

（四）人工异龄思茅松针叶纯林

思茅松为暖热性针叶树种，主要分布在滇南哀牢山山脉以南的普洱市及西双版纳州境内，为云南松向南水平地带性分布的替代树种，其自然分布区域相对狭窄。本研究中，该类型记录到14块样地，全部分布在普洱市境内，其中：景谷县5块，澜沧县4块，景东县2块，墨江、思茅区、江城县各1块。森林树种组成主要有思茅松单树种森林，或以思茅松为绝对优势，西南桦、粗糠柴、滇青冈、歪叶榕、旱冬瓜、软阔类、核桃、木荷、栎类、软阔类、黄杞、木棉、千张纸等1种或多种树种组成。样地综合海拔950 ~ 1550m，平均海拔1373m，平均胸径11.3cm，平均树高8.6m，平均郁闭度0.68，平均年龄9年，森林活立木密度为每公顷1603株，公顷蓄积量为57.8m³。林木单株胸径年平均生长量0.67cm，年平均生长率6.1%；单株蓄积年平均生长量0.0061m³，年平均生长率12.5%。详见表3-6。

表 3-6　人工异龄思茅松针叶纯林结构因子统计表

优势树种	树种结构类型组	公顷株数（株）	公顷蓄积（m³）	树种数量（种）	胸径（cm）	树高（m）	郁闭度	平均年龄（年）	分布海拔（m）
思茅松	综合平均	1603	57.8	4	11.3	8.6	0.68	9	1373
思茅松	思茅松	1338	58.3	1	13.2	9.2	0.67	10	1133
思茅松	思茅松－红木荷－余甘子等	1050	72.9	4	12.7	6.8	0.6	11	1550
思茅松	思茅松－西南桦－粗糠柴	1688	23.5	3	7.3	4.7	0.7	4	1340
思茅松	思茅松－滇青冈－歪叶榕等	1325	35.8	6	10.2	6.2	0.55	5	1210
思茅松	思茅松－旱冬瓜－软阔类	888	56	3	14.3	11.9	0.75	14	1993
思茅松	思茅松－核桃	1625	27.6	2	8	4.8	0.65	5	1697
思茅松	思茅松－西南桦－木荷	850	75.1	3	17.1	15.2	0.78	15	1140
思茅松	思茅松－栎类－木荷	1313	24.3	4	8.4	4.7	0.65	7	1460
思茅松	思茅松－栎类－软阔类等	1863	48.8	3～4	9.7	7.4	0.68	7	950～1410
思茅松	思茅松－黄杞－木棉等	3263	83.4	7	9.7	8.9	0.65	6	1131
思茅松	思茅松－千张纸	2175	139.4	2	14.7	16.3	0.8	14	1465

（五）人工异龄秃杉针叶纯林

秃杉为国家 II 级保护植物，是一种较好的针叶用材树种，云南全省均有分布，但主要分布在滇西、滇西南及滇西北和滇东北区域。在云南境内自然分布较少，多为人工种植类型。本研究中，该类型记录到样地 3 块，其中：腾冲市 2 块，盈江县 1 块。森林树种组成有秃杉单树种森林，也有以秃杉为绝对优势，极少量的泡桐、其他软阔类、杉木、铁杉等 1～2 种树种组成。样地综合海拔 1780～2180m，平均胸径 10.8cm，平均树高 7.4m，平均郁闭度 0.61，平均年龄 10 年，森林活立木密度为每公顷 1380 株，公顷蓄积量 69.6m³。林木单株胸径年平均生长量 0.96cm，年平均生长率 6.5%；单株蓄积年平均生长量 0.0161m³，年平均生长率 14.4%。详见表 3-7。

表 3-7 人工异龄秃杉针叶纯林结构因子统计表

优势树种	树种结构类型组	公顷株数（株）	公顷蓄积（m³）	树种数量（种）	胸径（cm）	树高（m）	郁闭度	平均年龄（年）	分布海拔（m）
秃杉	综合平均	1380	69.6	2 ~ 3	10.8	7.4	0.61	10	1780 ~ 2180
秃杉	秃杉 – 泡桐	2113	48.7	2	9	5.7	0.70	7	1780
秃杉	秃杉 – 其他软阔类	513	6.6	2	7.2	5.9	0.50	6	2180
秃杉	秃杉 – 杉木 – 铁杉	1513	153.5	3	16.2	10.7	0.63	15	2100

（六）人工异龄云南松针叶纯林

云南松为暖性针叶树种，是云南常绿阔叶树种被破坏后演替形成的次生植被类型，在云南分布范围非常广阔，几乎云南全境均有分布，是云南分布的主要针叶树种之一。云南松向南水平地带性分布被思茅松所替代，向北（滇西北和滇东北）被高山松所替代，滇中是其最宜适生区，也是分布面积最大的区域。本研究中，该类型记录到 33 块样地，其中：大理州 10 块、保山市 4 块、昆明市 4 块、曲靖市 4 块、楚雄州 3 块、玉溪市 3 块、文山州 2 块、红河州 1 块、迪庆州 1 块、昭通市 1 块。森林树种组成有云南松单树种森林，也有以云南松为绝对优势，杉木、滇油杉、旱冬瓜、栎类、软阔类、核桃、樱桃、黑荆树、直杆桉、野漆、柏木等 1 种或多个树种组成的森林。样地综合海拔 1492 ~ 2564m，平均胸径 11.4cm，平均树高 8.8m，平均郁闭度 0.51，平均年龄 26 年，森林活立木密度为每公顷 1181 株，公顷蓄积量 74.3m³。林木单株胸径年平均生长量 0.404cm，年平均生长率 3.6%；单株蓄积年平均生长量 0.0063m³，年平均生长率 8.5%。详见表 3-8。

表 3-8 人工异龄云南松针叶纯林结构因子统计表

优势树种	树种结构类型组	公顷株数（株）	公顷蓄积（m³）	树种数量（种）	胸径（cm）	树高（m）	郁闭度	平均年龄（年）	分布海拔（m）
云南松	综合平均	1181	74.3	1 ~ 5	11.4	8.8	0.51	26	1492 ~ 2564
云南松	云南松	982	51.3	1	10.9	6.9	0.54	24	1934 ~ 2510
云南松	云南松 – 华山松	1370	57.1	2 ~ 3	11.1	6.8	0.54	29	1980 ~ 2564
云南松	云南松 – 杉木	1588	182.5	2	14.7	11.7	0.65	30	1890
云南松	云南松 – 油杉 – 旱冬瓜	1276	102.9	4	12.2	10.2	0.63	26	2020 ~ 2040
云南松	云南松 – 栎类 – 软阔类	2625	56.9	4	8.8	8.2	0.75	27	2220
云南松	云南松 – 旱冬瓜	2400	182.6	2	12.3	12.3	0.7	32	2700
云南松	云南松 – 栎类 – 木荷	1377	94.4	2 ~ 3	12.6	11.3	0.66	29	1492 ~ 2140
云南松	云南松 – 桦木 – 软阔类	1738	92.1	4	11.2	8.7	0.41	25	2240
云南松	云南松 – 核桃	250	31.5	2	8.4	5.6	0.3	10	1890
云南松	云南松 – 樱桃	425	23.4	2	11.9	7.9	0.25	17	2291
云南松	云南松 – 黑荆树	613	12.6	2	8	4.9	0.25	15	1970
云南松	云南松 – 直杆桉	363	3.2	2	6.3	3.6	0.3	25	1820
云南松	云南松 – 软阔类 – 野漆	913	32.5	5	10.4	10.4	0.55	20	2147
云南松	云南松 – 柏木 – 旱冬瓜	613	117.8	4	20.2	14.9	0.57	53	2050

（七）人工异龄柳杉针叶纯林

柳杉在云南为外来树种，尚未发现天然分布，人工柳杉异龄纯林在云南分布不多，本研究中，该类型仅在滇东北威信县记录到1块样地。样地海拔1420m，森林树种组成有柳杉、杉木、香椿、盐肤木等种类。从树种组成上分析，天然先锋树种盐肤木已进入该人工林地，说明样地人工经营强度低、管理粗放；从树种龄级组成上分析，应为中龄林采伐后，保留木与萌生幼树混生形成的次生林样地。林分平均胸径6.2cm，平均树高5.6m，郁闭度0.55，年龄5年，森林活立木密度为每公顷1175株，公顷蓄积量12.0m³。因处幼龄期，无生长量和生长率统计数据。

（八）人工异龄高山松针叶纯林

人工异龄高山松纯林在云南主要分布在滇西北，从云南植被分布特点看，是云南松林向北分布的水平地带性替代种。本研究中，该类型仅在滇西北的香格里拉市记录到1块样地，样地海拔3160m，森林树种组成仅高山松一种，林分平均胸径6.1cm，平均树高3.1m，郁闭度0.45，年龄10年，森林活立木密度为每公顷775株，公顷蓄积量6.3m³。林木单株胸径年平均生长量0.49cm，年平均生长率7.6%；单株蓄积年平均生长量0.0022m³，年平均生长率21.1%。

二、人工异龄阔叶纯林亚型

人工异龄阔叶纯林结构主要有：桉树林、八角林、云南樟林、旱冬瓜林、核桃林、黑荆树林、楝树林、橡胶林、西南桦林、柚木林等10个类型组，具体如下：

（一）人工异龄桉树阔叶纯林

桉树（本研究中，桉树指桃金娘科桉属树种统称）为外来树种，无天然分布。人工桉树林在云南分布较多，过去一段时间内曾为云南主要的人工速生用材林或短轮伐期工业原料用材林中的常用造林树种之一，随着传统林业的转型升级，突出以生态保护为优先地位的林业建设目标，近年来，桉树造林相对较少。同时，一些地方对桉树生态林进行树种更替，桉树林在云南的分布有缩减趋势。本研究中，记录到该类型样地40块，其中普洱市12块、楚雄州8块、昆明市6块、红河州6块、临沧市3块、曲靖市3块、玉溪市1块、文山州1块。样地综合海拔为790～2120m，森林树种组成以桉树为绝对优势种、少量的黑荆树、华山松、枫香、乌桕、红椿、山鸡椒、思茅松、木荷、油桐、软阔类、云南松等1个或多个树种组成，或以蓝桉为绝对优势种，少量的核桃、黑荆树等组成，或以直杆桉为绝对优势种，少量的拐枣、红木荷、软阔类等树种组成。从样地树种组成上分析，人工林中存在一定的天然树种山鸡椒及栎类等分布，说明局部区域的人工桉树林人工经营强度降低。桉树样地综合平均胸径11.8cm，平均树高14.4m，郁闭度0.67，平均年龄8年，森林活立木密度为每公顷1419株，公顷蓄积量82.3m³。森林单株胸径年平均生长量0.93cm，年平均生长率7.2%；单株蓄积年平均生长量0.0162m³，年平均生长率16.1%。其中：人工异龄蓝桉纯林样地综合平均胸径9.5cm，平均树高9.3m，郁闭度0.57，平均年龄7年，森林活立木密度为每公顷872株，公顷蓄积量25.8m³。林木单株胸径年平均生长量0.87cm，年平均生长率6.6%；单株蓄积年平均生长量0.0143m³，年平均生长率15.3%。人工异龄直杆桉纯林样地综合平均胸径14.0cm，平均树高18.7m，郁闭度0.69，平均年龄10年，森林活立木密度为每公顷1357株，公顷蓄积量126.3m³。林木单株胸径年平均生长量0.93cm，年平均生长率7.3%；单株蓄积年平均生长量0.015m³，年平均生长率16.1%。从森林密度和检尺林木分析，蓝桉异龄纯林的造林密度低，作为处于生长旺盛期的幼龄林，径高比大于1（9.5/9.3），可能因主要采叶提取桉油等林副产品利用方式所引起；异龄直杆桉纯林的造林密度在用材林合理造林区间内，径高比小于1（14.0/18.7），符合桉树类中幼林合理造林密度下极旺盛的高生长特点。详见表3-9。

表 3-9　人工异龄桉树阔叶纯林结构因子统计表

优势树种	树种结构类型组	公顷株数（株）	公顷蓄积（m³）	树种数量（种）	胸径（cm）	树高（m）	郁闭度	平均年龄（年）	分布海拔（m）
桉树	综合平均	1419	82.3	1～5	11.8	14.4	0.67	8	790～2120
	桉树	1373	52.2	1	9.9	12	0.72	5	1356
	桉树－黑荆树－华山松	1288	27.1	4	8.3	8.2	0.70	7	1910
	桉树－枫香－乌柏－樟	1350	83	4	11.8	16.3	0.60	7	790
	桉树－红椿－山鸡椒－思茅松	2263	95.9	5	12.5	16.1	0.70	7	1230
	桉树－红木荷	1025	212.9	2	19.8	25.1	0.75	14	1350
	桉树－栎类－木荷－云南松	2388	56.1	5	8.8	10.3	0.75	15	1666
	桉树－栎类－软阔类	2063	52.6	3	8.9	12.8	0.78	2	1480
	桉树－软阔类－油桐	2088	109.9	3	11.9	18.1	0.60	6	1245
	桉树－云南松	825	45.2	2	12.6	9.1	0.65	9	2120
蓝桉	蓝桉综合	872	25.8	2	9.5	9.3	0.57	7	870～2050
	蓝桉－核桃	1113	36.1	2	10.6	13.3	0.70	8	1870
	蓝桉－黑荆树	338	12	2	10.1	7.7	0.45	7	2050
	蓝桉	1163	29.4	2	7.9	7	0.55	5	870
直杆桉	直杆桉综合	1357	126.3	2	14.0	18.7	0.69	10	1360～1800
	直杆桉－其他桉类	1588	114	2	13.7	17.4	0.60	16	1800
	直杆桉－拐枣	1100	86.8	2	13.5	17.2	0.78	6	1360
	直杆桉－红木荷－软阔类	1488	259.5	3	18.9	28.4	0.75	12	1740
	直杆桉	1253	44.8	1	9.8	11.7	0.63	6	1453

（二）人工异龄旱冬瓜阔叶纯林

旱冬瓜为云南非地带性常见阔叶用材树种之一，喜湿，在云南分布范围较广，在适生区域，如一些废弃裸地中常为先锋树种。在云南，旱冬瓜是用材林和生态修复林中，人工造林树种选择的常用乡土树种。本研究中，该类型记录到7块样地，其中：禄劝县1块、盈江县2块，西盟县1块、寻甸县1块、个旧市1块、蒙自市1块。样地综合分布海拔1760～2300m，森林树种以旱冬瓜为绝对优势，由杉木、岗柃、木姜子、华山松、核桃及其他软阔类等1个或多个树种组成。林分综合平均胸径14.0cm，平均树高11.6m，平均郁闭度0.61，平均年龄7.7年，森林活立木密度为每公顷754株，公顷蓄积量75.0m³。林木单株胸径年平均生长量0.97cm，年平均生长率7.4%；单株蓄积年平均生长量0.0177m³，年平均生长率17.4%。详见表3-10。

表 3-10　人工异龄旱冬瓜阔叶纯林结构因子统计表

优势树种	树种结构类型组	公顷株数（株）	公顷蓄积（m³）	树种数量（种）	胸径（cm）	树高（m）	郁闭度	平均年龄（年）	分布海拔（m）
旱冬瓜	综合平均	754	75.0	2	14.0	11.6	0.61	7.7	1760 ~ 2300
旱冬瓜	旱冬瓜	813	110	1	16.0	15.4	0.70	7	1760
旱冬瓜	旱冬瓜 – 杉木	1613	112	2	12.4	12.8	0.80	5	1880
旱冬瓜	旱冬瓜 – 岗栎 – 木姜子	800	76	4	13.6	12.5	0.50	7	1850
旱冬瓜	旱冬瓜 – 华山松	463	66	2	16.9	12.5	0.55	10	2150
旱冬瓜	旱冬瓜 – 核桃	557	61	2	10	9	0.53	8	1920 ~ 2300
旱冬瓜	旱冬瓜 – 软阔类	275	25	2	14.8	7.1	0.55	9	1820

（三）人工异龄核桃阔叶纯林

核桃为云南主要乔木木本油料林树种之一，在云南分布非常广泛，品种也颇丰，有天然起源的核桃林（常称铁核桃林），也有人工培育的铁核桃林、泡核桃林（其中的漾鼻泡核桃是比较有名的云南地方品种），是目前云南干果经济林分布面积中最大的乔木经济树种。本研究中，该类型记录到 81块样地，其中：调查记载为泡核桃林的样地有 25 块，核桃林的样地有 56 块，分布在 13 个州（市）境内，其中：大理州 18 块、楚雄州 13 块、临沧市 13 块、普洱市 10 块、保山市 6 块、昭通市 5 块、曲靖市 4 块、迪庆州 3 块、昆明市 3 块、丽江市 2 块、玉溪市 2 块、怒江州 1 块、文山州 1 块。样地综合分布海拔 1304 ~ 2500m，森林树种组成以核桃为绝对优势树种，有极少量的川梨、旱冬瓜、软阔类、云南松、杉木、西南桦、直杆桉等 1 种或多种树种组成；也有泡核桃单树种林，或者以泡核桃为绝对优势树种、旱冬瓜、槲栎、蓝桉、软阔类等 1 种或多种树种组成。林分平均胸径 10.7cm，平均树高 6.8m，郁闭度 0.40，平均年龄 11 年，森林活立木密度为每公顷 354 株，公顷蓄积量 22.1m³。从林分平均胸径、平均树高、平均郁闭度、平均年龄、森林活立木密度等林木调查因子可看出，该类型的人为经济林经营强度很大。核桃林单株胸径年平均生长量 1.04cm，年平均生长率 7.7%；单株蓄积年平均生长量 0.0187m³，年平均生长率 16.7%。泡核桃林单株胸径年平均生长量 0.8cm，年平均生长率 7.4%；单株蓄积年平均生长量 0.0114m³，年平均生长率 15.5%。本类型中核桃与泡核桃（均为嫁接苗）的平均生长量和年平均生长率较为接近，经分析，主要为二者树高采用相同值计算所致。详见表 3-11。

表3-11　人工异龄核桃阔叶纯林结构因子统计表

优势树种	树种结构类型组	公顷株数（株）	公顷蓄积（m³）	树种数量（种）	胸径（cm）	树高（m）	郁闭度	平均年龄（年）	分布海拔（m）
核桃	综合平均	354	22.1	1～2	10.7	6.8	0.40	11	1304～2500
	核桃－川梨	488	13.5	2	8.8	5.4	0.40	5	1940
	核桃－旱冬瓜	238	4.1	2	8.0	3.7	0.40	15	2500
	核桃－软阔类	369	18.5	2	13.0	10.9	0.30	10	1304～1635
	核桃－软阔类	375	6.1	3	7.1	5.5	0.35	12	1800
	核桃－杉木	175	12.7	2	13.1	7.4	0.33	9	1695
	核桃－西南桦	438	9	2	8.3	5.9	0.45	8	2030
	核桃－直杆桉	400	10.1	2	7.4	4.7	0.40	6	1930
泡核桃	泡核桃综合	261	13.7	1	10.3	5.7	0.37	10	1918
	泡核桃－岗栎	513	13.8	2	8.7	6.5	0.40	7	1568
	泡核桃－旱冬瓜	288	43.8	2	18.1	11.4	0.50	30	2350
	泡核桃－槲栎	275	19.1	2	11.5	6.0	0.40	10	1720
	泡核桃－蓝桉	300	19.7	2	11.4	5.6	0.35	12	1860
	泡核桃－软阔类	481	102.7	2	13.9	9.6	0.45	11	1900

（四）人工异龄黑荆树阔叶纯林

黑荆树为外来树种，是滇中地区生态修复中常用的先锋造林绿化树种。过去一段时间内，黑荆树的引种相对较多，树种结构多数为人工同龄纯林栽植。人工黑荆树异龄纯林常表现为人工栽植树木进入繁殖期后，天然落种更新，形成父子同代异龄林或者人工栽植树林中生长较快区域树木老化枯梢、断杆后树杆基部萌生幼树与周边尚在生长中的部分老树形成的异龄林森林。本研究中，该类型记录到3块样地，其中：姚安县2块、祥云县1块。样地综合分布海拔1950～2030m，森林树种组成以黑荆树为绝对优势树种，有极少量桉树分布。样地林分综合平均胸径11.8cm，平均树高8.4m，平均郁闭度0.43，平均年龄13年，森林活立木密度为每公顷603株，公顷蓄积量32.0m³。林木单株胸径年平均生长量0.60cm，年平均生长率5.96%；单株蓄积年平均生长量0.0062m³，年平均生长率14.31%。详见表3-12。

表3-12　人工异龄黑荆树阔叶纯林结构因子统计表

优势树种	树种结构类型组	公顷株数（株）	公顷蓄积（m³）	树种数量（种）	胸径（cm）	树高（m）	郁闭度	平均年龄（年）	分布海拔（m）
黑荆树	综合平均	603	32.0	1～2	11.8	8.4	0.43	12.8	1990
	黑荆树－桉树	706	41.4	2	12.6	9.3	0.54	13.5	2030
	黑荆树	500	22.6	1	11.0	7.4	0.32	12.0	1950

（五）人工异龄橡胶阔叶纯林

橡胶是一种经济和用材两用树种，橡胶种植主要分布在赤道附近低纬地带，地理分布区域较为狭窄。生产的橡胶为一种重要战略物资，中华人民共和国成立前一度依靠国外进口，之后，在我国海南、云南两省相继规模种植成功。云南省适宜种植橡胶的地域主要分布在滇南、滇东南及滇西南海拔1200m 以下区域。本研究中，该类型记录到样地98 块，其中西双版纳州63 块、红河州7 块、临沧市11 块、普洱市17 块。样地综合分布海拔 400 ~ 1200m，森林树种组成类型以橡胶为绝对优势树种，有极少量的楝树、麻栎、山合欢、野树波罗、软阔类、硬阔类等1 个或多个树种组成。样地林分综合平均胸径14.2cm，平均树高11.8m，平均郁闭度0.52，平均年龄11 年，森林活立木密度为每公顷504 株，公顷蓄积量48.6m³。林木单株胸径年平均生长量2.4cm，年平均生长率18.1%；单株蓄积年平均生长量0.0366m³，年平均生长率34.7%。详见表3–13。

表3-13　人工异龄橡胶阔叶纯林结构因子统计表

优势树种	树种结构类型组	公顷株数（株）	公顷蓄积（m³）	树种数量（种）	胸径（cm）	树高（m）	郁闭度	平均年龄（年）	分布海拔（m）
	综合平均	504	48.6	2	14.2	11.8	0.52	11	710 ~ 900
	橡胶 – 楝	688	88.9	2	17.7	15.5	0.75	12	710
	橡胶 – 麻栎	600	28.0	2	10.7	9.0	0.45	8	888
橡胶	橡胶 – 软阔类	425	66.0	2	15.3	12.8	0.48	12	850
	橡胶 – 硬阔类	250	16.4	2	12.6	12.6	0.20	12	750
	橡胶 – 山合欢	525	22.0	2	11.0	11.5	0.55	9	840
	橡胶 – 野树波罗	538	70.0	2	17.8	9.3	0.70	14	900

（六）人工异龄柚木阔叶纯林

柚木在云南境内为北热带、南亚热带分布的一种珍贵用材树种，多为人工栽植，很少发现天然分布。柚木材质优良、出材等级较高，幼树的高生长迅速，据资料记载，树龄约达15 年以后，该树的高生长较为缓慢，林木全周期经营生长总体评定为慢生树种。本类型记录到2 块样地，其中：河口县1 块、澜沧县1 块。样地综合分布海拔 220 ~ 1300m，森林树种组成类型以柚木为绝对优势树种，有极少量的灰毛浆果楝分布其中。样地林分综合平均胸径10.0cm，平均树高7.7m，平均郁闭度0.68，平均年龄11 年，森林活立木密度为每公顷1657 株，公顷蓄积量46.8m³。林木单株胸径年平均生长量0.58cm，年平均生长率6.5%；单株蓄积年平均生长量0.0041m³，年平均生长率14.1%。详见表3–14。

表3-14　人工异龄柚木阔叶纯林结构因子统计表

优势树种	树种结构类型组	公顷株数（株）	公顷蓄积（m³）	树种数量（种）	胸径（cm）	树高（m）	郁闭度	平均年龄（年）	分布海拔（m）
	综合平均	1657	46.8	1 ~ 2	10.0	7.7	0.68	11	220 ~ 1270
柚木	柚木 – 灰毛浆果楝	2400	60.3	2	8.8	7.6	0.75	9	220
	柚木	913	33.3	1	11.2	7.7	0.61	13	1270

（七）人工异龄西南桦阔叶纯林

西南桦为一速生阔叶用材树种，材质等级较高，多用作地板材，是云南境内分布较为广泛的用材树种之一，有人工栽植也有天然分布。本类型记录到样地3 块，其中：腾冲市1 块、芒市1 块、江城县 1 块。样地综合分布海拔 1180 ～ 1520m，森林树种组成类型以西南桦为绝对优势树种，有少量的滇青冈、旱冬瓜、云南松、软阔类树种分布。林分综合平均胸径 13.9cm，平均树高 13.0m，平均郁闭度 0.63，平均年龄 10 年，森林活立木密度为每公顷 1017 株，公顷蓄积量 71.0m³。林木单株胸径年平均生长量 0.77cm，年平均生长率 6.2%；单株蓄积年平均生长量 0.0112m³，年平均生长率 15.1%。详见表 3-15。

表 3-15　人工异龄西南桦阔叶纯林结构因子统计表

优势树种	树种结构类型组	公顷株数（株）	公顷蓄积（m³）	树种数量（种）	胸径（cm）	树高（m）	郁闭度	平均年龄（年）	分布海拔（m）
西南桦	综合平均	1017	71.0	2 ～ 3	13.9	13.0	0.63	10	1180 ～ 1520
西南桦	西南桦 - 滇青冈	1813	126.3	2	12.9	13.9	0.85	11	1180
西南桦	西南桦 - 旱冬瓜 - 云南松	913	62.7	3	12.7	13.5	0.60	9	1520
西南桦	西南桦 - 软阔类	325	23.9	2	16.0	11.5	0.45	9	1410

（八）人工异龄楝树阔叶纯林

楝树为软阔类速生经济用材双用途树种，分布区生境气候特点为热量相对要求较高。全省均有分布，为水平非地带性热带、亚热带分布树种，人工林全省呈零星分布，集中连片规模分布少见。本类型记录到样地 1 块，分布在元阳县。样地分布海拔 340m，森林树种组成仅楝树一种。林分平均胸径 7.2cm，平均树高 5.8m，郁闭度 0.60，年龄 5 年，森林活立木密度为每公顷 413 株，公顷蓄积量 5.7m³，项目研究期内未统计到该类群的动态分布情况，故未测算出年生长量和生长率值。

（九）人工异龄八角阔叶纯林

人工八角林为滇东南文山州、红河州主要的乔木经济兼用材树种，在云南的分布区域较为狭窄。本研究中，该类型仅在绿春县境内记录到 1 块样地，样地分布海拔 1400m。森林树种组成仅八角 1 种，林分平均胸径 12.5cm，平均树高 9.1m，郁闭度 0.50，年龄 12 年，森林活立木密度为每公顷 775 株，公顷蓄积量 44.1m³。无胸径年平均生长量、年平均生长率及蓄积年平均生长量、年平均生长率统计数据。

（十）人工异龄云南樟阔叶纯林

云南樟主要分布在我国西南地区和西藏境内，东南亚也有分布，但在云南境内的天然森林组成分布较少，多为零星片状分布；人工林主要分布在国土空间绿化、美化场景中，在云南大多数城镇和公园均可见到。本研究中，该类型仅在师宗县境内记录到样地 1 块，样地代表性差，年平均生长量、年平均生长率计算结果偏高。样地海拔 1200m，森林树种组成有云南樟、泡核桃及软阔类，林分平均胸径 8.7cm，平均树高 4.8m，郁闭度 0.35，年龄 14 年，森林活立木密度为每公顷 725 株，公顷蓄积量 15.2m³。林木单株胸径年平均生长量 0.52cm，年平均生长率 6.9%；单株蓄积年平均生长量 0.003m³，年平均生长率 17.6%。

第四节　人工同龄混交林类型

人工同龄混交林类型又划分为人工同龄针叶混交林、人工同龄阔叶混交林及人工同龄针阔叶混交林 3 个亚型。本研究中，该类型仅记录到 2 个亚型、2 个类型组。

一、人工同龄阔叶混交林亚型

经统计，云南第七次森林资源连续清查乔木林结构组成样地中，人工阔叶同龄混交林结构类型仅记录到人工同龄黑荆树–昆明朴–直杆桉阔叶混交林1个类型组。

本类型仅记录到样地1块，分布在昆明市富民县，树种结构为阔叶树种昆明朴、黑荆树及直杆桉不均匀块状混交组成。样地分布海拔1800m，平均年龄6年，林分平均胸径4.0cm，平均树高1.6m，郁闭度0.30，为未达检尺幼林（胸径5cm以下不检尺），活立木密度每公顷1120株。林木单株胸径年平均生长量0.79cm，年平均生长率6.9%；单株蓄积年平均生长量0.0103m³，年平均生长率16.2%。

二、人工同龄针阔叶混交林亚型

经统计，云南省第七次森林资源连续清查乔木林结构组成样地中，人工同龄针阔叶混交林仅记录到人工同龄杉木–杯状栲针阔叶混交林1个类型组。

本类型仅记录到样地1块，分布在文山州广南县，树种组成结构是以人工杉木为优势种、天然起源的杯状栲不均匀分布形成的块状混交林。样地分布海拔1500m，林分平均胸径4.0cm，平均树高2.1m，郁闭度0.50，平均年龄4年，为未达检尺幼林，活立木密度每公顷1567株。林木单株胸径年平均生长量0.53cm，年平均生长率4.5%；单株蓄积年平均生长量0.0063m³，年平均生长率10.3%。

第五节　人工异龄混交林类型

人工异龄混交林类型又划分为人工异龄针叶混交林、人工异龄阔叶混交林和人工异龄针阔叶混交林3个亚型。本研究中，共记录到3个亚型、22个类型组。

一、人工异龄针叶混交林亚型

经统计，云南第七次森林资源连续清查乔木林结构组成样地中，人工异龄针叶混交林亚型记录到以华山松、柳杉、杉木、云杉为优势树种的4个类型组，具体如下。

（一）人工异龄华山松–云南松等针叶混交林

本类型记录到样地19块，其中：大理州3块、保山市1块、昭通市4块、曲靖市9块、昆明市2块。从样地分布区看，大部分样地分布在珠江防护林人工造林区域（昭通市、曲靖市共13块样地，占68%）。样地分布海拔1980～2690m，平均分布海拔2206m。森林树种结构类型主要有华山松–云南松混交林、华山松–杉木–云南松混交林、圆柏–华山松混交林以及栎类等阔叶树种零星分布其中。林分综合平均胸径12.1cm，平均树高7.8m，平均郁闭度0.54，平均年龄24年，森林活立木密度为每公顷1448株，公顷蓄积量84.6m³。森林单株胸径年平均生长量0.41cm，年平均生长率3.8%；单株蓄积年平均生长量0.0046m³，年平均生长率8.6%。详见表3-16。

表3-16　人工异龄华山松–云南松等针叶混交林结构因子统计表

树种结构类型组	公顷株数（株）	公顷蓄积（m³）	树种数量（种）	胸径（cm）	树高（m）	郁闭度	平均年龄（年）	分布海拔（m）
综合平均	1448	84.6	3	12.1	7.8	0.54	24	1980～2690
华山松–云南松	1912	116.6	3	13	8.5	0.65	27.5	2413
华山松–杉木–云南松	575	32.4	6	11.9	6.5	0.3	20	2125
华山松–圆柏	463	9	2	8.8	6.3	0.35	15	2080

（二）人工异龄柳杉－杉木等针叶混交林

本类型记录到样地4块，其中：麒麟区1块、师宗县1块、大关县1块、富源县1块。从样地分布区看，样地分布在滇东北区域。样地分布海拔1880 ~ 1970m，平均分布海拔1943m。森林树种结构类型主要有柳杉－杉木－云南松混交林、柳杉－杉木－藏柏混交林、柳杉－杉木混交林，以及滇杨、蓝桉等阔叶树种零星分布其中。林分综合平均胸径12.2cm，平均树高7.5m，平均郁闭度0.34，平均年龄12.5年，森林活立木密度为每公顷1072株，公顷蓄积量50.5m³。森林单株胸径年平均生长量0.77cm，年平均生长率5.9%；单株蓄积年平均生长量0.0115m³，年平均生长率13.0%。详见表3-17。

表3-17　人工异龄柳杉－杉木等针叶混交林结构因子统计表

树种结构类型组	公顷株数（株）	公顷蓄积（m³）	树种数量（种）	胸径（cm）	树高（m）	郁闭度	平均年龄（年）	分布海拔（m）
综合平均	1072	50.5	3.5	12.2	7.5	0.34	12.5	1880 ~ 1970
柳杉－杉木－云南松	750	37.5	6	9.9	6.1	0.35	8	1970
柳杉－杉木－藏柏	1363	32.3	4	9.4	6.1	0.45	8	1950
柳杉－杉木	1088	66.1	2	14.8	8.8	0.45	17	1880 ~ 1970

（三）人工异龄杉木－秃杉等针叶混交林

本类型记录到样地5块，其中：昌宁县1块、腾冲市1块、盈江县1块、陇川县1块、砚山县1块。样地分布海拔1420 ~ 2000m，平均分布海拔1728m。森林树种结构类型主要有杉木－秃杉混交林、杉木－油杉－云南松混交林、杉木－华山松混交林以及旱冬瓜、八角、木荷等阔叶树种零星分布其中。林分综合平均胸径11.8cm，平均树高7.1m，平均郁闭度0.50，平均年龄13年，森林活立木密度为每公顷923株，公顷蓄积量50.8m³。森林单株胸径年平均生长量0.53cm，年平均生长率4.5%；单株蓄积年平均生长量0.0063m³，年平均生长率10.3%。详见表3-18。

表3-18　人工异龄杉木－秃杉等针叶混交林结构因子统计表

树种结构类型组	公顷株数（株）	公顷蓄积（m³）	树种数量（种）	胸径（cm）	树高（m）	郁闭度	平均年龄（年）	分布海拔（m）
综合平均	923	50.8	3 ~ 5	11.8	7.1	0.50	13	1420 ~ 2000
杉木－秃杉	838	31.5	3 ~ 5	9.9	6.1	0.47	9.3	1420 ~ 1780
杉木－油杉－云南松	1475	37.8	4	6.2	4.7	0.40	14	1740
杉木－华山松	625	121.6	4	23.3	12.7	0.70	25	2000

（四）人工异龄云杉－大果红杉等针叶混交林

本类型记录到样地2块，均分布在香格里拉市。样地分布海拔3700 ~ 3860m，平均分布海拔3780m。从分布区看，样地分布在滇西北高海拔区域。森林树种结构类型主要有云杉－大果红杉－高山柏－落叶松混交林和云杉－冷杉混交林。林分综合平均胸径10.6cm，平均树高5.0m，平均郁闭度0.55，平均年龄26.5年，森林活立木密度为每公顷800株，公顷蓄积量29.8m³。森林单株胸径年平均生长量0.54cm，年平均生长率5.7%；单株蓄积年平均生长量0.0061m³，年平均生长率14.4%。详见表3-19。

表 3-19　人工异龄云杉-大果红杉等针叶混交林结构因子统计表

树种结构类型组	公顷株数（株）	公顷蓄积（m³）	树种数量（种）	胸径（cm）	树高（m）	郁闭度	年龄（年）	分布海拔（m）
综合平均	800	29.8	2 ~ 4	9.7	4.7	0.48	26.5	3700 ~ 3860
云杉-大果红杉-高山柏-落叶松	825	32.4	4	10.6	5.0	0.55	30	3700
云杉-冷杉	775	27.2	2	8.8	4.3	0.40	23	3860

二、人工异龄阔叶混交林亚型

经统计，云南第七次森林资源连续清查乔木林结构组成样地中，人工异龄阔叶混交林亚型统计到以桉树（含蓝桉、直杆桉、赤桉、其他桉类）、八角、旱冬瓜、核桃（核桃、泡核桃）、红椿（含香椿）、头状四照花、漆树、西南桦、橡胶等为优势树种的9个类型组。

（一）人工异龄桉树阔叶混交林

本类型记录到样地20块，分布在西盟、澜沧、景谷、孟连、墨江、宁洱、思茅、江城、盐津、师宗、富宁、耿马等县（市、区）。样地分布海拔820 ~ 1950m，平均分布海拔1412m。森林树种结构类型主要有：桉树-八角枫-软阔类等阔叶混交林、桉树-檫木-西南桦等阔叶混交林、桉树-川楝-软阔类阔叶混交林、桉树-旱冬瓜-毛叶黄杞等阔叶混交林、桉树-岗枥-红木荷阔叶混交林、桉树-高山栲-红椿等阔叶混交林、桉树-桦木-木荷等阔叶混交林、桉树-火绳树-朴叶扁担杆等阔叶混交林、桉树-栎类-木荷等阔叶混交林、桉树-栎类-软阔类等阔叶混交林、桉树-木荷-西南桦等阔叶混交林、桉树-其他软阔类阔叶混交林、桉树-红椿-桦木等阔叶混交林、桉树-旱冬瓜-栎类等阔叶混交林、桉树-昆明朴-麻栎阔叶混交林、蓝桉-牛筋条-银荆树阔叶混交林、蓝桉-泡核桃-柚木等阔叶混交林。林分综合平均胸径14.7cm，平均树高15.1m，平均郁闭度0.58，平均年龄10.5 年，森林活立木密度为每公顷961 株，公顷蓄积量84.4m³。森林单株胸径年平均生长量0.51cm，年平均生长率4.4%；单株蓄积年平均生长量0.007 m³，年平均生长率11.1%。详见表3-20。

表 3-20　人工异龄桉树阔叶混交林结构因子统计表

树种结构类型组	公顷株数（株）	公顷蓄积（m³）	树种数量（种）	胸径（cm）	树高（m）	郁闭度	平均年龄（年）	分布海拔（m）
综合平均	961	84.4	5	14.7	15.1	0.58	10.5	820 ~ 1950
桉树-八角枫-软阔类等	913	214.9	4	22.5	22	0.68	13	1620
桉树-檫木-西南桦等	700	33.2	9	13.2	12.4	0.30	8	1080
桉树-川楝-软阔类	738	48	3	15.9	21.3	0.50	8	820
桉树-旱冬瓜-毛叶黄杞等	888	23.4	11	8.9	10.8	0.60	8	1448
桉树-岗枥-红木荷	1075	160.8	3	20.8	25.5	0.60	12	1810
桉树-岗枥-木荷等	738	162	6	23.1	26.5	0.85	11	1300
桉树-高山栲-红椿等	1588	93.5	7	12.3	15.4	0.75	14	1140
桉树-桦木-木荷等	1675	117.1	6	14.8	16.4	0.75	13	1400
桉树-火绳树-朴叶扁担杆等	750	32.4	4	10.4	11.4	0.60	4	370

续表 3-20

树种结构类型组	公顷株数（株）	公顷蓄积（m³）	树种数量（种）	胸径（cm）	树高（m）	郁闭度	平均年龄（年）	分布海拔（m）
桉树－栎类－木荷等	1213	31.6	6	7.8	8.4	0.55	5	1200
桉树－栎类－木荷等	925	138.4	4	18.2	21.4	0.55	13	1380
桉树－栎类－软阔类等	844	17.2	3	7.7	6.7	0.55	4.5	1245
桉树－木荷－西南桦等	1463	164.2	5	16	20.3	0.73	13	1560
桉树－其他软阔类	738	123.9	2	21.2	20.3	0.70	12	1870
桉树－红椿－桦木等	1013	20.4	5	8.4	7.8	0.75	1	1250
桉树－旱冬瓜－栎类等	925	61.2	6	16	10.7	0.25	13	1460
桉树－昆明朴－麻栎	1488	117.5	5	15.1	16.9	0.65	15	1570
桉树－直杆桉等	400	29.7	3	14.6	9.2	0.35	17	1950
蓝桉－牛筋条－银荆树	850	78.1	3	13.8	12.8	0.55	13	1900
蓝桉－泡核桃－柚木等	300	20.4	5	13.2	5.9	0.40	10	1860

（二）人工异龄八角阔叶混交林

本类型记录到样地 5 块，分布在富宁、西畴、河口等县。样地分布海拔 820～1330m，平均分布海拔 1130m。森林树种结构类型主要有：八角－滇桂木莲－木荷等阔叶混交林、八角－岗枋－西南桦等阔叶混交林、八角－木荷－硬阔类阔叶混交林、八角－软阔类－杉木阔叶混交林、八角－软阔类－四蕊朴阔叶混交林。林分综合平均胸径 9.8cm，平均树高 6.6m，平均郁闭度 0.48，平均年龄 15.5年，森林活立木密度为每公顷 548 株，公顷蓄积量 19.4m³。森林单株胸径年平均生长量 0.65cm，年平均生长率 6.3%；单株蓄积年平均生长量 0.0082 m³，年平均生长率 16.9%。详见表 3-21。

表 3-21　人工异龄八角阔叶混交林结构因子统计表

树种结构类型组	公顷株数（株）	公顷蓄积（m³）	树种数量（种）	胸径（cm）	树高（m）	郁闭度	平均年龄（年）	分布海拔（m）
综合平均	548	19.4	5	9.8	6.6	0.48	15.5	820～1330
八角－滇桂木莲－木荷等	738	32.5	11	10.2	6.8	0.50	10	1290
八角－岗枋－西南桦等	775	36.3	7	11.8	7.5	0.65	14	1160
八角－木荷－硬阔类	438	5.2	3	7	5	0.30	17	1330
八角－软阔类－杉木	638	14.6	3	9.9	6.1	0.35	25	1050
八角－软阔类－四蕊朴	150	8.1	3	10	7.5	0.60	12	820

（三）人工异龄旱冬瓜阔叶混交林

本类型记录到样地 21 块，分布在盈江、陇川、腾冲、隆阳、贡山、永德、西盟、永善、罗平、屏边、河口、禄劝等县（市、区）。其中，盈江县分布最多（6 块），约占 29%。样地分布海拔 980～2400m，平均分布海拔 1645m。森林树种结构类型主要有：旱冬瓜－石栎－滇杨等阔叶混交林、旱冬瓜 – 泡桐 – 西南桦等阔叶混交林、旱冬瓜 – 核桃 – 红果树等阔叶混交林、旱冬瓜 – 楠木 – 盐肤木等阔叶混交林、旱冬瓜 – 红木荷 – 多变石栎阔叶混交林、旱冬瓜 – 软阔类 – 岗柃阔叶混交林、旱冬瓜 – 密花树 – 水东哥等阔叶混交林、旱冬瓜 – 核桃阔叶混交林、旱冬瓜 – 红木荷 – 桦木等阔叶混交林、旱冬瓜 – 泡核桃 – 香叶树等阔叶混交林、旱冬瓜 – 水东哥 – 软阔类等阔叶混交林、旱冬瓜 – 泡核桃阔叶混交林、旱冬瓜 – 泡桐 – 软阔类阔叶混交林、旱冬瓜 – 软阔类 – 西南桦阔叶混交林、旱冬瓜 – 山黄麻阔叶混交林、旱冬瓜 – 核桃 – 山黄麻等阔叶混交林、旱冬瓜 – 黑黄檀 – 伊桐等阔叶混交林、旱冬瓜 – 木荷 – 漆树等阔叶混交林、旱冬瓜 – 南酸枣 – 喜树等阔叶混交林、旱冬瓜 – 喜树 – 香叶树等阔叶混交林。林分综合平均胸径 11.6cm，平均树高 9.9m，平均郁闭度 0.49，平均年龄 10 年，森林活立木密度为每公顷 773 株，公顷蓄积量 52.6m³。森林单株胸径年平均生长量 0.76cm，年平均生长率 5.8%；单株蓄积年平均生长量 0.0131m³，年平均生长率 13.7%。详见表 3-22。

表 3-22　人工异龄旱冬瓜阔叶混交林结构因子统计表

树种结构类型组	公顷株数（株）	公顷蓄积（m³）	树种数量（种）	胸径（cm）	树高（m）	郁闭度	平均年龄（年）	分布海拔（m）
综合平均	773	52.6	5	11.6	9.9	0.49	10	980 ~ 2400
旱冬瓜 – 石栎 – 滇杨等	1313	30.2	9	7.5	7.0	0.50	5	2130
旱冬瓜 – 泡桐 – 西南桦等	1450	55.7	10	10.5	10.6	0.60	24	1090
旱冬瓜 – 核桃 – 红果树等	500	26.1	8	12.2	8.9	0.40	18	1850
旱冬瓜 – 楠木 – 盐肤木等	775	66.1	7	13.5	13.5	0.50	6	1010
旱冬瓜 – 红木荷 – 多变石栎	500	33.6	4	13	17.9	0.40	9	1320
旱冬瓜 – 软阔类 – 岗柃	800	51.7	3	13	9.1	0.45	4	1680
旱冬瓜 – 密花树 – 水东哥等	513	85.2	5	13.9	11.2	0.45	8	1920
旱冬瓜 – 核桃	250	17.1	2	6.9	4.7	0.35	10	2375
旱冬瓜 – 红木荷 – 桦木等	388	45.7	4	19.3	15.5	0.35	10	1210
旱冬瓜 – 泡核桃 – 香叶树等	213	54.1	6	9.3	7.7	0.30	4	1650
旱冬瓜 – 水东哥 – 软阔类等	800	66.6	5	17.2	12.1	0.60	15	1420
旱冬瓜 – 泡核桃	75	26	2	8.2	5.7	0.40	11	1860
旱冬瓜 – 泡桐 – 软阔类	788	86.7	3	8.4	6.8	0.70	15	1440
旱冬瓜 – 软阔类 – 西南桦	738	34.8	3	11.2	13.3	0.60	5	980
旱冬瓜 – 山黄麻	1088	29.4	2	9.2	8.1	0.35	3	1540
旱冬瓜 – 盐肤木	550	36	2	13.8	10.1	0.55	5	2010
旱冬瓜 – 核桃 – 山黄麻等	2625	132	8	10.1	8.5	0.80	12	1780
旱冬瓜 – 黑黄檀 – 伊桐等	888	56.2	10	13.8	12.4	0.33	14	1940
旱冬瓜 – 木荷 – 漆树等	838	33.4	7	8	5.8	0.40	5	2400
旱冬瓜 – 南酸枣 – 喜树等	125	44.6	4	12	5.2	0.75	20	1550
旱冬瓜 – 喜树 – 香叶树等	1013	94.3	5	12	14.4	0.60	14	1380

（四）人工异龄核桃阔叶混交林

本类型记录到样地 21 块，分布在云龙、漾濞、南涧、武定、隆阳、施甸、昌宁、凤庆、云县、永善、镇雄、昭阳、巧家、元江、个旧等县（市、区）。样地分布海拔 1155 ~ 2200m，平均分布海拔 1775m。森林树种结构类型主要有：核桃 – 常绿榆 – 香面叶等阔叶混交林、核桃 – 川梨阔叶混交林、核桃 – 滇青冈 – 杨梅等阔叶混交林、核桃 – 滇青冈 – 清香木等阔叶混交林、核桃 – 滇杨 – 软阔类等阔叶混交林、核桃 – 旱冬瓜 – 软阔类等阔叶混交林、核桃 – 红椿 – 软阔类等阔叶混交林、核桃 – 红木荷 – 水冬瓜等阔叶混交林、核桃 – 楝 – 牛筋条等阔叶混交林、核桃 – 柳树阔叶混交林、核桃 – 木荷 – 香椿阔叶混交林、核桃 – 漆树 – 香椿阔叶混交林、核桃 – 漆树 – 软阔类等阔叶混交林、核桃 – 秃杉 – 喜树等阔叶混交林、核桃 – 滇青冈 – 香椿等阔叶混交林、核桃 – 歪叶榕阔叶混交林、核桃 – 银木荷阔叶混交林、泡核桃 – 构树阔叶混交林、泡核桃 – 柿 – 油杉等阔叶混交林、泡核桃 – 软阔类等阔叶混交林、泡核桃 – 杜茎山 – 聚果榕等阔叶混交林。林分综合平均胸径 11.7cm，平均树高 6.7m，平均郁闭度 0.33，平均年龄 11.5 年，森林活立木密度为每公顷 278 株，公顷蓄积量 28.9m³。森林单株胸径年平均生长量 7.5cm，年平均生长率 5.2%；单株蓄积年平均生长量 0.0171m³，年平均生长率 11.97%。详见表 3–23。

表 3–23　人工异龄核桃阔叶混交林结构因子统计表

树种结构类型组	公顷株数（株）	公顷蓄积（m³）	树种数量（种）	胸径（cm）	树高（m）	郁闭度	平均年龄（年）	分布海拔（m）
综合平均	278	28.9	3.7	11.7	6.7	0.33	11.5	1155 ~ 2200
核桃 – 常绿榆 – 香面叶等	300	79.8	8	9.4	5.0	0.30	10	1770
核桃 – 川梨	25	4	2	8	5.5	0.41	13	1940
核桃 – 滇青冈 – 杨梅等	250	19.4	5	16.6	8.1	0.35	15	2140
核桃 – 滇青冈 – 清香木等	363	2.3	5	6.2	4.1	0.30	6	1650
核桃 – 滇杨 – 软阔类等	338	12.3	3	10.6	6.6	0.35	13	1851
核桃 – 旱冬瓜 – 软阔类等	288	33.7	3	11.3	6.7	0.50	6	1940
核桃 – 红椿 – 软阔类等	175	10.9	5	16.8	6.3	0.25	10	1718
核桃 – 红木荷 – 水冬瓜等	200	35.8	4	7.4	3.2	0.35	4	1760
核桃 – 楝 – 牛筋条等	125	2.8	3	9.8	7.4	0.25	7	1220
核桃 – 柳树	200	6.9	2	9.2	5.2	0.20	5	2130
核桃 – 木荷 – 香椿	300	13	3	9.5	4.4	0.20	7	1600
核桃 – 漆树 – 香椿	250	81.7	3	26.5	15.7	0.75	45	2140
核桃 – 漆树 – 软阔类等	525	24	4	7	5.6	0.35	6	1440
核桃 – 秃杉 – 喜树等	675	133.9	5	19.8	16.3	0.50	31	2040
核桃 – 滇青冈 – 香椿等	275	52.6	5	6.8	5.7	0.30	13	2200
核桃 – 歪叶榕	238	7.6	2	6.8	5.7	0.20	5	1380
核桃 – 银木荷	313	42.9	2	22.5	7.9	0.25	8	2200
泡核桃 – 构树	225	10.8	2	5.9	4.1	0.20	4	1155
泡核桃 – 柿 – 油杉等	213	13.4	4	11.6	6.2	0.35	15	2010
泡核桃 – 软阔类等	125	7.9	2	13.6	7.8	0.34	16	1735
泡核桃 – 杜茎山 – 聚果榕等	438	11.1	6	10.2	4.0	0.25	5	1264

（五）人工异龄红椿阔叶混交林

本类型主要为人工粗放经营型，一些天然树种分布其中。本类型记录到样地3块，分布在永德、富宁、盘龙区等县（区）。样地分布海拔930～2000m，平均分布海拔1387m。森林树种结构类型主要有红椿－柳树阔叶混交林、红椿－刺栲－橡胶等阔叶混交林、红椿－香椿－刺槐－泡桐等阔叶混交林。林分综合平均胸径13.7cm，平均树高9.7m，平均郁闭度0.47，平均年龄16年，森林活立木密度为每公顷392株，公顷蓄积量30.2m³。森林单株胸径年平均生长量0.76cm，年平均生长率3.4%；单株蓄积年平均生长量0.0244 m³，年平均生长率7.7%。详见表3-24。

表3-24　人工异龄红椿阔叶混交林结构因子统计表

树种结构类型组	公顷株数（株）	公顷蓄积（m³）	树种数量（种）	胸径（cm）	树高（m）	郁闭度	平均年龄（年）	分布海拔（m）
综合平均	392	30.2	4	13.7	9.7	0.47	16	930～2000
红椿－柳树	50	5	2	14.1	7.9	0.60	25	1230
红椿－刺栲－橡胶等	300	47.9	5	13.5	9.9	0.40	9	930
红椿－刺槐－泡桐等	825	37.7	6	13.4	11.4	0.40	15	2000

（六）人工异龄头状四照花阔叶混交林

本类型记录到样地2块，树种组成均为人工绿化用地树种。分布在维西县和安宁市。样地分布海拔1740～1830m，平均分布海拔1785m。森林树种结构类型主要有：头状四照花－黄连木－樟等阔叶混交林、头状四照花－昆明朴－栾树等阔叶混交林。林分综合平均胸径14.5cm，平均树高7.0m，平均郁闭度0.55，平均年龄20年，森林活立木密度为每公顷582株，公顷蓄积量13.1m³。森林单株胸径年平均生长量0.37cm，年平均生长率3.95%；单株蓄积年平均生长量0.0031m³、年平均生长率9.95%。详见表3-25。

表3-25　人工异龄头状四照花阔叶混交林结构因子统计表

树种结构类型组	公顷株数（株）	公顷蓄积（m³）	树种数量（种）	胸径（cm）	树高（m）	郁闭度	年龄（年）	分布海拔（m）
综合平均	582	13.1	6.5	14.5	7	0.55	20	1740～1830
头状四照花－黄连木－樟等	688	12.4	8	19.7	7.5	0.50	30	1740
头状四照花－昆明朴－栾树等	475	13.7	5	9.2	6.4	0.60	10	1830

（七）人工异龄漆树阔叶混交林

本类型记录到样地6块，分布在福贡、绥江、大关、彝良、巧家等县。样地分布海拔620～2110m，平均分布海拔1502m。森林树种结构类型主要有：漆树－檫木－桦木阔叶混交林、漆树－香椿－油桐等阔叶混交林、漆树－灯台树－泡桐等阔叶混交林、漆树－旱冬瓜－核桃等阔叶混交林、漆树－木姜子－核桃等阔叶混交林、漆树－软阔类等阔叶混交林。林分综合平均胸径12.3cm，平均树高9.2m，平均郁闭度0.52，平均年龄23年，森林活立木密度为每公顷734株，公顷蓄积量46.3m³。森林单株胸径年平均生长量0.57cm，年平均生长率4.2%；单株蓄积年平均生长量0.0088m³，年平均生长率10.3%。详见表3-26。

表 3-26　人工异龄漆树阔叶混交林结构因子统计表

树种结构类型组	公顷株数（株）	公顷蓄积（m³）	树种数量（种）	胸径（cm）	树高（m）	郁闭度	平均年龄（年）	分布海拔（m）
综合平均	734	46.3	6.7	12.3	9.2	0.52	23	620～2110
漆树－檫木－桦木	1125	68.5	5	12.2	10.4	0.60	30	1060
漆树－香椿－油桐等	813	34.8	12	12.3	8.9	0.50	29	620
漆树－灯台树－泡桐等	1075	36.1	10	9.5	9.5	0.55	10	1682
漆树－旱冬瓜－核桃等	600	76.2	5	15.5	11.0	0.30	17	2110
漆树－木姜子－核桃等	213	11.3	4	9	4.6	0.50	30	1800
漆树－软阔类等	575	50.8	4	15	10.7	0.65	19	1740

（八）人工异龄西南桦阔叶混交林

本类型记录到样地 14 块，分布在盈江、西盟、陇川、泸水、芒市、耿马、镇沅、澜沧、江城等县（市）。样地分布海拔 1040～2023m，平均分布海拔 1385m。森林树种结构类型主要有：西南桦－软阔类阔叶混交林、西南桦－川楝－普文楠等阔叶混交林、西南桦－粗糠柴－直杆桉等阔叶混交林、西南桦－钝叶黄檀－千果榄仁等阔叶混交林、西南桦－水锦树－云南泡花树等阔叶混交林、西南桦－木荷－盐肤木等阔叶混交林、西南桦－拐枣－云南黄杞等阔叶混交林、西南桦－木荷－围涎树等阔叶混交林、西南桦－栎类－水锦树等阔叶混交林、西南桦－泡核桃－山鸡椒等阔叶混交林、西南桦－栎类－云南黄杞等阔叶混交林、西南桦－软阔类－杉木等阔叶混交林、西南桦－樱桃－软阔类等阔叶混交林、西南桦－野柿－四蕊朴等阔叶混交林。林分综合平均胸径 11.4cm，平均树高 11.4m，平均郁闭度 0.62，平均年龄 10 年，森林活立木密度为每公顷 1258 株，公顷蓄积量 66.8m³。森林单株胸径年平均生长量 0.73cm，年平均生长率 6.7%；单株蓄积年平均生长量 0.0089m³，年平均生长率 16.3%。详见表 3-27。

表 3-27　人工异龄西南桦阔叶混交林结构因子统计表

树种结构类型组	公顷株数（株）	公顷蓄积（m³）	树种数量（种）	胸径（cm）	树高（m）	郁闭度	平均年龄（年）	分布海拔（m）
综合平均	1258	66.8	7.1	11.4	11.4	0.62	10	1040～2023
西南桦－软阔类	1363	97.1	2	13.6	16.3	0.60	10	1660
西南桦－川楝－普文楠等	2213	136.5	8	12.6	16.0	0.75	12	1220
西南桦－粗糠柴－直杆桉等	1525	73.6	10	12.2	12.1	0.85	13	1190
西南桦－钝叶黄檀－千果榄仁等	263	24.5	6	5.5	3.0	0.40	12	1160
西南桦－水锦树－云南泡花树等	2375	131.1	12	12.8	15.2	0.80	13	1240
西南桦－木荷－盐肤木等	1775	67.3	10	9.7	12.4	0.70	9	1770
西南桦－拐枣－云南黄杞等	675	40.5	8	17.7	14.2	0.60	10	1180
西南桦－木荷－围涎树等	1275	164.3	7	19.2	22.4	0.80	15	1200
西南桦－栎类－水锦树等	2200	56.2	6	10.5	10.5	0.81	6	1170

树种结构类型组	公顷株数（株）	公顷蓄积（m³）	树种数量（种）	胸径（cm）	树高（m）	郁闭度	平均年龄（年）	分布海拔（m）
西南桦 – 泡核桃 – 山鸡椒等	825	49.1	9	9.5	7.1	0.30	4	2023
西南桦 – 栎类 – 云南黄杞等	1150	36	7	9.9	8.3	0.70	9	1290
西南桦 – 软阔类 – 杉木等	500	10.4	4	6.4	5.5	0.30	6	1710
西南桦 – 樱桃 – 软阔类等	1275	19.9	4	7.8	9.6	0.60	9	1540
西南桦 – 野柿 – 四蕊朴等	200	29	7	12	7.0	0.50	9	1040

（九）人工异龄橡胶阔叶混交林

本类型记录到样地 8 块，分布在勐腊、瑞丽、耿马等县（市）。样地分布海拔 550 ~ 930m，平均分布海拔 786m。森林树种结构类型主要有：橡胶 – 桦木 – 软阔类阔叶混交林、橡胶 – 硬阔类 – 木荷阔叶混交林、橡胶 – 硬阔类 – 软阔类阔叶混交林、橡胶 – 软阔类 – 羊蹄甲阔叶混交林、橡胶 – 滇润楠 – 楹树等阔叶混交林、橡胶 – 软阔类 – 木荷等阔叶混交林、橡胶 – 硬阔类阔叶混交林。林分综合平均胸径 26.2cm，平均树高 12.9m，平均郁闭度 0.51，平均年龄 19 年，森林活立木密度为每公顷 492 株，公顷蓄积量 75.2m³。森林单株胸径年平均生长量 0.71cm，年平均生长率 2.3%；单株蓄积年平均生长量 0.0384 m³，年平均生长率 5.5%。详见表 3–28。

表 3–28 人工异龄橡胶阔叶混交林结构因子统计表

树种结构类型组	公顷株数（株）	公顷蓄积（m³）	树种数量（种）	胸径（cm）	树高（m）	郁闭度	平均年龄（年）	分布海拔（m）
综合平均	492	75.2	4.1	26.2	12.9	0.51	19	550 ~ 930
橡胶 – 桦木 – 软阔类	575	20.5	5	9.2	7.2	0.25	11	900
橡胶 – 硬阔类 – 木荷	175	66.8	3	73.5	5.7	0.50	8	920
橡胶 – 硬阔类 – 软阔类	225	15.4	3	12	8.5	0.30	9	930
橡胶 – 软阔类 – 羊蹄甲	988	151.6	3	19	15.6	0.85	30	550
橡胶 – 滇润楠 – 楹树等	425	144.8	9	34.6	14.9	0.60	40	860
橡胶 – 软阔类 – 硬阔类等	638	51.2	5	16.4	15.4	0.50	12	880
橡胶 – 软阔类 – 木荷等	213	102.2	3	30.6	21.5	0.50	33	670
橡胶 – 硬阔类	700	48.7	2	14.2	14.7	0.60	12	580

三、人工异龄针阔叶混交林亚型

经统计，云南第七次森林资源连续清查乔木林结构组成样地中，人工异龄针阔叶混交林亚型统计到以桉树（含蓝桉、直杆桉、其他桉类）、柏树（含藏柏、圆柏、其他柏）、旱冬瓜、华山松、杉木、思茅松、秃杉、云南松、长苞冷杉等为优势种的 9 个类型组。

（一）人工异龄桉树 – 思茅松等针阔叶混交林

本类型记录到样地 15 块，分布在巍山、姚安、大姚、武定、禄劝、晋宁、双柏、镇沅、景谷等县（区）。样地综合分布海拔 1110 ~ 2270m，平均分布海拔 1938m。树种结构组成中，以桉树为优势种，分别形成桉树 – 思茅松 – 油杉针阔叶混交林、桉树 – 华山松 – 昆明朴等针阔叶混交林、桉树 – 木荷 – 思茅松等针阔叶混交林、桉树 – 扭曲云南松 – 樱桃针阔叶混交林、桉树 – 华山松 – 油杉等针阔叶混交林、桉树－华山松－云南松等针阔叶混交林、桉树－核桃－云南松等针阔叶混交林、蓝桉－高山栲－云南松等针阔叶混交林、蓝桉－麻栎－滇油杉等针阔叶混交林、蓝桉－牛筋条－云南松针阔叶混交林、蓝桉－扭曲云南松针阔叶混交林、蓝桉－杨树－云南松针阔叶混交林、蓝桉－栎类－云南松等针阔叶混交林、蓝桉－云南松针阔叶混交林、直杆桉－云南松针阔叶混交林。林分综合平均胸径10.1cm，平均树高7.2m，平均郁闭度0.47，平均年龄15年，森林活立木密度为每公顷821株，公顷蓄积量38.8m³。人工桉树混交森林单株胸径年平均生长量0.51cm，年平均生长率4.4%；单株蓄积年平均生长量0.007m³，年平均生长率11.1%。其中：人工蓝桉混交林单株胸径年平均生长量0.65cm，年平均生长率5.4%；单株蓄积年平均生长量0.0091m³，年平均生长率12.5%；人工直杆桉混交林单株胸径年平均生长量0.48cm，年平均生长率4.8%；单株蓄积年平均生长量0.0051m³，年平均生长率12.2%。详见表3-29。

表3-29　人工异龄桉树－思茅松等针阔叶混交林结构因子统计表

树种结构类型组	公顷株数（株）	公顷蓄积（m³）	树种数量（种）	胸径（cm）	树高（m）	郁闭度	平均年龄（年）	分布海拔（m）
综合平均	821	38.8	4.2	10.1	7.2	0.47	15	1110～2270
桉树－思茅松－油杉	1375	62.3	9	10.4	11.4	0.44	8	1690
桉树－华山松－昆明朴等	213	89.4	4	10	2.5	0.50	22	1990
桉树－木荷－思茅松等	1238	20.8	4	6.6	10.8	0.60	8	1110
桉树－扭曲云南松－樱桃	275	63.5	3	21.7	11.8	0.35	33	1940
桉树－华山松－油杉等	1025	30.3	5	9.5	4.6	0.70	20	2210
桉树－华山松－云南松等	1025	30.3	5	9.5	4.6	0.70	20	2210
桉树－核桃－云南松等	488	9.2	5	6.1	4.3	0.30	5	1770
蓝桉－高山栲－云南松等	1438	20.3	6	7.1	6.3	0.45	5	2250
蓝桉－麻栎－滇油杉等	263	42.9	4	8	3.5	0.22	16	1980
蓝桉－牛筋条－云南松	638	24.8	3	10.5	10.8	0.60	15	1840
蓝桉－扭曲云南松	213	17.4	2	14.6	5.0	0.32	15	2270
蓝桉－杨树－云南松	675	42.9	3	13.6	11.7	0.40	19	2049
蓝桉－栎类－云南松等	1538	68	6	7.3	7.4	0.70	13	1920
蓝桉－云南松	400	10	2	5.4	4.1	0.25	5	1930
直杆桉－云南松	1513	49.3	2	10.6	9.1	0.56	18	1910

（二）人工异龄柏树－泡桐等针阔叶混交林

本类型记录到样地8块，分布在永平、武定、宁洱、威信、镇雄、富源、通海等县。样地综合分布海拔1040～2560m，平均分布海拔1633m。树种结构组成中，以柏树为优势种，分别形成柏木－泡桐－杉木等针阔叶混交林、柏木－核桃－软阔类等针阔叶混交林、柏木－栎类－软阔类等针阔叶混交林、柏木－软阔类－杨树针阔叶混交林、圆柏－泡桐－香椿等针阔叶混交林、圆柏－软阔类－云南松等针阔叶混交林、柏木－核桃针阔叶混交林、柏木－黑荆树－滇油杉针阔叶混交林。林分综合平均胸径11.2cm，平均树高8.8m，平均郁闭度0.48，平均年龄17年，森林活立木密度为每公顷600株，公顷蓄积量33.8m³。人工柏木混交林单株胸径年平均生长量0.40cm，年平均生长率3.8%；单株蓄积年平均生长量0.0038 m³，年平均生长率9.1%。其中：人工圆柏混交林单株胸径年平均生长量1.0cm，年平均生长率10.7%；单株蓄积年平均生长量0.0071 m³，年平均生长率24.4%。详见表3-30。

表 3-30　人工异龄柏树 – 泡桐等针阔叶混交林结构因子统计表

树种结构类型组	公顷株数（株）	公顷蓄积（m³）	树种数量（种）	胸径（cm）	树高（m）	郁闭度	平均年龄（年）	分布海拔（m）
综合平均	600	33.8	3.9	11.2	8.8	0.48	17	1040 ~ 2560
柏木 – 泡桐 – 杉木等	1225	69.8	5	12.6	13.2	0.57	25	1040
柏木 – 核桃 – 软阔类等	600	22.3	3	10.1	8.8	0.40	12	1463
柏木 – 栎类 – 软阔类等	200	13.3	5	10	5.8	0.70	15	1300
柏木 – 软阔类 – 杨树	563	27.3	3	13.9	11.2	0.35	20	1220
圆柏 – 泡桐 – 香椿等	600	30.4	6	11	8.6	0.45	9	1770
圆柏 – 软阔类 – 云南松等	788	22.8	4	10.6	8.6	0.30	15	1930
柏木 – 核桃	50	24.5	2	7	5.0	0.35	25	2560
柏木 – 黑荆树 – 滇油杉	775	59.7	3	14.5	9.1	0.70	13	1780

（三）人工异龄旱冬瓜 – 华山松等针阔叶混交林

本类型记录到样地 10 块，分布在西山、姚安、盈江、陇川、江城、师宗、呈贡等县（区）。样地综合分布海拔 960 ~ 2440m，平均分布海拔 1981m。树种结构组成中，以旱冬瓜为优势种，分别形成旱冬瓜 – 柳杉 – 藏柏等针阔叶混交林、旱冬瓜 – 麻栎 – 思茅松等针阔叶混交林、旱冬瓜 – 核桃 – 华山松等针阔叶混交林、旱冬瓜 – 杉木 – 秃杉等针阔叶混交林、旱冬瓜 – 华山松针阔叶混交林、旱冬瓜 – 华山松 – 云南松针阔叶混交林、旱冬瓜 – 杉木 – 秃杉等针阔叶混交林、旱冬瓜 – 黑荆树 – 华山松等针阔叶混交林、旱冬瓜 – 杉木 – 西南桦等针阔叶混交林。样地林分综合平均胸径 12.0cm，平均树高 8.4m，平均郁闭度 0.54，平均年龄 11 年，森林活立木密度为每公顷 1064 株，公顷蓄积量 62.4m³。森林单株胸径年平均生长量 0.76cm，年平均生长率 5.8%；单株蓄积年平均生长量 0.0131m³，年平均生长率 13.7%。详见表 3-31。

表 3-31　人工异龄旱冬瓜 – 华山松等针阔叶混交林结构因子统计表

树种结构类型组	公顷株数（株）	公顷蓄积（m³）	树种数量（种）	胸径（cm）	树高（m）	郁闭度	平均年龄（年）	分布海拔（m）
综合平均	1064	62.4	4.7	12.0	8.4	0.54	11	960 ~ 2440
旱冬瓜 – 柳杉 – 藏柏等	788	64	4	17.6	11.5	0.50	22	2420
旱冬瓜 – 麻栎 – 思茅松等	800	36.2	6	11.8	9.0	0.55	13	1470
旱冬瓜 – 核桃 – 华山松等	1600	42.8	5	8.8	6.3	0.75	5	2440
旱冬瓜 – 杉木 – 秃杉等	1263	59.4	4	10.4	9.1	0.35	7	1900
旱冬瓜 – 华山松	863	54.9	2	12.5	8.3	0.50	15	2320
旱冬瓜 – 华山松 – 云南松	325	20.7	3	13.5	6.7	0.25	6	2050
旱冬瓜 – 华山松 – 云南松	2625	75.8	3	8.4	6.2	0.80	7	2430
旱冬瓜 – 杉木 – 秃杉等	1238	144.4	7	16.4	15.5	0.68	17	1840
旱冬瓜 – 黑荆树 – 华山松等	563	27.8	4	14.4	6.6	0.60	15	1980
旱冬瓜 – 杉木 – 西南桦等	575	97.6	9	5.8	5.1	0.45	5	960

（四）人工异龄华山松 - 桦木等针阔叶混交林

本类型记录到样地 16 块，分布在巧家、会泽、马龙、鲁甸、弥渡、南涧、腾冲、隆阳、施甸、双江、墨江等县（市、区）。样地综合分布海拔 1720 ~ 2650m，平均分布海拔 2280m。树种结构组成中，以华山松为优势种，分别形成华山松 - 桦木 - 杉木等针阔叶混交林、华山松 - 栎类 - 云南松等针阔叶混交林、华山松 - 毛叶柿 - 水红木等针阔叶混交林、华山松 - 栎类 - 云南松等针阔叶混交林、华山松 - 红桦 - 云南松等针阔叶混交林、华山松 - 短刺栲等针阔叶混交林、华山松 - 西南桦 - 云南松等针阔叶混交林、华山松 - 山鸡椒 - 杨树等针阔叶混交林、华山松 - 樱桃 - 云南松等针阔叶混交林、华山松 - 旱冬瓜 - 云南松等针阔叶混交林、华山松 - 桦木 - 杨树等针阔叶混交林、华山松 - 核桃 - 云南松针阔叶混交林、华山松 - 青冈 - 云南松等针阔叶混交林、华山松 - 栎类 - 喜树等针阔叶混交林、华山松 - 杨树 - 云南松针阔叶混交林、华山松 - 银荆树 - 云南松针阔叶混交林。林分综合平均胸径 13.1cm，平均树高 9.5m，平均郁闭度 0.58，平均年龄 25 年，森林活立木密度为每公顷 1328 株，公顷蓄积量 93.3m³。森林单株胸径年平均生长量 0.41cm，年平均生长率 3.8%；单株蓄积年平均生长量 0.0046 m³，年平均生长率 8.6%。详见表 3-32。

表 3-32　人工异龄华山松 - 桦木等针阔叶混交林结构因子统计表

树种结构类型组	公顷株数（株）	公顷蓄积（m³）	树种数量（种）	胸径（cm）	树高（m）	郁闭度	平均年龄（年）	分布海拔（m）
综合平均	1328	93.3	5.3	13.1	9.5	0.58	25	1720 ~ 2650
华山松 - 桦木 - 杉木等	1400	170.5	8	13.7	10.0	0.72	25	2370
华山松 - 栎类 - 云南松等	2163	148.3	7	13.2	15.0	0.70	44	2100
华山松 - 毛叶柿 - 水红木等	550	73.2	9	17	10.5	0.40	23	2280
华山松 - 栎类 - 云南松等	2788	111	7	11.1	9.6	0.77	25	2285
华山松 - 红桦 - 云南松等	2100	104.6	8	11.1	9.1	0.68	29	2400
华山松 - 短刺栲等	625	8.1	2	6.5	3.9	0.50	5	2100
华山松 - 西南桦 - 云南松等	1850	145	5	15.2	9.5	0.85	15	2320
华山松 - 山鸡椒 - 杨树等	863	75.1	5	17.3	12.3	0.38	18	2650
华山松 - 樱桃 - 云南松等	850	35.9	4	10.9	7.6	0.52	18	2490
华山松 - 旱冬瓜 - 云南松等	1275	87.7	3	12.2	11.1	0.50	21	2287
华山松 - 桦木 - 杨树等	1300	81.4	5	13.3	7.1	0.57	22	2120
华山松 - 核桃 - 云南松	650	23.7	3	8.5	5.5	0.35	6	2208
华山松 - 青冈 - 云南松等	688	103.4	4	20.4	10.7	0.60	50	2550
华山松 - 栎类 - 喜树等	863	110.7	8	13.8	10.7	0.40	18	1720
华山松 - 杨树 - 云南松	2125	168.9	3	15.4	13.1	0.78	45	2493
华山松 - 银荆树 - 云南松	1163	45.6	3	10	5.9	0.55	28	2100

（五）人工异龄杉木 - 桦木等针阔叶混交林

本类型记录到样地 71 块，分布在马关、彝良、富宁、龙陵、腾冲、大关、盈江、威信、水富、盐津、镇雄、元阳、蒙自、广南、麻栗坡、梁河、鲁甸、宣威、罗平、昌宁、红河、芒市、瑞丽、澜沧、墨江、绥江、屏边、绿春、砚山、西畴等县（市）。样地综合分布海拔 840 ~ 2240m，平均分布海拔 1540m。树种结构组成中，以杉木为优势种，分别形成杉木 – 南酸枣针阔叶混交林、杉木 – 西南桦 – 云南松等针阔叶混交林、杉木 – 桦木 – 阔叶类针阔叶混交林、杉木 – 秃杉 – 喜树等针阔叶混交林、杉木 – 秃杉 – 栎类等针阔叶混交林、杉木 – 软阔类针阔叶混交林、杉木 – 秃杉 – 软阔类针阔叶混交林、杉木 – 西南桦 – 云南黄杞等针阔叶混交林、杉木 – 西南桦 – 灯台树等针阔叶混交林、杉木 – 八角 – 岗柃等针阔叶混交林、杉木 – 八角 – 灯台树针阔叶混交林、杉木 – 八角 – 西南桦等针阔叶混交林杉木 – 八角 – 香椿等针阔叶混交林、杉木 – 八角枫 – 四蕊朴等针阔叶混交林、杉木 – 白檀 – 喜树等针阔叶混交林、杉木 – 栎类 – 木荷等针阔叶混交林、杉木 – 五角枫 – 檫木等针阔叶混交林、杉木 – 楤木 – 漆树等针阔叶混交林、杉木 – 楠木 – 漆树等针阔叶混交林、杉木 – 西南花楸 – 薄叶山矾等针阔叶混交林、杉木 – 泡桐 – 檫木等针阔叶混交林、杉木 – 檫木 – 柳杉等针阔叶混交林、杉木 – 西南桦 – 盐肤木等针阔叶混交林、杉木 – 常绿榆 – 软阔类针阔叶混交林、杉木 – 栓皮栎 – 野漆等针阔叶混交林、杉木 – 西南桦 – 大叶紫珠等针阔叶混交林、杉木 – 灯台树 – 锥连栎等针阔叶混交林、杉木 – 十齿花 – 灯台树等针阔叶混交林、杉木 – 青冈 – 红木荷等针阔叶混交林、杉木 – 红花木莲 – 马蹄荷等针阔叶混交林、杉木 – 栎类 – 云南松等针阔叶混交林、杉木 – 秃杉 – 西南桦等针阔叶混交林、杉木 – 栎类 – 西南桦等针阔叶混交林、杉木 – 栎类 – 漆树等针阔叶混交林、杉木 – 五角枫 – 鹅掌楸等针阔叶混交林、杉木 – 岗柃 – 楠木等针阔叶混交林、杉木 – 旱冬瓜 – 秃杉等针阔叶混交林、杉木 – 旱冬瓜 – 香叶树等针阔叶混交林、杉木 – 合果木 – 西南桦等针阔叶混交林、杉木 – 核桃 – 泡桐等针阔叶混交林、杉木 – 核桃 – 软阔类等针阔叶混交林、杉木 – 红木荷 – 软阔类针阔叶混交林、杉木 – 西南桦 – 红木荷等针阔叶混交林、杉木 – 西南桦 – 山黄麻等针阔叶混交林、杉木 – 桦木 – 栎类等针阔叶混交林、杉木 – 桦木 – 楠木等针阔叶混交林、杉木 – 云南松 – 栎类等针阔叶混交林、杉木 – 中平树 – 软阔类针阔叶混交林、杉木 – 西南桦 – 香面叶等针阔叶混交林、杉木 – 栎类 – 滇油杉等针阔叶混交林、杉木 – 白颜树 – 华山松等针阔叶混交林、杉木 – 檫木 – 灯台树等针阔叶混交林、杉木 – 灯台树 – 山鸡椒等针阔叶混交林、杉木 – 喜树 – 香面叶等针阔叶混交林、杉木 – 十齿花 – 五角枫等针阔叶混交林、杉木 – 杨树 – 木荷等针阔叶混交林、杉木 – 银木荷 – 云南黄杞等针阔叶混交林、杉木 – 红木荷 – 硬阔类等针阔叶混交林、杉木 – 云南樟 – 灯台树等针阔叶混交林、杉木 – 西南桦 – 木奶果等针阔叶混交林。从以上树种组成结构看，人工异龄杉木为优势种的针阔叶混交林热性成分明显（71 块样地中，仅杉木 – 白颜树 – 华山松林 1 块样地 1 个类型有一定成分的暖性树种华山松分布，其余森林类型中的树种结构均表现出较强的热性性质，表明杉木为一种热性适生树种）。同时，该类型的树种组成结构复杂，热区分布广泛，呈现出不少稀有类型，如杉木 – 秃杉 – 喜树针阔叶混交林、杉木 – 十齿花 – 灯台树针阔叶混交林、杉木 – 红花木莲 – 马蹄荷等针阔叶混交林、杉木 – 五角枫 – 鹅掌楸等针阔叶混交林、杉木 – 十齿花 – 五角枫等针阔叶混交林。今后的全周期森林经营规划中，需要加强该类型分布区域的原生天然植被的保护力度。森林综合平均胸径 12.4cm，平均树高 9.3m，平均郁闭度 0.58，平均年龄 17 年，森林活立木密度为每公顷 1342 株，公顷蓄积量 72.6m³。森林单株胸径年平均生长量 0.53cm，年平均生长率 4.5%；单株蓄积年平均生长量 0.0063m³，年平均生长率 10.3%。详见表 3-33。

表 3-33　人工异龄杉木 – 桦木等针阔叶混交林结构因子统计表

树种结构类型组	公顷株数（株）	公顷蓄积（m³）	树种数量（种）	胸径（cm）	树高（m）	郁闭度	平均年龄（年）	分布海拔（m）
综合平均	1342	72.6	6.3	12.4	9.3	0.58	17	840 ~ 2240
杉木 – 南酸枣	50	2.4	2	12	5.5	0.75	19	1480
杉木 – 西南桦 – 云南松等	625	49.2	8	11.4	9.7	0.40	5	1580

续表 3-33

树种结构类型组	公顷株数（株）	公顷蓄积（m³）	树种数量（种）	胸径（cm）	树高（m）	郁闭度	平均年龄（年）	分布海拔（m）
杉木 – 桦木 – 阔叶类	2050	80.6	4	9.9	13.0	0.59	8	1865
杉木 – 秃杉 – 喜树等	1050	63.4	4	13	13.3	0.60	10	1140
杉木 – 秃杉 – 栎类等	663	116.4	7	14.5	11.3	0.40	16	1550
杉木 – 软阔类	213	3.1	2	7.2	3.9	0.60	4	1700
杉木 – 秃杉 – 软阔类	288	3.1	3	6.3	3.5	0.35	4	1420
杉木 – 西南桦 – 云南黄杞等	575	49	8	5.8	3.6	0.60	6	2120
杉木 – 桦木 – 云南松等	2663	98.2	4	10.6	9.4	0.70	24	1710
杉木 – 西南桦 – 灯台树等	2425	153.7	9	13.6	13.0	0.75	28	1100
杉木 – 八角 – 岗枪等	1625	137.6	8	16.6	13.1	0.70	15	1300
杉木 – 八角 – 灯台树	1263	58.2	3	8.3	5.5	0.55	11	1510
杉木 – 八角 – 西南桦等	1388	98.9	6	12.1	9.2	0.75	15	1060
杉木 – 八角 – 西南桦等	700	23	6	10.5	6.7	0.30	10	1300
杉木 – 八角 – 香椿等	2188	49	5	8.7	7.8	0.85	5	1180
杉木 – 八角枫 – 四蕊朴等	963	16.6	7	7.3	5.4	0.40	6	980
杉木 – 白檀 – 喜树等	1263	93.9	10	14.3	12.7	0.65	18	1760
杉木 – 栎类 – 木荷等	600	139.7	9	28.8	13.1	0.40	28	2240
杉木 – 五角枫 – 檫木等	1875	78.4	12	12.7	11.2	0.60	21	1430
杉木 – 五角枫 – 檫木等	713	61.4	11	14.1	9.6	0.35	35	1320
杉木 – 楤木 – 漆树等	2388	71.9	4	10.7	6.1	0.81	12	1800
杉木 – 楠木 – 漆树等	913	78.6	7	14	10.4	0.70	35	1610
杉木 – 西南花楸 – 薄叶山矾等	738	30.2	8	14.3	6.1	0.40	6	1980
杉木 – 泡桐 – 檫木等	850	157.5	7	20.1	14.2	0.65	25	1400
杉木 – 檫木 – 柳杉等	625	21.3	4	11.5	6.6	0.35	8	958
杉木 – 西南桦 – 盐肤木等	2075	94.5	6	12.2	8.1	0.60	30	1100
杉木 – 常绿榆 – 软阔类	900	28.5	3	11.6	7.9	0.75	4	1550
杉木 – 栓皮栎 – 野漆等	1113	25.7	5	7.3	5.2	0.45	7	1510
杉木 – 西南桦 – 大叶紫珠等	725	36.7	4	10.3	8.6	0.40	6	1080
杉木 – 灯台树 – 锥连栎等	350	11.1	7	10.7	5.8	0.50	16	1160
杉木 – 十齿花 – 灯台树等	875	163.8	10	23.3	17.0	0.70	60	1900
杉木 – 灯台树 – 盐肤木等	963	81	5	17.8	15.1	0.50	50	1350
杉木 – 青冈 – 红木荷等	4475	141.8	7	10.5	9.8	0.90	10	1625

续表 3-33

树种结构类型组	公顷株数 （株）	公顷蓄积 （m³）	树种数量 （种）	胸径 （cm）	树高 （m）	郁闭度	平均年龄 （年）	分布海拔 （m）
杉木 – 红花木莲 – 马蹄荷等	2750	120.2	8	11.2	9.9	0.75	11	1610
杉木 – 栎类 – 云南松等	3600	187.1	9	12.3	9.3	0.73	16	1470
杉木 – 秃杉 – 西南桦等	613	60.4	7	19.5	9.8	0.40	14	2030
杉木 – 栎类 – 西南桦等	2225	65.1	8	10.4	7.1	0.65	21	1800
杉木 – 栎类 – 漆树等	1375	11.6	7	6	4.8	0.80	4	1810
杉木 – 五角枫 – 鹅掌楸等	988	23.3	8	8.9	6.0	0.40	10	2170
杉木 – 岗柃 – 楠木等	463	39.6	5	18.1	12.9	0.22	30	1100
杉木 – 旱冬瓜 – 秃杉等	1475	125.7	6	15.1	11.5	0.54	19	2195
杉木 – 旱冬瓜 – 桦木等	1275	16.5	5	7.3	6.1	0.50	8	1530
杉木 – 旱冬瓜 – 木荷等	1400	30.7	5	8.1	6.9	0.45	15	1770
杉木 – 旱冬瓜 – 阔叶类等	1900	120.7	4	14.5	12.6	0.73	25	1630
杉木 – 旱冬瓜 – 香叶树等	688	39.1	3	15.2	9.5	0.40	19	1420
杉木 – 合果木 – 西南桦等	1563	84.7	8	13.5	13.9	0.40	9	1440
杉木 – 核桃 – 泡桐等	513	130.6	6	22.5	14.2	0.45	44	1820
杉木 – 核桃 – 软阔类等	150	32.9	3	14.2	7.0	0.45	19	2220
杉木 – 红木荷 – 软阔类	350	2.9	3	5.9	7.1	0.25	3	1684
杉木 – 西南桦 – 红木荷等	3038	143.2	4	12.6	9.8	0.80	25	1640
杉木 – 西南桦 – 山黄麻等	1938	19.6	10	5.9	4.5	0.75	5	1722
杉木 – 桦木 – 栎类等	1125	65.7	6	14.2	11.6	0.50	18	840
杉木 – 桦木 – 楠木等	900	69.1	4	13	7.4	0.70	10	1220
杉木 – 秃杉 – 栎类等	663	48	7	13.8	14.9	0.55	14	1440
杉木 – 栎类 – 木荷等	3100	108.9	5	10.7	11.8	0.70	11	1020
杉木 – 云南松 – 栎类等	2075	154.8	6	12.9	10.3	0.60	24	2138
杉木 – 软阔类	2238	29.7	2	7.1	4.5	0.60	7	1950
杉木 – 中平树 – 软阔类	1713	95.7	3	13.5	9.7	0.80	10	1080
杉木 – 西南桦 – 香面叶等	2763	145	5	12.3	13.2	0.80	23	1350
杉木 – 桦木 – 云南松等	2663	98.2	4	10.6	9.4	0.70	24	1710
杉木 – 栎类 – 滇油杉等	1063	35.3	7	7.7	7.5	0.70	9	1340
杉木 – 白颜树 – 华山松等	913	23.6	10	6.6	5.0	0.80	6	1910
杉木 – 檫木 – 灯台树等	775	100.7	14	16.6	12.0	0.70	23	1510
杉木 – 灯台树 – 山鸡椒等	950	27.1	6	9	5.9	0.55	14	1780

续表 3-33

树种结构类型组	公顷株数（株）	公顷蓄积（m³）	树种数量（种）	胸径（cm）	树高（m）	郁闭度	平均年龄（年）	分布海拔（m）
杉木－喜树－香面叶等	488	24.1	9	13.1	10.1	0.40	19	1310
杉木－十齿花－五角枫等	1150	167.5	8	18.1	12.0	0.70	40	2020
杉木－杨树－木荷等	2300	140.2	7	12.4	10.3	0.70	41	1720
杉木－银木荷－云南黄杞等	313	22.2	5	13.5	7.7	0.30	22	1660
杉木－红木荷－硬阔类等	1613	20.4	4	4	3.0	0.50	4	1090
杉木－云南樟－灯台树等	1250	111.9	10	14.7	10.7	0.70	28	1410
杉木－西南桦－木奶果等	775	91.4	11	25.9	17.5	0.50	28	980

（六）人工异龄思茅松－木荷等针阔叶混交林

本类型记录到样地 27 块，分布在景谷、思茅、镇沅、澜沧、墨江、宁洱、江城、芒市等县（市、区），其中，26 块样地均分布在普洱市，仅有 1 块分布在德宏州，表明思茅松林的山原水平地带性分布界线非常明显和狭窄。样地综合分布海拔 970～1900m，平均分布海拔 1454m。树种结构组成中，以思茅松为优势种，分别形成思茅松－毛叶黄杞－毛银柴等针阔叶混交林、思茅松－香椿－桉树等针阔叶混交林、思茅松－羊蹄甲－黑黄檀等针阔叶混交林、思茅松－翠柏－桂花等针阔叶混交林、思茅松－围涎树－杯状栲等针阔叶混交林、思茅松－西南桦－密花树等针阔叶混交林、思茅松－小果栲－茶梨等针阔叶混交林、思茅松－茶梨－旱冬瓜等针阔叶混交林、思茅松－围涎树－小果栲等针阔叶混交林、思茅松－西南桦－刺栲等针阔叶混交林、思茅松－野柿－钝叶黄檀等针阔叶混交林、思茅松－樟－岗枒等针阔叶混交林、思茅松－旱冬瓜－木荷等针阔叶混交林、思茅松－西南桦－旱冬瓜等针阔叶混交林、思茅松－旱冬瓜－栎类等针阔叶混交林、思茅松－红椿－软阔类针阔叶混交林、思茅松－木荷－栎类等针阔叶混交林、思茅松－栎类－软阔类等针阔叶混交林、思茅松－西南桦－栎类等针阔叶混交林、思茅松－云南黄杞－软阔类针阔叶混交林、思茅松－西南桦针阔叶混交林。从以上树种组成结构看，在以人工异龄思茅松为优势种的针阔叶混交林中，其原生天然植被中均有较明显的季风常绿阔叶林建群树种（如杯状栲、小果栲、刺栲等）分布。同时，热性树种如围涎树、钝叶黄檀、茶梨、红木荷、毛叶黄杞、翠柏等也在不同的森林类型中出现天然分布，表明思茅松林分布区较为显著的南亚热带分布性质。本类型的森林综合平均胸径 11.7cm，平均树高 9.9m，平均郁闭度 0.64，平均年龄 12 年，森林活立木密度为每公顷 1690 株，公顷蓄积量 74.4m³。森林单株胸径年平均生长量 0.64cm，年平均生长率 5.5%；单株蓄积年平均生长量 0.0062m³，年平均生长率 11.5%。详见表 3-34。

表 3-34　人工异龄思茅松－木荷等针阔叶混交林结构因子统计表

树种结构类型组	公顷株数（株）	公顷蓄积（m³）	树种数量（种）	胸径（cm）	树高（m）	郁闭度	平均年龄（年）	分布海拔（m）
综合平均	1690	74.4	6.9	11.7	9.9	0.64	12	970～1900
思茅松－毛叶黄杞－毛银柴等	1100	100.3	18	16.5	11.0	0.55	18	1250
思茅松－香椿－桉树等	875	46.3	6	11.4	10.2	0.60	7	1290
思茅松－羊蹄甲－黑黄檀等	1063	43	5	12.5	7.1	0.65	7	1190

续表 3-34

树种结构类型组	公顷株数（株）	公顷蓄积（m^3）	树种数量（种）	胸径（cm）	树高（m）	郁闭度	平均年龄（年）	分布海拔（m）
思茅松－翠柏－桂花等	1513	86.9	13	23.7	19.8	0.75	40	1510
思茅松－围涎树－杯状栲等	2613	60	9	10.6	7.6	0.70	8	1675
思茅松－西南桦－密花树等	2425	164.4	12	13.6	15.0	0.75	18	1900
思茅松－小果栲－茶梨等	2025	79.3	9	12.4	12.0	0.60	17	1590
思茅松－茶梨－旱冬瓜等	2713	57.7	5	8.7	7.6	0.70	7	1740
思茅松－围涎树－小果栲等	1150	103.5	20	7.9	5.2	0.40	5	1250
思茅松－西南桦－刺栲等	1913	109.5	13	13.1	11.2	0.82	18	1650
思茅松－野柿－钝叶黄檀等	1050	50.2	6	11.8	9.7	0.50	12	1800
思茅松－钝叶黄檀－榕树等	1413	180.6	8	17.3	14.9	0.74	20	1164
思茅松－樟－岗柃等	800	35.4	6	11.2	8.3	0.60	6	1623
思茅松－旱冬瓜 木荷等	1350	67.3	5	15.1	12.1	0.75	10	1770
思茅松－西南桦－旱冬瓜等	1938	72.4	6	11.9	10.4	0.75	7	1770
思茅松－旱冬瓜－栎类等	1488	93.5	4	13.5	12.4	0.70	12	1810
思茅松－红椿－软阔类	438	5.8	3	6.9	5.0	0.45	6	1210
思茅松－木荷－栎类等	2700	89.2	6	10.6	10.2	0.83	10	1100
思茅松－木荷－栎类等	2288	59.4	5	10.3	8.3	0.72	13	1600
思茅松－红木荷－栎类等	3925	106.7	4	10.0	9.3	0.70	7	1560
思茅松－红木荷－栎类等	2450	47.4	5	8.8	7.8	0.55	7	1450
思茅松－红木荷－栎类等	1619	59.1	5	12.4	11.8	0.59	13.5	1315
思茅松－栎类－软阔类等	1913	157.8	3	8.9	12.1	0.70	12	1100
思茅松－西南桦－栎类等	1425	35.7	4	8.8	7.1	0.55	7	1190
思茅松－软阔类	538	28.3	2	12.5	9.7	0.40	14	1420
思茅松－云南黄杞－软阔类	550	4.8	3	5.7	4.0	0.30	5	1370
思茅松－西南桦	2363	63.4	2	9.8	6.8	0.85	9	970

（七）人工异龄秃杉－西南桦等针阔叶混交林

本类型记录到样地 3 块，分布在龙陵、盈江、西畴等县。样地综合分布海拔 1100 ~ 2000m，平均分布海拔 1520m。森林树种结构组成以秃杉为优势种，分别记录到秃杉－西南桦－八角等针阔叶混交林、秃杉－云南黄杞－滇青冈等针阔叶混交林、秃杉－云南松－木荷针阔叶混交林。森林综合平均胸径 16.2cm，平均树高 12.1m，平均郁闭度 0.44，平均年龄 14 年，森林活立木密度为每公顷 1121 株，公顷蓄积量 72.7m^3。森林单株胸径年平均生长量 0.93cm，年平均生长率 9.0%；单株蓄积年平均生长量 0.0104m^3，年平均生长率 19.4%。详见表 3-35。

表 3-35　人工异龄秃杉 - 西南桦等针阔叶混交林结构因子统计表

树种结构类型组	公顷株数（株）	公顷蓄积（m³）	树种数量（种）	胸径（cm）	树高（m）	郁闭度	平均年龄（年）	分布海拔（m）
综合平均	1121	72.7	4.3	16.2	12.1	0.44	14	1100 ~ 2000
秃杉 - 西南桦 - 八角等	713	134.3	6	29.7	22.3	0.46	27	1100
秃杉 - 云南黄杞 - 滇青冈等	2088	71.6	4	10.3	8.8	0.60	7	1460
秃杉 - 云南松 - 木荷	563	12.1	3	8.7	5.1	0.25	9	2000

（八）人工异龄云南松 - 旱冬瓜等针阔叶混交林

云南松为云南分布的主要针叶用材树种，在云南针叶树种中分布面积最广，以其为建群组成的云南松林，是典型的滇中高原地区分布的半湿润常绿阔叶林被破坏后演替而来的地带性次生植被类型。本类型记录到样地 27 块，主要分布在龙陵、昌宁、隆阳、腾冲、南华、云龙、永平、宁蒗、永胜、祥云、南涧、禄劝、云县、会泽、泸西、西畴等县（市、区）。样地综合分布海拔 1200 ~ 2920m，平均分布海拔 1950m。森林树种结构组成以云南松为优势种，分别记录到云南松 - 旱冬瓜 - 君迁子等针阔叶混交林、云南松 - 黑荆树 - 杨树等针阔叶混交林、云南松 - 华山松 - 腾冲栲等针阔叶混交林、云南松 - 杜英 - 杉木等针阔叶混交林、云南松 - 旱冬瓜 - 核桃针阔叶混交林、云南松 - 旱冬瓜 - 华山松等针阔叶混交林、云南松 - 旱冬瓜 - 西南桦等针阔叶混交林、云南松 - 旱冬瓜 - 栎类等针阔叶混交林、云南松 - 旱冬瓜 - 木荷等针阔叶混交林、云南松 - 旱冬瓜 - 软阔类等针阔叶混交林、云南松 - 核桃 - 黄连木等针阔叶混交林、云南松 - 黑荆树 - 蓝桉等针阔叶混交林、云南松 - 湄公栲 - 银柴等针阔叶混交林、云南松 - 华山松 - 桦木等针阔叶混交林、云南松 - 华山松 - 山鸡椒等针阔叶混交林、云南松 - 黄连木 - 麻栎等针阔叶混交林、云南松 - 木荷 - 软阔类针阔叶混交林、云南松 - 泡核桃针阔叶混交林、云南松 - 青冈针阔叶混交林、云南松 - 八角 - 栎类等针阔叶混交林、云南松 - 杨树 - 桉树等针阔叶混交林、云南松 - 西南桦 - 软阔类针阔叶混交林、云南松 - 银荆树 - 蓝桉等针阔叶混交林、云南松 - 黑荆树针阔叶混交林。林分综合平均胸径 12.0cm，平均树高 8.0m，平均郁闭度 0.49，平均年龄 19 年，森林活立木密度为每公顷 1062 株，公顷蓄积量 67.9m³。森林单株胸径年平均生长量 0.37cm，年平均生长率 3.6%；单株蓄积年平均生长量 0.0047m³，年平均生长率 8.7%。详见表 3-36。

表 3-36　人工异龄云南松 - 旱冬瓜等针阔混交林结构因子统计表

树种结构类型组	公顷株数（株）	公顷蓄积（m³）	树种数量（种）	胸径（cm）	树高（m）	郁闭度	平均年龄（年）	分布海拔（m）
综合平均	1062	67.9	5	12.0	8.0	0.49	19	1200 ~ 2920
云南松 - 旱冬瓜 - 华山松 - 君迁子等	888	117.8	6	15.4	10.3	0.50	32	2320
云南松 - 旱冬瓜 - 黑荆树 - 华山松 - 杨树等	1150	45.5	4	10.8	8.9	0.49	24	1875
云南松 - 旱冬瓜 - 华山松 - 腾冲栲等	950	27	8	8.8	5.5	0.35	19	2500
云南松 - 旱冬瓜 - 华山松 - 杜英 - 杉木等	800	210.8	6	27.7	21.3	0.50	46	1460
云南松 - 旱冬瓜 - 华山松 - 核桃	125	27.4	3	7	4.0	0.20	9	2330

续表 3-36

树种结构类型组	公顷株数 （株）	公顷蓄积 （m³）	树种数量 （种）	胸径 （cm）	树高 （m）	郁闭度	平均 年龄 （年）	分布海拔 （m）
云南松－旱冬瓜－华山松－核桃等	2725	126.1	9	12.5	8.2	0.75	14	1990
云南松－旱冬瓜－华山松－西南桦等	1988	58.4	8	11	7.7	0.70	12	2015
云南松－旱冬瓜－华山松	1125	93.7	3	13.2	9.0	0.60	47	2280
云南松－旱冬瓜－华山松－栎类等	1525	56.7	9	6.8	4.7	0.60	11	2045
云南松－旱冬瓜－华山松－栎类等	750	57.7	4	13.8	8.0	0.35	18	1867
云南松－旱冬瓜－华山松－木荷等	1025	156.3	4	19.2	16.1	0.70	15	1450
云南松－旱冬瓜－华山松－木荷	913	77	3	13.7	10.0	0.30	26	1900
云南松－旱冬瓜－华山松－软阔类等	638	71.8	4	15.3	9.3	0.35	28	2020
云南松－旱冬瓜－华山松－黄连木等	375	27	6	6.4	3.0	0.30	3	1650
云南松－旱冬瓜－华山松－黑荆树－蓝桉等	825	29.4	4	10	8.2	0.36	12	1990
云南松－旱冬瓜－华山松－湄公栲－银柴等	1950	82.2	8	10.3	6.3	0.72	17	1280
云南松－旱冬瓜－华山松－桦木等	1325	233.4	6	18.3	11.8	0.65	40	1710
云南松－旱冬瓜－华山松－山鸡椒等	2725	89.8	4	9.8	6.6	0.55	19	2100
云南松－旱冬瓜－华山松－黄连木－麻栎等	363	16.5	4	10	4.2	0.35	16	1745
云南松－旱冬瓜－华山松－木荷－软阔类	775	25.9	3	11	6.9	0.50	24	1700
云南松－旱冬瓜－华山松－泡核桃	675	19.5	2	10.2	5.2	0.25	8	2200
云南松－旱冬瓜－华山松－青冈	1100	14	2	6.6	4.4	0.45	10	2920
云南松－旱冬瓜－华山松－八角－栎类等	1363	79	6	13.7	8.2	0.70	6	1200
云南松－旱冬瓜－华山松－杨树－桉树等	800	39.9	9	11.4	6.7	0.45	15	2200
云南松－旱冬瓜－华山松－西南桦－软阔类	225	8.2	3	10.4	5.8	0.25	10	1880
云南松－旱冬瓜－华山松－银荆树－蓝桉等	725	12.4	4	10.5	9.4	0.60	5	2000
云南松－旱冬瓜－华山松－黑荆树	838	29.6	2	10.8	7.3	0.62	18	2030

（九）人工异龄长苞冷杉－红桦、冷杉、云杉等针阔叶混交林

本类型记录到样地 1 块，分布在香格里拉市，分布区海拔 3860m。森林树种组成结构是以长苞冷杉、冷杉及红桦为优势树种形成针阔叶混交林，主要伴生树种有其他软阔类、云杉等。森林平均胸径10.4cm，平均树高 6.2m，郁闭度 0.40，平均年龄 28 年，森林活立木密度为每公顷 1013 株，公顷蓄积量 51.8m³，样木树种数 5 种。森林单株胸径年平均生长量 0.28cm，年平均生长率 3.2%；单株蓄积年平均生长量 0.0029m³，年平均生长率 7.7%。

第六节　天然同龄纯林类型

天然同龄纯林类型又划分为天然同龄针叶纯林、天然同龄阔叶纯林 2 个亚型。本研究中，共记录到 2 个亚型、19 个类型组。

一、天然同龄针叶纯林亚型

经统计，云南省第七次森林资源连续清查乔木林结构组成样地中，天然同龄针叶纯林亚型主要记录到高山松林、冷杉林、怒江冷杉林、思茅松林、铁杉林、云南铁杉林、云南松林、云杉林等 8 个类型组。详见表 3-37。

表 3-37　天然同龄针叶纯林结构因子统计表

优势树种	公顷株数（株）	公顷蓄积（m³）	树种数量（种）	胸径（cm）	树高（m）	郁闭度	平均年龄（年）	分布海拔（m）
高山松	238 ~ 831	121 ~ 538	1 ~ 2	18.7 ~ 40.2	12.0 ~ 22.7	0.40 ~ 0.60	91	1515 ~ 3840
冷杉	156 ~ 413	113 ~ 580	1 ~ 2	24.7 ~ 48.5	13.0 ~ 22.3	0.48 ~ 0.78	115	3000 ~ 4230
怒江冷杉	63 ~ 138	181 ~ 372	1	48.0 ~ 50.0	21.0 ~ 30.0	0.20 ~ 0.50	143	3260 ~ 3460
思茅松	225 ~ 388	40 ~ 196	1	16.0 ~ 28.0	12.5 ~ 18.0	0.35 ~ 0.65	61	1100 ~ 1530
铁杉	213 ~ 525	456 ~ 1267	1	35.0 ~ 79.0	22.0 ~ 29.0	0.45 ~ 0.80	196	2800 ~ 3420
云南铁杉	200	244	1	40.0	18.0	0.70	125	2780
云南松	113 ~ 863	33 ~ 868	1	12.0 ~ 47.0	9.0 ~ 31.0	0.30 ~ 0.70	66	1557 ~ 2780
云杉	38 ~ 300	40 ~ 530	1	28.3 ~ 52.0	16.0 ~ 31.0	0.40 ~ 0.70	126	2900 ~ 4410

（一）天然同龄高山松针叶纯林

本类型记录到样地 22 块，分布在香格里拉、德钦、维西、贡山、玉龙、大姚、禄劝、楚雄、双柏、墨江等县（市）。样地综合分布海拔 1515 ~ 3840m，平均分布海拔 2959m。森林树种结构类型主要有高山松针叶纯林和高山松针叶纯林内分布有少量的旱冬瓜。林分综合平均胸径 26.7cm，平均树高 17.0m，平均郁闭度 0.60，平均年龄 89 年，森林活立木密度为每公顷 423 株，公顷蓄积量 202.5m³。林木单株胸径年平均生长量 0.21cm，年平均生长率 1.9%；单株蓄积年平均生长量0.0032m³，年平均生长率 5.2%。详见表 3-38。

表 3-38　天然同龄高山松针叶纯林结构因子统计表

优势树种	树种结构类型组	公顷株数（株）	公顷蓄积（m³）	树种数量（种）	胸径（cm）	树高（m）	郁闭度	平均年龄（年）	分布海拔（m）
高山松	综合平均	423	202.5	1	26.7	17.0	0.60	89	1515 ~ 3840
	高山松	426	201.4	1	26.5	16.8	0.61	89	1515 ~ 3840
	高山松 - 旱冬瓜	363	226.4	2	30.4	19.4	0.40	91	3100

（二）天然同龄冷杉针叶纯林

本类型记录到样地 29 块，分布在德钦、贡山、香格里拉、维西、兰坪、福贡等县（市）。样地分布海拔 3000 ~ 4230m，平均分布海拔 3629m。森林树种结构类型主要有冷杉针叶纯林和冷杉针叶纯林内分布有少量的硬阔类树种。林分综合平均胸径 37.1cm，平均树高 20.2m，平均郁闭度 0.57，平均年龄 148 年，森林活立木密度为每公顷 244 株，公顷蓄积量 302.5m³。林木单株胸径年平均生长量 0.15cm，年平均生长率 0.65%；单株蓄积年平均生长量 0.0126 m³，年平均生长率 1.6%。详见表 3-39。

表 3-39　天然同龄冷杉针叶纯林结构因子统计表

优势树种	树种结构类型组	公顷株数（株）	公顷蓄积（m³）	树种数量（种）	胸径（cm）	树高（m）	郁闭度	平均年龄（年）	分布海拔（m）
冷杉	综合平均	244	302.5	1	37.1	20.2	0.57	148	3000 ~ 4230
	冷杉	243	307.9	1	37.5	20.3	0.57	151	3000 ~ 4230
	冷杉 - 硬阔类	275	150	2	26.6	16	0.65	80	3170

（三）天然同龄怒江冷杉针叶纯林

本类型记录到样地 3 块，分布在泸水市。样地分布海拔 3260 ~ 3460m，平均综合分布海拔 3370m。森林树种结构类型为怒江冷杉针叶纯林。林分综合平均胸径 49.3cm，平均树高 26.3m，平均郁闭度 0.40，平均年龄 143 年，森林活立木密度为每公顷 113 株，公顷蓄积量 299.8m³。该树种由于受样地地形地貌限制，多次调查均为目测样地，测量数据精度不高，故未统计估算森林单株年平均生长量和年平均生长率。

（四）天然同龄思茅松针叶纯林

本类型记录到样地 4 块，分布在景谷、景东、澜沧 3 个县。样地综合分布海拔 1100 ~ 1530m，平均分布海拔 1365m。森林树种结构类型为思茅松针叶纯林。林分综合平均胸径 21.5cm，平均树高 15.1m，平均郁闭度 0.46，平均年龄 61 年，森林活立木密度为每公顷 328 株，公顷蓄积量 92.2m³。森林单株胸径年平均生长量 0.47cm，年平均生长率 3.6%；单株蓄积年平均生长量 0.009 m³，年平均生长率 8.6%。

（五）天然同龄铁杉针叶纯林

本类型记录到样地 4 块，分布在贡山和福贡 2 个县。样地综合分布海拔 2800 ~ 3420m，平均分布海拔 3108m。森林树种结构类型为铁杉针叶纯林。林分综合平均胸径 55.5cm，平均树高 26.0m，平均郁闭度 0.66，平均年龄 196 年，森林活立木密度为每公顷 306 株，公顷蓄积量 726.5m³。森林单株胸径年平均生长量 0.48cm，年平均生长率 5.0%；单株蓄积年平均生长量 0.0052m³，年平均生长率 10.3%。

（六）天然同龄云南铁杉针叶纯林

本类型仅记录到样地 1 块，分布在怒江州泸水市。样地分布海拔 2780m。森林树种结构类型为云南铁杉针叶纯林。林分平均胸径 40.0cm，平均树高 18.0m，郁闭度 0.70，年龄 125 年，森林活立木密度为每公顷 200 株，公顷蓄积量 244m³。因研究期内样地地类变化原因，天然云南铁杉针叶纯林的生长量和生长率均未得到统计和估测，仅统计和测算出天然云南铁杉混交林的生长量和生长率，为方便参考使用，将其值分列如下：天然云南铁杉混交林林木单株胸径年平均生长量 0.36cm，年平均生长率 2.1%；单株蓄积年平均生长量 0.0218m³，年平均生长率 4.5%。

（七）天然同龄云南松针叶纯林

本类型记录到样地 21 块，分布在贡山、泸水、维西、香格里拉、德钦、永仁、大姚、玉龙、禄劝、新平、元江等县（市）。样地综合分布海拔 1557 ~ 2780m，平均分布海拔 2291m。森林树种结构类型为云南松针叶纯林。林分综合平均胸径 26.1cm，平均树高 16.6m，平均郁闭度 0.59，平均年龄 66 年，森林活立木密度为每公顷 398 株，公顷蓄积量 183.4m³。林木单株胸径年平均生长量 0.31cm，年平均生长率 2.9%；单株蓄积年平均生长量 0.0046m³，年平均生长率 5.8%。

（八）天然同龄云杉针叶纯林

本类型记录到样地 4 块，分布在贡山、泸水、德钦、玉龙等县（市）。样地综合分布海拔 2900 ~ 4410m，平均分布海拔 3453m。森林树种结构类型为云杉针叶纯林。林分综合平均胸径 40.3cm，平均树高 22.8m，平均郁闭度 0.56，平均年龄 126 年，森林活立木密度为每公顷 172 株，公顷蓄积量 288.5m³。林木单株胸径年平均生长量 0.55cm，年平均生长率 4.0%；单株蓄积年平均生长量 0.006m³，年平均生长率 10.1%。

二、天然同龄阔叶纯林亚型

经统计，云南第七次森林资源连续清查乔木林结构组成样地中，天然同龄阔叶纯林亚型有滇青冈林、多变石栎林、高山栲林、高山栎林、旱冬瓜林、麻栎林、木荷、青冈、栓皮栎、杨树及锥连栎林 11 个类型组。详见表 3-40。

表 3-40　天然同龄阔叶纯林结构因子统计表

优势树种	公顷株数（株）	公顷蓄积（m³）	树种数量（种）	胸径（cm）	树高（m）	郁闭度	平均年龄（年）	平均海拔（m）	分布海拔（m）
滇青冈	413	169.2	1	28.5	13.6	0.75	123	2950	2950
多变石栎	500	459.0	1	38.0	27.0	0.70	105	3100	3100
高山栲	1000	34.0	1	10.0	7.0	0.80	20	2430	2430
高山栎	338 ~ 425	30 ~ 45	1	14 ~ 18	9 ~ 14.2	0.4 ~ 0.6	28 ~ 55	2990	2960 ~ 3020
旱冬瓜	200 ~ 1625	3 ~ 250	1	6 ~ 30	4 ~ 20	0.35 ~ 0.85	10 ~ 60	2203	1625 ~ 2730
麻栎	375 ~ 2588	6.7 ~ 48	1 ~ 5	5.9 ~ 8.0	4.8 ~ 8.3	0.30 ~ 0.80	10 ~ 15	1320	1180 ~ 1390
木荷	888	800	1	36.5	20	0.80	130	2600	2600
青冈	350 ~ 2610	125 ~ 488	1	26 ~ 38	16 ~ 24	0.70 ~ 0.80	105 ~ 140	2915	2610 ~ 3220
栓皮栎	550	5.1	1	6.5	4.4	0.35	8	1890	1890
杨树	1125	86.3	1	13.8	8.2	0.75	45	3780	3780
锥连栎	925	5.8	2	6.1	4.6	0.40	13	2160	2160

注：当优势树种调查填记树种组，如：优势树种为栎类（壳斗科种类的统称）、其他软阔类、其他硬阔类等未调查记录至具体树种的纯林样地（因按单树种记可能是混交林的样地），不纳入该类型中进行统计分析。

（一）天然同龄滇青冈阔叶纯林

本类型仅记录到样地 1 块，分布在大理州漾濞县。样地分布海拔 2950m。森林树种结构类型为滇青冈纯林。林分平均胸径 28.5cm，平均树高 13.6m，郁闭度 0.75，平均年龄 123 年，森林活立木密度为每公顷 413 株，公顷蓄积量 169.2m³。林木单株胸径年平均生长量 0.22cm，年平均生长率 2.0%；单株蓄积年平均生长量 0.0032 m³，年平均生长率 5.8%。

（二）天然同龄多变石栎阔叶纯林

本类型仅记录到样地 1 块，分布在怒江州泸水市。样地分布海拔 3100m。森林树种结构类型为多变石栎纯林。林分平均胸径 38.0cm，平均树高 27.0m，郁闭度 0.70，平均年龄 105 年，森林活立木密度为每公顷 500 株，公顷蓄积量 459.0m³。林木单株胸径年平均生长量 0.32cm，年平均生长率 1.7%；单株蓄积年平均生长量 0.0094m³，年平均生长率 4.0%。

（三）天然同龄高山栲阔叶纯林

本类型仅记录到样地 1 块，分布在怒江州泸水市。样地分布海拔 2430m。森林树种结构类型为高山栲纯林。林分平均胸径 10.0cm，平均树高 7.0m，郁闭度 0.80，平均年龄 20 年，森林活立木密度为每公顷 1000 株，公顷蓄积量 34.0m³。林木单株胸径年平均生长量 0.19cm，年平均生长率 2.3%；单株蓄积年平均生长量 0.0013m³，年平均生长率 6.6%。

（四）天然同龄高山栎阔叶纯林

本类型记录到样地 2 块，分布在迪庆州香格里拉市。样地综合分布海拔 2960 ~ 3020m，平均分布海拔 2990m。森林树种结构类型为高山栎纯林。林分综合平均胸径 16cm，平均树高 11.6m，平均郁闭度 0.50，平均年龄 41.5 年，森林活立木密度为每公顷 381 株，公顷蓄积量 37.5m³。林木单株胸径年平均生长量 0.19cm，年平均生长率 2.1%；单株蓄积年平均生长量 0.0015m³，年平均生长率 5.8%。

（五）天然同龄旱冬瓜阔叶纯林

本类型记录到样地 6 块，分布在贡山、云龙、盈江、凤庆等县。样地综合分布海拔 1625 ~ 2730m，平均分布海拔 2203m。森林树种结构类型为旱冬瓜纯林。林分综合平均胸径 16.9cm，平均树高 12.6m，平均郁闭度 0.54，平均年龄 33 年，森林活立木密度为每公顷 546 株，公顷蓄积量 93.6m³。林木单株胸径年平均生长量 0.66cm，年平均生长率 4.1%；单株蓄积年平均生长量 0.0193m³，年平均生长率 9.9%。

（六）天然同龄麻栎阔叶纯林

本类型记录到样地 4 块，分布在泸水、耿马、广南、隆阳等县（市、区）。样地综合分布海拔 1180 ~ 1390m，平均分布海拔 1285m。森林树种结构类型有麻栎纯林和以麻栎为优势种，分布有少量旱冬瓜的麻栎纯林以及以麻栎为优势种，零星分布有毛叶黄杞、木荷、余甘子、云南松等树种的麻栎纯林。林分综合平均胸径 6.8cm，平均树高 5.8m，平均郁闭度 0.48，平均年龄 11 年，森林活立木密度为每公顷 1194 株，公顷蓄积量 18.6m³。林木单株胸径年平均生长量 0.296cm，年平均生长率 2.8%；单株蓄积年平均生长量 0.0034m³，年平均生长率 7.1%。详见表 3-41。

表 3-41 天然同龄麻栎阔叶纯林结构因子统计表

优势树种	树种结构类型组	平均公顷株数（株）	公顷蓄积（m³）	树种数量（种）	平均胸径（cm）	平均树高（m）	郁闭度	平均年龄（年）	平均海拔（m）	分布海拔（m）
麻栎	综合平均	1194	18.6	2.2	6.8	5.8	0.48	11	1285	1180~1390
	麻栎－旱冬瓜	2588	48.1	2	7.2	8.3	0.80	10	1340	1340
麻栎	麻栎	756	9.8	1	7.0	5.1	0.40	13	1205	1180~1230
	麻栎－黄杞－木荷－余甘子	675	6.7	5	5.9	4.8	0.30	10	1390	1390

（七）天然同龄木荷阔叶纯林

本类型仅记录到样地1块，分布在怒江州福贡县。样地分布海拔2600m。森林树种结构类型为木荷纯林。林分平均胸径36.5cm，平均树高20.0m，郁闭度0.80，年龄130年，森林活立木密度为每公顷888株，公顷蓄积量800m³。林木单株胸径年平均生长量0.39cm，年平均生长率3.4%；单株蓄积年平均生长量0.0081m³，年平均生长率8.6%。

（八）天然同龄青冈阔叶纯林

本类型记录到样地2块，分布在怒江州泸水市。样地综合分布海拔2610~3220m，平均分布海拔2915m。森林树种结构类型为青冈纯林。林分平均胸径32.0cm，平均树高20.0m，郁闭度0.75，年龄122.5年，森林活立木密度为每公顷419株，公顷蓄积量283.7m³。林木单株胸径年平均生长量0.295cm，年平均生长率3.1%；单株蓄积年平均生长量0.0032m³，年平均生长率8.5%。

（九）天然同龄栓皮栎阔叶纯林

本类型仅记录到样地1块，分布在昭通市彝良县。样地分布海拔1890m。森林树种结构类型为栓皮栎纯林。林分平均胸径6.5cm，平均树高4.4m，郁闭度0.35，年龄8年，森林活立木密度为每公顷550株，公顷蓄积量5.1m³。林木单株胸径年平均生长量0.28cm，年平均生长率3.4%；单株蓄积年平均生长量0.0021m³，年平均生长率9.2%。

（十）天然同龄杨树阔叶纯林

本类型仅记录到样地1块，分布在迪庆州香格里拉市。样地分布海拔3780m。森林树种结构类型为杨树纯林。林分平均胸径13.8cm，平均树高8.2m，郁闭度0.75，年龄45年，森林活立木密度为每公顷1125株，公顷蓄积量86.3m³。林木单株胸径年平均生长量0.16cm，年平均生长率1.9%；单株蓄积年平均生长量0.0013m³，年平均生长率5.0%。

（十一）天然同龄锥连栎阔叶纯林

本类型仅记录到样地1块，分布在大理州祥云县。样地分布海拔2160m。森林树种结构类型为锥连栎纯林。林分平均胸径6.1cm，平均树高4.6m，郁闭度0.40，年龄13年，森林活立木密度为每公顷925株，公顷蓄积量5.8m³。林木单株胸径年平均生长量0.224cm，年平均生长率2.4%；单株蓄积年平均生长量0.0022m³，年平均生长率6.7%。

第七节　天然异龄纯林类型

天然异龄纯林类型又划分为天然异龄针叶纯林、天然异龄阔叶纯林2个亚型。本研究中，共记录到2个亚型、44个类型组。

一、天然异龄针叶纯林亚型

经统计，云南第七次森林资源连续清查乔木林树种结构样地中，记录到天然异龄针叶纯林亚型有云南松林、高山松林、思茅松林、滇油杉林、扭曲云南松林、华山松林、长苞冷杉林、中甸冷杉林、川滇冷杉林、丽江云杉林、云杉林等11个类型组。详见表3-42。

表3-42　天然异龄针叶纯林结构因子统计表

优势树种	公顷株数（株）	公顷蓄积（m³）	树种数量（种）	样地平均胸径（cm）	样地平均树高（m）	郁闭度	平均年龄（年）	分布海拔（m）
云南松	375 ~ 7688	23 ~ 251.5	1 ~ 5	5.9 ~ 18.7	5.4 ~ 17.9	0.31 ~ 0.80	13 ~ 64	1270 ~ 3110
高山松	588 ~ 3238	27.9 ~ 202.4	1 ~ 4	8.5 ~ 14.5	6.2 ~ 10.8	0.45 ~ 0.76	22 ~ 64	2930 ~ 3350
思茅松	625 ~ 1500	81.3 ~ 165.9	2 ~ 7	13.7 ~ 16.7	9.4 ~ 14.9	0.27 ~ 0.70	12 ~ 37	1350 ~ 1695
滇油杉	400 ~ 3138	11.5 ~ 128.7	2 ~ 5	8.3 ~ 15.9	3.8 ~ 12.9	0.43 ~ 0.80	19 ~ 45	1750 ~ 1970
扭曲云南松	1125 ~ 1575	43.1 ~ 110.6	1 ~ 3	11.0 ~ 15.0	5.4 ~ 10.0	0.54 ~ 0.70	15 ~ 47	2020 ~ 2346
华山松	378 ~ 2075	50.8 ~ 107.9	1 ~ 3	11.9 ~ 17.8	8.4 ~ 10.3	0.48 ~ 0.75	28 ~ 45	2142 ~ 2900
长苞冷杉	700 ~ 1925	84.8 ~ 702.8	1 ~ 3	9.2 ~ 34.0	5.8 ~ 25.0	0.22 ~ 0.80	30 ~ 143	3940 ~ 4028
中甸冷杉	488 ~ 613	496.4 ~ 746.3	2 ~ 3	27.3 ~ 40.1	25 ~ 27.6	0.40 ~ 0.75	113 ~ 190	3820 ~ 3920
川滇冷杉	250	137.5	1	23.7	20.0	0.35	111	3770
丽江云杉	500	261.6	3	24.5	13.4	0.40	84	3560
云杉	113	140.0	1	38.0	26.0	0.40	145	3570

（一）天然异龄云南松针叶纯林

本类型记录到样地173块，其中：迪庆州的德钦县、香格里拉市共5块，怒江州的兰坪县4块，丽江市的玉龙县、古城区、宁蒗县、永胜县、华坪县共36块，大理州的剑川县、鹤庆、云龙县、洱源县、永平县、漾濞县、祥云县、弥渡县、巍山县、南涧县、大理市共36块，楚雄州的大姚县、元谋县、武定县、禄丰市、南华县、楚雄市共19块，保山市的隆阳区、施甸县、昌宁县共7块，临沧市的临翔区、凤庆县、云县、永德县、双江县共9块，昭通市的昭阳区、鲁甸县、巧家县共3块，曲靖市的麒麟区、会泽县、宣威市、沾益区、陆良县、师宗县、马龙区共17块，昆明市的晋宁区、呈贡区、西山区、寻甸县、嵩明县、安宁市共10块，玉溪市的红塔区、峨山县、易门县、江川区、通海县、新平县、元江县共14块，红河州的弥勒市、石屏县共5块，文山州的丘北县、广南县、砚山县、文山市共8块。样地综合平均分布海拔2167m，一般分布海拔1270 ~ 3110m。树种结构以云南松为绝对优势种，有少量的白穗石栎、黄背栎、滇青冈、软阔类、滇石栎、华山松、杜鹃、旱冬瓜、麻栎、南烛、多变石栎、光叶高山栎、青冈、杨树、高山栲、清香木、高山栎、黄毛青冈、油杉、毛叶青冈、核桃、红木荷、毛叶黄杞、杨梅、岩栎、厚皮香、榕树、槲栎、银木荷、桦木、蓝桉、直杆桉、滇油杉、马桑、扭曲云南松、硬阔类、西南桦、山合欢、云南黄杞、山玉兰等1种或多个树种组成。林分综合平均胸径12.7cm，平均树高9.1m，平均郁闭度0.58，平均年龄30年，森林活立木密度平均为每公顷1378株，公顷蓄积量平均为94.2m³。林木单株胸径年平均生长量0.3cm，年平均生长率2.4%；单株蓄积年平均生长量0.0048m³，年平均生长率5.8%。详见表3-43。

表3-43 天然异龄云南松针叶纯林结构因子统计表

优势树种	树种结构类型组	公顷株数（株）	公顷蓄积（m³）	树种数量（种）	样地平均胸径（cm）	样地平均树高（m）	郁闭度	平均年龄（年）	平均海拔（m）
云南松	综合平均	1378	94.2	3	12.7	9.1	0.58	30	2167
云南松	云南松	952	56.7	1	12.1	7.9	0.48	28	2199
云南松	云南松－滇青冈－软阔类	975	67	3	11.2	8.9	0.6	52	1270
云南松	云南松－滇石栎－华山松	1113	54.9	3	10.7	6.1	0.4	36	2203
云南松	云南松－华山松－栎类	1400	140.6	5	13.9	9.5	0.75	32	2840
云南松	云南松－杜鹃－旱冬瓜－麻栎	1275	139.4	4	11.8	9	0.65	27	2004
云南松	云南松－杜鹃－华山松	1913	70.8	3	10.1	6.4	0.8	20	2930
云南松	云南松－杜鹃－黄背栎	7688	133.6	3	7.9	8.7	0.9	28	2888
云南松	云南松－杜鹃－麻栎－南烛	1663	197.2	4	15.5	10.9	0.5	32	2455
云南松	云南松－栎类－杨树	963	55.4	5	10.9	7.1	0.5	25	2980
云南松	云南松－栎类－清香木	513	34.3	4	13.1	7.5	0.5	28	1500
云南松	云南松－高山栎－软阔类等	1675	251.5	4	15.7	12.9	0.65	58	2800
云南松	云南松－旱冬瓜－华山松等	1603	65.4	3	10.2	6.1	0.64	25	2190～2412
云南松	云南松－旱冬瓜－麻栎－油杉	1513	91.6	4	12.2	7.3	0.55	31	2080
云南松	云南松－旱冬瓜－青冈栎类	2325	131.6	3	11.4	8.2	0.7	26	2280～2740
云南松	云南松－旱冬瓜－栎类	1025	188.7	3	17.4	14.4	0.72	61	2260
云南松	云南松－旱冬瓜－软阔类	900	137	3	18.7	16	0.6	33	2050
云南松	云南松－旱冬瓜	1818	99.7	2	11.1	8.6	0.62	24	2498
云南松	云南松－核桃	375	23	2	12.6	8	0.4	28	1952
云南松	云南松－红木荷－栎类	551	57.2	3	13.1	7.3	0.29	26	1400～1700
云南松	云南松－木荷－毛叶黄杞等	1463	89.8	4	10.6	7.4	0.65	12	1800
云南松	云南松－厚皮香－榕树	838	64.2	3	13.6	9.2	0.73	31	1270
云南松	云南松－华山松－麻栎－木荷	1188	34.5	4	9.8	5.6	0.5	29	2220
云南松	云南松－华山松－软阔类等	1625	54.1	4	9.2	10.3	0.75	16	1900
云南松	云南松－华山松－杨树	1538	117.8	3	12.4	9.9	0.75	28	3110

续表 3-43

优势树种	树种结构类型组	公顷株数（株）	公顷蓄积（m³）	树种数量（种）	样地平均胸径（cm）	样地平均树高（m）	郁闭度	平均年龄（年）	平均海拔（m）
云南松	云南松－华山松	1794	84.1	2	10.7	7.1	0.58	29	2418
云南松	云南松－桦木	1638	54.8	2	9.1	5.4	0.5	26	2000
云南松	云南松－黄背栎	988	64.9	2	10.7	6.9	0.55	31	3030
云南松	云南松－栎类	1321	74	3	12.2	8.9	0.52	22	2062～2120
云南松	云南松－槲栎	538	104.7	2	16.9	11.4	0.5	53	2320
云南松	云南松－麻（栓皮）栎－槲栎	1669	63.9	3	10.7	7.3	0.64	28	2097～2760
云南松	云南松－白穗石栎－黄背栎	3563	225.5	3	11.5	8.6	0.75	21	3110
云南松	云南松－滇石栎	1363	93.4	2	12.8	8.4	0.65	24	2720
云南松	云南松－高山栎－黄背栎等	1425	97.8	4	12.1	9.7	0.54	53	2720
云南松	云南松－光叶高山栎	1075	95.8	2	12.9	9.1	0.4	51	2650
云南松	云南松－青冈栎类	732	78.3	2	15.4	11.9	0.41	33	1700～2527
云南松	云南松－蓝桉－直杆桉	863	29.5	3	9.1	8.7	0.45	13	2140
云南松	云南松－栎类－软阔类－油杉	2425	38.2	5	5.9	5.7	0.75	12	1520
云南松	云南松－麻栎－软阔类	1519	98.6	3	12.2	10.4	0.6	25	2015
云南松	云南松－麻栎－油杉	975	84.9	3	15.2	8.9	0.56	27	1660～1980
云南松	云南松－马桑	775	24.2	2	9.7	5.7	0.4	25	2210
云南松	云南松－扭曲云南松	1200	149.7	2	16.6	12.7	0.73	50	2660
云南松	云南松－软阔类－硬阔类	1232	128.9	3	14.3	11.4	0.62	32	1536～2300
云南松	云南松－软阔类－西南桦	1013	76	3	13.7	10.2	0.65	19	1370
云南松	云南松－软阔类	404	25.2	2	12.8	6.4	0.31	19	1870
云南松	云南松－山合欢－云南黄杞	1025	155.1	3	16.2	13.7	0.5	35	1500
云南松	云南松－山玉兰	1788	96.5	2	10.8	8.3	0.65	18	1900
云南松	云南松－木荷	738	95.5	2	16.2	10.3	0.48	32	1455～1750
云南松	云南松－杨梅	863	79.9	2	15	8.1	0.6	43	2100
云南松	云南松－滇油杉	1509	140.6	3	13.8	10.0	0.69	37	2115～2190

（二）天然异龄高山松针叶纯林

本类型记录到样地 17 块，其中：迪庆州的德钦县、维西县、香格里拉市共 11 块，丽江市的玉龙县、宁蒗县共 6 块。样地平均分布海拔 3151m，一般分布海拔 2930～3350m。树种结构以高山松为绝对优势种，还由少量的川滇高山栎、杜鹃、黄背栎、麻栎、杨树、多变石栎、华山松、云南松、高山栎等 1 种或多种树种组成。林分综合平均胸径 12.1cm，平均树高 8.9m，平均郁闭度 0.64，平均年龄 36 年，森林活立木密度为平均每公顷 1910 株，平均公顷蓄积量 115.4m³。森林单株胸径年平均生长量0.2cm，年平均生长率1.7%；单株蓄积年平均生长量0.0032m³，年平均生长率4.4%。详见表3-44。

表3-44 天然异龄高山松针叶纯林结构因子统计表

优势树种	树种结构类型组	公顷株数（株）	公顷蓄积（m³）	树种数量（种）	样地平均胸径（cm）	样地平均树高（m）	郁闭度	平均年龄（年）	平均海拔（m）
高山松	综合平均	1910	115.4	3	12.1	8.9	0.64	36	3151
	高山松－川滇高山栎	588	27.9	2	11.3	6.6	0.45	30	3200
	高山松－杜鹃－黄背栎－麻栎	2575	59.4	4	8.5	6.2	0.76	22	2930
	高山松－杜鹃－黄背栎－杨树	3238	129.8	4	10.2	7.6	0.80	29	3000
	高山松－石栎－华山松－云南松	2925	202.4	4	11.6	10.8	0.65	37	3050
	高山松－高山栎	1138	112.9	2	14.2	9.2	0.65	64	3350
	高山松	1691	111.2	1	14.5	8.8	0.62	46	3170
	高山松－华山松	2013	172.7	2	12.2	12.0	0.70	22	3270
	高山松－杨树	1113	106.6	2	14.4	10.0	0.45	38	3240

（三）天然异龄思茅松针叶纯林

本类型记录到样地7块，均分布在普洱市境内，其中：墨江县3块、镇沅县、景东县各2块。样地综合平均分布海拔1480m，一般分布海拔1350～1695m。树种结构以思茅松为绝对优势种，还由少量的粗糠柴、钝叶黄檀、麻栎、木荷、山合欢、余甘子、红木荷、其他软阔类、槲栎、毛叶黄杞、母猪果、锥连栎、其他食用原料树、西南桦等1种或多种树种组成。林分综合平均胸径15.0cm，平均树高12.2m，平均郁闭度0.55，平均年龄29年，森林活立木密度平均为每公顷1130株，平均公顷蓄积量117.4m³。林木单株胸径年平均生长量0.42cm，年平均生长率2.9%；单株蓄积年平均生长量0.009m³，年平均生长率6.4%。详见表3-45。

表3-45 天然异龄思茅松针叶纯林结构因子统计表

优势树种	树种结构类型组	公顷株数（株）	公顷蓄积（m³）	树种数量（种）	平均胸径（cm）	平均树高（m）	郁闭度	平均年龄（年）	平均海拔（m）
思茅松	综合平均	1130	117.4	4	15.0	12.2	0.55	29	1480
	思茅松－粗糠柴 钝叶黄檀 麻栎 木荷 山合欢－余甘子	1088	81.3	7	13.7	9.4	0.59	21	1350
	思茅松－红木荷 其他软阔类	1500	136.6	3	14.1	13.6	0.70	23	1470
	思茅松－槲栎 毛叶黄杞 母猪果－锥连栎	1450	165.9	5	15.4	13.0	0.70	33	1510
	思茅松－木荷 其他软阔类	1069	135.1	3	16.7	14.9	0.56	37	1507
	思茅松－其他食用原料树	1050	91.9	2	13.7	9.7	0.27	12	1695
	思茅松－西南桦	625	93.8	2	16.5	12.7	0.50	47	1350

（四）天然异龄滇油杉针叶纯林

本类型记录到样地 8 块，其中：大理州的鹤庆县 1 块，楚雄州的禄丰市、南华县、双柏县、武定县共 4 块，红河州的石屏县 1 块，曲靖市的宣威市 1 块，昆明市的宜良县 1 块。样地综合平均分布海拔 1854m，一般分布海拔 1750 ~ 1970m。树种结构以滇油杉为优势种，还由少量的栎类、云南松、白桦、旱冬瓜、麻栎、川梨、圆柏、滇青冈、蓝桉等 1 种或多种树种组成。林分综合平均胸径 11.5cm，平均树高 7.3m，平均郁闭度 0.58，平均年龄 28 年，森林活立木密度为每公顷 1465 株，公顷蓄积量 65.1m³。林木单株胸径年平均生长量 0.35cm，年平均生长率 3.0%；单株蓄积年平均生长量 0.0041m³，年平均生长率 7.3%。详见表 3-46。

表 3-46　天然异龄滇油杉针叶纯林结构因子统计表

优势树种	树种结构类型组	公顷株数（株）	公顷蓄积（m³）	树种数量（种）	样地平均胸径（cm）	样地平均树高（m）	郁闭度	平均年龄（年）	平均海拔（m）
滇油杉	综合平均	1465	65.1	3	11.5	7.3	0.58	28	1854
	滇油杉 - 栎类 - 云南松	2900	128.7	3	9.5	8.2	0.85	25	1913
	滇油杉 - 白桦 - 旱冬瓜 - 麻栎 - 云南松	3138	74.5	5	8.9	5.5	0.85	19	1860
	滇油杉 - 川梨 - 圆柏 - 云南松	1050	92.1	4	15.9	12.9	0.50	45	1970
	滇油杉 - 滇青冈 - 云南松	400	11.5	3	10	5.7	0.30	10	1820
	滇油杉 - 蓝桉 - 云南松	900	20.2	3	8.3	3.8	0.42	25	1780
	滇油杉 - 麻栎 - 云南松	600	44.9	3	13.7	6.4	0.60	29	1750
	滇油杉 - 云南松	1269	84.1	2	14	8.3	0.54	45	1885

（五）天然异龄扭曲云南松针叶纯林

本类型记录到样地 8 块，其中：丽江市的玉龙县、永胜县共 5 块，大理州的剑川县 3 块。样地综合平均分布海拔 2195m，一般分布海拔 2020 ~ 2346m。树种结构以扭曲云南松为优势种，还由少量的滇石栎、多变石栎、旱冬瓜、黄毛青冈、云南松等 1 种或多种树种组成。林分综合平均胸径 11.7cm，平均树高 7.7m，平均郁闭度 0.61，平均年龄 33 年，森林活立木密度为平均每公顷 1313 株，平均公顷蓄积量 73.2m³。森林单株胸径年平均生长量 0.25cm，年平均生长率 2.1%；单株蓄积年平均生长量 0.0028m³，年平均生长率 5.1%。详见表 3-47。

表 3-47　天然异龄扭曲云南松针叶纯林结构因子统计表

优势树种	树种结构类型组	公顷株数（株）	公顷蓄积（m³）	树种数量（种）	样地平均胸径（cm）	样地平均树高（m）	郁闭度	平均年龄（年）	平均海拔（m）
扭曲云南松	综合平均	1313	73.2	2	11.7	7.7	0.61	33	2195
	扭曲云南松－滇石栎	1163	43.1	3	7.5	5.4	0.57	15	2190
	扭曲云南松－多变石栎	1188	57.1	2	11.7	7.0	0.6	40	2110
	扭曲云南松－旱冬瓜	1125	107.3	2	15.0	9.8	0.70	36	2310
	扭曲云南松－黄毛青冈	1575	110.6	2	13.4	10.0	0.65	47	2020
	扭曲云南松－云南松	1513	47.7	1	11.0	6.3	0.54	27	2346

（六）天然异龄华山松针叶纯林

按资料记载，华山松林在云南的分布基本上为人工林分布，天然林分布较少见。本研究记录到该类型样地6块，均为天然林。其中：曲靖市的会泽县、富源县、师宗县共4块，玉溪市的江川区1块，红河州的泸西县1块。从样地森林结构组成现状均为经营粗放的天然次生林外貌结构分析，可能为人工华山松林经多代更替后自然形成的次生天然林，当然也可能存在样木起源调查误差情况，但从林木培育条件角度分析，均不影响该类型统计数据特性分析，故忽略其起源问题。样地综合平均分布海拔2564m，一般分布海拔2142~2900m。树种结构以华山松为绝对优势种，分布有少量的旱冬瓜、云南松等树种。林分综合平均胸径14.8cm，平均树高9.3m，平均郁闭度0.59，平均年龄35年，森林活立木密度为平均每公顷1014株，平均公顷蓄积量78.3m³。森林单株胸径年平均生长量0.38cm，年平均生长率2.9%；单株蓄积年平均生长量0.0055m³，年平均生长率7.0%。详见表3-48。

表 3-48　天然异龄华山松针叶纯林结构因子统计表

优势树种	树种结构类型组	公顷株数（株）	公顷蓄积（m³）	树种数量（种）	样地平均胸径（cm）	样地平均树高（m）	郁闭度	平均年龄（年）	平均海拔（m）
华山松	综合平均	1014	78.3	2	14.8	9.3	0.59	35	2564
	华山松－旱冬瓜－云南松	2075	107.9	3	11.9	10.3	0.75	28	2650
	华山松	378	50.8	1	14.6	8.4	0.48	32	2142
	华山松－云南松	588	76.1	2	17.8	9.3	0.55	45	2900

（七）天然异龄长苞冷杉针叶纯林

本类型记录到样地5块，其中：迪庆州的香格里拉市3块，怒江州的兰坪县1块，丽江市的玉龙县1块。样地综合平均分布海拔3998m，一般分布海拔3940~4028m。树种结构以长苞冷杉为优势种，还由少量的杜鹃、西南花楸、落叶松、硬阔类等1种或多种树种组成。林分综合平均胸径19.9cm，平均树高13.4m，平均郁闭度0.67，平均年龄98年，森林活立木密度为平均每公顷1188株，平均公顷蓄积量383.2m³。森林单株胸径年平均生长量0.25cm，年平均生长率1.9%；单株蓄积年平均生长量0.0117m³，年平均生长率4.6%。详见表3-49。

表 3-49　天然异龄长苞冷杉针叶纯林结构因子统计表

优势树种	树种结构类型组	公顷株数（株）	公顷蓄积（m³）	树种数量（种）	样地平均胸径（cm）	样地平均树高（m）	郁闭度	平均年龄（年）	平均海拔（m）
长苞冷杉	综合平均	1188	383.2	2.3	19.9	13.4	0.67	98	3998
	长苞冷杉－杜鹃－西南花楸	700	702.8	3	34.0	25.0	0.80	143	4028
	长苞冷杉－落叶松－硬阔类	1363	286.5	3	16.6	9.3	0.75	120	3960
	长苞冷杉	1500	160.2	1	9.2	5.8	0.45	30	3940～4110

（八）天然异龄中甸冷杉针叶纯林

本类型记录到样地 4 块，均分布在迪庆州的香格里拉市境内。样地综合平均分布海拔 3863m，一般分布海拔 3820～3920m。树种结构以中甸冷杉为优势种，还由少量的滇楸、五角枫、软阔类等 1 种或多种树种组成。林分综合平均胸径 35.6cm，平均树高 26.6m，平均郁闭度 0.53，平均年龄 143 年，森林活立木密度为平均每公顷 542 株，平均公顷蓄积量为 648.5m³。森林单株胸径年平均生长量 0.24cm，年平均生长率 1.2%；单株蓄积年平均生长量 0.018m³，年平均生长率 3.1%。详见表 3-50。

表 3-50　天然异龄中甸冷杉针叶纯林结构因子统计表

优势树种	树种结构类型组	公顷株数（株）	公顷蓄积（m³）	树种数量（种）	样地平均胸径（cm）	样地平均树高（m）	郁闭度	平均年龄（年）	平均海拔（m）
中甸冷杉	综合平均	542	648.5	2	35.6	26.6	0.53	143	3863
	中甸冷杉－滇楸－五角枫	525	746.3	3	39.5	25.0	0.75	190	3920
	中甸冷杉－软阔类	551	599.7	2	33.7	27.4	0.43	120	3820～3850

（九）天然异龄川滇冷杉针叶纯林

本类型记录到样地 1 块，分布在迪庆州的德钦县。样地分布海拔 3770m。树种结构为川滇冷杉针叶纯林。林分平均胸径 23.7cm，平均树高 20.0m，郁闭度 0.35，年龄 111 年，森林活立木密度为每公顷 250 株，公顷蓄积量 137.5m³。森林单株胸径年平均生长量 0.32cm，年平均生长率 2.2%；单株蓄积年平均生长量 0.0257m³，年平均生长率 5.7%。

（十）天然异龄丽江云杉针叶纯林

本类型记录到样地 1 块，分布在丽江市的宁蒗县。样地分布海拔 3560m。树种结构为丽江云杉－红桦－黄背栎针叶纯林。林分平均胸径 24.5cm，平均树高 13.4m，郁闭度 0.40，年龄 84 年，森林活立木密度为每公顷 500 株，公顷蓄积量 261.6m³。森林单株胸径年平均生长量 0.24cm，年平均生长率 1.4%；单株蓄积年平均生长量 0.0124m³，年平均生长率 3.5%。

（十一）天然异龄云杉针叶纯林

本类型记录到样地 1 块，分布在迪庆州的香格里拉市。样地分布海拔为 3570m。树种结构为云杉单树种针叶纯林。林分平均胸径 38.0cm，平均树高 26.0m，郁闭度 0.40，年龄 145 年，森林活立木密度为每公顷 113 株，公顷蓄积量 140.0m³。森林单株胸径年平均生长量 0.54cm，年平均生长率 3.9%；单株蓄积年平均生长量 0.0156m³，年平均生长率 10.0%。

二、天然异龄阔叶纯林亚型

经统计，云南第七次森林资源连续清查乔木林样地中，记录到天然异龄阔叶纯林亚型有滇青冈纯林、小叶青冈纯林、黄毛青冈纯林、高山栎纯林、旱冬瓜纯林、黄背栎纯林、麻栎纯林、高山栲纯林、光叶石栎纯林、岩栎纯林、元江栲纯林、锥连栎纯林、川滇高山栎纯林、大叶石栎纯林、滇石栎纯林、多变石栎纯林、清香木纯林、栓皮栎纯林、腾冲栲纯林、香面叶纯林、野核桃纯林、云南樟纯林、柞栎纯林等 23 个类型组，其中：以壳斗科栎属、栲属、石栎属、青冈属为优势树种的，共计有 18 个类型组，占到该亚型的 78.3%，为天然异龄阔叶纯林亚型的绝对优势树种组成。详见表 3-51。

表 3-51　天然异龄阔叶纯林结构因子统计表

优势树种	树种结构类型组	公顷株数（株）	公顷蓄积（m³）	树种数量（种）	样地平均胸径（cm）	样地平均树高（m）	郁闭度	平均年龄（年）	分布海拔（m）
滇青冈	滇青冈 - 西南桦等	675 ~ 3763	17 ~ 242.3	1 ~ 4	8.3 ~ 20.7	5 ~ 16.4	0.45 ~ 0.88	23 ~ 82	1500 ~ 2600
高山栎	高山栎 - 云南松等	925 ~ 3813	33.1 ~ 149.1	2 ~ 4	7.2 ~ 18.7	5.8 ~ 13.7	0.2 ~ 0.9	19 ~ 108	2120 ~ 3940
旱冬瓜	旱冬瓜 - 油杉等	510 ~ 1225	52 ~ 188.9	1 ~ 3	10.7 ~ 22.8	5.5 ~ 18.1	0.3 ~ 0.75	8 ~ 20	1950 ~ 2558
黄背栎	黄背栎 - 冷杉等	1146 ~ 2913	19.6 ~ 103.7	1 ~ 4	7 ~ 11.6	2.6 ~ 7.4	0.49 ~ 0.7	8 ~ 45	2490 ~ 4270
黄毛青冈	黄毛青冈 - 清香木等	1288 ~ 4025	16.5 ~ 143.6	2 ~ 6	7.2 ~ 10.4	4.2 ~ 7.8	0.55 ~ 0.9	15 ~ 42	2109 ~ 2550
麻栎	麻栎 - 旱冬瓜等	400 ~ 1800	21.2 ~ 116.2	3	11.8 ~ 24.4	6.9 ~ 13.5	0.3 ~ 0.65	12 ~ 55	1370 ~ 1920
高山栲	高山栲 - 麻栎等	1763 ~ 2713	16 ~ 53.6	3	6.5 ~ 8.5	4.6 ~ 6.6	0.3 ~ 0.85	11 ~ 28	1920 ~ 2186
光叶石栎	光叶石栎 - 旱冬瓜等	725 ~ 875	129.6 ~ 264.8	3 ~ 4	19 ~ 20.4	17.5 ~ 17.8	0.5 ~ 0.6	65 ~ 123	1080 ~ 2240
岩栎	岩栎 - 云南松	1013 ~ 1150	45.9 ~ 107.3	2 ~ 6	10.5 ~ 15.7	6 ~ 6.6	0.62 ~ 0.65	29 ~ 55	1300 ~ 2460
元江栲	元江栲 - 滇石栎等	825 ~ 1163	4.7 ~ 31.8	2 ~ 3	5.7 ~ 9.5	4.2 ~ 8.2	0.6	9 ~ 32	2010 ~ 2713
锥连栎	锥连栎 - 杨树	638 ~ 1050	30.1 ~ 92.5	3	9.9 ~ 18	6.1 ~ 8.2	0.45 ~ 0.50	20 ~ 95	1800 ~ 2600
川滇高山栎	川滇高山栎	2438	25	1	7	5	0.65	24	3800
大叶石栎	大叶石栎 - 厚皮树等	2238	86.7	3	10.3	7.5	0.5	19	1280
滇石栎	滇石栎 - 华山松	1213	29.1	3	8.5	6.7	0.6	10	2020
多变石栎	多变石栎	1963	14.4	1	6.3	4.8	0.65	18	2760
清香木	清香木	750	8.4	1	6.7	4	0.33	11	1790
栓皮栎	栓皮栎 - 杨树	1425	584.6	8	21.1	12.2	0.6	81	3340
腾冲栲	腾冲栲	1425	186.2	1	16.4	8.9	0.55	65	2560

续表3-51

优势树种	树种结构类型组	公顷株数（株）	公顷蓄积（m³）	树种数量（种）	样地平均胸径（cm）	样地平均树高（m）	郁闭度	平均年龄（年）	分布海拔（m）
香面叶	香面叶－银木荷	400	49.1	2	16	10.2	0.5	20	2120
小叶青冈	小叶青冈－粗糠柴	1975	358	2	17.9	15.1	0.9	70	2360
野核桃	野核桃－软阔类	775	20.1	3	9.1	6	0.5	15	1500
云南樟	云南樟－旱冬瓜	1125	55.3	3	10.4	8.2	0.55	16	2120
柞栎	柞栎	713	221	1	24.9	19.3	0.75	72	1840

注：样地调查中，优势树种以栎类（壳斗科种类的统称）、其他软阔类、其他硬阔类、阔叶类等以树种组为归并的调查样地，因具体树种不确定，故本书中不纳入纯林统计分析范畴。

（一）天然异龄滇青冈阔叶纯林

滇青冈是我国东部中亚热带植被分布中的青冈在滇中高原亚热带北部分布的水平替代性植被，在滇中地区广泛分布。本类型记录到样地7块，其中：楚雄州的大姚县、永仁县合计3块，临沧市的永德县2块，大理州的鹤庆县1块，红河州的石屏县1块。样地平均分布海拔2166m，一般分布海拔1500～2600m。树种结构以滇青冈为优势种，还由少量的麻栎、云南松、滇油杉、山合欢、西南桦、樱桃、余甘子等1种或多种树种组成。样地林分平均组成树种数3种，林分综合平均胸径13.4cm，平均树高11.5m，平均郁闭度0.78，平均年龄46年，森林活立木密度为平均每公顷1790株，平均公顷蓄积量123.9m³。森林单株胸径年平均生长量0.22cm，年平均生长率1.9%；单株蓄积年平均生长量0.0036m³，年平均生长率4.9%。详见表3-52。

表3-52　天然异龄滇青冈阔叶纯林结构因子统计表

优势树种	树种结构类型组	公顷株数（株）	公顷蓄积（m³）	树种数量（种）	样地平均胸径（cm）	样地平均树高（m）	郁闭度	平均年龄（年）	分布海拔（m）
滇青冈	综合平均	1790	123.9	3	13.4	11.5	0.78	46	2166
	滇青冈	1500	204.0	1	17.6	15.9	0.85	53	2426
	滇青冈－麻栎－云南松－滇油杉	2675	91.4	4	9.1	10.2	0.82	23	1960
	滇青冈－山合欢－云南松－滇油杉	3763	70.1	4	8.3	8.8	0.85	24	2160
	滇青冈－西南桦	1050	242.3	2	20.7	16.4	0.8	60	2600
	滇青冈－樱桃－滇油杉	1075	118.7	3	15.6	12.5	0.88	82	2350
	滇青冈－余甘子	675	17.0	2	9.3	5.0	0.45	33	1500

（二）天然异龄高山栎阔叶纯林

本类型记录到样地6块，其中：楚雄州的姚安县、永仁县合计2块，曲靖市的宣威市1块，迪庆州的香格里拉市2块，丽江市的玉龙县1块。样地平均分布海拔2873m，一般分布海拔2120～3940m。树种结构以高山栎为绝对优势种，还由少量的杜鹃、落叶松、华山松、南烛、丽江云杉、软阔类、麻栎、云南松、清香木、滇油杉等1种或多种树种组成。样地林分平均组成树种数3种，林分综合平均胸径12.0cm，平均树高8.7m，平均郁闭度0.66，平均年龄51年，森林活立木密度为平均每公顷2194株，平均公顷蓄积量82.9m³。森林单株胸径年平均生长量0.19cm，年平均生长率2.1%；单株蓄积年平均生长量0.0015m³，年平均生长率5.8%。详见表3-53。

表3-53　天然异龄高山栎阔叶纯林结构因子统计表

优势树种	树种结构类型组	公顷株数（株）	公顷蓄积（m³）	树种数量（种）	样地平均胸径（cm）	样地平均树高（m）	郁闭度	平均年龄（年）	分布海拔（m）
高山栎	综合平均	2194	82.9	3	12.0	8.7	0.66	51	2873
	高山栎－杜鹃－落叶松	3813	82.2	3	8.7	7.1	0.80	43	3940
	高山栎－华山松－南烛	3425	114.1	3	10.4	7.1	0.90	25	2590
	高山栎－丽江云杉－落叶松－软阔类	388	79.1	4	18.1	13.7	0.20	108	3720
	高山栎－麻栎－云南松	2650	33.1	3	7.2	5.8	0.65	19	2390
	高山栎－软阔类－清香木	1963	39.7	3	8.7	6.6	0.60	22	2480
	高山栎－滇油杉	925	149.1	2	18.7	12.0	0.80	88	2120

（三）天然异龄高山栲阔叶纯林

本类型记录到样地2块，其中：楚雄州的禄丰市1块，大理州的祥云县1块。样地平均分布海拔2053m，一般分布海拔1920～2186m。树种结构以高山栲为绝对优势种，还由少量的麻栎、油杉、云南松等1种或多个树种组成。样地林分平均组成树种数3种，林分综合平均胸径7.5cm，平均树高5.6m，平均郁闭度0.58，平均年龄20年，森林活立木密度为平均每公顷2238株，平均公顷蓄积量34.8m³。森林单株胸径年平均生长量0.19cm，年平均生长率2.3%；单株蓄积年平均生长量0.0013m³，年平均生长率6.6%。详见表3-54。

表3-54　天然异龄高山栲阔叶纯林结构因子统计表

优势树种	树种结构类型组	公顷株数（株）	公顷蓄积（m³）	树种数量（种）	样地平均胸径（cm）	样地平均树高（m）	郁闭度	平均年龄（年）	分布海拔（m）
高山栲	综合平均	2238	34.8	3	7.5	5.6	0.58	20	2053
	高山栲－麻栎－油杉	1763	16.0	3	6.5	4.6	0.30	11	1920
	高山栲－云南松－滇油杉	2713	53.6	3	8.5	6.6	0.85	28	2186

（四）天然异龄光叶石栎阔叶纯林

本类型记录到样地2块，其中：德宏州的盈江县1块，红河州的绿春县1块。样地平均分布海拔 1660m，一般分布海拔 1080～2240m。树种结构以光叶石栎为绝对优势种，还由少量的旱冬瓜、红木荷、樱桃、其他软阔类等 1 种或多种树种组成。样地林分平均组成树种数 4 种，林分综合平均胸径 19.7cm，平均树高 17.7m，平均郁闭度 0.55，平均年龄 94 年，森林活立木密度为平均每公顷 800 株，平均公顷蓄积量 197.2m³。森林单株胸径年平均生长量 0.33cm，年平均生长率 2.4%；单株蓄积年平均生长量 0.0074m³，年平均生长率 5.3%。详见表 3-55。

表 3-55　天然异龄光叶石栎阔叶纯林结构因子统计表

优势树种	树种结构类型组	公顷株数（株）	公顷蓄积（m³）	树种数量（种）	样地平均胸径（cm）	样地平均树高（m）	郁闭度	平均年龄（年）	分布海拔（m）
光叶石栎	综合平均	800	197.2	4	19.7	17.7	0.55	94	1660
	光叶石栎－旱冬瓜－红木荷－樱桃	875	264.8	4	20.4	17.8	0.6	65	2240
	光叶石栎－樱桃－其他软阔类	725	129.6	3	19	17.5	0.5	123	1080

（五）天然异龄旱冬瓜阔叶纯林

本类型记录到样地 11 块，其中：楚雄州武定县 1 块，临沧市临翔区、云县各 1 块，大理州永平县、弥渡县各 1 块，怒江州贡山县、福贡县各 1 块，丽江市华坪县 1 块，普洱市澜沧县 1 块，昆明市西山区 1 块，文山州麻栗坡县 1 块。样地平均分布海拔 2242m，一般分布海拔 1950～2558m。树种结构以旱冬瓜为绝对优势种，还由少量的华山松、云南松、山黄麻、山鸡椒、野核桃、野漆、油杉、云南松等 1 种或多种树种组成。样地林分平均组成树种数 3 种，林分综合平均胸径 16.6cm，平均树高 11.4m，平均郁闭度 0.48，平均年龄 16 年，森林活立木密度为平均每公顷 745 株，平均公顷蓄积量 100.1m³。森林单株胸径年平均生长量 0.66cm，年平均生长率 4.1%；单株蓄积年平均生长量 0.0193m³，年平均生长率 9.9%。详见表 3-56。

表 3-56　天然异龄旱冬瓜阔叶纯林结构因子统计表

优势树种	树种结构类型组	公顷株数（株）	公顷蓄积（m³）	树种数量（种）	样地平均胸径（cm）	样地平均树高（m）	郁闭度	平均年龄（年）	分布海拔（m）
旱冬瓜	综合平均	745	100.1	3	16.6	11.4	0.48	16	2242
	旱冬瓜（6 块样地）	510	52	1	15.2	11.0	0.52	14	2140
	旱冬瓜－华山松－云南松	650	188.9	3	22.6	18.1	0.75	20	2558
	旱冬瓜－山黄麻－山鸡椒	750	39.3	3	11.5	9.8	0.30	8	1950
	旱冬瓜－野核桃－野漆	588	163	3	22.8	12.4	0.45	17	2120
	旱冬瓜－油杉－云南松	1225	57.2	3	10.7	5.6	0.4	19	2440

（六）天然异龄黄背栎阔叶纯林

本类型记录到样地7块，其中：迪庆州德钦县、香格里拉市3块，丽江市玉龙县、宁蒗县3块，大理州洱源县1块。样地平均分布海拔3201m，一般分布海拔2490～4270m。树种结构以黄背栎为绝对优势种，还由少量的冷杉、柳树、软阔类、云南松、云南移㭎等1种或多种树种组成。林分平均组成树种数2种，林分综合平均胸径9.6cm，平均树高5.5m，平均郁闭度0.59，平均年龄30年，森林活立木密度为平均每公顷1779株，平均公顷蓄积量63.9m³。森林单株胸径年平均生长量0.18cm，年平均生长率1.2%；单株蓄积年平均生长量0.0027m³，年平均生长率4.6%。详见表3-57。

表3-57　天然异龄黄背栎阔叶纯林结构因子统计表

优势树种	树种结构类型组	公顷株数（株）	公顷蓄积（m³）	树种数量（种）	样地平均胸径（cm）	样地平均树高（m）	郁闭度	平均年龄（年）	分布海拔（m）
黄背栎	综合平均	1779	63.9	2	9.6	5.5	0.59	30	3201
	黄背栎（7块样地）	1146	55.8	1	11.2	5.5	0.50	36	2490～4060
	黄背栎－冷杉	1925	53.4	2	8.3	2.6	0.60	16	4270
	黄背栎－柳树－软阔类－云南松	1438	19.6	4	7.0	5.3	0.65	8	2694
	黄背栎－云南移㭎	1475	86.8	2	11.6	6.5	0.70	45	2650
	黄背栎－云南松	2913	103.7	2	9.8	7.4	0.49	45	2810

（七）天然异龄黄毛青冈阔叶纯林

黄毛青冈曾为分布区主要的采薪用材和烧制木炭用材，人为利用率较高，保留不多，随着天然林保护工程和天然林禁伐措施实施后，纯林逐步得以保留和发展。本类型记录到样地3块，均分布在大理州祥云县。样地平均分布海拔2340m，一般分布海拔2109～2550m。树种结构以黄毛青冈为绝对优势种，还由少量的软阔类、杨树、樱桃、云南松、马缨花、南烛、油杉、清香木等1种或多种树种组成。林分平均组成树种数4种，林分综合平均胸径9.1cm，平均树高6.3m，平均郁闭度0.78，平均年龄26年，森林活立木密度为平均每公顷2792株，平均公顷蓄积量93.6m³。森林单株胸径年平均生长量0.28cm，年平均生长率2.0%；单株蓄积年平均生长量0.0067m³，年平均生长率5.3%。详见表3-58。

表3-58　天然异龄黄毛青冈阔叶纯林结构因子统计表

优势树种	树种结构类型组	公顷株数（株）	公顷蓄积（m³）	树种数量（种）	平均胸径（cm）	平均树高（m）	郁闭度	平均年龄（年）	分布海拔（m）
黄毛青冈	综合平均	2792	93.6	4	9.1	6.3	0.78	26	2340
	黄毛青冈－软阔类－杨树－樱桃－云南松	3063	120.8	6	10.4	7.8	0.9	22	2550
	黄毛青冈－马缨花－南烛－油杉－云南松	4025	143.6	5	9.8	7	0.9	42	2360
	黄毛青冈－清香木	1288	16.5	2	7.2	4.2	0.55	15	2109

（八）天然异龄麻栎阔叶纯林

本类型记录到样地3块，其中：文山州广南县2块，昆明市寻甸县1块。样地平均分布海拔1630m，一般分布海拔1370～1920m。树种结构以麻栎为优势种，还由少量的旱冬瓜、油杉、黄连木、青冈、南烛、软阔类等1种或多种树种组成。样地林分平均树种数3种，林分综合平均胸径16.1cm，平均树高10.1m，平均郁闭度0.50，平均年龄33年，森林活立木密度为平均每公顷871株，平均公顷蓄积量73.7m³。森林单株胸径年平均生长量0.25cm，年平均生长率2.1%；单株蓄积年平均生长量0.0033m³，年平均生长率5.2%。详见表3-59。

表3-59　天然异龄麻栎阔叶纯林结构因子统计表

优势树种	树种结构类型组	公顷株数（株）	公顷蓄积（m³）	树种数量（种）	平均胸径（cm）	平均树高（m）	郁闭度	平均年龄（年）	分布海拔（m）
麻栎	综合平均	871	73.7	3	16.1	10.1	0.50	33	1630
	麻栎－旱冬瓜－油杉	400	21.2	3	11.8	6.9	0.30	12	1600
	麻栎－黄连木－青冈	1800	83.7	3	12.1	9.9	0.65	33	1920
	麻栎－南烛－软阔类	413	116.2	3	24.4	13.5	0.54	55	1370

（九）天然异龄岩栎阔叶纯林

本类型记录到样地2块，其中：楚雄州双柏县1块，迪庆州维西县1块。样地平均分布海拔1880m，一般分布海拔1300～2460m。树种结构以岩栎为绝对优势种，还由少量的火绳树、金合欢、清香木、云南黄杞、云南松等1种或多种树种组成。林分平均组成树种数4种，林分综合平均胸径13.1cm，平均树高6.3m，平均郁闭度0.64，平均年龄42年，森林活立木密度为平均每公顷1082株，平均公顷蓄积量76.6m³。森林单株胸径年平均生长量0.48cm，年平均生长率5.2%；单株蓄积年平均生长量0.004m³，年平均生长率12.7%。详见表3-60。

表3-60　天然异龄岩栎阔叶纯林结构因子统计表

优势树种	树种结构类型组	公顷株数（株）	公顷蓄积（m³）	树种数量（种）	平均胸径（cm）	平均树高（m）	郁闭度	平均年龄（年）	分布海拔（m）
岩栎	综合平均	1082	76.6	4	13.1	6.3	0.64	42	1880
	岩栎－火绳树－金合欢－清香木－云南黄杞	1150	45.9	6	10.5	6.6	0.62	29	1300
	岩栎－云南松	1013	107.3	2	15.7	6.0	0.65	55	2460

（十）天然异龄元江栲阔叶纯林

本类型记录到样地2块，其中：楚雄州姚安县1块，大理州巍山县1块。样地平均分布海拔2362m，一般分布海拔2010～2713m。树种结构以元江栲为绝对优势种，还由少量的滇石栎、旱冬瓜等1种或多种树种组成。样地林分平均组成树种数3种，林分综合平均胸径7.6cm，平均树高6.2m，平均郁闭度0.60，平均年龄21年，森林活立木密度为平均每公顷994株，平均公顷蓄积量18.3m³。森林单株胸径年平均生长量0.21cm，年平均生长率2.3%；单株蓄积平均生长量0.0016m³，年平均生长率6.8%。详见表3-61。

表 3-61　天然异龄元江栲阔叶纯林结构因子统计表

优势树种	树种结构类型组	公顷株数（株）	公顷蓄积（m³）	树种数量（种）	样地平均胸径（cm）	样地平均树高（m）	郁闭度	平均年龄（年）	分布海拔（m）
元江栲	综合平均	994	18.3	3	7.6	6.2	0.60	21	2362
	元江栲 – 滇石栎 – 旱冬瓜	825	4.7	3	5.7	4.2	0.60	9	2713
	元江栲 – 滇石栎	1163	31.8	2	9.5	8.2	0.60	32	2010

（十一）天然异龄锥连栎阔叶纯林

锥连栎主要分布在海拔 1900m 以下，为云南干热河谷分布的主要乔木树种，高海拔区分布时，主要为云南松林下伴生种。本类型记录到样地 2 块，其中：楚雄州双柏县 1 块，丽江市永胜县 1 块。样地平均分布海拔 2200m，一般分布海拔 1800 ~ 2600m。树种结构以锥连栎为绝对优势种，还由少量的槲栎、榕树、杉木、杨树等 1 种或多种树种组成。样地林分平均树种数 3 种，林分综合平均胸径 14.0cm，平均树高 7.2m，平均郁闭度 0.48，平均年龄 58 年，森林活立木密度为平均每公顷 844 株，平均公顷蓄积量 61.3m³。森林单株胸径年平均生长量 0.16cm，年平均生长率 2.4%；单株蓄积年平均生长量 0.0023m³，年平均生长率 6.7%。详见表 3-62。

表 3-62　天然异龄锥连栎阔叶纯林结构因子统计表

优势树种	树种结构类型组	公顷株数（株）	公顷蓄积（m³）	树种数量（种）	样地平均胸径（cm）	样地平均树高（m）	郁闭度	平均年龄（年）	分布海拔（m）
锥连栎	综合平均	844	61.3	3	14.0	7.2	0.48	58	2200
	锥连栎 – 槲栎 – 榕树	638	92.5	3	18.0	6.1	0.45	95	1800
	锥连栎 – 杉木 – 杨树	1050	30.1	3	9.9	8.2	0.50	20	2600

（十二）天然异龄川滇高山栎阔叶纯林

本类型记录到样地 1 块，分布在迪庆州香格里拉市。样地分布海拔 3800m，树种结构以川滇高山栎为优势种，形成川滇高山栎阔叶纯林。林分组成树种数 1 种，平均胸径 7.0cm，平均树高 5.0m，郁闭度 0.65，年龄 24 年，森林活立木密度为每公顷 2438 株，公顷蓄积量 25.0m³。森林单株胸径年平均生长量 0.35cm，年平均生长率 4.9%；单株蓄积年平均生长量 0.0016m³，年平均生长率 14.9%。

（十三）天然异龄大叶石栎阔叶纯林

本类型记录到样地 1 块，分布在临沧市镇康县。样地分布海拔 1280m。树种结构以大叶石栎为优势种，组成大叶石栎 – 厚皮树等阔叶纯林。林分组成树种数 3 种，平均胸径 10.3cm，平均树高 7.5m，郁闭度 0.50，平均年龄 19 年，森林活立木密度为每公顷 2238 株，公顷蓄积量 86.7m³。森林单株胸径年平均生长量 0.35cm，年平均生长率 3.1%；单株蓄积年平均生长量 0.004m³，年平均生长率 7.6%。

（十四）天然异龄滇石栎阔叶纯林

本类型记录到样地 1 块，分布在红河州弥勒市。样地分布海拔 2020m。树种结构以滇石栎为绝对优势种，组成滇石栎 – 华山松阔叶纯林。林分组成树种数 2 种，平均胸径 8.5cm，平均树高 6.7m，郁闭度 0.60，年龄 10 年，森林活立木密度为每公顷 1213 株，公顷蓄积量 29.1m³。森林单株胸径年平均生长量 0.28cm，年平均生长率 3.3%；单株蓄积年平均生长量 0.0018m³，年平均生长率 8.5%。

（十五）天然异龄清香木阔叶纯林

本类型记录到样地1块，分布在楚雄州大姚县。样地分布海拔1790m。树种结构以清香木为优势种，形成清香木阔叶纯林。林分组成树种数1种，平均胸径6.7cm，平均树高4.0m，郁闭度0.33，年龄11年，森林活立木密度为每公顷750株，公顷蓄积量8.4m³。森林单株胸径年平均生长量0.13cm，年平均生长率1.8%；单株蓄积年平均生长量0.0008m³，年平均生长率5.1%。

（十六）天然异龄栓皮栎阔叶纯林

本类型记录到样地1块，分布在丽江市玉龙县。样地分布海拔3340m。树种结构以栓皮栎为优势种，组成栓皮栎－杨树阔叶纯林。林分组成树种数8种，平均胸径21.1cm，平均树高12.2m，郁闭度0.60，年龄81年，森林活立木密度为每公顷1425株，公顷蓄积量584.6m³。森林单株胸径年平均生长量0.31cm，年平均生长率3.2%；单株蓄积年平均生长量0.003m³，年平均生长率6.9%。

（十七）天然异龄腾冲栲阔叶纯林

本类型记录到样地1块，分布在德宏州芒市。样地分布海拔2560m。树种结构以腾冲栲为优势种，形成腾冲栲阔叶纯林。林分组成树种数1种，平均胸径16.4cm，平均树高8.9m，郁闭度0.55，年龄65年，森林活立木密度为每公顷1425株，公顷蓄积量186.2m³。森林单株胸径年平均生长量0.20cm，年平均生长率1.5%；单株蓄积年平均生长量0.0034m³，年平均生长率3.6%。

（十八）天然异龄香面叶阔叶纯林

本类型记录到样地1块，分布在红河州元阳县。样地分布海拔2120m。树种结构以香面叶为优势种，组成香面叶－银木荷阔叶纯林。林分组成树种数2种，平均胸径16.0cm，平均树高10.2m，郁闭度0.50，年龄20年，森林活立木密度为每公顷400株，公顷蓄积量49.1m³。森林单株胸径年平均生长量0.36cm，年平均生长率2.8%；单株蓄积年平均生长量0.0066m³，年平均生长率6.0%。

（十九）天然异龄小叶青冈阔叶纯林

本类型记录到样地1块，分布在德宏州陇川县。样地分布海拔2360m。树种结构以小叶青冈为优势种，组成小叶青冈－粗糠柴阔叶纯林。林分组成树种数2种，平均胸径17.9cm，平均树高15.1m，郁闭度0.90，年龄70年，森林活立木密度为每公顷1975株，公顷蓄积量358.0m³。森林单株胸径年平均生长量0.17cm，年平均生长率1.0%；单株蓄积年平均生长量0.0045m³，年平均生长率2.6%。

（二十）天然异龄野核桃阔叶纯林

本类型记录到样地1块，分布在昭通市盐津县。样地分布海拔1500m。树种结构以野核桃为优势种，组成野核桃－软阔类阔叶纯林。林分组成树种数3种，平均胸径9.1cm，平均树高6.0m，郁闭度0.50，平均年龄15年，森林活立木密度为每公顷775株，公顷蓄积量20.1m³。森林单株胸径年平均生长量0.30cm，年平均生长率4.0%；单株蓄积年平均生长量0.0018m³，年平均生长率10.3%。

（二十一）天然异龄云南樟阔叶纯林

本类型记录到样地1块，分布在保山市施甸县。样地分布海拔2120m。树种结构以云南樟为优势种，组成云南樟－旱冬瓜阔叶纯林。林分组成树种数2种，平均胸径10.4cm，平均树高8.2m，郁闭度0.55，年龄16年，森林活立木密度为每公顷1125株，公顷蓄积量55.3m³。森林单株胸径年平均生长量0.38cm，年平均生长率2.4%；单株蓄积年平均生长量0.0087m³，年平均生长率5.2%。

（二十二）天然异龄柞栎阔叶纯林

本类型记录到样地1块，分布在红河州金平县。样地分布海拔1840m。树种结构以柞栎为优势种，形成柞栎阔叶纯林。林分组成树种数1种，平均胸径24.9cm，平均树高19.3m，郁闭度0.75，年龄72年，森林活立木密度为每公顷713株，公顷蓄积量221m³。森林单株胸径年平均生长量0.32cm，年平均生长率2.0%；单株蓄积年平均生长量0.0075m³，年平均生长率4.4%。

（二十三）天然异龄多变石栎阔叶纯林

本类型记录到样地1块，分布在丽江市宁蒗县。样地分布海拔2760m。树种结构以多变石栎为单优种，形成多变石栎阔叶纯林。林分组成树种数 1 种，平均胸径 6.3cm，平均树高 4.8m，郁闭度 0.65，年龄 18 年，森林活立木密度为每公顷 1963 株，公顷蓄积量 14.4m³。森林单株胸径年平均生长量 0.30cm，年平均生长率 1.5%；单株蓄积年平均生长量 0.0093m³，年平均生长率 3.6%。

第八节　天然同龄混交林类型

天然同龄混交林类型按优势树种结构又划分为天然同龄针叶混交林、天然同龄阔叶混交林及天然同龄针阔叶混交林 3 个亚型。本研究中，仅记录到 2 个亚型、6 个类型组。

一、天然同龄阔叶混交林亚型

经统计，云南第七次森林资源连续清查乔木林优势树种结构样地中，记录到天然同龄阔叶混交林亚型有麻栎 – 毛叶青冈 – 滇杨、锥连栎 – 滇青冈 – 高山栲等 2 个类型组。详见表 3–63。

表 3–63　天然同龄阔叶混交林结构因子统计表

优势树种	树种结构类型组	平均公顷株数（株）	公顷蓄积（m³）	树种数量（种）	样地平均胸径（cm）	样地平均树高（m）	郁闭度	平均年龄（年）	平均海拔（m）
麻栎	麻栎 – 毛叶青冈等	788 ~ 938	7.6	4	6.4 ~ 6.8	5.1	0.60	9	1845
锥连栎	锥连栎 – 滇青冈等	1000	8.5	4	6.1 ~ 6.3	4.9	0.50	17	1840

（一）天然同龄麻栎阔叶混交林

本类型记录到样地 2 块，分布在兰坪县和武定县。样地综合分布海拔 1720 ~ 1970m，平均分布海拔 1845m。森林树种结构类型为麻栎 – 滇青冈 – 滇杨 – 槲栎 – 青冈等阔叶混交林和麻栎 – 毛叶青冈等阔叶混交林。林分综合平均胸径 6.6cm，平均树高 5.1m，平均郁闭度 0.63，平均年龄 9 年，森林活立木密度为每公顷 863 株，公顷蓄积量 7.6m³。森林单株胸径年平均生长量 0.34cm，年平均生长率 3.3%；单株蓄积年平均生长量 0.0038m³，年平均生长率 8.2%。详见表 3–64。

表 3–64　天然同龄麻栎阔叶混交林结构因子统计表

优势树种	树种结构类型组	平均公顷株数（株）	公顷蓄积（m³）	树种数量（种）	平均胸径（cm）	平均树高（m）	郁闭度	平均年龄（年）	平均海拔（m）
麻栎	综合平均	863	7.6	4	6.6	5.1	0.63	9	1845
	麻栎 – 滇青冈 – 滇杨 – 槲栎 – 云南松	788	7.3	6	6.8	5.4	0.75	5	1970
	麻栎 – 毛叶青冈	938	7.9	2	6.4	4.8	0.50	13	1720

（二）天然同龄锥连栎混交林

本类型记录到样地 2 块，分布在祥云县和石林县。样地综合分布海拔 1710 ~ 1970m，平均分布海拔 1840m。森林树种结构类型为锥连栎 – 滇青冈 – 高山栲 – 盐肤木等阔叶混交林和锥连栎 – 高山栲－栎类等阔叶混交林。林分综合平均胸径6.2cm，平均树高4.9m，平均郁闭度0.50，平均年龄17.5年，森林活立木密度为每公顷1000株，公顷蓄积量8.5m³。森林单株胸径年平均生长量0.28cm，年平均生长率3.0%；单株蓄积年平均生长量0.0027m³，年平均生长率8.3%。详见表3-65。

表3-65 天然同龄锥连栎阔叶混交林结构因子统计表

优势树种	树种结构类型组	平均公顷株数（株）	公顷蓄积（m³）	树种数量（种）	样地平均胸径（cm）	样地平均树高（m）	郁闭度	平均年龄（年）	平均海拔（m）
锥连栎	综合平均	1000	8.5	3.5	6.2	4.9	0.50	17.5	1840
	锥连栎－滇青冈－高山栲－盐肤木	1000	9.0	4	6.1	5.0	0.65	10	1970
	锥连栎－高山栲－栎类	1000	7.9	3	6.3	4.8	0.35	25	1710

二、天然同龄针阔叶混交林亚型

经统计，云南第七次森林资源连续清查乔木林树种结构样地中，记录到的天然同龄针阔叶混交林有旱冬瓜－云南松－川梨、丽江云杉－栎类、栎类－油杉－云南松－大果楠、云南铁杉－长苞冷杉－毛叶曼青冈－软阔类等4个类型组。详见表3-66。

表3-66 天然同龄针阔叶混交林结构因子统计表

优势树种	树种结构类型组	平均公顷株数（株）	公顷蓄积（m³）	检尺木树种数量（种）	样地平均胸径（cm）	样地平均树高（m）	郁闭度	平均年龄（年）	平均海拔（m）
旱冬瓜	旱冬瓜－云南松－川梨	125	57.3	3	28.8	9.4	0.24	28	2060
丽江云杉	丽江云杉－栎类	413	95	2	20.0	16.5	0.45	75	2980
栎类	栎类－油杉－云南松－大果楠	4613	60	5	6.5	6	0.8	16	1300
云南铁杉	云南铁杉－毛叶曼青冈等	125	902.3	4	95.1	29.4	0.6	128	2960

（一）天然同龄旱冬瓜－云南松等针阔混交林

本类型仅记录到样地1块，分布在曲靖市师宗县。样地分布海拔2060m。树种结构组成中，以旱冬瓜为优势种，与云南松－川梨等组成针阔叶混交林。林分平均胸径28.8cm，平均树高9.4m，郁闭度0.24，平均年龄28年，森林活立木密度为每公顷125株，公顷蓄积量57.3m³。森林单株胸径年平均生长量0.60cm，年平均生长率3.9%；单株蓄积年平均生长量0.0152m³，年平均生长率9.5%。

（二）天然同龄丽江云杉－栎类等针阔叶混交林

本类型仅记录到样地1块，分布在迪庆州德钦县。样地分布海拔2980m。树种结构组成中，以丽江云杉为优势种，与栎类等组成针阔叶混交林。林分平均胸径20.0cm，平均树高16.5m，郁闭度0.45，平均年龄75年，森林活立木密度为每公顷413株，公顷蓄积量95.0m³。森林单株胸径年平均生长量0.36cm，年平均生长率2.9%；单株蓄积年平均生长量0.0117m³，年平均生长率7.3%。

（三）天然同龄栎类 – 油杉等针阔叶混交林

本类型仅记录到样地1块，分布在红河州石屏县。样地分布海拔1300m。树种结构组成中，以栎类为优势种，与油杉、云南松、大果楠等树种组成针阔叶混交林。林分平均胸径6.5cm，平均树高6.0m，郁闭度0.80，平均年龄16年，森林活立木密度为每公顷4613株，公顷蓄积量60.0m³。森林单株胸径年平均生长量0.33cm，年平均生长率2.5%；单株蓄积年平均生长量0.005m³，年平均生长率5.7%。

（四）天然同龄云南铁杉 – 毛叶曼青冈等针阔叶混交林

本类型仅记录到样地1块，分布在怒江州的兰坪县。样地分布海拔2960m。树种结构组成中，以云南铁杉为优势种，与长苞冷杉、毛叶曼青冈、软阔类等树种组成针阔叶混交林。林分平均胸径95.1cm，平均树高29.4m，郁闭度0.60，平均年龄128年，森林活立木密度为每公顷125株，公顷蓄积量902.3m³。森林单株胸径年平均生长量0.36cm，年平均生长率2.1%；单株蓄积年平均生长量0.0218m³，年平均生长率4.5%。

第九节　天然异龄混交林类型

天然异龄混交林类型又划分为天然异龄针叶混交林、天然异龄阔叶混交林及天然异龄针阔叶混交林3个亚型。本研究中，共记录到3个亚型、151个类型组。

一、天然异龄针叶混交林亚型

经统计，云南第七次森林资源连续清查乔木林树种结构样地中，记录到的天然异龄针叶混交林亚型有高山松 – 华山松林、高山松 – 丽江云杉林、落叶松 – 冷杉林、云南松 – 扭曲云南松林、云南松 – 华山松林、云南松 – 滇油杉林、云南松 – 圆柏林、中甸冷杉 – 冷杉林、长苞冷杉 – 大果红杉林、冷杉 – 丽江云杉林、干香柏 – 冷杉林、圆柏 – 云杉 – 冷杉林、黄杉 – 滇油杉林及思茅松 – 油杉林等14个类型组。详见表3-67。

表3-67　天然异龄针叶混交林结构因子统计表

树种结构类型组	公顷株数（株）	公顷蓄积（m³）	树种数量（种）	样地平均胸径（cm）	样地平均树高（m）	郁闭度	平均年龄（年）	平均海拔（m）
高山松 – 华山松混交林	313 ~ 4000	77.6 ~ 163.3	2 ~ 4	11.5 ~ 28.9	7.6 ~ 17.1	0.3 ~ 0.8	25 ~ 59	3181
高山松 – 丽江云杉混交林	1900 ~ 2763	277.3 ~ 295.4	3 ~ 4	11.7 ~ 19.2	9.4 ~ 12.1	0.70 ~ 0.80	21 ~ 45	3324
落叶松 – 冷杉混交林	488 ~ 575	156 ~ 283.9	2 ~ 3	27.3 ~ 31.3	16.8 ~ 19.3	0.60 ~ 0.80	133 ~ 145	4180
云南松 – 扭云南松混交林	313 ~ 1925	4.0 ~ 91.9	2 ~ 4	7.5 ~ 13.9	3.3 ~ 9.1	0.32 ~ 0.75	14 ~ 36	2367
云南松 – 华山松混交林	500 ~ 2338	8.7 ~ 196.8	2 ~ 5	8.5 ~ 21.6	4.2 ~ 13.3	0.30 ~ 0.75	13 ~ 52	2411
云南松 – 滇油杉混交林	413 ~ 2575	13.8 ~ 192.8	2 ~ 5	8.1 ~ 23.0	4.0 ~ 20.5	0.25 ~ 0.79	14 ~ 50	2020

续表 3-67

树种结构类型组	公顷株数（株）	公顷蓄积（m³）	树种数量（种）	样地平均胸径（cm）	样地平均树高（m）	郁闭度	平均年龄（年）	平均海拔（m）
云南松-圆柏混交林	1050	36.7	3	10.5	6.9	0.60	14	1870
中甸冷杉-冷杉混交林	325～3438	168.7～243.3	5～6	10.5～18.6	6.8～14.7	0.75～0.80	22～75	3775
长苞冷杉-大果红杉混交林	588	111.8	2	15.9	7.8	0.45	55	4151
冷杉-丽江云杉混交林	788	194.2	4	24.3	18.9	0.75	142	3890
干香柏-冷杉混交林	1538	510.7	3	48.8	20.5	0.50	180	4280
圆柏-云杉-冷杉混交林	763	24.9	5	9.6	6.0	0.40	30	4200
黄杉-滇油杉混交林	588	117.1	2	21.9	14.3	0.40	58	1910
思茅松-油杉混交林	950	30.4	3	12.5	8.8	0.40	22	1900

（一）天然异龄高山松-华山松针叶混交林

本类型记录到样地4块，其中：丽江市宁蒗县3块，迪庆州香格里拉市1块。样地综合分布海拔3000～3322m，平均分布海拔3181m。树种结构以高山松、华山松为优势种，组成高山松-华山松针叶混交林，各林分中还分布有极少量的川滇高山栎、大白花杜鹃、黄背栎、杨树等阔叶树。样地林分平均组成树种数3种，林分综合平均胸径17.5cm，平均树高11.0m，平均郁闭度0.61，平均年龄36年，森林活立木密度为平均每公顷1760株，平均公顷蓄积量120.1m³。森林单株胸径年平均生长量0.28cm，年平均生长率2.5%；单株蓄积年平均生长量0.0046m³，年平均生长率6.5%。详见表3-68。

表 3-68　天然异龄高山松-华山松针叶混交林结构因子统计表

优势树种	树种结构类型组	公顷株数（株）	公顷蓄积（m³）	树种数量（种）	平均胸径（cm）	平均树高（m）	郁闭度	平均年龄（年）	分布海拔（m）
	综合平均	1760	120.1	3	17.5	11.0	0.61	36	3181
高山松-华山松	高山松-华山松-川滇高山栎	2163	117.4	3	11.5	7.9	0.80	31	3100
	高山松-华山松-大白花杜鹃-黄背栎	4000	163.3	4	11.9	7.6	0.80	25	3300
	高山松-华山松-杨树	313	122.0	3	28.9	17.1	0.30	59	3322
	高山松-华山松	563	77.6	2	17.6	11.2	0.55	30	3000

（二）天然异龄丽江云杉－高山松针叶混交林

本类型记录到样地2块，均分布在丽江市宁蒗县。样地综合分布海拔3308～3340m，平均海拔3324m。树种结构以丽江云杉、高山松为优势种，组成丽江云杉－高山松针叶混交林、丽江云杉－高山松－华山松针叶混交林，各林分中还分布有极少量的高山栎、黄背栎等阔叶树。样地林分平均组成树种数4种，林分综合平均胸径15.5cm，平均树高10.8m，平均郁闭度0.75，平均年龄33年，森林活立木密度为平均每公顷2332株，平均公顷蓄积量286.4m³。森林单株胸径年平均生长量0.36cm，年平均生长率2.9%；单株蓄积年平均生长量0.0117m³，年平均生长率7.3%。详见表3-69。

表3-69 天然异龄丽江云杉－高山松针叶混交林结构因子统计表

优势树种	树种结构类型组	公顷株数（株）	公顷蓄积（m³）	树种数量（种）	平均胸径（cm）	平均树高（m）	郁闭度	平均年龄（年）	分布海拔（m）
丽江云杉－高山松	综合平均	2332	286.4	4	15.5	10.8	0.75	33	3324
	丽江云杉－高山松－高山栎	1900	295.4	3	19.2	12.1	0.70	45	3340
	丽江云杉－高山松－华山松－黄背栎	2763	277.3	4	11.7	9.4	0.80	21	3308

（三）天然异龄落叶松针叶混交林

本类型记录到样地2块，迪庆州香格里拉市和德钦县各1块。样地分布海拔4120～4240m，平均海拔4180m。树种结构以落叶松为优势种，组成落叶松－冷杉针叶混交林、落叶松－急尖长苞冷杉针叶混交林，各林分中还分布有极少量的白桦等阔叶树。林分平均组成树种数2.5种，林分综合平均胸径29.3cm，平均树高18.1m，平均郁闭度0.70，平均年龄139年，森林活立木密度为平均每公顷532株，平均公顷蓄积量220.0m³。森林单株胸径年平均生长量0.26cm，年平均生长率1.9%；单株蓄积年平均生长量0.0084m³，年平均生长率4.9%。详见表3-70。

表3-70 天然异龄落叶松针叶混交林结构因子统计表

优势树种	树种结构类型组	公顷株数（株）	公顷蓄积（m³）	树种数量（种）	样地平均胸径（cm）	样地平均树高（m）	郁闭度	平均年龄（年）	分布海拔（m）
落叶松	综合平均	532	220.0	2.5	29.3	18.1	0.70	139	4180
	落叶松－冷杉－白桦	488	156.0	3	27.3	16.8	0.60	145	4120
	落叶松－急尖长苞冷杉	575	283.9	2	31.3	19.3	0.80	133	4240

（四）天然异龄云南松－扭曲云南松针叶混交林

本类型记录到样地7块，其中：丽江市玉龙县2块，楚雄州姚安县和禄丰市各1块，昆明市禄劝县2块，大理州剑川县1块。样地分布海拔1880～2800m，平均海拔2367m。树种结构以云南松、扭曲云南松为优势种，组成云南松－扭曲云南松－华山松针叶混交林、云南松－扭曲云南松－油杉针叶混交林、云南松－扭曲云南松针叶混交林，各林分中还分布有极少量的红木荷、麻栎、黄毛青冈、旱冬瓜等阔叶树。林分平均组成树种数3种，林分综合平均胸径10.5cm，平均树高6.2m，平均郁闭度0.53，平均年龄28年，森林活立木密度为平均每公顷1327株，平均公顷蓄积量47.7m³。森林单株胸径年平均生长量0.35cm，年平均生长率2.7%；单株蓄积年平均生长量0.0068m³，年平均生长率6.2%。详见表3-71。

表3-71 天然异龄云南松-扭曲云南松针叶混交林结构因子统计表

优势树种	树种结构类型组	公顷株数（株）	公顷蓄积（m³）	树种数量（种）	平均胸径（cm）	平均树高（m）	郁闭度	平均年龄（年）	分布海拔（m）
云南松-扭曲云南松	综合平均	1327	47.7	3	10.5	6.2	0.53	28	2367
	云南松-扭曲云南松-华山松-红木荷	1500	31.0	4	8.7	5.7	0.50	20	2330
	云南松-扭曲云南松-油杉-麻栎	1925	35.7	4	9.2	4.5	0.75	33	2180
	云南松-扭曲云南松-油杉	313	4.0	4	7.5	3.3	0.32	14	2260
	云南松-扭曲云南松-黄毛青冈	888	43.8	3	13.9	5.7	0.41	36	1880
	云南松-扭曲云南松	1625	45.6	2	9.3	6.3	0.70	20	2460
	云南松-扭曲云南松-旱冬瓜	1475	91.9	3	11.9	8.5	0.40	23	2660
	云南松-扭曲云南松-黄毛青冈	1563	82.0	3	12.8	9.1	0.60	52	2800

（五）天然异龄云南松-华山松针叶混交林

本类型记录到样地34块，其中：曲靖市的会泽县、宣威市、沾益区、麒麟区共14块，大理州的剑川县、鹤庆县、云龙县、南涧县、弥渡县共9块，昆明市的禄劝县、宜良县、晋宁区共4块，楚雄州的大姚县、禄丰市共2块，昭通市的昭阳区2块，保山市的隆阳区1块，红河州的弥勒市1块，丽江市的玉龙县1块。样地分布海拔1760~2881m，平均海拔2411m。树种结构以云南松、华山松为优势种，形成云南松-华山松针叶混交林、云南松-华山松-扭曲云南松针叶混交林、云南松-华山松-油杉针叶混交林，各林分中还分布有极少量的高山栎、麻栎、黄毛青冈、杨树、野漆、樱桃、川梨、核桃、黄连木、滇青冈、南烛、杨梅、滇石栎、杜鹃、旱冬瓜、光叶高山栎、木荷、栓皮栎、厚皮香、余甘子、黄背栎、灰背栎、其他栎类、其他硬阔类等1种或多种阔叶树。林分平均组成树种数3种，林分综合平均胸径13.9cm，平均树高8.9m，平均郁闭度0.56，平均年龄31年，森林活立木密度为平均每公顷1215株，平均公顷蓄积量90.0m³。森林单株胸径年平均生长量0.37cm，年平均生长率3.2%；单株蓄积年平均生长量0.0064m³，年平均生长率5.9%。详见表3-72。

表 3-72　天然异龄云南松 – 华山松针叶混交林结构因子统计表

优势树种	树种结构类型组	公顷株数（株）	公顷蓄积（m³）	树种数量（种）	平均胸径（cm）	平均树高（m）	郁闭度	平均年龄（年）	分布海拔（m）
云南松 – 华山松	综合平均	1215	90.0	3	13.9	8.9	0.56	31	2411
	云南松 – 华山松 – 扭曲云南松 – 高山栎 – 麻栎	1075	162.7	5	16.5	12.6	0.6	25	2620
	云南松 – 华山松 – 油杉 – 黄毛青冈	500	8.7	4	8.5	4.2	0.3	13	2210
	云南松 – 华山松 – 油杉	613	72	3	17.2	10.9	0.6	52	2160
	云南松 – 华山松 – 杨树 – 野漆 – 樱桃	925	160.7	5	21.6	13.3	0.45	35	2560
	云南松 – 华山松	1123	65.5	2	13.3	8.1	0.51	28	2316
	云南松 – 华山松 – 川梨 – 核桃 – 野漆	788	66.3	5	15.8	8	0.45	22	2040
	云南松 – 华山松 – 黄连木 – 川梨	675	49.7	4	13.5	6.8	0.51	23	1760
	云南松 – 华山松 – 川梨 – 樱桃	1475	52.8	4	10.3	6.9	0.55	28	2150
	云南松 – 华山松 – 滇青冈 – 南烛 – 杨梅	1313	160.1	5	16.6	12.7	0.7	35	2030
	云南松 – 华山松 – 滇青冈	1375	196.8	3	20.5	10.7	0.68	43	2705
	云南松 – 华山松 – 滇石栎 – 杜鹃 – 旱冬瓜	975	71.6	5	13.6	9.5	0.45	35	2881
	云南松 – 华山松 – 高山栎	2025	51.7	3	9	4.8	0.5	20	2290
	云南松 – 华山松 – 光叶高山栎	988	74.1	3	15.8	11.5	0.4	42	2660
	云南松 – 华山松 – 旱冬瓜 – 木荷	1025	67	4	11.9	7.1	0.45	42	2750
	云南松 – 华山松 – 旱冬瓜 – 栓皮栎	2338	108.7	4	10.8	8.1	0.75	22	2200
	云南松 – 华山松 – 旱冬瓜	1425	80.3	3	11.8	8.3	0.64	26	2313
	云南松 – 华山松 – 厚皮香 – 余甘子	1525	137.5	4	14	13.3	0.75	26	2440
	云南松 – 华山松 – 黄背栎 – 栎类	1625	61.4	4	10.7	4.2	0.73	37	3320
	云南松 – 华山松 – 灰背栎 – 硬阔类	2238	83.9	4	10.5	8.7	0.75	28	2220
	云南松 – 华山松 – 木荷	688	64.4	3	13.8	7.2	0.5	32	2797
	云南松 – 华山松 – 南烛 – 杨树	900	119.2	4	17.4	11.8	0.6	38	2300

（六）天然异龄云南松 – 滇油杉针叶混交林

本类型记录到样地 29 块，其中：楚雄州的大姚县、武定县、牟定县、禄丰市、南华县、楚雄市共 7 块，丽江市的永胜县、华坪县共 5 块，曲靖市的宣威市、会泽县共 4 块，大理州的祥云县、鹤庆县、宾川县共 4 块，昆明市的禄劝县、石林县、寻甸县共 3 块，红河州的弥勒市、石屏县、建水县共 4 块，玉溪市的峨山县、元江县共 2 块。样地综合分布海拔 1520 ～ 2460m，平均海拔 2020m。树种结构以云南松、滇油杉为优势种，形成云南松－滇油杉针叶混交林、云南松－滇油杉－华山松针叶混交林、云南松－滇油杉－黄杉针叶混交林，各林分中还分布有极少量的清香木、旱冬瓜、川梨、余甘子、核桃、南烛、软阔类、木荷、厚皮香、黄毛青冈、高山栲、青冈、锥连栎、多变石栎、麻栎、其他栎类等1种或多种阔叶树种。林分综合平均组成树种数3种，林分综合平均胸径13.6cm，平均树高8.9m，平均郁闭度0.52，平均年龄32年，森林活立木密度为平均每公顷941株，平均公顷蓄积量72.2m³。森林单株胸径年平均生长量0.38cm，年平均生长率3.4%；单株蓄积年平均生长量0.0063m³，年平均生长率4.3%。详见表3–73。

表3–73　天然异龄云南松－滇油杉针叶混交林结构因子统计表

优势树种	树种结构类型组	公顷株数（株）	公顷蓄积（m³）	树种数量（种）	平均胸径（cm）	平均树高（m）	郁闭度	平均年龄（年）	分布海拔（m）
云南松－滇油杉	综合平均	941	72.2	3	13.6	8.9	0.52	32	2020
	云南松－滇油杉	1014	53.2	2	10.8	5.7	0.49	27	2017～2163
	云南松－滇油杉－栎类	579	42.6	4	14.4	10.4	0.4	34	1880～2120
	云南松－滇油杉－麻栎－清香木	1013	157.7	4	17.6	13.2	0.68	30	1720
	云南松－滇油杉－旱冬瓜	600	38	3	11.9	7.9	0.45	28	2010
	云南松－滇油杉－多变石栎－栎类	413	52.6	4	13.7	12.3	0.3	34	2160
	云南松－滇油杉－川梨	2075	63.3	3	9.4	6.1	0.55	25	2200
	云南松－滇油杉－高山栲	826	59	3	12.7	6.3	0.53	30	2010～2160
	云南松－滇油杉－青冈	1419	103	3	14	9.8	0.53	31	2320～2460
	云南松－滇油杉－青冈－锥连栎	813	48.8	4	12.3	6.6	0.55	33	2300
	云南松－滇油杉－余甘子	838	40.6	3	10.9	8.4	0.4	18	1980
	云南松－滇油杉－锥连栎	1038	42.2	3	11	6.8	0.79	25	2220
	云南松－滇油杉－核桃－麻栎	525	37.9	4	14.4	6.4	0.35	42	2100
	云南松－滇油杉－华山松－川梨－南烛	563	47.3	5	16.4	8.6	0.5	50	1900～1960
	云南松－滇油杉－黄杉	1313	136.4	3	15.5	11	0.75	33	2000
	云南松－滇油杉－旱冬瓜－软阔类	575	192.8	4	23	20.5	0.49	45	1720
	云南松－滇油杉－厚皮香	1063	177.3	3	19.5	11.3	0.55	45	1520
	云南松－滇油杉－黄毛青冈	438	15.7	3	9.7	4.4	0.35	19	2090
	云南松－滇油杉－麻栎	2575	41.3	4	8.1	5.2	0.8	15	2040
	云南松－滇油杉－木荷	450	24	3	12.5	8.2	0.4	27	1600
	云南松－滇油杉－栎类－软阔类	1025	132.4	5	16.7	10.8	0.65	45	2140
	云南松－滇油杉－栎类－木荷	1138	134.6	4	16.7	15.7	0.75	28	1610

（七）天然异龄中甸冷杉－冷杉针叶混交林

本类型记录到样地 2 块，分布在迪庆州香格里拉市。样地综合分布海拔 3740 ～ 3810m，平均分布海拔 3775m。树种结构以中甸冷杉为优势种，形成中甸冷杉－冷杉－柳杉－柏木针叶混交林、中甸冷杉－冷杉－丽江云杉－落叶松－云杉针叶混交林，林分中还分布有极少量的山合欢、小叶青皮槭等 1 种或多种阔叶树。林分综合平均组成树种数 5 种，林分综合平均胸径 14.6cm，平均树高 10.8m，平均郁闭度 0.78，平均年龄 49 年，森林活立木密度为平均每公顷 1882 株，平均公顷蓄积量 206.0m³。森林单株胸径年平均生长量 0.31cm，年平均生长率 2.9%；单株蓄积年平均生长量 0.0073m³，年平均生长率 7.3%。详见表 3-74。

表 3-74　天然异龄中甸冷杉－冷杉针叶混交林结构因子统计表

优势树种	树种结构类型组	公顷株数（株）	公顷蓄积（m³）	树种数量（种）	平均胸径（cm）	平均树高（m）	郁闭度	平均年龄（年）	分布海拔（m）
中甸冷杉－冷杉	综合平均	1882	206.0	5	14.6	10.8	0.78	49	3775
	中甸冷杉－冷杉－柳杉－柏木－山合欢－小叶青皮槭	325	243.3	6	18.6	14.7	0.8	75	3810
	中甸冷杉－冷杉－丽江云杉－落叶松－云杉	3438	168.7	5	10.5	6.8	0.75	22	3740

（八）天然异龄云南松－圆柏针叶混交林

本类型记录到样地 1 块，分布在红河州弥勒市。样地分布海拔 1870m。树种结构以云南松、圆柏为优势种，形成云南松－圆柏针叶混交林，林分中还分布有极少量的旱冬瓜等阔叶树种。林分平均组成树种数 3 种，林分综合平均胸径 10.5cm，平均树高 6.9m，平均郁闭度 0.60，平均年龄 14 年，森林活立木密度为平均每公顷 1050 株，公顷蓄积量 36.7m³。森林单株胸径年平均生长量 0.38cm，年平均生长率 3.4%；单株蓄积年平均生长量 0.0063m³，年平均生长率 4.3%。

（九）天然异龄长苞冷杉－大果红杉针叶混交林

本类型记录到样地 1 块，分布在迪庆州德钦县。样地分布海拔 4151m。树种结构以长苞冷杉为优势种，形成长苞冷杉－大果红杉针叶混交林。林分组成树种数 2 种，平均胸径 15.9cm，平均树高 7.8m，郁闭度 0.45，年龄 55 年，森林活立木密度为每公顷 588 株，公顷蓄积量 111.8m³。森林单株胸径年平均生长量 0.23cm，年平均生长率 1.4%；单株蓄积年平均生长量 0.0119m³，年平均生长率 3.4%。

（十）天然异龄冷杉－丽江云杉－落叶松针叶混交林

本类型记录到样地 1 块，分布在迪庆州香格里拉市。样地分布海拔 3890m。树种结构以冷杉为优势种，形成冷杉－丽江云杉－落叶松针叶混交林，各林分中还分布有极少量的大树杜鹃等阔叶树。林分组成树种数 4 种，平均胸径 24.3cm，平均树高 18.9m，平均郁闭度 0.75，平均年龄 142 年，森林活立木密度为每公顷 788 株，公顷蓄积量 194.2m³。森林单株胸径年平均生长量 0.23cm，年平均生长率 1.8%；单株蓄积年平均生长量 0.0087m³，年平均生长率 4.5%。

（十一）天然异龄干香柏－冷杉针叶混交林

本类型记录到样地 1 块，分布在迪庆州香格里拉市。样地分布海拔 4280m。树种结构以干香柏为优势种，形成干香柏－冷杉针叶混交林，林分中还分布有极少量的杜鹃等阔叶树。林分组成树种数 3 种，平均胸径 48.8cm，平均树高 20.5m，郁闭度 0.50，年龄 180 年，森林活立木密度为每公顷 1538 株，公顷蓄积量 510.7m³。森林单株胸径年平均生长量 0.23cm，年平均生长率 0.6%；单株蓄积年平均生长量 0.013m³，年平均生长率 1.5%。

（十二）天然异龄圆柏 – 云杉 – 冷杉 – 落叶松针叶混交林

本类型记录到样地 1 块，分布在迪庆州德钦县。样地分布海拔 4200m。树种结构以圆柏为优势种，形成圆柏 – 云杉 – 冷杉 – 落叶松针叶混交林，林分中还分布有极少量的杜鹃等阔叶树。林分组成树种数 5 种，平均胸径 9.6cm，平均树高 6.0m，郁闭度 0.40，年龄 30 年，森林活立木密度为每公顷 763 株，公顷蓄积量 24.9m³。森林单株胸径年平均生长量 0.45cm，年平均生长率 4.7%；单株蓄积年平均生长量 0.0036m³，年平均生长率 11.2%。

（十三）天然异龄黄杉 – 滇油杉针叶混交林

本类型记录到样地 1 块，分布在曲靖宣威市。样地分布海拔 1910m。树种结构以黄杉为优势种，形成黄杉 – 滇油杉针叶混交林。森林树种组成数 2 种，平均胸径 21.9cm，平均树高 14.3m，郁闭度 0.40，年龄 58 年，森林活立木密度为每公顷 588 株，公顷蓄积量 117.1m³。森林单株胸径年平均生长量 0.41cm、年平均生长率 3.5%；单株蓄积年平均生长量 0.0048m³、年平均生长率 8.5%。

（十四）天然异龄思茅松 – 油杉针叶混交林

本类型记录到样地 1 块，分布在普洱市景东县。样地分布海拔 1900m。树种结构以思茅松为优势种，形成思茅松 – 油杉针叶混交林，林分中还分布有极少量的栎类等阔叶树。森林树种组成数 3 种，平均胸径 12.5cm，平均树高 8.8m，郁闭度 0.40，年龄 22 年，森林活立木密度为每公顷 950 株，公顷蓄积量 30.4m³。森林单株胸径年平均生长量 0.47cm，年平均生长率 3.3%；单株蓄积年平均生长量 0.0102m³，年平均生长率 7.8%。

二、天然异龄阔叶混交林亚型

经统计，云南第七次森林资源连续清查乔木林树种结构样地中，记录到的天然异龄阔叶混交林亚型有 78 个类型组。其中：

样地数大于等于 10 块的类型组有 16 个，优势树种分别为：刺栲、滇青冈、滇石栎、高山栲、旱冬瓜、红木荷、桦木、黄毛青冈、麻栎、木荷、楠木、硬阔类、青冈、西南桦、锥连栎、栎类。详见表 3-75。

表 3-75　天然异龄阔叶混交林结构因子统计表

优势树种	树种结构类型组	样地数量（块）	公顷株数（株）	公顷蓄积（m³）	树种数量（种）	平均胸径（cm）	平均树高（m）	郁闭度	平均年龄（年）	平均海拔（m）
栎类	栎类 – 旱冬瓜等混交林	136	1474	149.2	6	15.7	11.5	0.65	43	1602
旱冬瓜	旱冬瓜 – 滇青冈等混交林	82	853	117.7	8	18.4	12.4	0.52	23	1932
红木荷	红木荷 – 杯状栲等混交林	45	1237	113.3	11	14.3	11.6	0.61	27	1458
高山栲	高山栲 – 滇青冈等混交林	40	1551	105.2	8	13.4	9.7	0.63	35	2064
木荷	木荷 – 桦木等混交林	39	1124	128.7	7	14.1	11.1	0.57	31	1417
麻栎	麻栎 – 滇青冈等混交林	35	1375	66.6	8	11.7	8.7	0.57	27	1597
滇青冈	滇青冈 – 滇石栎等混交林	31	1463	131	8	14	10.1	0.68	38	1970
硬阔类	硬阔类 – 桦木等混交林	31	856	172.9	6	18.4	13.7	0.61	39	1448
青冈	青冈 – 旱冬瓜等混交林	31	1504	117.6	7	14	10.3	0.64	37	1855

续表 3-75

优势树种	树种结构类型组	样地数量（块）	公顷株数（株）	公顷蓄积（m³）	树种数量（种）	平均胸径（cm）	平均树高（m）	郁闭度	平均年龄（年）	平均海拔（m）
滇石栎	滇石栎–滇青冈等混交林	26	1754	111	9	13.3	9.9	0.69	32	2096
楠木	楠木–栎类等混交林	19	1016	181.5	6	18.2	12.8	0.65	48	1586
西南桦	西南桦–刺栲混交林	18	1052	147.4	13	16	13	0.62	32	1461
黄毛青冈	黄毛青冈–滇石栎等混交林	16	1275	114.4	7	15.9	11.6	0.57	41	1796
锥连栎	锥连栎–高山栎等混交林	16	1903	112.8	9	11.3	8.9	0.68	32	1969
刺栲	刺栲–短刺栲–红木荷等混交林	12	1502	111.5	14	13.1	11.4	0.7	42	1379
桦木	桦木–栎类等混交林	12	1009	157.7	9	15.8	12.9	0.6	35	1398

样地数大于等于 5 块小于 10 块的类型组有 21 个，优势树种分别为：多变石栎、黄背栎、白花羊蹄甲、银木荷、截头石栎、云南黄杞、高山栎、泡桐、山合欢、香面叶、小叶青冈、元江栲、杯状栲、短刺栲、软阔类、杨树、大叶石栎、光叶高山栎、光叶石栎、杨梅、云南泡花树。详见表 3-76。

表 3-76 天然异龄阔叶混交林结构因子统计表

优势树种	树种结构类型组	样地数量（块）	公顷株数（株）	公顷蓄积（m³）	树种数量（种）	平均胸径（cm）	平均树高（m）	郁闭度	平均年龄（年）	平均海拔（m）
多变石栎	多变石栎–毛叶黄杞混交林	9	1179	168.0	7	17.5	11.1	0.58	46	2106
黄背栎	黄背栎–毛叶青冈混交林	9	1324	68.5	3	11.3	7.2	0.54	32	2812
白花羊蹄甲	白花羊蹄甲–木荷等混交林	8	780	100.0	8	17.8	10.8	0.53	33	1079
银木荷	银木荷–旱冬瓜等混交林	8	1138	88.9	9	12.8	8.5	0.57	20	1858
截头石栎	截头石栎–滇润楠等混交林	8	1463	135.4	10	16.5	11.3	0.66	46	1707
云南黄杞	云南黄杞–红木荷等混交林	8	1516	99.6	12	11.7	9.5	0.61	18	1348
高山栎	高山栎–滇青冈等混交林	7	1754	69.2	6	10.2	8.0	0.74	43	2898
泡桐	泡桐–西南桦等混交林	7	961	60.0	9	12.1	10.1	0.52	15	1303
山合欢	山合欢–西南桦等混交林	7	925	60.0	9	11.5	8.2	0.48	26	1351
香面叶	香面叶–木莲等混交林	7	822	133.0	6	14.6	10.9	0.56	34	1454
小叶青冈	小叶青冈–木荷等混交林	7	1377	164.6	9	16.2	11.1	0.70	51	2025
元江栲	元江栲–旱冬瓜等混交林	7	2877	177.4	8	12.4	9.3	0.82	36	2416
杯状栲	杯状栲–刺栲等混交林	6	1417	192.3	11	17.3	15.5	0.71	56	1532
短刺栲	短刺栲–杯状栲等混交林	6	2711	125.1	14	11.4	10.5	0.78	37	1608
软阔类	软阔类–旱冬瓜等混交林	6	740	47.5	7	11.1	8.7	0.48	21	1418
杨树	杨树–滇青冈等混交林	6	1538	85.4	8	11.3	8.8	0.69	25	2483

续表 3-76

优势树种	树种结构类型组	样地数量（块）	公顷株数（株）	公顷蓄积（m³）	树种数量（种）	平均胸径（cm）	平均树高（m）	郁闭度	平均年龄（年）	平均海拔（m）
大叶石栎	大叶石栎－马蹄荷等混交林	5	1388	198.1	7	17.1	10.5	0.55	42	1912
光叶高山栎	光叶高山栎－滇青冈混交林	5	1565	62.5	6	10.5	6.7	0.67	34	2204
光叶石栎	光叶石栎－麻栎等混交林	5	1830	59.3	8	11.6	8.6	0.67	16	1304
杨梅	杨梅－多变石栎等混交林	5	1150	66.8	8	10.6	8.9	0.52	10	2053
云南泡花树	云南泡花树－白头树混交林	5	1373	121.4	8	12.2	9.0	0.52	18	1846

样地数小于 5 块的类型组有 41 个，本书中仅列出价值较大的和样地数大于 1 块的 40 个类型组供分析参考。优势树种分别为：枫香、水冬瓜、粗糠柴、厚鳞石栎、槲栎、华南石栎、栲树、毛叶青冈、木果石栎、栓皮栎、小果栲、盐肤木、云南樟、楝、红椿、长梗润楠、薄叶山矾、川西栎、滇鹅耳枥、灰背栎、榕树、瓦山栲、野核桃、印度栲、普文楠、合果木、红桦、头状四照花、黄连木、木莲、西南花楸、槭树、毛叶黄杞、水青冈、白颜树、曼青冈、披针叶楠、水青树、四蕊朴、喜树、隐翼等。详见表 3-77。

表 3-77　天然异龄阔叶混交林结构因子统计表

优势树种	树种结构类型组	样地数量（块）	公顷株数（株）	公顷蓄积（m³）	树种数量（种）	平均胸径（cm）	平均树高（m）	郁闭度	平均年龄（年）	平均海拔（m）
水冬瓜	水冬瓜－滇青冈等混交林	4	1297	166.5	9	14.8	12.9	0.63	25	2176
粗糠柴	粗糠柴－大叶山楝等混交林	4	856	66.9	10	13.5	9.7	0.64	20	1435
枫香	枫香－红木荷等混交林	4	738	83.1	11	14.6	11.5	0.49	15	575
厚鳞石栎	厚鳞石栎－滇润楠等混交林	4	825	171.3	4	18.9	13.4	0.53	39	1830
槲栎	槲栎－滇石栎等混交林	4	1132	114.6	10	15.3	10.0	0.60	40	1897
华南石栎	华南石栎－杯状栲混交林	4	1566	138.5	12	13.4	12.0	0.78	38	1679
栲树	栲树－大果楠等混交林	4	1963	75.4	9	10.7	9.3	0.68	26	1710
毛叶青冈	毛叶青冈－高山栲混交林	4	1622	107.9	9	14.7	10.8	0.79	44	1735
木果石栎	木果石栎－滇润楠混交林	4	1629	283.9	9	18.6	14.9	0.61	57	2495
栓皮栎	栓皮栎－旱冬瓜混交林	4	991	65.4	7	12.5	8.7	0.57	36	1553
小果栲	小果栲－冬青混交林	4	1535	199.5	8	19.6	12.0	0.69	47	2085
盐肤木	盐肤木－南酸枣混交林	4	497	16.0	8	8.5	8.0	0.46	10	861
云南樟	云南樟－柴桂混交林	4	738	186.6	10	18.4	13.8	0.62	39	1685
楝	楝－常绿榆等混交林	4	707	132.2	8	16.3	12.7	0.53	30	1270
红椿	红椿－羊蹄甲等混交林	4	872	43.8	7	9.7	7.4	0.46	11	1186
长梗润楠	长梗润楠－刺栲等混交林	3	755	238.3	11	25.0	14.9	0.65	59	1843

续表 3-77

优势树种	树种结构类型组	样地数量（块）	公顷株数（株）	公顷蓄积（m³）	树种数量（种）	平均胸径（cm）	平均树高（m）	郁闭度	平均年龄（年）	平均海拔（m）
薄叶山矾	薄叶山矾－滇石栎混交林	3	1596	134.0	14	13.2	11.8	0.68	19	1760
川西栎	川西栎－黄背栎等混交林	3	1833	84.7	10	13.1	7.7	0.75	42	2127
滇鹅耳枥	滇鹅耳枥－滇青冈等混交林	3	1375	78.2	9	14.0	9.9	0.55	32	2131
灰背栎	灰背栎－黄毛青冈等混交林	3	1375	75.0	7	11.5	8.3	0.56	32	1410
榕树	榕树－白穗石栎等混交林	3	1167	195.1	14	14.6	11.7	0.55	20	1170
瓦山栲	瓦山栲－钓樟等混交林	3	1767	117.0	9	12.4	10.2	0.65	39	1980
野核桃	野核桃－滇青冈等混交林	3	721	98.9	6	22.0	12.7	0.53	38	2114
印度栲	印度栲－合果木等混交林	3	1288	120.9	9	11.6	9.5	0.60	26	1312
普文楠	普文楠－滇青冈等混交林	3	1129	218.2	6	18.4	15.9	0.80	70	1916
合果木	合果木－杯状栲等混交林	2	338	46.1	8	17.9	8.8	0.27	27	1045
红桦	红桦－灯台树等混交林	2	894	268.0	9	21.5	13.0	0.64	40	2937
黄连木	黄连木－滇青冈等混交林	2	1219	32.5	10	9.4	7.0	0.40	20	1636
头状四照花	头状四照花－栎类等混交林	5	843	41.0	7	11.0	7.1	0.44	14	2352
木莲	木莲－滇青冈等混交林	2	869	197.9	4	21.3	14.4	0.55	52	2110
西南花楸	西南花楸－檫木等混交林	2	1082	200.7	9	18.2	13.6	0.43	49	2400
楸树	楸树－青榨槭等混交林	2	507	43.4	7	13.2	8.1	0.45	17	1550
毛叶黄杞	毛叶黄杞－湄公栲等混交林	1	525	422.3	3	30.1	15.4	0.75	79	1740
水青冈	水青冈－香面叶等混交林	1	1263	221.7	9	16.5	12.7	0.60	29	1400
白颜树	白颜树－钝叶桂等混交林	1	1188	131.2	20	14.4	12.2	0.70	30	1610
曼青冈	红花木莲－曼青冈等混交林	1	313	351.4	6	38.0	16.0	0.45	100	2460
披针叶楠	披针叶楠－红花木莲混交林	1	813	89.7	15	14.2	15.9	0.45	21	1210
水青树	水青树－多变石栎等混交林	1	813	48.2	7	13.6	9.2	0.60	20	1810
四蕊朴	四蕊朴－滇青冈等混交林	1	738	127.0	11	17.1	14.4	0.80	80	1408
喜树	喜树－楠木等混交林	1	1025	55.1	11	12.8	11.3	0.60	15	860
隐翼	隐翼－大果楠等混交林	1	2138	83.3	9	10.2	8.3	0.70	17	1880

（一）天然异龄刺栲阔叶混交林

本类型记录到样地 11 块，其中：普洱市江城县、宁洱县共 7 块，德宏州盈江县、芒市共 3 块，西双版纳州勐海县 1 块。样地综合分布海拔 910～1960m，平均分布海拔 1379m。树种结构以刺栲为优势种，分别与红木荷、厚皮香、槲栎、华南石栎、湄公栲、八宝树、杯状栲、粗壮润楠、杜英、截头石栎、白颜树、粗糠柴、多穗石栎、青冈、西南桦、滇石梓、合果木、木棉、千张纸、滇南风吹楠、滇润楠、滇石栎、重阳木、短刺栲、密花树、南酸枣、大叶木莲、云南樟、黄杞、云南七叶树、樟、岗枿、银木荷、高山栲、黄毛青冈、毛叶黄杞、大果青冈、榕树、山合欢、野柿、樱桃、马蹄荷、木莲、云南黄杞等1至多个树种组成阔叶混交林。森林树种组成平均数量14种，林分平均胸径13.1cm，平均树高11.4m，平均郁闭度0.70，平均年龄42年。森林活立木密度为平均每公顷1502株，平均公顷蓄积量111.5m³。森林单株胸径年平均生长量0.42cm，年平均生长率2.6%；单株蓄积年平均生长量0.0063m³，年平均生长率5.9%。详见表3-78。

表3-78　天然异龄刺栲阔叶混交林结构因子统计表

优势树种	树种结构类型组	公顷株数（株）	公顷蓄积（m³）	树种数量（种）	平均胸径（cm）	平均树高（m）	郁闭度	平均年龄（年）	分布海拔（m）
	综合平均	1502	111.5	14	13.1	11.4	0.70	42	1379
刺栲	刺栲－红木荷－厚皮香－槲栎－华南石栎－湄公栲等	1938	193.6	12	15.3	10.2	0.65	56	1530
	刺栲－八宝树－杯状栲－粗壮润楠－杜英－截头石栎等	950	80.6	19	14.6	10.4	0.67	35	910
	刺栲－白颜树－粗糠柴－多穗石栎－青冈－西南桦等	1050	81.7	13	13.5	9.4	0.85	42	950
	刺栲－杯状栲－滇石梓－合果木－木棉－千张纸等	1750	125.1	19	13.4	14.5	0.75	36	1280
	刺栲－滇南风吹楠－滇润楠－滇石栎－滇石梓－重阳木等	1413	131.2	19	15.4	13.4	0.85	87	1010
	刺栲－短刺栲－合果木－红木荷－密花树－南酸枣等	2913	112.8	18	10.8	12.6	0.85	26	1260
	刺栲－大叶木莲－滇石栎－短刺栲－红木荷－云南樟等	2088	278.6	14	15.2	10.2	0.75	29	2282
	刺栲－杜英－截头石栎－木荷－黄杞－云南七叶树－樟等	1388	60.7	9	11.9	11.8	0.65	20	1310
	刺栲－岗枿－厚皮香－木荷－青冈－西南桦－银木荷等	1488	23	10	7.4	8.4	0.8	5	1110
	刺栲－高山栲－红木荷－槲栎－黄毛青冈－毛叶黄杞等	1500	114.9	19	9.8	7.9	0.4	30	1300
	刺栲－大果青冈－湄公栲－榕树－山合欢－野柿－樱桃等	538	59.3	8	16.1	13.8	0.5	81	1650
	刺栲－诃子－马蹄荷－木莲－云南黄杞	1013	77	5	13.7	13.8	0.7	59	1960

（二）天然异龄滇青冈阔叶混交林

本类型记录到样地30块，分布在楚雄、大理、德宏、红河、昆明、临沧、曲靖、普洱、昭通、文山等州（市），其中以昆明分布最多（6块）。样地综合分布海拔1360～2950m，平均分布海拔1970m。树种结构以滇青冈为优势种，分别与冬青、红木荷、阔叶蒲桃、老挝天料木、栎类、白穗石栎、茶条木、灯台树、峨眉栲、野核桃、刺栲、高山栲、厚皮树、黄心树、茶梨、多花含笑、槲栎、华南石栎、石楠、截头石栎、母猪果、楠木、柴桂、木莲、合果木、拟单性木兰、大果冬青、黄毛青冈、麻栎、野柿、樱桃、厚皮香、黄背栎、盐肤木、女贞、栓皮栎、头状四照花、香叶树、川西栎、滇石栎、牛筋条、粗糠柴、滇润楠、大果楠、泡桐、山韶子、隐翼、大树杜鹃、滇山茶、光叶高山栎、思茅木兰、野八角、杜鹃、杨树、杜英、西南桦、银柴、云南黄杞、多穗石栎、毛叶黄杞、岗柃、南烛、相思、银木荷、旱冬瓜、杨梅、云南柃、核桃、柿、水冬瓜、元江栲、油茶、锥连栎、毛叶木姜子、水红木、云南桫椤、水锦树、清香木、三桠苦、余甘子、樟、野八角等 1 种或多种组成阔叶混交林。森林树种组成综合平均树种 8 种，综合平均胸径 14.0cm，平均树高 10.1m，平均郁闭度 0.68，平均年龄 38 年，森林活立木密度为平均每公顷 1463 株，平均公顷蓄积量 131.0m³。森林单株胸径年平均生长量 0.30cm，年平均生长率 2.9%；单株蓄积年平均生长量 0.0035m³，年平均生长率 7.4%。详见表 3-79。

表 3-79　天然异龄滇青冈阔叶混交林结构因子统计表

优势树种	树种结构类型组	公顷株数（株）	公顷蓄积（m³）	树种数量（种）	平均胸径（cm）	平均树高（m）	郁闭度	平均年龄（年）	分布海拔（m）
	综合平均	1463	131.0	8	14.0	10.1	0.68	38	1970
滇青冈	滇青冈－冬青－红木荷－阔叶蒲桃－老挝天料木－栎类等	825	67	20	13.2	9.1	0.56	23	1430
	滇青冈－白穗石栎－茶条木－灯台树－峨眉栲－野核桃等	850	353.3	8	31	17.8	0.54	123	2150
	滇青冈－刺栲－高山栲－红木荷－厚皮树－黄心树等	2488	125.7	11	11.7	12.8	0.9	32	1330
	滇青冈－茶梨－多花含笑－槲栎－华南石栎－石楠等	1650	103.4	14	12.5	9.7	0.75	52	1680
	滇青冈－茶梨－红木荷－截头石栎－母猪果－楠木等	850	195.3	7	20.9	14.7	0.59	32	2000
	滇青冈－柴桂－木莲－合果木－红木荷－拟单性木兰等	1200	210.5	18	14.9	11	0.7	41	1360
	滇青冈－大果冬青－黄毛青冈－麻栎－野柿－樱桃等	1250	61.9	11	11.4	9.2	0.6	15	1920
	滇青冈－厚皮香－槲栎－黄背栎－麻栎－盐肤木等	1800	20.2	10	6.7	5.5	0.7	10	1940
	滇青冈－女贞－栓皮栎－头状四照花－香叶树－盐肤木等	2488	71.2	12	8.6	8.5	0.85	17	1600
	滇青冈－川西栎－滇石栎－黄毛青冈－牛筋条－石楠等	3375	70.4	8	8.7	10	0.85	25	2240
	滇青冈－粗糠柴－滇润楠－其他软阔类－其他硬阔类	650	151.8	5	15.1	12.3	0.65	52	1380
	滇青冈－大果楠－红木荷－泡桐－山韶子－隐翼等	1088	109.1	9	15	15.9	0.5	20	1620

续表 3-79

优势树种	树种结构类型组	公顷株数（株）	公顷蓄积（m³）	树种数量（种）	平均胸径（cm）	平均树高（m）	郁闭度	平均年龄（年）	分布海拔（m）
滇青冈	滇青冈－大树杜鹃－滇山茶－黄毛青冈－其他硬阔类等	2013	347.1	6	21.5	17	0.79	129	2470
	滇青冈－大树杜鹃－黄心树－其他软阔类－樱桃	1613	399	5	20.5	14.8	0.75	66	2320
	滇青冈－滇石栎－光叶高山栎－华山松－麻栎－软阔类	2188	176.8	6	14.2	9.1	0.78	50	2258
	滇青冈－滇石栎－思茅木兰－野八角	613	164.4	4	6.6	5	0.5	15	2925
	滇青冈－杜鹃－厚皮树－厚皮香－华山松－麻栎等	1513	53.1	9	10.9	7.9	0.9	24	2400
	滇青冈－杜鹃－其他软阔类－杨树	1038	115	4	16.8	8.9	0.5	30	2538
	滇青冈 杜英 截头石栎－西南桦－银柴－云南黄杞等	1988	144.7	9	14.7	11.3	0.75	45	1430
	滇青冈－多穗石栎－麻栎－毛叶黄杞－其他软阔类等	1600	68.1	6	10.8	7.9	0.6	35	1630
	滇青冈－岗柃－南烛－相思－银木荷等	775	33	6	10.8	7.4	0.68	9	2230
	滇青冈－旱冬瓜	800	114.6	2	17.3	7.9	0.65	43	2400
	滇青冈－旱冬瓜－红木荷－麻栎－南烛－杨梅－云南柃等	1738	181.1	10	16.8	11.6	0.75	35	2000
	滇青冈－核桃－槲栎－南烛－柿－水冬瓜－元江栲等	1838	193.5	9	14.4	14.1	0.9	36	2320
	滇青冈－红木荷－楠木－西南桦－杨树－油茶－锥连栎等	1025	77.4	9	13.4	10.6	0.75	25	1530
	滇青冈－槲栎－麻栎－毛叶木姜子－盐肤木等	2550	54.6	7	7.9	7.3	0.75	15	1660
	滇青冈－木荷－其他软阔类－水红木－云南移㳮等	1263	44.2	7	10.1	10.1	0.75	15	2410
	滇青冈－黄毛青冈－麻栎－水锦树等	1200	22.2	5	7.3	6	0.4	20	1650
	滇青冈－麻栎－软阔类－清香木等	613	5.5	5	5.8	4.8	0.5	8	1690
	滇青冈－三桠苦－樱桃－余甘子－樟等	1738	31.7	8	7.8	8.3	0.5	9	1600
	滇青冈－野八角	738	293.7	2	36.8	7.7	0.76	127	2950

（三）天然异龄滇石栎阔叶混交林

本类型记录到样地 26 块，其中：大理州 5 块、曲靖市 4 块、红河州 4 块、临沧市 3 块、普洱市 3 块、保山市 2 块、昆明市 2 块、楚雄州 1 块、昭通市 1 块、文山州 1 块。样地分布海拔

1340 ～ 3220m，平均海拔 2096m。树种结构以滇石栎为优势种，分别与泡桐、漆树、野漆、云南樟、锥连栎、东京桐、黄心树、母猪果、云南肉豆蔻、白花羊蹄甲、火绳树、家麻树、云南黄杞、白枪杆、滇青冈、麻栎、樱桃、杯状栲、亮鳞杜鹃、毛叶木姜子、杨梅、茶梨、阔叶蒲桃、银柴、红木荷、厚皮树、槲栎、茶条木、栓皮栎、头状四照花、杨树、旱冬瓜、毛叶柿、石楠、樟、川梨、灰背栎、樱桃、粗壮润楠、枫香、桦木、毛叶油丹、大叶石栎、毛银柴、水锦树、西南桦、滇杨、高山栎、杜鹃、柳树、光叶高山栎、黄毛青冈、石楠、核桃、银木荷、滇润楠、木莲、榕树、香面叶、红果树、华山矾、滇山茶、峨眉栲、毛叶木姜子、十齿花、野八角、长梗润楠、腺叶桂樱等多种分别组成阔叶混交林。森林树种组成综合平均树种 9 种，综合平均胸径 13.3cm，平均树高 9.9m，平均郁闭度 0.69，平均年龄 32 年，森林活立木密度为平均每公顷 1754 株，平均公顷蓄积量 111.0m³。森林单株胸径年平均生长量 0.296cm，年平均生长率 2.8%；单株蓄积年平均生长量 0.0036m³，年平均生长率 7.0%。详见表 3-80。

表 3-80　天然异龄滇石栎阔叶混交林结构因子统计表

优势树种	树种结构类型组	公顷株数（株）	公顷蓄积（m³）	树种数量（种）	平均胸径（cm）	平均树高（m）	郁闭度	平均年龄（年）	分布海拔（m）
滇石栎	综合平均	1754	111.0	9	13.3	9.9	0.69	32	2096
	滇石栎 - 泡桐 - 漆树 - 西南桦 - 野漆 - 云南樟 - 锥连栎等	1063	73.7	11	14.8	10.5	0.7	27	1650
	滇石栎 - 东京桐 - 黄心树 - 麻栎 - 母猪果 - 云南肉豆蔻等	338	85.6	8	22.4	12.2	0.3	55	1490
	滇石栎 - 白花羊蹄甲 - 火绳树 - 家麻树 - 云南黄杞等	988	27.7	7	9	6.9	0.45	8	1340
	滇石栎 - 白枪杆 - 滇青冈 - 麻栎 - 樱桃等	2975	43.4	7	7.4	5.9	0.85	11	2000
	滇石栎 - 杯状栲 - 亮鳞杜鹃 - 麻栎 - 毛叶木姜子 - 杨梅等	2088	47.9	10	8.3	8.5	0.8	17	1750
	滇石栎 - 茶梨 - 大叶石栎 - 滇青冈 - 阔叶蒲桃 - 银柴等	1488	52.5	17	10.3	7.2	0.52	17	1410
	滇石栎 - 滇青冈 - 红木荷 - 厚皮树 - 槲栎 - 西南桦等	1688	165.2	18	16.7	14.6	0.85	31	1400
	滇石栎 - 茶条木 - 栓皮栎 - 头状四照花 - 杨树 - 云南樟等	938	14.5	10	7.9	7.1	0.4	18	2560
	滇石栎 - 旱冬瓜 - 毛叶柿 - 石楠 - 樟 - 川梨 - 滇青冈	1663	128.7	7	14.6	13.2	0.8	23	2238
	滇石栎 - 旱冬瓜 - 其他软阔类 - 杨树 - 川梨	2850	57.3	5	8	6.2	0.8	15	2300
	滇石栎 - 川梨 - 灰背栎 - 其他软阔类 - 杨树 - 樱桃	2350	47.5	6	7.9	7.1	0.7	15	2240

续表 3-80

优势树种	树种结构类型组	公顷株数（株）	公顷蓄积（m³）	树种数量（种）	平均胸径（cm）	平均树高（m）	郁闭度	平均年龄（年）	分布海拔（m）
滇石栎	滇石栎－粗壮润楠－滇青冈－枫香－桦木－毛叶油丹等	1250	273	10	19.4	12.6	0.7	75	1520
	滇石栎－大叶石栎－滇青冈－毛银柴－水锦树－西南桦等	1563	144.8	9	14.7	12.6	0.58	45	1410
	滇石栎－滇杨－高山栎－桦木－杨树－滇青冈等	2825	156.5	9	13.7	9.4	0.85	38	3220
	滇石栎－杜鹃－旱冬瓜－柳树－滇青冈等	2475	272.2	8	14.8	8.4	0.95	35	2490
	滇石栎－高山栎－麻栎－头状四照花－银木荷－云南樟等	1938	28.9	13	7.7	6.8	0.55	26	2500
	滇石栎－滇青冈－高山栎－旱冬瓜－厚皮香－云南樟等	3000	60.3	12	8.5	7.7	0.85	27	2140
	滇石栎－光叶高山栎－黄毛青冈－石楠－核桃－银木荷等	1300	46.8	11	11.8	8.4	0.8	35	2260
	滇石栎－旱冬瓜－石楠－头状四照花－杨树－滇青冈等	950	38.5	7	13.1	8.7	0.8	42	2050
	滇石栎－滇青冈－其他软阔类－其他硬阔类－西南桦	3588	206.4	5	13.8	13.3	0.75	38	2730
	滇石栎－滇润楠－旱冬瓜－木莲－榕树－香面叶－滇樟等	975	162	8	18.2	11.2	0.65	27	2140
	滇石栎－红果树－华山矾－麻栎－滇山茶等	1663	55.3	8	10.3	8.8	0.7	22	2075
	滇石栎－杜鹃－峨眉栲－毛叶木姜子－十齿花－樱桃	1688	176.8	6	16	7.7	0.8	40	1990
	滇石栎－高山栎－木荷－三尖杉－野八角－野漆－樱桃	1263	113.1	7	16.4	12.6	0.65	43	2750
	滇石栎－旱冬瓜－头状四照花－野漆－长梗润楠等	988	242	6	25.7	18.4	0.51	54	2270
	滇石栎－其他软阔类－腺叶桂樱	1713	165.9	3	14.2	11.2	0.6	51	2580

（四）天然异龄高山栲阔叶混交林

本类型记录到样地 24 块，其中：楚雄州 8 块、大理州 5 块、怒江州 2 块、普洱市 2 块、保山市 2 块、文山州 2 块、红河州 1 块、玉溪市 1 块、丽江市 1 块。样地综合分布海拔 1211～2850m，平均海拔 2064m。树种结构以高山栲为优势种，与巴东栎、旱冬瓜、锥连栎、白穗石栎、滇青冈、滇石栎、光叶石栎、石楠、木荷、毛叶黄杞、毛叶青冈、木瓜红、大叶山楝、四蕊朴、西南桦、滇润楠、山玉兰、樟、黄毛青冈、麻栎、杨树、银木荷、云南木樨榄、窄叶石栎、滇楸、马缨花、南烛、槲栎、米饭花、栓皮栎、元江栲、滇杨、云南含笑、光叶高山栎、青冈、杜鹃、杨梅、高山栎、黄连木、清香木、樱桃、狗骨柴、西南桦、君迁子、柞栎、水冬瓜、红椿、灰背栎、楝、楠木、牛筋条、野核桃、大树杜鹃、滇杨、桦木、滇山茶、核桃、小叶青冈、山合欢、盐肤木、野漆、头状四照花、云南移㭣、水冬瓜、钝叶黄檀、火绳树、毛叶黄杞、枫杨、黑黄檀、木奶果等1种或多种阔叶树组成阔叶混交林。森林树种组成综合平均树种8种，综合平均胸径13.4cm，平均树高9.7m，平均郁闭度0.63，平均年龄35年，森林活立木密度为平均每公顷1551株，平均公顷蓄积量105.2m³。森林单株胸径年平均生长量0.30cm，年平均生长率2.67%；单株蓄积年平均生长量0.0041m³，年平均生长率7.2%。详见表3-81。

表3-81　天然异龄高山栲阔叶混交林结构因子统计表

优势树种	树种结构类型组	公顷株数（株）	公顷蓄积（m³）	树种数量（种）	平均胸径（cm）	平均树高（m）	郁闭度	平均年龄（年）	分布海拔（m）
高山栲	综合平均	1551	105.2	8	13.4	9.7	0.63	35	2064
	高山栲－巴东栎－旱冬瓜－其他软阔类－云南松－锥连栎	1325	118.7	6	14.5	9.8	0.78	40	2310
	高山栲－白穗石栎－滇青冈－滇石栎－光叶石栎－石楠等	1550	28.2	17	8.2	5.9	0.6	19	1950
	高山栲－滇青冈－旱冬瓜－其他硬阔类等	2063	128.4	9	13.3	3.8	0.59	42	2220
	高山栲－旱冬瓜－木荷－毛叶黄杞－毛叶青冈－木瓜红等	1300	37.8	16	9.1	8.5	0.27	5	1510
	高山栲－大叶山楝－－木荷－石楠－四蕊朴－西南桦等	3438	105.2	14	9.3	6.4	0.75	19	1770
	高山栲－滇青冈－滇润楠－旱冬瓜－山玉兰－西南桦等	1975	206	8	17.6	12.7	0.8	47	2310
	高山栲－滇青冈－滇石栎－旱冬瓜－木荷－樟等	2325	125.3	9	11.1	10.7	0.84	35	2300
	高山栲－滇青冈－旱冬瓜－黄毛青冈－麻栎－杨树－樟	1050	10.6	7	6.5	5	0.65	15	2050
	高山栲－滇青冈－银木荷－云南木樨榄－窄叶石栎等	1025	185.8	6	22.5	13.6	0.83	125	2820
	高山栲－滇楸－光叶石栎－旱冬瓜	913	100.8	4	16.1	8.9	0.41	30	2700
	高山栲－滇石栎－旱冬瓜－马缨花－南烛等	1513	178.2	7	15.3	11.8	0.75	43	2430
	高山栲－滇石栎－槲栎－米饭花－栓皮栎－元江栲等	2313	64.5	11	9	8	0.7	16	1860
	高山栲－滇杨－云南含笑	1550	60.6	4	11.3	8.4	0.9	16	2530

续表 3-81

优势树种	树种结构类型组	公顷株数（株）	公顷蓄积（m³）	树种数量（种）	平均胸径（cm）	平均树高（m）	郁闭度	平均年龄（年）	分布海拔（m）
高山栲	高山栲－光叶高山栎－旱冬瓜－南烛－青冈－杜鹃等	1438	108.8	7	14.7	9.5	0.6	41	2560
	高山栲－杜鹃－旱冬瓜－杨梅	3113	226.4	4	12.2	10.5	0.8	25	2260
	高山栲－杜鹃－木荷－软阔类	1450	119.5	4	31.4	20.7	0.6	80	2850
	高山栲－高山栎－黄连木－清香木－栓皮栎－樱桃－樟等	1738	43.5	11	8.2	6.9	0.75	18	1780
	高山栲－狗骨柴－麻栎－西南桦等	2638	70.9	8	7	6.2	0.65	8	1430
	高山栲－旱冬瓜－君迁子－麻栎－马缨花－南烛－柞栎等	1650	182	9	15	9.4	0.65	45	2350
	高山栲－旱冬瓜－石楠－水冬瓜等	2638	136.2	7	10.6	10.5	0.7	17	2100
	高山栲－红椿－灰背栎－楝	713	25.8	4	10.4	6.4	0.4	20	1390
	高山栲－楠木－牛筋条－软阔类－杉木	700	10.1	5	6	5.9	0.5	8	1530
	高山栲－软阔类－野核桃	375	22.3	3	13.9	8.4	0.4	20	1600
	高山栲－西南桦	625	405.3	2	29.6	23.3	0.52	80	2040
	高山栲－光叶石栎－旱冬瓜－君迁子－麻栎－云南松等	775	199.3	8	21.3	16.1	0.45	59	2150
	高山栲－大树杜鹃－滇杨－旱冬瓜－栎类－云南松	1350	65.1	6	12	10	0.65	38	2510
	高山栲－滇青冈－滇润楠－华山松－桦木等	1700	107.6	6	12.1	10.5	0.9	30	2460
	高山栲－滇青冈－滇山茶－核桃－华山松－小叶青冈	1088	75.6	6	11.3	7.3	0.5	25	2200
	高山栲－滇青冈－麻栎－木荷－山合欢－盐肤木云南松等	863	32.1	8	10.3	8	0.5	21	1700
	高山栲－滇山茶－槲栎－木荷－南烛－合欢－杨梅－野漆等	1788	31.3	10	7.4	6.4	0.7	20	1750
	高山栲－麻栎－毛叶青冈－头状四照花－云南樱桃等	2050	181.6	9	16.8	14.3	0.8	48	2140
	高山栲－杜鹃－水冬瓜－云南松	4450	104.9	5	8.6	7	0.95	38	2290
	高山栲－钝叶黄檀－黄毛青冈－火绳树－毛叶黄杞等	1275	195.2	19	25.3	17.4	0.75	94	1220

续表 3-81

优势树种	树种结构类型组	公顷株数（株）	公顷蓄积（m³）	树种数量（种）	平均胸径（cm）	平均树高（m）	郁闭度	平均年龄（年）	分布海拔（m）
高山栲	高山栲 - 枫杨 - 黑黄檀 - 黄毛青冈 - 火绳树 - 木奶果等	738	52.7	11	13.4	7.2	0.7	20	1211
	高山栲 - 光叶石栎 - 云南松 - 滇油杉	1150	48.5	4	11.7	8.6	0.45	40	2310
	高山栲 - 旱冬瓜 - 麻栎 - 杨树 - 油杉 - 云南松	1213	87.9	6	9.5	7.9	0.45	15	2262
	高山栲 - 旱冬瓜 - 马缨花 - 南烛 - 栓皮栎 - 云南松	1850	72.8	6	10.1	8.4	0.45	23	2227
	高山栲 - 旱冬瓜 - 马缨花 - 南烛 - 滇油杉 - 柞栎等	963	172.9	7	19.7	11.4	0.75	62	2380
	高山栲 - 麻栎 - 油杉 - 云南松	563	44.8	4	13.2	9.4	0.45	26	1410
	高山栲 - 锥连栎 - 云南松 - 滇油杉等	813	34	5	9.8	5.7	0.45	28	1670

（五）天然异龄旱冬瓜阔叶混交林

本类型记录到样地 84 块，是天然异龄阔叶混交林中样地分布最多的类型，全省除丽江市外所有地州均有分布，这充分反映了旱冬瓜在云南为非水平地带性分布树种。从分布区样地数量看，滇南（18 块）、滇东南（16 块）、滇西南（16 块）等高热、高湿地区旱冬瓜分布较为广泛，表明了旱冬瓜这一树种对水热条件的强烈需求。样地具体分布为：普洱市（17 块）、昆明市（11 块）、红河州（10 块）、临沧市（9 块）、楚雄州（7 块）、文山州（6 块）、玉溪市（5 块）、怒江州（5 块）、德宏州（4 块）、迪庆州（4 块）、保山市（3 块）、大理州（2 块）、西双版纳州（1 块）、昭通市（1 块）、曲靖市（1 块）。样地综合分布海拔 840 ~ 2620m。树种结构以旱冬瓜为优势种，与大果楠、红木荷、疏齿栲、粗糠柴、毛叶木姜子、茜树、银木荷、八角枫、臭椿、岗枥、女贞、水红木、灯台树、西南桦、伊桐、羊蹄甲、滇润楠、高山栲、南亚枇杷、白穗石栎、高榕、青冈、香叶树、核桃、头状四照花、杨树、香面叶、樱桃、白檀、柴桂、桦木、青榨槭、野核桃、野柿、银柴、棒柄花、云南黄杞、中平树、槲栎、山玉兰、杯状栲、大叶石栎、杜英、肥荚红豆、合果木、楠木、常绿榆、川梨、毛叶柿、大果冬青、滇青冈、杜鹃、石楠、小果栲、厚皮香、杨梅、毛叶黄杞、密花树、水锦树、黄毛青冈、麻栎、川楝、盐肤木、川西栎、滇石栎、滇杨、刺栲、母猪果、四角蒲桃、楤木、柞栎、毛叶油丹、榕树、黄连木、十齿花、水青冈、阴香、大树杜鹃、柳树、截头石栎、栲树、普文楠、昆明朴、山鸡椒、栓皮栎、马缨花、云南移枥、锥连栎、南烛、苹果榕、毛果黄肉楠、水冬瓜、尖叶桂樱、枫杨、短刺栲、光叶石栎、泡桐、多变石栎、红梗润楠、山黄麻、木莲、高山栎、细齿叶柃、黑壳楠、红光树、小叶青冈、厚皮树、木棉、山合欢、毛叶青冈、泡核桃、野漆、荔枝、漆树、喜树、楹树、柳树、云南山楂、歪叶榕、云南藤黄、尼泊尔水东哥、披针叶楠、黄葛树、南酸枣等 1 种或多种阔叶树组成阔叶混交林。森林组成树种综合平均数 8 种，综合平均胸径 18.4cm，平均树高 12.4m，平均郁闭度 0.52，平均年龄 23 年，森林活立木密度为平均每公顷 853 株，平均公顷蓄积量 117.7m³。森林单株胸径年平均生长量 0.67cm，年平均生长率 3.94%；单株蓄积年平均生长量 0.022m³，年平均生长率 9.4%。详见表 3-82。

表 3-82 天然异龄旱冬瓜阔叶混交林结构因子统计表

优势树种	树种结构类型组	公顷株数（株）	公顷蓄积（m³）	树种数量（种）	平均胸径（cm）	平均树高（m）	郁闭度	平均年龄（年）	分布海拔（m）
	综合平均	853	117.7	8	18.4	12.4	0.52	23	1932
	旱冬瓜－大果楠－石栎－红木荷－木姜子－疏齿栲等	738	109.9	11	17.3	10.4	0.5	19	1930
	旱冬瓜－粗糠柴－毛叶木姜子－木荷－茜树－银木荷等	800	97.5	11	16.5	12.4	0.5	16	1610
	旱冬瓜－八角枫－臭椿－岗柃－红木荷－女贞－水红木等	513	48.6	13	13.2	8.2	0.45	10	1270
	旱冬瓜－八角枫－灯台树－西南桦－伊桐等	438	99	6	26.8	20.4	0.35	18	1230
	旱冬瓜－羊蹄甲－粗糠柴－滇润楠－高山栲－南亚枇杷等	888	303.8	9	21.9	14.8	0.45	27	1980
	旱冬瓜－白穗石栎－高榕－青冈－香叶树－银木荷等	700	167.4	10	13.7	15	0.49	45	2350
	旱冬瓜－白穗石栎－核桃－青冈－头状四照花－杨树等	1363	69	8	10.6	8.2	0.7	10	2280
旱冬瓜	旱冬瓜－白穗石栎－水红木－香面叶－杨树－樱桃等	1050	175.6	8	25.5	13.4	0.7	19	2340
	旱冬瓜－白檀－柴桂－粗糠柴－桦木－青榨槭－野核桃等	1025	107	12	15.3	12.2	0.75	14	1900
	旱冬瓜－岗柃－高山栲－红木荷－野柿－银柴－银木荷等	825	141.3	11	16.6	9.3	0.7	13	1690
	旱冬瓜－棒柄花－云南黄杞－中平树等	588	60.9	5	15	9.6	0.3	21	1810
	旱冬瓜－槲栎－山玉兰－水红木－西南桦－香叶树－樱桃	2250	80.8	16	10.2	8.6	0.65	12	1850
	旱冬瓜－杯状栲－大叶石栎－青冈－杜英－肥荚红豆等	1263	77.6	20	10.8	9.8	0.65	15	1300
	旱冬瓜－杯状栲－合果木－木荷－楠木－西南桦等	1050	69.9	12	11.2	11.2	0.35	15	1280
	旱冬瓜－常绿榆－石栎－木姜子－楠木－香面叶－青冈等	1925	152.9	14	12.8	11.7	0.75	12	1810
	旱冬瓜－臭椿－川梨－核桃－毛叶柿－杨树等	513	136.1	7	21.2	13.3	0.4	49	2160

续表 3-82

优势树种	树种结构类型组	公顷株数（株）	公顷蓄积（m³）	树种数量（种）	平均胸径（cm）	平均树高（m）	郁闭度	平均年龄（年）	分布海拔（m）
旱冬瓜	旱冬瓜－臭椿－大果冬青－滇青冈－杜鹃－石楠等	513	119.7	7	21.2	15.5	0.7	29	2210
	旱冬瓜－川梨－滇青冈－核桃－女贞－山玉兰－伊桐－樟等	738	24.6	9	9.8	6.2	0.4	15	2266
	旱冬瓜－川梨－滇青冈－小果栲－樱桃	675	93.9	5	16.8	12.7	0.45	26	2105
	旱冬瓜－川梨－杜英－高山栲－厚皮香－杨梅－樟－云南松	1375	120.1	9	13	11.9	0.5	24	2260
	旱冬瓜－毛叶黄杞－密花树－水锦树－野柿－樱桃－樟等	488	20.8	14	8.6	7.3	0.4	15	1875
	旱冬瓜－黄毛青冈－麻栎－头状四照花－杨树－野核桃等	1013	109.1	11	15.8	13	0.75	18	2170
	旱冬瓜－川楝－红木荷－盐肤木－杨梅－思茅松	400	13.8	6	10.9	7.6	0.35	6	2020
	旱冬瓜－川西栎－滇石栎－滇杨－槲栎－木荷－云南松	1313	85.7	7	12.5	10.9	0.7	32	2500
	旱冬瓜－刺栲－石栎－木荷－青冈－母猪果－四角蒲桃等	888	174.6	11	20.7	9.8	0.75	27	1540
	旱冬瓜－楤木－滇青冈－滇石栎－木姜子－柞栎等	1425	80.8	14	11.4	7.6	0.8	18	1970
	旱冬瓜－粗糠柴－合果木－红木荷－毛叶油丹－女贞等	963	264.3	10	12.3	11.7	0.55	13	970
	旱冬瓜－粗糠柴－红木荷－榕树－槲栎－香面叶－盐肤木等	1225	76	11	12	9.2	0.5	8	1235
	旱冬瓜－粗糠柴－黄连木－十齿花－水青冈－阴香等	1188	184.7	8	16.7	9.8	0.65	24	2220
	旱冬瓜－大树杜鹃－滇青冈－滇杨－柳树－西南桦等	2188	299.6	10	13.7	12.9	0.8	22	2160
	旱冬瓜－滇润楠－杜英－截头石栎－栲树－普文楠等	825	183.8	16	20.8	14.1	0.63	60	2000
	旱冬瓜－灯台树－岗柃－昆明朴－山鸡椒－西南桦等	688	36.4	12	11.2	7	0.4	10	1510
	旱冬瓜－滇青冈－石栎－厚皮香－黄毛青冈－栓皮栎等	1275	138.3	9	14.4	10.7	0.5	28	2350

续表 3-82

优势树种	树种结构类型组	公顷株数（株）	公顷蓄积（m³）	树种数量（种）	平均胸径（cm）	平均树高（m）	郁闭度	平均年龄（年）	分布海拔（m）
旱冬瓜	旱冬瓜－滇青冈－滇杨－红木荷－核桃	450	11.6	5	9	6.1	0.3	10	2040
	旱冬瓜－滇青冈－杜鹃－马缨花－云南移㭎－锥连栎等	1275	34.4	8	9	5.4	0.75	14	2430
	旱冬瓜－滇青冈－高山栲－麻栎－马缨花－栓皮栎等	700	146.5	8	19.7	14.8	0.35	20	2258
	旱冬瓜－滇青冈－母猪果－南烛－苹果榕－普文楠等	1838	106.1	8	11.7	10.1	0.75	20	2100
	旱冬瓜－滇石栎－滇杨－毛果黄肉楠－水冬瓜等	1075	82.2	11	15.1	11.7	0.4	11	2200
	旱冬瓜－滇石栎	625	84.8	2	18.5	14	0.5	20	2252
	旱冬瓜－滇石栎－尖叶桂樱	500	96.5	3	22.3	13	0.6	22	2380
	旱冬瓜－杜鹃－枫杨	850	122.3	3	17.4	12.1	0.5	14	2620
	旱冬瓜－短刺栲－光叶石栎－泡桐－云南黄杞	600	440.2	5	30.3	18.1	0.8	69	1650
	旱冬瓜－短刺栲－红木荷－杨树－野核桃	1113	133.5	8	14	11.4	0.51	18	2310
	旱冬瓜－多变石栎－红梗润楠－南烛－香面叶－樱桃等	1013	115.7	8	15.8	14.4	0.55	20	2160
	旱冬瓜－多变石栎－红木荷－杉木等	388	135.6	6	34	15.8	0.6	23	1500
	旱冬瓜－岗栎－毛叶木姜子－泡桐－野柿	300	262.1	5	44.2	25.2	0.25	42	1550
	旱冬瓜－高山栲－木荷－山黄麻－西南桦－杨梅等	2038	270.4	10	15.5	13.9	0.8	42	1900
	旱冬瓜－高山栲－麻栎－木莲－南烛－水红木－云南移㭎	563	28.9	8	12.2	7.1	0.4	16	2320
	旱冬瓜－高山栲－其他软阔类	669	22.4	3	9.95	8	0.53	14	2435
	旱冬瓜－高山栲－其他软阔类－野核桃－樟	375	96.6	5	22.9	15.3	0.49	25	2050
	旱冬瓜－高山栲－马缨花－南烛－头状四照花－杨树等	1838	152.3	8	14.2	10.3	0.65	39	2720
	旱冬瓜－光叶石栎－其他软阔类－细齿叶枸	925	108.4	4	14.9	9.6	0.4	34	1840

续表 3-82

优势 树种	树种结构类型组	公顷 株数 （株）	公顷 蓄积 （m³）	树种 数量 （种）	平均 胸径 （cm）	平均 树高 （m）	郁闭度	平均 年龄 （年）	分布 海拔 （m）
旱冬瓜	旱冬瓜－核桃－栎类－樟－云南松 等	450	141	7	31.5	21	0.45	40	1820
	旱冬瓜－黑壳楠	188	217.2	2	43.3	21.8	0.35	53	2060
	旱冬瓜－红光树－西南桦－小叶青 冈	663	89	7	18.4	11.7	0.6	14	1670
	旱冬瓜－红木荷－厚皮树－毛叶黄 杞－木棉－榕树等	800	61.9	9	9.2	7.7	0.4	10	1270
	旱冬瓜－红木荷－水东哥－山合 欢－山鸡椒－西南桦等	488	40.6	8	14.3	13.5	0.45	10	1670
	旱冬瓜－厚皮香－毛叶青冈－泡核 桃－云南松等	600	55.2	6	15	11.3	0.4	33	2340
	旱冬瓜－槲栎－黄毛青冈－杨树－ 野漆－云南松等	413	14.2	7	9.4	6.7	0.25	10	2010
	旱冬瓜－桦木－荔枝－麻栎－女 贞－漆树－青冈等	1338	62.7	8	10.4	8.7	0.6	10	1700
	旱冬瓜－水红木－喜树－盐肤木－ 野柿－楹树－移柡－黄杞	1463	46.7	12	9.8	8.5	0.45	15	1610
	旱冬瓜－栎类	563	25	2	12	8	0.5	10	2370
	旱冬瓜－栎类－木荷－软阔类	425	77	4	20.1	15.2	0.45	18	2640
	旱冬瓜－栎类－木荷－软阔类－硬 阔类	638	127.8	5	19.1	16	0.5	19	1300
	旱冬瓜－栎类－其他软阔类	369	207.6	3	38.5	17.3	0.51	48.5	2087
	旱冬瓜－栎类－西南桦－其他软阔 类－其他硬阔类	538	171.6	5	35.8	17.7	0.7	29	1830
	旱冬瓜－栎类－杨梅－樱桃－油 杉－云南松－其他软阔类	463	99.2	7	19.6	18.5	0.45	17	1860
	旱冬瓜－柳树－杉木－香面叶－香 叶树－云南山楂	538	103.4	6	20.3	12	0.4	30	1880
	旱冬瓜－毛叶青冈－云南松－锥连 栎－其他软阔类	625	105.9	5	16.3	8.9	0.45	19	2290
	旱冬瓜－母猪果－漆树－歪叶榕－ 云南藤黄－其他硬阔类	638	123.7	6	18.5	11.9	0.6	58	1300
	旱冬瓜－木荷	125	69.4	2	35.8	21.2	0.25	34	1770

续表 3-82

优势树种	树种结构类型组	公顷株数（株）	公顷蓄积（m³）	树种数量（种）	平均胸径（cm）	平均树高（m）	郁闭度	平均年龄（年）	分布海拔（m）
旱冬瓜	旱冬瓜－木荷－其他软阔类	688	148.1	3	20	16.4	0.35	14	1650
	旱冬瓜－木荷－西南桦－其他软阔类－思茅松	613	69	5	13.2	8.6	0.35	16	1600
	旱冬瓜－南烛－尼泊尔水东哥－西南桦－其他硬阔类	1638	149.8	5	13.9	14.8	0.7	13	1845
	旱冬瓜－披针叶楠－野柿－其他软阔类	263	137.6	4	43.8	12.6	0.32	39	1810
	旱冬瓜－普文楠－樱桃－其他软阔类	763	291.3	4	34.1	21	0.7	42	2160
	旱冬瓜－其他软阔类	700	84.6	2	18.0	15.7	0.48	14	2015
	旱冬瓜－杨梅－其他软阔类－杉木	1125	64.1	4	12.4	6.6	0.65	6	2200
	旱冬瓜－水红木－其他软阔类	425	87.2	3	25.4	17.9	0.35	18	1970
	旱冬瓜－青榨槭－盐肤木－野核桃	475	77.1	4	20.0	14.1	0.55	13	2180
	旱冬瓜－樱桃－云南黄杞	150	208.6	3	43.4	18.2	0.4	62	1820
	旱冬瓜－滇青冈－黄葛树－南酸枣－西南桦－盐肤木等	1538	121	13	13.9	13.7	0.75	21	840

（六）天然异龄红木荷阔叶混交林

本类型记录到样地41块，分布在德宏（13块）、临沧（9块）、普洱（9块）、西双版纳（5块）、文山（2块）、红河（1块）、楚雄（1块）、保山（1块）等州（市）。从分布区样地情况看，该类型以云南湿热的滇西南、滇南、滇东南地区分布为主（共40块样地，占样地的97.6%）。样地综合分布海拔650～2430m，平均海拔1458m。树种结构以红木荷为优势种，与扁担杆、大叶山楝、枫香、黄杞、泡桐、山合欢、白颜树、钝叶桂、黄樟、阔叶蒲桃、杯状栲、瓦山栲、银柴、白穗石栎、川楝、大果青冈、杜英、大叶木莲、灯台树、木奶果、普文楠、白檀、旱冬瓜、茜树、水锦树、山黄麻、杯状栲、滇润楠、红梗润楠、华南石栎、滇青冈、元江栲、滇石栎、苹果榕、山鸡椒、青冈、西南桦、野柿、刺栲、高山栲、麻楝、湄公栲、合果木、红椿、小漆树、狗骨柴、黄心树、毛叶黄杞、毛银柴、毛叶青冈、栓皮栎、柴桂、粗糠柴、红光树、川梨、桦木、槭木、润楠、杜茎山、杜仲、君迁子、水东哥、大叶石栎、山韶子、楹树、厚皮香、山黄麻、红椿、槲栎、香叶树、楹树、大果楠、红桦、围涎树、榕树、山合欢、水青树、喜树、滇厚朴、构树、聚果榕、毛银柴、母猪果、楠木、思茅木兰、杨梅、滇杨、黄毛青冈、麻栎、钝叶桂、密花树、云南泡花树、钝叶榕、余甘子、漆树、香面叶、枫杨、云南黄杞、木姜子、水红木、乌桕、小苦菜豆树、岗柃、野漆、云南柃、高山栲、柳叶润楠、黑黄檀、绒毛番龙眼、香椿、黄牛木、幌伞枫、思茅黄肉楠、云南木樨榄、栲树、银叶栲、南烛、野柿、樱桃、云南樟、羊蹄甲、灰毛浆果楝、茜树等多种阔叶树组成阔叶混交林。森林树种组成综合平均树种11种，综合平均胸径14.3cm，平均树高11.6m，平均郁闭度0.61，平均年龄27年，森林活立木密度为平均每公顷1237株，平均公顷蓄积量113.3m³。森林单株胸径年平均生长量0.42cm，年平均生长率3.14%；单株蓄积年平均生长量0.009m³，年平均生长率7.2%。详见表3-83。

表 3-83 天然异龄红木荷阔叶混交林结构因子统计表

优势树种	树种结构类型组	公顷株数（株）	公顷蓄积（m³）	树种数量（种）	平均胸径（cm）	平均树高（m）	郁闭度	平均年龄（年）	分布海拔（m）
	综合平均	1237	113.3	11	14.3	11.6	0.61	27	1458
	红木荷－扁担杆－大叶山棟－枫香－黄杞－泡桐－山合欢	400	76.5	7	18.4	11.6	0.75	35	650
	红木荷－白颜树－钝叶桂－石栎－黄樟－阔叶蒲桃等	1188	131.2	20	14.4	12.2	0.7	30	1610
	红木荷－杯状栲－旱冬瓜－黄杞－泡桐－瓦山栲－银柴等	1275	165.9	10	16.9	14.9	0.7	19	1750
	红木荷－白穗石栎－川棟－大果青冈－大叶山棟－杜英等	1000	131.6	17	18	13.4	0.62	67	1400
	红木荷－大叶木莲－灯台树－黄樟－木奶果－普文楠等	750	60.8	12	13.5	11.5	0.7	38	1290
	红木荷－白檀－旱冬瓜－茜树－水锦树－山黄麻等	950	34.7	13	10.4	10.2	0.35	8	1380
	红木荷－杯状栲－滇润楠－红梗润楠－华南石栎－黄杞等	1425	73.3	13	12.5	11.1	0.75	20	1393
红木荷	红木荷－杯状栲－滇青冈－木莲－西南桦－元江栲－樟等	2988	156.7	17	10.7	11.5	0.85	38	1800
	红木荷－杯状栲－滇石栎－麻栎－苹果榕－山鸡椒等	1113	46	11	10.6	7.4	0.75	13	1590
	红木荷－旱冬瓜－青冈－水红木－西南桦－野柿－黄杞等	675	139.1	12	20	18.5	0.43	54	1790
	红木荷－刺栲－滇青冈－杜英－高山栲－麻棟－湄公栲等	1438	168	13	15.5	13.4	0.75	38	1780
	红木荷－刺栲－滇石栎－合果木－红椿－黄杞－小漆树等	1375	62	14	10.7	8.1	0.65	20	1430
	红木荷－刺栲－狗骨柴－黄心树－毛叶黄杞－毛银柴等	1213	220.9	15	18.1	15	0.7	48	1100
	红木荷－滇青冈－华南石栎－麻栎－毛叶青冈－栓皮栎等	3075	142.9	15	10.9	11	0.75	23	2070
	红木荷－柴桂－粗糠柴－红梗润楠－红光树－普文楠等	1775	163.5	18	14.4	13.1	0.8	17	1190
	红木荷－川梨－滇石栎－桦木－山鸡椒等	1188	29.7	6	8.6	8.7	0.55	14	2020

续表 3-83

优势树种	树种结构类型组	公顷株数（株）	公顷蓄积（m³）	树种数量（种）	平均胸径（cm）	平均树高（m）	郁闭度	平均年龄（年）	分布海拔（m）
红木荷	红木荷-楤木-润楠-杜茎山-杜仲-君迁子-水东哥等	1238	95.4	18	12.8	14.1	0.8	19	960
	红木荷-粗糠柴-大叶石栎-合果木-麻栎-山韶子等	1175	168.3	11	17	13.2	0.46	27	1240
	红木荷-粗糠柴-滇青冈-滇润楠-岗柃-楹树等	1338	270.6	7	18.5	15.8	0.8	69	1600
	红木荷-合果木-红梗润楠-红光树-栎类-棟普文楠等	1913	131.6	20	11.7	10.9	0.8	26	1180
	红木荷-岗柃-厚皮香-山黄麻-西南桦-元江栲等	2038	118.9	9	12.2	10.5	0.45	16	1700
	红木荷-粗糠柴-红椿-槲栎-木荷-青冈-栓皮栎等	925	159.1	10	17.2	15	0.7	47	1390
	红木荷-粗糠柴-西南桦-香叶树-楹树等	1800	78.6	7	11.8	10	0.7	23	1470
	红木荷-大果楠-大叶石栎-岗柃-红桦-围涎树等	1788	120	7	12.9	13.3	0.75	10	1564
	红木荷-黄杞-榕树-山合欢-水青树-西南桦-喜树等	838	66.7	11	13	9.1	0.4	12	1440
	红木荷-滇厚朴-西南桦等	925	139	4	9.5	10	0.51	17	1260
	红木荷-滇青冈-滇石栎-构树-聚果榕-阔叶蒲桃等	1188	24.3	20	8.1	6.5	0.52	8	1100
	红木荷-滇青冈-滇石栎-棟-黄杞-毛银柴-母猪果等	838	76.1	11	13	10.4	0.48	15	1190
	红木荷-滇青冈-楠木-思茅木兰-香叶树-杨梅等	538	27.8	8	10.7	10.4	0.25	8	1720
	红木荷-滇石栎-滇杨-旱冬瓜-黄毛青冈-麻栎等	2938	132.4	8	11.1	8.4	0.8	24	2470
	红木荷-钝叶桂-石栎-密花树-云南泡花树-润楠等	563	163.6	16	22.6	14.1	0.6	65	1750
	红木荷-钝叶榕-红椿-楠木-西南桦-余甘子-樟等	713	26.6	10	9.7	9.3	0.25	6	940
	红木荷-枫杨-旱冬瓜-漆树-西南桦-香面叶-楹树等	613	191.5	11	24	16.1	0.3	71	1280
	红木荷-枫杨-云南黄杞等	350	74	5	20.3	14	0.6	24	760

续表3-83

优势树种	树种结构类型组	公顷株数（株）	公顷蓄积（m³）	树种数量（种）	平均胸径（cm）	平均树高（m）	郁闭度	平均年龄（年）	分布海拔（m）
红木荷	红木荷-木姜子-水红木-乌桕-香面叶-小萼菜豆树等	600	48.1	12	13	9.7	0.35	13	1613
	红木荷-岗柃-水红木-西南桦-野漆-云南枪	1800	52.6	8	8.8	7.5	0.75	7	1120
	红木荷-高山栲-柳叶润楠-麻栎-西南桦-楹树等	1438	62.3	9	10.3	7.2	0.7	15	1630
	红木荷-旱冬瓜-黑黄檀-云南黄杞等	350	69.8	5	20.2	10.8	0.22	22	1796
	红木荷-旱冬瓜-木荷-绒毛番龙眼-香椿等	475	188.3	6	24.5	14.1	0.6	45	1500
	红木荷-黄牛木-幌伞枫-思茅黄肉楠-云南木樨榄等	725	155.5	9	20.9	16	0.75	49	980
	红木荷-栲树-麻栎-西南桦-香面叶-杨梅-银叶栲等	2138	161.2	8	12.7	13.9	0.6	24	1800
	红木荷-南烛-软阔类	400	12.6	3	9.9	4.7	0.3	11	2430
	红木荷-青冈-西南桦-野柿-樱桃-黄杞-云南樟等	1613	262.1	9	16.9	13.9	0.8	30	1240
	红木荷-羊蹄甲-大果青冈-灯台树-黄牛木-黄杞等	1375	158.8	16	15.7	15.1	0.65	25	1270
	红木荷-灰毛浆果楝-茜树-八角	1225	58.2	4	10.5	7.3	0.6	6	960

（七）天然异龄桦木阔叶混交林

本类型记录到样地13块，分布在普洱（6块）、昭通（3块）、西双版纳（2块）、德宏（1块）、文山（1块）等州（市）。样地综合分布海拔1050～1960m，平均海拔1398m。树种结构以桦木为优势种，与灯台树、槲栎、黄牛木、漆树、山鸡椒、盐肤木、刺栲、粗糠柴、多花含笑、红梗润楠、红木荷、黑黄檀、厚皮树、母猪果、青冈、水锦树、岗柃、木荷、银叶栲、榆树、樟、高山栲、楝、西南桦、余甘子、核桃、香椿、楠木、栎类等阔叶树种组成阔叶混交林。样地森林树种组成数量平均9种，综合平均胸径15.8cm，平均树高12.9m，平均郁闭度0.60，平均年龄35年，森林活立木密度为平均每公顷1009株，平均公顷蓄积量157.7m³。森林单株胸径年平均生长量0.75cm，年平均生长率4.79%；单株蓄积年平均生长量0.0214m³，年平均生长率11.3%。详见表3-84。

表 3-84　天然异龄桦木阔叶混交林结构因子统计表

优势树种	树种结构类型组	公顷株数（株）	公顷蓄积（m³）	树种数量（种）	平均胸径（cm）	平均树高（m）	郁闭度	平均年龄（年）	分布海拔（m）
桦木	综合平均	1009	157.7	9	15.8	12.9	0.60	35	1398
	桦木－灯台树－槲栎－黄牛木－漆树－山鸡椒－盐肤木等	988	36.6	12	10.6	10.8	0.55	16	1660
	桦木－刺栲－粗糠柴－多花含笑－红梗润楠－红木荷等	1138	370.9	14	21.3	17.3	0.65	76	1450
	桦木－黑黄檀－厚皮树－母猪果－木荷－青冈－水锦树等	1250	107.8	15	13.7	11.2	0.45	13	1230
	桦木－岗栎－黑黄檀－槲栎－木荷－银叶栲－榆树－樟等	2088	150.2	15	12.8	12.4	0.78	21	1630
	桦木－高山栲－楝－木荷－青冈－西南桦－余甘子－樟等	1100	90.2	12	11.3	8.1	0.55	18	1340
	桦木－核桃－漆树－香椿	375	12.9	4	9.5	9.6	0.35	12	1658
	桦木－槲栎－木荷－楠木－西南桦等	863	131	9	15.6	12.1	0.6	17	1080
	桦木－楝－木荷－楠木－樟等	1200	300.7	8	20.4	15.4	0.8	50	1240
	桦木－栎类－楝－木荷－楠木－其他硬阔类	1013	241.3	6	16.1	13.7	0.8	39	1206
	桦木－栎类－木荷－其他软阔类	600	185.4	4	22.2	19.9	0.6	80	1050
	桦木－栎类－木荷－西南桦等	825	104.7	7	15.9	12.4	0.6	43	1270
	桦木－青冈－其他硬阔类	663	160.9	3	19.9	11.6	0.45	38	1960

（八）天然异龄黄毛青冈阔叶混交林

本类型记录到样地 16 块，分布在楚雄（10 块）、德宏（2 块）、文山（1 块）、临沧（1 块）、大理（1 块）等州（市）。样地综合分布海拔 620 ~ 2575m，平均海拔 1796m。树种结构以黄毛青冈为优势种，与八角枫、麻栎、千张纸、盐肤木、云南黄杞、白花羊蹄甲、截头石栎、滇青冈、滇石栎、光叶高山栎、光叶石栎、川梨、杜鹃、南烛、大果青冈、栲树、滇杨、马缨花、杨梅、高山栲、高山栎、多穗石栎、厚皮香、火绳树、木棉、山鸡椒、桦木、木荷、锥连栎、山合欢、楠木、柳树、毛叶柿、榕树、余甘子等阔叶树种组成阔叶混交林。森林树种组成数量综合平均数 7 种，综合平均胸径 15.9cm，平均树高 11.6m，平均郁闭度 0.57，平均年龄 41 年，森林活立木密度为平均每公顷 1275 株，平均公顷蓄积量 114.4m³。森林单株胸径年平均生长量 0.26cm，年平均生长率 2.45%；单株蓄积年平均生长量 0.003m³，年平均生长率 6.79%。详见表 3-85。

表 3-85 天然异龄黄毛青冈阔叶混交林结构因子统计表

优势树种	树种结构类型组	公顷株数（株）	公顷蓄积（m³）	树种数量（种）	平均胸径（cm）	平均树高（m）	郁闭度	平均年龄（年）	分布海拔（m）
黄毛青冈	综合平均	1275	114.4	7	15.9	11.6	0.57	41	1796
	黄毛青冈 - 八角枫 - 麻栎 - 千张纸 - 盐肤木 - 云南黄杞等	2400	59.3	10	8.4	8.5	0.32	20	620
	黄毛青冈 - 白花羊蹄甲 - 截头石栎 - 麻栎 - 云南黄杞等	288	88.4	6	23.8	11.2	0.25	72	1400
	黄毛青冈 - 滇青冈 - 滇石栎 - 光叶高山栎 - 光叶石栎等	1313	270.6	11	21.5	11.8	0.8	65	2140
	黄毛青冈 - 川梨 - 杜鹃 - 南烛等	1238	91.3	7	13.4	11.2	0.55	31	2340
	黄毛青冈 - 大果青冈 - 栲树	900	126	3	20.5	16.6	0.8	76	2575
	黄毛青冈 - 滇青冈 - 滇杨 - 光叶石栎 - 麻栎 - 南烛	2675	68.5	6	9.2	7.6	0.85	30	2418
	黄毛青冈 - 滇青冈 - 马缨花 - 南烛 - 杨梅等	1788	146.9	7	13.2	11.9	0.5	22	2270
	黄毛青冈 - 滇石栎 - 杜鹃 - 高山栲 - 高山栎等	1038	210	7	20.4	10	0.6	50	2300
	黄毛青冈 - 滇石栎 - 多穗石栎 - 高山栲 - 厚皮香 - 南烛等	338	56.4	8	20.8	11.9	0.35	40	2300
	黄毛青冈 - 滇杨 - 火绳树 - 木棉 - 山鸡椒等	600	35.2	6	13.9	11.6	0.4	33	1360
	黄毛青冈 - 高山栲 - 桦木 - 木荷 - 锥连栎等	1025	149.3	7	23.7	10	0.85	50	1180
	黄毛青冈 - 高山栲 - 麻栎 - 南烛 - 山合欢等	1000	119.5	7	18	11.2	0.62	47	1450
	黄毛青冈 - 火绳树 - 麻栎 - 楠木等	1863	20	5	6.6	7	0.55	11	1430
	黄毛青冈 - 柳树 - 其他软阔类	488	223.6	3	20.4	23.8	0.6	54	2240
	黄毛青冈 - 麻栎 - 毛叶柿 - 榕树 - 余甘子等	1425	123.1	7	13.5	10.6	0.6	36	1380
	黄毛青冈 - 楠木 - 其他软阔类 - 山合欢 - 余甘子等	2025	42.1	6	7.5	10.5	0.45	12	1330

（九）天然异龄栎类阔叶混交林

本类型记录到样地 136 块，全省除滇东北的怒江、迪庆、丽江 3 个州（市）未记录到样地外，其余各州市均有样地分布。其中：西双版纳州和普洱市样地分布最多（达 57%），楚雄、昭通、红河、昆明、曲靖 5 个州（市）样地分布较少，各州市仅分布有 1 块样地。该类型主要分布在滇南、滇

东南、滇西南等雨热分布较多的区域，滇东北（部分县）、滇中、滇西北等雨热分布相对较弱的区域
分布较少，甚至没有记录到样地，这可能也与原生栎类被次生替代性松类植物的次生替代有关。样地
综合分布海拔 500 ～ 2880m，平均海拔 1602m。树种结构以栎类为优势种，与青榨槭、杨树、野漆、
截头石栎、母猪果、瑞丽山龙眼、银柴、杨梅、红木荷、臭椿、钝叶黄檀、枫杨、岗柃、火绳树、西
南桦、毛银柴、木荷、香面叶、楠木、刺槐、清香木、粗糠柴、多花含笑、红梗润楠、密花树、山合
欢、云南黄杞、毛叶青冈、大树杜鹃、樟、灯台树、南烛、漆树、细齿叶柃、核桃、滇青冈、滇润
楠、杜鹃、马缨花、毛叶木姜子、石楠、旱冬瓜、滇石栎、柳树、山黄麻、栲、钝叶黄檀、余甘子、
毛叶黄杞、盐肤木、红椿、桦木、润楠、黄杞、榕树、水红木、豆腐柴、厚皮香、漆树、水锦树、露
珠杜鹃、浆果楝、山香圆、密花树、青冈、香叶树、黄毛青冈、楝、木麻黄、瓦山栲、中平树、马蹄
荷、檫树、泡桐、滇杨、多色杜鹃、柏那参、柴桂、银木荷等 1 种或多种阔叶树种组成阔叶混交林。
森林树种组成量平均 6 种，综合平均胸径 15.7cm，平均树高 11.5m，平均郁闭度 0.65，平均年龄 43
年，森林活立木密度为平均每公顷 1474 株，平均公顷蓄积量 149.2m³。森林单株胸径年平均生长
量 0.33cm，年平均生长率 2.78%；单株蓄积年平均生长量 0.0045m³，年平均生长率 6.09%。详
见表 3-86。

表 3-86　天然异龄栎类阔叶混交林结构因子统计表

优势树种	树种结构类型组	公顷株数（株）	公顷蓄积（m³）	树种数量（种）	平均胸径（cm）	平均树高（m）	郁闭度	平均年龄（年）	分布海拔（m）
栎类	综合平均	1474	149.2	6	15.7	11.5	0.65	43	1602
	栎类 – 青榨槭 – 杨树 – 野漆	350	4.6	5	7.1	6.4	0.4	15	2660
	栎类 – 母猪果 – 瑞丽山龙眼 – 银柴等	663	149.9	8	29.2	17.5	0.51	28	1320
	栎类 – 杨梅 – 红木荷 – 软阔类	1413	28.8	4	7.3	5.4	0.5	5	2070
	栎类 – 臭椿 – 钝叶黄檀 – 枫杨 – 岗柃 – 火绳树 – 西南桦等	1650	100.2	15	12.9	12.5	0.73	12	1080
	栎类 – 火绳树 – 毛银柴 – 母猪果 – 木荷 – 西南桦 – 香面叶	813	117.1	10	19.3	17.1	0.75	50	1160
	栎类 – 木荷 – 楠木 – 刺槐 – 其他软阔类	763	41.2	5	11.7	10.2	0.5	41	1420
	栎类 – 木荷 – 山合欢 – 云南黄杞等	1888	147	8	13.4	10	0.85	40	1120
	栎类 – 刺槐 – 清香木 – 其他软阔类	1088	36	4	11.1	8.1	0.4	31	1250
	栎类 – 粗糠柴 – 多花含笑 – 红梗润楠 – 密花树 – 木荷等	1938	186.9	15	12.1	9.4	0.65	53	1400
	栎类 – 粗糠柴 – 毛叶青冈 – 母猪果 – 木荷 – 其他软阔类	688	128.6	6	20.7	16.4	0.7	62	1220
	栎类 – 粗糠柴 – 木荷 – 楠木等	1738	209.1	8	14.8	13.6	0.75	45	1510
	栎类 – 大树杜鹃 – 桦木 – 木荷 – 樟等	2675	279.6	7	14.8	12.6	0.8	32	2190
	栎类 – 灯台树 – 南烛 – 漆树 – 细齿叶柃 – 其他软阔类	850	35.1	6	12.2	5.5	0.4	17	1200
	栎类 – 核桃 – 桦木 – 其他软阔类 – 其他硬阔类等	1650	147	9	12.9	11.6	0.85	25	1846

续表 3-86

优势树种	树种结构类型组	公顷株数（株）	公顷蓄积（m³）	树种数量（种）	平均胸径（cm）	平均树高（m）	郁闭度	平均年龄（年）	分布海拔（m）
栎类	栎类－南烛－樟－其他软阔类－其他硬阔类	2100	254	7	16.2	10.6	0.8	58	1980
	栎类－滇润楠－木荷－其他软阔类	588	31.5	4	10.6	8	0.8	22	1300
	栎类－杜鹃－马缨花－毛叶木姜子－石楠等	1200	14	11	7	4.1	0.8	25	2230
	栎类－杜鹃－旱冬瓜－桦木马缨花－木荷－楠木等	1638	369.5	10	21.3	21	0.75	70	2580
	栎类－滇石栎－旱冬瓜－核桃－桦木－樟等	600	12.3	8	9.1	5.8	0.25	15	1980
	栎类－旱冬瓜－核桃－马缨花－杨梅－油杉等	1663	242.4	9	19.5	13.8	0.65	75	2350
	栎类－柳树－其他软阔类－其他硬阔类等	1988	76.7	5	11.4	8.6	0.9	27	2060
	栎类－杜鹃－其他软阔类等	2738	100.2	5	11	7.4	0.9	10	2770
	栎类－杜鹃－旱冬瓜－南烛－其他软阔类－滇油杉	1625	179.8	7	23.3	10.3	0.6	65	1810
	栎类－杜鹃－马缨花－木荷－其他软阔类－其他硬阔类	1150	250.5	6	22	12.3	0.44	64	2480
	栎类－杜鹃－木荷－樟－其他软阔类－其他硬阔类－铁杉	1963	707.1	7	19.6	11.9	0.6	100	2880
	栎类－红梗润楠－木荷－楠木－山黄麻－西南桦－栲等	1988	106.5	12	11.8	10.7	0.75	25	2200
	栎类－钝叶黄檀－余甘子－其他软阔类－思茅松	875	46.5	6	15.5	9.3	0.48	44	1410
	栎类－岗柃－石栎－木荷－桦木－火绳树－水锦树－野漆等	3013	112.1	14	10.2	9.3	0.8	27	1550
	栎类－岗柃－火绳树－毛叶黄杞－木荷－思茅松等	863	168.2	8	19.5	13.4	0.55	78	1530
	栎类－木荷－其他灌木－盐肤木－樟等	1788	52.5	9	10.3	8.3	0.6	24	1300
	栎类－南烛－杨梅－其他软阔类	1650	156.6	5	16.1	11.3	0.7	45	1280
	栎类－旱冬瓜－红椿－桦木－木荷－楠木等	2075	134.9	8	12.4	10.1	0.8	23	1430
	栎类－旱冬瓜－桦木－木荷－樟等	1163	60.8	9	11.3	9	0.4	25	2220
	栎类－旱冬瓜－桦木－木荷等	688	110.4	6	18.6	11.5	0.55	39	1650

续表 3-86

优势树种	树种结构类型组	公顷株数（株）	公顷蓄积（m³）	树种数量（种）	平均胸径（cm）	平均树高（m）	郁闭度	平均年龄（年）	分布海拔（m）
栎类	栎类－旱冬瓜－桦木－楠木－其他软阔类	1950	130.8	5	14.9	12.8	0.4	43	2240
	栎类－旱冬瓜－桦木－其他软阔类－其他硬阔类	1913	213.8	5	14.8	12.5	0.6	34	2175
	栎类－旱冬瓜－马缨花－楠木－杨梅等	3538	71.4	9	8.4	9.6	0.85	16	2150
	栎类－旱冬瓜－马缨花－其他软阔类－其他硬阔类等	2425	165.6	8	14.4	11.9	0.75	43	2440
	栎类－旱冬瓜－马缨花－楠木－其他软阔类－其他硬阔类	1338	41.4	6	10.2	9.1	0.6	19	2120
	栎类－旱冬瓜－楠木－其他软阔类－其他硬阔类	2700	73.1	6	9.3	8.3	0.75	19	2210
	栎类－旱冬瓜－杨梅－其他软阔类－其他硬阔类等	1338	153.5	6	16.1	11.2	0.75	45	2030
	栎类－核桃－木荷－樟－其他软阔类－其他硬阔类等	463	33.6	7	13.4	8.4	0.3	12	2140
	栎类－润楠－黄杞－木荷－榕树－水红木－豆腐柴等	1888	60.1	14	8.8	6	0.5	10	1510
	栎类－红木荷－厚皮香－木荷等	1975	94.8	8	10.6	5.9	0.44	25	1540
	栎类－木荷－南烛－楠木－香面叶－余甘子等	2075	167	10	14	11.6	0.74	40	1450
	栎类－木荷－漆树－水锦树－野漆等	2025	68.4	8	10.1	10.8	0.75	18	1090
	栎类－红木荷－西南桦等	1369	143.8	6	12	6.7	0.65	9~72	1400~1610
	栎类－厚皮香－露珠杜鹃－木荷－南烛－其他软阔类	4175	125.8	7	10.9	8	0.8	21	2520
	栎类－桦木－毛叶黄杞－木荷－水锦树－西南桦等	1375	62.8	10	10.6	8.3	0.65	28	1420
	栎类－桦木－浆果楝－木荷－山合欢－山香圆－盐肤木等	1525	54.4	11	10	10	0.75	25	1360
	栎类－桦木－楝－木荷－楠木－其他灌木－其他软阔类	1813	212.9	7	15.5	15	0.72	55	1270
	栎类－桦木－楝－木荷－楠木－其他软阔类－其他硬阔类	1675	94.5	7	12.2	9.1	0.7	20	1750

续表 3-86

优势树种	树种结构类型组	公顷株数（株）	公顷蓄积（m³）	树种数量（种）	平均胸径（cm）	平均树高（m）	郁闭度	平均年龄（年）	分布海拔（m）
栎类	栎类－桦木－楝－木荷－楠木－其他软阔类等	1163	106.3	7	13.9	11	0.72	48	1160
	栎类－桦木－楝－木荷－其他软阔类－其他硬阔类	1138	102.1	6	14.6	14.2	0.7	35	500
	栎类－桦木－木荷－樟－其他软阔类－其他硬阔类	1450	553.6	6	22.3	13.1	0.8	68	1790 ~ 2620
	栎类－桦木－密花树－木荷－其他软阔类等	1238	24.2	6	7.6	8	0.6	15	1640
	栎类－桦木－木荷－南烛－楠木－青冈－西南桦－杨梅等	3075	132	11	9.7	9.9	0.8	19	2110
	栎类－桦木－木荷－南烛－楠木－其他硬阔类等	1263	125.8	8	16.4	11.1	0.85	37	1270
	栎类－桦木－木荷－楠木－其他软阔类－其他硬阔类	1360	190.7	6	17.7	12.5	0.77	70.6	1340
	栎类－桦木－木荷－楠木－水红木－香叶树等	1938	508	8	20.1	15.4	0.75	93	2710
	栎类－桦木－木荷－其他软阔类等	1776	165	6	13.2	11.7	0.73	41	1220 ~ 1410
	栎类－桦木－木荷－山合欢－水红木－余甘子等	2513	104	8	12.6	8.5	0.7	25	1220
	栎类－桦木－木荷－其他软阔类－其他硬阔类等	2125	155.3	6	12.6	11.3	0.72	34	1348 ~ 1953
	栎类－桦木－木荷－小果栲－其他软阔类－其他硬阔类	1738	93.7	6	10.4	10.5	0.75	25	1340
	栎类－桦木－木荷－其他软阔类	2963	150.7	5	11.9	11.3	0.83	18	1855
	栎类－桦木－木荷－香面叶－其他硬阔类－西南桦	1400	171.5	6	16.5	15	0.6	61	1220
	栎类－桦木－楠木－其他软阔类－其他硬阔类	1400	423.3	5	39.1	17.9	0.85	123	2359
	栎类－桦木－其他软阔类－其他硬阔类	1344	205.9	4	18.6	16	0.81	68.5	1730
	栎类－桦木－野漆－其他软阔类等	1288	237.5	5	15.7	13.2	0.75	30	1220
	栎类－黄毛青冈－其他软阔类等	1363	57.6	5	10.1	8.4	0.57	30	1320
	栎类－楝－木荷－木麻黄－楠木－其他软阔类	1313	203.1	6	20.1	18.4	0.75	70	1270

续表 3-86

优势树种	树种结构类型组	公顷株数（株）	公顷蓄积（m³）	树种数量（种）	平均胸径（cm）	平均树高（m）	郁闭度	平均年龄（年）	分布海拔（m）
栎类	栎类－楝－木荷－楠木－其他软阔类－其他硬阔类等	1443	160.5	7	16.1	11.9	0.56	39	990～1293
	栎类－楝－木荷－楠木－其他软阔类等	1338	190.7	6	16.8	12.5	0.68	57	980～1250
	栎类－楝－木荷－其他软阔类	375	149.2	4	32.4	16.9	0.5	65	1440
	栎类－楝－木荷－其他软阔类－其他硬阔类	654	135.5	5	20	14.1	0.61	46.7	1273
	栎类－楝－木荷－瓦山栲－其他软阔类－其他硬阔类	863	82.3	6	14.7	12.8	0.54	20	1130
	栎类－楝－木荷－西南桦－其他软阔类－其他硬阔类	1288	222.6	6	18.6	15	0.73	56	1250
	栎类－楝－木荷－余甘子－其他软阔类－其他硬阔类等	1350	131.4	8	13.2	10.1	0.65	39	1520
	栎类－楝－木荷－樟－其他软阔类－其他硬阔类	3088	112.5	6	10.1	9	0.8	22	1410
	栎类－楝－楠木－其他软阔类－其他硬阔类	613	177.1	5	28.3	17.6	0.67	53.3	987
	栎类－楝－其他软阔类－其他硬阔类	1238	153.4	4	19.2	12.6	0.65	63	1130
	栎类－木荷－余甘子－中平树－其他软阔类	1038	100.5	6	14.9	13.1	0.43	60	1280
	栎类－其他灌木－其他软阔类－其他硬阔类	2213	173.2	5	12.6	11.1	0.75	28	1610
	栎类－青冈－其他软阔类－其他硬阔类	1125	18.1	5	8	6.1	0.4	18	1080
	栎类－马蹄荷－木荷－楠木－其他软阔类－其他硬阔类	1188	211	7	18.4	13.3	0.49	82	2230
	栎类－母猪果－木荷－西南桦－其他软阔类－其他硬阔类	2013	57	7	8.5	7.5	0.3	19	1630
	栎类－木荷－南烛－其他软阔类	844	13.9	4	7.3	5.7	0.55	13.5	2128
	栎类－木荷－南烛－其他软阔类－其他硬阔类	1025	143.1	5	19.2	10.7	0.51	41	2121
	栎类－木荷－楠木	706	208.4	3	26.6	16.4	0.75	60	1175
	栎类－木荷－楠木－其他软阔类	2219	261.8	4	17.4	12.9	0.83	69	1944

续表 3-86

优势树种	树种结构类型组	公顷株数（株）	公顷蓄积（m³）	树种数量（种）	平均胸径（cm）	平均树高（m）	郁闭度	平均年龄（年）	分布海拔（m）
栎类	栎类－木荷－楠木－其他软阔类－其他硬阔类	1203	172.5	5	18.7	14.7	0.77	51.6	1219
	栎类－木荷－楠木－槭树－樟－其他软阔类－其他硬阔类	1313	255.2	8	22.9	16.6	0.75	60	1400
	栎类－木荷－楠木－樟－其他软阔类－其他硬阔类	2125	150.3	6	14.4	13.8	0.71	40	1508
	栎类－木荷－楠木－余甘子－其他软阔类	1325	229	5	18.3	12.8	0.76	48	1060
	栎类－木荷－泡桐－盐肤木－其他软阔类－其他硬阔类等	1438	129.5	7	13.2	12.5	0.8	29	920
	栎类－木荷－其他软阔类－其他硬阔类	1400	142.4	5	19.1	11.4	0.6	67	1110
	栎类－木荷－其他软阔类－其他硬阔类	1638	160.2	4	15.7	12.3	0.76	46.7	1407
	栎类－木荷－其他软阔类－其他硬阔类等	988	74.4	5	12.4	11.5	0.78	45	810
	栎类－木荷－杨梅－其他软阔类－其他硬阔类等	1688	109.8	7	12.2	12.2	0.54	39	1660～1800
	栎类－木荷－余甘子－其他软阔类－其他硬阔类等	1263	124.5	6	10.5	10.8	0.57	14	1050
	栎类－木荷－其他软阔类－其他硬阔类等	1375	309.8	5	30.8	18.4	0.7	113	1980
	栎类－木荷－樟－其他软阔类－其他硬阔类	3063	338.7	5	19.8	15.5	0.8	79	2465
	栎类－木荷－其他软阔类等	1316	216.4	5	20.3	14	0.74	63	1365～1590
	栎类－木荷－余甘子－其他软阔类	788	42.9	4	13.2	9	0.4	41	1300
	栎类－木荷－其他硬阔类	1700	159.5	3	15.2	9.2	0.75	30	1630
	栎类－木荷－樟－其他硬阔类	688	353	4	28.4	18.7	0.75	85	1420
	栎类－楠木	300	137.1	2	46.7	16.3	0.55	90	1080
	栎类－楠木－其他软阔类－其他硬阔类	1666	263	4	19.5	13.7	0.78	60	1659
	栎类－楠木－樟－其他软阔类－其他硬阔类	1709	157.3	5	14.8	14.3	0.71	38	1095
	栎类－其他灌木－其他软阔类等	1025	11.5	4	6.5	7.1	0.75	8	1480

续表3-86

优势树种	树种结构类型组	公顷株数（株）	公顷蓄积（m³）	树种数量（种）	平均胸径（cm）	平均树高（m）	郁闭度	平均年龄（年）	分布海拔（m）
栎类	栎类－其他软阔类－其他硬阔类	878	91	4	16.1	10.1	0.56	42	1435～1615
	栎类－清香木－其他软阔类－其他硬阔类	988	44.7	4	11	8.2	0.3	20	1504
	栎类－西南桦－其他软阔类－其他硬阔类	632	87.1	5	20.9	12.1	0.38	54	1450～1620
	栎类－樱桃－其他软阔类－其他硬阔类	1225	364.7	4	33.8	14.3	0.75	66	2300
	栎类－樟－其他软阔类－其他硬阔类	1063	334	4	23.1	14.8	0.78	84	2240
	栎类－其他硬阔类	650	190.2	2	26	18.6	0.49	68	1030
	栎类－滇杨－多色杜鹃－红木荷－厚皮香等	2575	57	10	8.1	7	0.7	15	2470
	栎类－柏那参－柴桂－香面叶－银木荷－其他软阔类等	775	107.9	9	18.1	11.8	0.65	35	1800
	栎类－其他软阔类等	793	71.9	3	14.3	8.2	0.56	47	880～1680

（十）天然异龄麻栎阔叶混交林

本类型记录到样地35块，分布在文山（11块）、玉溪（5块）、楚雄（4块）、昆明（4块）、红河（2块）、大理（2块）、普洱（2块）、迪庆（1块）、丽江（1块）、保山（1块）、昭通（1块）、曲靖（1块）等州（市）。样地综合分布海拔920～2600m，平均海拔1597m。树种结构以麻栎为优势种，与金合欢、锥连栎、木荷、漆树、西南桦、盐肤木、中平树、南烛、青冈、野柿、云南枫杨、海桐、高山栲、槲栎、黄连木、昆明朴、香果树、钓樟、红木荷、栲树、毛叶黄杞、母猪果、茶梨、滇青冈、光叶石栎、桦木、柴桂、石栎、毛叶木姜子、云南肉豆蔻、毛叶柿、川梨、川西栎、滇石栎、黄背栎、旱冬瓜、杜鹃、马缨花、槲栎、杨梅、厚皮树、清香木、秧青、银木荷、黄毛青冈、余甘子、牛筋条、石楠、栓皮栎、灰背栎、水红木、四照花、多穗石栎、枫香、水锦树、云南黄杞、楹树、君迁子、岩栎、浆果楝、火绳树、木棉、泡桐、樟、楠木等1种或多种阔叶树组成阔叶混交林。森林树种组成数量综合平均8种，综合平均胸径11.7cm，平均树高8.7m，平均郁闭度0.57，平均年龄27年，森林活立木密度为平均每公顷1375株，平均公顷蓄积量66.6m³。森林单株胸径年平均生长量0.34cm，年平均生长率3.28%；单株蓄积年平均生长量0.0038m³，年平均生长率8.25%。详见表3-87。

表 3-87　天然异龄麻栎阔叶混交林结构因子统计表

优势树种	树种结构类型组	公顷株数（株）	公顷蓄积（m³）	树种数量（种）	平均胸径（cm）	平均树高（m）	郁闭度	平均年龄（年）	分布海拔（m）
麻栎	综合平均	1375	66.6	8	11.7	8.7	0.57	27	1597
	麻栎－金合欢－蓝桉－锥连栎	413	9.7	4	8.5	4.3	0.4	15	1750
	麻栎－金合欢－木荷－漆树－西南桦－盐肤木－中平树等	2325	50.3	12	8.4	9.2	0.38	9	1100
	麻栎－木荷－南烛－漆树－青冈－野柿－云南枫杨等	1988	61.9	13	8.6	7.4	0.4	10	970
	麻栎－海桐－高山栲－槲栎－黄连木－昆明朴－香果树等	900	42.6	11	12	9.2	0.45	19	1260
	麻栎－钓樟－红木荷－栲树－毛叶黄杞－母猪果－锥连栎等	5338	141.8	14	8.6	8.4	0.8	12	2070
	麻栎－茶梨－滇青冈－光叶石栎－红木荷－桦木等	800	87.1	8	13.4	8.8	0.6	35	1340
	麻栎－柴桂－石栎－毛叶木姜子－西南桦－云南肉豆蔻等	2450	96.7	12	10.3	9.2	0.7	20	1990
	麻栎－毛叶柿－川梨－其他软阔类	525	19.5	4	13	7.4	0.2	25	2075
	麻栎－川西栎－滇石栎－黄背栎等	1488	65	5	10.9	8.3	0.7	27	2310
	麻栎－滇青冈－滇石栎－旱冬瓜等	1475	100.6	5	12.7	8.3	0.7	22	2210
	麻栎－滇青冈－杜鹃－旱冬瓜－马缨花－南烛等	1488	106.7	7	12.6	10.9	0.55	16	2416
	麻栎－滇青冈－高山栲－旱冬瓜－槲栎－杨梅	713	14.7	6	7.4	5.3	0.4	15	1530
	麻栎－滇青冈－高山栲－槲栎－火绳树－野漆－余甘子等	1100	107.5	10	15.4	9.2	0.6	53	1440
	麻栎－滇青冈－黑荆树－金合欢－其他软阔类等	1575	105.9	7	13.4	7.8	0.78	28	1960
	麻栎－青冈－厚皮树－毛叶柿－清香木－秩青－银木荷等	863	41.3	12	11	8.1	0.55	24	1540
	麻栎－滇青冈－黄毛青冈－盐肤木等	1438	94.5	5	12.8	8.7	0.55	59	1930
	麻栎－滇青冈－清香木－余甘子等	1263	91.5	6	13.7	10.7	0.7	48	1200
	麻栎－石栎－牛筋条－清香木－石楠－栓皮栎－盐肤木等	1300	62.6	10	11.8	6.7	0.8	23	1780
	麻栎－旱冬瓜－槲栎－灰背栎－木荷－水红木－四照花等	2988	62.5	12	8.2	6.1	0.75	15	2600

续表 3-87

优势树种	树种结构类型组	公顷株数（株）	公顷蓄积（m³）	树种数量（种）	平均胸径（cm）	平均树高（m）	郁闭度	平均年龄（年）	分布海拔（m）
麻栎	麻栎－杜鹃－其他软阔类等	1263	41	4	10.7	8.6	0.5	23	1840
	麻栎－多穗石栎－高山栲－旱冬瓜－木荷－黄毛青冈等	1288	150.4	13	15	7.7	0.54	45	2370
	麻栎－枫香－槲栎－木荷－漆树－水锦树－云南黄杞等	1063	36.6	11	10.1	9.1	0.5	35	410
	麻栎－高山栲－红木荷－黄毛青冈－其他硬阔类	525	8.7	5	7	4.9	0.25	11	1570
	麻栎－高山栲－槲栎－栎类－青冈	1250	21.3	5	7.8	6.4	0.75	10	1610
	麻栎－高山栲－楹树等	625	36.4	4	12.2	8.1	0.3	10	1470
	麻栎－旱冬瓜－槲栎－其他软阔类等	800	197.3	5	24.1	20.7	0.75	74	1530
	麻栎－旱冬瓜－君迁子－其他灌木－青冈等	1688	72.3	6	11	8.4	0.8	28	1880
	麻栎－红木荷－南烛－青冈－西南桦－其他软阔类	763	85	6	17.8	12.5	0.35	57	1200
	麻栎－黄连木－毛叶柿－清香木－岩栎－野漆－余甘子等	838	20.2	8	8.9	5.8	0.3	20	1400
	麻栎－浆果楝－火绳树－木棉－水锦树－盐肤木余甘子等	1538	73.8	11	13	8	0.6	28	940
	麻栎－火绳树－青冈	1400	18.6	3	7	6.4	0.8	7	1475
	麻栎－木荷－泡桐－青冈－西南桦－杨梅－其他软阔类等	1675	41.4	8	9.9	10.2	0.7	12	920
	麻栎－西南桦－樟－其他软阔类－其他硬阔类等	1475	28	6	7.9	8.4	0.55	12	1270
	麻栎－楝－木荷－楠木－樟－其他软阔类	1025	94.2	6	16.8	14.4	0.8	30	1100
	麻栎－山合欢－其他软阔类	488	42.9	3	15.9	11.8	0.45	57	1440

（十一）天然异龄木荷阔叶混交林

本类型记录到样地43块，分布在版纳（12块）、普洱（11块）、文山（9块）、保山（6块）、红河（3块）、玉溪（2块）等州（市）。从样地分布区域和分布地海拔分析，该类型中的木荷主要有红木荷和银木荷2个树种组成。样地综合分布海拔420～2400m，平均海拔1417m。树种结构以木荷为优势种，与岗栌、牛筋条、野茉莉、白穗石栎、杜英、短刺栲、旱冬瓜、硬斗石栎、茶梨、粗糠柴、桦木、密花树、高山栲、泡桐、盐肤木、粗壮琼楠、西南桦、青冈、围涎树、香叶树、樟、润楠、厚皮香、水红木、槲栎、毛叶黄杞、滇青冈、滇石栎、桂樱、蒲桃、滇润楠、水锦树、银叶栲、麻栎、枫香、南烛、山合欢、云南黄杞、楝、黑黄檀、母猪果、光叶石栎、黄连木、余甘子、核桃、中平树、楠木、榆树、清香木、木莲等1种或多种阔叶树种组成阔叶混交林。森林树种组成数量综合平均 7 种，综合平均胸径 14.1cm，平均树高 11.1m，平均郁闭度 0.57，平均年龄 31 年，森林活立木密度为平均每公顷 1124 株，平均公顷蓄积量 128.7m³。森林单株胸径年平均生长量 0.39cm，年平均生长率 3.05%；单株蓄积年平均生长量 0.0083m³，年平均生长率 7.52%。详见表 3-88。

表 3-88　天然异龄木荷阔叶混交林结构因子统计表

优势树种	树种结构类型组	公顷株数（株）	公顷蓄积（m³）	树种数量（种）	平均胸径（cm）	平均树高（m）	郁闭度	平均年龄（年）	分布海拔（m）
木荷	综合平均	1124	128.7	7	14.1	11.1	0.57	31	1417
	木荷－岗枹牛筋条－其他软阔类－野茉莉	775	12.7	5	8.3	8	0.4	14	1900
	木荷－白穗石栎－杜英－短刺栲－旱冬瓜－硬斗石栎等	588	84.9	7	6.8	6.5	0.6	6	2199
	木荷－茶梨－粗糠柴－岗枹－桦木－栎类－密花树等	2025	219.5	17	13.7	14.1	0.75	40	1260
	木荷－栎类－泡桐－盐肤木－油杉等	1625	78.4	11	11.1	9.4	0.6	23	1560
	木荷－刺栲－粗壮琼楠－高山栲－旱冬瓜－西南桦等	1963	296.3	11	15.5	11.4	0.95	50	1858
	木荷－栎类－围涎树－香叶树－樟等	1463	128	10	13.8	13.5	0.62	51	1464
	木荷－桦木－栎类等	1625	239.4	6	17.6	14.7	0.75	66	940
	木荷－粗糠柴－岗枹－润楠－厚皮香－栎类－水红木等	1113	62.1	12	10.9	10.7	0.46	34	1740
	木荷－粗糠柴－岗枹－栎类－毛叶黄杞－西南桦等	638	25.8	12	10.1	7.8	0.35	7	1120
	木荷－滇青冈－滇石栎－短刺栲－桂樱－蒲桃等	1600	65	11	10.2	9.3	0.7	20	2050
	木荷－滇润楠－高山栲－石栎－水锦树－蒲桃－银叶栲等	1863	200.6	12	15.2	12.9	0.75	27	1370
	木荷－滇石栎－麻栎－其他软阔类	1400	77	4	10.7	7.6	0.5	6	1060
	木荷－枫香－岗枹－南烛－山合欢－水锦树－云南黄杞等	1538	55.4	8	9.7	8.3	0.45	13	550
	木荷－枫香－桦木－楝－西南桦等	1200	57.9	6	10.8	8.4	0.55	15	1060
	木荷－岗枹－黑黄檀－栎类－母猪果－水锦树－西南桦等	1650	199.5	12	14.4	10.7	0.75	49	1360
	木荷－黄连木－栎类－余甘子－其他硬阔类	550	12.9	6	8.2	6.1	0.3	8	1020
	木荷－旱冬瓜－核桃－其他软阔类－其他硬阔类	938	34	5	10.1	8.8	0.3	15	1780
	木荷－旱冬瓜－麻栎－其他软阔类等	888	70.7	6	17.5	10.8	0.5	28	1230
	木荷－旱冬瓜－盐肤木－中平树等	350	14.4	5	10	5.8	0.35	7	1205

续表 3-88

优势树种	树种结构类型组	公顷株数（株）	公顷蓄积（m³）	树种数量（种）	平均胸径（cm）	平均树高（m）	郁闭度	平均年龄（年）	分布海拔（m）
木荷	木荷－母猪果－其他软阔类－其他硬阔类等	1000	347.5	6	24.6	19.4	0.72	52	1910
	木荷－桦木－枥类－其他软阔类－其他硬阔类	1513	167	6	12.2	9.9	0.46	24	2460
	木荷－桦木－枥类－楝－楠木－其他软阔类－其他硬阔类	1875	147.9	7	13.2	12.7	0.72	28	1250
	木荷－桦木－枥类－楠木－其他软阔类－其他硬阔类	1150	188	6	17.9	15.1	0.65	25	1250
	木荷－桦木－枥类－楠木－杉木－榆树－其他软阔类	1425	207.5	7	15.6	11.6	0.75	27	1210
	木荷－桦木－枥类－其他软阔类－其他硬阔类	1413	100.2	5	12.7	10.1	0.7	20	1852
	木荷－桦木－泡桐－其他软阔类－其他硬阔类	725	66.4	5	14.7	11.4	0.48	45	1250
	木荷－桦木－西南桦－盐肤木－油桐等	1063	105.5	7	14.1	10.5	0.65	33	1480
	木荷－枥类－楝－楠木－其他软阔类－其他硬阔类	775	316.4	6	24.7	16.8	0.62	52	1000 ~ 1220
	木荷－枥类－楝－其他软阔类－其他硬阔类	1050	103.2	5	15.1	16.4	0.54	20	1740
	木荷－枥类－楠木－泡桐－其他软阔类－其他硬阔类	800	322.7	6	25.9	16.1	0.7	101	1350
	木荷－枥类－楠木－其他软阔类－其他硬阔类	713	264.5	5	24.9	16.6	0.83	62.7	920 ~ 1530
	木荷－枥类－楠木－其他硬阔类	1013	157.6	4	17.6	14.5	0.85	58	1080
	木荷－枥类－其他软阔类	388	16.8	3	11.2	6	0.3	12	1870
	木荷－枥类－其他软阔类－其他硬阔类	2088	110.7	4	11.5	10.8	0.62	16	1380
	木荷－枥类－清香木－其他软阔类等	875	31.5	5	10.1	9.3	0.3	16	1640
	木荷－枥类－油橄榄	350	4.3	3	6.8	8	0.75	8	1000
	木荷－柳树－木莲－楠木－青冈等	675	346.8	7	28.1	11.2	0.46	72	2400
	木荷－麻栎－南烛－山合欢－余甘子－云南黄杞等	713	21.3	7	9.2	7.9	0.35	15	420
	木荷－银叶栲－其他软阔类	425	59.8	3	16.5	15.3	0.3	24	630

（十二）天然异龄楠木阔叶混交林

本类型记录到样地 19 块，分布在版纳（9 块）、保山（3 块）、普洱（3 块）、德宏（1 块）、红河（1 块）、文山（1 块）、昭通（1 块）等州（市）。样地分布综合海拔 940 ~ 2850m，平均海拔 1586m。树种结构以楠木为优势种，与灯台树、鹅掌楸、旱冬瓜、乌桕、小漆树、樟、茶条木、桦木、粗糠柴、多变石栎、杜鹃、露珠杜鹃、岗柃、截头石栎、南烛、水锦树、西南桦、樱桃、核桃、木荷、楝、柳叶润楠、麻栎、榆树、滇青冈、滇润楠、红木荷、香椿、野漆、檫木、峨眉栲、青冈、野八角、八角枫、大果楠、枫香、女贞、云南藤黄等1种或多种阔叶树组成阔叶混交林。森林组成树种综合平均数6种，综合平均胸径18.2cm，平均树高12.8m，平均郁闭度0.65，平均年龄48年，森林活立木密度为平均每公顷1016株，平均公顷蓄积量181.5m³。森林单株胸径年平均生长量0.27cm，年平均生长率2.24%；单株蓄积年平均生长量0.0054m³，年平均生长率5.74%。详见表3-89。

表3-89 天然异龄楠木阔叶混交林结构因子统计表

优势树种	树种结构类型组	公顷株数（株）	公顷蓄积（m³）	树种数量（种）	平均胸径（cm）	平均树高（m）	郁闭度	平均年龄（年）	分布海拔（m）
	综合平均	1016	181.5	6	18.2	12.8	0.65	48	1586
	楠木－灯台树－鹅掌楸－旱冬瓜－乌柏－小漆树－樟等	1188	19.5	11	7	6.7	0.4	10	1350
	楠木－茶条木－桦木	1763	199.8	3	15.5	10.3	0.85	63	1780
	楠木－粗糠柴－多变石栎－其他软阔类	375	140.3	4	26.4	17.2	0.8	42	1380
	楠木－杜鹃－栎类－露珠杜鹃－其他软阔类等	2050	553.2	7	19.4	11.9	0.85	83	2850
	楠木－岗栎－截头石栎－南烛－水锦树－西南桦－樱桃等	1575	127.6	10	12.4	9.5	0.72	14	1900
	楠木－核桃－樱桃－其他软阔类－其他硬阔类	513	57.5	5	8.5	6.4	0.4	8	2230
	楠木－木荷－栎类－楝－其他软阔类	881	235.2	5	21.4	15.9	0.74	53	1005
	楠木－栎类－楝－其他软阔类－其他硬阔类	725	200.1	5	21.5	16	0.6	83	1300
楠木	楠木－柳叶润楠－栎类－榆树等	875	74.2	8	10.5	11.8	0.5	20	1250
	楠木－栎类－木荷－南烛－其他软阔类	2038	70	5	8.4	8.2	0.7	13	2103
	楠木－栎类－木荷－其他软阔类	638	234.1	4	25	16.1	0.8	58	1720
	楠木－栎类－木荷－其他软阔类－其他硬阔类	1006	337.5	5	23.4	16.0	0.78	85	1530
	楠木－栎类	525	139.6	2	22.6	14.5	0.55	72	1120
	楠木－栎类－其他软阔类	1058	206.6	3	20.7	15.8	0.75	64.7	943
	楠木－栎类－其他软阔类－其他硬阔类	844	152.3	4	18.5	15.4	0.73	66	1095
	楠木－其他软阔类－其他硬阔类	525	372.6	3	31.8	19	0.43	75	1980
	楠木－滇青冈－滇润楠－红木荷－麻栎－－香椿－野漆等	375	41.4	8	14.5	11.7	0.5	12	940
	楠木－檫木－峨眉栲－漆树－青冈－乌柏－野八角等	1938	138.4	12	13.5	7.6	0.8	50	1800
	楠木－八角枫－大果楠－枫香－石栎－女贞－云南藤黄等	413	149.1	11	24.8	14	0.45	40	1860

（十三）天然异龄硬阔类阔叶混交林

本类型记录到样地 31 块，分布在西双版纳（11 块）、普洱（10 块）、文山（3 块）、临沧（3 块）、保山（3 块）、大理（1 块）等州（市）。样地综合海拔 620 ~ 3002m，平均海拔 1448m。树种结构以硬阔类为优势种，与白穗石栎、红光树、绒毛番龙眼、木奶果、青冈、榆树、樟、棒柄花、常绿榆、大果冬青、大叶山楝、榕树、杯状栲、川楝、杜英、红木荷、盐肤木、刺栲、岗柃、红椿、楠木、滇润楠、苹果榕、山合欢、滇石栎、杜鹃、枫香、桦木、木莲、野八角、楝、泡桐、中华鹅掌柴、高山栲、高山栎、麻栎、旱冬瓜、南烛、中平树、榆树、粗糠柴、多花白头树、围涎树、野核桃等 1 种或多种阔叶树种组成阔叶混交林。森林组成树种综合平均数 6 种，综合平均胸径 18.4cm，平均树高 13.7m，平均郁闭度 0.61，平均年龄 39 年，森林活立木密度为平均每公顷 856 株，平均公顷蓄积量 172.9m³。森林单株胸径年平均生长量 0.27cm，年平均生长率 2.28%；单株蓄积年平均生长量 0.0043m³，年平均生长率 5.219%。详见表 3-90。

表 3-90　天然异龄硬阔类阔叶混交林结构因子统计表

优势树种	树种结构类型组	公顷株数（株）	公顷蓄积（m³）	树种数量（种）	平均胸径（cm）	平均树高（m）	郁闭度	平均年龄（年）	分布海拔（m）
硬阔类	综合平均	856	172.9	6	18.4	13.7	0.61	39	1448
	硬阔类－白穗石栎－红光树－绒毛番龙眼－木奶果等	800	32.6	15	10.4	7.6	0.7	19	640
	硬阔类－栎类－其他软阔类－青冈－榆树－樟等	1400	68.6	7	10.7	8.6	0.55	18	1650
	硬阔类－棒柄花－常绿榆－大果冬青－大叶山楝－榕树等	938	174.7	16	18.8	14.8	0.75	87	1230
	硬阔类－杯状栲－川楝－杜英－红木荷－榕树－盐肤木等	638	38.9	11	14.5	13.8	0.51	11	980
	硬阔类－杯状栲－栎类－其他软阔类	1350	661.2	4	28	21.1	0.8	88	1990
	硬阔类－刺栲－杜英－岗柃－红椿－红木荷－楠木等	1075	254.7	15	18.8	14.7	0.75	19	1320
	硬阔类－滇润楠－红木荷－苹果榕－山合欢－盐肤木等	613	30	7	11.7	6.8	0.45	17	1500
	硬阔类－滇石栎－杜鹃－枫香－桦木－木莲－野八角－樟等	1000	501.5	9	26.8	24	0.8	53	2920
	硬阔类－枫香－楝－泡桐－其他软阔类－中华鹅掌柴	525	28.5	6	10.9	9.3	0.45	18	900
	硬阔类－高山栲－高山栎－栎类－其他软阔类等	1838	39.1	6	7.8	5.5	0.4	13	2400
	硬阔类－高山栎－麻栎	913	80.6	3	14.2	6.9	0.4	41	3002
	硬阔类－旱冬瓜－桦木－栎类－其他软阔类等	750	90.2	6	16.9	12.9	0.6	30	1430

续表 3-90

优势树种	树种结构类型组	公顷株数（株）	公顷蓄积（m³）	树种数量（种）	平均胸径（cm）	平均树高（m）	郁闭度	平均年龄（年）	分布海拔（m）
硬阔类	硬阔类－桦木－栎类－木荷－楠木	1013	359.5	5	25.5	19.5	0.75	80	2560
	硬阔类－桦木－栎类－木荷－其他软阔类	1438	173.8	5	16.2	14.8	0.8	50	1060
	硬阔类－桦木－楝－木荷－其他软阔类	1238	561.2	5	25.8	20.2	0.75	41	950
	硬阔类－栎类－楝－楠木－其他软阔类	738	277.6	5	25.0	20.8	0.53	62.5	1250
	硬阔类－栎类－木荷－南烛	1625	174.6	4	13.4	8.2	0.6	35	2580
	硬阔类－栎类－木荷－其他软阔类	338	51.5	4	16.6	14.7	0.3	37	1820
	硬阔类－栎类－楠木－其他软阔类－樟	525	187.4	5	25.3	18.7	0.75	54	960
	硬阔类－栎类－楠木－其他软阔类－中平树	738	68	5	13.9	14.3	0.75	20	1000
	硬阔类－栎类－其他软阔类	1269	108.5	3	14.1	10.9	0.73	27.3	1491
	硬阔类－栎类－其他软阔类－中平树	700	297.3	4	26.5	16.5	0.75	64	1170
	硬阔类－楝－楠木－其他软阔类	838	203.6	4	20.6	15.8	0.65	24	1040
	硬阔类－木荷－楠木－其他软阔类	406	198.1	4	30.6	19.2	0.6	36.5	895
	硬阔类－木荷－其他软阔类	300	55.6	3	13.7	12	0.3	20	620
	硬阔类－木荷－其他软阔类－榆树	588	85.4	4	17.9	11.7	0.5	16	957
	硬阔类－楠木－其他软阔类	400	238	3	29.8	19.2	0.65	110	700
	硬阔类－泡桐－其他软阔类	363	126.5	3	26.3	12.3	0.35	35	1700
	硬阔类－软阔类	406	88.3	2	19.0	11.6	0.68	28	1545
	硬阔类－青冈－樟	850	13.4	3	6.9	5.8	0.45	10	1500
	硬阔类－粗糠柴－滇润楠－多花白头树－围涎树－野核桃	913	91	8	14.8	13.5	0.72	51	1130

（十四）天然异龄青冈阔叶混交林

本类型记录到样地31块，分布在普洱（8块）、德宏（6块）、文山（4块）、红河（3块）、临沧（3块）、版纳（1块）、楚雄（1块）、大理（1块）、迪庆（1块）、昆明（1块）、丽江（1块）、曲靖（1块）等州（市）。样地综合海拔 880～3020m，平均海拔 1855m。树种结构以青冈为优势种，与羊蹄甲、黄檀、红木荷、母猪果、黄杞、白枪杆、麻栎、清香木、柴桂、楝、泡桐、秧青、野漆、樟、川楝、五角枫、刺栲、杜英、黄心树、思茅黄肉楠、银柴、华南石栎、截头石栎、香叶树、滇榄仁、厚皮树、毛叶黄杞、滇石梓、红光树、火绳、杜鹃、椴树、旱冬瓜、南烛、杨梅、樱桃、钝叶黄檀、高山栲、黑黄檀、西南桦、毛叶青冈、木荷、山玉兰、光叶石栎、楠木、盐肤木、猴子木、桦木、山合欢、檬果樟、山黄麻、银木荷、余甘子、牛筋条、漆树、白桦、杨树、滇杨、柳树、毛果黄肉楠、高山栲、野八角、马缨花、漆树等1种或多种阔叶树组成阔叶混交林。森林组成树种综合平均数 7 种，综合平均胸径 14.0cm，平均树高 10.3m，平均郁闭度 0.64，平均年龄 37 年，森林活立木密度为平均每公顷 1504 株，平均公顷蓄积量 117.6m³。森林单株胸径年平均生长量 0.295cm，年平均生长率 2.68%；单株蓄积年平均生长量 0.0032m³，年平均生长率 6.68%。详见表 3-91。

表 3-91　天然异龄青冈阔叶混交林结构因子统计表

优势树种	树种结构类型组	公顷株数（株）	公顷蓄积（m³）	树种数量（种）	平均胸径（cm）	平均树高（m）	郁闭度	平均年龄（年）	分布海拔（m）
青冈	综合平均	1504	117.6	7	14.0	10.3	0.64	37	1855
	青冈 - 羊蹄甲 - 黄檀 - 红木荷 - 栎类 - 母猪果 - 黄杞等	2775	52.3	10	7.6	6.4	0.75	10	1520
	青冈 - 白枪杆 - 麻栎 - 清香木等	638	7.8	6	6.9	4.1	0.3	10	1350
	青冈 - 柴桂 - 楝 - 泡桐 - 秧青 - 野漆 - 石栎 - 黄杞 - 樟等	575	83.8	9	16.8	12.7	0.45	55	1380
	青冈 - 川楝 - 五角枫 - 其他软阔类	600	550	4	38.1	26	0.8	124	1690
	青冈 - 刺栲 - 杜英 - 黄心树 - 思茅黄肉楠 - 银柴等	1338	128.2	10	15	12.7	0.8	48	1120
	青冈 - 刺栲 - 红木荷 - 华南石栎 - 截头石栎 - 香叶树	1363	103.6	8	13.6	10.8	0.73	30	1890
	青冈 - 滇榄仁 - 红木荷 - 厚皮树 - 毛叶黄杞等	1788	96.7	7	12.3	8.8	0.58	32	980
	青冈 - 滇石梓 - 杜英 - 红光树 - 厚皮香 - 黄心树 - 火绳等	1263	74.5	20	12.3	9.4	0.55	20	1260
	青冈 - 杜鹃 - 椴树 - 旱冬瓜 - 南烛 - 杨梅 - 樱桃	1250	371	7	24	14.4	0.85	54	2140
	青冈 - 钝叶黄檀 - 高山栲 - 旱冬瓜 - 黑黄檀 - 西南桦等	638	196.5	10	31.1	12.7	0.55	90	1580
	青冈 - 栲 - 毛叶青冈 - 母猪果 - 木荷 - 山玉兰等	2063	136.5	15	12.7	10.2	0.75	38	1180
	青冈 - 光叶石栎	2263	66.8	3	9.7	8.5	0.8	22	2270
	青冈 - 旱冬瓜 - 红木荷 - 楠木 - 盐肤木	625	96.9	5	18.4	19.6	0.6	51	1900
	青冈 - 旱冬瓜 - 木荷	375	70	3	20	16.3	0.6	60	2580
	青冈 - 红木荷 - 猴子木	1038	92.7	3	12.4	7	0.2	14	2580
	青冈 - 桦木 - 黄心树 - 截头石栎 - 木荷 - 山合欢等	2125	176.4	15	13.4	10.1	0.7	30	1340
	青冈 - 桦木 - 其他软阔类	1100	338.9	3	29.5	18.5	0.8	86	3020
	青冈 - 黄心树 - 麻栎 - 檬果樟 - 其他软阔类 - 其他硬阔类	1138	87.5	6	13.6	12.2	0.67	28	880

续表 3-91

优势树种	树种结构类型组	公顷株数（株）	公顷蓄积（m³）	树种数量（种）	平均胸径（cm）	平均树高（m）	郁闭度	平均年龄（年）	分布海拔（m）
青冈	青冈-截头石栎-木麻黄-银柴-银木荷-余甘子等	1313	120	7	14.4	9.9	0.4	38	1250
	青冈-木荷-楠木-其他硬阔类	1575	98	5	12.6	8.6	0.7	17	2460
	青冈-木荷-其他软阔类-其他硬阔类	3613	102.6	6	9.3	7.8	0.55	20	1710
	青冈-其他软阔类	663	8.2	3	7.5	6.8	0.8	15	1360
	青冈-牛筋条-漆树-其他软阔类-清香木	838	24.1	6	9.4	5.9	0.45	35	1700
	青冈-漆树-其他软阔类	650	5.6	3	5.5	4.7	0.7	12	1950
	青冈-白桦-旱冬瓜-华山松-麻栎-软阔类-杨树等	2700	99.5	9	9.2	8.2	0.84	18	2440
	青冈-滇杨-旱冬瓜-柳树-毛果黄肉楠-其他硬阔类等	688	176.4	10	21.1	12.3	0.5	83	2880
	青冈-高山栲-其他软阔类-杨树-野八角等	2775	119	7	10.3	8.2	0.8	42	2840
	青冈-旱冬瓜-麻栎-马缨花-杨树等	2375	49.8	8	7.2	7.4	0.65	15	2340
	青冈-麻栎-南烛-其他软阔类-杨梅等	4813	76.7	7	6.3	6	0.85	18	1820
	青冈-其他栎类等	763	21.7	4	8.7	7.5	0.6	31	2260
	青冈-其他硬阔类-漆树等	888	12.9	4	5.9	6.1	0.6	7	1850

（十五）天然异龄西南桦阔叶混交林

本类型记录到样地17块，分布在普洱（5块）、红河（3块）、德宏（2块）、西双版纳（2块）、临沧（2块）、文山（1块）、昭通（1块）、保山（1块）等州（市）。样地综合海拔960～2090m，平均海拔1461m。树种结构以西南桦为优势种，与灯台树、核桃、木奶果、泡桐、青榨槭、乌桕、檫木、鹅掌楸、枫香、木荷、楠木、黄杞、黑黄檀、柳树、麻栎、木莲、香面叶、棒柄花、茜树、刺栲、杜英、钝叶桂、合果木、粗糠柴、光叶石栎、红木荷、家麻树、楠木、茶梨、柴桂、大果楠、滇润楠、母猪果、臭椿、滇石梓、白头树、岗柃、截头石栎、毛叶黄杞、密花树、旱冬瓜、四角蒲桃、黄连木、云南七叶树、多穗石栎、厚皮香、黄牛木、黄心树、黄肉楠、厚皮树、南酸枣、珊瑚冬青、杨梅、银木荷、硬斗石栎、云南含笑、红梗润楠、黄丹木姜子、香叶树、水锦树、白檀、高山栲、红椿、截头石栎等1种或多种阔叶树组成阔叶混交林。森林组成树种综合平均数13种，综合平均胸径16.0cm，平均树高13.0m，平均郁闭度0.62，平均年龄32年，森林活立木密度为平均每公顷1052株，平均公顷蓄积量147.4m³。森林单株胸径年平均生长量0.68cm，年平均生长率4.7%；单株蓄积年平均生长量0.0168m³，年平均生长率11.31%。详见表3-92。

表 3-92　天然异龄西南桦阔叶混交林结构因子统计表

优势树种	树种结构类型组	公顷株数（株）	公顷蓄积（m³）	树种数量（种）	平均胸径（cm）	平均树高（m）	郁闭度	平均年龄（年）	分布海拔（m）
西南桦	综合平均	1052	147.4	13	16.0	13.0	0.62	32	1461
	西南桦－灯台树－核桃－木奶果－泡桐－青榨槭－乌柏等	1100	58.2	12	11.7	12.2	0.75	15	1120
	西南桦－檫木－鹅掌楸－枫香－栎类－木荷－楠木－黄杞等	1438	119.6	11	13.1	13.4	0.75	14	1250
	西南桦－石栎－黑黄檀－柳树－麻栎－木莲－面面叶等	1525	135.4	17	13.6	13.3	0.85	30	1540
	西南桦－棒柄花－茜树－刺楸－杜英－钝叶桂－合果木等	575	378	18	29.1	10.1	0.6	84	1800
	西南桦－粗糠柴－光叶石栎－红木荷－家麻树－楠木等	313	99.3	8	22.7	12	0.3	29	1588
	西南桦－茶梨－柴桂－大果楠－滇润楠－麻栎－母猪果等	1050	300.9	14	21	14.4	0.8	68	1400
	西南桦－臭椿－刺楸－滇石梓－杜英－白头树－岗枨等	1138	247.6	17	19.9	19.5	0.85	55	1510
	西南桦－刺楸－红木荷－截头石栎－毛叶黄杞－密花树等	1288	139.1	15	13	13.5	0.7	55	1310
	西南桦－滇润楠－旱冬瓜－木荷－四角蒲桃－香面叶等	1488	83.2	9	12	12.6	0.55	18	1120
	西南桦－杜英－黄檀－旱冬瓜－黄连木－云南七叶树等	1475	166.7	18	15.4	15.4	0.6	23	1280
	西南桦－多穗石栎－厚皮香－黄牛木－黄心树－黄肉楠等	1625	144.5	18	14.1	14.1	0.72	25	960
	西南桦－岗枨－厚皮树－南酸枣－珊瑚冬青－香面叶等	300	25.9	9	14.9	7.4	0.3	13	1550
	西南桦－杨梅－银木荷－硬斗石栎－云南含笑等	838	218.1	9	17.2	13.7	0.45	32	2090
	西南桦－光叶石栎－香面叶等	650	98.5	4	24	14.5	0.6	25	1500
	西南桦－红梗润楠－黄丹木姜子－香叶树等	713	17	7	8.2	7.5	0.65	11	1520
	西南桦－木荷－其他软阔类－水锦树	1188	34.8	7	9	8.3	0.35	13	1620
	西南桦－刺楸－合果木－黑黄檀－木荷－梭罗树－野柿等	1375	170.8	17	14.7	19.8	0.7	43	1400
	西南桦－白檀－高山栲－旱冬瓜－红椿－截头石栎－栲等	863	215.1	15	13.6	11.7	0.71	31	1740

（十六）天然异龄锥连栎阔叶混交林

本类型记录到样地16块，分布在楚雄（8块）、普洱（3块）、红河（3块）、昆明（2块）等州（市）。样地综合海拔1530~2550m，平均海拔1969m。树种结构以锥连栎为优势种，与白枪杆、滇青冈、滇石栎、光叶石栎、漆树、巴东栎、高山栲、黄毛青冈、石楠、樱桃、川梨、滇鹅耳枥、高山栎、麻栎、密花树、木荷、黄杞、茶梨、红木荷、马缨花、黄背栎、栓皮栎、粗糠柴、黄心树、木莲、榕树、香面叶、旱冬瓜、西南桦、漆树、杜鹃、南烛、余甘子、母猪果、西南桦、毛叶青冈、瑞丽山龙眼、杨梅、头状四照花、杨树、滇桂木莲、滇润楠、滇山茶、岗柃、灯台树、山鸡椒等1种或多种阔叶树组成阔叶混交林。森林组成树种综合平均数9种，综合平均胸径11.3cm，平均树高8.9m，平均郁闭度0.68，平均年龄32年，森林活立木密度为平均每公顷1903株，平均公顷蓄积量112.8m³。森林单株胸径年平均生长量0.28cm，年平均生长率2.99%；单株蓄积年平均生长量0.0027m³，年平均生长率8.26%。详见表3-93。

表3-93　天然异龄锥连栎阔叶混交林结构因子统计表

优势树种	树种结构类型组	公顷株数（株）	公顷蓄积（m³）	树种数量（种）	平均胸径（cm）	平均树高（m）	郁闭度	平均年龄（年）	分布海拔（m）
锥连栎	综合平均	1903	112.8	9	11.3	8.9	0.68	32	1969
	锥连栎－白枪杆－滇青冈－滇石栎－光叶石栎－漆树等	2788	73.8	9	10	12.3	0.9	36	2100
	锥连栎－巴东栎－高山栲－黄毛青冈－石楠－樱桃等	3375	92.4	9	9.9	6.5	0.75	30	1890
	锥连栎－川梨－滇鹅耳枥－黄毛青冈等	1563	31	6	8.5	6.8	0.6	25	2550
	锥连栎－滇青冈－高山栎－麻栎－密花树－木荷－黄杞等	2238	236.2	17	10.5	11.5	0.75	60	1530
	锥连栎－茶梨－滇青冈－红木荷－栲树－马缨花等	1400	209.5	11	17.5	8.5	0.41	60	2130
	锥连栎－川梨－黄背栎－栓皮栎等	325	3.4	8	6.9	5.2	0.38	8	1780
	锥连栎－粗糠柴－黄心树－栎类－木莲－榕树－香面叶等	1213	33.2	9	9.4	7.5	0.6	19	1660
	锥连栎－滇鹅耳枥－旱冬瓜－西南桦－漆树	1925	117.9	5	12.5	9.6	0.9	27	2250
	锥连栎－滇青冈－旱冬瓜－麻栎等	1825	96.1	7	10.1	9.1	0.6	53	2060
	锥连栎－杜鹃－旱冬瓜－马缨花－南烛－其他软阔类等	3025	97.2	8	9.5	7.9	0.8	18	2070
	锥连栎－其他软阔类－余甘子	638	23.8	3	10	4.5	0.46	19	1300
	锥连栎－短刺栲－高山栲－麻栎－母猪果－西南桦等	1800	131.9	13	13.3	12.3	0.9	42	1490
	锥连栎－高山栲－黄杞－毛叶青冈－瑞丽山龙眼－杨梅等	1225	186.2	16	17.8	13.4	0.75	30	1710

续表 3-93

优势树种	树种结构类型组	公顷株数（株）	公顷蓄积（m³）	树种数量（种）	平均胸径（cm）	平均树高（m）	郁闭度	平均年龄（年）	分布海拔（m）
锥连栎	锥连栎–青冈–头状四照花–杨树–其他软阔类等	1888	109.4	6	12.8	10.3	0.85	25	2330
	锥连栎–滇桂木莲–滇润楠–滇山茶–岗枵–高山栲等	3350	313.1	14	13.5	10.6	0.9	40	2550
	锥连栎–灯台树–山鸡椒	1875	49.8	3	9.2	6.5	0.4	15	2100

（十七）天然异龄多变石栎阔叶混交林

本类型记录到样地9块，分布在德宏（3块）、丽江（2块）、迪庆（1块）、红河（1块）、临沧（1块）、怒江（1块）等州（市）。样地综合海拔1000～2900m，平均海拔2106m。树种结构以多变石栎为优势种，与杯状栲、高榕、滇枫杨、滇泡花树、云南樟、川楝、毛叶黄杞、滇青冈、滇杨、樱桃、滇润楠、红花木莲、五角枫、野核桃、光叶高山栎、黄毛青冈、灰背栎、旱冬瓜、水锦树、西南桦、细齿叶枵、香面叶、红木荷、楠木、泡桐、榕树、楒树、余甘子、青榨槭、山鸡椒等1种或多种阔叶树种组成阔叶混交林。森林组成树种综合平均数7种，综合平均胸径17.5cm，平均树高11.1m，平均郁闭度0.58，平均年龄46年，森林活立木密度为平均每公顷1179株，平均公顷蓄积量168.0m³。森林单株胸径年平均生长量0.32cm，年平均生长率2.92%；单株蓄积年平均生长量0.0046m³，年平均生长率7.58%。详见表3-94。

表 3-94　天然异龄多变石栎阔叶混交林结构因子统计表

优势树种	树种结构类型组	公顷株数（株）	公顷蓄积（m³）	树种数量（种）	平均胸径（cm）	平均树高（m）	郁闭度	平均年龄（年）	分布海拔（m）
多变石栎	综合平均	1179	168.0	7	17.5	11.1	0.58	46	2106
	多变石栎–杯状栲–高榕–滇枫杨–滇泡花树–云南樟等	1163	227.6	12	19.4	12.5	0.65	54	2060
	多变石栎–川楝–毛叶黄杞–其他软阔类	750	64.9	5	13.5	7	0.5	74	1000
	多变石栎–滇青冈–滇杨–樱桃–其他软阔类等	1688	197.5	9	20.7	11	0.65	67	2800
	多变石栎–滇润楠–红花木莲–五角枫–野核桃	1275	569.6	5	30.7	20.7	0.65	84	2500
	多变石栎–光叶高山栎	363	6.4	2	8.2	6.3	0.25	25	2900
	多变石栎–光叶高山栎–黄毛青冈–灰背栎–软阔类等	2600	74.8	7	10.4	8.6	0.85	27	2660
	多变石栎–旱冬瓜–水锦树–西南桦–细齿叶枵–香面叶	950	84.2	8	13.1	10	0.5	15	1830

续表 3-94

优势 树种	树种结构类型组	公顷 株数 （株）	公顷 蓄积 （m³）	树种 数量 （种）	平均 胸径 （cm）	平均 树高 （m）	郁闭度	平均 年龄 （年）	分布 海拔 （m）
多变 石栎	多变石栎－红木荷－楠木－泡桐－榕树－楹树－余甘子等	413	218.5	8	30.5	15	0.55	46	1040
	多变石栎－旱冬瓜－楠木－青榨槭－山鸡椒－樱桃等	1413	68.1	10	11.1	8.8	0.65	19	2162

（十八）天然异龄黄背栎阔叶混交林

本类型记录到样地 9 块，均分布在丽江市。样地综合海拔 2200～3470m，平均海拔 2812m。树种结构以黄背栎为优势种，与樱桃、臭椿、粗糠柴、头状四照、滇杨、柳树、杜鹃、多变石栎、光叶高山栎、毛叶曼青冈等 1 种或多种阔叶树组成阔叶混交林。森林组成树种综合平均数 3 种，综合平均胸径 11.3cm，平均树高 7.2m，平均郁闭度 0.54，平均年龄 32 年，森林活立木密度为平均每公顷 1324 株，平均公顷蓄积量 68.5m³。森林单株胸径年平均生长量 0.20cm，年平均生长率 1.84%；单株蓄积年平均生长量 0.0025m³，年平均生长率 5.11%。详见表 3-95。

表 3-95　天然异龄黄背栎阔叶混交林结构因子统计表

优势 树种	树种结构类型组	公顷 株数 （株）	公顷 蓄积 （m³）	树种 数量 （种）	平均 胸径 （cm）	平均 树高 （m）	郁闭度	平均 年龄 （年）	分布 海拔 （m）
黄背栎	综合平均	1324	68.5	3	11.3	7.2	0.54	32	2812
	黄背栎－樱桃－臭椿	513	9.2	3	8.3	5.9	0.35	25	2660
	黄背栎－粗糠柴－软阔类－头状四照花等	2225	113.3	7	10.5	7.8	0.8	20	2200
	黄背栎－滇杨－柳树－其他软阔类	1613	61.8	5	10.3	6.8	0.54	32	3230
	黄背栎－杜鹃－多变石栎－其他硬阔类－樱桃	2188	73.2	5	10.1	6.2	0.6	23	3470
	黄背栎－杜鹃	1625	144.8	2	14.7	10.9	0.75	44	3320
	黄背栎－其他软阔类等	2463	140.1	3	11.2	8.6	0.80	25	3140
	黄背栎－光叶高山栎	513	5.9	2	7.1	5.2	0.30	15	2600
	黄背栎－毛叶曼青冈	425	16.3	2	11.2	6.2	0.35	54	2260
	黄背栎－毛叶青冈	350	51.7	2	18.5	7.0	0.40	50	2430

（十九）天然异龄白花羊蹄甲阔叶混交林

本类型记录到样地 8 块，分布在普洱（2 块）、红河（2 块）、临沧（2 块）、西双版纳（1 块）、楚雄（1 块）、德宏（1 块）等州（市）。样地综合海拔 780～1600m，平均海拔 1079m。树种结构以白花羊蹄甲为优势种，与白枪杆、臭椿、山合欢、四蕊朴、大叶石栎、红椿、木棉、野漆、厚皮树、火绳树、麻栎、清香木、榕树、钝叶榕、黑黄檀、毛叶黄杞、木荷、水锦树、思茅豆腐柴、余甘子、火绳树、榆树、歪叶榕等1种或多种阔叶树种组成阔叶混交林。森林组成树种综合平均数8种，综合平均胸径17.8cm，平均树高10.8m，平均郁闭度0.53，平均年龄33年，森林活立木密度为平均每公顷780株，平均公顷蓄积量100.0m³。森林单株胸径年平均生长量0.32cm，年平均生长率2.58%；单株蓄积年平均生长量0.0062m³，年平均生长率6.27%。详见表3-96。

表3-96 天然异龄白花羊蹄甲阔叶混交林结构因子统计表

优势树种	树种结构类型组	公顷株数（株）	公顷蓄积（m³）	树种数量（种）	平均胸径（cm）	平均树高（m）	郁闭度	平均年龄（年）	分布海拔（m）
白花羊蹄甲	综合平均	780	100.0	8	17.8	10.8	0.53	33	1079
	白花羊蹄甲－白枪杆－臭椿－栎类－山合欢－四蕊朴	913	162.0	9	17.7	8.9	0.60	24	1600
	白花羊蹄甲－大叶石栎－红椿－木棉－野漆	963	147.3	5	17.9	9.7	0.80	30	780
	白花羊蹄甲－厚皮树－火绳树－麻栎－清香木－榕树等	775	26.8	10	10.2	5.9	0.40	16	1000
	白花羊蹄甲－钝叶榕－黑黄檀－厚皮树－毛叶黄杞等	488	84.6	10	17.6	9.6	0.50	40	1228
	白花羊蹄甲－栎类－木荷－软阔类－清香木－硬阔类	1063	58.4	6	11.4	9.5	0.55	27	1220
	白花羊蹄甲－栎类－水锦树－思茅豆腐柴－余甘子等	913	93.3	7	14.7	12.2	0.55	21	980
	白花羊蹄甲－火绳树－栎类－榆－软阔类－硬阔类树	450	209.3	6	43.5	25.2	0.50	89	910
	白花羊蹄甲－栎类－清香木－榕树－歪叶榕－余甘子等	675	18.3	7	9.0	5.3	0.30	15	910

（二十）天然异龄银木荷阔叶混交林

本类型记录到样地8块，分布在普洱（2块）、红河（2块）、文山（1块）、怒江（1块）、大理（1块）、保山（1块）等州（市）。样地综合海拔970～2904m，平均海拔1858m。树种结构以银木荷为优势种，与大白花杜鹃、高山栎、旱冬瓜、滇杨、杜鹃、红桦、香椿、野八角、东京桐、钝叶黄檀、聚果榕、麻栎、木棉、杜茎山、杜英、岗枥、厚皮香、黄心树、木荷、高山榜、樱桃、云南樟、羊蹄甲、杯状栲、刺栲、楤木、滇润楠等1种或多种阔叶树种组成阔叶混交林。森林组成树种综合平均数9种，综合平均胸径12.8cm，平均树高8.5m，平均郁闭度0.57，平均年龄20年，森林活立木密度为平均每公顷1138株，平均公顷蓄积量88.9m³。森林单株胸径年平均生长量0.378cm，年平均生长率3.1%；单株蓄积年平均生长量0.0066m³，年平均生长率7.44%。详见表3-97。

表 3-97　天然异龄银木荷阔叶混交林结构因子统计表

优势树种	树种结构类型组	公顷株数（株）	公顷蓄积（m³）	树种数量（种）	平均胸径（cm）	平均树高（m）	郁闭度	平均年龄（年）	分布海拔（m）
银木荷	综合平均	1138	88.9	9	12.8	8.5	0.57	20	1858
	银木荷－大白花杜鹃－高山栲－旱冬瓜等	738	205.7	5	14.5	8.8	0.55	22	2900
	银木荷－滇杨－杜鹃－红桦－栎类－香椿－野八角等	1450	117.2	10	13.1	6.9	0.65	26	2904
	银木荷－东京桐－钝叶黄檀－聚果榕－麻栎－木棉等	1600	78.3	11	11.4	9.0	0.70	12	970
	银木荷－杜茎山－杜英－岗枔－厚皮香－黄心树－栎类等	1700	49.7	13	9.0	7.0	0.54	12	1150
	银木荷－岗枔－其他软阔类－	1863	82.3	4	10.4	6.6	0.68	18	1710
	银木荷－高山栲－厚皮树－麻栎－其他软阔类	388	28.4	6	12.0	7.1	0.60	16	1380
	银木荷－旱冬瓜－樱桃－云南樟－其他软阔类等	700	44.3	6	12.4	9.1	0.25	28	2300
	银木荷－羊蹄甲－杯状栲－刺栲－椴木－滇润楠－岗枔等	663	105.0	16	19.5	13.4	0.60	26	1550

（二十一）天然异龄截头石栎阔叶混交林

本类型记录到样地 8 块，分布在临沧（4 块）、普洱（2 块）、保山（1 块）、西双版纳（1 块）等州（市）。样地综合海拔 1200～2260m，平均海拔 1707m。树种结构以截头石栎为优势种，与杯状栲、红木荷、母猪果、西南桦、樟、滇青冈、黄心树、瑞丽山龙眼、柴桂、滇南风吹楠、滇润楠、滇石栎、榕树、旱冬瓜、木荷、余甘子、水锦树、山黄麻、云南黄杞、杜鹃、岗枔、高山栲、湄公栲等 1 种或多种阔叶树组成阔叶混交林。森林组成树种综合平均数 10 种，综合平均胸径 16.5cm，平均树高 11.3m，平均郁闭度 0.66，平均年龄 46 年，森林活立木密度为平均每公顷 1463 株，平均公顷蓄积量 135.4m³。森林单株胸径年平均生长量 0.371cm，年平均生长率 3.18%；单株蓄积年平均生长量 0.0052m³，年平均生长率 7.03%。详见表 3-98。

表 3-98　天然异龄截头石栎阔叶混交林结构因子统计表

优势树种	树种结构类型组	公顷株数（株）	公顷蓄积（m³）	树种数量（种）	平均胸径（cm）	平均树高（m）	郁闭度	平均年龄（年）	分布海拔（m）
截头石栎	综合平均	1463	135.4	10	16.5	11.3	0.66	46	1707
	截头石栎－杯状栲－红木荷－母猪果－西南桦－樟等	1225	78.5	12	12.7	9.1	0.55	78	1721
	截头石栎－滇青冈－黄心树－瑞丽山龙眼等	800	259.5	8	29.9	18.5	0.85	80	1570

续表 3-98

优势树种	树种结构类型组	公顷株数（株）	公顷蓄积（m³）	树种数量（种）	平均胸径（cm）	平均树高（m）	郁闭度	平均年龄（年）	分布海拔（m）
截头石栎	截头石栎 – 柴桂 – 滇南风吹楠 – 滇润楠 – 滇石栎 – 榕树等	1263	219.1	11	18.4	11.9	0.85	51	2100
	截头石栎 – 滇青冈 – 旱冬瓜 – 木荷 – 余甘子等	2450	182.7	9	11.5	11.1	0.80	40	1570
	截头石栎 – 滇青冈 – 红木荷 – 水锦树 – 西南桦等	2225	30.9	10	6.6	4.8	0.75	6	1422
	截头石栎 – 滇润楠 – 旱冬瓜 – 山黄麻 – 云南黄杞	1350	130.7	5	15.7	11.9	0.42	19	2260
	截头石栎 – 杜鹃 – 岗栎 – 高山栲 – 木荷 – 西南桦等	2138	93.2	17	10.3	9.2	0.78	16	1810
	截头石栎 – 红木荷 – 湄公栲 – 水锦树 – 其他硬阔类	250	88.5	5	27.0	14.1	0.25	74	1200

（二十二）天然异龄云南黄杞阔叶混交林

本类型记录到样地 8 块，分布在普洱（3 块）、临沧（2 块）、德宏（2 块）、楚雄（1 块）等州（市）。样地综合海拔 860 ~ 1880m，平均海拔 1348m。树种结构以云南黄杞为优势种，与大果楠、旱冬瓜、南亚枇杷、山韶子、隐翼、岗栎、红木荷、栎类、瑞丽山龙眼、山合欢、羊蹄甲、母猪果、西南桦、香面叶、火绳树、刺栲、粗糠柴、滇青冈、多花含笑、千张纸、光叶石栎、合果木、红光树、楠木、番龙眼、杜英、黄牛木、木棉、任豆、榕树、高山栲、红椿、阔叶蒲桃、山黄麻等 1 种或多种阔叶树种组成阔叶混交林。森林组成树种综合平均数 12 种，综合平均胸径 11.7cm，平均树高 9.5m，平均郁闭度 0.61，平均年龄 18 年，森林活立木密度为平均每公顷 1516 株，平均公顷蓄积量 99.6m³。森林单株胸径年平均生长量 0.336cm，年平均生长率 2.89%；单株蓄积年平均生长量 0.0052m³，年平均生长率 7.01%。详见表 3-99。

表 3-99　天然异龄云南黄杞阔叶混交林结构因子统计表

优势树种	树种结构类型组	公顷株数（株）	公顷蓄积（m³）	树种数量（种）	平均胸径（cm）	平均树高（m）	郁闭度	平均年龄（年）	分布海拔（m）
云南黄杞	综合平均	1516	99.6	12	11.7	9.5	0.61	18	1348
	云南黄杞 – 大果楠 – 旱冬瓜 – 南亚枇杷 – 山韶子 – 隐翼等	2138	83.3	9	10.2	8.3	0.70	17	1880
	云南黄杞 – 岗栎 – 红木荷 – 栎类 – 瑞丽山龙眼 – 山合欢等	1288	50.5	13	10.1	8.4	0.40	8	1480
	云南黄杞 – 羊蹄甲 – 红木荷 – 母猪果 – 西南桦 – 香面叶等	1263	187.8	11	17.0	12.0	0.72	19	1370

续表 3-99

优势树种	树种结构类型组	公顷株数（株）	公顷蓄积（m³）	树种数量（种）	平均胸径（cm）	平均树高（m）	郁闭度	平均年龄（年）	分布海拔（m）
云南黄杞	云南黄杞－白花羊蹄甲－火绳树－麻栎等	913	56.9	6	11.1	8.9	0.70	18	860
	云南黄杞－刺栲－粗糠柴－滇青冈－多花含笑－千张纸等	2575	135.4	16	10.9	10.7	0.50	20	1360
	云南黄杞－光叶石栎－合果木红光树－楠木－番龙眼等	1575	163.4	14	14.9	13.3	0.85	28	1020
	云南黄杞－杜英－黄牛木－木棉－任豆－榕树－西南桦等	1800	109.8	13	12.0	8.8	0.70	29	1300
	云南黄杞－岗柃－高山栲－红椿－阔叶蒲桃－山黄麻等	575	9.5	10	7.6	5.9	0.30	8	1510

（二十三）天然异龄高山栎阔叶混交林

本类型记录到样地 7 块，分布在香格里拉、永胜、云龙、富源等县（市）。样地综合海拔 2100～3650m，平均海拔 2898m。树种结构以高山栎为优势种，与白桦、杨树、滇楸、大树杜鹃、滇青冈、滇石栎、木荷、南烛、元江栲、多变石栎、光叶高山栎、旱冬瓜、西南桦、构树、毛叶柿、云南柃梾等多种阔叶树组成阔叶混交林。森林组成树种综合平均数 6 种，综合平均胸径 10.2cm，平均树高 8.0m，平均郁闭度 0.74，平均年龄 43 年，森林活立木密度为平均每公顷 1754 株，平均公顷蓄积量 69.2m³。森林单株胸径年平均生长量 0.217cm，年平均生长率 1.96%；单株蓄积年平均生长量 0.0028m³，年平均生长率 5.255%。详见表 3-100。

表 3-100　天然异龄高山栎阔叶混交林结构因子统计表

优势树种	树种结构类型组	公顷株数（株）	公顷蓄积（m³）	树种数量（种）	平均胸径（cm）	平均树高（m）	郁闭度	平均年龄（年）	分布海拔（m）
	综合平均	1754	69.2	6	10.2	8.0	0.74	43	2898
	高山栎－白桦－大树杜鹃－杨树	1613	32.2	4	8.4	7.3	0.90	34	3650
	高山栎－大树杜鹃－滇楸－其他软阔类等	1488	111.6	6	13.3	12.1	0.76	118	3650
	高山栎－滇青冈－滇石栎－杨树	925	21.5	4	8.5	6.5	0.80	34	2260
高山栎	高山栎－滇青冈－杜鹃－木荷－南烛－元江栲等	1788	48.5	9	9.8	7.8	0.65	28	2631
	高山栎－滇杨－多变石栎－光叶高山栎－其他软阔类等	2288	93.5	6	10.1	7.6	0.80	15	3200
	高山栎－旱冬瓜－西南桦－杨树－杜鹃等	2550	76.4	6	9.8	7.6	0.60	19	2792
	高山栎－构树－毛叶柿－云南柃梾－其他软阔类等	1625	100.8	6	11.7	7.1	0.65	55	2100

（二十四）天然异龄泡桐阔叶混交林

本类型记录到样地 7 块，分布在绥江、彝良、广南、富宁等县（市）。样地综合海拔 1120 ～ 1360m，平均海拔 1303m。树种结构以泡桐为优势种，与檫木、刺楸、灯台树、红椿、南酸枣、楠木、喜树、猴子木 、青榨槭、五角枫、西南花楸、西南桦、盐肤木、楤木、毛叶木姜子、水冬瓜、香椿、高山栲、木荷、槲栎、黄毛青冈、麻栎、山合欢、滇楸、峨眉栲、珙桐、木姜子、桂樱等多种阔叶树组成阔叶混交林。森林组成树种综合平均数 9 种，综合平均胸径 12.1cm，平均树高 10.1m，平均郁闭度 0.52，平均年龄 15 年，森林活立木密度为平均每公顷 961 株，平均公顷蓄积量 60.0m³。森林单株胸径年平均生长量 0.583cm，年平均生长率 4.2%；单株蓄积年平均生长量 0.0126m³，年平均生长率 10.01%。详见表 3-101。

表 3-101　天然异龄泡桐阔叶混交林结构因子统计表

优势树种	树种结构类型组	公顷株数（株）	公顷蓄积（m³）	树种数量（种）	平均胸径（cm）	平均树高（m）	郁闭度	平均年龄（年）	分布海拔（m）
泡桐	综合平均	961	60.0	9	12.1	10.1	0.52	15	1303
	泡桐－檫木－刺楸－灯台树－红椿－南酸枣－楠木－喜树等	1025	55.1	11	12.8	11.3	0.60	15	860
	泡桐－灯台树－猴子木－青榨槭－五角枫－西南花楸等	425	47.4	8	16.5	13.5	0.60	23	1290
	泡桐－艾胶算盘子－楠木－漆树－西南桦－盐肤木等	1025	69.8	10	12.8	12.6	0.65	15	1120
	泡桐－西南桦－盐肤木－杨树－野漆等	1225	28.1	8	8.9	10.2	0.35	12	1300
	泡桐－楤木－毛叶木姜子－水冬瓜－香椿－盐肤木等	413	4.8	7	6.9	4.6	0.30	10	1360
	泡桐－高山栲－木荷－槲栎－黄毛青冈－麻栎－山合欢等	888	108.7	11	15.5	12.4	0.50	16	1190
	泡桐－灯台树－滇楸－峨眉栲－珙桐－木姜子－桂樱等	1725	106	11	11.5	6.2	0.65	15	2000

（二十五）天然异龄山合欢阔叶混交林

本类型记录到样地 7 块，分布在南涧、大姚、双柏、澜沧、宁洱、江城、开远等县（市）。样地综合海拔 1060 ～ 1740m，平均海拔 1351m。树种结构以山合欢为优势种，与八宝树、刺栲、杜英、截头石栎、西南桦、木荷、八角枫、川楝、黄檀、青冈、幌伞枫、冬青、卫矛、石栎、厚皮树、蒲桃、天料木、构树、麻栎、盐肤木、高山栲、毛叶黄杞、南烛、余甘子、黄连木、火绳树、清香木等多种阔叶树组成阔叶混交林。森林组成树种综合平均数 9 种，综合平均胸径 11.5cm，平均树高 8.2m，平均郁闭度 0.48，平均年龄 26 年，森林活立木密度为平均每公顷 925 株，平均公顷蓄积量 60.2m³。森林单株胸径年平均生长量 0.464cm，年平均生长率 3.51%；单株蓄积年平均生长量 0.0097m³，年平均生长率 8.576%。详见表 3-102。

表 3-102 天然异龄山合欢阔叶混交林结构因子统计表

优势树种	树种结构类型组	公顷株数（株）	公顷蓄积（m³）	树种数量（种）	平均胸径（cm）	平均树高（m）	郁闭度	平均年龄（年）	分布海拔（m）
山合欢	综合平均	925	60.2	9	11.5	8.2	0.48	26	1351
	山合欢－八宝树－刺栲－杜英－截头石栎－西南桦－木荷	638	115.2	8	18.9	12.8	0.55	80	1210
	山合欢－八角枫－川楝－黄檀－栲－青冈－幌伞枫等	1988	164.5	20	12.6	13.4	0.75	22	1060
	山合欢－冬青－卫矛－石栎－厚皮树－蒲桃－天料木等	1025	37.2	14	9.6	6.6	0.45	10	1740
	山合欢－高山栲－构树－麻栎－盐肤木	1175	36.5	6	9.6	6.9	0.50	18	1150
	山合欢－木荷－毛叶黄杞－南烛－余甘子等	425	10.4	7	7.6	5.3	0.45	18	1400
	山合欢－黄连木－火绳树－余甘子－其他软阔类	775	38.6	5	11.1	5.9	0.30	19	1320
	山合欢－栎类－清香木－其他软阔类	450	19.3	4	10.9	6.8	0.35	16	1580

（二十六）天然异龄香面叶阔叶混交林

本类型记录到样地 7 块，分布在绿春、凤庆、个旧等县（市）。样地综合海拔 630～2200m，平均海拔 1454m。树种结构以香面叶为优势种，与多变石栎、水青树、西南桦、细齿叶柃、杨梅、怀状栲、多花白头树、清香木、榕树、野漆、柴桂、木莲、五角枫、云南厚壳桂、云南七叶树、滇桂木莲、疏齿栲、西南桦、旱冬瓜、木荷、山合欢、红椿、厚朴、栎类、楠木、榕树、银荆树、桦木等多种阔叶树组成阔叶混交林。森林组成树种综合平均数 6 种，综合平均胸径 14.6cm，平均树高 10.9m，平均郁闭度 0.56，平均年龄 34 年，森林活立木密度为平均每公顷 822 株，平均公顷蓄积量 133m³。森林单株胸径年平均生长量 0.325cm，年平均生长率 2.75%；单株蓄积年平均生长量 0.0048m³，年平均生长率 6.16%。详见表 3-103。

表 3-103 天然异龄香面叶阔叶混交林结构因子统计表

优势树种	树种结构类型组	公顷株数（株）	公顷蓄积（m³）	树种数量（种）	平均胸径（cm）	平均树高（m）	郁闭度	平均年龄（年）	分布海拔（m）
香面叶	综合平均	822	133.0	6	14.6	10.9	0.56	34	1454
	香面叶－多变石栎－水青树－西南桦－细齿叶柃－杨梅等	813	48.2	7	13.6	9.2	0.60	20	1810
	香面叶－怀状栲－多花白头树－清香木－榕树－野漆等	650	9.1	8	6.9	4.8	0.40	7	630
	香面叶－柴桂－木莲－五角枫－云南厚壳桂－云南七叶树	675	151.2	6	17.7	15.9	0.70	41	2020

续表 3-103

优势树种	树种结构类型组	公顷株数（株）	公顷蓄积（m³）	树种数量（种）	平均胸径（cm）	平均树高（m）	郁闭度	平均年龄（年）	分布海拔（m）
香面叶	香面叶－滇桂木莲－疏齿栲－西南桦	1525	488.0	4	23.0	16.7	0.85	120	2200
	香面叶－多变石栎－旱冬瓜－红木荷－山合欢等	1063	188.7	6	18.6	13.6	0.70	21	1700
	香面叶－红椿－厚朴－栎类－木荷－楠木－榕树－银荆树等	725	34.3	10	12.4	9.8	0.50	18	630
	香面叶－桦木－木荷－其他软阔类	300	11.5	4	10.3	6.5	0.20	10	1190

（二十七）天然异龄小叶青冈阔叶混交林

本类型记录到样地 7 块，分布在盈江、孟连、禄丰、文山等县（市）。样地综合海拔 1760 ~ 2300m，平均海拔 2025m。树种结构以小叶青冈为优势种，与高榕、栲树、楠木、泡花树、鹅掌柴、岗柃、茜树、水红木、西南桦、黄杞、大白花杜鹃、栎类、毛叶青冈、大果楠、钝叶桂、红花荷、红花木莲、石楠、黄毛青冈、杨梅、母猪果、木荷、香面叶、小果栲、银叶栲、旱冬瓜、槲栎、麻栎、漆树、头状四照花等多种阔叶树组成阔叶混交林。森林组成树种综合平均数 9 种，综合平均胸径 16.2cm，平均树高 11.1m，平均郁闭度 0.70，平均年龄 51 年，森林活立木密度为平均每公顷 1377 株，平均公顷蓄积量 164.6m³。森林单株胸径年平均生长量 0.356cm，年平均生长率 3.11%；单株蓄积年平均生长量 0.0052m³，年平均生长率 7.925%。详见表 3-104。

表 3-104　天然异龄小叶青冈阔叶混交林结构因子统计表

优势树种	树种结构类型组	公顷株数（株）	公顷蓄积（m³）	树种数量（种）	平均胸径（cm）	平均树高（m）	郁闭度	平均年龄（年）	分布海拔（m）
小叶青冈	综合平均	1377	164.6	9	16.2	11.1	0.70	51	2025
	小叶青冈－石栎－高榕－栲树－楠木－泡花树－鹅掌柴等	1413	204.9	10	17.0	15.4	0.70	55	2110
	小叶青冈－杜鹃－岗柃－茜树－水红木－西南桦－黄杞等	1175	58.3	12	10.7	8.3	0.55	31	1904
	小叶青冈－大白花杜鹃－毛叶青冈－水红木等	1025	149.6	7	18.9	10.0	0.60	60	2240
	小叶青冈－大果楠－钝叶桂－红花荷－红花木莲－石楠等	975	426.7	13	30.4	15.5	0.85	112	2300
	小叶青冈－岗柃－黄毛青冈－栲树－杨梅	2038	63.9	5	9.6	8.9	0.80	13	1760
	小叶青冈－母猪果－木荷－香面叶－小果栲－银叶栲等	1338	157.1	9	16.1	11.5	0.70	60	1820
	小叶青冈－旱冬瓜－槲栎－麻栎－漆树－头状四照花等	1675	91.4	8	10.7	8.2	0.72	29	2040

（二十八）天然异龄元江栲阔叶混交林

本类型记录到样地 7 块，分布在漾濞、巍山、南涧、禄劝、师宗等县。样地综合海拔 1730 ～ 2900m，平均海拔 2416m。树种结构以元江栲为优势种，与川滇高山栎、杜鹃、木荷、樱桃、川西栎、滇石栎、厚皮香、冬青、杨树、高山栎、槲栎、麻栎、旱冬瓜、黄牛木、马缨花、木荷、南烛、杨梅、黄丹木姜子、盐肤木、水红木等多种阔叶树组成阔叶混交林。森林组成树种综合平均数 8 种，综合平均胸径 12.4cm，平均树高 9.3m，平均郁闭度 0.82，平均年龄 36 年，森林活立木密度为平均每公顷 2877 株，平均公顷蓄积量 177.4m³。森林单株胸径年平均生长量 0.281cm，年平均生长率 2.86%；单株蓄积年平均生长量 0.0028m³，年平均生长率 7.67%。详见表 3-105。

表 3-105　天然异龄元江栲阔叶混交林结构因子统计表

优势树种	树种结构类型组	公顷株数（株）	公顷蓄积（m³）	树种数量（种）	平均胸径（cm）	平均树高（m）	郁闭度	平均年龄（年）	分布海拔（m）
元江栲	综合平均	2877	177.4	8	12.4	9.3	0.82	36	2416
	元江栲 – 川滇高山栎 – 杜鹃 – 木荷 – 樱桃	3713	437.2	5	16.1	16.3	0.95	82	2900
	元江栲 – 川西栎 – 滇石栎 – 杜鹃 – 厚皮香 – 冬青 – 杨树等	3363	200.1	14	10.7	7.6	0.85	25	2730
	元江栲 – 滇石栎 – 杜鹃 – 高山栎 – 槲栎 – 麻栎 – 樱桃等	2900	227.3	10	17.0	12.9	0.85	39	2270
	元江栲 – 石栎 – 旱冬瓜 – 黄牛木 – 马缨花 – 木荷 – 杨树等	3650	120.5	10	9.6	7.7	0.90	25	2520
	元江栲 – 杜鹃 – 南烛 – 杨梅 – 其他硬阔类等	825	21.8	7	8.1	6.1	0.60	15	2350
	元江栲 – 旱冬瓜 – 槲栎 – 黄丹木姜子 – 盐肤木等	1050	140.7	6	16.5	8.5	0.65	39	1730
	元江栲 – 厚皮香 – 马缨花 – 南烛 – 水红木等	4638	94.1	7	8.6	6.0	0.95	30	2410

（二十九）天然异龄杯状栲阔叶混交林

本类型记录到样地 6 块，分布在芒市、景谷、孟连、屏边等县（市）。样地综合海拔 990 ～ 1560m，平均海拔 1532m。树种结构以杯状栲为优势种，与黑黄檀、漆树、围涎树、西南桦、野柿、茶梨、刺栲、栎类、云南樟、柴桂、粗糠柴、滇润楠、枫杨、泡桐、大果楠、楝、樱桃、楹树、云南黄杞、高山栎、红木荷、麻栎、木莲、红椿、黄心树、母猪果、银柴等多种阔叶树组成阔叶混交林。森林组成树种综合平均数 11 种，综合平均胸径 17.3cm，平均树高 15.5m，平均郁闭度 0.71，平均年龄 56 年，森林活立木密度为平均每公顷 1417 株，平均公顷蓄积量 192.3m³。森林单株胸径年平均生长量 0.506cm，年平均生长率 3.99%；单株蓄积年平均生长量 0.0083m³，年平均生长率 8.845%。详见表 3-106。

表 3-106　天然异龄杯状栲阔叶混交林结构因子统计表

优势树种	树种结构类型组	公顷株数（株）	公顷蓄积（m³）	树种数量（种）	平均胸径（cm）	平均树高（m）	郁闭度	平均年龄（年）	分布海拔（m）
杯状栲	综合平均	1417	192.3	11	17.3	15.5	0.71	56	1532
	杯状栲－石栎－黑黄檀－漆树－围涎树－西南桦－野柿等	1575	51.5	18	12.4	14.1	0.75	35	1560
	杯状栲－茶梨－刺栲－云南樟－其他硬阔类	888	588.7	6	37.6	33.0	0.75	160	2300
	杯状栲－柴桂－粗糠柴－滇润楠－枫杨－泡桐等	1338	188.4	9	16.6	13.9	0.80	48	990
	杯状栲－大果楠－楝－西南桦－樱桃－楹树－云南黄杞等	2225	96.9	12	10.7	11.6	0.75	14	1525
	杯状栲－高山栎－红木荷－麻栎－木莲等	588	36.9	8	11.4	7.3	0.45	18	1545
	杯状栲－红椿－红木荷－石栎－黄心树－母猪果－银柴等	1888	191.3	15	15.0	13.3	0.78	58	1270

（三十）天然异龄短刺栲阔叶混交林

本类型记录到样地6块，分布在昌宁、梁河、勐海、景洪等县（市）。样地综合海拔950～2110m，平均海拔1608m。树种结构以短刺栲为优势种，与算盘子、杯状栲、茶梨、杜英、含笑、黑壳楠、八角枫、红木荷、厚皮香、华南石栎、银叶栲、茶梨、滇青冈、栲树、麻栎、西南桦、滇润楠、多变石栎、岗柃、高山栲、滇石栎、香叶树、杨梅、云南樟、栎类、马缨花、青冈、母猪果等多种阔叶树组成阔叶混交林。森林组成树种综合平均数14种，综合平均胸径11.4cm，平均树高10.5m，平均郁闭度0.78，平均年龄37年，森林活立木密度为平均每公顷2711株，平均公顷蓄积量125.1m³。森林单株胸径年平均生长量0.327cm，年平均生长率2.57%；单株蓄积年平均生长量0.0056m³，年平均生长率5.854%。详见表3-107。

表 3-107　天然异龄短刺栲阔叶混交林结构因子统计表

优势树种	树种结构类型组	公顷株数（株）	公顷蓄积（m³）	树种数量（种）	平均胸径（cm）	平均树高（m）	郁闭度	平均年龄（年）	分布海拔（m）
短刺栲	综合平均	2711	125.1	14	11.4	10.5	0.78	37	1608
	短刺栲－算盘子－杯状栲－茶梨－杜英－含笑－黑壳楠等	1200	120.6	15	14.1	11.0	0.72	40	1380
	短刺栲－八角枫－红木荷－厚皮香－华南石栎－银叶栲等	613	105.8	12	18.3	16.5	0.75	55	950
	短刺栲－茶梨－滇青冈－红木荷－栲树－麻栎－西南桦等	3225	294.0	14	12.7	11.3	0.80	57	1570
	短刺栲－滇润楠－多变石栎－岗柃－高山栲－厚皮香等	4188	92.0	17	7.6	7.8	0.90	18	2110

续表 3-107

优势树种	树种结构类型组	公顷株数（株）	公顷蓄积（m³）	树种数量（种）	平均胸径（cm）	平均树高（m）	郁闭度	平均年龄（年）	分布海拔（m）
短刺栲	短刺栲－滇石栎－红木荷－麻栎－香叶树－杨梅－云南樟	2525	43.3	7	7.6	8.5	0.70	35	1570
	短刺栲－茶梨－栲树－马缨花－青冈－母猪果等	4513	94.9	16	7.9	7.9	0.80	16	2070

（三十一）天然异龄软阔类阔叶混交林

本类型记录到样地 6 块，分布在勐腊、景洪、勐海、麻栗坡、富宁、腾冲等县（市）。样地综合海拔 380 ~ 2220m，平均海拔 1418m。树种结构以软阔类为优势种，与红椿、厚皮树、火绳树、清香木、黄丹木姜子、野核桃、柏那参、岗柃、高榕、楠木、青冈、伊桐、红木荷、西南桦、野漆等多种阔叶树组成阔叶混交林。森林组成树种综合平均数 7 种，综合平均胸径 11.9cm，平均树高 8.7m，平均郁闭度 0.48，平均年龄 21 年，森林活立木密度为平均每公顷 740 株，平均公顷蓄积量 47.5m³。森林单株胸径年平均生长量 0.272cm，年平均生长率 2.22%；单株蓄积年平均生长量 0.0045m³，年平均生长率 5.79%。详见表 3-108。

表 3-108 天然异龄软阔类阔叶混交林结构因子统计表

优势树种	树种结构类型组	公顷株数（株）	公顷蓄积（m³）	树种数量（种）	平均胸径（cm）	平均树高（m）	郁闭度	平均年龄（年）	分布海拔（m）
软阔类	综合平均	740	47.5	7	11.9	8.7	0.48	21	1418
	软阔类－红椿－厚皮树－火绳树－清香木	375	11.0	5	8.8	8.5	0.45	8	1160
	软阔类－桦木－黄丹木姜子－野核桃	588	30.0	4	13.2	7.6	0.45	23	2220
	软阔类－旱冬瓜－九节－樟－其他硬阔类	1163	85.5	6	11.5	7.3	0.50	15	1910
	软阔类－楝－麻栎－朴叶扁担杆－银柴	725	41.9	6	10.9	10.6	0.65	28	380
	软阔类－柏那参－岗柃－高榕－构树－楠木－青冈－伊桐等	1188	62.6	12	10.7	8.5	0.50	26	1280
	软阔类－滇润楠－旱冬瓜－红木荷－西南桦－野漆等	400	54.1	7	16.4	9.5	0.30	25	1560

（三十二）天然异龄杨树阔叶混交林

本类型记录到样地 6 块，分布在宁蒗、永胜、云龙、巧家、富源、麻栗坡等县。样地综合海拔 1520 ~ 3120m，平均海拔 2483m。树种结构以杨树为优势种，与粗糠柴、滇青冈、滇石栎、高山栎、旱冬瓜、麻栎、大树杜鹃、多变石栎、青冈、锥连栎、滇鹅耳枥、枫杨、桦木、帽斗栎、云南银柴、栎类等多种阔叶树组成阔叶混交林。森林组成树种综合平均数 8 种，综合平均胸径 11.3cm，平均树高 8.8m，平均郁闭度 0.69，平均年龄 25 年，森林活立木密度为平均每公顷 1538 株，平均公顷蓄积量 85.4m³。森林单株胸径年平均生长量 0.259cm，年平均生长率 2.33%；单株蓄积年平均生长量 0.0034m³，年平均生长率 5.86%。详见表 3-109。

表 3-109　天然异龄杨树阔叶混交林结构因子统计表

优势树种	树种结构类型组	公顷株数（株）	公顷蓄积（m³）	树种数量（种）	平均胸径（cm）	平均树高（m）	郁闭度	平均年龄（年）	分布海拔（m）
杨树	综合平均	1538	85.4	8	11.3	8.8	0.69	25	2483
	杨树-粗糠柴-滇青冈-滇石栎-高山栎-旱冬瓜等	1288	109.2	7	14.3	8.0	0.50	22	2500
	杨树-杜鹃-滇青冈-滇石栎-高山栎-旱冬瓜-麻栎等	2388	115.9	15	11.5	10.0	0.75	40	2380
	杨树-大树杜鹃-多变石栎-麻栎-青冈-锥连栎等	1413	33.7	8	8.7	5.9	0.75	18	2880
	杨树-滇鹅耳枥-枫杨-高山栎等	1363	41.7	6	9.0	7.6	0.75	25	2500
	杨树-桦木-帽斗栎-云南银柴等	1588	170.6	5	14.8	12.6	0.75	32	3120
	杨树-栎类-其他软阔类等	1188	41.1	5	9.5	8.8	0.65	15	1520

（三十三）天然异龄大叶石栎阔叶混交林

本类型记录到样地 5 块，分布在金平、镇康等县。样地综合海拔 1560 ~ 2160m，平均海拔 1912m。树种结构以大叶石栎为优势种，与岗枟、母猪果、山合欢、山黄麻、银木荷、滇润楠、刺栲、马蹄荷、山香圆、十齿花、滇青冈、滇石栎、窄叶石栎、栎类、水青冈、云南黄杞、木荷、楠木等多种阔叶树组成阔叶混交林。森林组成树种综合平均数 7 种，综合平均胸径 17.1cm，平均树高 10.5m，平均郁闭度 0.55，平均年龄 42 年，森林活立木密度为平均每公顷 1388 株，平均公顷蓄积量 198.1m³。森林单株胸径年平均生长量 0.38cm，年平均生长率 2.84%；单株蓄积年平均生长量 0.0063m³，年平均生长率 6.4436%。详见表 3-110。

表 3-110　天然异龄大叶石栎阔叶混交林结构因子统计表

优势树种	树种结构类型组	公顷株数（株）	公顷蓄积（m³）	树种数量（种）	平均胸径（cm）	平均树高（m）	郁闭度	平均年龄（年）	分布海拔（m）
大叶石栎	综合平均	1388	198.1	7	17.1	10.5	0.55	42	1912
	大叶石栎-岗枟-母猪果-山合欢-山黄麻-银木荷等	813	152.1	8	22.4	9.4	0.46	68	1880
	大叶石栎-滇润楠-刺栲-马蹄荷-山香圆-十齿花等	1663	138.3	14	11.8	6.4	0.51	15	2160
	大叶石栎-滇青冈-滇石栎-窄叶石栎	1988	466.6	4	20.8	16.2	0.80	70	2040
	大叶石栎-岗枟-山合欢-水青冈-云南黄杞等	1525	166.6	8	17.2	8.3	0.49	34	1560
	大叶石栎-木荷-楠木等	950	66.7	3	13.2	12.3	0.50	24	1920

（三十四）天然异龄光叶高山栎阔叶混交林

本类型记录到样地5块，分布在大姚、麒麟、弥勒等县（市、区）。样地综合海拔2010～2520m，平均海拔2204m。树种结构以光叶高山栎为优势种，与川西栎、漆树、石楠、木樨榄、滇青冈、黄毛青冈、清香木、滇石栎、山玉兰、樱桃、黄背栎、山鸡椒、高山栲、麻栎等多种阔叶树组成阔叶混交林。森林组成树种综合平均数6种，综合平均胸径10.5cm，平均树高6.7m，平均郁闭度0.67，平均年龄34年，森林活立木密度为平均每公顷1565株，平均公顷蓄积量62.5m³。森林单株胸径年平均生长量0.23cm，年平均生长率2.08%；单株蓄积年平均生长量0.003m³，年平均生长率5.73%。详见表3-111。

表3-111　天然异龄光叶高山栎阔叶混交林结构因子统计表

优势树种	树种结构类型组	公顷株数（株）	公顷蓄积（m³）	树种数量（种）	平均胸径（cm）	平均树高（m）	郁闭度	平均年龄（年）	分布海拔（m）
光叶高山栎	综合平均	1565	62.5	6	10.5	6.7	0.67	34	2204
	光叶高山栎－川西栎－高山栲－漆树－石楠－木樨榄等	1688	34.4	9	8.1	6.0	0.55	34	2120
	光叶高山栎－滇青冈－黄毛青冈－清香木－石楠等	2213	111.4	7	12.1	9.1	0.86	43	2100
	光叶高山栎－滇石栎－山玉兰－小漆树－樱桃等	2075	74.4	7	12.2	7.8	0.70	20	2270
	光叶高山栎－滇石栎－黄背栎－山鸡椒	513	28.5	4	8.3	2.5	0.65	8	2010
	光叶高山栎－高山栲－黄毛青冈－麻栎	1338	63.9	4	11.7	8.0	0.60	66	2520

（三十五）天然异龄光叶石栎阔叶混交林

本类型记录到样地5块，分布在牟定、施甸、盈江、墨江等县。样地综合海拔598～2330m，平均海拔1304m。树种结构以光叶石栎为优势种，与高山栲、红木荷、毛叶黄杞、毛银柴、常绿榆、楠木、青冈、山黄麻、漆树、樱桃、桂花、云南栲、麻栎、杨梅、木棉、余甘子、锥连栎等多种阔叶树组成阔叶混交林。森林组成树种数8种，综合平均胸径11.6cm，平均树高8.6m，平均郁闭度0.67，平均年龄16年，森林活立木密度为平均每公顷1830株，平均公顷蓄积量59.3m³。森林单株胸径年平均生长量0.356cm，年平均生长率3.52%；单株蓄积年平均生长量0.0041m³，年平均生长率8.608%。详见表3-112。

表3-112　天然异龄光叶石栎阔叶混交林结构因子统计表

优势树种	树种结构类型组	公顷株数（株）	公顷蓄积（m³）	树种数量（种）	平均胸径（cm）	平均树高（m）	郁闭度	平均年龄（年）	分布海拔（m）
光叶石栎	综合平均	1830	59.3	8	11.6	8.6	0.67	16	1304
	光叶石栎－高山栲－红木荷－毛叶黄杞－毛银柴等	3763	134.7	14	9.4	8.5	0.85	17	1090

续表 3-112

优势树种	树种结构类型组	公顷株数（株）	公顷蓄积（m³）	树种数量（种）	平均胸径（cm）	平均树高（m）	郁闭度	平均年龄（年）	分布海拔（m）
光叶石栎	光叶石栎－常绿榆－楠木－青冈－山黄麻－漆树－樱桃等	1175	41.9	11	11.0	13.1	0.80	10	1680
	光叶石栎－桂花－云南栲－其他硬阔类	413	29.2	4	21.1	10.0	0.25	22	598
	光叶石栎－麻栎－杨梅－其他软阔类等	2300	58.9	5	8.7	6.2	0.70	17	2330
	光叶石栎－木棉－余甘子－锥连栎－其他软阔类	1500	31.7	5	8.0	5.1	0.75	13	820

（三十六）天然异龄杨梅阔叶混交林

本类型记录到样地 5 块，分布在澜沧、永德、云县、盈江等县。样地分布海拔 1860 ～ 2264m，平均海拔 2053m。树种结构以杨梅为优势种，与多变石栎、马缨花、南烛、楠木、青冈、香面叶、多穗石栎、岗柃、旱冬瓜、西南桦、华南石栎、黄毛青冈、栲树、菜豆树、桦木、木荷、山黄麻、栎类、山鸡椒、珊瑚冬青等多种阔叶树组成阔叶混交林。森林树种组成综合平均数 8 种，综合平均胸径 10.6cm，平均树高 8.9m，平均郁闭度 0.52，平均年龄 10 年，森林活立木密度为平均每公顷 1150株，平均公顷蓄积量 66.8m³。森林单株胸径年平均生长量 0.324cm，年平均生长率 3.05%；单株蓄积年平均生长量 0.0042m³，年平均生长率 7.625%。详见表 3-113。

表 3-113　天然异龄杨梅阔叶混交林结构因子统计表

优势树种	树种结构类型组	公顷株数（株）	公顷蓄积（m³）	树种数量（种）	平均胸径（cm）	平均树高（m）	郁闭度	平均年龄（年）	分布海拔（m）
杨梅	综合平均	1150	66.8	8	10.6	8.9	0.52	10	2053
	杨梅－多变石栎－马缨花－南烛－楠木－青冈－香面叶等	1050	199.0	9	15.6	11.4	0.74	19	2264
	杨梅－多穗石栎－岗柃－旱冬瓜－西南桦－香面叶等	950	39.3	7	9.3	7.3	0.40	5	1900
	杨梅－红木荷－华南石栎－黄毛青冈－栲树－菜豆树等	600	29.6	10	10.8	12.3	0.50	5	1860
	杨梅－旱冬瓜－桦木－木荷－山黄麻－其他软阔类等	688	18.8	7	9.6	6.3	0.35	8	2040
	杨梅－旱冬瓜－栎类－山黄麻－山鸡椒－珊瑚冬青等	2463	47.1	8	7.8	7.3	0.60	15	2203

（三十七）天然异龄云南泡花树阔叶混交林

本类型记录到样地 5 块，分布在镇康、富宁等县。样地综合海拔 1510 ～ 2740m，平均海拔 1846m。树种结构以云南泡花树为优势种，与白花羊蹄甲、旱冬瓜、阴香、印度栲、冬青、白头树、多花含笑、毛叶柿、岗柃、茜树、肉桂、山黄麻、枫杨、山楂、灯台树、青冈、石楠、滇青冈、木莲、红桦、石栎、桂樱、木荷等多种阔叶树组成阔叶混交林。森林组成树种综合平均数 8 种，综合平均胸径 12.2cm，平均树高 9.0m，平均郁闭度 0.52，平均年龄 18 年，森林活立木密度为平均每公顷 1373 株，平均公顷蓄积量 121.4m³。森林单株胸径年平均生长量 0.269cm，年平均生长率 2.36%；单株蓄积年平均生长量 0.0047m³，年平均生长率 5.727%。详见表 3-114。

表 3-114　天然异龄云南泡花树阔叶混交林结构因子统计表

优势树种	树种结构类型组	公顷株数（株）	公顷蓄积（m³）	树种数量（种）	平均胸径（cm）	平均树高（m）	郁闭度	平均年龄（年）	分布海拔（m）
云南泡花树	综合平均	1373	121.4	8	12.2	9.0	0.52	18	1846
	云南泡花树 – 白花羊蹄甲 – 旱冬瓜 – 阴香 – 印度栲等	900	92.3	6	14.3	10.1	0.45	8	1510
	云南泡花树 – 冬青 – 白头树 – 多花含笑 – 毛叶柿等	988	19.0	6	8.5	7.6	0.35	15	1520
	云南泡花树 – 岗枔 – 茜树 – 肉桂 – 山黄麻 – 枫杨 – 山楂等	1125	75.5	9	12.4	10.3	0.55	9	1860
	云南泡花树 – 灯台树 – 白头树 – 青冈 – 毛叶柿 – 石楠等	963	52.9	7	12.0	6.1	0.57	20	1600
	云南泡花树 – 滇青冈 – 木莲 – 红桦 – 石栎 – 桂樱 – 木荷等	2888	367.5	14	13.9	10.8	0.70	37	2740

（三十八）天然异龄水冬瓜阔叶混交林

本类型记录到样地 5 块，分布在凤庆、云龙、盐津、文山等县（市）。样地综合海拔 840 ~ 2545m，平均海拔 2176m。树种结构以水冬瓜为优势种，与滇青冈、荷包山桂花、云南厚壳桂、滇山茶、核桃、栎类、木荷、青冈、山鸡椒、滇石栎、枫杨、西南桦、野柿、樟、高山栎、旱冬瓜、五角枫等多种阔叶树组成阔叶混交林。森林组成树种综合平均数 9 种，综合平均胸径 14.8cm，平均树高 12.9m，平均郁闭度 0.63，平均年龄 25 年，森林活立木密度为平均每公顷 1297 株，平均公顷蓄积量 166.5m³。森林单株胸径年平均生长量 0.565cm，年平均生长率 3.85%；单株蓄积年平均生长量 0.0131m³，年平均生长率 9.366%。详见表 3-115。

表 3-115　天然异龄水冬瓜阔叶混交林结构因子统计表

优势树种	树种结构类型组	公顷株数（株）	公顷蓄积（m³）	树种数量（种）	平均胸径（cm）	平均树高（m）	郁闭度	平均年龄（年）	分布海拔（m）
水冬瓜	综合平均	1297	166.5	9	14.8	12.9	0.63	25	2176
	水冬瓜 – 滇青冈 – 荷包山桂花 – 银木荷 – 云南厚壳桂等	1875	335.3	6	14.5	12.5	0.70	17	2260
	水冬瓜 – 滇山茶 – 核桃 – 栎类 – 木荷 – 山鸡椒等	1775	138.5	10	12.9	11.8	0.65	17	2220
	水冬瓜 – 滇石栎 – 枫杨 – 栎类 – 西南桦 – 野柿 – 樟等	475	47.6	9	14.5	12.2	0.60	17	1680
	水冬瓜 – 枫杨 – 高山栎 – 旱冬瓜 – 五角枫 – 西南桦等	1063	144.5	12	17.1	15.1	0.55	50	2545

（三十九）天然异龄粗糠柴阔叶混交林

本类型记录到样地4块，分布在盈江、普洱、广南等县（市）。样地综合海拔1109～1780m，平均海拔1435m。树种结构以粗糠柴为优势种，与大叶山楝、滇青冈、岗枿、木荷、楠木、乌柏、栎类、麻栎、西南桦、盐肤木、琼楠、润楠、滇南风吹楠、鹅掌楸、石楠、漆树、云南樟等多种阔叶树组成阔叶混交林。森林组成树种综合平均数10种，综合平均胸径13.5cm，平均树高9.7m，平均郁闭度0.64，平均年龄20年，森林活立木密度为平均每公顷856株，平均公顷蓄积量66.9m³。森林单株胸径年平均生长量0.369cm，年平均生长率3.33%；单株蓄积年平均生长量0.0059m³，年平均生长率7.96%。详见表3-116。

表3-116　天然异龄粗糠柴阔叶混交林结构因子统计表

优势树种	树种结构类型组	公顷株数（株）	公顷蓄积（m³）	树种数量（种）	平均胸径（cm）	平均树高（m）	郁闭度	平均年龄（年）	分布海拔（m）
粗糠柴	综合平均	856	66.9	10	13.5	9.7	0.64	20	1435
	粗糠柴－大叶山楝－滇青冈－岗枿－木荷－楠木－乌柏等	1100	58.4	9	10.5	9.4	0.60	7	1109
	粗糠柴－栎类－西南桦－盐肤木等	625	44.4	8	14.7	5.9	0.60	12	1780
	粗糠柴－琼楠－润楠－滇南风吹楠－滇青冈－鹅掌楸等	1150	86.5	18	10.9	11.1	0.75	18	1400
	粗糠柴－石楠－漆树－云南樟－其他软阔类	550	78.2	5	17.9	12.3	0.61	41	1450

（四十）天然异龄枫香阔叶混交林

本类型记录到样地4块，均分布在富宁县。样地综合海拔480～690m，平均海拔575m。树种结构以枫香为优势种，与红木荷、栎类、狭叶泡花树、槲树、云南黄杞、杜英、黄丹木姜子、木棉、漆树、水锦树、山合欢、楝、楠木、乌柏、西南桦、中平树等多种阔叶树组成阔叶混交林。森林组成树种综合平均数11种，综合平均胸径14.6cm，平均树高11.5m，平均郁闭度0.49，平均年龄15年，森林活立木密度为平均每公顷738株，平均公顷蓄积量83.1m³。森林单株胸径年平均生长量0.554cm，年平均生长率3.4%；单株蓄积年平均生长量0.0164m³，年平均生长率8.415%。详见表3-117。

表3-117　天然异龄枫香阔叶混交林结构因子统计表

优势树种	树种结构类型组	公顷株数（株）	公顷蓄积（m³）	树种数量（种）	平均胸径（cm）	平均树高（m）	郁闭度	平均年龄（年）	分布海拔（m）
枫香	综合平均	738	83.1	11	14.6	11.5	0.49	15	575
	枫香－红木荷－栎类－狭叶泡花树－槲树－云南黄杞等	750	163.8	10	18.9	15.5	0.65	29	690
	枫香－杜英－黄丹木姜子－木荷－木棉－漆树－水锦树等	1225	77.0	14	11.8	10.3	0.55	7	480
	枫香－红木荷－漆树－山合欢－水锦树等	625	72.4	8	14.6	11.9	0.45	12	530
	枫香－楝－楠木－漆树－乌柏－西南桦－漆树－中平树等	350	19.1	11	13.2	8.1	0.30	13	600

(四十一)天然异龄厚鳞石栎阔叶混交林

本类型记录到样地 4 块,分布在金平、临翔等县(区)。样地分布海拔 1230 ~ 2278m,平均海拔 1830m。树种结构以厚鳞石栎为优势种,与西南桦、岗柃、水青树、滇润楠、木荷、木姜子、麻栎等 1 种或多种阔叶树组成阔叶混交林。森林树种组成综合平均数 4 种,综合平均胸径 18.9cm,平均树高 13.4m,平均郁闭度 0.53,平均年龄 39 年,森林活立木密度为平均每公顷 825 株,平均公顷蓄积量 171.3m³。森林单株胸径年平均生长量 0.331cm,年平均生长率 2.46%;单株蓄积年平均生长量 0.008m³,年平均生长率 5.534%。详见表 3-118。

表 3-118 天然异龄厚鳞石栎阔叶混交林结构因子统计表

优势树种	树种结构类型组	公顷株数(株)	公顷蓄积(m³)	树种数量(种)	平均胸径(cm)	平均树高(m)	郁闭度	平均年龄(年)	分布海拔(m)
	综合平均	825	171.3	4	18.9	13.4	0.53	39	1830
厚鳞石栎	厚鳞石栎 – 滇润楠 – 木荷 – 木姜子 – 麻栎 – 西南桦等	1488	154.7	10	14.4	10.8	0.75	37	1750
	厚鳞石栎 – 岗柃	700	18.9	2	7.6	7.3	0.35	9	2278
	厚鳞石栎 – 西南桦 – 岗柃	775	129.1	3	11.9	14.5	0.55	18	1230
	厚鳞石栎 – 水青树	338	382.3	2	41.6	20.9	0.45	90	2060

(四十二)天然异龄槲栎阔叶混交林

本类型记录到样地 4 块,分布在维西、师宗、华宁、金平等县。样地分布海拔 1450 ~ 2690m,平均海拔 1897m。树种结构以槲栎为优势种,与薄叶山矾、滇青冈、滇石栎、岗柃、红花木莲、高山栲、旱冬瓜、木姜子、麻栎、木荷、杜鹃、南烛、杨树、黄连木、青冈、山合欢、香叶树、云南木樨榄等 1 种或多种阔叶树组成阔叶混交林。森林组成树种综合平均数 10 种,综合平均胸径 15.3cm,平均树高 10.0m,平均郁闭度 0.60,平均年龄 40 年,森林活立木密度为平均每公顷 1132 株,平均公顷蓄积量 114.6m³。森林单株胸径年平均生长量 0.346cm,年平均生长率 2.94%;单株蓄积年平均生长量 0.005m³,年平均生长率 7.215%。详见表 3-119。

表 3-119 天然异龄槲栎阔叶混交林结构因子统计表

优势树种	树种结构类型组	公顷株数(株)	公顷蓄积(m³)	树种数量(种)	平均胸径(cm)	平均树高(m)	郁闭度	平均年龄(年)	分布海拔(m)
	综合平均	1132	114.6	10	15.3	10.0	0.60	40	1897
槲栎	槲栎 – 薄叶山矾 – 滇青冈 – 滇石栎 – 岗柃 – 红花木莲等	1313	151.5	16	15.4	12.1	0.75	20	1710
	槲栎 – 滇石栎 – 高山栲 – 旱冬瓜 – 木姜子 – 麻栎 – 木荷等	1125	49.2	10	11.1	7.0	0.50	12	1450
	槲栎 – 杜鹃 – 旱冬瓜 – 南烛 – 杨树	913	152.8	6	19.3	9.2	0.55	67	2690
	槲栎 – 黄连木 – 青冈 – 山合欢 – 香叶树 – 云南木樨榄等	1175	104.7	8	15.4	11.6	0.60	60	1737

（四十三）天然异龄华南石栎阔叶混交林

本类型记录到样地4块，分布在镇沅、宁洱、盈江等县。样地综合海拔1279～2240m，平均海拔1679m。树种结构以华南石栎为优势种，与杯状栲、刺栲、滇润楠、红木荷、栲树、山合欢、杨梅、云南樟、截头石栎、楠木、野柿、泡花树、短刺栲、光叶石栎、南酸枣等多种阔叶树组成阔叶混交林。森林组成树种综合平均数12种，综合平均胸径13.4cm，平均树高12.0m，平均郁闭度0.78，平均年龄38年，森林活立木密度为平均每公顷1566株，平均公顷蓄积量138.5m³。森林单株胸径年平均生长量0.292cm，年平均生长率2.35%；单株蓄积年平均生长量0.0045m³，年平均生长率5.292%。详见表3-120。

表3-120　天然异龄华南石栎阔叶混交林结构因子统计表

优势树种	树种结构类型组	公顷株数（株）	公顷蓄积（m³）	树种数量（种）	平均胸径（cm）	平均树高（m）	郁闭度	平均年龄（年）	分布海拔（m）
华南石栎	综合平均	1566	138.5	12	13.4	12.0	0.78	38	1679
	华南石栎－杯状栲－刺栲－滇润楠－光叶石栎－红木荷等	1650	150.3	15	14.3	11.7	0.80	39	1300
	华南石栎－红木荷－栲树－山合欢－杨梅－云南樟等	1425	35.5	10	8.6	7.3	0.70	9	2240
	华南石栎－红木荷－截头石栎－楠木－野柿－泡花树等	1325	143.4	11	15.4	12.1	0.80	72	1895
	华南石栎－短刺栲－光叶石栎－红木荷－栲树－南酸枣等	1863	224.6	13	15.3	16.7	0.80	33	1279

（四十四）天然异龄栲树阔叶混交林

本类型记录到样地4块，分布在临翔、红河、广南、富宁县（区）。样地分布海拔1550～1940m，平均海拔1710m。树种结构以栲树为优势种，与高山栲、红木荷、麻栎、珊瑚冬青、栓皮栎、常绿榆、滇石栎、旱冬瓜、猴子木、杨梅、大果楠、大树杜鹃、木荷、漆树、樟、灯台树、桦木等多种阔叶树组成阔叶混交林。森林树种组成综合平均数9种，综合平均胸径10.7cm，平均树高9.3m，平均郁闭度0.68，平均年龄26年，森林活立木密度为平均每公顷1963株，平均公顷蓄积量75.4m³。森林单株胸径年平均生长量0.319cm，年平均生长率2.54%；单株蓄积年平均生长量0.0064m³，年平均生长率5.942%。详见表3-121。

表3-121　天然异龄栲树阔叶混交林结构因子统计表

优势树种	树种结构类型组	公顷株数（株）	公顷蓄积（m³）	树种数量（种）	平均胸径（cm）	平均树高（m）	郁闭度	平均年龄（年）	分布海拔（m）
栲树	综合平均	1963	75.4	9	10.7	9.3	0.68	26	1710
	栲树－高山栲－红木荷－麻栎－珊瑚冬青－栓皮栎等	2700	50.6	10	7.4	7.7	0.65	13	1940
	栲树－常绿榆－滇石栎－旱冬瓜－猴子木－杨梅等	2025	82.1	8	10.5	9.3	0.65	25	1800

续表 3-121

优势树种	树种结构类型组	公顷株数（株）	公顷蓄积（m³）	树种数量（种）	平均胸径（cm）	平均树高（m）	郁闭度	平均年龄（年）	分布海拔（m）
栲树	栲树－大果楠－大树杜鹃－滇石栎－木荷－漆树－樟等	1225	124.7	9	16.8	11.6	0.80	57	1550
	栲树－灯台树－桦木－木荷－漆树－樟等	1900	44.1	8	7.9	8.7	0.60	10	1550

（四十五）天然异龄毛叶青冈阔叶混交林

本类型记录到样地 4 块，分布在大姚、牟定、墨江、景洪等县（市）。样地综合海拔 1040 ～ 2300m，平均海拔 1735m。树种结构以毛叶青冈为优势种，与白穗石栎、钝叶黄檀、高山栲、黑黄檀、麻栎、水锦树、余甘子、旱冬瓜、猴子木、桦木等多种阔叶树组成阔叶混交林。森林组成树种综合平均数 9 种，综合平均胸径 14.7cm，平均树高 10.8m，平均郁闭度 0.79，平均年龄 44年，森林活立木密度为平均每公顷 1622 株，平均公顷蓄积量 107.9m³。森林单株胸径年平均生长量 0.268cm，年平均生长率 2.57%；单株蓄积年平均生长量 0.0033m³，年平均生长率 5.986%。详见表 3-122。

表 3-122　天然异龄毛叶青冈阔叶混交林结构因子统计表

优势树种	树种结构类型组	公顷株数（株）	公顷蓄积（m³）	树种数量（种）	平均胸径（cm）	平均树高（m）	郁闭度	平均年龄（年）	分布海拔（m）
毛叶青冈	综合平均	1622	107.9	9	14.7	10.8	0.79	44	1735
	毛叶青冈－白穗石栎－钝叶黄檀－高山栲－黑黄檀等	850	116.6	14	21.1	12.2	0.80	45	1040
	毛叶青冈－麻栎－水锦树－余甘子等	2788	129.3	6	10.0	11.4	0.75	35	1570
	毛叶青冈－高山栲－旱冬瓜－猴子木－桦木等	975	150.6	10	19.8	12.4	0.75	73	2300
	毛叶青冈－栎类等	1875	34.9	5	8.0	7.2	0.85	21	2030

（四十六）天然异龄木果石栎阔叶混交林

本类型记录到样地 4 块，分布在镇康、镇沅等县。样地综合海拔 2160 ～ 2740m，平均海拔 2495m。树种结构以木果石栎为优势种，与红木荷、臭椿、旱冬瓜、盐肤木、滇润楠、青榨槭、十齿花、水青树、泡花树、红花木莲、尖叶桂樱、柳叶润楠等多种阔叶树组成阔叶混交林。森林组成树种综合平均数 9 种，综合平均胸径 18.6cm，平均树高 14.9m，平均郁闭度 0.61，平均年龄 57年，森林活立木密度为平均每公顷 1629 株，平均公顷蓄积量 283.9m³。森林单株胸径年平均生长量 0.219cm，年平均生长率 1.5%；单株蓄积年平均生长量 0.0051m³，年平均生长率 3.52%。详见表 3-123。

表 3-123　天然异龄木果石栎阔叶混交林结构因子统计表

优势树种	树种结构类型组	公顷株数（株）	公顷蓄积（m³）	树种数量（种）	平均胸径（cm）	平均树高（m）	郁闭度	平均年龄（年）	分布海拔（m）
木果石栎	综合平均	1629	283.9	9	18.6	14.9	0.61	57	2495
	木果石栎 - 臭椿 - 旱冬瓜 - 盐肤木等	450	75.1	5	20.3	19.1	0.40	30	2160
	木果石栎 - 滇润楠 - 青榨槭 - 十齿花 - 水青树 - 泡花树等	1013	95.9	10	14.1	9.0	0.35	25	2710
	木果石栎 - 滇润楠 - 红花木莲 - 尖叶桂樱 - 柳叶润楠等	1763	445.0	15	21.7	17.7	0.90	102	2370
	木果石栎 - 红木荷 - 其他软阔类等	3288	519.6	4	18.4	13.8	0.80	70	2740

（四十七）天然异龄栓皮栎阔叶混交林

本类型记录了样地 4 块，分布在镇沅、昭阳、元江等县（区）。样地综合海拔 1320 ~ 2100m，平均海拔 1553m。树种结构以栓皮栎为优势种，与毛叶青冈、母猪果、水锦树、西南桦、银柴、川梨、旱冬瓜、红木荷、南烛、杨梅、青冈、余甘子等多种阔叶树组成阔叶混交林。森林组成树种综合平均数 7 种，综合平均胸径 12.5cm，平均树高 8.7m，平均郁闭度 0.57，平均年龄 36 年，森林活立木密度为平均每公顷 991 株，平均公顷蓄积量 65.4m³。森林单株胸径年平均生长量 0.282cm，年平均生长率 2.61%；单株蓄积年平均生长量 0.0034m³，年平均生长率 6.5435%。详见表 3-124。

表 3-124　天然异龄栓皮栎阔叶混交林结构因子统计表

优势树种	树种结构类型组	公顷株数（株）	公顷蓄积（m³）	树种数量（种）	平均胸径（cm）	平均树高（m）	郁闭度	平均年龄（年）	分布海拔（m）
栓皮栎	综合平均	991	65.4	7	12.5	8.7	0.57	36	1553
	栓皮栎 - 毛叶青冈 - 母猪果 - 水锦树 - 西南桦 - 银柴等	1325	137.3	11	16.6	8.9	0.85	60	1350
	栓皮栎 - 川梨 - 旱冬瓜 - 其他软阔类等	663	25.6	5	10.2	8.4	0.39	12	2100
	栓皮栎 - 旱冬瓜 - 红木荷 - 南烛 - 杨梅	313	11.9	5	11.9	8.8	0.45	25	1320
	栓皮栎 - 南烛 - 青冈 - 余甘子等	1663	86.8	8	11.3	8.7	0.60	45	1442

（四十八）天然异龄小果栲阔叶混交林

本类型记录到样地 4 块，分布在云县、临翔、宁洱、峨山等县（区）。样地综合海拔 1420 ~ 2410m，平均海拔 2085m。树种结构以小果栲为优势种，与伯乐树、旱冬瓜、红椿、红木荷、截头石栎、母猪果、水锦树、杨梅、冬青、含笑、厚皮香、黄肉楠、青冈、木荷、高山栲等组成阔叶混交林。森林组成树种综合平均数 8 种，综合平均胸径 19.6cm，平均树高 12.0m，平均郁闭度 0.69，平均年龄 47 年，森林活立木密度为平均每公顷 1535 株，平均公顷蓄积量 199.5m³。森林单株胸径年平均生长量 0.30cm，年平均生长率 2.26%；单株蓄积年平均生长量 0.005m³，年平均生长率 5.126%。详见表 3-125。

表 3-125 天然异龄小果栲阔叶混交林结构因子统计表

优势树种	树种结构类型组	公顷株数（株）	公顷蓄积（m³）	树种数量（种）	平均胸径（cm）	平均树高（m）	郁闭度	平均年龄（年）	分布海拔（m）
小果栲	综合平均	1535	199.5	8	19.6	12.0	0.69	47	2085
	小果栲－伯乐树－旱冬瓜－红椿等	1250	190.6	6	18.7	12.9	0.70	38	2300
	小果栲－红木荷－截头石栎－母猪果－水锦树－杨梅等	1888	135.2	11	14.3	10.0	0.70	28	1420
	小果栲－冬青－含笑－厚皮香－黄肉楠－青冈－木荷等	913	189.8	10	26.2	12.6	0.55	62	2211
	小果栲－高山栲－银木荷－其他软阔类－其他硬阔类	2088	282.5	5	19.3	12.5	0.80	59	2410

（四十九）天然异龄盐肤木阔叶混交林

本类型记录到样地4块，分布在绥江、盐津、勐海等县。样地综合海拔545～1480m，平均海拔861m。树种结构以盐肤木为优势种，与金合欢、八角枫、构树、矩圆叶梾木、尼泊尔水东哥、杜仲、栎类、木荷、木棉、南酸枣、漆树、山鸡椒、四蕊朴、香叶树等多种阔叶树组成阔叶混交林。森林组成树种综合平均数8种，综合平均胸径8.5cm，平均树高8.0m，平均郁闭度0.46，平均年龄10年，森林活立木密度为平均每公顷497株，平均公顷蓄积量16.0m³。森林单株胸径年平均生长量0.483cm，年平均生长率5.45%；单株蓄积年平均生长量0.004m³，年平均生长率13.891%。详见表3-126。

表 3-126 天然异龄盐肤木阔叶混交林结构因子统计表

优势树种	树种结构类型组	公顷株数（株）	公顷蓄积（m³）	树种数量（种）	平均胸径（cm）	平均树高（m）	郁闭度	平均年龄（年）	分布海拔（m）
盐肤木	综合平均	497	16.0	8	8.5	8.0	0.46	10	861
	盐肤木－八角枫－构树－矩圆叶梾木－尼泊尔水东哥等	538	16.8	11	10.0	9.0	0.40	13	545
	盐肤木－杜仲－金合欢－其他软阔类	450	4.9	3	6.7	5.7	0.40	7	490
	盐肤木－红椿－栎类－木荷－木棉－其他软阔类	538	32.4	6	7.0	7.5	0.45	10	930
	盐肤木－南酸枣－漆树－山鸡椒－四蕊朴－香叶树等	463	9.8	10	10.1	9.8	0.60	11	1480

（五十）天然异龄云南樟阔叶混交林

本类型记录到样地4块，分布在泸水、陇川、耿马、元阳等县（市）。样地综合海拔840～2830m，平均海拔1685m。树种结构以云南樟为优势种，与羊蹄甲、川楝、粗糠柴、枫杨、红椿、红木荷、柴桂、木姜子、山合欢、山香圆、楹树、钝叶黄檀、灰毛浆果楝、木奶果、茜树、银柴、红花木莲等多种阔叶树组成阔叶混交林。森林组成树种综合平均数10种，综合平均胸径

18.4cm，平均树高 13.8m，平均郁闭度 0.62，平均年龄 39 年，森林活立木密度为平均每公顷 738 株，平均公顷蓄积量 186.6m³。森林单株胸径年平均生长量 0.432cm，年平均生长率 3.24%；单株蓄积年平均生长量 0.0084m³，年平均生长率 7.424%。详见表 3-127。

表 3-127 天然异龄云南樟阔叶混交林结构因子统计表

优势树种	树种结构类型组	公顷株数（株）	公顷蓄积（m³）	树种数量（种）	平均胸径（cm）	平均树高（m）	郁闭度	平均年龄（年）	分布海拔（m）
云南樟	综合平均	738	186.6	10	18.4	13.8	0.62	39	1685
	云南樟－羊蹄甲－川楝－粗糠柴－枫杨－红椿－红木荷等	1188	183.7	16	17.0	13.9	0.70	48	1350
	云南樟－柴桂－红椿－木姜子－山合欢－山香圆－楹树等	575	33.1	13	13.8	10.4	0.35	13	1720
	云南樟－钝叶黄檀－灰毛浆果楝－木奶果－茜树－银柴	688	159.6	6	20.0	15.0	0.72	50	840
	云南樟 红花木莲 其他硬阔类	500	370.0	3	22.8	15.8	0.70	44	2830

（五十一）天然异龄楝树阔叶混交林

本类型记录到样地 4 块，分布在孟连、富宁、勐海等县。样地综合海拔 1160 ~ 1500m，平均海拔 1270m。树种结构以楝树为优势种，与旱冬瓜、红梗润楠、桦木、香果树、香叶树、楹树、常绿榆、粗糠柴、藤黄、灯台树、红椿、普文楠、栎类、楠木等多种阔叶树组成阔叶混交林。森林树种组成综合平均数 8 种，综合平均胸径 16.3cm，平均树高 12.7m，平均郁闭度 0.53，平均年龄 30 年，森林活立木密度为平均每公顷 707 株，平均公顷蓄积量 132.2m³。森林单株胸径年平均生长量 0.389cm，年平均生长率 2.9%；单株蓄积年平均生长量 0.0096m³，年平均生长率 7.35%。详见表 3-128。

表 3-128 天然异龄楝阔叶混交林结构因子统计表

优势树种	树种结构类型组	公顷株数（株）	公顷蓄积（m³）	树种数量（种）	平均胸径（cm）	平均树高（m）	郁闭度	平均年龄（年）	分布海拔（m）
楝	综合平均	707	132.2	8	16.3	12.7	0.53	30	1270
	楝－旱冬瓜－红梗润楠－桦木－香果树－香叶树－楹树等	263	48.5	8	15.6	14.0	0.30	20	1220
	楝－常绿榆－粗糠柴－藤黄－灯台树－红椿－普文楠等	938	138.3	14	17.4	12.0	0.60	33	1160
	楝－栎类－楠木－其他软阔类－其他硬阔类等	788	121	6	17.3	15.3	0.55	24	1500
	楝－栎类－其他软阔类－其他硬阔类	838	220.8	4	14.9	9.3	0.65	42	1200

（五十二）天然异龄红椿阔叶混交林

本类型记录到样地 4 块，分布在施甸、镇沅、师宗、广南等县。样地综合海拔 760 ～ 1460m，平均海拔 1186m。树种结构以红椿为优势种，与茶梨、川梨、钝叶黄檀、华南石栎、麻栎、樱桃、木荷、盐肤木、余甘子、羊蹄甲、冬青、短刺栲、钝叶榕、高山栲、木莲等多种阔叶树组成阔叶混交林。森林组成树种综合平均数 7 种，综合平均胸径 9.7cm，平均树高 7.4m，平均郁闭度 0.46，平均年龄 11 年，森林活立木密度为平均每公顷 872 株，平均公顷蓄积量 43.8m³。森林单株胸径年平均生长量 0.833cm，年平均生长率 4.64%；单株蓄积年平均生长量 0.0238m³，年平均生长率 10.342%。详见表 3-129。

表 3-129　天然异龄红椿阔叶混交林结构因子统计表

优势树种	树种结构类型组	公顷株数（株）	公顷蓄积（m³）	树种数量（种）	平均胸径（cm）	平均树高（m）	郁闭度	平均年龄（年）	分布海拔（m）
红椿	综合平均	872	43.8	7	9.7	7.4	0.46	11	1186
	红椿 - 茶梨 - 川梨 - 钝叶黄檀 - 华南石栎 - 麻栎 - 樱桃等	1875	75.3	9	8.8	7.9	0.60	7	1330
	红椿 - 木荷 - 其他软阔类 - 盐肤木 - 余甘子	563	28.9	5	6.5	6.0	0.25	4	1195
	红椿 - 羊蹄甲 - 冬青 - 短刺栲 - 钝叶榕 - 高山栲 - 木莲等	363	56	13	15.6	8.9	0.50	22	1460
	红椿 - 其他软阔类	688	14.9	2	7.9	6.6	0.50	10	760

（五十三）天然异龄长梗润楠阔叶混交林

本类型记录到样地 3 块，分布在景谷、福贡、腾冲等县（市）。样地综合海拔 1170 ～ 2460m，平均海拔 1843m。树种结构以长梗润楠为优势种，与刺栲、滇润楠、杜英、红木荷、华南石栎、红花木莲、曼青冈、五角枫、中华鹅掌柴、栎类、伊桐、锥连栎、枫杨等多种阔叶树组成阔叶混交林。森林组成树种综合平均数 11 种，综合平均胸径 25.0cm，平均树高 14.9m，平均郁闭度 0.65，平均年龄 59 年，森林活立木密度为平均每公顷 755 株，平均公顷蓄积量 238.3m³。森林单株胸径年平均生长量 0.183cm，年平均生长率 1.53%；单株蓄积年平均生长量 0.004m³，年平均生长率 3.858%。详见表 3-130。

表 3-130　天然异龄长梗润楠阔叶混交林结构因子统计表

优势树种	树种结构类型组	公顷株数（株）	公顷蓄积（m³）	树种数量（种）	平均胸径（cm）	平均树高（m）	郁闭度	平均年龄（年）	分布海拔（m）
长梗润楠	综合平均	755	238.3	11	25.0	14.9	0.65	59	1843
	长梗润楠 - 刺栲 - 滇润楠 - 杜英 - 红木荷 - 华南石栎等	1138	228.5	20	18.1	14.7	0.75	57	1170
	长梗润楠 - 红花木莲 - 曼青冈 - 五角枫 - 中华鹅掌柴等	313	351.4	6	38.0	16.0	0.45	100	2460
	红梗润楠 - 栎类 - 五角枫 - 伊桐 - 枫杨	813	135	6	19.0	14	0.75	21	1900

（五十四）天然异龄薄叶山矾阔叶混交林

本类型从金平、镇雄、云县等县记录到样地3块。样地分布海拔1210～2120m，平均海拔1760m。树种结构以薄叶山矾为优势种，与刺栲、润楠、冬青、大叶木莲、旱冬瓜、檫木、漆树、锐齿槲栎、山鸡椒、滇石栎、多花含笑、红花木莲、油丹、木荷等多种阔叶树组成阔叶混交林。森林树种组成综合平均数14种，综合平均胸径13.2cm，平均树高11.8m，平均郁闭度0.68，平均年龄19年，森林活立木密度为平均每公顷1596株，平均公顷蓄积量134.0m³。森林单株胸径年平均生长量0.302cm，年平均生长率2.4%；单株蓄积年平均生长量0.0048m³，年平均生长率6.0864%。详见表3-131。

表3-131 天然异龄薄叶山矾阔叶混交林结构因子统计表

优势树种	树种结构类型组	公顷株数（株）	公顷蓄积（m³）	树种数量（种）	平均胸径（cm）	平均树高（m）	郁闭度	平均年龄（年）	分布海拔（m）
薄叶山矾	综合平均	1596	134.0	14	13.2	11.8	0.68	19	1760
	薄叶山矾－刺栲－润楠－冬青－大叶木莲－旱冬瓜等	2388	234.3	20	14.5	11.6	0.80	20	2120
	薄叶山矾－檫木－漆树－锐齿槲栎－山鸡椒等	1588	77.9	7	10.9	8	0.78	15	1950
	薄叶山矾－滇石栎－多花含笑－红花木莲－油丹－木荷等	813	89.7	15	14.2	15.9	0.45	21	1210

（五十五）天然异龄川西栎阔叶混交林

本类型从禄劝、大姚、巍山等县记录到样地3块。样地综合分布海拔1620～2680m，平均海拔2127m。树种结构以川西栎为优势种，与滇青冈、滇石栎、旱冬瓜、黄毛青冈、麻栎、高山栲、毛叶柿、山合欢、小叶青冈、盐肤木、黄背栎、青榨槭、水红木、五角枫等多种阔叶树种组成阔叶混交林。森林树种组成综合平均数10种，综合平均胸径13.1cm，平均树高7.7m，平均郁闭度0.75，平均年龄42年。森林活立木密度为平均每公顷1833株，平均公顷蓄积量84.7m³。森林单株胸径年平均生长量0.326cm，年平均生长率3.61%；单株蓄积年平均生长量0.0029m³，年平均生长率9.7668%。详见表3-132。

表3-132 天然异龄川西栎阔叶混交林结构因子统计表

优势树种	树种结构类型组	公顷株数（株）	公顷蓄积（m³）	树种数量（种）	平均胸径（cm）	平均树高（m）	郁闭度	平均年龄（年）	分布海拔（m）
川西栎	综合平均	1833	84.7	10	13.1	7.7	0.75	42	2127
	川西栎－滇青冈－滇石栎－旱冬瓜－黄毛青冈－麻栎等	2550	106.8	13	10.6	9.7	0.85	30	2080
	川西栎－高山栲－毛叶柿－山合欢－小叶青冈－盐肤木等	2100	31.7	11	7.4	5.4	0.75	20	1620
	川西栎－黄背栎－青榨槭－水红木－五角枫等	850	115.5	7	21.2	7.9	0.65	75	2680

（五十六）天然异龄滇鹅耳枥阔叶混交林

本类型记录到样地3块，分布在兰坪、富源、马关等县。样地综合分布海拔1780～2640m，平均海拔2131m。树种结构以滇鹅耳枥为优势种，与白桦、滇杨、多变石栎、蜡叶杜鹃、西南桦、滇青冈、白穗石栎、刺栲、大果冬青、滇石栎、喜树等多种阔叶树组成阔叶混交林。森林树种组成综合平均数9种，综合平均胸径14.0cm，平均树高9.9m，平均郁闭度0.55，平均年龄32年；森林活立木密度为平均每公顷1375株，平均公顷蓄积量78.2m³。森林单株胸径年平均生长量0.301cm，年平均生长率2.83%；单株蓄积年平均生长量0.0033m³，年平均生长率7.558%。详见表3-133。

表3-133 天然异龄滇鹅耳枥阔叶混交林结构因子统计表

优势树种	树种结构类型组	公顷株数（株）	公顷蓄积（m³）	树种数量（种）	平均胸径（cm）	平均树高（m）	郁闭度	平均年龄（年）	分布海拔（m）
滇鹅耳枥	综合平均	1375	78.2	9	14.0	9.9	0.55	32	2131
	滇鹅耳枥－白桦－滇杨－多变石栎－蜡叶杜鹃－西南桦	738	118.5	6	18.1	13.6	0.6	55	2640
	滇鹅耳枥－滇青冈－其他软阔类	438	34.6	3	15.4	8.4	0.3	30	1973
	滇鹅耳枥－白穗石栎－刺栲－大果冬青－滇石栎－喜树等	2950	81.4	17	8.5	7.6	0.75	10	1780

（五十七）天然异龄灰背栎阔叶混交林

本类型记录到样地3块，分别在楚雄、新平、华宁等县（市）。样地综合分布海拔1030～1940m，平均海拔1410m。树种结构以灰背栎为优势种，与山合欢、银柴、木樨榄、云南叶轮木、黄毛青冈、麻栎、楝、余甘子等多种阔叶树种组成阔叶混交林。森林树种组成综合平均数7种，综合平均胸径11.5cm，平均树高8.3m，平均郁闭度0.56，平均年龄32年；森林活立木密度为平均每公顷1375株，平均公顷蓄积量75.0m³。森林单株胸径年平均生长量0.287cm，年平均生长率2.73%；单株蓄积年平均生长量0.0029m³，年平均生长率7.0577%。详见表3-134。

表3-134 天然异龄灰背栎阔叶混交林结构因子统计表

优势树种	树种结构类型组	公顷株数（株）	公顷蓄积（m³）	树种数量（种）	平均胸径（cm）	平均树高（m）	郁闭度	平均年龄（年）	分布海拔（m）
灰背栎	综合平均	1375	75.0	7	11.5	8.3	0.56	32	1410
	灰背栎－山合欢－银柴－木樨榄－云南叶轮木等	2213	147.2	11	13.4	12.0	0.80	31	1260
	灰背栎－黄毛青冈－麻栎	613	21.1	3	10.1	4.9	0.30	35	1940
	灰背栎－楝－麻栎－其他软阔类－山合欢－余甘子	1300	56.8	6	11.0	7.9	0.57	31	1030

（五十八）天然异龄榕树阔叶混交林

本类型记录到样地3块，分别在沧源、墨江、双柏等县。样地综合分布海拔1000～1390m，平均海拔 1170m。树种结构以榕树为优势种，与白穗石栎、黑黄檀、红木荷、野柿、云南黄杞、滇青冈、钝叶桂、银柴、楹树、滇厚朴、高山栲、旱冬瓜、桦木、柳树、密花树等树种组成阔叶混交林。森林树种组成综合平均数 14 种，综合平均胸径 14.6cm，平均树高 11.7m，平均郁闭度 0.55，平均年龄 20 年；森林活立木密度为平均每公顷 1167 株，平均公顷蓄积量 195.1m³。森林单株胸径年平均生长量 0.324cm，年平均生长率 2.43%；单株蓄积年平均生长量 0.01m³，年平均生长率 6.0745%。详见表 3–135。

表 3-135　天然异龄榕树阔叶混交林结构因子统计表

优势树种	树种结构类型组	公顷株数（株）	公顷蓄积（m³）	树种数量（种）	平均胸径（cm）	平均树高（m）	郁闭度	平均年龄（年）	分布海拔（m）
	综合平均	1167	195.1	14	14.6	11.7	0.55	20	1170
榕树	榕树 – 白穗石栎 – 黑黄檀 – 红木荷 – 野柿 – 云南黄杞等	950	163.2	20	16.4	13	0.35	15	1000
	榕树 – 滇青冈 – 钝叶桂 – 银柴 – 楹树等	1263	287.5	8	13.7	12.8	0.8	20	1120
	榕树 – 滇厚朴　高山栲 – 旱冬瓜 – 桦木 – 柳树 – 密花树等	1288	134.7	15	13.6	9.2	0.5	25	1390

（五十九）天然异龄瓦山栲阔叶混交林

本类型记录到样地 3 块，分别在澜沧、镇康、沧源等县。样地综合分布海拔 1720 ~ 2140m，平均海拔 1980m。树种结构以瓦山栲为优势种，与木荷、毛叶黄杞、伞花木、四照花、粗糠柴、旱冬瓜、十齿花、伊桐、樱桃、钓樟、木莲、滇石栎、云南枔等树种组成阔叶混交林。森林树种组成综合平均数 9 种，综合平均胸径 12.4cm，平均树高 10.2m，平均郁闭度 0.65，平均年龄 39 年；森林活立木密度为平均每公顷 1767 株，平均公顷蓄积量 117.0m³。森林单株胸径年平均生长量 0.297cm，年平均生长率 2.42%；单株蓄积年平均生长量 0.0048m³，年平均生长率 5.4547%。详见表 3–136。

表 3-136　天然异龄瓦山栲阔叶混交林结构因子统计表

优势树种	树种结构类型组	公顷株数（株）	公顷蓄积（m³）	树种数量（种）	平均胸径（cm）	平均树高（m）	郁闭度	平均年龄（年）	分布海拔（m）
	综合平均	1767	117.0	9	12.4	10.2	0.65	39	1980
瓦山栲	瓦山栲 – 红木荷 – 毛叶黄杞 – 伞花木 – 四照花 – 银木荷等	1838	143.1	10	14.6	8.7	0.75	63	1720
	瓦山栲 – 粗糠柴 – 旱冬瓜 – 木荷 – 十齿花 – 伊桐 – 樱桃等	913	42.2	9	10.5	10.1	0.5	25	2080
	瓦山栲 – 钓樟 – 木莲 – 滇石栎 – 红木荷 – 樱桃 – 云南枔等	2550	165.8	8	12.2	11.9	0.7	28	2140

（六十）天然异龄野核桃阔叶混交林

本类型记录到样地 3 块，分别在泸水、宜良、元阳等县（市）。样地分布综合海拔

1760～2753m，平均海拔2114m。树种结构以野核桃为优势种，与柴桂、滇杨、红桦、青皮槭、野八角、樱桃、滇青冈、君迁子、香椿、构树、旱冬瓜、南酸枣、香叶树等树种组成阔叶混交林。森林树种组成综合平均数6种，综合平均胸径22.0cm，平均树高12.7m，平均郁闭度0.53，平均年龄38年；森林活立木密度为平均每公顷721株，平均公顷蓄积量98.9m³。森林单株胸径年平均生长量0.30cm，年平均生长率3.78%；单株蓄积年平均生长量0.0018m³，年平均生长率8.643%。详见表3-137。

表3-137　天然异龄野核桃阔叶混交林结构因子统计表

优势树种	树种结构类型组	公顷株数（株）	公顷蓄积（m³）	树种数量（种）	平均胸径（cm）	平均树高（m）	郁闭度	平均年龄（年）	分布海拔（m）
野核桃	综合平均	721	98.9	6	22.0	12.7	0.53	38	2114
	野核桃－柴桂－滇杨－红桦－青皮槭－野八角－樱桃等	1550	133.4	8	13.2	10.7	0.75	18	2753
	野核桃－滇青冈－君迁子－南酸枣－香椿等	438	92.2	6	21.1	11.8	0.4	75	1830
	野核桃－构树－旱冬瓜－南酸枣－香叶树	175	71.1	5	31.8	15.6	0.45	20	1760

（六十一）天然异龄印度栲阔叶混交林

本类型记录到样地3块，分别在镇康、云县等县。样地分布海拔1140～1570m，平均海拔1312m。树种结构以印度栲为优势种，与羊蹄甲、合果木、栎类、马蹄荷、樱桃、杯状栲、木荷、桦木、水青冈、樟、栲树、黄杞等树种组成阔叶混交林。森林树种组成综合平均数9种，综合平均胸径11.6cm，平均树高9.5m，平均郁闭度0.60，平均年龄26年；森林活立木密度为平均每公顷1288株，平均公顷蓄积量120.9m³。森林单株胸径年平均生长量0.384cm，年平均生长率3.22%；单株蓄积年平均生长量0.0061m³，年平均生长率7.451%。详见表3-138。

表3-138　天然异龄印度栲阔叶混交林结构因子统计表

优势树种	树种结构类型组	公顷株数（株）	公顷蓄积（m³）	树种数量（种）	平均胸径（cm）	平均树高（m）	郁闭度	平均年龄（年）	分布海拔（m）
印度栲	综合平均	1288	120.9	9	11.6	9.5	0.60	26	1312
	印度栲－羊蹄甲－合果木－马蹄荷－樱桃等	1475	60.9	8	10.5	9	0.55	18	1220
	印度栲－杯状栲－木荷－桦木－栎类－水青冈－樟等	1313	36.9	9	8.6	6.4	0.6	20	1575
	印度栲－合果木－红木荷－栲树－栎类－西南桦－黄杞等	1075	264.9	11	15.8	13	0.65	39	1140

（六十二）天然异龄头状四照花阔叶混交林

本类型记录到样地2块，分布在富源县、石林县。样地综合海拔2060～2140m，平均海拔

2100m。树种结构以头状四照花为优势种，与白檀、川梨、旱冬瓜、灰背栎、锥连栎、桦木、毛叶木姜子、野漆等多种阔叶树组成阔叶混交林。森林树种组成综合平均数7种，综合平均胸径10.1cm，平均树高5.8m，平均郁闭度0.43，平均年龄11年，森林活立木密度为平均每公顷712株，平均公顷蓄积量26.3m³。森林单株胸径年平均生长量0.444cm，年平均生长率4.13%；单株蓄积年平均生长量0.0055m³，年平均生长率10.159%。详见表3-139。

表3-139　天然异龄头状四照花阔叶混交林结构因子统计表

优势树种	树种结构类型组	公顷株数（株）	公顷蓄积（m³）	树种数量（种）	平均胸径（cm）	平均树高（m）	郁闭度	平均年龄（年）	分布海拔（m）
头状四照花	综合平均	712	26.3	7	10.1	5.8	0.43	11	2100
	头状四照花－白檀－川梨－旱冬瓜－灰背栎－锥连栎等	800	41.7	7	12.2	5.8	0.50	15	2140
	头状四照花－旱冬瓜－桦木－栎类－毛叶木姜子－野漆等	625	10.8	7	8	5.8	0.35	6	2060

（六十三）天然异龄普文楠阔叶混交林

本类型记录到样地2块，分布在双江县和景洪市。样地分布海拔1408～2170m，平均海拔1916m。树种结构以普文楠为优势种，与滇青冈、红木荷、密花树、水东哥、蒲桃、其他软阔类、四蕊朴等组成阔叶混交林。森林树种组成综合平均数6种，综合平均胸径18.4cm，平均树高15.9m，平均郁闭度0.8，平均年龄70年，森林活立木密度为平均每公顷1129株，平均公顷蓄积量218.2m³。森林单株胸径年平均生长量0.33cm，年平均生长率2.56%；单株蓄积年平均生长量0.0062m³，年平均生长率6.002%。详见表3-140。

表3-140　天然异龄普文楠阔叶混交林结构因子统计表

优势树种	树种结构类型组	公顷株数（株）	公顷蓄积（m³）	树种数量（种）	平均胸径（cm）	平均树高（m）	郁闭度	平均年龄（年）	分布海拔（m）
普文楠	综合平均	1129	218.2	6	18.4	15.9	0.8	70	1916
	普文楠－滇青冈－红木荷－其他软阔类	1325	263.8	4	19.1	16.7	0.8	65	2170
	普文楠－滇青冈－密花树－水东哥－蒲桃－四蕊朴等	738	127.0	11	17.1	14.4	0.8	80	1408

（六十四）天然异龄合果木阔叶混交林

本类型记录到样地2块，分布在金平县和景洪市。样地分布海拔940～1150m，平均海拔1045m。树种结构以合果木为优势种，与滇青冈、厚鳞石栎、山鸡椒、香叶树、杯状栲、石栎、红木荷、黄心树、披针叶楠等组成阔叶混交林。森林树种组成综合平均数8种，综合平均胸径17.9cm，平均树高8.8m，平均郁闭度0.27，平均年龄27年，森林活立木密度为平均每公顷338株，平均公顷蓄积量46.1m³。森林单株胸径年平均生长量0.356cm，年平均生长率3.32%；单株蓄积年平均生长量0.005m³，年平均生长率7.5423%。详见表3-141。

表 3-141　天然异龄合果木阔叶混交林结构因子统计表

优势树种	树种结构类型组	公顷株数（株）	公顷蓄积（m³）	树种数量（种）	平均胸径（cm）	平均树高（m）	郁闭度	平均年龄（年）	分布海拔（m）
合果木	综合平均	338	46.1	8	17.9	8.8	0.27	27	1045
	合果木 – 滇青冈 – 厚鳞石栎 – 山鸡椒 – 香叶树	263	74.7	5	25.3	10.1	0.3	30	940
	合果木 – 杯状栲 – 石栎 – 红木荷 – 黄心树 – 披针叶楠等	413	17.4	11	10.5	7.4	0.24	23	1150

（六十五）天然异龄红桦阔叶混交林

本类型记录到样地 2 块，分布在兰坪、云龙等县。样地分布海拔 2633 ~ 3240m，平均海拔 2937m。树种结构以红桦为优势种，与灯台树、滇石栎、多变石栎、光叶石栎、旱冬瓜、杜鹃、五角枫、樱桃等组成阔叶混交林。森林树种组成综合平均数 9 种，综合平均胸径 21.5cm，平均树高 13.0m，平均郁闭度 0.64，平均年龄 40 年，森林活立木密度为平均每公顷 894 株，平均公顷蓄积量 268.0m³。森林单株胸径年平均生长量 0.23cm，年平均生长率 1.39%；单株蓄积年平均生长量 0.0088m³，年平均生长率 3.6563%。详见表 3-142。

表 3-142　天然异龄红桦阔叶混交林结构因子统计表

优势树种	树种结构类型组	公顷株数（株）	公顷蓄积（m³）	树种数量（种）	平均胸径（cm）	平均树高（m）	郁闭度	平均年龄（年）	分布海拔（m）
红桦	综合平均	894	268.0	9	21.5	13.0	0.64	40	2937
	红桦 – 灯台树 – 滇石栎 – 多变石栎 – 光叶石栎 – 旱冬瓜等	1050	137.9	12	14.2	11.4	0.7	20	2633
	红桦 – 杜鹃 – 五角枫 – 樱桃等	738	398.0	5	28.8	14.6	0.57	60	3240

（六十六）天然异龄黄连木阔叶混交林

本类型记录到样地 2 块，分布在巍山、石林等县。样地分布海拔 1632 ~ 1640m，平均海拔 1636m。树种结构以黄连木为优势种，与金合欢、清香木、栓皮栎、余甘子、滇青冈、高山栲、黄背栎、黄心树、漆树等组成阔叶混交林。森林树种组成综合平均数 10 种，综合平均胸径 9.4cm，平均树高 7.0m，平均郁闭度 0.40，平均年龄 20 年，森林活立木密度为平均每公顷 1219 株，平均公顷蓄积量 32.5m³。森林单株胸径年平均生长量 0.214cm，年平均生长率 2.25%；单株蓄积年平均生长量 0.002m³，年平均生长率 5.774%。详见表 3-143。

表 3-143　天然异龄黄连木阔叶混交林结构因子统计表

优势树种	树种结构类型组	公顷株数（株）	公顷蓄积（m³）	树种数量（种）	平均胸径（cm）	平均树高（m）	郁闭度	平均年龄（年）	分布海拔（m）
黄连木	综合平均	1219	32.5	10	9.4	7.0	0.40	20	1636
	黄连木－金合欢－清香木－栓皮栎－余甘子等	1025	24.5	6	8.8	6.4	0.30	22	1632
	黄连木－滇青冈－高山栲－黄背栎－黄心树－漆树等	1413	40.4	14	9.9	7.5	0.50	17	1640

（六十七）天然异龄楹树阔叶混交林

本类型记录到样地 2 块，分布在贡山、芒市等县（市）。样地分布海拔 1480～1620m，平均海拔 1550m。树种结构以楹树为优势种，与粗糠柴、普文楠、围涎树、香果树、元江栲、樟、青榨槭、野漆、樱桃等组成阔叶混交林。森林树种组成综合平均数 7 种，综合平均胸径 13.2cm，平均树高 8.1m，平均郁闭度 0.45，平均年龄 17 年，森林活立木密度为平均每公顷 507 株，平均公顷蓄积量 43.4m³。森林单株胸径年平均生长量 0.387cm，年平均生长率 2.97%；单株蓄积年平均生长量 0.0076m³，年平均生长率 6.8985%。详见表 3-144。

表 3-144　天然异龄楹树阔叶混交林结构因子统计表

优势树种	树种结构类型组	公顷株数（株）	公顷蓄积（m³）	树种数量（种）	平均胸径（cm）	平均树高（m）	郁闭度	平均年龄（年）	分布海拔（m）
楹树	综合平均	507	43.4	7	13.2	8.1	0.45	17	1550
	楹树－粗糠柴－普文楠－围涎树－香果树－元江栲－樟等	425	53.6	9	14.3	8.7	0.45	18	1480
	楹树－青榨槭－野漆－樱桃	588	33.2	4	12.1	7.4	0.45	15	1620

（六十八）天然异龄木莲阔叶混交林

本类型记录到样地 2 块，分布在盈江、镇沅等县。样地分布海拔 2100～2120m，平均海拔 2110m。树种结构以木莲为优势种，与滇青冈、木荷、旱冬瓜、楠木、樟等组成阔叶混交林。森林树种组成综合平均数 4 种，综合平均胸径 21.3cm，平均树高 14.4m，平均郁闭度 0.55，平均年龄 52 年，森林活立木密度为平均每公顷 869 株，平均公顷蓄积量 197.9m³。森林单株胸径年平均生长量 0.417cm，年平均生长率 3.07%；单株蓄积年平均生长量 0.0083m³，年平均生长率 7.0782%。详见表 3-145。

表 3-145 天然异龄木莲阔叶混交林结构因子统计表

优势树种	树种结构类型组	公顷株数（株）	公顷蓄积（m³）	树种数量（种）	平均胸径（cm）	平均树高（m）	郁闭度	年龄（年）	分布海拔（m）
木莲	综合平均	869	197.9	4	21.3	14.4	0.55	52	2110
	木莲－滇青冈－木荷	888	200.9	3	22.0	18.2	0.55	63	2100
	木莲－旱冬瓜－楠木－其他软阔类－樟	850	194.9	5	20.6	10.5	0.55	41	2120

（六十九）天然异龄西南花楸阔叶混交林

本类型记录到样地 2 块，分布在水富、兰坪等县（市）。样地分布海拔 1440 ~ 3360m，平均海拔 2400m。树种结构以西南花楸为优势种，与檫木、刺楸、鹅掌楸、楠木、泡桐、杜鹃、五角枫、西南桦等组成阔叶混交林。森林树种组成综合平均数 9 种，综合平均胸径 18.2cm，平均树高 13.6m，平均郁闭度 0.43，平均年龄 49 年，森林活立木密度为平均每公顷 1082 株，平均公顷蓄积量 200.7m³。森林单株胸径年平均生长量 0.229cm，年平均生长率 1.4%；单株蓄积年平均生长量 0.0078m³，年平均生长率 3.5414%。详见表 3-146。

表 3-146 天然异龄西南花楸阔叶混交林结构因子统计表

优势树种	树种结构类型组	公顷株数（株）	公顷蓄积（m³）	树种数量（种）	平均胸径（cm）	平均树高（m）	郁闭度	平均年龄（年）	分布海拔（m）
西南花楸	综合平均	1082	200.7	9	18.2	13.6	0.43	49	2400
	西南花楸－檫木－刺楸－鹅掌楸－楠木－泡桐－西南桦等	875	127.1	13	16.9	13.8	0.45	60	1440
	西南花楸－杜鹃－五角枫－西南桦	1288	274.2	4	19.5	13.4	0.41	38	3360

（七十）天然异龄毛叶黄杞阔叶混交林

本类型记录到样地 1 块，分布在镇沅县。样地分布海拔 1740m。树种结构以毛叶黄杞为优势种，与旱冬瓜、湄公栲等组成阔叶混交林。森林组成树种数 3 种，平均胸径 30.1cm，平均树高 15.4m，郁闭度 0.75，年龄 79 年，森林活立木密度为每公顷 525 株，公顷蓄积量 422.3m³。森林单株胸径年平均生长量 0.289cm，年平均生长率 2.43%；单株蓄积年平均生长量 0.0054m³，年平均生长率 6.2575%。

（七十一）天然异龄水青冈阔叶混交林

本类型记录到样地 1 块，分布在镇康县。样地分布海拔 1400m。树种结构以水青冈为优势种，与白花羊蹄甲、思茅豆腐柴、香面叶、阴香、银木荷、余甘子等组成阔叶混交林。森林组成树种数 9 种，平均胸径 16.5cm，平均树高 12.7m，郁闭度 0.60，年龄 29 年，森林活立木密度为每公顷 1263 株，公顷蓄积量 221.7m³。森林单株胸径年平均生长量 0.569cm，年平均生长率 4.78%；单株蓄积年平均生长量 0.0085m³，年平均生长率 10.623%。

（七十二）天然异龄白颜树阔叶混交林

本类型记录到样地 1 块，分布在景谷县。样地分布海拔 1610m。树种结构以白颜树为优势种，与茶梨、川梨、钝叶桂、红木荷、华南石栎、黄樟、阔叶蒲桃、榕树、山合欢、水锦树、野茉莉、野柿、樱桃、楹树、余甘子等组成阔叶混交林。森林组成树种数 20 种，平均胸径 14.4cm，平均树高 12.2m，郁闭度 0.70，年龄 30 年，森林活立木密度为每公顷 1188 株，公顷蓄积量 131.2m³。森林单株胸径年平均生长量 0.38cm，年平均生长率 2.42%；单株蓄积年平均生长量 0.0096m³，年平均生长率 6.0559%。

（七十三）天然异龄曼青冈阔叶混交林

本类型记录到样地 1 块，分布在福贡县。样地分布海拔 2460m。树种结构以曼青冈为优势种，与红花木莲、五角枫、长梗润楠、中华鹅掌柴等组成阔叶混交林。森林组成树种数 6 种，平均胸径 38.0cm，平均树高 16.0m，郁闭度 0.45，年龄 100 年，森林活立木密度为每公顷 313 株，公顷蓄积量 351.4m³。森林单株胸径年平均生长量 1.83cm，年平均生长率 0.93%；单株蓄积年平均生长量 0.0096m³，年平均生长率 0.0065%。

（七十四）天然异龄披针叶楠阔叶混交林

本类型记录到样地 1 块，分布在金平县。样地分布海拔 1210m。树种结构以披针叶楠为优势种，与薄叶山矾、臭牡丹、滇石栎、多花含笑、岗柃、红花木莲、九节、毛叶油丹、木荷、苹果榕、青榨槭、香叶树、樟等组成阔叶混交林。森林组成树种数 15 种，平均胸径 14.2cm，平均树高 15.9m，郁闭度 0.45，年龄 21 年，森林活立木密度为每公顷 813 株，公顷蓄积量 89.7m³。从森林平均胸径、树高、密度、郁闭度之间的关系分析，该类型为人工刚疏伐后保留下来的目标树林分。森林单株胸径年平均生长量 0.422cm，年平均生长率 3.52%；单株蓄积年平均生长量 0.0075m³，年平均生长率 8.2321%。

（七十五）天然异龄四蕊朴阔叶混交林

本类型记录到样地 1 块，分布在墨江县。样地分布海拔 1408m。树种结构以四蕊朴为优势种，与滇青冈、密花树、尼泊尔水东哥、普文楠、四角蒲桃、歪叶榕、西南桦、中平树、重阳木等组成阔叶混交林。森林组成树种数 11 种，平均胸径 17.1cm，平均树高 14.4m，郁闭度 0.80，年龄 80 年，森林活立木密度为每公顷 738 株，公顷蓄积量 127.0m³。森林单株胸径年平均生长量 0.49cm，年平均生长率 3.68%；单株蓄积年平均生长量 0.0132m³，年平均生长率 9.1357%。

（七十六）天然异龄喜树阔叶混交林

本类型记录到样地 1 块，分布在盐津县。样地分布海拔 860m。树种结构以喜树为优势种，与檫木、刺楸、灯台树、红椿、南酸枣、楠木、泡桐、野漆等组成阔叶混交林。森林组成树种数 11 种，平均胸径 12.8cm，平均树高 11.3m，郁闭度 0.60，年龄 15 年，森林活立木密度为每公顷 1025 株，公顷蓄积量 55.1m³。森林单株胸径年平均生长量 0.504cm，年平均生长率 4.83%；单株蓄积年平均生长量 0.0053m³，年平均生长率 12.035%。

（七十七）天然异龄隐翼阔叶混交林

本类型记录到样地 1 块，分布在镇康县。样地分布海拔 1880m。树种结构以隐翼为优势种，与大果楠、旱冬瓜、南亚枇杷、山韶子、西南桦、香面叶、云南黄杞等组成阔叶混交林。森林组成树种数 9 种，平均胸径 10.2cm，平均树高 8.3m，郁闭度 0.70，年龄 17 年，森林活立木密度为每公顷 2138 株，公顷蓄积量 83.3m³。森林单株胸径年平均生长量 0.328cm，年平均生长率 3.34%；单株蓄积年平均生长量 0.0031m³，年平均生长率 7.7931%。

（七十八）天然异龄水青树阔叶混交林

本类型记录到样地 1 块，分布在绿春县。样地分布海拔 1810m。树种结构以水青树为优势种，与多变石栎、西南桦、细齿叶柃、香面叶、杨梅等组成阔叶混交林。森林组成树种数 7 种，平均胸径 13.6cm，平均树高 9.2m，郁闭度 0.60，年龄 20 年，森林活立木密度为每公顷 813 株，公顷蓄积量 48.2m³。森林单株胸径年平均生长量 0.383cm，年平均生长率 2.94%；单株蓄积年平均生长量 0.0059m³，年平均生长率 6.7336%。

三、天然异龄针阔叶混交林亚型

经统计，云南第七次森林资源连续清查乔木林样地中，记录到的天然异龄针阔叶混交林亚型有 59 个类型组。其中：

样地数大于等于10块的类型组有15个，优势树种分别为：云南松、思茅松、滇油杉（油杉）、华山松、高山松、长苞冷杉、扭曲云南松、滇青冈、黄背栎、麻栎、黄毛青冈、旱冬瓜、栎类、软阔类、中甸冷杉等。详见表3-147。

表3-147　天然异龄针阔叶混交林结构因子统计表

优势树种	树种结构类型组	公顷株数（株）	公顷蓄积（m³）	树种数量（种）	平均胸径（cm）	平均树高（m）	郁闭度	平均年龄（年）	分布海拔（m）	样地数量（块）
云南松	云南松–滇青冈等	1272	101.7	4	14.2	9.9	0.57	31	2091	471
思茅松	思茅松–红木荷等	1236	124.6	9	15.2	11.9	0.59	32	1426	106
栎类	栎类–油杉–云南松等	1597	116.9	5	12.6	9.3	0.62	34	1720	62
滇油杉（油杉）	滇油杉（油杉）–滇青冈等	1369	67.6	6	12.3	7.4	0.57	28	1941	35
旱冬瓜	旱冬瓜–云南松等	923	116.6	5	16.9	11.6	0.49	24	2256	30
华山松	华山松–滇青冈等	1160	117.1	6	15.3	9.7	0.64	33	2433	26
麻栎	麻栎–云南松等	1237	73.8	6	12.5	8.5	0.54	32	1962	25
黄毛青冈	黄毛青冈–云南松等	1490	117	7	15.1	8.6	0.63	51	2091	20
高山松	高山松–白桦等	1671	136.5	4	14.6	9.7	0.62	45	3387	19
软阔类	软阔类–思茅松等	1643	120.9	7	11.9	9.1	0.63	29	2117	18
长苞冷杉	高山松–桦木等	675	393.9	4	32.7	17	0.57	115	3603	17
扭曲云南松	扭曲云南松+滇青冈等	1299	71.7	5	12.5	7.3	0.52	35	2139	15
滇青冈	滇青冈–云南松等	1516	85.7	6	12.7	8.8	0.61	38	2222	14
黄背栎	黄背栎–冷杉等	1034	159.1	5	19.4	9.7	0.57	93	3184	14
中甸冷杉	中甸冷杉–红桦等	701	371	5	33.8	18.7	0.57	133	3733	11

样地数在5～10块间的类型组有6个，优势树种分别为：高山栎、滇石栎、冷杉、丽江云杉、杨树、红木荷。详见表3-148。

表3-148　天然异龄针阔叶混交林结构因子统计表

优势树种	树种结构类型组	公顷株数（株）	公顷蓄积（m³）	树种数量（种）	平均胸径（cm）	平均树高（m）	郁闭度	平均年龄（年）	分布海拔（m）	样地数量（块）
高山栎	高山栎–华山松等	1520	217.8	6	16.9	11.9	0.64	84	3102	9
滇石栎	滇石栎–云南松等	2008	124.1	7	11.5	9.2	0.66	32	2240	7
冷杉	冷杉–红桦等	818	412.9	4	34.4	16.7	0.57	93	3885	7
丽江云杉	丽江云杉–白桦等	1298	355	7	22.9	14.2	0.66	95	3519	7
杨树	杨树–云南松等	1690	104.5	6	12.5	10.7	0.75	19	2992	6
红木荷（木荷）	红木荷（木荷）–云南松等	958	53.4	9	10.9	8.3	0.5	19	1704	5

样地数在1～4块间的类型组有38个，优势树种分别为：丽江铁杉、毛叶青冈、硬阔类、川滇高山栎、川滇冷杉、桦木、曼青冈、木荷、栓皮栎、云南铁杉、云杉、小叶青冈、白穗石栎、大果红杉、滇杨、光叶高山栎、光叶石栎、华南石栎、落叶松、铁杉、栲树、小叶青皮槭、白桦、刺栲、红桦、毛叶曼青冈、木莲、楠木、青榨槭、三尖杉、三棱栎、秃杉、瓦山栲、星果槭、岩栎、硬斗石栎、油麦吊云杉、云南黄杞、锥连栎。详见表3-149。

表3-149 天然异龄针阔叶混交林结构因子统计表

优势树种	树种结构类型组	公顷株数（株）	公顷蓄积（m3）	树种数量（种）	平均胸径（cm）	平均树高（m）	郁闭度	平均年龄（年）	分布海拔（m）	样地数量（块）
丽江铁杉	丽江铁杉－高山栎等	979	386.3	8	30	14.7	0.58	97	3025	4
毛叶青冈	毛叶青冈－云南松等	557	41.7	4	16.7	7.1	0.34	31	1993	4
硬阔类	硬阔类－华山松等	1516	169.8	6	13.7	9.7	0.65	36	2499	4
川滇高山栎	川滇高山栎－云南松等	1544	114.1	8	11.6	9.1	0.66	37	2947	4
川滇冷杉	川滇冷杉－红桦－桦木等	580	592.6	7	54.6	22.7	0.57	121	3457	3
桦木	桦木－思茅松等	1834	114.9	9	11.3	9.7	0.77	23	1615	3
曼青冈	曼青冈－冷杉等	1138	444.3	6	36.9	16	0.65	133	2823	3
栓皮栎	栓皮栎－华山松等	1404	128.5	4	15.8	10.8	0.68	37	1960	3
云南铁杉	云南铁杉－杜鹃等	1213	314.7	6	21.9	9.9	0.5	73	3063	3
云杉	云杉－滇杨－高山栎等	1109	200.2	7	16.3	9	0.5	92	3310	3
小叶青冈	小叶青冈－云南松等	1338	137.9	5	16.3	10.7	0.6	51	2495	2
白穗石栎	白穗石栎－铁杉等	582	144	5	29.6	15.8	0.5	92	3070	2
大果红杉	大果红杉－黄背栎等	2082	76.3	5	9.4	6.2	0.66	53	3780	2
滇杨	滇杨－华山松等	919	65.3	6	16.1	10.2	0.58	36	2870	2
光叶高山栎	光叶高山栎－云南松等	532	300.9	5	23	15.2	0.48	64	2750	2
光叶石栎	光叶石栎－丽江云杉等	1938	31.7	7	8.5	6.2	0.65	15	2445	2
华南石栎	华南石栎－华山松等	1163	73.6	11	13.6	9.6	0.55	18	1731	2
落叶松	落叶松－桦木等	2619	263.1	9	11.8	12.2	0.78	29	3360	2
铁杉	铁杉－滇石栎等	982	575.3	9	17	12.5	0.83	55	2997	2
栲树	栲树－云南松等	638	237.9	3	54.2	16.4	0.45	140	2850	1
小叶青皮槭	小叶青皮槭－冷杉等	438	59.1	5	16.6	6.8	0.25	30	3460	1
白桦	白桦－冷杉等	1850	283.8	8	16.5	17.7	0.7	47	3700	1
刺栲	刺栲－思茅松等	1363	144.8	15	10.9	7.6	0.75	19	1160	1
红桦	红桦－冷杉等	888	240.2	7	25.6	10.7	0.5	102	3385	1
毛叶曼青冈	侧柏－毛叶曼青冈	1838	307	2	18.5	13	0.75	110	3280	1
木莲	木莲－华山松－秃杉等	1263	126.6	12	17.7	17.1	0.45	20	2200	1

续表 3-149

优势树种	树种结构类型组	公顷株数（株）	公顷蓄积（m3）	树种数量（种）	平均胸径（cm）	平均树高（m）	郁闭度	平均年龄（年）	分布海拔（m）	样地数量（块）
楠木	楠木－云南松等	2725	168.5	5	11.2	11.5	0.8	15	2117	1
青榨槭	青榨槭－云南铁杉等	1538	463.5	9	22.9	13.4	0.8	96	3420	1
三尖杉	三尖杉－杨树等	650	34.9	7	10.9	8.8	0.4	22	2840	1
三棱栎	三棱栎－云南松等	1500	126.3	9	15.8	11.2	0.75	48	1960	1
秃杉	秃杉－西南桦等	1350	92.3	9	12.2	12.7	0.55	14	1760	1
瓦山栲	瓦山栲－云南松等	1925	228	4	17.8	15.4	0.8	85	1700	1
星果槭	星果槭－长苞冷杉等	1475	303.9	6	17.6	14.2	0.7	30	3200	1
岩栎	岩栎－滇油杉	763	30.4	2	10.7	5.8	0.4	19	2580	1
硬斗石栎	硬斗石栎－云南松等	2238	234.4	5	14.2	13.8	0.8	47	1680	1
油麦吊云杉	油麦吊云杉－白桦等	775	306.4	5	24.7	16	0.4	85	3390	1
云南黄杞	云南黄杞－云南松等	663	33.5	9	11.1	7.8	0.5	30	1120	1
锥连栎	锥连栎－云南松等	613	59.1	3	14	7.9	0.55	22	2100	1

（一）天然异龄云南松针阔叶混交林

本类型记录到样地471块，分布在全省84个县（市、区），全省除西双版纳州和普洱市未记录到样地外，其余州（市）均记录到调查样地。样地分布海拔700～3300m，平均分布海拔2091m。树种结构以云南松为优势种，与旱冬瓜、木荷、牛筋条、喜树、核桃、羊蹄甲、黑黄檀、黄杞、白桦、杨树、柃木、水红木、白枪杆、红椿、清香木、香椿、野八角、黄连木、马蹄荷、光叶石栎、麻栎、青冈、高山栲、栎类、栲类、石栎类、青冈类等上百个乔木树种组成针阔叶混交林。森林树种组成综合平均数4种，综合平均胸径14.2cm，平均树高9.9m，平均郁闭度0.57，平均年龄31年，森林活立木密度为平均每公顷1272株，平均公顷蓄积量101.7m³。森林单株胸径年平均生长量0.314cm，年平均生长率3.02%；单株蓄积年平均生长量0.0036m³，年平均生长率7.8372%。详见表3-150。

表 3-150　天然异龄云南松针阔混交林结构因子统计表

优势树种	树种结构类型组	公顷株数（株）	公顷蓄积（m³）	树种数量（种）	平均胸径（cm）	平均树高（m）	郁闭度	平均年龄（年）	分布海拔（m）
云南松	综合平均	1272	101.7	4	14.2	9.9	0.57	31	2091
云南松	云南松－旱冬瓜－栎类－麻栎	388	81.4	5	20.4	10	0.3	39	1980
云南松	云南松－光叶石栎－麻栎	313	7	4	8.4	5.7	0.4	25	2313
云南松	云南松－旱冬瓜－栎类－木荷－牛筋条－喜树等	988	68.7	8	13.9	10	0.59	23	1740
云南松	云南松－核桃－其他软阔类	275	16.8	4	13	7.4	0.4	12	1820

续表 3-150

优势树种	树种结构类型组	公顷株数（株）	公顷蓄积（m³）	树种数量（种）	平均胸径（cm）	平均树高（m）	郁闭度	平均年龄（年）	分布海拔（m）
云南松	云南松－槲栎－麻栎	413	45.6	5	13.7	9.3	0.45	22	1490
云南松	云南松－羊蹄甲－高山栲－黑黄檀－栎类－木荷－黄杞等	1975	74	12	8.8	7.4	0.57	20	1510
云南松	云南松－白桦－川滇高山栎－栓皮栎－杨树－桤栎－柞栎等	438	77.2	9	7	6.6	0.3	7	2460
云南松	云南松－白桦－旱冬瓜－槲栎－黄背栎－水红木－杨树等	1613	149.9	13	17.4	10.6	0.55	31	2660
云南松	云南松－白枪杆－红椿－青冈－清香木－香椿等	613	58.9	8	13.8	7.2	0.72	28	1320
云南松	云南松－白穗石栎－川滇高山栎－野八角等	713	260.8	6	23.8	14.6	0.6	65	2830
云南松	云南松－白穗石栎－高山栲－旱冬瓜－黄连木－麻栎－木荷等	4000	157.8	14	9	8.3	0.75	24	1870
云南松	云南松－滇石栎－高山栲－香面叶－小果栲－银木荷等	1250	66.6	13	22	9.9	0.49	27	1900
云南松	云南松－白穗石栎－旱冬瓜－麻栎－马蹄荷－木荷－樱桃等	1950	194	13	18.8	11.8	0.75	38	2700
云南松	云南松－白穗石栎－旱冬瓜	863	84.8	3	14.5	11.4	0.65	29	2380
云南松	云南松－白穗石栎－木荷	538	135.3	4	25	20.3	0.5	39	2370
云南松	云南松－白檀－川梨－高山栲－黄连木－秧青－樱桃等	825	43.4	9	11.1	7.4	0.75	25	1630
云南松	云南松－白花杜鹃－旱冬瓜－黄毛青冈－马缨花－锥连栎等	1700	160	8	13.4	12.4	0.75	38	2000
云南松	云南松－爆杖花－大白花杜鹃－红木荷－黄毛青冈－麻栎	2425	153.6	7	11.7	8.7	0.77	34	1880
云南松	云南松－滇石栎－高山栲－黄毛青冈－麻栎－小叶青冈等	1763	137.4	13	12.8	10.6	0.85	18	1690
云南松	云南松－旱冬瓜－华山松－黄毛青冈－马缨花－油杉	1050	181.4	8	17.4	14.8	0.68	63	2010
云南松	云南松－伯乐树－滇青冈－红木荷－母猪果－西南桦－杨梅	1563	102.7	8	9.1	8.7	0.7	33	1930
云南松	云南松－茶梨－旱冬瓜－红木荷－栎类－木荷－滇油杉等	2113	105.6	13	12.9	10	0.8	30	1960

续表 3-150

优势树种	树种结构类型组	公顷株数（株）	公顷蓄积（m³）	树种数量（种）	平均胸径（cm）	平均树高（m）	郁闭度	平均年龄（年）	分布海拔（m）
云南松	云南松－茶梨－滇石栎－红木荷－栎类－木荷青冈－银柴等	1138	69.2	9	12.3	9.1	0.6	41	1570
云南松	云南松－红木荷－黄毛青冈－水锦树－秧青－柞木等	738	41.2	10	11.9	7.5	0.45	16	1290
云南松	云南松－茶梨－栎类－南烛－杨梅	900	78.9	5	19	14.1	0.55	48	1611
云南松	云南松－麻栎－木荷－青冈－石楠－西南桦－杨梅－锥连栎等	1063	114.1	10	14	15.8	0.6	36	1390
云南松	云南松－赤桉－黑荆树－蓝桉－麻栎－柠檬桉－栓皮栎－油杉	1150	74.6	8	12.5	9.3	0.61	30	1800
云南松	云南松－臭椿－滇石栎－钝叶黄檀－高山栲－红椿－栎类等	800	25.8	14	9.2	6.3	0.25	15	1400
云南松	云南松－滇石栎－高榕－麻栎－山合欢－梭罗树－盐肤木等	1050	141.1	10	21.2	16.9	0.85	27	1300
云南松	云南松－臭椿－旱冬瓜－核桃－漆树－栓皮栎－杨树－樱桃	825	33.9	8	11.2	8.4	0.3	28	2120
云南松	云南松－川滇高山栎－川梨－杜鹃－华山松－南烛－杨树等	963	138.8	8	25.8	17.2	0.3	56	2480
云南松	云南松－川滇高山栎－大白花杜鹃－黄背栎－水红木等	1988	355.6	7	32.5	22	0.82	70	3030
云南松	云南松－川滇高山栎－旱冬瓜－马缨花－栓皮栎－柞栎	1338	64.5	7	10.9	7.2	0.55	23	2595
云南松	云南松－川滇高山栎－南烛－水红木	1563	53	4	9.8	6.2	0.6	30	2680
云南松	云南松－大叶石栎－滇青冈－高山栲－栓皮栎－算盘子等	1850	107.5	10	12.8	10.3	0.8	25	1600
云南松	云南松－滇青冈－高山栲－毛叶柿－岩栎－银木荷－油杉等	1313	65.2	12	11.3	9.2	0.61	26	1650
云南松	云南松－川梨－滇青冈－旱冬瓜－麻栎－杨树－滇油杉	1100	30.5	7	9.2	5.7	0.55	15	2030
云南松	云南松－川梨－滇青冈－旱冬瓜－云南含笑－直杆桉	388	14.2	6	9.9	6.6	0.35	12	1760
云南松	云南松－川梨－滇青冈－华山松－麻栎－云南樟	1000	45.4	6	10.6	8	0.65	20	1970
云南松	云南松－滇青冈－栎类－盐肤木－云南移㑯－油杉－锥连栎	1075	49.3	10	10.3	6.6	0.5	22	1960

续表 3-150

优势树种	树种结构类型组	公顷株数（株）	公顷蓄积（m³）	树种数量（种）	平均胸径（cm）	平均树高（m）	郁闭度	平均年龄（年）	分布海拔（m）
云南松	云南松－滇石栎－旱冬瓜－厚皮树－华山松－头状四照花等	525	10.2	8	9	5.6	0.4	18	2295
云南松	云南松－川梨－滇石栎－黄毛青冈－麻栎－水红木－油杉	2063	85.9	7	12.8	9.3	0.75	33	2000
云南松	云南松－川梨－滇杨－旱冬瓜－麻栎－滇油杉	1500	182.3	6	15.3	11.9	0.78	24	2180
云南松	云南松－川梨－杜鹃－旱冬瓜－麻栎－南烛－云南柃	1400	87.2	7	13.6	10.7	0.55	50	1750
云南松	云南松－黄毛青冈－麻栎－马缨花－香叶树－滇油杉	1450	150.1	12	14.1	9	0.8	34	2000
云南松	云南松－高山栲－光叶石栎－楠木－银木荷－滇油杉－樟等	1075	338.7	11	34.8	20.5	0.85	54	2130
云南松	云南松－川梨－高山栲－旱冬瓜－栎类等	838	67.6	6	19.8	12.1	0.5	29	1500
云南松	云南松－川梨－高山栲－旱冬瓜－麻栎－油杉	988	48.9	6	11.7	5.3	0.4	21	2170
云南松	云南松－川梨－高山栎－华山松－黄毛青冈－牛筋条等	850	21	7	9.8	6.3	0.5	38	2210
云南松	云南松－川梨－旱冬瓜－华山松－其他软阔类－青冈－油杉	738	76.3	7	16.4	12.5	0.45	44	2150
云南松	云南松－川梨－旱冬瓜－麻栎－其他软阔类	788	75	5	15	9	0.52	35	2010
云南松	云南松－红木荷－清香木－石楠－余甘子－云南黄杞	1063	62.7	8	12.8	9.7	0.45	28	1739
云南松	云南松－川梨－槲栎－南烛－石楠－栓皮栎	2650	77.6	6	9.8	8.9	0.8	22	2130
云南松	云南松－川梨－华山松－西藏柏木	1450	103.1	4	13	8.6	0.55	45	2286
云南松	云南松－川梨－栎类－麻栎－南烛－其他软阔类－青冈	1063	98.5	7	16.9	13.5	0.55	35	1610
云南松	云南松－川梨－麻栎－栓皮栎－头状四照花	800	49.8	5	16.5	12.4	0.5	30	1910
云南松	云南松－川梨－麻栎－滇油杉	838	35.7	4	11.5	7	0.45	23	1920
云南松	云南松－川梨－其他软阔类－其他硬阔类－山合欢－西南桦	538	26.4	6	12.2	7.7	0.35	31	2150

续表 3-150

优势树种	树种结构类型组	公顷株数（株）	公顷蓄积（m³）	树种数量（种）	平均胸径（cm）	平均树高（m）	郁闭度	平均年龄（年）	分布海拔（m）
云南松	云南松-川梨-其他软阔类-青冈-杨树	1075	84.9	5	13.2	7.9	0.6	31	2678
云南松	云南松-川西栎-鹅耳枥-滇青冈-黄毛青冈-石楠锥连栎	1250	20.7	8	7.5	6.2	0.85	16	2140
云南松	云南松-川西栎-滇青冈-滇石栎-木荷-水红木-油杉等	1238	34.1	7	9.7	6.4	0.85	20	2350
云南松	云南松-川西栎-黄毛青冈-栎类-麻栎-山合欢-油杉等	1175	35.7	8	8.4	5.4	0.4	38	2000
云南松	云南松-刺栲-滇石栎-栲树-麻栎-米饭花-滇油杉	3525	121	7	11.1	8.1	0.8	27	2020
云南松	云南松-楤木-枫香-红椿-蒲桃-木荷-木棉-云南叶轮木	475	31.7	11	13.8	8.7	0.45	22	700
云南松	云南松-粗糠柴-合果木-红木荷-木荷-香叶树-樱桃	1125	171.1	8	16.1	10.2	0.5	38	1330
云南松	云南松-黄毛青冈-金合欢-麻栎-山鸡椒-滇油杉等	1013	160	8	17	8.7	0.58	87	1760
云南松	云南松-大果冬青-大树杜鹃-光叶石栎-旱冬瓜-杨树	1450	144.8	6	19.7	10.3	0.5	29	2900
云南松	云南松-大树杜鹃-滇青冈-其他硬阔类	1075	192.1	4	15.6	12.7	0.6	40	2570
云南松	云南松-大树杜鹃-杜鹃-长穗高山栎	1550	137	4	13.5	12.3	0.5	46	3300
云南松	云南松-大树杜鹃-多变石栎-光叶石栎-旱冬瓜-华山松	1738	186.5	6	15.8	8.5	0.6	39	3020
云南松	云南松-大树杜鹃-高山栎-旱冬瓜	1100	170.1	4	18	12.3	0.6	48	2670
云南松	云南松-大树杜鹃-高山栎-黄毛青冈-云南栲栎	863	47.7	5	12.4	9	0.5	26	2420
云南松	云南松-大树杜鹃-光叶石栎-旱冬瓜-麻栎-滇油杉等	1675	121.8	11	13.7	10.4	0.76	38	2040
云南松	云南松-大树杜鹃-光叶石栎-旱冬瓜	1150	54.2	4	10.5	9.5	0.45	25	2850
云南松	云南松-大树杜鹃-旱冬瓜-黄毛青冈	1538	106.6	4	12.3	8.7	0.65	44	2590
云南松	云南松-大树杜鹃-其他软阔类-锥连栎	713	68.4	4	13.3	8.4	0.4	35	2480
云南松	云南松-大叶钓樟-滇石栎-高山栲-小叶青冈-油杉	2013	153.2	7	15.6	10.9	0.85	29	1500

续表 3-150

优势 树种	树种结构类型组	公顷 株数 （株）	公顷 蓄积 （m³）	树种 数量 （种）	平均 胸径 （cm）	平均 树高 （m）	郁闭度	平均 年龄 （年）	分布 海拔 （m）
云南松	云南松－大叶石栎－其他软阔类－西南 桦－银木荷	338	210.5	5	31.9	18.7	0.41	45	1480
云南松	云南松－多变石栎－旱冬瓜－华山松－ 青冈－青榨槭等	2575	300.2	8	17.4	12	0.8	25	2980
云南松	云南松－滇青冈－滇石栎－栎类－黄毛 青冈－四照花等	2725	55.2	12	8	6.3	0.85	24	2110
云南松	云南松－滇青冈－滇石栎－旱冬瓜－软 阔类－樱桃－油杉	1275	84.2	7	12.7	9.8	0.6	32	2150
云南松	云南松－滇青冈－滇石栎－华山松－硬 阔类－滇油杉	1488	120.4	6	13	8.5	0.59	44	2260
云南松	云南松－滇青冈－滇石栎－栎类－麻栎－ 滇油杉等	988	42	7	11	7.4	0.55	18	1820
云南松	云南松－滇青冈－滇石栎－栎类－其他 软阔类	1238	22.1	5	6.1	5.4	0.45	8	1560
云南松	云南松－滇青冈－滇石栎－麻栎－马缨 花－南烛－银木荷	2238	220	7	30	15.3	0.65	61	2480
云南松	云南松－滇青冈－滇石栎－麻栎－南烛－ 牛筋条－杨梅	1525	58.9	7	10.5	6	0.7	19	1970
云南松	云南松－滇青冈－滇石栎－麻栎－软阔 类－锐齿槲栎－油杉	1675	33.2	7	9.3	6	0.45	15	1840
云南松	云南松－滇青冈－滇石栎－麻栎	1600	30.6	4	8.2	5.5	0.75	25	2160
云南松	云南松－滇青冈－光叶石栎－旱冬瓜－ 栎类－麻栎－硬阔类	1538	109.8	9	9.9	6.1	0.5	28	2712
云南松	云南松－滇青冈－杜鹃－旱冬瓜－其他 硬阔类－柞栎	1700	141.7	6	13.2	9.6	0.7	31	2700
云南松	云南松－滇青冈－杜鹃－华山松－南烛－ 其他硬阔类	1813	70.7	6	10	6.5	0.75	42	2980
云南松	云南松－滇青冈－高山栲－旱冬瓜－麻 栎－软阔类－银木荷	1863	83.1	8	9.3	8.5	0.8	18	1930
云南松	云南松－滇青冈－高山栲－旱冬瓜－麻 栎－软阔类－油杉	950	147.4	8	17.1	10.9	0.55	31	2050
云南松	云南松－滇青冈－高山栲－旱冬瓜－麻 栎－滇油杉	1638	125.8	6	12.7	10.3	0.7	30	2170

续表 3-150

优势树种	树种结构类型组	公顷株数（株）	公顷蓄积（m³）	树种数量（种）	平均胸径（cm）	平均树高（m）	郁闭度	平均年龄（年）	分布海拔（m）
云南松	云南松-滇青冈-高山栲-木荷-厚皮香-栎类-油杉	2500	175.4	15	12.7	11.3	0.75	21	1800
云南松	云南松-滇青冈-高山栲-麻栎-软阔类-银木荷-油杉	1875	98.9	8	10.9	10	0.75	19	1850
云南松	云南松-滇青冈-高山栲-麻栎-头状四照花	3400	105.2	5	9.6	7.3	0.85	26	2023
云南松	云南松-滇青冈-高山栲-麻栎-油杉	1313	91.2	5	14.2	9.3	0.5	26	1630
云南松	云南松-滇青冈-高山栎-栎类-其他软阔类	1463	199.3	5	19.9	13.6	0.54	41	2060
云南松	云南松-滇青冈-光叶高山栎	1000	62.2	3	12.1	11.8	0.55	25	2470
云南松	云南松-滇青冈-光叶石栎-麻栎-南烛-杨梅	1813	244.7	6	20.4	18.6	0.85	35	2050
云南松	云南松-滇青冈-旱冬瓜-红木荷-木荷-杨梅-泡花树	1050	74.3	7	10.8	8.4	0.55	20	2110
云南松	云南松-滇青冈-旱冬瓜-槲栎-黄杉-头状四照花-油杉	1263	183.9	7	19.8	15.4	0.8	55	2030
云南松	云南松-青冈-旱冬瓜-黄毛青冈-软阔类-油杉-锥连栎	1538	79.9	8	12.1	7.6	0.75	17	1980
云南松	云南松-滇青冈-旱冬瓜-栎类-软阔类-油杉	738	27.1	7	9.8	8.8	0.35	15	1890
云南松	云南松-滇青冈-旱冬瓜-麻栎-木荷-南烛	588	69.8	6	15.4	8	0.45	31	2600
云南松	云南松-滇青冈-旱冬瓜	975	210.2	3	22	15.8	0.63	43	2137
云南松	云南松-滇青冈-旱冬瓜-滇油杉	513	168.7	4	20.7	9	0.49	34	2320
云南松	云南松-滇青冈-红木荷-黄毛青冈-麻栎-其他硬阔类	1088	152.5	6	15.9	13.4	0.75	42	1480
云南松	云南松-滇青冈-红木荷-栎类-麻栎-木荷-油杉-柞栎	2475	63.6	8	9.4	8.8	0.65	20	1690
云南松	云南松-青冈-厚皮树-麻栎-软阔类-清香木-余甘子等	1100	34.6	9	8.9	7	0.6	15	1240
云南松	云南松-滇青冈-华山松-黄毛青冈-麻栎-窄叶石栎	563	64.4	7	17.6	11	0.35	40	2380
云南松	云南松-滇青冈-华山松-栎类-麻栎-木荷-软阔类-杉木	2138	100.9	9	10.8	9.9	0.8	34	1950

续表 3-150

优势树种	树种结构类型组	公顷株数（株）	公顷蓄积（m³）	树种数量（种）	平均胸径（cm）	平均树高（m）	郁闭度	平均年龄（年）	分布海拔（m）
云南松	云南松－青冈－黄毛青冈－蓝桉－麻栎－山合欢－杨树－油杉	1300	53	10	11.1	8.3	0.3	21	1970
云南松	云南松－滇青冈－黄毛青冈－栎类－麻栎－南烛－女贞－油杉	1600	99	8	16.5	10.4	0.38	60	2060
云南松	云南松－滇青冈－黄毛青冈－麻栎	1588	75.6	4	12.5	6.4	0.69	33	2150
云南松	云南松－滇青冈－黄毛青冈－南烛－其他软阔类－锥连栎	2138	29.1	6	6.9	6.6	0.68	23	2280
云南松	云南松－滇青冈－黄毛青冈－其他软阔类	1963	94.3	4	10.4	13	0.55	22	1970
云南松	云南松－滇青冈－黄毛青冈－栓皮栎－滇油杉	888	54.5	5	11.7	7	0.32	50	2180
云南松	云南松－滇青冈－黄毛青冈－秧青－樱桃－滇油杉	650	24.7	6	13.8	6.9	0.3	25	1890
云南松	云南松－滇青冈－黄毛青冈－油杉－滇油杉	525	8.6	5	7.6	3.9	0.35	12	2130
云南松	云南松－滇青冈－黄毛青冈	713	73.1	3	14.3	12.2	0.5	25	2300
云南松	云南松－滇青冈－黄杉－银木荷	1800	35.4	4	8.3	6.4	0.7	13	2022
云南松	云南松－青冈－栎类－母猪果－木荷－软阔类－水锦树－杨梅	2200	243	8	17.9	11.3	0.7	26	1910
云南松	云南松－滇青冈－栎类－南烛	1425	51.2	4	10.7	8.8	0.5	32	2180
云南松	云南松－滇青冈－栎类－其他软阔类－油杉－锥连栎	2288	86	6	13.5	10.3	0.65	35	1950
云南松	云南松－滇青冈－麻栎－头状四照花－野漆－云南杨栎	2238	43.1	6	10.8	7.9	0.6	29	2040
云南松	云南松－滇青冈－麻栎－滇油杉	2313	48.5	4	9.4	5.8	0.76	18	2040
云南松	云南松－滇青冈－毛叶青冈－其他软阔类	2075	86.1	4	10.4	5.8	0.78	34	2500
云南松	云南松－滇青冈－南烛	2188	61.8	3	9.5	7	0.6	26	2680
云南松	云南松－青冈－漆树－野柿－樱桃－杨栎－油杉－锥连栎	600	55.2	9	21.5	10.5	0.45	25	1940
云南松	云南松－滇青冈－其他硬阔类－石楠	363	140.1	4	24.2	19.9	0.5	72	1840
云南松	云南松－滇青冈－其他硬阔类	588	65.5	3	14.3	7.9	0.4	33	2300
云南松	云南松－滇青冈－栓皮栎－油杉	825	14.9	4	8	5.7	0.3	23	1880

续表 3-150

优势树种	树种结构类型组	公顷株数（株）	公顷蓄积（m³）	树种数量（种）	平均胸径（cm）	平均树高（m）	郁闭度	平均年龄（年）	分布海拔（m）
云南松	云南松－滇青冈	2238	146.1	2	12.9	9.4	0.85	41	1980
云南松	云南松－滇青冈－滇油杉	763	85.1	3	14.9	11.3	0.6	34	2060
云南松	云南松－滇楸－滇杨－旱冬瓜－华山松－栎类－麻栎	1113	102.2	7	12.5	7.3	0.57	21	2860
云南松	云南松－滇润楠－滇石栎－木荷－软阔类－硬阔类－西南桦	1188	143.9	9	14.6	12.4	0.43	35	1930
云南松	云南松－滇润楠－光叶石栎－红木荷－栎类－其他软阔类	1750	103.5	6	10.2	10.3	0.65	17	1530
云南松	云南松－滇润楠－木荷－其他软阔类－其他硬阔类	963	96.5	6	13.4	11.4	0.45	25	1620
云南松	云南松－滇石栎－滇石梓－黄连木－栲树－栎类－楠木－油杉	988	45.6	11	8.6	6.6	0.6	10	1230
云南松	云南松－滇石栎－滇杨－旱冬瓜－南烛	1550	312.6	5	18.2	15.6	0.7	39	2830
云南松	云南松－滇石栎－滇杨－头状四照花－油杉	650	91.3	5	17.5	11	0.6	38	2160
云南松	云南松－滇石栎－高山栲－高山栎－水红木－杨树－木荷	3475	234.1	9	11.9	10.4	0.8	35	2746
云南松	云南松－滇石栎－栲类－旱冬瓜－核桃－软阔－锥连栎	1788	143.7	10	12.3	11.5	0.85	38	2200
云南松	云南松－滇石栎－杜鹃－旱冬瓜－华山松－杨树－云南铁杉	2213	324.2	8	13.3	11	0.85	30	2835
云南松	云南松－滇石栎－杜鹃－旱冬瓜－帽斗栎－软阔类－杨树	838	117.2	7	14.5	8.8	0.6	41	2800
云南松	云南松－滇石栎－杜鹃－槲栎－黄毛青冈－四照花－油杉	1750	143.6	11	13	8.6	0.55	42	2240
云南松	云南松－滇石栎－杜鹃－华山松－四照花－杨树－元江栲	1175	97.2	8	16	9.8	0.45	33	2620
云南松	云南松－滇石栎－多变石栎－光叶高山栎－南烛	1238	304.1	5	28.1	15.6	0.65	61	2900
云南松	云南松－滇石栎－岗柃－厚皮香－木荷－南烛－山鸡椒－杨梅	2000	198.7	11	18.6	13	0.8	42	2010
云南松	云南松－滇石栎－高山栲－华山松	175	10.2	4	5.5	1.5	0.55	5	2262
云南松	云南松－滇石栎－高山栲－麻栎－黄杞－山合欢－西南桦	1038	71.9	10	11.9	9.5	0.65	28	1491

续表 3-150

优势树种	树种结构类型组	公顷株数（株）	公顷蓄积（m³）	树种数量（种）	平均胸径（cm）	平均树高（m）	郁闭度	平均年龄（年）	分布海拔（m）
云南松	云南松－滇石栎－高山栲	863	47.8	3	12.1	8.3	0.65	30	2540
云南松	云南松－滇石栎－旱冬瓜－厚皮香－槲栎－青冈－木樨榄	1600	59.6	10	10.4	7.6	0.5	31	2110
云南松	云南松－滇石栎－旱冬瓜－槲栎－华山松－栎类－油杉	1325	59.7	8	10.7	8.3	0.7	20	1800
云南松	云南松－滇石栎－旱冬瓜－灰背栎－其他软阔类	913	40.6	5	10.9	7.2	0.42	25	2220
云南松	云南松－滇石栎－旱冬瓜－栎类－麻栎－其他软阔类－油杉	563	59.3	7	14.4	7.5	0.25	22	2155
云南松	云南松－滇石栎－旱冬瓜－麻栎－杨树	463	13.2	5	9.8	6.8	0.24	17	2300
云南松	云南松－滇石栎－黄心树－软阔类－云南黄杞－云南泡花树	1663	69.7	7	10.2	8.9	0.59	19	1000
云南松	云南松－滇石栎－红木荷	1288	197.5	3	15.8	13.9	0.7	24	1860
云南松	云南松－滇石栎－黄背栎－麻栎	3200	136.2	4	11.2	10.8	0.85	35	2280
云南松	云南松－滇石栎－黄毛青冈－麻栎－水红木－杨梅－油杉	3388	133.7	7	10.6	7.6	0.85	35	2080
云南松	云南松－滇石栎－栲树－杜鹃－麻栎－槲栎－水锦树－油杉	1700	67.5	10	10.4	8.2	0.82	22	1980
云南松	云南松－滇石栎－栎类－麻栎－油杉	2050	53.7	5	10.2	5.5	0.65	28	2165
云南松	云南松－滇石栎－麻栎	2325	106.1	4	10.8	7.4	0.75	20	2460
云南松	云南松－滇石栎－麻栎－其他软阔类－银柴	500	22	5	13.1	8.4	0.25	33	1550
云南松	云南松－滇石栎－麻栎－杨梅－油杉	938	61.1	5	14.3	8.7	0.45	23	1650
云南松	云南松－滇石栎－麻栎－油杉	425	84.9	4	24.7	14.1	0.3	27	1430
云南松	云南松－滇石栎	725	27.1	2	11.6	7.4	0.5	18	2330
云南松	云南松－滇杨－杜鹃－高山栎－旱冬瓜－槲栎－麻栎－硬阔类	1413	204.7	8	19.6	13	0.73	32	2680
云南松	云南松－滇杨－杜鹃－高山栎－华山松－麻栎－樱桃－元江栲	638	229.4	8	32.9	23.5	0.5	98	2860
云南松	云南松－滇杨－杜鹃－光叶高山栎－丽江铁杉－石楠	2100	248.2	6	19.4	15.4	0.6	40	3220
云南松	云南松－滇杨－高山栎－旱冬瓜－栎类－麻栎－漆树－银木荷	3050	154.3	8	11.1	8.9	0.85	16	2682

续表 3-150

优势树种	树种结构类型组	公顷株数（株）	公顷蓄积（m³）	树种数量（种）	平均胸径（cm）	平均树高（m）	郁闭度	平均年龄（年）	分布海拔（m）
云南松	云南松－滇杨－旱冬瓜－华山松－黄杉－头状四照花	663	52.3	6	14	11.8	0.35	35	2160
云南松	云南松－滇杨－旱冬瓜－华山松	2413	137	4	11.5	11.1	0.75	28	2190
云南松	云南松－滇杨－旱冬瓜－黄毛青冈－麻栎－漆树－元江栲	850	57.6	9	11.5	7	0.51	42	2360
云南松	云南松－滇杨－旱冬瓜－麻栎	1575	122.3	4	13.6	8.9	0.59	25	2960
云南松	云南松－滇杨－红木荷－麻栎－黄杞－水冬瓜－西南桦－油杉	1738	100	8	10.8	9.6	0.51	14	1900
云南松	云南松－滇杨－槲栎－水红木	1188	54.3	4	11	6.2	0.41	23	2340
云南松	云南松－滇杨－华山松－蜡叶杜鹃	588	335.5	4	31.1	16.3	0.7	55	3000
云南松	云南松－滇杨－黄毛青冈－麻栎－黄杞－南烛－软阔类－余甘子	900	123.6	9	17.9	14.9	0.6	42	1490
云南松	云南松－滇杨－锥连栎	375	23.2	3	17.2	6.3	0.22	25	2200
云南松	云南松－杜鹃－多变石栎－旱冬瓜－栎类－麻栎－木荷－南烛	2925	185.8	8	12.7	12.8	0.9	39	2340
云南松	云南松－杜鹃－多变石栎－其他软阔类－西南花楸	1188	38.6	5	9.2	7.2	0.5	25	2880
云南松	云南松－杜鹃－华山松－马蹄荷－铁杉－五角枫－西南桦－杨树	4275	373.7	13	12.6	10.1	0.9	26	3200
云南松	云南松－杜鹃－高山栲－高山栎－旱冬瓜－水红木－野八角	975	216.2	8	18.9	12.6	0.6	40	2500
云南松	云南松－杜鹃－高山栲－黄背栎－栎类－马缨花－水红木	1288	102.9	8	12.8	9.3	0.55	42	2840
云南松	云南松－高山栲－栎类－麻栎－南烛－青冈－清香木－油杉	2800	107.4	9	8	9	0.75	15	2090
云南松	云南松－杜鹃－高山栲－栎类－其他硬阔类－滇油杉	1450	113.4	6	14.4	11.3	0.5	37	1790
云南松	云南松－杜鹃－高山栎－旱冬瓜－核桃－木荷－青冈－杨树	950	65.3	9	12.2	9	0.5	28	2600
云南松	云南松－杜鹃－高山栎－华山松－南烛－水红木－花楸－杨树	2113	164.6	8	12.1	11.2	0.8	34	2940
云南松	云南松－杜鹃－光叶高山栎－华山松－柳树－软阔类	3338	554.6	6	25	18.4	0.85	62	3120

续表 3-150

优势树种	树种结构类型组	公顷株数（株）	公顷蓄积（m³）	树种数量（种）	平均胸径（cm）	平均树高（m）	郁闭度	平均年龄（年）	分布海拔（m）
云南松	云南松 – 杜鹃 – 旱冬瓜 – 红木荷 – 槲栎 – 华山松 – 水红木 – 杨树	2963	179.5	11	11.7	10.7	0.75	23	2840
云南松	云南松 – 杜鹃 – 旱冬瓜 – 红木荷 – 槲栎 – 华山松 – 南烛 – 杨树	838	199.4	9	19.7	15.2	0.65	42	2990
云南松	云南松 – 杜鹃 – 旱冬瓜 – 华山松 – 麻栎 – 杨树	1250	119.4	6	15	10.4	0.4	47	2900
云南松	云南松 – 杜鹃 – 旱冬瓜 – 桦木 – 栎类 – 其他软阔类 – 杨树	2863	311.8	7	12.7	8.7	0.7	39	2769
云南松	云南松 – 杜鹃 – 旱冬瓜 – 桦木 – 杉木 – 秃杉 – 盐肤木 – 樱桃	1563	84.9	10	11.2	9.4	0.8	12	1885
云南松	云南松 – 杜鹃 – 旱冬瓜 – 栎类 – 麻栎 – 马缨花 – 青冈	1200	100.2	8	14	9.5	0.5	28	2431
云南松	云南松 – 杜鹃 – 旱冬瓜 – 栎类 – 麻栎 – 马缨花 – 其他软阔类	1350	87.3	7	12.5	7.6	0.4	22	2550
云南松	云南松 – 杜鹃 – 旱冬瓜 – 栎类 – 麻栎	1375	94.4	5	11.9	7.7	0.35	27	2910
云南松	云南松 – 杜鹃 – 旱冬瓜 – 栎类 – 木荷 – 南烛 – 滇油杉	1200	60	9	14.6	9	0.6	27	1740
云南松	云南松 – 旱冬瓜 – 麻栎 – 牛筋条 – 西南桦 – 盐肤木 – 野漆 – 油杉	1100	103.7	9	15.3	11.4	0.32	20	1780
云南松	云南松 – 杜鹃 – 旱冬瓜 – 麻栎 – 其他软阔类	900	145.1	5	22.1	13.7	0.6	36	2410
云南松	云南松 – 杜鹃 – 旱冬瓜 – 麻栎	625	51.4	4	16.9	9.9	0.35	25	2630
云南松	云南松 – 杜鹃 – 旱冬瓜 – 马缨花 – 杨树	1338	34.9	5	8.8	5.6	0.4	20	2610
云南松	云南松 – 杜鹃 – 旱冬瓜 – 其他软阔类	600	94.3	4	18.7	11.9	0.4	21	2620
云南松	云南松 – 杜鹃 – 旱冬瓜	1200	141.4	3	9.8	7.2	0.57	17	2690
云南松	云南松 – 杜鹃 – 红木荷 – 华山松 – 麻栎 – 漆树 – 樱桃	838	58	7	15.9	10.1	0.6	25	2420
云南松	云南松 – 杜鹃 – 华山松 – 黄背栎 – 栎类 – 其他软阔类 – 杨树	2175	175.3	7	14.3	8.3	0.5	18	3040
云南松	云南松 – 杜鹃 – 华山松 – 美丽马醉木 – 杨树 – 长穗高山栎	1063	316.7	7	21	12	0.7	74	3080
云南松	云南松 – 杜鹃 – 黄背栎 – 灰背栎 – 麻栎	1638	130.7	5	12.4	11.2	0.55	41	2450
云南松	云南松 – 杜鹃 – 黄毛青冈 – 南烛	1000	20.5	4	8.1	5.6	0.31	15	2120

续表 3-150

优势树种	树种结构类型组	公顷株数（株）	公顷蓄积（m³）	树种数量（种）	平均胸径（cm）	平均树高（m）	郁闭度	平均年龄（年）	分布海拔（m）
云南松	云南松－杜鹃－黄毛青冈－南烛－柞栎	1125	157.4	5	16	10.6	0.6	32	2280
云南松	云南松－杜鹃－栎类－木荷－其他软阔类－其他硬阔类	1613	115.8	6	10.3	4.8	0.45	28	1900
云南松	云南松－杜鹃－麻栎－南烛－软阔类－四照花－杨树－云杉	1300	79.6	8	12.3	7.3	0.5	25	2370
云南松	云南松－杜鹃－麻栎－其他软阔类	2100	170.8	4	19.6	13.9	0.65	35	2270
云南松	云南松－杜英－红木荷－麻栎－楠木－山合欢－香面叶－樟	1088	130.4	9	22.4	14.7	0.6	37	1435
云南松	云南松－短刺栲－旱冬瓜－栎类－麻栎	1400	66.4	5	12.2	10	0.6	25	2690
云南松	云南松－钝叶黄檀－木荷－麻栎－毛叶青冈－软阔类－中平树	663	57.8	7	17.2	13.2	0.54	35	1000
云南松	云南松－多变石栎－高山栲－旱冬瓜－麻栎－头状四照花	1063	64.3	6	11.8	10.7	0.5	23	1891
云南松	云南松－多变石栎－高山栲－旱冬瓜	1325	118.7	4	13.4	9	0.75	28	2900
云南松	云南松－多变石栎－光叶高山栎－华山松－黄背栎－水红木	1863	94.7	6	12.2	7.3	0.55	25	3110
云南松	云南松－多变石栎－光叶高山栎－马缨花－青冈	2163	65.6	5	8.6	4.8	0.65	20	2930
云南松	云南松－多变石栎－旱冬瓜	1950	105.4	3	10.7	8.6	0.8	25	2460
云南松	云南松－多变石栎－黄背栎－南烛	850	30.6	4	13.3	6.7	0.5	31	2960
云南松	云南松－多变石栎－青冈－滇油杉－锥连栎	2138	88.6	5	10.2	8.7	0.75	18	1900
云南松	云南松－多穗石栎－旱冬瓜－红木荷－麻栎－其他软阔类	1413	58	6	9.5	6.2	0.7	15	2220
云南松	云南松－高榕－红木荷－栎类－其他软阔类－硬斗石栎	1775	97.3	6	10.8	9.3	0.6	22	1260
云南松	云南松－高山栲－旱冬瓜－栎类－算盘子－黄杞－木荷－银柴	2088	174.1	13	12.4	9.6	0.75	33	1750
云南松	云南松－高山栲－旱冬瓜－华山松－黄毛青冈－头状四照花	1663	88.8	6	11.9	8.9	0.7	35	2240
云南松	云南松－高山栲－旱冬瓜－黄毛青冈－麻栎－杨梅－滇油杉	1525	226.8	7	16.5	12.1	0.75	29	2130

续表 3-150

优势树种	树种结构类型组	公顷株数（株）	公顷蓄积（m³）	树种数量（种）	平均胸径（cm）	平均树高（m）	郁闭度	平均年龄（年）	分布海拔（m）
云南松	云南松-高山栲-旱冬瓜-麻栎-马缨花-南烛-滇油杉	1263	130.9	7	16.7	13.7	0.86	33	2050
云南松	云南松-高山栲-旱冬瓜-麻栎-软阔类-硬斗石栎-元江栲	2900	92.5	7	8.7	6.5	0.85	12	2473
云南松	云南松-高山栲-旱冬瓜-杨树-油杉	2063	122.3	5	17.8	7.6	0.55	22	2275
云南松	云南松-高山栲-旱冬瓜	1163	255.8	3	18.6	18	0.75	29	2400
云南松	云南松-高山栲-核桃-麻栎	675	62.6	4	14.5	12	0.55	26	1860
云南松	云南松-高山栲-红木荷-栎类-麻栎-水锦树-烟斗石栎	1738	167.9	9	12.3	10	0.6	27	1395
云南松	云南松-高山栲-红木荷-麻栎-木荷-杨梅-油杉-锥连栎	1688	168.6	9	14.7	12.2	0.85	28	1840
云南松	云南松-高山栲-红木荷	925	50.5	3	10.9	7.1	0.43	19	1800
云南松	云南松-高山栲-黄背栎-栎类	2738	93.3	4	10.8	8.2	0.85	25	2180
云南松	云南松-高山栲-黄毛青冈-木荷-南烛-山合欢-黄杞-油杉	1050	150.9	10	19.1	14.5	0.6	48	1480
云南松	云南松-高山栲-蓝桉-油杉	613	37.9	4	15.8	8.2	0.35	28	2050
云南松	云南松-高山栲-栎类-南烛-其他软阔类-其他硬阔类	1125	135.1	6	14.3	11.8	0.62	37	2480
云南松	云南松-高山栲-麻栎-木荷-南烛-其他硬阔类	1088	40.8	6	9.7	6.6	0.45	27	1940
云南松	云南松-高山栲-麻栎	438	17.1	3	10.6	7	0.25	25	1626
云南松	云南松-高山栲-毛叶青冈-滇油杉-锥连栎	3013	113.7	5	9.8	6.9	0.85	23	2190
云南松	云南松-高山栲-青冈	2663	130.2	3	12.3	8.3	0.75	33	2520
云南松	云南松-高山栲-清香木	750	55.4	3	13.4	8.5	0.55	17	1750
云南松	云南松-高山栲-油杉	575	38	3	15.4	8.2	0.3	18	1380
云南松	云南松-高山栲	419	16.7	2	9.6	6.9	0.53	24	2250
云南松	云南松-高山栎-旱冬瓜-槲栎-李	2400	253.7	5	12.5	9.3	0.8	30	2760
云南松	云南松-高山栎-旱冬瓜-华山松-黄背栎-南烛	613	81.1	6	16.4	9.3	0.6	55	2940
云南松	云南松-高山栎-旱冬瓜-华山松-其他软阔类	1475	135	5	14.4	10.6	0.72	35	2370
云南松	云南松-高山栎-黄毛青冈	2100	119.2	3	14	9.9	0.75	46	2560

续表 3-150

优势树种	树种结构类型组	公顷株数（株）	公顷蓄积（m³）	树种数量（种）	平均胸径（cm）	平均树高（m）	郁闭度	平均年龄（年）	分布海拔（m）
云南松	云南松－高山栎－栎类－滇油杉	713	115.5	4	17.7	10.9	0.7	45	1620
云南松	云南松－高山栎－柳树－青冈	613	22.2	4	8	4.4	0.45	13	2840
云南松	云南松－高山栎－麻栎－南烛	688	19.8	4	9	6	0.55	13	2041
云南松	云南松－高山栎－麻栎－其他软阔类－杨树－油杉	675	35.2	6	10.2	6.3	0.4	31	2660
云南松	云南松－高山栎－青冈	2638	60.3	3	8.1	5.4	0.8	21	2800
云南松	云南松－高山栎	1313	43.8	2	10.3	7.6	0.55	30	2210
云南松	云南松－光叶高山栎－厚皮香－青冈－球花石楠	1500	96	5	14.7	9.8	0.55	90	2580
云南松	云南松－光叶高山栎－华山松－黄背栎	2188	472.1	4	21.8	19.1	0.75	55	3140
云南松	云南松－光叶高山栎－其他软阔类－云南栘依	1163	61.1	4	10.5	8.6	0.55	23	2740
云南松	云南松－光叶石栎－旱冬瓜－麻栎－滇油杉	938	45.4	5	12.6	5.9	0.5	25	2220
云南松	云南松－光叶石栎－旱冬瓜	375	217.8	3	26.3	11.8	0.4	86	2780
云南松	云南松－光叶石栎－黄背栎－黄毛青冈－麻栎－清香木	700	25.2	6	10.4	6.2	0.45	39	1868
云南松	云南松－光叶石栎－其他软阔类－滇油杉	1425	74.6	4	11	7.3	0.62	32	2060
云南松	云南松－旱冬瓜－核桃－华山松－其他软阔类	1775	140.5	5	14	12.5	0.8	22	2196
云南松	云南松－旱冬瓜－核桃－华山松－圆柏	1550	77.7	5	10.9	9.2	0.68	40	2060
云南松	云南松－旱冬瓜－核桃－麻栎－杨梅	513	45.2	5	14.4	7.5	0.45	26	2050
云南松	云南松－旱冬瓜－核桃－泡桐－漆树	363	69.1	5	26.1	19.7	0.22	75	1810
云南松	云南松－旱冬瓜－红木荷－栎类－木荷－软阔类－西南桦－岩栎	1313	45.5	8	10.5	7.5	0.65	9	1540
云南松	云南松－旱冬瓜－红木荷－麻栎－毛叶黄杞－硬阔类－杨梅	913	164.6	7	19.4	17.1	0.57	34	1660
云南松	云南松－旱冬瓜－红木荷－麻栎－南烛－其他硬阔类－山鸡椒	688	103.7	7	15.9	13.7	0.68	20	1740
云南松	云南松－旱冬瓜－红木荷－毛叶黄杞－山鸡椒	1425	149.2	5	14.1	12.4	0.78	32	1560

续表 3-150

优势树种	树种结构类型组	公顷株数（株）	公顷蓄积（m³）	树种数量（种）	平均胸径（cm）	平均树高（m）	郁闭度	平均年龄（年）	分布海拔（m）
云南松	云南松－旱冬瓜－槲栎－黄毛青冈－麻栎－山合欢－杨梅	1138	138.9	7	16.5	9	0.67	54	1970
云南松	云南松－旱冬瓜－槲栎－麻栎－南烛－其他软阔类	1638	135.8	6	12.1	7.3	0.7	33	1980
云南松	云南松－旱冬瓜－华山松－灰背栎	1313	131.6	4	15.3	11.2	0.7	32	2500
云南松	云南松－旱冬瓜－华山松－栲树－栎类－木荷－杉木－秃杉－樟	1425	70.1	11	10.8	10.2	0.6	12	1860
云南松	云南松－旱冬瓜－华山松－麻栎－马缨花－软阔类－杨树	1338	153	8	16	10.7	0.5	27	2695
云南松	云南松－旱冬瓜－华山松－麻栎	1900	37	4	8.6	4.8	0.6	12	2239
云南松	云南松－旱冬瓜－华山松－其他软阔类	2863	57.6	4	7.8	7.6	0.85	15	2280
云南松	云南松－旱冬瓜－华山松－栓皮栎	2713	132.9	4	11.2	11.1	0.78	30	2380
云南松	云南松－旱冬瓜－华山松	1125	105.9	3	13.9	9.5	0.65	48	2426
云南松	云南松－旱冬瓜－桦木－栎类－麻栎－其他软阔类	1188	78.4	6	12.8	9.5	0.55	23	2100
云南松	云南松－旱冬瓜－桦木－栎类－木荷－南烛－软阔类－硬阔类	2913	390.2	8	13.2	13.3	0.65	32	2300
云南松	云南松－旱冬瓜－桦木－其他软阔类－杨梅	1025	78.7	5	12.7	8.3	0.65	14	2175
云南松	云南松－旱冬瓜－黄背栎	1338	125	3	13.9	12.1	0.55	45	2450
云南松	云南松－旱冬瓜－黄连木－麻栎－木荷	513	68	5	15.5	11.6	0.36	31	1871
云南松	云南松－旱冬瓜－黄毛青冈－麻栎－南烛－漆树	1350	34.5	6	7.8	6.8	0.6	13	2020
云南松	云南松－旱冬瓜－黄毛青冈－麻栎－油杉	950	48.7	5	11.6	7.1	0.45	24	2210
云南松	云南松－旱冬瓜－黄毛青冈－马缨花－南烛－漆树－锥连栎	1575	123.5	8	13.3	9.7	0.75	38	2200
云南松	云南松－旱冬瓜－黄毛青冈－马缨花－毛叶青冈－锥连栎	875	50.3	6	12.5	7.4	0.5	30	2270
云南松	云南松－旱冬瓜－黄毛青冈－其他硬阔类－杨梅－滇油杉	700	205.4	6	22	16.5	0.53	73	2160
云南松	云南松－旱冬瓜－黄毛青冈	850	96.7	3	14.8	9.3	0.5	34	2583
云南松	云南松－旱冬瓜－黄毛青冈－锥连栎	588	28.8	4	11.4	9.5	0.4	24	2300

续表 3-150

优势树种	树种结构类型组	公顷株数（株）	公顷蓄积（m³）	树种数量（种）	平均胸径（cm）	平均树高（m）	郁闭度	平均年龄（年）	分布海拔（m）
云南松	云南松－旱冬瓜－灰背栎－木荷－滇油杉	1000	59.9	5	12.5	8.5	0.35	34	2260
云南松	云南松－旱冬瓜－栎类－麻栎－其他软阔类－油杉	1238	134.4	6	14.7	12.1	0.75	22	2340
云南松	云南松－旱冬瓜－栎类－麻栎－其他软阔类	413	124.7	5	26.9	24.5	0.3	54	1370
云南松	云南松－旱冬瓜－栎类－马蹄荷－漆树－水锦树－樱桃－鹅掌柴	2313	128.1	11	10.6	7.6	0.75	18	1993
云南松	云南松－旱冬瓜－栎类－马缨花－其他软阔类－其他硬阔类	1350	67.2	6	11.1	8	0.55	18	2300
云南松	云南松－旱冬瓜－栎类－其他软阔类－其他硬阔类－油杉	1600	132.9	6	14.1	9.2	0.7	31	2260
云南松	云南松－旱冬瓜－栎类－油杉	800	47.3	4	12.1	7.2	0.4	18	2310
云南松	云南松－旱冬瓜－栎类	1150	60.7	3	11	5.3	0.57	28	2300
云南松	云南松－旱冬瓜－麻栎－马缨花－其他软阔类	713	134.9	5	19.3	14.2	0.65	29	2390
云南松	云南松－旱冬瓜－麻栎－木荷－杨梅－油杉	1025	112.6	6	15.7	11.7	0.4	26	1540
云南松	云南松－旱冬瓜－麻栎－南烛－杨树－锥连栎	1350	132.3	6	15	11.5	0.75	39	2100
云南松	云南松－旱冬瓜－麻栎－南烛	1463	64.2	4	10.7	9	0.5	20	2000
云南松	云南松－旱冬瓜－麻栎－其他软阔类	1050	154.8	4	18.4	14.5	0.55	30	1680
云南松	云南松－旱冬瓜－麻栎－杨树	1513	104	4	15.9	10.8	0.65	13	2594
云南松	云南松－旱冬瓜－麻栎	538	117.7	3	13.9	9.5	0.45	18	2680
云南松	云南松－旱冬瓜－帽斗栎	850	228.6	3	24.3	15.5	0.6	52	2790
云南松	云南松－旱冬瓜－南烛	850	57.4	3	13.3	9.7	0.55	25	2165
云南松	云南松－旱冬瓜－楠木	638	63	3	16.1	7.6	0.4	21	2876
云南松	云南松－旱冬瓜－漆树－其他软阔类－红豆杉	300	47.8	5	21.5	10	0.25	38	2480
云南松	云南松－旱冬瓜－其他软阔类－其他硬阔类－杨梅	938	314.6	5	33.1	14.6	0.5	65	2450
云南松	云南松－旱冬瓜－其他软阔类	621	56.4	3	13.2	9.2	0.43	19	1927
云南松	云南松－旱冬瓜－青冈	1044	110	3	16	12	0.43	36	2520

续表 3-150

优势树种	树种结构类型组	公顷株数（株）	公顷蓄积（m³）	树种数量（种）	平均胸径（cm）	平均树高（m）	郁闭度	平均年龄（年）	分布海拔（m）
云南松	云南松－旱冬瓜－栓皮栎	600	67.5	3	16.4	9	0.45	28	2310
云南松	云南松－旱冬瓜－西南桦	450	40.1	3	13.9	10.5	0.5	7	1260
云南松	云南松－旱冬瓜	338	66.8	2	17.2	10.5	0.32	36	2510
云南松	云南松－旱冬瓜－滇油杉－锥连栎	1338	259.1	4	22.1	11.5	0.62	35	2190
云南松	云南松－旱冬瓜－锥连栎	875	112.6	3	13.9	9.5	0.48	35	2575
云南松	云南松－荷包山桂花－南烛－其他硬阔类－西南桦	588	102.7	5	23.7	17.9	0.5	44	1470
云南松	云南松－核桃－栎类－麻栎	900	44.2	4	12	8.8	0.4	22	2140
云南松	云南松－黑荆树－黄连木－清香木－山合欢－余甘子－榆树	525	31.6	7	13	7.4	0.5	40	1612
云南松	云南松－红椿－其他软阔类	388	45.4	3	15.6	11.4	0.3	33	1290
云南松	云南松－红木荷－华山松－马蹄荷－铁杉－五角枫－杨树	813	262.9	7	28.9	16.1	0.55	50	2920
云南松	云南松－红木荷－黄毛青冈－麻栎－软阔类－硬阔类－油杉	1138	199.3	7	18.4	16.2	0.78	38	1660
云南松	云南松－红木荷－黄毛青冈－麻栎－滇油杉	1050	114.4	5	20.6	13.5	0.4	52	2220
云南松	云南松－红木荷－栎类－麻栎－木荷－软阔类－西南桦－余甘子	1250	78.5	8	12.8	10.7	0.62	25	1500
云南松	云南松－红木荷－栎类－麻栎－其他软阔类－香叶树	1975	180.9	6	13.1	11.8	0.7	31	1710
云南松	云南松－红木荷－栎类－麻栎－西南桦	1775	70.9	5	9.7	7.5	0.65	16	1530
云南松	云南松－红木荷－栎类－普文楠－其他软阔类	850	139.1	5	15.8	13.9	0.65	28	1460
云南松	云南松－红木荷－麻栎－其他软阔类	775	37.6	4	10.7	5.7	0.5	11	1680
云南松	云南松－红木荷－麻栎－油杉	2763	156.6	4	11.1	8.3	0.7	25	1900
云南松	云南松－红木荷－木荷－其他软阔类－杉木－杨梅－油杉	1088	148.9	7	17.1	14.1	0.7	40	1560
云南松	云南松－红木荷－木荷－其他软阔类－余甘子	1063	136.4	5	16	10.8	0.65	36	1350
云南松	云南松－红木荷－木荷－杉木－歪叶榕－西南桦	1163	153.3	6	20.5	16.4	0.45	35	1130
云南松	云南松－红木荷－南烛－其他软阔类	1913	114.2	4	11.7	10.9	0.85	33	1680

续表 3-150

优势树种	树种结构类型组	公顷株数（株）	公顷蓄积（m³）	树种数量（种）	平均胸径（cm）	平均树高（m）	郁闭度	平均年龄（年）	分布海拔（m）
云南松	云南松－红木荷－其他软阔类	488	68.1	3	20.2	11.2	0.45	41	1740
云南松	云南松－红木荷	363	41.6	2	17.7	9.2	0.35	26	1410
云南松	云南松－厚皮树－麻栎－南烛－余甘子	363	54	5	18.4	10.5	0.4	45	1260
云南松	云南松－厚皮树－南烛－其他软阔类－余甘子	650	93.1	5	15.9	8.7	0.6	28	1690
云南松	云南松－厚皮香－槲栎－华山松－麻栎－银木荷－窄叶石栎	1438	193.1	7	15.5	11.9	0.6	28	1860
云南松	云南松－厚皮香－黄连木－其他软阔类－余甘子－锥连栎	1313	27.2	6	7.8	6	0.3	20	1610
云南松	云南松－厚皮香－黄毛青冈－麻栎－其他软阔类－余甘子	838	33.4	6	10	5.1	0.3	27	1800
云南松	云南松－厚皮香－栎类－麻栎－南烛－其他软阔类－杨梅－油杉	713	68.1	8	16.9	11.1	0.4	43	2180
云南松	云南松－厚皮香－栎类－木荷－软阔类－硬阔类－杉木－杨梅	1725	184.1	8	28.2	19.5	0.7	36	1660
云南松	云南松－厚皮香－栎类－南烛－其他硬阔类－油杉	1250	92.1	6	13.3	9.5	0.62	42	2100
云南松	云南松－槲栎－华山松－麻栎－青冈－滇油杉	1063	114.4	7	16.5	13.7	0.55	30	1850
云南松	云南松－槲栎－桦木－麻栎－其他软阔类－青冈－余甘子	1163	41	8	10.2	9.5	0.4	31	1520
云南松	云南松－槲栎－黄连木－黄毛青冈－麻栎－南烛－锥连栎	575	31	7	11.3	6.1	0.3	25	1430
云南松	云南松－槲栎－黄毛青冈－麻栎－南烛－软阔类－杨梅－油杉	3050	106.9	8	9.6	5.8	0.75	26	2100
云南松	云南松－槲栎－栓皮栎	650	58.3	3	15.4	10.4	0.35	21	2136
云南松	云南松－槲栎－麻栎	463	15.8	3	11.5	6.6	0.3	21	1940
云南松	云南松－槲栎－木荷－其他软阔类－栓皮栎－油杉	388	65.3	6	21.5	15.6	0.4	31	1400
云南松	云南松－槲栎－其他软阔类	713	59.7	3	7.2	4.2	0.37	19	2245
云南松	云南松－华山松－黄背栎	925	41.5	4	12.7	5.8	0.6	25	3024
云南松	云南松－华山松－黄背栎－青冈－杨树	613	33.6	5	11.4	7.7	0.4	13	2420
云南松	云南松－华山松－黄背栎	1275	265.4	3	20.2	13.5	0.45	62	3120

续表 3-150

优势树种	树种结构类型组	公顷株数（株）	公顷蓄积（m³）	树种数量（种）	平均胸径（cm）	平均树高（m）	郁闭度	平均年龄（年）	分布海拔（m）
云南松	云南松-华山松-黄毛青冈-毛叶曼青冈-南烛-杨梅	2038	121.2	6	12.1	8.5	0.75	37	2335
云南松	云南松-华山松-其他软阔类-其他硬阔类-映山红	2525	340.3	6	15.2	13	0.85	38	2510
云南松	云南松-华山松-栎类-其他软阔类	763	97.5	4	19.1	14	0.7	33	1950
云南松	云南松-华山松-栎类-杨树	838	51.8	4	14.7	6.4	0.4	23	3090
云南松	云南松-华山松-栎类-元江栲	1750	114.3	4	17.7	8.1	0.45	54	2910
云南松	云南松-华山松-麻栎-漆树-青冈	1038	45.5	5	11.5	7.9	0.5	20	2065
云南松	云南松-华山松-麻栎	2363	58.2	3	9.6	7.4	0.62	20	2200
云南松	云南松-华山松-楠木-其他软阔类-杉木	888	67.1	5	13	10.8	0.55	12	1910
云南松	云南松-桦木-山合欢-西南桦	700	114.1	4	18.7	11.2	0.55	40	1510
云南松	云南松-黄背栎-青冈	1400	78.8	3	11.3	6.4	0.45	31	2710
云南松	云南松-黄背栎-杨树	1975	56.1	3	9.3	7.2	0.8	14	2885
云南松	云南松-黄背栎	744	193.4	2	19.8	12.4	0.55	43	2898
云南松	云南松-黄毛青冈-蓝桉-麻栎-其他软阔类-油杉	1338	43.6	6	10.1	6.4	0.5	18	1990
云南松	云南松-黄毛青冈-麻栎-马缨花-杨树	525	34.6	5	13.2	7.4	0.4	29	2146
云南松	云南松-黄毛青冈-麻栎-毛叶青冈-山合欢-油杉	2438	151.8	6	13.8	9.4	0.75	30	2040
云南松	云南松-黄毛青冈-麻栎-南烛-其他软阔类-锥连栎	1863	141.8	6	13.7	11.2	0.75	35	1940
云南松	云南松-黄毛青冈-麻栎-南烛	1688	117.4	4	12.4	8.1	0.75	27	1850
云南松	云南松-黄毛青冈-麻栎-南烛-滇油杉	1238	105.3	5	13.6	7.1	0.68	33	1945
云南松	云南松-黄毛青冈-麻栎-其他软阔类-青冈	1138	41.7	5	11	6.6	0.32	43	1900
云南松	云南松-黄毛青冈-麻栎	475	39.8	3	13	10.7	0.35	30	2130
云南松	云南松-黄毛青冈-马缨花-其他硬阔类-杨梅	925	87.7	5	13.3	12.9	0.75	31	2250
云南松	云南松-黄毛青冈-毛叶青冈-滇油杉	1013	27.8	4	8.6	4.8	0.65	22	2120
云南松	云南松-黄毛青冈-南烛-栓皮栎	1463	135.2	4	15.2	11.4	0.71	47	1925

续表 3-150

优势树种	树种结构类型组	公顷株数（株）	公顷蓄积（m³）	树种数量（种）	平均胸径（cm）	平均树高（m）	郁闭度	平均年龄（年）	分布海拔（m）
云南松	云南松－黄毛青冈－南烛－杨梅	2000	71.5	4	9.8	6.3	0.42	23	2400
云南松	云南松－黄毛青冈－扭曲云南松－锥连栎	2150	93	4	11.4	8.5	0.65	50	2500
云南松	云南松－黄毛青冈－其他软阔类－油杉	1463	163.8	4	15.1	10.1	0.65	55	1830
云南松	云南松－黄毛青冈－其他软阔类	838	40.1	3	10.9	11.1	0.62	26	1440
云南松	云南松－黄毛青冈－其他硬阔类	1038	39.1	3	9.4	6.7	0.5	20	1310
云南松	云南松－黄毛青冈－栓皮栎－油杉	1213	39.9	4	10.6	4.7	0.75	27	2200
云南松	云南松－黄毛青冈	839	66.3	2	13.6	7.5	0.44	37	2456
云南松	云南松－黄杉－水冬瓜－水青冈	1000	54.7	4	17.1	11.9	0.65	35	2150
云南松	云南松－灰背栎	588	136	2	19.9	10.6	0.55	66	2260
云南松	云南松－蓝桉－栎类－山合欢	1175	56.3	4	10.6	7.8	0.7	27	2300
云南松	云南松－蓝桉	513	16.7	2	10.9	4.6	0.3	21	2240
云南松	云南松－栎类－麻栎－木荷－其他硬阔类	888	32.7	5	11.5	5.9	0.35	25	1710
云南松	云南松－栎类－麻栎－木荷－栓皮栎－油杉－锥连栎	1125	48.9	7	11.6	7.5	0.45	23	1850
云南松	云南松－栎类－麻栎－南烛－软阔类－清香木－油杉－元江栲	1388	84.7	8	12.2	8.4	0.5	42	1820
云南松	云南松－栎类－麻栎－南烛－其他软阔类－杨梅－油杉	1350	31.6	7	8.6	6	0.6	20	1810
云南松	云南松－栎类－麻栎－南烛－青冈－油杉－余甘子	1588	64.9	7	10.7	6.8	0.7	29	1780
云南松	云南松－栎类－麻栎－其他软阔类－其他硬阔类－油杉	3250	187.9	6	12.2	9.8	0.9	22	2310
云南松	云南松－栎类－麻栎－其他软阔类－清香木	338	14.9	5	14.5	8.3	0.25	35	1767
云南松	云南松－栎类－麻栎－其他软阔类－余甘子	963	56.1	5	12.9	10.4	0.5	27	1810
云南松	云南松－栎类－麻栎－其他软阔类	1913	99.7	4	11.4	10.8	0.7	24	1950
云南松	云南松－栎类－麻栎－青冈	1588	50.9	4	9.4	8	0.65	20	2490
云南松	云南松－栎类－麻栎－油杉	2613	140.6	4	12.3	10.9	0.75	21	1660
云南松	云南松－栎类－麻栎	1167	117.3	3	15.7	12.2	0.47	37	2117

续表 3-150

优势树种	树种结构类型组	公顷株数（株）	公顷蓄积（m³）	树种数量（种）	平均胸径（cm）	平均树高（m）	郁闭度	平均年龄（年）	分布海拔（m）
云南松	云南松-栎类-木荷-楠木-其他软阔类-其他硬阔类	1600	138.5	6	12.6	8.4	0.65	26	1520
云南松	云南松-栎类-木荷-其他软阔类-其他硬阔类	1550	90.2	5	10.9	8	0.59	24	1678
云南松	云南松-栎类-木荷-其他软阔类-杉木-杨梅	775	74.1	6	23.8	17.8	0.4	50	1840
云南松	云南松-栎类-木荷-其他软阔类-油杉	950	51	5	12.6	11.7	0.4	26	1700
云南松	云南松-栎类-木荷-其他软阔类	1144	113.5	4	18.8	12.5	0.55	36	1600
云南松	云南松-栎类-木荷-油杉	463	143.5	4	28.4	20.3	0.45	38	1600
云南松	云南松-栎类-木荷-余甘子	338	21.3	4	14	6.1	0.3	14	910
云南松	云南松-栎类-南烛-其他软阔类-岩栎	1513	85.3	5	10.9	11.3	0.6	27	1600
云南松	云南松-栎类-扭曲云南松-山合欢-山玉兰-石楠-栓皮栎	813	22.3	8	8.2	5.9	0.6	12	2040
云南松	云南松-栎类-其他灌木-油杉	563	77.8	4	19.2	10.5	0.45	28	1740
云南松	云南松-栎类-其他软阔类-其他硬阔类-油杉	1050	226.8	5	20.4	12.5	0.7	49	1890
云南松	云南松-栎类-其他软阔类-其他硬阔类	931	80.1	4	15.6	9.7	0.58	35	1440
云南松	云南松-栎类-其他软阔类-青冈-油杉	2200	117.2	5	10.7	8.5	0.8	24	2160
云南松	云南松-栎类-其他软阔类-杨树	375	23.2	4	9.4	7.8	0.25	13	2218
云南松	云南松-栎类-其他软阔类-余甘子	713	114.5	4	18.3	12.4	0.3	21	1550
云南松	云南松-栎类-其他软阔类	1400	84.3	3	11.1	7.7	0.53	32	2094
云南松	云南松-栎类-清香木	600	30.9	3	10.8	5.9	0.3	17	2360
云南松	云南松-栎类-油杉	1025	35.7	3	13.9	7.9	0.5	29	1790
云南松	云南松-栎类	1546	99.9	2	14.2	10.4	0.67	31	1901
云南松	云南松-麻栎-米饭花-木荷-南烛-其他软阔类-樱桃-柞木	988	130.8	8	16.6	15.1	0.65	39	1985
云南松	云南松-麻栎-木荷-其他软阔类-杨梅-油杉	1150	176	6	18.7	15.4	0.7	29	1440
云南松	云南松-麻栎-木荷-其他软阔类	850	45.5	4	12.2	9.6	0.45	37	1550

续表 3-150

优势树种	树种结构类型组	公顷株数（株）	公顷蓄积（m³）	树种数量（种）	平均胸径（cm）	平均树高（m）	郁闭度	平均年龄（年）	分布海拔（m）
云南松	云南松－麻栎－木荷	775	103.9	3	17.6	15.3	0.5	30	1420
云南松	云南松－麻栎－南烛－其他软阔类	500	56.3	4	27.4	16.3	0.35	35	1085
云南松	云南松－麻栎－南烛－其他硬阔类	2075	119.2	4	10.1	9.4	0.76	25	1900
云南松	云南松－麻栎－南烛－杨梅－油杉	638	50.6	5	19	15.5	0.22	23	1530
云南松	云南松－麻栎－南烛－锥连栎	1763	88.8	4	10.4	7.4	0.72	25	2240
云南松	云南松－麻栎－牛筋条	388	22.1	3	10.2	6.2	0.4	12	1390
云南松	云南松－麻栎－其他软阔类－其他硬阔类－油杉	263	24.6	5	14.7	8.8	0.3	14	1630
云南松	云南松－麻栎－其他软阔类－青冈	913	143	4	19.8	14.4	0.65	25	1300
云南松	云南松－麻栎－其他软阔类－栓皮栎－滇油杉－锥连栎	2238	192.9	6	13.5	9.7	0.85	29	2120
云南松	云南松－麻栎－其他软阔类－杨梅	1000	100.3	4	16.1	8.1	0.4	33	1890
云南松	云南松－麻栎－其他软阔类－油杉	713	122	4	18.5	15.4	0.4	43	1490
云南松	云南松－麻栎－其他软阔类－余甘子	513	44.5	4	15.9	10	0.3	35	1530
云南松	云南松－麻栎－青冈－云南枫杨	813	36.3	4	14.1	6.8	0.5	38	2180
云南松	云南松－麻栎－清香木－锥连栎	1163	57.6	4	13.2	10.1	0.6	35	1585
云南松	云南松－麻栎－山合欢	1575	71.8	3	11.3	8.7	0.75	45	2001
云南松	云南松－麻栎－山玉兰－滇油杉	713	89.7	4	16.4	9.1	0.5	53	2110
云南松	云南松－麻栎	1338	71.9	2	12.1	8.4	0.48	25	2047
云南松	云南松－毛叶曼青冈	900	25.4	2	10.4	6.1	0.45	20	2285
云南松	云南松－毛叶青冈－密花树－小叶青冈－云南黄杞	488	48.1	7	13.9	7.2	0.25	31	1640
云南松	云南松－木荷－楠木－其他软阔类－秧青	525	83	5	15.9	13.1	0.45	19	945
云南松	云南松－木荷－其他软阔类－其他硬阔类	388	26.7	4	16.2	10.4	0.25	27	1810
云南松	云南松－木荷－其他硬阔类	713	181	3	19.1	16.7	0.55	40	1259
云南松	云南松－木荷－栓皮栎	1050	26.3	3	6.2	6.5	0.5	5	1090
云南松	云南松－木荷	840	67.7	2	15.3	10.5	0.51	28	1562
云南松	云南松－木棉－其他软阔类－栓皮栎	1088	225	4	20.2	18.4	0.65	35	1900
云南松	云南松－南烛－其他软阔类	438	26.7	3	13.1	8.5	0.4	13	2322

续表 3-150

优势树种	树种结构类型组	公顷株数（株）	公顷蓄积（m³）	树种数量（种）	平均胸径（cm）	平均树高（m）	郁闭度	平均年龄（年）	分布海拔（m）
云南松	云南松－其他软阔类－青冈－滇油杉－锥连栎	700	38.5	5	11.9	6.4	0.5	25	2140
云南松	云南松－其他软阔类－山鸡椒	1063	49.4	3	9.5	4.8	0.47	14	1420
云南松	云南松－其他软阔类－石楠－岩栎	813	99.5	4	16.9	12.3	0.57	52	1810
云南松	云南松－其他软阔类－栓皮栎－滇油杉	1775	145.7	4	14.8	9.6	0.85	36	1630
云南松	云南松－其他软阔类	213	169.3	2	34.4	26.7	0.4	170	2400
云南松	云南松－其他软阔类－滇油杉－锥连栎	1425	41.9	4	9.1	4.6	0.65	22	1820
云南松	云南松－其他硬阔类－青冈－油杉	2363	72.7	4	11.6	8.1	0.75	24	2160
云南松	云南松－其他硬阔类－栓皮栎	350	19.5	3	12.3	9.7	0.4	18	1320
云南松	云南松－水锦树－水青冈－余甘子	875	97.4	4	16.5	14.3	0.6	29	1290
云南松	云南松－小叶青冈	613	87.3	2	17.6	9.8	0.5	55	2490
云南松	云南松－杨树	300	47.1	2	18.3	9.4	0.23	25	3140
云南松	云南松－银荆树	438	11.1	2	9.1	6	0.3	9	2100
云南松	云南松－银木荷	250	54.7	2	22.1	16.9	0.3	45	1520
云南松	云南松－银木荷－云南松－锥连栎	1200	56.8	3	11.9	8.6	0.7	32	1530
云南松	云南松－锥连栎	413	4.8	2	7.6	3.9	0.25	25	2125

（二）天然异龄思茅松针阔叶混交林

本类型记录到样地 106 块，集中分布在普洱、版纳、德宏、临沧 4 个州（市）的宁洱、思茅、景洪、墨江、澜沧、景谷、镇沅、景东、沧源、云县、梁河、芒市等县（市、区）。样地综合分布海拔 939 ~ 2220m，平均分布海拔 1426m。树种结构以思茅松为优势种，还有柏木、油杉、云南油杉等针叶树种与算盘子、茶梨、石栎、槲栎、山黄麻、栓皮栎、西南桦、岗栲、桦木、栎类、木荷、青冈、樟、锥连栎、柏那参、旱冬瓜、麻栎、毛叶青冈、杨梅、樟、杯状栲、粗糠柴、滇青冈、高山栎、黄毛青冈、金合欢、银柴、云南黄杞、川梨、短刺栲、钝叶黄檀、高山栲、栲树、瑞丽山龙眼、三桠乌药、水锦树、其他软阔类、其他硬阔类等近百种树种组成针阔叶混交林。森林树种组成综合平均数 9 种，综合平均胸径 15.2cm，平均树高 11.9m，平均郁闭度 0.59，平均年龄 32 年，森林活立木密度为平均每公顷 1236 株，平均公顷蓄积量 124.6m³。森林单株胸径年平均生长量 0.465cm，年平均生长率 3.27%；单株蓄积年平均生长量 0.0102m³，年平均生长率 7.823%。详见表 3-151。

表 3-151　天然异龄思茅松针阔叶混交林结构因子统计表

优势树种	树种结构类型组	公顷株数（株）	公顷蓄积（m³）	树种数量（种）	平均胸径（cm）	平均树高（m）	郁闭度	平均年龄（年）	分布海拔（m）
思茅松	综合平均	1236	124.6	9	15.2	11.9	0.59	32	1426
思茅松	思茅松－算盘子－茶梨－石栎－槲栎－山黄麻－栓皮栎－西南桦	2138	121	12	11.5	8.1	0.7	23	1620
思茅松	思茅松－桉树－其他软阔类－杉木	813	37.9	4	10.2	7	0.4	18	1800
思茅松	思茅松－柏木－岗栌－木荷－石栎－桦木－青冈－樟－锥连栎	2163	233.2	13	14.2	13	0.78	27	1750
思茅松	思茅松－柏木－栎类－木荷－其他软阔类	350	29.9	5	14.7	8.3	0.36	25	1360
思茅松	思茅松－柏那参－旱冬瓜－麻栎－毛叶青冈－杨梅－油杉－樟	1000	145.7	10	15.9	13.6	0.6	58	2120
思茅松	思茅松－杯状栲－茶梨－粗糠柴－木荷－黄毛青冈－西南桦等	1625	292.2	15	17.3	13.2	0.65	55	1280
思茅松	思茅松－杯状栲－石栎－青冈－木荷－栲树－水锦树－银柴	825	57.1	14	14.3	7.7	0.65	50	1020
思茅松	思茅松－短刺栲－黄檀－岗栌－石栎－母猪果－三桠乌药－黄杞	1188	93.7	16	13.9	12.5	0.71	33	1300
思茅松	思茅松－高山栲－黄毛青冈－密花树－石楠－西南桦－香叶树	2025	108.5	15	10.9	9.4	0.8	35	1600
思茅松	思茅松－茶梨－川梨－红木荷－母猪果－木荷－杨梅	863	62.8	8	13	9.5	0.7	40	2090
思茅松	思茅松－茶梨－刺栲－粗糠柴－岗栌－红木荷－栎类－黄杞	1425	75.5	13	10.7	6.9	0.32	25	1200
思茅松	思茅松－茶梨－翠柏－岗栌－高山栲－木荷－截头石栎－黄杞等－	2038	167	17	13	12.1	0.8	40	1590
思茅松	思茅松－冬青－滇青冈－滇石栎－红木荷－厚皮香－毛叶青冈	1225	142.2	13	20.4	15.7	0.52	49	1490
思茅松	思茅松－大叶石栎－滇石栎－木荷－槲栎－华南石栎－蒲桃等	1550	162.4	20	12.1	8.8	0.73	16	1250
思茅松	思茅松－茶梨－滇鹅耳枥－岗栌－毛银柴－密花树－三棱栎等	575	83.7	16	17.4	11.7	0.5	30	1420
思茅松	思茅松－滇青冈－滇石栎－红木荷－毛银柴－水锦树－余甘子	925	105.5	8	20.8	16.2	0.72	45	1300
思茅松	思茅松－滇青冈－合果木－红木荷－麻栎－青冈－西南桦－滇樟	1638	180.5	11	14.3	13.1	0.7	42	1440

续表 3-151

优势树种	树种结构类型组	公顷株数（株）	公顷蓄积（m³）	树种数量（种）	平均胸径（cm）	平均树高（m）	郁闭度	平均年龄（年）	分布海拔（m）
思茅松	思茅松－茶梨－滇青冈－红木荷－桦木－栎类－木荷－西南桦等	1513	121	10	13	10.4	0.5	25	1975
思茅松	思茅松－茶梨－滇石栎－红木荷－毛银柴－西南桦	675	29.7	6	10	5.8	0.35	15	1390
思茅松	思茅松－钝叶黄檀－高山栲－木荷－槲栎－麻栎－毛叶黄杞等	1738	130.9	15	17.8	15.5	0.76	48	1650
思茅松	思茅松－茶梨－岗柃－红木荷－女贞－歪叶榕	500	64.1	6	15.3	10.4	0.58	22	1210
思茅松	思茅松－茶梨－高山栲－红木荷－厚皮香－麻栎－母猪果等	1613	229.6	12	14.9	12	0.75	69	1220
思茅松	思茅松－木荷－栲树－木荷－榕树－栓皮栎－西南桦－中平树等	1000	134.6	14	19.3	18.2	0.42	33	1500
思茅松	思茅松－旱冬瓜－木荷－槲栎－华南石栎－截头石栎－栲树等	2813	122.5	16	9.8	9.4	0.8	12	1540
思茅松	思茅松－茶梨－红木荷－桦木－栎类－南烛－锥连栎等	1338	115.1	8	15.3	14.7	0.3	32	1280
思茅松	思茅松－茶梨－红木荷－黄毛青冈－栲树－水锦树－杨梅－油杉	1425	75.4	12	9.8	8.1	0.81	30	1770
思茅松	思茅松－茶梨－槲栎－黄毛青冈－母猪果－栓皮栎－西南桦等	2338	168.7	10	12.2	8.4	0.82	45	1600
思茅松	思茅松－茶梨－栎类－木荷－中平树等	1888	57.6	7	8.3	8.4	0.58	12	1110
思茅松	思茅松－刺栲－钝叶桂－木荷－槲栎－毛叶黄杞－银柴－西南桦	1413	30.4	18	8.4	6.5	0.62	15	1510
思茅松	思茅松－青冈－红木荷－槲栎－栎类－麻栎－黄杞－水红木等	1625	173.9	16	13.9	11.8	0.8	60	1220
思茅松	思茅松－黄檀－高山栲－旱冬瓜－厚皮树－密花树－桂樱等	1200	54.5	15	10.5	11	0.55	23	1480
思茅松	思茅松－钝叶黄檀－高山栲－木荷－华南石栎－栎类－桦等	1888	254.1	17	24	17.6	0.71	44	1290
思茅松	思茅松－高山栲－木荷－槲栎－火绳树－三桠乌药－香果树等	1450	109.3	18	11.4	8.8	0.3	31	1300
思茅松	思茅松－红木荷－木麻黄－歪叶榕－桂樱－香叶树－樱桃等	1025	153.6	10	19.5	11.7	0.57	43	1340

续表 3-151

优势 树种	树种结构类型组	公顷 株数 （株）	公顷 蓄积 （m³）	树种 数量 （种）	平均 胸径 （cm）	平均 树高 （m）	郁闭度	平均 年龄 （年）	分布 海拔 （m）
思茅松	思茅松－旱冬瓜－厚皮树－麻栎－木荷－ 合欢－余甘子－云南松	1425	149.2	10	15.8	12.9	0.75	15	1090
思茅松	思茅松－刺楸－高山栲－红木荷－栎类－ 麻栎－锐齿槲栎－黄杞	900	112.2	9	16.4	13.6	0.45	53	1430
思茅松	思茅松－粗糠柴－合果木－木荷－楠木－ 香果树－盐肤木－黄杞	625	89	9	12.6	10.7	0.35	13	1140
思茅松	思茅松－粗糠柴－栎类－木荷－水红木－ 小果栲等	2038	57.1	8	8.9	7.2	0.51	45	1460
思茅松	思茅松－石栎－红果树－槲栎－栎类－ 毛叶黄杞－木荷－西南桦	2238	178.1	10	10.5	10.8	0.54	14	1460
思茅松	思茅松－青冈－多花含笑－合果木－木 荷－麻栎－楠木－香果树	1425	100	9	9	8.8	0.35	18	939
思茅松	思茅松－青冈－木荷－栎类－西南桦－ 山黄麻－香果树－野漆等－	1425	211.5	14	10	11.7	0.7	22	1320
思茅松	思茅松－滇石栎－槲栎－黄杞－水锦树－ 西南桦－银叶栲等	963	173.4	9	22.6	18.3	0.62	38	1250
思茅松	思茅松－红木荷－槲栎－华南石栎－米 饭花－栓皮栎－油杉等	1213	153.2	11	15.6	9.9	0.67	38	2020
思茅松	思茅松－短刺栲－钝叶黄檀－岗柃－红 木荷－栲树－麻栎等	1700	111.3	14	12.3	10	0.59	20	1350
思茅松	思茅松－钝叶黄檀－多变石栎－栎类－ 榕树－余甘子等	1038	88.4	9	13.3	9	0.55	44	1030
思茅松	思茅松－钝叶黄檀－木荷－麻栎－槲栎－ 西南桦－云南银柴等	1100	75.1	10	12.5	10.7	0.55	22	1230
思茅松	思茅松－钝叶黄檀－红木荷－毛叶黄杞－ 毛银柴－母猪果等	1025	172.2	11	21.1	16.3	0.6	40	1320
思茅松	思茅松－钝叶黄檀－栎类－麻栎－湄公 栲－银叶栲－余甘子等	1800	109.4	9	9	8.7	0.62	24	1030
思茅松	思茅松－钝叶黄檀－栎类－木荷－其他 软阔类－余甘子	931	51.3	6	9.8	7.2	0.5	18	1220
思茅松	思茅松－多穗石栎－毛叶青冈－密花树－ 山合欢－石楠等	1638	127.7	8	17.3	15.9	0.65	38	1300
思茅松	思茅松－岗柃－红木荷－尖叶桂樱－银 柴－木莲－水红木等	825	85.5	14	14.4	9.4	0.57	24	1500

续表 3-151

优势树种	树种结构类型组	公顷株数（株）	公顷蓄积（m³）	树种数量（种）	平均胸径（cm）	平均树高（m）	郁闭度	平均年龄（年）	分布海拔（m）
思茅松	思茅松－高山栲－旱冬瓜－红木荷－截头石栎－密花树等	1313	122.2	12	13.9	9.8	0.7	39	1670
思茅松	思茅松－高山栲－红木荷－麻栎－密花树－锐齿槲栎－水锦树	1125	106.5	7	15.1	14.2	0.55	26	1700
思茅松	思茅松－光叶石栎－红木荷－栎类－毛叶黄杞－苹果榕等	1063	79.5	8	12.1	8.4	0.4	17	1560
思茅松	思茅松－光叶石栎－栎类－其他软阔类－思茅木兰－余甘子	1200	71.6	6	12.1	10.8	0.6	31	1340
思茅松	思茅松－旱冬瓜－红木荷－其他软阔类－水红木－歪叶榕	450	40.8	6	15	12.2	0.5	15	1450
思茅松	思茅松－旱冬瓜－桦木－栎类－木荷－其他软阔类	2025	169.1	6	13	12.4	0.76	33	1740
思茅松	思茅松－旱冬瓜－桦木－木荷－其他软阔类	925	89.8	5	15.4	12	0.55	19	1360
思茅松	思茅松－旱冬瓜－木荷－楠木－其他软阔类	913	101.4	5	19.4	11.1	0.55	29	1712
思茅松	思茅松－旱冬瓜－其他软阔类－其他硬阔类－西南桦－杨梅	1350	288	6	22.3	14.5	0.8	31	2220
思茅松	思茅松－合果木－木荷－其他软阔类－杉木	1213	126.4	5	14.4	13.8	0.55	35	1170
思茅松	思茅松－黑黄檀－桦木－栎类－木荷－西南桦等	1038	184.4	8	20.8	18.9	0.75	61	1140
思茅松	思茅松－红椿－红木荷－南酸枣－尼泊尔水东哥－西南桦等	775	168.6	7	22.1	13.6	0.57	40	1570
思茅松	思茅松－红椿－麻栎－其他软阔类－西南桦－余甘子	1150	63.6	6	12.5	7.4	0.27	30	1510
思茅松	思茅松－红木荷－厚皮树－幌伞枫－栲树－木棉－栓皮栎－银柴	2000	102.1	16	12.7	8.4	0.45	18	1200
思茅松	思茅松－红木荷－桦木－栎类－木荷等	1813	259	7	16.5	13.3	0.65	41	1860
思茅松	思茅松－红木荷－桦木－栎类－木荷－其他软阔类	1513	182.2	6	14.8	9.8	0.7	28	1300
思茅松	思茅松－红木荷－栎类－麻栎－母猪果－木荷－其他软阔类	1475	123.4	7	13	11	0.65	30	1210

续表 3-151

优势 树种	树种结构类型组	公顷 株数 （株）	公顷 蓄积 （m³）	树种 数量 （种）	平均 胸径 （cm）	平均 树高 （m）	郁闭度	平均 年龄 （年）	分布 海拔 （m）
思茅松	思茅松-红木荷-栎类-毛叶黄杞-母猪果-木荷等	1425	179.8	7	19.2	13.8	0.65	25	1470
思茅松	思茅松-红木荷-栎类-木荷-软阔类-硬阔类-西南桦	1038	83.6	7	13.7	10.7	0.65	26	1330
思茅松	思茅松-红木荷-栎类-木荷-阔叶类-西南桦-中平树	1063	60.5	8	11.1	8.6	0.6	21	1517
思茅松	思茅松-红木荷-栎类-木荷-其他软阔类	675	86.4	5	17.3	10.9	0.49	46	1865
思茅松	思茅松-红木荷-栎类-南烛-其他软阔类	1050	149.2	5	14.9	10.7	0.27	41	1520
思茅松	思茅松-红木荷-麻栎-木荷-阔叶类-西南桦-银叶楂等	700	35.2	8	15.6	11.3	0.45	14	1290
思茅松	思茅松-厚皮香-栎类-木荷-其他硬阔类-栓皮栎	925	150.4	6	19.7	14.6	0.7	40	1650
思茅松	思茅松-槲栎-桦木-栎类-木荷-其他软阔类-余甘子	1213	115.3	7	14.3	13.1	0.65	31	1600
思茅松	思茅松-桦木-黄心树-栎类-木荷-楠木-西南桦-樟等	850	246.7	10	19.9	17.4	0.72	30	1680
思茅松	思茅松-桦木-栎类-母猪果-南烛-楠木-杨梅-油杉等	2425	190.4	9	16.3	15.3	0.75	30	1810
思茅松	思茅松-桦木-栎类-木荷-其他软阔类-其他硬阔类	1150	118	6	18.6	15.2	0.62	34	1207
思茅松	思茅松-桦木-栎类-木荷-软阔类-硬阔类-西南桦	1288	154.3	7	15.8	11	0.7	23	1490
思茅松	思茅松-桦木-栎类-木荷-其他软阔类	990	168.8	5	21.5	16.6	0.66	44	1504
思茅松	思茅松-桦木-栎类-其他软阔类-其他硬阔类	388	26.2	5	15.6	13.4	0.62	35	1130
思茅松	思茅松-桦木-栎类-其他软阔类-其他硬阔类-西南桦	1100	173.4	6	16.8	11.3	0.7	47	1600
思茅松	思茅松-黄毛青冈-马缨花-母猪果-南烛-滇油杉	675	154.4	6	20.7	15	0.5	42	1150
思茅松	思茅松-火绳树-麻栎-其他软阔类	1713	192.4	4	14.2	12.6	0.75	33	1840

续表 3-151

优势树种	树种结构类型组	公顷株数（株）	公顷蓄积（m³）	树种数量（种）	平均胸径（cm）	平均树高（m）	郁闭度	平均年龄（年）	分布海拔（m）
思茅松	思茅松－栲树－麻栎－青冈－母猪果－木荷－南烛－余甘子等	1038	112.2	10	17.6	13.3	0.62	34	1510
思茅松	思茅松－栎类－麻栎－其他软阔类	1075	68.6	4	13.7	12.8	0.5	21	1738
思茅松	思茅松－栎类－麻栎－其他软阔类－余甘子	663	111.7	5	26.3	12.6	0.51	33	950
思茅松	思茅松－栎类－湄公栲－其他硬阔类	325	178	4	30.1	22.6	0.45	52	1100
思茅松	思茅松－栎类－母猪果－其他软阔类	763	144.5	4	18.6	14	0.7	60	1060
思茅松	思茅松－栎类－木荷－楠木－其他软阔类－野漆	863	148.2	6	19.3	16.6	0.6	38	1342
思茅松	思茅松－栎类－木荷－软阔类－硬阔类－清香木－余甘子	1038	77.1	7	12.8	6.4	0.24	33	1180
思茅松	思茅松－栎类－木荷－其他软阔类－其他硬阔类	1226	135.7	5	16	12	0.61	35	1350
思茅松	思茅松－栎类－木荷－其他软阔类－其他硬阔类－油杉	1063	105	6	14.5	12.4	0.49	30	1660
思茅松	思茅松－栎类－木荷－其他软阔类－其他硬阔类－余甘子	2175	192	6	13.4	13.5	0.8	51	1320
思茅松	思茅松－栎类－木荷－其他软阔类	1427	139.2	4	15	11.7	0.68	29	1563
思茅松	思茅松－栎类－木荷－其他软阔类－油杉	1042	203.5	5	20.6	16.2	0.72	38	1708
思茅松	思茅松－栎类－木荷－西南桦	963	91.7	4	12.1	9.4	0.4	9	1120
思茅松	思茅松－栎类－泡桐－其他软阔类－其他硬阔类	1650	138.5	5	12.8	13.9	0.55	21	1000
思茅松	思茅松－栎类－其他软阔类－其他硬阔类	1155	135.8	4	16	12.2	0.65	36	1222
思茅松	思茅松－栎类－其他软阔类	913	104.1	3	17.4	12.7	0.45	37	1317
思茅松	思茅松－麻栎－其他软阔类	1181	111.7	3	14.2	11.3	0.55	25	1350
思茅松	思茅松－木荷－南烛－其他软阔类	813	116.2	4	18.1	14.7	0.41	35	1170
思茅松	思茅松－木荷－其他软阔类－其他硬阔类	500	29.3	4	11.6	8.3	0.22	22	1180
思茅松	思茅松－木荷－其他软阔类	375	62.6	3	19.1	12.3	0.43	32	1235
思茅松	思茅松－木荷	625	68.3	2	15.8	9.9	0.55	25	1630

（三）天然异龄栎类针阔叶混交林

栎类为壳斗科栎属树种的统称，与调查人员对树种分类细致程度和分类水平有关，故研究其分布范围的意义不大。本研究中，每块样地中的栎类可能是一个树种，也可能是多个栎属树种，还可能涵盖了壳斗科属下所有未知种的统称。但就样地森林结构类型而言，无论栎类代表 1 个树种还是多个树种，本类型中树种结构均归并为栎类针阔叶混交林。本类型记录到样地 62 块，分布在景东、景谷、德钦、剑川、云龙、永平、腾冲、龙陵、宁洱、易门、峨山、红塔、新平、元江、石屏、广南、砚山、勐海、景洪等县（市、区）。样地平均分布海拔 1720m。树种结构以栎类为优势，还有桉树、茶梨、木荷、樱桃、旱冬瓜、其他软阔类等非栎类阔叶树种与油杉、云南松、柏木、冷杉、思茅松等针叶树种组成针阔叶混交林。森林树种组成综合平均数 5 种，综合平均胸径 12.6cm，平均树高 9.3m，平均郁闭度 0.62，平均年龄 34 年，森林活立木密度为平均每公顷 1597 株，平均公顷蓄积量 116.9m³。森林单株胸径年平均生长量 0.327cm，年平均生长率 2.78%；单株蓄积年平均生长量 0.0045m³，年平均生长率 6.0923%。详见表 3-152。

表 3-152　天然异龄栎类针阔叶混交林结构因子统计表

优势树种	树种结构类型组	公顷株数（株）	公顷蓄积（m³）	树种数量（种）	平均胸径（cm）	平均树高（m）	郁闭度	平均年龄（年）	分布海拔（m）
栎类	综合平均	1597	116.9	5	12.6	9.3	0.62	34	1720
栎类	栎类－云南松－桉树－其他软阔类－油杉－滇油杉	1138	41.9	6	11.1	9	0.66	33	1100
栎类	栎类－柏木－冷杉	1875	338.5	3	18.9	9.8	0.78	65	4070
栎类	栎类－云南松－茶梨－木荷－其他软阔类－樱桃	838	17.6	6	7.4	5.8	0.4	8	1700
栎类	栎类－云南松－刺槐－其他软阔类－余甘子	1075	163.3	5	20.3	10.4	0.5	38	1475
栎类	栎类－油杉－云南松－杜鹃－旱冬瓜－麻栎	1500	88.6	9	11.4	9.4	0.75	29	2050
栎类	栎类－云南松－杜鹃－其他软阔类－杨树	1938	184.7	5	12.4	11	0.85	50	2884
栎类	栎类－思茅松－钝叶黄檀－其他软阔类－余甘子	563	28	5	13.3	7.8	0.22	12	1020
栎类	栎类－云南松－滇油杉－高山栲－木荷－南烛－软阔类－杨梅	1975	47.5	8	8.4	5.1	0.7	22	1570
栎类	栎类－思茅松－旱冬瓜－木荷－其他软阔类－油杉	2950	150.4	7	9.8	7	0.85	20	1650
栎类	栎类－思茅松－旱冬瓜－木荷－其他软阔类	1988	35.5	5	7.3	5.1	0.5	8	1800
栎类	栎类－思茅松－旱冬瓜－木荷－西南桦	263	3	5	6.4	5.4	0.2	6	1580
栎类	栎类－油杉－云南松－旱冬瓜－其他软阔类－杨梅	913	53.2	6	12.3	6.6	0.4	28	1640

续表 3-152

优势树种	树种结构类型组	公顷株数（株）	公顷蓄积（m³）	树种数量（种）	平均胸径（cm）	平均树高（m）	郁闭度	平均年龄（年）	分布海拔（m）
栎类	栎类－云南松－旱冬瓜－其他软阔类	1188	141.3	4	10.9	9.9	0.6	15	2200
栎类	栎类－云南松－滇油杉－旱冬瓜	925	116.5	4	15.2	6.7	0.4	39	1790
栎类	栎类－思茅松－红木荷－桦木－密花树－木荷－青冈－西南桦等	1313	80.4	11	11.4	11.8	0.78	24	1483
栎类	栎类－思茅松－红木荷－母猪果－南烛－软阔类－杨梅－油杉等	825	91	8	16.1	9.2	0.38	65	1770
栎类	栎类－思茅松－木荷－其他软阔类－其他硬阔类	2363	128.5	6	10.7	10	0.78	15	1230
栎类	栎类－思茅松－木荷－其他软阔类	1275	59.4	5	10.3	8.2	0.53	34	1100
栎类	栎类－云南松－红木荷－杨梅	2663	31.3	4	5.9	3.8	0.8	3	1900
栎类	栎类－油杉－云南松－厚皮香－漆树	1363	34.3	5	6.5	6	0.75	8	1950
栎类	栎类－华山松－马缨花－木荷－软阔类－硬阔类－云南松	2725	350.2	7	13.4	10.8	0.85	50	2450
栎类	栎类－思茅松－桦木－楝－木荷－其他软阔类－其他硬阔类	1363	143.4	7	15.1	16.8	0.72	22	1300
栎类	栎类－铁杉－云杉－桦木－露珠杜鹃－马缨花－其他软阔类	1413	229.9	7	11.9	8.4	0.7	17	3000
栎类	栎类－杉木－思茅松－桦木－木荷－楠木－软阔类－硬阔类	1575	207.8	8	14.1	14.6	0.66	46	1380
栎类	栎类－思茅松－桦木－木荷－楠木－其他软阔类	1050	106.8	6	16.1	13	0.65	78	1370
栎类	栎类－思茅松－桦木－木荷－其他软阔类－其他硬阔类	1294	103.4	6	13.5	9.7	0.66	37	1396
栎类	栎类－思茅松－桦木－木荷－其他软阔类	1763	99.4	5	11.9	7.7	0.75	32	2000
栎类	栎类－思茅松－桦木－木荷－其他软阔类－余甘子	1288	87.6	6	12.1	10.4	0.65	43	1300
栎类	栎类－云南松－桦木－栎类－南烛－其他软阔类－榆树	3363	198.2	6	11.5	8.5	0.75	29	2270
栎类	栎类－思茅松－楝－木荷－楠木	575	241.2	5	25.6	14.9	0.4	100	1140
栎类	栎类－思茅松－楝－木荷－其他软阔类－其他硬阔类	1513	170.2	6	14.6	11.1	0.8	58	1500
栎类	栎类－思茅松－麻栎－其他软阔类	950	81	4	14.1	10.5	0.57	45	1203

续表 3-152

优势树种	树种结构类型组	公顷株数（株）	公顷蓄积（m³）	树种数量（种）	平均胸径（cm）	平均树高（m）	郁闭度	平均年龄（年）	分布海拔（m）
栎类	栎类－云南松－木荷－南烛－其他软阔类	588	15.1	5	7.8	6.7	0.4	18	1590
栎类	栎类－思茅松－木荷－楠木－其他软阔类－其他硬阔类	500	156.2	6	21.3	12.2	0.43	112	1230
栎类	栎类－云南松－木荷－楠木－其他软阔类－其他硬阔类	3450	221.9	6	12	12.7	0.9	25	1870
栎类	栎类－思茅松－木荷－其他软阔类－其他硬阔类	850	248.9	5	23	12.8	0.6	76	1510
栎类	栎类－思茅松－油杉－木荷－其他软阔类－其他硬阔类	1088	232.4	6	25.5	15	0.75	75	1800
栎类	栎类－云南松－木荷－软阔类－硬阔类－杨梅－映山红	3638	189.5	7	10.1	8.3	0.8	22	2100
栎类	栎类－云南松－木荷－其他软阔类－其他硬阔类－余甘子	2888	80.3	6	7.8	7.1	0.75	15	1470
栎类	栎类－思茅松－木荷－其他软阔类	1031	84.3	4	14.3	13.3	0.65	39	1465
栎类	栎类－思茅松－木荷－其他软阔类－西南桦	2050	125.1	5	12.6	11.2	0.63	31	1492
栎类	栎类－油杉－云南松－木荷－其他软阔类－杨梅	775	82	6	15.5	9.1	0.4	40	1953
栎类	栎类－油杉－木荷－其他软阔类	2575	234.3	4	14.4	13.3	0.8	42	1944
栎类	栎类－油杉－云南松－南烛－其他软阔类－其他硬阔类	2113	65.5	6	9.7	6	0.75	41	2160
栎类	栎类－油杉－云南松－南烛－其他软阔类	1900	94.5	5	11.6	8.3	0.6	43	1600
栎类	栎类－铁杉－楠木－其他软阔类－其他硬阔类－西南桦－樟	2225	273.4	7	7.8	7.9	0.5	16	2981
栎类	栎类－云南松－楠木－其他软阔类	575	7.7	4	6.2	6.6	0.3	11	1470
栎类	栎类－云南松－其他软阔类－其他硬阔类－清香木	2288	43.9	5	8.7	6.8	0.75	20	1580
栎类	栎类－杉木－其他软阔类－其他硬阔类	2875	62	4	13.4	10.5	0.65	20	1160
栎类	栎类－思茅松－其他软阔类－其他硬阔类	1275	133.2	4	16.8	12.7	0.52	58	1155
栎类	栎类－思茅松－其他软阔类－其他硬阔类－余甘子	925	51.2	5	13.3	9.9	0.53	23	987

续表 3-152

优势树种	树种结构类型组	公顷株数（株）	公顷蓄积（m³）	树种数量（种）	平均胸径（cm）	平均树高（m）	郁闭度	平均年龄（年）	分布海拔（m）
栎类	栎类－油杉－其他软阔类－其他硬阔类	1756	180.2	4	15.2	10.3	0.83	37	2017
栎类	栎类－油杉－云南松－其他软阔类－其他硬阔类	3575	117.9	5	9.4	8.2	0.8	23	1552
栎类	栎类－云南松－其他软阔类－其他硬阔类	2050	138.6	4	12	10.9	0.65	25	2180
栎类	栎类－思茅松－其他软阔类	1188	104.5	3	15.1	10.5	0.62	46	1250
栎类	栎类－思茅松－其他软阔类－杨梅－滇油杉	1263	44.9	5	9.4	8.7	0.33	28	1865
栎类	栎类－思茅松－油杉－其他软阔类	1975	108.1	4	10.8	7.5	0.75	27	1550
栎类	栎类－油杉－云南松－其他软阔类	1213	134.3	4	15.4	10.3	0.62	36	2068
栎类	栎类－云南松－其他软阔类	1563	72	3	13.8	8.8	0.68	47	1493
栎类	栎类－云南松－青冈－清香木	838	17.2	4	7.7	7.3	0.4	12	1710
栎类	栎类－油杉－云南松－清香木	638	20.5	4	9.9	5.4	0.2	21	1271
栎类	栎类－油杉－云南松	1563	55.7	3	9.6	6.3	0.6	22	1880

（四）天然异龄滇油杉（油杉）针阔叶混交林

本类型记录到样地 35 块，分布在永胜、大姚、永仁、武定、牟定、禄丰、南华、楚雄、双柏、会泽、宣威、沾益、富民、马龙、宜良、罗平等县（市、区）。样地分布海拔 1650～2410m，综合平均分布海拔 1987m。树种结构以滇油杉为优势，还有云南松等针叶树种与扁担杆、锥连栎、厚朴、滇青冈、高山栲、旱冬瓜、黄毛青冈、椋木、川梨、盐肤木、杨树、旱冬瓜、漆树、其他灌木、樱桃、青冈、黄毛青冈、柞木、窄叶石栎、其他软阔类等组成针阔叶混交林。森林树种组成综合平均数6 种，综合平均胸径 11.6cm，平均树高 6.9m，平均郁闭度 0.62，平均年龄 26 年，森林活立木密度为平均每公顷 1590 株，平均公顷蓄积量 69.4m³。森林单株胸径年平均生长量 0.298cm，年平均生长率2.79%；单株蓄积年平均生长量 0.0033m³，年平均生长率 6.788%。详见表 3-153。

表 3-153　天然异龄滇油杉针阔叶混交林结构因子统计表

优势树种	树种结构类型组	公顷株数（株）	公顷蓄积（m³）	树种数量（种）	平均胸径（cm）	平均树高（m）	郁闭度	平均年龄（年）	分布海拔（m）
滇油杉	综合平均	1590	69.4	6	11.6	6.9	0.62	26	1987
滇油杉	滇油杉－扁担杆－其他软阔类－云南松－锥连栎	2325	179.9	5	21.5	9.3	0.80	37	2040
滇油杉	滇油杉－厚朴－滇青冈－高山栲－旱冬瓜－黄毛青冈－椋木等	2763	176.4	12	12.5	8.2	0.85	28	2220
滇油杉	滇油杉－川梨－滇青冈－滇杨－云南松	1525	95	5	14.2	5.9	0.70	45	2020

续表 3-153

优势树种	树种结构类型组	公顷株数（株）	公顷蓄积（m³）	树种数量（种）	平均胸径（cm）	平均树高（m）	郁闭度	平均年龄（年）	分布海拔（m）
滇油杉	滇油杉－川梨－滇青冈－盐肤木－杨树－云南松	1100	18.9	6	8.5	4.4	0.40	21	1850
滇油杉	滇油杉－川梨－旱冬瓜－漆树－其他灌木－樱桃－云南松	888	30	7	10.2	5.1	0.52	17	2110
滇油杉	滇油杉－川梨－厚皮香－扭曲云南松－其他软阔类－锥连栎	4688	160.9	6	9.8	8.4	0.91	28	1880
滇油杉	滇油杉－川梨－麻栎－其他软阔类－云南松－锥连栎	838	10.2	6	6.9	4.4	0.60	14	1880
滇油杉	滇油杉－川梨－麻栎－石楠－头状四照花－云南松	2525	112.2	6	14.2	7.2	0.65	34	2130
滇油杉	滇油杉－川西栎－刺柏－青冈－黄连木－麻栎－石楠－四照花等	1088	32.5	9	9.7	5.8	0.75	32	2050
滇油杉	滇油杉－滇石栎－高山栲－厚皮香－槲栎－麻栎－马缨花等	2738	111.3	13	10.4	7.2	0.85	35	1960
滇油杉	滇油杉－滇青冈－高山栲－旱冬瓜－黄毛青冈－麻栎－南烛等	1388	139.3	9	15.1	10.7	0.70	28	2200
滇油杉	滇油杉－青冈－黄毛青冈－柞木－窄叶石栎－锥连栎等	1500	55.7	12	9.8	10	0.70	18	1980
滇油杉	滇油杉－滇青冈－旱冬瓜－麻栎－其他软阔类－青冈－云南松	1150	97.7	7	16.9	11.2	0.52	33	2180
滇油杉	滇油杉－滇青冈－黄毛青冈－金合欢－麻栎－云南松－锥连栎	1138	77.8	7	13.9	7	0.75	31	2000
滇油杉	滇油杉－滇青冈－黄毛青冈－麻栎－南烛－元江栲－云南松	1450	67.5	7	11.8	7.5	0.75	30	1850
滇油杉	滇油杉－滇青冈－栎类－清香木－石楠－栓皮栎－云南松	1088	12.8	7	7.5	3.8	0.30	18	1660
滇油杉	滇油杉－滇青冈－毛叶青冈－云南松	1325	29.2	4	8.5	5.5	0.70	13	1940
滇油杉	滇油杉－滇青冈－其他软阔类	400	11.9	3	11.8	7	0.31	18	2000
滇油杉	滇油杉－滇青冈－云南松	1025	69.6	3	16.6	7.5	0.60	38	2060
滇油杉	滇油杉－滇石栎	875	18.6	2	9.6	6.2	0.70	20	1900
滇油杉	滇油杉－滇杨－杜鹃－旱冬瓜－黄毛青冈－麻栎－云南松等	2850	110.7	8	10.7	7.3	0.81	20	2110
滇油杉	滇油杉－滇杨－云南松	2175	116.9	3	12.6	7.6	0.75	31	1960

续表 3-153

优势树种	树种结构类型组	公顷株数（株）	公顷蓄积（m³）	树种数量（种）	平均胸径（cm）	平均树高（m）	郁闭度	平均年龄（年）	分布海拔（m）
滇油杉	滇油杉－多变石栎－光叶高山栎－青冈－云南松－锥连栎	1213	24.2	6	7.3	4.9	0.40	15	2050
滇油杉	滇油杉－高山栲－扭曲云南松－云南松－锥连栎	963	17.7	5	8	4	0.50	18	1800
滇油杉	滇油杉－高山栲－清香木－余甘子－云南松－锥连栎等	1963	75.3	7	9.6	6.9	0.60	43	1650
滇油杉	滇油杉－旱冬瓜－黄毛青冈－其他软阔类－杨树－云南松	863	83.5	6	14.8	10.9	0.50	27	2410
滇油杉	滇油杉－红木荷－黄毛青冈－灰背栎－麻栎－马缨花－南烛等	2888	117.1	10	9.1	7.5	0.72	28	2220
滇油杉	滇油杉－黄背栎－青冈－云南松－锥连栎	1488	57.3	5	10.5	6.9	0.70	16	2130
滇油杉	滇油杉－黄杉－水青冈	325	58.4	3	23.2	11.7	0.30	52	1970
滇油杉	滇油杉－蓝桉－云南松	888	20.1	3	9.2	4.6	0.50	12	2000
滇油杉	滇油杉－栎类－麻栎－秧青－油杉－云南松－云南樟等	3750	85.4	8	8.7	5.9	0.81	18	1930
滇油杉	滇油杉－麻栎－其他软阔类－岩栎－云南松－锥连栎	1713	86.6	6	12.3	6.9	0.80	32	1820
滇油杉	滇油杉－麻栎	325	5	2	8.3	4	0.25	11	1900
滇油杉	滇油杉－扭曲云南松－清香木－岩栎－云南松	1900	50	5	12.2	6.5	0.65	30	1840
滇油杉	滇油杉－青冈－栓皮栎－云南松	525	13.9	4	9.9	5.3	0.35	18	1840

油杉是油杉属树种的统称，油杉在云南分布种类主要为滇油杉，少量为旱地油杉、鳞叶油杉。本类型组的分布范围按资料分析为天然异龄滇油杉针阔叶混交林的补充，但由于调查资料记录中未将油杉分至具体的种，故本研究中未做合并而单独作为一个类型组列出补充，使用时可将本类型组视为天然异龄滇油杉针阔叶混交林类型组作参考。本类型组记录到样地34块，分布在宁蒗、华坪、鹤庆、云龙、宾川、祥云、禄劝、禄丰、易门、墨江、陆良、嵩明、安宁、峨山、新平、泸西、弥勒、石屏、建水、开远、广南、砚山、文山等县（市）。样地分布海拔1380～2404m，平均分布海拔1895m。树种结构以油杉为优势，还有云南松、华山松、马尾松等针叶树种与川梨、滇青冈、厚皮香、黄毛青冈、麻栎、粗糠柴、栎类、栓皮栎、杨梅、高山栎、马缨花、泡花树、滇石栎、钝叶黄檀、漆树、青冈、清香木、盐肤木等阔叶树种组成针阔叶混交林。森林单株胸径年平均生长量0.314cm，年平均生长率2.76%；单株蓄积年平均生长量0.0038m³，年平均生长率6.7465%。详见表3-154。

表 3-154　天然异龄油杉针阔叶混交林结构因子统计表

优势树种	树种结构类型组	公顷株数（株）	公顷蓄积（m³）	树种数量（种）	平均胸径（cm）	平均树高（m）	郁闭度	平均年龄（年）	分布海拔（m）
油杉	油杉－川梨－滇青冈－高山栎－云南松	1100	59.1	5	14.3	7.3	0.70	37	2404
油杉	油杉－川梨－滇青冈－厚皮香－黄毛青冈－麻栎－云南松等	963	25.6	8	10.7	5.6	0.45	18	2150
油杉	油杉－粗糠柴－栎类－麻栎－栓皮栎－杨梅－云南松	1038	105.5	7	18.9	12.8	0.60	30	1800
油杉	油杉－滇青冈－滇石栎－厚皮香－麻栎－马缨花－泡花树等	2038	144.7	9	13.4	11.2	0.80	56	1930
油杉	油杉－滇青冈－滇石栎－华山松－马尾松	1513	128.7	5	17.7	10.2	0.65	55	2060
油杉	油杉－滇青冈－滇石栎－麻栎－云南松	338	4.1	5	8	4.7	0.70	19	2090
油杉	油杉－滇青冈－旱冬瓜－马桑－云南松	1500	65.7	5	9	7.9	0.60	15	2100
油杉	油杉－滇石栎－旱冬瓜－黄毛青冈－马桑－云南松	1225	116.6	6	15.6	7.8	0.43	32	2200
油杉	油杉－滇石栎－麻栎	700	11.1	3	7.9	5.1	0.40	18	2120
油杉	油杉－滇石栎－栓皮栎－云南松	300	5.2	4	3	2	0.25	6	1620
油杉	油杉－钝叶黄檀－麻栎－漆树－青冈－清香木－盐肤木等	1625	139.1	8	13.3	8.7	0.65	24	1890
油杉	油杉－多花含笑－桦木－栎类－木荷－楠木－云南松－樟等	1813	96.2	10	11.6	10.5	0.70	42	1594
油杉	油杉－高山栲－黄毛青冈－栎类－漆树－清香木－云南松等	1200	29.3	10	8.7	5.5	0.50	22	2031
油杉	油杉－高山栲－栎类－麻栎－南烛－云南松	738	46.6	6	13.6	8.8	0.40	28	1520
油杉	油杉－高山栲－麻栎－云南松－锥连栎	2363	121.2	5	11.7	7.7	0.60	36	2370
油杉	油杉－高山栲－其他软阔类－清香木－野漆－云南松	488	24.4	6	16.3	6.4	0.20	33	1850
油杉	油杉－旱冬瓜－栎类－木荷－其他软阔类－锐齿槲栎－思茅松	1325	117.5	7	14.1	11	0.60	35	2100
油杉	油杉－旱冬瓜－栎类－其他软阔类	325	59.7	4	18.6	10.7	0.25	30	1810
油杉	油杉－旱冬瓜－麻栎－马尾松－木麻黄－山合欢－榆树－云南松	925	38.7	8	11.3	5.3	0.40	16	1700
油杉	油杉－华山松－漆树－其他软阔类－云南松	825	108.2	5	18	7.9	0.76	37	1760

续表 3-154

优势树种	树种结构类型组	公顷株数（株）	公顷蓄积（m³）	树种数量（种）	平均胸径（cm）	平均树高（m）	郁闭度	平均年龄（年）	分布海拔（m）
油杉	油杉－黄毛青冈－麻栎－其他软阔类－杨树－云南松	1175	25.3	6	9.4	5	0.50	21	2120
油杉	油杉－黄毛青冈－云南松	588	10.4	3	8.9	5.4	0.35	23	2380
油杉	油杉－栎类－楝－木荷－其他软阔类－云南松	913	51.9	6	15.1	6.6	0.40	27	1470
油杉	油杉－栎类－木荷－其他软阔类－其他硬阔类－云南松	2188	67	6	8.9	7.1	0.70	10	1665
油杉	油杉－栎类－木荷－其他软阔类－西南桦－云南松	863	46.8	6	19.3	11	0.45	69	1690
油杉	油杉－栎类－漆树－清香木－云南松等	688	98.7	7	24	15.8	0.35	66	1625
油杉	油杉－栎类－其他软阔类－其他硬阔类－云南松	2500	105.7	5	14	10.1	0.59	40	1380
油杉	油杉－栎类－其他软阔类－杨梅－云南松	863	55.9	5	16.5	8.4	0.40	18	1980
油杉	油杉－栎类－其他软阔类	313	13.7	3	13.5	4.8	0.25	25	1940
油杉	油杉－麻栎－其他软阔类－青冈－银柴－元江栲－云南松	1050	70.6	7	7.4	6.7	0.45	28	1670
油杉	油杉－麻栎－其他软阔类－云南松	1338	112.5	4	14.1	9.8	0.45	17	1500
油杉	油杉－麻栎	725	25.6	2	13.2	5.6	0.50	23	1870
油杉	油杉－毛叶青冈－小叶青冈－云南松	1863	69.4	4	12.8	8.5	0.60	29	2160
油杉	油杉－青冈－云南松	1575	33.1	3	9.5	6	0.60	22	1864

（五）天然异龄旱冬瓜针阔叶混交林

旱冬瓜为一种非地带性分布的乔木落叶树种，在云南从南到北，从西至东的全省范围均有分布。以旱冬瓜为优势的森林类型，无论是人工林还是天然林，纯林还是混交林，全省分布均较为常见，是一种比较常用的速生用材树种。本类型记录到样地 30 块，分布在兰坪、永胜、华坪、鹤庆、宾川、巍山、大姚、永仁、武定、牟定、禄丰、楚雄、腾冲、隆阳、临翔、会泽、寻甸、富源、嵩明、富民、安宁、泸西、弥勒、蒙自、澜沧等县（市、区）。样地分布海拔 1903～2780m，综合平均分布海拔 2256m。树种结构以旱冬瓜为优势，还有桉树、核桃、川西栎、滇青冈、高山栲、槲栎、麻栎、黄毛青冈、马缨花、黄背栎、滇石栎、元江栲、滇杨、栎类、其他硬阔类、其他软阔类等阔叶树种与华山松、云南松、柏木、油杉等针叶树种组成针阔混交林。森林树种组成综合平均数 5 种，综合平均胸径 16.9cm，平均树高 11.6m，平均郁闭度 0.49，平均年龄 24 年，森林活立木密度为平均每公顷 923 株，平均公顷蓄积量 116.6m³。森林单株胸径年平均生长量 0.603cm，年平均生长率 3.92%；单株蓄积年平均生长量 0.0152m³，年平均生长率 9.506%。详见表 3-155。

表 3-155　天然异龄旱冬瓜针阔叶混交林结构因子统计表

优势树种	树种结构类型组	公顷株数（株）	公顷蓄积（m³）	树种数量（种）	平均胸径（cm）	平均树高（m）	郁闭度	平均年龄（年）	分布海拔（m）
旱冬瓜	综合平均	923	116.6	5	16.9	11.6	0.49	24	2256
旱冬瓜	旱冬瓜－华山松－桉树－核桃－栎类－其他硬阔类－云南松	588	21.6	7	9.3	8.2	0.3	8	2434
旱冬瓜	旱冬瓜－柏木－其他软阔类－其他硬阔类	625	273.7	4	25.3	20.1	0.65	18	1990
旱冬瓜	旱冬瓜－云南松－川西栎－滇青冈－高山栲－椆栎－麻栎等	1888	279.9	12	15.9	15.8	0.65	30	2154
旱冬瓜	旱冬瓜－云南松－川梨－滇青冈－盐肤木－野漆－樱桃	1513	93.1	7	12.1	9	0.6	12	2060
旱冬瓜	旱冬瓜－华山松－川梨－其他软阔类－野核桃－樱桃	675	29.6	6	11.5	9.6	0.4	15	2360
旱冬瓜	旱冬瓜－油杉－云南松－川梨－黄毛青冈－麻栎	1700	57.6	6	9.5	9	0.48	24	2100
旱冬瓜	旱冬瓜－云南松－川梨－其他软阔类	488	96.3	4	19.3	11.8	0.58	38	1950
旱冬瓜	旱冬瓜－云南松－川梨	375	45.9	3	18.2	12	0.3	14	2010
旱冬瓜	旱冬－云南松－油杉瓜－滇青冈－高山栲－黄毛青冈－马缨花	1088	188.7	9	24.5	16.1	0.65	33	2100
旱冬瓜	旱冬瓜－云南松－油杉－滇青冈－黄背栎－马缨花－青冈等	1438	155.3	12	15.6	10.7	0.85	23	2510
旱冬瓜	旱冬瓜－华山松－滇青冈－樱桃－云南松	725	68.6	5	14.7	7.7	0.5	24	1930
旱冬瓜	旱冬瓜－华山松－云南松－滇石栎	1263	72.7	4	11.8	9.2	0.45	14	2700
旱冬瓜	旱冬瓜－云南松－滇石栎－元江栲	1550	80.8	4	11.5	8.2	0.55	25	2320
旱冬瓜	旱冬瓜－华山松－滇杨	1188	139.3	3	16.2	13.6	0.72	30	2640
旱冬瓜	旱冬瓜－云南松－杜鹃－栎类－扭曲云南松	613	79.8	5	18.1	7.3	0.3	37	2250
旱冬瓜	旱冬瓜－云南松－杜鹃－栓皮栎	463	200.1	4	13.7	6.7	0.22	25	2780
旱冬瓜	旱冬瓜－滇油杉－高山栲－光叶石栎－麻栎－扭曲云南松等	975	74	7	13.4	5.2	0.4	19	2110
旱冬瓜	旱冬瓜－云南松－高山栲	556	61.8	3	18.6	9.9	0.5	14	1903
旱冬瓜	旱冬瓜－云南松－核桃－红桦－南烛－硬阔类－西南桦－杨梅	550	180.7	8	19.9	12.5	0.5	43	2010
旱冬瓜	旱冬瓜－华山松	1625	203.1	2	16.9	10.7	0.65	40	2750

续表 3-155

优势树种	树种结构类型组	公顷株数（株）	公顷蓄积（m³）	树种数量（种）	平均胸径（cm）	平均树高（m）	郁闭度	平均年龄（年）	分布海拔（m）
旱冬瓜	旱冬瓜－华山松－麻栎－樱桃－云南松	1600	83.7	5	11.8	7.9	0.65	13	2280
旱冬瓜	旱冬瓜－华山松－马缨花－南烛－其他软阔类－杨树－云南松	938	115.4	7	16.8	10.3	0.35	16	2503
旱冬瓜	旱冬瓜－华山松－其他软阔类－水青树－云南松	500	209	5	31.1	25.2	0.4	39	2380
旱冬瓜	旱冬瓜－华山松－樱桃－云南松	1363	218.9	4	18.3	12.6	0.75	32	2200
旱冬瓜	旱冬瓜－华山松－油杉－云南松	175	51.5	4	23.8	11.1	0.21	40	2300
旱冬瓜	旱冬瓜－扭曲云南松－其他软阔类－云南松－滇油杉	788	31.5	5	11.3	9.4	0.32	9	2430
旱冬瓜	旱冬瓜－杉木－其他软阔类	438	70.6	3	24.6	21.2	0.4	12	1950
旱冬瓜	旱冬瓜－云南松－滇油杉－其他软阔类	388	79.1	4	20.8	13	0.31	24	2130
旱冬瓜	旱冬瓜－云南松	700	86.8	2	16.3	10.9	0.36	17	2383
旱冬瓜	旱冬瓜－华山松－麻栎－云南松－滇油杉	913	149.9	5	16.3	11.7	0.62	23	2070

（六）天然异龄华山松针阔叶混交林

本类型记录到样地 26 块，分布在德钦、维西、兰坪、玉龙、巍山、禄劝、牟定、楚雄、双柏、隆阳、昌宁、永善、昭阳、会泽、宣威、寻甸、沾益、富源、石林、陆良、官渡、易门、峨山等县（市、区）。水平地带性基本上呈北纬 24° 以北（滇西上升至北纬 24.3° 以北）的中亚热带至北亚热带的暖性生境区分布；北纬 24° 以南，则在山地垂直带山麓上部或顶部暖性生境区有分布，但长势均较弱。样地分布海拔 1620 ~ 3100m，综合平均分布海拔 2433m。树种结构以华山松为优势种，还有铁杉、云南松等针叶树种与白穗石栎、旱冬瓜、槲栎、柳树、水红木、杨树、山矾、滇白珠、滇润楠、猴子木、疏齿栲、野八角、檫木、石楠、川西栎、滇石栎、厚皮香、木荷、木莲、大树杜鹃、滇鹅耳枥、高山栎、梁旺茶、马缨花、四照花等阔叶树种组成针阔叶混交林。森林树种组成综合平均数 6 种，综合平均胸径 15.3cm，平均树高 9.7m，平均郁闭度 0.64，平均年龄 33 年，森林活立木密度为平均每公顷 1160 株，平均公顷蓄积量 117.1m³。森林单株胸径年平均生长量 0.455cm，年平均生长率 3.53%；单株蓄积年平均生长量 0.0078m³，年平均生长率 8.0297%。详见表 3-156。

表 3-156 天然异龄华山松针阔叶混交林结构因子统计表

优势树种	树种结构类型组	公顷株数（株）	公顷蓄积（m³）	树种数量（种）	平均胸径（cm）	平均树高（m）	郁闭度	平均年龄（年）	分布海拔（m）
华山松	综合平均	1160	117.1	6	15.3	9.7	0.64	33	2433
华山松	华山松－白穗石栎－旱冬瓜－槲栎－柳树－水红木－铁杉－杨树	1100	53.4	10	14.6	8.1	0.45	21	2920

续表 3-156

优势树种	树种结构类型组	公顷株数（株）	公顷蓄积（m³）	树种数量（种）	平均胸径（cm）	平均树高（m）	郁闭度	平均年龄（年）	分布海拔（m）
华山松	华山松－山矾－滇白珠－滇润楠－猴子木－疏齿栲－野八角等	1450	420.8	11	21.2	14.1	0.9	110	2780
华山松	华山松－檫木－槲栎－其他软阔类－石楠－云南松	1075	44.5	6	11.9	8.8	0.75	22	1620
华山松	华山松－川西栎－滇石栎－旱冬瓜－云南松	188	6.9	5	8.8	5	0.22	22	2300
华山松	华山松－川西栎－厚皮香－其他软阔类－云南松	2913	87	5	8.1	6.6	0.9	20	2797
华山松	华山松－大树杜鹃－旱冬瓜－核桃－木荷－木莲－杨树等	1113	251.6	9	19.7	13.3	0.65	49	2400
华山松	华山松－滇鹅耳枥－滇杨－杜鹃－高山栎－其他硬阔类	1063	366.7	6	41.8	20.8	0.85	60	2960
华山松	华山松－滇青冈－滇石栎－其他软阔类－杨树－锥连栎	2313	84.3	6	9.2	9.2	0.75	21	2320
华山松	华山松－滇青冈－高山栎－旱冬瓜－麻栎－杨树－云南松等	1613	150.3	10	15.3	11.2	0.75	42	2316
华山松	华山松－滇青冈－云南松	1113	69.1	3	13	7.2	0.55	34	2190
华山松	华山松－滇石栎－高山栎－梁旺茶－马缨花－四照花－杨树等	1350	50.4	10	10.8	7.1	0.6	23	2510
华山松	华山松－滇石栎－旱冬瓜－黄背栎－麻栎－云南松	1425	42.5	6	10.9	9	0.8	15	2260
华山松	华山松－滇杨－杜鹃－光叶高山栎－水红木－云南松	1475	127.4	6	14.2	9	0.6	38	3100
华山松	华山松－滇杨－核桃－李－麻栎－毛叶木姜子－西南桦	875	112.7	7	17.1	14.9	0.7	30	1800
华山松	华山松－高山栲－旱冬瓜－漆树－西南桦－杨梅－云南松－樟	1763	185.8	10	14.3	11.6	0.85	23	2280
华山松	华山松－高山栎	588	53.5	2	12	7.6	0.38	30	3040
华山松	华山松－高山栎－云南松	225	12.2	3	8.5	3	0.7	15	2390
华山松	华山松－槲栎－水锦树－头状四照花－云南松	575	76.1	5	21.3	9.5	0.6	53	2200
华山松	华山松－黄毛青冈－马缨花－南烛－云南松	1138	323.9	5	22.1	11	0.75	35	2610
华山松	华山松－黄毛青冈－云南松	625	106	3	21.4	10.2	0.65	43	2252

续表 3-156

优势树种	树种结构类型组	公顷株数（株）	公顷蓄积（m³）	树种数量（种）	平均胸径（cm）	平均树高（m）	郁闭度	平均年龄（年）	分布海拔（m）
华山松	华山松–栎类–其他软阔类–其他硬阔类–杨树–云南松	575	27.4	6	15.3	9.6	0.4	25	2340
华山松	华山松–栎类–其他软阔类–油杉–云南松	1588	92	5	12	9.6	0.75	30	2218
华山松	华山松–麻栎–其他软阔类–云南松	1800	163.4	4	16	11.1	0.73	37	2430
华山松	华山松–麻栎–头状四照花–杨树–樱桃	950	50.3	5	12	8.1	0.5	25	2150
华山松	华山松–栓皮栎–西南桦–云南松	938	73.3	4	14.1	11.1	0.35	32	2165
华山松	华山松–杨树	338	12.2	2	11.7	6.7	0.4	15	2920

（七）天然异龄麻栎针阔叶混交林

本类型记录到样地 25 块，分布在兰坪、华坪、云龙、永平、漾濞、巍山、禄劝、禄丰、双柏、隆阳、镇沅、墨江、鲁甸、巧家、宣威、沾益、嵩明、石林、师宗、弥勒、石屏、建水等县（市、区）。样地分布海拔 1200～2720m，综合平均分布海拔 1962m。树种结构以麻栎为优势种，还有臭椿、楝、粗糠柴、杜英、岗枟、木荷、泡桐、茶梨、滇青冈、黄毛青冈、杨梅、旱冬瓜、截头石栎、黄杞、毛叶青冈、川梨、杜仲、桦木、栓皮栎、杨树、川西栎、杜鹃、黄连木、栎类、五角枫等阔叶树与云南松、思茅松、滇油杉、华山松、扭曲云南松、铁杉等针叶树种组成针阔混交林。森林树种组成综合平均数 6 种，综合平均胸径 12.5cm，平均树高 8.5m，平均郁闭度 0.54，平均年龄 32 年，森林活立木密度为平均每公顷 1237 株，平均公顷蓄积量 73.8m³。森林单株胸径年平均生长量 0.339cm，年平均生长率 3.28%；单株蓄积年平均生长量 0.0038m³，年平均生长率 8.245%。详见表 3-157。

表 3-157　天然异龄麻栎针阔叶混交林结构因子统计表

优势树种	树种结构类型组	公顷株数（株）	公顷蓄积（m³）	树种数量（种）	平均胸径（cm）	平均树高（m）	郁闭度	平均年龄（年）	分布海拔（m）
麻栎	综合平均	1237	73.8	6	12.5	8.5	0.54	32	1962
麻栎	麻栎–思茅松–臭椿–楝–粗糠柴–杜英–岗枟–木荷–泡桐等	713	9.1	18	7.4	6.2	0.55	7	1200
麻栎	麻栎–云南松–茶梨–滇青冈–黄毛青冈–木荷–杨梅–滇油杉	2613	68.9	11	8.6	7.4	0.65	21	1740
麻栎	麻栎–思茅松。旱冬瓜–木荷–截头石栎–黄杞–毛叶青冈等	1550	173.5	15	16.7	10.2	0.71	54	1870
麻栎	麻栎–云南松–川梨–杜仲–华山松–桦木–栓皮栎–杨树等	400	50.5	9	17.8	14.2	0.46	70	1980

续表 3-157

优势树种	树种结构类型组	公顷株数（株）	公顷蓄积（m³）	树种数量（种）	平均胸径（cm）	平均树高（m）	郁闭度	平均年龄（年）	分布海拔（m）
麻栎	麻栎－云南松－川西栎－杜鹃－旱冬瓜－黄连木－扭曲云南松	2275	96.8	8	11.1	7.6	0.6	27	2050
麻栎	麻栎－油杉－滇青冈－旱冬瓜－黄毛青冈－马缨花－云南松等	2725	170.1	8	11.4	8.3	0.9	32	2160
麻栎	麻栎－华山松－滇杨－杜鹃－栎类－铁杉－五角枫－云南松	988	71.1	8	9	9.9	0.6	17	2720
麻栎	麻－云南松栎－滇杨－杜鹃	600	41.4	4	9.8	7.4	0.45	15	2660
麻栎	麻栎－云南松－高山栲－南烛	838	135.2	4	13.1	10.6	0.5	55	1940
麻栎	麻栎－云南松－高山栲	1063	40.8	3	9.9	7.5	0.4	20	1750
麻栎	麻栎－云南松－旱冬瓜－南烛	1463	117.8	4	10	8.5	0.7	23	2180
麻栎	麻栎－云南松－旱冬瓜	225	68.8	3	12	9.3	0.35	25	2080
麻栎	麻栎－云南松－红木荷－楝－木荷－牛筋条－山合欢－余甘子	713	28.8	8	12.1	8.4	0.35	47	1370
麻栎	麻栎－云南松－槲栎－扭曲云南松	700	14.2	4	8.5	5	0.3	9	2050
麻栎	麻栎－华山松－黄丹木姜子－杨树－云南松	913	56.4	5	13	8.8	0.62	40	2660
麻栎	麻栎－华山松－云南松	2625	83.6	3	9.8	8.6	0.8	44	2080
麻栎	麻栎－油杉－黄背栎－牛筋条－清香木－云南松－滇油杉	950	43.8	7	12.6	8.7	0.4	31	2060
麻栎	麻栎－油杉－栎类－木荷－南烛－其他软阔类－云南松	1288	41.6	7	9.9	5.9	0.45	18	1490
麻栎	麻栎－云南松－其他软阔类－清香木	600	43.1	4	12.3	6.1	0.35	28	1747
麻栎	麻栎－云南松－其他软阔类－余甘子	1688	29.3	4	7.4	6.7	0.35	10	1530
麻栎	麻栎－云南松－其他软阔类	563	70.6	3	16.1	11.8	0.35	43	2040
麻栎	麻栎－云南松－栓皮栎－滇油杉	2425	70.7	4	9.2	6.9	0.56	21	2210
麻栎	麻栎－云南松－小叶青冈－滇油杉	225	125.8	4	33.9	11.5	0.3	61	1520
麻栎	麻栎－油杉－云南松	2375	115.7	3	11.9	8.6	0.8	26	2140
麻栎	麻栎－云南松	413	77	2	19.1	9.1	0.5	59	1820

（八）天然异龄黄毛青冈针阔叶混交林

本类型记录到样地 20 块，分布在宁蒗、永胜、祥云、姚安、禄丰、楚雄、双柏、临翔、景东、宜良、开远等县（市、区）。样地分布海拔 1610 ~ 2920m，平均海拔 2091m。树种结构以黄毛青冈为优势种，与云南松、油杉、思茅松等组成针阔叶混交林，林中还分布有少量的羊蹄甲、高山栲、旱冬瓜、槲栎、茶梨、木荷、水东哥、栓皮栎、川梨、高山栲、清香木、锥连栎、大白花杜鹃、滇青冈、滇石栎、麻栎、马缨花、南烛、多变石栎、光叶石栎、元江栲等阔叶树种。森林树种组成综合平均数 7 种，综合平均胸径 15.1cm，平均树高 8.6m，平均郁闭度 0.63，平均年龄 51 年，森林活立木密度为平均每公顷 1490 株，平均公顷蓄积量 117.0m³。森林单株胸径年平均生长量 0.255cm，年平均生长率 2.45%；单株蓄积年平均生长量 0.003m³，年平均生长率 6.6954%。详见表 3-158。

表 3-158   天然异龄黄毛青冈针阔叶混交林结构因子统计表

优势树种	树种结构类型组	公顷株数（株）	公顷蓄积（m³）	树种数量（种）	平均胸径（cm）	平均树高（m）	郁闭度	平均年龄（年）	分布海拔（m）
黄毛青冈	综合平均	1490	117.0	7	15.1	8.6	0.63	51	2091
黄毛青冈	黄毛青冈 - 油杉 - 羊蹄甲 - 高山栲 - 旱冬瓜 - 槲栎 - 云南松等	875	75.8	14	15.2	7.7	0.5	42	1620
黄毛青冈	黄毛青冈 - 思茅松 - 茶梨 - 木荷 - 水东哥 - 栓皮栎 - 滇油杉等	1100	220.6	8	21.6	14.4	0.71	115	1960
黄毛青冈	黄毛青冈 - 云南松 - 川梨 - 高山栎 - 清香木 - 滇油杉 - 锥连栎	1225	28.9	7	8.8	5.2	0.5	14	2300
黄毛青冈	黄毛青冈 - 云南松 - 大白花杜鹃 - 其他硬阔类	350	203	4	48.3	9.5	0.3	146	2920
黄毛青冈	黄毛青冈 - 云南松 - 滇青冈 - 滇石栎 - 麻栎 - 马缨花 - 南烛	2388	78.9	7	9.3	8.4	0.9	23	2558
黄毛青冈	黄毛青冈 - 云南松 - 多变石栎 - 光叶石栎 - 槲栎 - 元江栲等	3088	168.3	14	13.1	12	0.85	48	2240
黄毛青冈	黄毛青冈 - 云南松 - 滇青冈 - 旱冬瓜 - 槲栎 - 麻栎 - 油杉等	925	13.3	8	6.6	4.6	0.8	12	2160
黄毛青冈	黄毛青冈 - 云南松 - 滇青冈 - 旱冬瓜 - 麻栎 - 南烛 - 滇油杉等	2300	161.2	8	11.6	9.9	0.6	33	1980
黄毛青冈	黄毛青冈 - 云南松 - 滇青冈 - 槲栎 - 麻栎 - 泡花树 - 滇油杉等	3125	126.6	9	9.9	8	0.85	29	1940
黄毛青冈	黄毛青冈 - 云南松 - 滇杨 - 杜鹃 - 厚皮香 - 栎类 - 油杉 - 锥连栎	1938	24	9	7.1	5.7	0.79	20	2280
黄毛青冈	黄毛青冈 - 云南松 - 高山栲 - 麻栎 - 马缨花 - 杨梅 - 滇油杉等	1288	202.4	8	17.5	8.6	0.65	70	2130
黄毛青冈	黄毛青冈 - 云南松 - 高山栲 - 麻栎 - 马缨花 - 杨梅 - 滇油杉等	1950	190	8	14.4	8.9	0.76	31	2080
黄毛青冈	黄毛青冈 - 云南松 - 光叶高山栎	1600	87.4	3	10.7	6.6	0.55	38	2500
黄毛青冈	黄毛青冈 - 云南松 - 旱冬瓜 - 麻栎 - 小叶青冈 - 樱桃 - 油杉等	688	97.7	10	18.2	11.4	0.55	76	2020
黄毛青冈	黄毛青冈 - 云南松 - 旱冬瓜 - 滇油杉	375	80.4	4	21.4	11.8	0.4	65	1820

续表 3-158

优势树种	树种结构类型组	公顷株数（株）	公顷蓄积（m³）	树种数量（种）	平均胸径（cm）	平均树高（m）	郁闭度	平均年龄（年）	分布海拔（m）
黄毛青冈	黄毛青冈－油杉－南烛－其他硬阔类－云南松－滇油杉	2025	125.4	6	11.9	7.3	0.69	70	2200
黄毛青冈	黄毛青冈－油杉－其他软阔类－其他硬阔类－云南松－锥连栎	1550	181.5	6	16.5	7.9	0.7	79	2010
黄毛青冈	黄毛青冈－云南松－其他软阔类－西南桦－余甘子	838	77.9	5	9.5	7.9	0.45	20	1610
黄毛青冈	黄毛青冈－油杉－其他软阔类－余甘子－云南松	1025	48.8	5	11.3	8.8	0.45	24	1620
黄毛青冈	黄毛青冈－云南松－山鸡椒	1138	147.9	3	19.8	7.5	0.6	63	1880

（九）天然异龄高山松针阔叶混交林

本类型记录到样地 19 块，分布在滇西北的德钦、香格里拉、维西、玉龙、古城等县（市、区）。样地分布海拔 2930～3900m，平均分布海拔 3387m。树种结构以高山松为优势种，还有华山松、丽江云杉等针叶树种与白桦、大白花杜鹃、黄背栎、南烛、杨树、山合欢、云南泡花树、川滇高山栎、滇杨、其他软阔类等组成针阔叶混交林。森林树种组成综合平均数 4 种，综合平均胸径 14.6cm，平均树高 9.7m，平均郁闭度 0.62，平均年龄 45 年，森林活立木密度为平均每公顷 1671 株，平均公顷蓄积量 136.5m³。森林单株胸径年平均生长量 0.279cm，年平均生长率 2.46%；单株蓄积年平均生长量 0.0046m³，年平均生长率 6.5469%。详见表 3-159。

表 3-159 天然异龄高山松针阔叶混交林结构因子统计表

优势树种	树种结构类型组	公顷株数（株）	公顷蓄积（m³）	树种数量（种）	平均胸径（cm）	平均树高（m）	郁闭度	平均年龄（年）	分布海拔（m）
高山松	综合平均	1671	136.5	4	14.6	9.7	0.62	45	3387
高山松	高山松－白桦－大白花杜鹃－华山松－黄背栎－南烛－杨树	1788	110.1	7	12	6.6	0.75	38	3360
高山松	高山松－白桦－杜鹃－丽江云杉－南烛－山合欢－杨树等	1100	25.8	8	7.5	6.7	0.5	17	3360
高山松	高山松－白桦－华山松－南烛－杨树－云南泡花树等	1975	181.4	7	8.5	9.2	0.75	8	3353
高山松	高山松－白桦－黄背栎－丽江云杉－杨树	2638	180.8	5	12.3	16.3	0.8	34	3680
高山松	高山松－川滇高山栎－滇杨－华山松－丽江云杉－其他软阔类	1963	125.7	6	12.5	8.1	0.65	29	3120
高山松	高山松－川滇高山栎	2063	98.9	2	12	8.2	0.75	32	3280

续表 3-159

优势树种	树种结构类型组	公顷株数（株）	公顷蓄积（m³）	树种数量（种）	平均胸径（cm）	平均树高（m）	郁闭度	平均年龄（年）	分布海拔（m）
高山松	高山松－大树杜鹃－高山栎	1275	372.8	3	22.1	14.3	0.8	117	3440
高山松	高山松－滇杨－黄背栎－其他软阔类－西南桦	1200	70.4	5	9.1	4.8	0.45	24	3900
高山松	高山松－杜鹃－旱冬瓜－椭栎－华山松－南烛－杨树	1988	121.9	7	12.6	9	0.5	40	3130
高山松	高山松－杜鹃－旱冬瓜－栎类－铁杉	2113	125.7	5	12.1	11.7	0.65	35	3080
高山松	高山松－高山栎	663	162.5	2	20.2	11.2	0.35	51	3205
高山松	高山松－高山栎－红桦	2413	285.2	3	29.3	15.8	0.85	122	3810
高山松	高山松－黄背栎	688	39.9	2	13.3	6.4	0.39	46	2930
高山松	高山松－黄背栎－柳树	1000	11.9	3	6.1	4	0.45	15	3440
高山松	高山松－黄背栎－南烛	1913	111.4	3	27.2	10.6	0.5	59	3640
高山松	高山松－黄背栎－其他软阔类	2113	239.3	3	17.3	14.7	0.75	55	3180
高山松	高山松－黄背栎－杨树	1538	72.1	3	10.7	7.9	0.45	33	3430
高山松	高山松－其他软阔类－杨树	1313	223	3	25	12.2	0.7	96	3640
高山松	高山松－西南桦－杨树	2013	34.8	3	8.1	6.1	0.8	10	3380

（十）天然异龄软阔类针阔叶混交林

本类型记录到样地 18 块，分布在香格里拉、维西、玉龙、腾冲、龙陵、云县、临翔、双江、景东、景谷、澜沧、墨江、宁洱、新平、广南等县（市、区），从样地分布区看，该类型分布区，降水量和雾量（空气水量）均比较丰富，可能一定程度上反映出软阔类树种分布与空气中雨量需求间的相关关系。样地分布海拔 1132 ～ 3710m，综合平均分布海拔 2117m。树种结构以软阔类为优势种，还有桉树、八角、川梨、钝叶榕、核桃、木荷、喜树、杜鹃、白花羊蹄甲、钝叶黄檀、麻栎、川滇高山栎、其他栎类、滇楸、小叶青皮槭、其他硬阔类等阔叶树种与思茅松、云南铁杉、大果红杉、长苞冷杉、杉木、铁杉、秃杉、云南松、油杉等针叶树种组成针阔叶混交林。森林树种组成综合平均数 7 种，综合平均胸径 11.9cm，平均树高 9.1m，平均郁闭度 0.63，平均年龄 29 年，森林活立木密度为平均每公顷 1643 株，平均公顷蓄积量 120.9m³。森林单株胸径年平均生长量 0.272cm，年平均生长率 2.44%；单株蓄积年平均生长量 0.0045m³，年平均生长率 5.283%。详见表 3-160。

表 3-160　天然异龄软阔类针阔叶混交林结构因子统计表

优势树种	树种结构类型组	公顷株数（株）	公顷蓄积（m³）	树种数量（种）	平均胸径（cm）	平均树高（m）	郁闭度	平均年龄（年）	分布海拔（m）
软阔类	综合平均	1643	120.9	7	11.9	9.1	0.63	29	2117

续表 3-160

优势 树种	树种结构类型组	公顷 株数 （株）	公顷 蓄积 （m³）	树种 数量 （种）	平均 胸径 （cm）	平均 树高 （m）	郁闭度	平均 年龄 （年）	分布 海拔 （m）
软阔类	软阔类 - 思茅松 - 桉树 - 栎类 - 其他硬阔类	1388	76.7	5	11.7	11.6	0.59	42	1132
软阔类	软阔类 - 思茅松 - 八角 - 钝叶榕 - 核桃 - 桦木 - 木荷 - 喜树等	850	83.3	12	14.5	11.5	0.49	25	1760
软阔类	软阔类 - 云南铁杉 - 八角 - 杜鹃 - 木荷 - 其他硬阔类	1738	354.3	6	16.2	8.3	0.8	69	2960
软阔类	软阔类 - 思茅松 - 白花羊蹄甲 - 钝叶黄檀 - 红木荷 - 麻栎	1850	78.2	6	10.3	8.6	0.75	10	1340
软阔类	软阔类 - 柏木 - 杜鹃 - 华山松 - 西南花楸 - 杨树 - 野八角 - 云杉	888	44.8	8	9.7	4.8	0.7	15	3440
软阔类	软阔类 - 大果红杉 - 川滇高山栎 - 滇楸 - 青皮槭 - 长苞冷杉	3150	285.3	6	12.8	7.3	0.8	59	3710
软阔类	软阔类 - 华山松 - 杜鹃 - 高山栎 - 红桦 - 柳树 - 西南桦 - 杨树	3638	156.9	8	10.5	7	0.8	21	3215
软阔类	软阔类 - 云南松 - 地檀香 - 旱冬瓜 - 红木荷 - 南烛 - 杨梅	1325	99.6	7	12.8	7	0.5	19	2300
软阔类	软阔类 - 云南松 - 旱冬瓜 - 桦木 - 栎类 - 普文楠 - 西南桦 - 杨梅	1588	235.7	9	15.8	13.4	0.7	95	2100
软阔类	软阔类 - 华山松 - 桦木 - 栎类 - 木荷 - 铁杉 - 五角枫 - 杨树等	3788	259.2	11	10.7	10.9	0.85	19	2600
软阔类	软阔类 - 华山松 - 旱冬瓜 - 其他硬阔类	1013	15.8	4	7.2	5.9	0.35	7	2165
软阔类	软阔类 - 思茅松 - 旱冬瓜 - 桦木 - 栎类 - 木荷	1300	36.1	6	9.6	9.3	0.7	8	1702
软阔类	软阔类 - 云南松 - 旱冬瓜 - 西南桦 - 杨梅 - 樱桃	1713	64.5	6	8.7	7.5	0.6	15	2300
软阔类	软阔类 - 杉木 - 桦木 - 栎类 - 木荷 - 铁杉 - 秃杉 - 云南松等	588	102.1	9	16.9	14.8	0.41	18	1680
软阔类	软阔类 - 思茅松 - 桦木 - 栎类 - 其他硬阔类	1388	91.1	5	12.6	9.8	0.6	45	1390
软阔类	软阔类 - 思茅松 - 栎类 - 木荷	1150	85.2	4	12.4	9	0.76	19	1575
软阔类	软阔类 - 云南松 - 栎类	1100	59.9	3	11.4	9.8	0.5	19	1414
软阔类	其他软阔类 - 油杉 - 麻栎 - 南烛 - 云南松 - 樟	1125	48.1	6	10.1	6.8	0.5	8	1330

（十一）天然异龄长苞冷杉针阔叶混交林

本类型记录到样地 17 块，分布在滇西北的德钦、香格里拉、维西、兰坪、玉龙、宁蒗等县（市）。样地分布海拔 3080 ~ 4120m，综合平均分布海拔 3603m。树种结构以长苞冷杉为优势种，还有华山松、云南红豆杉、云南铁杉、落叶松、冷杉等针叶树种与白桦、杜鹃、川西栎、光叶石栎、五角枫、花楸、大树杜鹃、滇楸、红桦、红棕杜鹃、青榨槭、黄背栎等组成针阔叶混交林。森林树种组成综合平均数 4 种，综合平均胸径 32.7cm，平均树高 17.0m，平均郁闭度 0.57，平均年龄 115 年，森林活立木密度为平均每公顷 675 株，平均公顷蓄积量 393.9m³。森林单株胸径年平均生长量 0.231cm，年平均生长率 1.36%；单株蓄积年平均生长量 0.0119m³，年平均生长率 3.4028%。详见表 3–161。

表 3–161　天然异龄长苞冷杉针阔叶混交林结构因子统计表

优势树种	树种结构类型组	公顷株数（株）	公顷蓄积（m³）	树种数量（种）	平均胸径（cm）	平均树高（m）	郁闭度	平均年龄（年）	分布海拔（m）
长苞冷杉	综合平均	675	393.9	4	32.7	17.0	0.57	115	3603
长苞冷杉	长苞冷杉 – 白桦 – 杜鹃	763	367.3	3	41.1	17.7	0.5	144	3590
长苞冷杉	长苞冷杉 – 川西栎 – 光叶石栎 – 华山松 – 花楸 – 云南红豆杉	300	1151.2	8	68.8	28.5	0.75	165	3080
长苞冷杉	长苞冷杉 – 大树杜鹃 – 滇楸 – 落叶松	950	241.1	4	21.8	12.4	0.66	116	3900
长苞冷杉	长苞冷杉 – 大树杜鹃 – 杜鹃 – 红桦 – 冷杉 – 五角枫 – 花楸等	900	421.9	9	23.3	9.1	0.5	95	3320
长苞冷杉	长苞冷杉 – 大树杜鹃 – 杜鹃 – 其他硬阔类	663	364.4	4	27.4	16.1	0.4	138	3360
长苞冷杉	长苞冷杉 – 大树杜鹃 – 枫杨 – 红桦 – 桦木 – 五角枫 – 西南桦等	588	453.5	8	25	11.6	0.7	72	3360
长苞冷杉	长苞冷杉 – 大树杜鹃 – 西南花楸	163	832.3	3	74.5	30.3	0.65	225	3480
长苞冷杉	长苞冷杉 – 滇楸 – 其他软阔类	775	519.2	3	31.3	24.1	0.75	130	3700
长苞冷杉	长苞冷杉 – 杜鹃 – 高山栎 – 落叶松	1238	265.8	4	18.3	12.9	0.7	90	4120
长苞冷杉	长苞冷杉 – 杜鹃 – 其他硬阔类 – 青榨槭	413	101.9	4	19.3	10.4	0.4	46	3500
长苞冷杉	长苞冷杉 – 红桦 – 丽江铁杉 – 栓皮栎	275	258.5	4	41.7	22.9	0.45	93	3383
长苞冷杉	长苞冷杉 – 红桦 – 五角枫	338	172.3	3	36.3	17.8	0.35	149	3600
长苞冷杉	长苞冷杉 – 红棕杜鹃 – 青榨槭	1538	206	3	17.3	12.2	0.8	45	3480
长苞冷杉	长苞冷杉 – 黄背栎 – 落叶松	375	91.9	3	22.7	9.7	0.35	48	3700
长苞冷杉	长苞冷杉 – 亮叶杜鹃 – 西南花楸	725	634.6	3	37.1	15.4	0.65	200	4020
长苞冷杉	长苞冷杉 – 其他软阔类 – 五角枫 – 小叶青皮槭	863	117.8	4	19.3	10.6	0.3	45	3900
长苞冷杉	长苞冷杉 – 其他软阔类	613	496.4	2	31.5	26.6	0.8	153	3760

（十二）天然异龄扭曲云南松针阔叶混交林

本类型记录到样地15块，分布在永胜、云龙、巍山、大姚、武定、禄劝、姚安、楚雄等县（市）。从样地分布区看，主要分布在滇中偏西地区。样地分布海拔1790～2420m，综合平均分布海拔2139m。树种结构以扭曲云南松为优势种，还有云南松、油杉、华山松等针叶树与桉树、石楠、锥连栎、川西栎、滇青冈、厚皮树、毛叶青冈、高山栲、旱冬瓜、黄背栎等组成针阔叶混交林。扭曲云南松主要为生境特殊地区造林（如石漠化区域造林）和采脂树种用，但因与云南松的分布生境和产脂效能接近，人工营造时，主要考虑选择云南松造林。已经形成的扭曲云南松林多数为天然形成或人工营造云南松时，因种苗混杂或种质不纯等因素造成。森林树种组成综合平均数5种，综合平均胸径12.5cm，平均树高7.3m，平均郁闭度0.52，平均年龄35年，森林活立木密度为平均每公顷1299株，平均公顷蓄积量71.7m³。森林单株胸径年平均生长量0.283cm，年平均生长率2.68%；单株蓄积年平均生长量0.0033m³，年平均生长率6.9361%。详见表3-162。

表3-162 天然异龄扭曲云南松针阔叶混交林结构因子统计表

优势树种	树种结构类型组	公顷株数（株）	公顷蓄积（m³）	树种数量（种）	平均胸径（cm）	平均树高（m）	郁闭度	平均年龄（年）	分布海拔（m）
扭曲云南松	综合平均	1299	71.7	5	12.5	7.3	0.52	35	2139
扭曲云南松	扭曲云南松－桉树－石楠－云南松－锥连栎	325	9.7	5	11.5	4.8	0.25	31	2140
扭曲云南松	扭曲云南松－川西栎－滇青冈－厚皮树－毛叶青冈－油杉等	988	32.3	8	14.7	6.1	0.49	39	2120
扭曲云南松	扭曲云南松－滇青冈－高山栲－旱冬瓜－华山松－黄背栎等	2138	135.4	7	14.4	9.1	0.7	32	2274
扭曲云南松	扭曲云南松－滇石栎－厚皮香－黄毛青冈	1350	35.9	5	10.2	5.5	0.6	22	2130
扭曲云南松	扭曲云南松－杜鹃－光叶石栎－栎类－麻栎－杨树	1375	75.6	7	14.5	9.3	0.4	32	2225
扭曲云南松	扭曲云南松－杜鹃－旱冬瓜－黄毛青冈－南烛－锥连栎	1625	181.5	6	14.9	10.9	0.75	50	2420
扭曲云南松	扭曲云南松－高山栲－栎类－毛叶青冈－油杉－锥连栎	1650	45.7	8	11.5	6.7	0.7	28	2100
扭曲云南松	扭曲云南松－高山栎－麻栎－青冈	1813	49.5	4	8.9	6.2	0.55	32	2170
扭曲云南松	扭曲云南松－黄背栎－黄毛青冈－锥连栎	1063	63.1	4	14.8	9.6	0.5	35	2180
扭曲云南松	扭曲云南松－蓝桉－其他软阔类－元江栲－锥连栎	675	56.6	6	15.3	7	0.32	42	2080
扭曲云南松	扭曲云南松－麻栎	663	20	2	5.1	5	0.25	18	2050

续表 3-162

优势树种	树种结构类型组	公顷株数（株）	公顷蓄积（m³）	树种数量（种）	平均胸径（cm）	平均树高（m）	郁闭度	平均年龄（年）	分布海拔（m）
扭曲云南松	扭曲云南松 – 麻栎 – 元江栲	1238	154.2	4	16.3	7.5	0.59	60	2360
扭曲云南松	扭曲云南松 – 山合欢 – 余甘子 – 滇油杉 – 锥连栎	1150	34.1	6	9.3	4.5	0.5	22	1790
扭曲云南松	扭曲云南松 – 栓皮栎	1588	58.2	2	11.2	7.3	0.62	39	1970
扭曲云南松	扭曲云南松 – 锥连栎	1850	124	2	14.5	10.6	0.65	43	2080

（十三）天然异龄滇青冈针阔叶混交林

本类型记录到样地 14 块，分布在玉龙、云龙、宾川、大姚、永仁、楚雄、凤庆、寻甸、石林、西山、安宁、晋宁、通海等县（市、区）。从分布区看，主要分布在滇中的昆明和楚雄两地，是滇中水平植被带半湿润常绿阔叶林类型的主要组成树种之一。样地分布海拔 1670 ~ 2866m，平均海拔 2222m。树种结构以滇青冈为优势种，与云南松、油杉等组成针阔叶混交林。此外，树种结构组成中，阔叶树种还有旱冬瓜、厚皮香、马缨花、滇石栎、滇杨、麻栎、水青树、石楠、樱桃、高山栎、光叶石栎、女贞、厚皮香等。森林树种组成综合平均数 6 种，综合平均胸径 12.7cm，平均树高 8.8m，平均郁闭度 0.61，平均年龄 38 年，森林活立木密度为平均每公顷 1516 株，平均公顷蓄积量 85.7m³。森林单株胸径年平均生长量 0.301cm，年平均生长率 2.92%；单株蓄积年平均生长量 0.0035m³，年平均生长率 7.3855%。详见表 3-163。

表 3-163 天然异龄滇青冈针阔叶混交林结构因子统计表

优势树种	树种结构类型组	公顷株数（株）	公顷蓄积（m³）	树种数量（种）	平均胸径（cm）	平均树高（m）	郁闭度	平均年龄（年）	分布海拔（m）
滇青冈	综合平均	1516	85.7	6	12.7	8.8	0.61	38	2222
滇青冈	滇青冈 – 油杉 – 大树杜鹃 – 旱冬瓜 – 厚皮香 – 马缨花 – 云南松	2475	214.3	8	13.6	11.3	0.82	43	2340
滇青冈	滇青冈 – 云南松 – 滇石栎 – 滇杨 – 旱冬瓜 – 麻栎 – 水青树 – 油杉	1988	222.1	9	14.2	12.2	0.87	33	2200
滇青冈	滇青冈 – 云南松 – 滇石栎 – 麻栎 – 滇油杉	2575	43.3	5	8.1	5.9	0.75	20	2060
滇青冈	滇青冈 – 油杉 – 滇石栎 – 石楠 – 樱桃 – 云南松	1075	34.4	6	9.4	9.1	0.8	27	2090
滇青冈	滇青冈 – 云南松 – 高山栎 – 光叶石栎 – 女贞 – 云南铁杉 – 云杉	763	37.8	12	11.6	6.2	0.35	55	2866

续表 3-163

优势树种	树种结构类型组	公顷株数（株）	公顷蓄积（m³）	树种数量（种）	平均胸径（cm）	平均树高（m）	郁闭度	平均年龄（年）	分布海拔（m）
滇青冈	滇青冈－云南松－旱冬瓜－厚皮香－栎类－南烛－滇油杉	2113	93.2	7	11.1	12.2	0.7	30	1850
滇青冈	滇青冈－云南松－旱冬瓜	1131	166.4	3	17.3	13.6	0.55	45	2530
滇青冈	滇青冈－云南松－红木荷－其他软阔类－杨梅	2638	70.1	5	7.5	7.1	0.7	16	1670
滇青冈	滇青冈－云南松－厚皮香－桦木－木荷－女贞	1388	58.2	6	10.8	7.9	0.7	35	1960
滇青冈	滇青冈－云南松－厚皮香－其他软阔类－滇油杉	538	25.8	5	11.9	7.9	0.45	34	2350
滇青冈	滇青冈－三尖杉－柳树－其他软阔类－五角枫	313	84.8	5	28.9	11.3	0.3	82	2700
滇青冈	滇青冈－云南松－栓皮栎－滇油杉	588	67.2	4	16.1	4.6	0.46	88	2240
滇青冈	滇青冈－云南松	1175	28.4	2	9	7.1	0.5	10	2190
滇青冈	滇青冈－云南松－滇油杉	2469	53.3	3	8.4	6.8	0.55	20	2055

（十四）天然异龄黄背栎针阔叶混交林

本类型记录到样地 14 块，分布在德钦、香格里拉、玉龙、古城、宁蒗、剑川、鹤庆、沾益等县（市、区），从样地分布看，以滇西北分布为主。样地分布海拔 2130～4160m，平均海拔 3184m。树种结构以黄背栎为优势种，与中甸冷杉、柏木、华山松、云南松、冷杉等组成针阔叶混交林。此外，树种结构组成中，阔叶树种还有白桦、山合欢、小叶青皮槭、星果槭、亮鳞杜鹃、灯台树、杜鹃、矩圆叶椴木、西南花楸、滇石栎、多变石栎、柳树、其他软阔类、其他硬阔类等。森林树种组成综合平均数 5 种，综合平均胸径 19.4cm，平均树高 9.7m，平均郁闭度 0.57，平均年龄 93 年，森林活立木密度为平均每公顷 1034 株，平均公顷蓄积量 159.1m³。森林单株胸径年平均生长量 0.21cm，年平均生长率 1.841%；单株蓄积年平均生长量 0.0025m³，年平均生长率 5.106%。详见表 3-164。

表 3-164　天然异龄黄背栎针阔叶混交林结构因子统计表

优势树种	树种结构类型组	公顷株数（株）	公顷蓄积（m³）	树种数量（种）	平均胸径（cm）	平均树高（m）	郁闭度	平均年龄（年）	分布海拔（m）
黄背栎	综合平均	1034	159.1	5	19.4	9.7	0.57	93	3184
黄背栎	黄背栎－中甸冷杉－白桦－山合欢－小叶青皮槭－星果槭等	288	262.2	8	35.2	12.7	0.35	152	3415
黄背栎	黄背栎－柏木－杜鹃－冷杉－其他软阔类－其他硬阔类	1175	267.8	6	40.4	6.9	0.7	120	3450
黄背栎	黄背栎－柏木－华山松－亮鳞杜鹃	1050	231.3	4	24.2	8.9	0.59	182	2860

续表 3-164

优势树种	树种结构类型组	公顷株数（株）	公顷蓄积（m³）	树种数量（种）	平均胸径（cm）	平均树高（m）	郁闭度	平均年龄（年）	分布海拔（m）
黄背栎	黄背栎－柏木－冷杉	2088	267.4	3	15.4	6.3	0.75	82	4160
黄背栎	黄背栎－刺柏－云南松	1075	10.2	3	6.6	4.2	0.65	27	2900
黄背栎	黄背栎－华山松－灯台树－杜鹃－矩圆叶椴木－西南花楸	575	93.6	6	20.6	11.3	0.5	68	3220
黄背栎	黄背栎－华山松－滇石栎－杜鹃－其他软阔类－云南松	725	44.2	6	9.7	6.2	0.3	28	3136
黄背栎	黄背栎－华山松－滇杨－云南松	1600	231.2	4	16.9	15.9	0.9	92	3150
黄背栎	黄背栎－华山松－杜鹃－其他硬阔类－杨树－云南松	1538	221.2	6	15.4	14.1	0.7	85	3100
黄背栎	黄背栎－丽江云杉－杜鹃	575	364.2	3	41.2	23	0.65	265	3260
黄背栎	黄背栎－落叶松－杜鹃－其他硬阔类－西南桦－中甸冷杉	1800	170.4	6	15.4	7.5	0.74	93	3780
黄背栎	黄背栎－云南松－多变石栎－柳树	900	10.4	4	6.8	4.6	0.4	19	2520
黄背栎	黄背栎－高山松	388	43.1	2	16	8.3	0.4	80	3490
黄背栎	黄背栎－云南松－麻栎	700	10.6	3	7.6	5.4	0.38	15	2130

（十五）天然异龄中甸冷杉针阔叶混交林

本类型记录到样地 11 块，全分布在滇西北的香格里拉市。样地分布海拔 3350～4125m，平均海拔 3733m。树种结构以中甸冷杉为优势种，与白桦、杜鹃、高山栎、星果槭、红桦、西南花楸、小叶青皮槭、大树杜鹃、清香木、五角枫、栎类等组成针阔叶混交林。此外，树种结构组成中，其他针叶树种还有高山松、冷杉、云杉、大果红杉等。森林树种组成综合平均数 5 种，综合平均胸径 33.8cm，平均树高 18.7m，平均郁闭度 0.57，平均年龄 133 年，森林活立木密度为平均每公顷 701 株，平均公顷蓄积量 371m³。森林单株胸径年平均生长量 0.314cm，年平均生长率 2.93%；单株蓄积年平均生长量 0.0073m³，年平均生长率 7.2607%。详见表 3-165。

表 3-165　天然异龄中甸冷杉针阔叶混交林结构因子统计表

优势树种	树种结构类型组	公顷株数（株）	公顷蓄积（m³）	树种数量（种）	平均胸径（cm）	平均树高（m）	郁闭度	平均年龄（年）	分布海拔（m）
中甸冷杉	综合平均	701	371	5	33.8	18.7	0.57	133	3733
中甸冷杉	中甸冷杉－白桦－杜鹃－高山栎－高山松－冷杉－星果槭－云杉	938	32.6	12	10.1	6.9	0.4	38	3350
中甸冷杉	中甸冷杉－大果红杉－杜鹃－西南花楸	538	198.9	4	23.1	13.9	0.75	135	3900
中甸冷杉	中甸冷杉－大树杜鹃－红桦－冷杉－栎类－清香木－五角枫等	725	326.3	11	58.7	24.3	0.4	166	3580

续表 3-165

优势树种	树种结构类型组	公顷株数（株）	公顷蓄积（m³）	树种数量（种）	平均胸径（cm）	平均树高（m）	郁闭度	平均年龄（年）	分布海拔（m）
中甸冷杉	中甸冷杉 – 大树杜鹃 – 杜鹃 – 红桦 – 西南花楸 – 小叶青皮槭	1200	334.8	6	27.5	16.2	0.8	217	3600
中甸冷杉	中甸冷杉 – 大树杜鹃	638	426.8	2	31.7	20	0.58	123	3915
中甸冷杉	中甸冷杉 – 滇楸 – 黄背栎 – 冷杉 – 其他软阔类	525	42.3	5	8.1	7.1	0.42	73	3750
中甸冷杉	中甸冷杉 – 滇杨 – 五角枫	663	381.9	3	60.8	25.3	0.55	178	3400
中甸冷杉	中甸冷杉 – 杜鹃 – 红桦 – 米饭花 – 五角枫	675	308.9	5	21	13.8	0.6	40	3600
中甸冷杉	中甸冷杉 – 杜鹃 – 柳树 – 其他软阔类 – 西南花楸	500	849.5	5	45	21.9	0.75	130	3990
中甸冷杉	中甸冷杉 – 杜鹃 – 西南花楸 – 小叶青皮槭 – 樱桃	838	379.8	5	42.4	31	0.55	185	3850
中甸冷杉	中甸冷杉 – 杜鹃	475	799.6	2	43.7	25.1	0.5	180	4125

（十六）天然异龄高山栎针阔叶混交林

本类型记录到样地9块，分布在香格里拉、玉龙、宁蒗、宣威、嵩明等县（市）。样地分布海拔2200～3560m，平均海拔3102m。树种结构以高山栎为优势种，与华山松、丽江云杉、长苞冷杉、丽江铁杉、高山松、落叶松、云杉等组成针阔叶混交林。此外，树种结构组成中，其他阔叶树种还有川梨、麻栎、大树杜鹃、滇厚朴、杜鹃、柳树、南烛、杨树、石栎等。森林树种组成综合平均数6种，综合平均胸径16.9cm，平均树高11.9m，平均郁闭度0.64，平均年龄84年，森林活立木密度为平均每公顷1520株，平均公顷蓄积量217.8m³。森林单株胸径年平均生长量0.218cm，年平均生长率1.96%；单株蓄积年平均生长量0.0028m³，年平均生长率5.26%。详见表3-166。

表 3-166　天然异龄高山栎针阔叶混交林结构因子统计表

优势树种	树种结构类型组	公顷株数（株）	公顷蓄积（m³）	树种数量（种）	平均胸径（cm）	平均树高（m）	郁闭度	平均年龄（年）	分布海拔（m）
高山栎	综合平均	1520	217.8	6	16.9	11.9	0.64	84	3102
高山栎	高山栎 – 华山松 – 川梨 – 麻栎	838	18.1	4	8.9	5.6	0.4	20	2200
高山栎	高山栎 – 丽江云杉 – 大树杜鹃 – 滇厚朴 – 长苞冷杉	2575	390.4	5	19.8	15.3	0.85	95	3390
高山栎	高山栎 – 华山松 – 大树杜鹃 – 杜鹃 – 丽江铁杉 – 其他硬阔类	1400	157.5	6	20	12.3	0.65	75	3220
高山栎	高山栎 – 高山松 – 杜鹃 – 柳树 – 南烛 – 杨树	2175	217	6	14	15.3	0.65	60	3560

续表 3-166

优势树种	树种结构类型组	公顷株数（株）	公顷蓄积（m³）	树种数量（种）	平均胸径（cm）	平均树高（m）	郁闭度	平均年龄（年）	分布海拔（m）
高山栎	高山栎－华山松－杜鹃－冷杉－杨树－云杉－中甸冷杉	1650	392.6	7	18.2	14.4	0.75	90	3480
高山栎	高山栎－华山松－杜鹃－水红木－杨树－云南松	738	178.4	6	19.7	9.9	0.55	82	2960
高山栎	高山栎－华山松－杜鹃－云南松	1738	102.7	4	12.7	7.4	0.65	49	3180
高山栎	高山栎－高山松－石栎－华山松－落叶松－南烛－杨树－云杉等	1750	355.8	9	18.8	13.6	0.82	217	3400
高山栎	高山栎－华山松－马缨花－头状四照花	813	147.9	4	20.2	13	0.4	65	2530

（十七）天然异龄滇石栎针阔叶混交林

本类型记录到样地 7 块，分布在禄劝、楚雄、弥勒、宾川、砚山等县（市）。样地分布海拔 1670～3040m，平均海拔 2240m。树种结构以滇石栎为优势种，与油杉、云南松、华山松等组成针阔叶混交林。此外，树种结构组成中，其他阔叶树种还有柴桂、麻栎、楠木、香面叶、川西栎、马桑、南烛、牛筋条、水红木、头状四照花、杜鹃、木荷、高山桉、光叶石栎、红木荷、杨梅、其他硬阔类、其他软阔类等。森林树种组成综合平均数 7 种，综合平均胸径 11.5cm，平均树高 9.2m，平均郁闭度 0.66，平均年龄 32 年，森林活立木密度为平均每公顷 2008 株，平均公顷蓄积量 124.1m³。森林单株胸径年平均生长量 0.296cm，年平均生长率 2.81%；单株蓄积年平均生长量 0.0036m³，年平均生长率 7.04%。详见表 3-167。

表 3-167　天然异龄滇石栎针阔叶混交林结构因子统计表

优势树种	树种结构类型组	公顷株数（株）	公顷蓄积（m³）	树种数量（种）	平均胸径（cm）	平均树高（m）	郁闭度	平均年龄（年）	分布海拔（m）
滇石栎	综合平均	2008	124.1	7	11.5	9.2	0.66	32	2240
滇石栎	滇石栎－油杉－柴桂－麻栎－楠木－香面叶－云南松等	2613	79.5	8	9.5	7.8	0.8	15	1860
滇石栎	滇石栎－华山松－川西栎－牛筋条－水红木－四照花－云南松	1363	147.9	9	16.1	9	0.65	60	2680
滇石栎	滇石栎－云南松－杜鹃－木荷－南烛－杨树	3400	381.8	6	15.6	15.5	0.9	60	3040
滇石栎	滇石栎－华山松－高山桉－光叶石栎－木荷－麻栎－云南松等	1588	95	10	11.8	10.2	0.6	21	2300
滇石栎	滇石栎－云南松－旱冬瓜－截头石栎－其他软阔类－滇油杉	1688	74	6	11.1	8.6	0.6	35	2140

续表 3-167

优势树种	树种结构类型组	公顷株数（株）	公顷蓄积（m³）	树种数量（种）	平均胸径（cm）	平均树高（m）	郁闭度	平均年龄（年）	分布海拔（m）
滇石栎	滇石栎－华山松－黑黄檀－南酸枣－小漆树－云南松－云南樟	2713	73.7	8	8.8	6.8	0.75	24	1990
滇石栎	滇石栎－滇油杉－麻栎－其他软阔类－清香木	688	17.1	5	7.3	6.4	0.35	10	1670

（十八）天然异龄冷杉针阔叶混交林

本类型记录到样地 7 块，分布在香格里拉、德钦、兰坪等县（市）。样地分布海拔 3210 ~ 4240m，平均海拔 3885m。树种结构以冷杉为优势种，与刺楸、红桦、柳树、山鸡椒、云南枫杨、大树杜鹃、滇楸、杜鹃等组成针阔叶混交林。此外，树种结构组成中，其他针叶树种还有落叶松等。森林树种组成综合平均数 4 种，综合平均胸径 34.4cm，平均树高 16.7m，平均郁闭度 0.57，平均年龄 93 年，森林活立木密度为平均每公顷 818 株，平均公顷蓄积量 412.9m³。森林单株胸径年平均生长量 0.229cm，年平均生长率 1.77%；单株蓄积年平均生长量 0.0087m³，年平均生长率 4.4952%。详见表 3-168。

表 3-168　天然异龄冷杉针阔叶混交林结构因子统计表

优势树种	树种结构类型组	公顷株数（株）	公顷蓄积（m³）	树种数量（种）	平均胸径（cm）	平均树高（m）	郁闭度	平均年龄（年）	分布海拔（m）
冷杉	综合平均	818	412.9	4	34.4	16.7	0.57	93	3885
冷杉	冷杉－刺楸－红桦－柳树－山鸡椒－云南枫杨	300	326	6	53.8	11.3	0.32	85	3210
冷杉	冷杉－大树杜鹃－滇楸	700	326.3	3	39.9	18.2	0.62	129	4050
冷杉	冷杉－滇楸－杜鹃－柳灌－落叶松－其他灌木	938	96.8	6	19.9	13.6	0.65	42	3870
冷杉	冷杉－杜鹃－其他软阔类	1125	742.2	3	40	24.4	0.75	204	4115
冷杉	冷杉－杜鹃－其他软阔类－其他硬阔类－西南桦	550	306.7	5	20.6	11.5	0.6	30	3570
冷杉	冷杉－杜鹃－小蘖	1625	210	3	20	13.3	0.55	65	4240
冷杉	冷杉－红桦	488	882.2	2	46.8	24.8	0.5	93	4140

（十九）天然异龄丽江云杉针阔叶混交林

本类型记录到样地 7 块，分布在香格里拉、德钦、玉龙等县（市）。样地分布海拔 3070 ~ 3940m，平均海拔 3519m。树种结构以丽江云杉为优势种，与白桦、大果冬青、红桦、青皮槭、云南桤叶树、光叶石栎、黄背栎、大树杜鹃、光叶高山栎、滇楸、五角枫、西南桦、樱桃等组成针阔叶混交林。此外，树种结构组成中，其他针叶树种还有川滇冷杉、华山松、中甸冷杉、铁杉等。森林树种组成综合平均数 7 种，综合平均胸径 22.9cm，平均树高 14.2m，平均郁闭度 0.66，平均年龄 95 年，森林活立木密度为平均每公顷 1298 株，平均公顷蓄积量 355.0m³。森林单株胸径年平均生长量 0.361cm，年平均生长率 2.85%；单株蓄积年平均生长量 0.0117m³，年平均生长率 7.32%。详见表 3-169。

表 3-169　天然异龄丽江云杉针阔混交林结构因子统计表

优势树种	树种结构类型组	公顷株数（株）	公顷蓄积（m³）	树种数量（种）	平均胸径（cm）	平均树高（m）	郁闭度	平均年龄（年）	分布海拔（m）
丽江云杉	综合平均	1298	355.0	7	22.9	14.2	0.66	95	3519
丽江云杉	丽江云杉 - 白桦 - 大果冬青 - 红桦 - 青皮槭 - 云南桤叶树等	1563	192.8	9	13.1	9.6	0.8	33	3450
丽江云杉	丽江云杉 - 川滇冷杉 - 光叶石栎 - 红桦 - 华山松 - 黄背栎等	1025	90.3	12	15.8	8.4	0.41	25	3330
丽江云杉	丽江云杉 - 大树杜鹃 - 光叶高山栎 - 红桦 - 华山松 - 铁杉等	1463	457.2	8	20.5	11.6	0.7	152	3070
丽江云杉	丽江云杉 - 滇楸 - 五角枫 - 西南桦 - 樱桃 - 中甸冷杉等	1625	689.3	7	32.7	24.6	0.65	135	3800
丽江云杉	丽江云杉 - 杜鹃 - 红桦 - 柳树 - 落叶松 - 西南花楸	2100	261.7	6	15.8	8.9	0.65	82	3940
丽江云杉	丽江云杉 - 杜鹃 - 其他软阔类	475	642.4	3	43.4	26.4	0.6	139	3640
丽江云杉	丽江云杉 - 红棕杜鹃 - 黄背栎 - 冷杉 - 柳树 - 樱桃	838	151.1	6	18.9	10.1	0.8	101	3400

（二十）天然异龄杨树针阔叶混交林

本类型记录到样地 6 块，分布在云龙、鹤庆、宁蒗、香格里拉等县（市）。样地分布海拔 2530 ~ 3320m，平均海拔 2992m。树种结构以杨树为优势种，与柏木、高山松、铁杉、大果红杉、丽江云杉、云南松、华山松等组成针阔叶混交林。此外，树种结构组成中，其他阔叶树种还有杜鹃、高山栎、旱冬瓜、红桦、西南花楸、西南桦、小叶青皮槭、黄背栎、水红木、柳树等。森林树种组成综合平均数 6 种，综合平均胸径 12.5cm，平均树高 10.7m，平均郁闭度 0.75，平均年龄 19 年，森林活立木密度为平均每公顷 1690 株，平均公顷蓄积量 104.5m³。森林单株胸径年平均生长量 0.39cm，年平均生长率 3.13%；单株蓄积年平均生长量 0.0062m³，年平均生长率 7.7112%。详见表 3-170。

表 3-170　天然异龄杨树针阔叶混交林结构因子统计表

优势树种	树种结构类型组	公顷株数（株）	公顷蓄积（m³）	树种数量（种）	平均胸径（cm）	平均树高（m）	郁闭度	平均年龄（年）	分布海拔（m）
杨树	综合平均	1690	104.5	6	12.5	10.7	0.75	19	2992
杨树	杨树 - 柏木 - 杜鹃 - 高山栎 - 高山松 - 旱冬瓜 - 铁杉等	1413	53.8	8	9.9	8.6	0.85	15	2820
杨树	杨树 - 大果红杉 - 红桦 - 西南花楸 - 西南桦 - 小叶青皮槭等	2538	94.6	7	9.7	9.8	0.8	13	3320

续表 3-170

优势树种	树种结构类型组	公顷株数（株）	公顷蓄积（m³）	树种数量（种）	平均胸径（cm）	平均树高（m）	郁闭度	平均年龄（年）	分布海拔（m）
杨树	杨树 - 丽江云杉 - 杜鹃 - 高山栎 - 黄背栎 - 水红木 - 云南松	2238	176.4	7	12.7	11.4	0.8	29	3320
杨树	杨树 - 云南松 - 旱冬瓜 - 栎类 - 其他软阔类	2100	126.8	5	11.9	11.6	0.8	15	2530
杨树	杨树 - 云南松 - 旱冬瓜 - 其他软阔类 - 青冈	1200	48.6	5	10.3	8.1	0.75	15	2977
杨树	杨树 - 华山松 - 柳树	650	126.8	3	20.2	14.4	0.51	24	2986

（二十一）天然异龄红木荷针阔叶混交林

本类型记录到样地 5 块，分布在凤庆、永德、临翔、双江、墨江等县（区）。样地分布海拔 1450 ~ 2040m，平均海拔 1704m。树种结构以红木荷为优势种，与油杉、云南松、思茅松等组成针阔叶混交林。此外，树种结构组成中，其他阔叶树种还有伯乐树、滇青冈、桦木、麻栎、泡花树、高山栲、旱冬瓜、密花树、山鸡椒、其他栎类等。森林树种组成综合平均数 9 种，综合平均胸径 10.9cm，平均树高 8.3m，平均郁闭度 0.50，平均年龄 19 年，森林活立木密度为平均每公顷 958 株，平均公顷蓄积量 53.4m³。森林单株胸径年平均生长量 0.422cm，年平均生长率 3.4%；单株蓄积年平均生长量 0.0079m³，年平均生长率 8.156%。详见表 3-171。

表 3-171　天然异龄红木荷针阔叶混交林结构因子统计表

优势树种	树种结构类型组	公顷株数（株）	公顷蓄积（m³）	树种数量（种）	平均胸径（cm）	平均树高（m）	郁闭度	平均年龄（年）	分布海拔（m）
红木荷	综合平均	958	53.4	9	10.9	8.3	0.50	19	1704
红木荷	红木荷 - 云南松 - 伯乐树 - 滇青冈 - 桦木 - 麻栎 - 油杉 - 泡花树	1513	81.6	10	10.9	10.2	0.70	35	1830
红木荷	红木荷 - 思茅松 - 高山栲 - 旱冬瓜 - 栎类 - 密花树 - 山鸡椒等	1263	38.9	18	10.1	6	0.45	8	1730
红木荷	红木荷 - 云南松 - 川梨 - 旱冬瓜 - 栎类 - 其他软阔类 - 杨梅	925	35.3	7	8.6	6.9	0.6	15	2040
红木荷	红木荷 - 云南松 - 旱冬瓜 - 其他软阔类 - 其他硬阔类 - 西南桦	513	96.3	6	16.2	13	0.45	23	1470
红木荷	红木荷 - 云南松 - 其他软阔类	575	15	3	8.5	5.6	0.3	15	1450

天然异龄木荷 - 云南松等针阔叶混交林类型组记录到样地 3 块，分布在腾冲、景东、红河等县（市）。样地分布海拔 1300 ~ 1900m，平均海拔 1653m。树种结构以木荷为优势种，与杉木、云南松、思茅松、油杉等组成针阔叶混交林。此外，树种结构组成中，其他阔叶树种还有桦木、栲树、楠木、香叶树、杨梅、核桃、栎类、其他软阔类等。森林单株胸径年平均生长量 0.393cm，年平均生长

率 3.05%；单株蓄积年平均生长量 0.0083m³，年平均生长率 7.52%。木荷为山茶科木荷属植物，在云南常见分布的树种有红木荷和银木荷 2 种，本类型组经调查成果资料整理而来，为保持数据的原真性而未与相应的红木荷类型组进行合并统计，它是天然异龄红木荷 – 云南松等针阔叶混交林的补充，根据样地分布区和森林树种结构组成成分分析，与异龄红木荷 – 云南松等针阔叶混交林类型组相同程度较大，森林结构组成相关因子调查统计数据，可用于异龄红木荷 – 云南松等针阔叶混交林类型组参考。详见表 3–172。

表 3–172　天然异龄木荷针阔叶混交林结构因子统计表

优势树种	树种结构类型组	公顷株数（株）	公顷蓄积（m³）	树种数量（种）	平均胸径（cm）	平均树高（m）	郁闭度	平均年龄（年）	分布海拔（m）
木荷	综合平均	1333	115.1	7	14.1	12.6	0.72	26	1653
木荷	木荷 – 思茅松 – 核桃 – 栎类 – 其他软阔类	1425	142.3	5	14.7	14	0.8	22	1900
木荷	木荷 – 云南松 – 桦木 – 栲树 – 栎类 – 楠木 – 杉木 – 香叶树 – 杨梅	1775	125.3	11	12.9	12.8	0.7	37	1760
木荷	木荷 – 油杉 – 桦木 – 栎类 – 其他软阔类 – 云南松	800	77.6	6	14.7	10.9	0.65	19	1300

（二十二）天然异龄丽江铁杉针阔叶混交林

本类型记录到样地 4 块，分布在玉龙县。样地分布海拔 2880 ～ 3200m，平均海拔 3025m。树种结构以丽江铁杉为优势种，与川滇高山栎、大树杜鹃、润楠、五角枫、滇杨、高山栎、红桦、多变石栎、核桃等组成针阔叶混交林。此外，树种结构组成中，其他针叶树种还有长苞冷杉、华山松、丽江云杉、云南红豆杉等。森林树种组成综合平均数 8 种，综合平均胸径 30cm，平均树高 14.7m，平均郁闭度 0.58，平均年龄 97 年，森林活立木密度为平均每公顷 979 株，平均公顷蓄积量 386.3m³。森林单株胸径年平均生长量 0.32cm，年平均生长率 2.03%；单株蓄积年平均生长量 0.0148m³，年平均生长率 4.4025%。详见表 3–173。

表 3–173　天然异龄丽江铁杉针阔叶混交林结构因子统计表

优势树种	树种结构类型组	公顷株数（株）	公顷蓄积（m³）	树种数量（种）	平均胸径（cm）	平均树高（m）	郁闭度	平均年龄（年）	分布海拔（m）
丽江铁杉	综合平均	979	386.3	8	30.0	14.7	0.58	97	3025
丽江铁杉	丽江铁杉 – 川滇高山栎 – 大树杜鹃 – 润楠 – 五角枫 – 长苞冷杉	738	635.8	7	34.9	18.9	0.65	138	3120
丽江铁杉	丽江铁杉 – 滇杨 – 高山栎 – 红桦 – 华山松 – 丽江云杉 – 五角枫	1475	168.7	11	14.8	10.1	0.5	45	2900
丽江铁杉	丽江铁杉 – 大树杜鹃 – 多变石栎 – 核桃 – 五角枫 – 云南红豆杉	1163	99.2	7	13.1	8.2	0.65	33	2880
丽江铁杉	丽江铁杉 – 红桦 – 其他软阔类 – 五角枫 – 长苞冷杉 – 红豆杉等	538	641.6	7	57.2	21.5	0.5	170	3200

（二十三）天然异龄毛叶青冈针阔叶混交林

本类型记录到样地4块，分布在华坪、武定等县。样地分布海拔1560～2750m，平均海拔1993m。树种结构以毛叶青冈为优势种，与华山松、云南松等组成针阔叶混交林。此外，树种结构组成中，其他阔叶树种还有旱冬瓜、小叶青冈等。森林树种组成综合平均数4种，综合平均胸径16.7cm，平均树高7.1m，平均郁闭度0.34，平均年龄31年，森林活立木密度为平均每公顷557株，平均公顷蓄积量41.7m³。森林单株胸径年平均生长量0.268cm，年平均生长率2.57%；单株蓄积年平均生长量0.0033m³，年平均生长率5.99%。详见表3-174。

表3-174　天然异龄毛叶青冈针阔叶混交林结构因子统计表

优势树种	树种结构类型组	公顷株数（株）	公顷蓄积（m³）	树种数量（种）	平均胸径（cm）	平均树高（m）	郁闭度	平均年龄（年）	分布海拔（m）
毛叶青冈	综合平均	557	41.7	4	16.7	7.1	0.34	31	1993
毛叶青冈	毛叶青冈－华山松－旱冬瓜	1025	47.1	3	10.9	6.6	0.4	25	2750
毛叶青冈	毛叶青冈－云南松－小叶青冈－其他软阔类－其他硬阔类	500	31	5	12	7	0.3	14	1700
毛叶青冈	毛叶青冈－云南松－其他软阔类	213	46.4	3	31.5	8.5	0.3	42	1960
毛叶青冈	毛叶青冈－油杉－小叶青冈	488	42.4	3	12.2	6.2	0.35	44	1560

（二十四）天然异龄硬阔类针阔叶混交林

本类型记录到样地4块，分布在兰坪、腾冲、昌宁、建水等县（市）。样地分布海拔1820～3480m，平均海拔2499m。树种结构以硬阔类为优势种，与华山松、丽江云杉、云南松、杉木、秃杉等组成针阔叶混交林。此外，树种结构组成中，其他阔叶树种还有红桦、麻栎、桦木、栎类、柳树、木荷、水红木等。森林树种组成综合平均数6种，综合平均胸径13.7cm，平均树高9.7m，平均郁闭度0.65，平均年龄36年，森林活立木密度为平均每公顷1516株，平均公顷蓄积量169.8m³。森林单株胸径年平均生长量0.266cm，年平均生长率2.28%；单株蓄积年平均生长量0.0043m³，年平均生长率5.2192%。详见表3-175。

表3-175　天然异龄硬阔类针阔叶混交林结构因子统计表

优势树种	树种结构类型组	公顷株数（株）	公顷蓄积（m³）	树种数量（种）	平均胸径（cm）	平均树高（m）	郁闭度	平均年龄（年）	分布海拔（m）
硬阔类	综合平均	1516	169.8	6	13.7	9.7	0.65	36	2499
硬阔类	其他硬阔类－秃杉－桦木－栎类－柳树－杉木－水红木等	2088	61.7	10	8.9	8.6	0.5	14	2100
硬阔类	其他硬阔类－丽江云杉－红桦－华山松－麻栎	1425	379.5	5	19.5	14.8	0.85	55	3480
硬阔类	其他硬阔类－华山松－栎类－木荷－其他软阔类	1438	200.4	5	16.4	8.5	0.7	38	2597
硬阔类	其他硬阔类－云南松	1113	37.5	2	10	7	0.55	35	1820

（二十五）天然异龄川滇高山栎针阔叶混交林

本类型记录到样地4块，分布在剑川、香格里拉、洱源等县（市）。样地分布海拔2400～3840m，平均海拔2947m。树种结构以川滇高山栎为优势种，与云南松、铁杉、大果红杉等组成针阔叶混交林。此外，树种结构组成中，其他阔叶树种还有旱冬瓜、马桑、杨树、樱桃、杜鹃、白桦、黄连木、楝、曼青冈、西南桦、其他软阔类等。森林树种组成综合平均数8种，综合平均胸径11.6cm，平均树高9.1m，平均郁闭度0.66，平均年龄37年，森林活立木密度为平均每公顷1544株，平均公顷蓄积量114.1m³。森林单株胸径年平均生长量0.202cm，年平均生长率1.85%；单株蓄积年平均生长量0.0027m³，年平均生长率5.146%。详见表3-176。

表3-176　天然异龄川滇高山栎针阔叶混交林结构因子统计表

优势树种	树种结构类型组	公顷株数（株）	公顷蓄积（m³）	树种数量（种）	平均胸径（cm）	平均树高（m）	郁闭度	平均年龄（年）	分布海拔（m）
川滇高山栎	综合平均	1544	114.1	8	11.6	9.1	0.66	37	2947
川滇高山栎	川滇高山栎－铁杉－白桦－黄连木－楝－曼青冈－西南桦	1438	95.1	17	9.5	8.3	0.6	22	3066
川滇高山栎	川滇高山栎－大果红杉－其他软阔类	2225	159.8	3	12.3	7.3	0.8	61	3840
川滇高山栎	川滇高山栎－云南松－杜鹃－旱冬瓜－栎类	925	81.8	5	10.6	10	0.55	28	2480
川滇高山栎	川滇高山栎－云南松－旱冬瓜－马桑－杨树－樱桃等	1588	119.7	7	14	10.6	0.7	35	2400

（二十六）天然异龄川滇冷杉针阔叶混交林

本类型记录到样地3块，分布在德钦、维西县。样地分布海拔3340～3630m，平均海拔3457m。树种结构以川滇冷杉为优势种，与黄背栎、杜鹃、五角枫、红桦、桦木、小叶青皮槭、云南栒、云南泡花树、白桦、红棕杜鹃等组成针阔叶混交林。此外，树种结构组成中，其他针叶树种还有华山松、丽江云杉等。森林树种组成综合平均数7种，综合平均胸径54.6cm，平均树高22.7m，平均郁闭度0.57，平均年龄121年，森林活立木密度为平均每公顷580株，平均公顷蓄积量592.6m³。森林单株胸径年平均生长量0.37cm，年平均生长率1.04%；单株蓄积年平均生长量0.0217m³，年平均生长率2.6616%。详见表3-177。

表3-177　天然异龄川滇冷杉针阔叶混交林结构因子统计表

优势树种	树种结构类型组	公顷株数（株）	公顷蓄积（m³）	树种数量（种）	平均胸径（cm）	平均树高（m）	郁闭度	平均年龄（年）	分布海拔（m）
川滇冷杉	综合平均	580	592.6	7	54.6	22.7	0.57	121	3457
川滇冷杉	川滇冷杉－白桦－杜鹃－红桦－红棕杜鹃－小叶青皮槭	438	231.6	6	25.3	9.7	0.5	60	3630

续表 3-177

优势树种	树种结构类型组	公顷株数（株）	公顷蓄积（m³）	树种数量（种）	平均胸径（cm）	平均树高（m）	郁闭度	平均年龄（年）	分布海拔（m）
川滇冷杉	川滇冷杉 - 红桦 - 华山松 - 黄背栎 - 杜鹃 - 丽江云杉 - 五角枫	1063	847.8	8	54.6	38	0.7	130	3400
川滇冷杉	川滇冷杉 - 红桦 - 桦木 - 小叶青皮槭 - 云南桤 - 云南泡花树	238	698.4	6	83.9	20.3	0.5	172	3340

（二十七）天然异龄桦木针阔叶混交林

本类型记录到样地 3 块，分布在昌宁、景谷、澜沧县。样地分布海拔 1450 ~ 1895m，综合平均海拔 1615m。树种结构以桦木为优势种，与思茅松、云南松等组成针阔叶混交林。此外，树种结构组成中，其他阔叶树种还有茶梨、刺栲、栎类、黄杞、青冈、木荷、西南桦、其他软阔类、其他硬阔类等。森林树种组成综合平均数 9 种，综合平均胸径 11.3cm，平均树高 9.7m，平均郁闭度 0.77，平均年龄 23 年，森林活立木密度为平均每公顷 1834 株，平均公顷蓄积量 114.9m³。森林单株胸径年平均生长量 0.652cm，年平均生长率 4.35%；单株蓄积年平均生长量 0.0172m³，平均生长率 10.4922%。详见表 3-178。

表 3-178　天然异龄桦木针阔叶混交林结构因子统计表

优势树种	树种结构类型组	公顷株数（株）	公顷蓄积（m³）	树种数量（种）	平均胸径（cm）	平均树高（m）	郁闭度	平均年龄（年）	分布海拔（m）
桦木	综合平均	1834	114.9	9	11.3	9.7	0.77	23	1615
桦木	桦木 - 思茅松 - 茶梨 - 刺栲 - 栎类 - 黄杞 - 青冈 - 木荷 - 西南桦	1813	102.7	16	11.1	9.8	0.8	24	1450
桦木	桦木 - 云南松 - 茶叶 - 栎类 - 木荷 - 其他软阔类	2225	110.6	6	8.9	8.1	0.72	19	1895
桦木	桦木 - 思茅松 - 栎类 - 木荷 - 其他软阔类 - 其他硬阔类	1463	131.3	6	13.8	11.3	0.78	25	1500

（二十八）天然异龄曼青冈针阔叶混交林

本类型记录到样地 3 块，均分布在维西县。样地分布海拔约 2800m。树种结构以曼青冈为优势种，与铁杉、云南铁杉、云南红豆杉、冷杉、云南槭树、长苞冷杉、紫杉等组成针阔叶混交林。此外，树种结构组成中，其他阔叶树种还有大树杜鹃、五角枫、银木荷、杜鹃等。森林树种组成综合平均数 6 种，综合平均胸径 36.9cm，平均树高 16.0m，平均郁闭度 0.65，平均年龄 133 年，森林活立木密度为平均每公顷 1138 株，平均公顷蓄积量 444.3m³。森林单株胸径年平均生长量 0.183cm，年平均生长率 0.93%；单株蓄积年平均生长量 0.0065m³，年平均生长率 2.299%。详见表 3-179。

表 3-179　天然异龄曼青冈针阔叶混交林结构因子统计表

优势树种	树种结构类型组	公顷株数（株）	公顷蓄积（m³）	树种数量（种）	平均胸径（cm）	平均树高（m）	郁闭度	平均年龄（年）	分布海拔（m）
曼青冈	综合平均	1138	444.3	6	36.9	16.0	0.65	133	2823
曼青冈	曼青冈－冷杉－杜鹃－五角枫－云南槌树－长苞冷杉－紫杉等	1050	288	8	30.6	15.0	0.6	124	2840
曼青冈	曼青冈－铁杉－大树杜鹃－五角枫－银木荷－云南铁杉	775	656.2	6	53.6	16.1	0.65	121	2790
曼青冈	曼青冈－云南红豆杉－杜鹃	1588	388.8	3	26.5	17	0.7	153	2840

（二十九）天然异龄栓皮栎针阔叶混交林

本类型记录到样地 3 块，分布在古城、双柏、彝良等区（县）。样地分布海拔 1200 ~ 2730m，平均海拔 1960m。树种结构以栓皮栎为优势种，与云南松、华山松等组成针阔叶混交林。此外，树种结构组成中，其他阔叶树种还有滇青冈、黄毛青冈、麻栎、水锦树、黄背栎、其他软阔类等。森林树种组成综合平均数 4 种，综合平均胸径 15.8cm，平均树高 10.8m，平均郁闭度 0.68，平均年龄 37 年，森林活立木密度为平均每公顷 1404 株，平均公顷蓄积量 128.5m³。森林单株胸径年平均生长量 0.263cm，年平均生长率 2.15%；单株蓄积年平均生长量 0.0041m³，年平均生长率 5.777%。详见表 3-180。

表 3-180　天然异龄栓皮栎针阔叶混交林结构因子统计表

优势树种	树种结构类型组	公顷株数（株）	公顷蓄积（m³）	树种数量（种）	平均胸径（cm）	平均树高（m）	郁闭度	平均年龄（年）	分布海拔（m）
栓皮栎	综合平均	1404	128.5	4	15.8	10.8	0.68	37	1960
栓皮栎	栓皮栎－云南松－滇青冈－黄毛青冈－麻栎－水锦树	613	209.6	6	26.4	13.4	0.7	58	1200
栓皮栎	栓皮栎－华山松	1675	123.9	2	12.8	11.9	0.8	37	1950
栓皮栎	栓皮栎－云南松－黄背栎－其他软阔类	1925	52.1	4	8.3	7	0.55	16	2730

（三十）天然异龄云南铁杉针阔叶混交林

本类型记录到样地 3 块，分布在德钦、香格里拉等县（市）。样地综合平均分布海拔 3063m。树种结构以云南铁杉为优势种，与川滇高山栎、西南桦、杜鹃、红桦、冷杉、五角枫、高山栎、青榨槭等组成针阔叶混交林。此外，树种结构组成中，其他针叶树种还有高山松、华山松、冷杉、铁杉等。森林树种组成综合平均数 6 种，综合平均胸径 21.9cm，平均树高 9.9m，平均郁闭度 0.50，平均年龄 73 年，森林活立木密度为平均每公顷 1213 株，平均公顷蓄积量 314.7m³。森林单株胸径年平均生长量 0.357cm，年平均生长率 2.14%；单株蓄积年平均生长量 0.0218m³，年平均生长率 4.5079%。详见表 3-181。

表 3-181 天然异龄云南铁杉针阔叶混交林结构因子统计表

优势树种	树种结构类型组	公顷株数（株）	公顷蓄积（m³）	树种数量（种）	平均胸径（cm）	平均树高（m）	郁闭度	平均年龄（年）	分布海拔（m）
云南铁杉	综合平均	1213	314.7	6	21.9	9.9	0.50	73	3063
云南铁杉	云南铁杉－川滇高山栎－高山松－西南桦等	1625	362.0	6	29.6	10.1	0.80	95	2830
云南铁杉	云南铁杉－杜鹃－高山栎－华山松－青榨槭－铁杉等	988	54.6	7	11.1	5.0	0.35	40	2840
云南铁杉	云南铁杉－杜鹃－红桦－冷杉－五角枫	1025	527.6	5	25.1	14.7	0.35	85	3520

（三十一）天然异龄云杉针阔叶混交林

本类型记录到样地 3 块，分布在香格里拉市和维西县。样地平均分布海拔 3310m。树种结构以云杉为优势种，与杜鹃、滇杨、高山栎、多变石栎、鹅掌楸、高山栲、青冈、水青树、五角枫、其他软阔类等组成针阔叶混交林。此外，树种结构组成中，其他针叶树种还有柏木等。森林树种组成综合平均数 7 种，综合平均胸径 16.3cm，平均树高 9.0m，平均郁闭度 0.50，平均年龄 92 年，森林活立木密度为平均每公顷 1109 株，平均公顷蓄积量 200.2m³。森林单株胸径年平均生长量 0.547cm，年平均生长率 3.99%；单株蓄积年平均生长量 0.0157m³，年平均生长率 10.0688%。详见表 3-182。

表 3-182 天然异龄云杉针阔叶混交林结构因子统计表

优势树种	树种结构类型组	公顷株数（株）	公顷蓄积（m³）	树种数量（种）	平均胸径（cm）	平均树高（m）	郁闭度	平均年龄（年）	分布海拔（m）
云杉	综合平均	1109	200.2	7	16.3	9.0	0.50	92	3310
云杉	云杉－杜鹃－其他软阔类－柏木	688	331.2	4	23.8	11.8	0.40	180	3660
云杉	云杉－高山栎－滇杨－其他软阔类	725	51.7	5	12.1	7.7	0.50	72	3580
云杉	云杉－多变石栎－鹅掌楸－高山栲－青冈－水青树－五角枫等	1913	217.8	12	12.9	7.5	0.60	25	2690

（三十二）天然异龄小叶青冈针阔叶混交林

本类型记录到样地 2 块，分布在华坪县。样地分布海拔约 2495m。树种结构以小叶青冈为优势种，与云南松等组成针阔叶混交林。此外，树种结构组成中，其他阔叶树种还有滇山茶、厚皮香、旱冬瓜、黄毛青冈、其他软阔类等。森林树种组成综合平均数 5 种，综合平均胸径 16.3cm，平均树高 10.7m，平均郁闭度 0.60，平均年龄 51 年，森林活立木密度为平均每公顷 1338 株，平均公顷蓄积量 137.9m³。森林单株胸径年平均生长量 0.356cm，年平均生长率 3.11%；单株蓄积年平均生长量 0.0052m³，年平均生长率 7.9248%。详见表 3-183。

表 3-183　天然异龄小叶青冈针阔混交林结构因子统计表

优势 树种	树种结构类型组	公顷 株数 （株）	公顷 蓄积 （m³）	树种 数量 （种）	平均 胸径 （cm）	平均 树高 （m）	郁闭度	平均 年龄 （年）	分布 海拔 （m）
小叶 青冈	综合平均	1338	137.9	5	16.3	10.7	0.60	51	2495
小叶 青冈	小叶青冈－云南松－滇山茶－厚皮香－ 其他软阔类	2113	184.9	5	14.6	13.1	0.75	35	2510
小叶 青冈	小叶青冈－云南松－旱冬瓜－黄毛青冈	563	90.9	4	17.9	8.2	0.45	66	2480

（三十三）天然异龄白穗石栎针阔叶混交林

本类型记录到样地 2 块，分布在玉龙县和洱源县。样地分布海拔 3070m。树种结构以白穗石栎为优势种，与铁杉、华山松、云南松等组成针阔叶混交林。此外，树种结构组成中，其他阔叶树种还有黄背栎、光叶高山栎等。森林树种组成综合平均数 5 种，综合平均胸径 29.6cm，平均树高 15.8m，平均郁闭度 0.50，平均年龄 92 年，森林活立木密度为平均每公顷 582 株，平均公顷蓄积量 144.0m³。森林单株胸径年平均生长量 0.327cm，年平均生长率 2.81%；单株蓄积年平均生长量 0.0061m³，年平均生长率 6.7889%。详见表 3-184。

表 3-184　天然异龄白穗石栎针阔叶混交林结构因子统计表

优势 树种	树种结构类型组	公顷 株数 （株）	公顷 蓄积 （m³）	树种 数量 （种）	平均 胸径 （cm）	平均 树高 （m）	郁闭度	平均 年龄 （年）	分布 海拔 （m）
白穗石 栎	综合平均	582	144.0	5	29.6	15.8	0.50	92	3070
白穗石 栎	白穗石栎－华山松－光叶高山栎－云南 松等	1013	170.6	6	18.5	14.6	0.65	69	3004
白穗石 栎	白穗石栎－铁杉－黄背栎	150	117.3	3	40.7	17.0	0.35	115	3135

（三十四）天然异龄大果红杉针阔叶混交林

本类型记录到样地 2 块，分布在香格里拉市。样地分布海拔 3780m，树种结构以大果红杉为优势种，与高山栎、黄背栎、白桦、其他软阔类等组成针阔叶混交林。此外，树种结构组成中，其他针叶树种还有丽江云杉、落叶松等。森林树种组成综合平均数 5 种，综合平均胸径 9.4cm，平均树高 6.2m，平均郁闭度 0.66，平均年龄 53 年，森林活立木密度为平均每公顷 2082 株，平均公顷蓄积量 76.3m³。森林单株胸径年平均生长量 0.246cm，年平均生长率 2.07%；单株蓄积年平均生长量 0.0048m³，年平均生长率 5.3171%。详见表 3-185。

表 3-185 天然异龄大果红杉针阔叶混交林结构因子统计表

优势树种	树种结构类型组	公顷株数（株）	公顷蓄积（m³）	树种数量（种）	平均胸径（cm）	平均树高（m）	郁闭度	平均年龄（年）	分布海拔（m）
大果红杉	综合平均	2082	76.3	5	9.4	6.2	0.66	53	3780
大果红杉	大果红杉－黄背栎－白桦－丽江云杉－落叶松	1925	84.8	6	9.9	6.6	0.60	65	3730
大果红杉	大果红杉－高山栎－落叶松－其他软阔类	2238	67.7	4	8.9	5.8	0.72	41	3830

（三十五）天然异龄滇杨针阔叶混交林

本类型记录到样地 2 块，分布在玉龙县和禄劝县。样地分布海拔 2870m，树种结构以滇杨为优势种，与丽江铁杉、华山松、云南松等组成针阔叶混交林。此外，树种结构组成中，其他阔叶树种还有光叶高山栎、滇青冈、滇石栎、旱冬瓜、木荷等。森林树种组成树种数 6 种，综合平均胸径 16.1cm，平均树高 10.2m，平均郁闭度 0.58，平均年龄 36 年，森林活立木密度为平均每公顷 919 株，平均公顷蓄积量 65.3m³。森林单株胸径年平均生长量 0.295cm，年平均生长率 2.74%；单株蓄积年平均生长量 0.0038m³，年平均生长率 6.8518%。详见表 3-186。

表 3-186 天然异龄滇杨针阔叶混交林结构因子统计表

优势树种	树种结构类型组	公顷株数（株）	公顷蓄积（m³）	树种数量（种）	平均胸径（cm）	平均树高（m）	郁闭度	平均年龄（年）	分布海拔（m）
滇杨	综合平均	919	65.3	6	16.1	10.2	0.58	36	2870
滇杨	滇杨－云南松－滇青冈－滇石栎－旱冬瓜－华山松－木荷等	1538	64.5	9	11	7.6	0.8	12	2780
滇杨	滇杨－丽江铁杉－光叶高山栎	300	66	3	21.2	12.7	0.35	60	2960

（三十六）天然异龄光叶高山栎针阔叶混交林

本类型记录到样地 2 块，分布在玉龙县。样地分布海拔 2750m，树种结构以光叶高山栎为优势种，还有滇杨、高山栎、柳树、旱冬瓜、石楠等阔叶树与云南松等组成针阔叶混交林。森林树种组成种数 5 种，综合平均胸径 23.0cm，平均树高 15.2m，平均郁闭度 0.48，平均年龄 64 年，森林活立木密度为平均每公顷 532 株，平均公顷蓄积量 300.9m³。森林单株胸径年平均生长量 0.23cm，年平均生长率 2.08%；单株蓄积年平均生长量 0.003m³，年平均生长率 5.7263%。详见表 3-187。

表 3-187　天然异龄光叶高山栎针阔叶混交林结构因子统计表

优势树种	树种结构类型组	公顷株数（株）	公顷蓄积（m³）	树种数量（种）	平均胸径（cm）	平均树高（m）	郁闭度	平均年龄（年）	分布海拔（m）
光叶高山栎	综合平均	532	300.9	5	23.0	15.2	0.48	64	2750
光叶高山栎	光叶高山栎－云南松－滇杨－高山栎－柳树	425	15.4	5	10.0	6	0.25	18	3000
光叶高山栎	光叶高山栎－云南松－旱冬瓜－石楠	638	586.4	4	35.9	24.4	0.7	110	2500

（三十七）天然异龄光叶石栎针阔叶混交林

本类型记录到样地 2 块，分布在玉龙县和红河县。样地分布海拔 2445m，树种结构以光叶石栎为优势种，还有大果冬青、大树杜鹃、岗栲、栎类、木荷等阔叶树种与云南松、丽江云杉等组成针阔叶混交林。森林树种组成种类 7 种，综合平均胸径 8.5cm，平均树高 6.2m，平均郁闭度 0.65，平均年龄 15 年，森林活立木密度为平均每公顷 1938 株，平均公顷蓄积量 31.7m³。森林单株胸径年平均生长量 0.356cm，年平均生长率 3.52%；单株蓄积年平均生长量 0.0041m³，年平均生长率 8.6079%。详见表 3-188。

表 3-188　天然异龄光叶石栎针阔叶混交林结构因子统计表

优势树种	树种结构类型组	公顷株数（株）	公顷蓄积（m³）	树种数量（种）	平均胸径（cm）	平均树高（m）	郁闭度	平均年龄（年）	分布海拔（m）
光叶石栎	综合平均	1938	31.7	7	8.5	6.2	0.65	15	2445
光叶石栎	光叶石栎－丽江云杉－大果冬青－大树杜鹃等	663	16.5	5	9.9	6.1	0.6	18	2710
光叶石栎	光叶石栎－云南松－岗栲－红木荷－栎类－木荷等	3213	46.8	8	7.0	6.2	0.7	11	2180

（三十八）天然异龄华南石栎针阔叶混交林

本类型记录到样地 2 块，分布在龙陵县和墨江县。样地分布海拔 1731m，树种结构以华南石栎为优势种，还有旱冬瓜、钝叶黄檀、火绳树、密花树、榕树、其他软阔类等阔叶树种与思茅松、华山松等组成针阔叶混交林。森林树种组成 11 种，综合平均胸径 13.6cm，平均树高 9.6m，平均郁闭度 0.55，平均年龄 18 年，森林活立木密度为平均每公顷 1163 株，平均公顷蓄积量 73.6m³。森林单株胸径年平均生长量 0.292cm，年平均生长率 2.35%；单株蓄积年平均生长量 0.0045m³，年平均生长率 5.2916%。详见表 3-189。

表 3-189 天然异龄华南石栎针阔混交林结构因子统计表

优势树种	树种结构类型组	公顷株数（株）	公顷蓄积（m³）	树种数量（种）	平均胸径（cm）	平均树高（m）	郁闭度	平均年龄（年）	分布海拔（m）
华南石栎	综合平均	1163	73.6	11	13.6	9.6	0.55	18	1731
华南石栎	华南石栎－思茅松－钝叶黄檀－火绳树－密花树－榕树等	1888	88.5	17	10.9	9.9	0.6	19	1200
华南石栎	华南石栎－华山松－旱冬瓜－其他软阔类	438	58.6	4	16.2	9.3	0.5	17	2261

（三十九）天然异龄落叶松针阔叶混交林

本类型记录到样地 2 块，分布在宁蒗县。样地分布海拔 3360m，树种结构以落叶松为优势种，还有华山松、冷杉、云杉等针叶树种与杜鹃、红桦、南烛、青榨槭、白桦、栎类、水红木、杨树、其他软阔类等组成针阔叶混交林。森林树种组成数量 9 种，综合平均胸径 11.8cm，平均树高 12.2m，平均郁闭度 0.78，平均年龄 29 年，森林活立木密度为平均每公顷 2619 株，平均公顷蓄积量 263.1m³。森林单株胸径年平均生长量 0.264cm，年平均生长率 1.98%；单株蓄积年平均生长量 0.0084m³，年平均生长率 4.9097%。详见表 3-190。

表 3-190 天然异龄落叶松针阔叶混交林结构因子统计表

优势树种	树种结构类型组	公顷株数（株）	公顷蓄积（m³）	树种数量（种）	平均胸径（cm）	平均树高（m）	郁闭度	平均年龄（年）	分布海拔（m）
落叶松	综合平均	2619	263.1	9	11.8	12.2	0.78	29	3360
落叶松	落叶松－白桦－华山松－冷杉－栎类－水红木－杨树－云杉等	3350	213.7	11	11.1	15.0	0.9	38	3400
落叶松	落叶松－杜鹃－红桦－桦木－南烛－其他软阔类－青榨槭	1888	312.5	7	12.5	9.4	0.65	19	3320

（四十）天然异龄铁杉针阔叶混交林

本类型记录到样地 2 块，分布在维西县和隆阳区。样地综合平均分布海拔 2997m，树种结构以铁杉为优势种，还有油杉等针叶树与白桦、杜鹃、红桦、五角枫、青冈、滇石栎、桦木、楠木、野八角、樟、其他软阔类等组成针阔叶混交林。森林树种组成数 9 种，综合平均胸径 17.0cm，平均树高 12.5m，平均郁闭度 0.83，平均年龄 55 年，森林活立木密度为平均每公顷 982 株，平均公顷蓄积量 575.3m³。森林单株胸径年平均生长量 0.391cm，年平均生长率 3.02%；单株蓄积年平均生长量 0.0089m³，年平均生长率 6.3415%。详见表 3-191。

表 3-191　天然异龄铁杉针阔叶混交林结构因子统计表

优势树种	树种结构类型组	公顷株数（株）	公顷蓄积（m³）	树种数量（种）	平均胸径（cm）	平均树高（m）	郁闭度	平均年龄（年）	分布海拔（m）
铁杉	综合平均	982	575.3	9	17.0	12.5	0.83	55	2997
铁杉	铁杉 – 白桦 – 杜鹃 – 红桦 – 其他软阔类 – 五角枫	1100	162.9	7	15.5	7.1	0.8	35	3320
铁杉	铁杉 – 青冈 – 滇石栎 – 杜鹃 – 桦木 – 楠木 – 野八角 – 油杉 – 樟等	863	987.6	11	18.4	17.8	0.85	75	2674

（四十一）天然异龄锥连栎针阔叶混交林

本类型记录到样地 2 块，分布在镇沅县和永仁县。样地综合平均分布海拔 2100m，树种结构以锥连栎为优势种，与云南松、滇油杉组成针阔叶混交林。森林树种组成数 3 种，平均胸径 14.0cm，平均树高 7.9m，郁闭度 0.55，年龄 22 年，森林活立木密度为每公顷 613 株，平均公顷蓄积量 59.1m³。森林单株胸径年平均生长量 0.282cm，年平均生长率 2.99%；单株蓄积年平均生长量 0.0027m³，年平均生长率 8.2647%。

（四十二）天然异龄白桦针阔叶混交林

本类型记录到样地 1 块，分布在香格里拉市。样地分布海拔 3700m，树种结构以白桦为优势种，与冷杉、中甸冷杉组成针阔叶混交林。树种结构组成中，阔叶树还有杜鹃、桦木、柳树、南烛、五角枫等树种。森林组成树种数 8 种，平均胸径 16.5cm，平均树高 17.7m，郁闭度 0.70，年龄 47 年，森林活立木密度为每公顷 1850 株，公顷蓄积量 283.8m³。森林单株胸径年平均生长量 0.163cm，年平均生长率 1.28%；单株蓄积年平均生长量 0.0032m³，年平均生长率 3.4426%。

（四十三）天然异龄刺栲针阔叶混交林

本类型记录到样地 1 块，分布在澜沧县。样地分布海拔 1160m，树种结构以刺栲为优势种，还有粗糠柴、滇青冈、杜英、旱冬瓜、红木荷、银柴等阔叶树与思茅松组成针阔叶混交林。森林组成树种数 15 种，平均胸径 15.0cm，平均树高 10.9m，郁闭度 0.75，年龄 19 年，森林活立木密度每公顷 1363 株，公顷蓄积量 144.8m³。森林单株胸径年平均生长量 0.424cm，年平均生长率 3.55%；单株蓄积年平均生长量 0.0063m³，年平均生长率 7.7979%。

（四十四）天然异龄红桦针阔叶混交林

本类型记录到样地 1 块，分布在维西县。样地分布海拔 3385m，树种结构以红桦为优势种，与冷杉、中甸冷杉组成针阔叶混交林。此外，还有杜鹃、青榨槭、五角枫、其他软阔类等少量阔叶树种分布。森林组成树种数 7 种，平均胸径 25.6cm，平均树高 10.7m，郁闭度 0.50，年龄 102 年，森林活立木密度为每公顷 888 株，公顷蓄积量 240.2m³。森林单株胸径年平均生长量 0.183cm，年平均生长率 1.01%；单株蓄积年平均生长量 0.0106m³，年平均生长率 2.7181%。

（四十五）天然异龄毛叶曼青冈针阔叶混交林

本类型记录到样地 1 块，分布在宁蒗县。样地分布海拔 3280m，树种结构以毛叶曼青冈为优势种，与侧柏组成针阔叶混交林。森林组成树种数 2 种，平均胸径 18.5cm，平均树高 13.0m，郁闭度 0.75，年龄 110 年，公顷蓄积量 307.0m³。森林单株胸径年平均生长量 0.093cm，年平均生长率 0.67%；单株蓄积年平均生长量 0.0015m³、年平均生长率 1.8225%。

（四十六）天然异龄木莲针阔叶混交林

本类型记录到样地 1 块，分布在腾冲市。样地分布海拔 2200m，树种结构以木莲为优势种，与华山松、秃杉、红豆杉组成针阔叶混交林。此外，还有旱冬瓜、桦木、木荷、水红木等阔叶树种分布。森林组成树种数 12 种，平均胸径 17.7cm，平均树高 17.1m，郁闭度 0.55，年龄 20 年，森林活立木密度为每公顷 1263 株，公顷蓄积量 126.6m³。森林单株胸径年平均生长量 0.398cm，年平均生长率 3.14%；单株蓄积年平均生长量 0.0081m³，年平均生长率 7.2638%。

（四十七）天然异龄楠木针阔叶混交林

本类型记录到样地 1 块，分布在龙陵县。样地分布海拔 2117m，树种结构以楠木为优势种，与华山松、云南松组成针阔叶混交林，此外，还有少量的栎类、南烛等阔叶树种分布。森林组成树种数 5 种，平均胸径 11.2cm，平均树高 11.5m，郁闭度 0.80，年龄 15 年，森林活立木密度为每公顷 2725 株，公顷蓄积量 168.5m³。森林单株胸径年平均生长量 0.232cm，年平均生长率 2.34%；单株蓄积年平均生长量 0.0033m³，年平均生长率 5.4354%。

（四十八）天然异龄青榨槭针阔叶混交林

本类型记录到样地 1 块，分布在维西县。样地分布海拔 3420m，树种结构以青榨槭为优势种，与云南红豆杉、云南铁杉组成针阔叶混交林，此外，还有杜鹃、红桦、花楸、樱桃等少量阔叶树种分布。森林组成树种数 9 种，平均胸径 22.9cm，平均树高 13.4m，郁闭度 0.80，年龄 96 年，森林活立木密度为每公顷 1538 株，公顷蓄积量 463.5m³。森林单株胸径年平均生长量 0.303cm，年平均生长率 2.36%；单株蓄积年平均生长量 0.0059m³，年平均生长率 5.8301%。

（四十九）天然异龄三尖杉针阔叶混交林

本类型记录到样地 1 块，分布在剑川县。样地分布海拔 2840m，树种结构以三尖杉为优势种，还有少量的铁杉针叶树与滇青冈、其他软阔类、水红木、杨树、樱桃组成针阔混交林。森林组成树种数 7 种，平均胸径 10.9cm，平均树高 8.8m，郁闭度 0.40，年龄 22 年，森林活立木密度为每公顷 650 株，公顷蓄积量 34.9m³。森林单株胸径年平均生长量 0.221cm，年平均生长率 1.09%；单株蓄积年平均生长量 0.0075m³，年平均生长率 2.6401%。

（五十）天然异龄三棱栎针阔叶混交林

本类型记录到样地 1 块，分布在双江县。样地分布海拔 1960m，树种结构以三棱栎为优势种，还有少量的截头石栎、麻栎、母猪果、南烛、小果栲等阔叶树与云南松组成针阔叶混交林。森林组成树种数 9 种，综合平均胸径 15.8cm，平均树高 11.2m，郁闭度 0.75，年龄 48 年，森林活立木密度为每公顷 1500 株，公顷蓄积量 126.3m³。森林单株胸径年平均生长量 0.387cm，年平均生长率 2.22%；单株蓄积年平均生长量 0.0087m³，年平均生长率 5.361%。

（五十一）天然异龄秃杉针阔叶混交林

本类型记录到样地 1 块，分布在盈江县。样地分布海拔 1760m，树种结构以秃杉为优势种，还有少量的杉木针叶树与旱冬瓜、岗柃、红木荷、华南石栎、西南桦、野柿等组成针阔叶混交林。森林组成树种数 9 种，平均胸径 12.7cm，平均树高 12.2m，郁闭度 0.55，年龄 14 年，森林活立木密度为每公顷 1350 株，公顷蓄积量 92.3m³。森林单株胸径年平均生长量 0.786cm，年平均生长率 6.35%；单株蓄积年平均生长量 0.0087m³，年平均生长率 13.6179%。

（五十二）天然异龄瓦山栲针阔叶混交林

本类型记录到样地 1 块，分布在双江县。样地分布海拔 1700m，树种结构以瓦山栲为优势种，有少量的滇润楠、其他软阔类等阔叶树与云南松组成针阔叶混交林。森林组成树种数 4 种，平均胸径 17.8cm，平均树高 15.4m，郁闭度 0.80，年龄 85 年，森林活立木密度为每公顷 1925 株，公顷蓄积量 228.0m³。森林单株胸径年平均生长量 0.243cm，年平均生长率 2.04%；单株蓄积年平均生长量 0.0042m³，年平均生长率 4.6825%。

（五十三）天然异龄星果槭针阔叶混交林

本类型记录到样地1块，分布在兰坪。样地分布海拔3200m，树种结构以星果槭为优势种，还有红桦、小叶青皮槭、樱桃等阔叶树与云南红豆杉、长苞冷杉组成针阔叶混交林。森林组成树种数6种，平均胸径17.6cm，平均树高14.2m，郁闭度0.70，年龄30年，森林活立木密度为每公顷1475株，公顷蓄积量303.9m³。森林单株胸径年平均生长量0.167cm，年平均生长率1.24%；单株蓄积年平均生长量0.0029m³，年平均生长率3.151%。

（五十四）天然异龄岩栎针阔叶混交林

本类型记录到样地1块，分布在大姚县。样地分布海拔2580m，树种结构以岩栎为优势种，与滇油杉组成针阔叶混交林。森林组成树种数2种，平均胸径10.7cm，平均树高5.8m，郁闭度0.40，年龄19年，森林活立木密度为每公顷763株，公顷蓄积量30.4m³。森林单株胸径年平均生长量0.258cm，年平均生长率3.03%；单株蓄积年平均生长量0.002m³，年平均生长率8.9141%。

（五十五）天然异龄硬斗石栎针阔叶混交林

本类型记录到样地1块，分布在腾冲市。样地分布海拔1680m，树种结构以硬斗石栎为优势种，还有南烛、其他软阔类、银木荷等阔叶树与云南松组成针阔叶混交林。森林组成树种数5种，平均胸径14.2cm，平均树高13.8m，郁闭度0.80，年龄47年，森林活立木密度为每公顷2238株，公顷蓄积量234.4m³。森林单株胸径年平均生长量0.222cm，年平均生长率2.01%；单株蓄积年平均生长量0.0029m³，年平均生长率4.7642%。

（五十六）天然异龄油麦吊云杉针阔叶混交林

本类型记录到样地1块，分布在维西县。样地分布海拔3390m，树种结构以油麦吊云杉为优势种，与白桦、杜鹃、马缨花、五角枫组成针阔叶混交林。森林组成树种数5种，平均胸径24.7cm，平均树高16.0m，郁闭度0.40，年龄85年，森林活立木密度为每公顷775株，公顷蓄积量306.4m³。森林单株胸径年平均生长量0.166cm，年平均生长率0.89%；单株蓄积年平均生长量0.0092m³，年平均生长率2.3494%。

（五十七）天然异龄云南黄杞针阔叶混交林

本类型记录到样地1块，分布在双柏县。样地分布海拔1120m，树种结构以云南黄杞为优势种，还有羊蹄甲、厚皮树、麻栎、南烛、余甘子、锥连栎等阔叶树与云南松等组成针阔叶混交林。森林组成树种数9种，平均胸径11.1cm，平均树高7.8m，郁闭度0.50，年龄30年，森林活立木密度为每公顷663株，公顷蓄积量33.5m³。森林单株胸径年平均生长量0.307cm，年平均生长率2.49%；单株蓄积年平均生长量0.0052m³，年平均生长率6.1485%。

（五十八）天然异龄栲树针阔叶混交林

本类型记录到样地1块，分布在永胜县。样地分布海拔2850m，树种结构以栲树为优势种，还有银木荷等阔叶树与云南松等组成针阔叶混交林。森林组成树种数3种，平均胸径54.2cm，平均树高16.4m，郁闭度0.45，年龄140年，森林活立木密度每公顷638株，公顷蓄积量237.9m³。森林单株胸径年平均生长量0.323cm，年平均生长率2.56%；单株蓄积年平均生长量0.0056m³，年平均生长率5.9689%。

（五十九）天然异龄小叶青皮槭针阔叶混交林

本类型记录到样地1块，分布在德钦县。样地分布海拔3460m，树种结构以小叶青皮槭为优势种，还有少量的五角枫等其他阔叶树与冷杉等组成针阔叶混交林。森林组成树种数5种，平均胸径16.6cm，平均树高6.8m，郁闭度0.25，年龄30年，森林活立木密度每公顷438株，公顷蓄积量59.1m³。森林单株胸径年平均生长量0.203cm，年平均生长率1.61%；单株蓄积年平均生长量0.0035m³，年平均生长率4.1123%。

第四章　森林结构类型及其优化调整技术

　　森林质量的主要影响因子有森林结构（起源结构、年龄结构、树种组成结构、密度结构、林层结构等）、组成树种种质遗传因子、气候条件、立地条件及干扰因素（可概括为人为干扰危害和自然灾害损害）等五大类主要因素。稳定的森林林层结构是维持森林生态系统自然平衡及森林可持续利用的基础，森林林层结构的变化演替主要取决于组成森林林木个体的起源结构、年龄结构、树种组成结构、密度结构等四大要素。提高森林质量的第一要务是资源保护优先，提升森林火灾、森林有害生物等自然灾害的防控能力，减少人为无序干扰，优化森林组成结构、科学规划全周期森林经营作业法，重点培育经营相对稳定的顶极目标林相森林群落，持续发挥可利用森林资源的多种效益功能，达到森林培育与利用始终保持相对稳定的持续经营目标。同时，逐步改善造林困难区域的造林、成林条件，以培育恢复森林，最终向相对稳定的目标林相演替。

　　森林结构优化调整是目标林相培育全周期森林经营过程中的主要环节；是培育优良、稳定、可持续经营的多功能森林生态系统的关键技术；是实现森林可优质、高效、持续经营的必要手段；是绿色生态文明建设的关键技术之一。森林结构优化可从以下两个主要方面探索调整转化技术：首先，要基于森林植被的地带性分布规律（以光照、水热配置为主的气候生境因子关联规律）探索相应的调整优化技术，森林结构调整优化技术在面上，要设计到以水平地带性区域分布特点差异为分区条件的植被类型分区分布特点；在点上，要细到以水平带上各自垂直地带性植被分布类型为区分的植被类型组成特点。森林结构组成、外貌特征往往是森林植被对分布区光、热、水及土壤养分等植物生存、生长所必需的自然生境条件中可利用成分配合状况的具体体现，对森林植被的生长、繁衍能力所必需的生境条件有指示效应；反过来，不同的生境条件，也会有相应的一类适生优势植被分布其中。例如：滇西北乔木分布上线附近的乔木林受低温、多湿等极端气候的影响，同时，因土层成土年限较短且地表常受冰冻冲刷，土壤瘠薄且含石、砂量大（如少量山顶分布的荒石滩地区尤其明显），植被分布就只能是冷杉、云杉、落叶松、高山松等极端耐寒、耐土壤贫瘠的针叶树种为优势分布，高山栎、黄背栎、槭树、云杉、华山松等一些暖性、温性优势树种在此区域虽然能生存，但植物个体较适生区域相比，常呈现个体矮化、灌木化、易受病虫害危害等特征；其次，在结合森林植被带谱分布的前提下，要按森林培育主体利用目标来设计森林结构优化调整的技术方案。例如：以景观森林结构优化调整技术，以生态防护为主体的公益林结构优化调整技术，以国防林、母树林等各类特殊用途林为主的结构优化调整技术，以林下特色经济经营型森林结构优化调整技术，以木材及林副产品兼用林等多功能森林经营结构优化调整技术等各种经营目标的森林结构优化调整技术，其林层结构组成的调整侧重点有所不同，运用的技术措施也各有特点。有的需要重点调整林木的起源结构，有的需要重点调整林木的龄级结构，有的则需要重点调整林木的树种组成结构，甚至有的则对起源、龄级、树种组成、树形外貌等均需要作相应的综合性协调调整。森林结构的优化调整，需要调查设计到山头地块，要做到适地适树，又要培育出全周期各阶段相对适宜且能持续产出阶段性林产品，最终培育出能保持动态稳定、可持续周期性产出木材产品（特别是大径材）的目标林相群落，实现森林的多功能、多效益持续经营。

　　顶极目标林相（不含乔木经济林）的理想状态可抽象概括为：具有相对稳定的异龄多林层（2个

林层以上）、多起源、多树种组成结构的森林林相。具体为，异龄要求林木个体间为爷、父、子、孙多代同林；多林层要求森林有 2～3 个以上相对稳定的林层；林层一般要具有上、中、下 3 个林层以上或者至少有上、下 2 个林层同时存在时较为理想。其中，上层林是木材经营的主要收获层；中层林是森林外貌的主要稳定层；下层林是以培育后备优质林木个体为主的培育层。森林全周期经营中，抚育和采伐利用主要手段均应采用定株作业为主，结合实地情况辅以少量的带状、块状作业法。上层林，林木个体龄组始终应保持在成、过熟林阶段，林层郁闭度保持在 0.20～0.40 之间，林木密度维持在每公顷 200～600 株，相邻层高差保持在 8m 以上；中层林，林木个体龄组应保持在中龄或近熟林阶段，林层郁闭度保持在 0.5～0.7 之间，林木密度维持在每公顷 800～1200 株，相邻林层高差保持在 10m 左右，大部分林木个体有较强的自然繁殖能力；下层林，林木个体龄组为幼龄树或幼苗，林木个体主要由林下自然更新或人工促进自然更新形成，林木个体间应保持高密度状态（每公顷 1200 株以上），以促进林木的自然整枝和高生长。若森林林层结构仅为 2 个林层时，上层林的林木个体的龄组应达到近、成、过熟林阶段，林层郁闭度保持在 0.25～0.40 之间，林木密度总体应保持在每公顷 600～900 株；下层林的林木个体龄组应为幼、中龄林木共生层，林层郁闭度保持在 0.60～0.70 之间，林层密度总体应保持在每公顷 1400～1700 株，是木产品短期抚育经营经济效益持续获取层。多起源：林木个体为天然、人工、萌蘖（注：萌生个体林木不建议作为全周期培育目标树选择对象，但萌蘖树接近于实生树个体，可等同于实生树进行培育）等 1 种或多种同林存在。多树种组成：每个林层的目标树种组成可以是 2～3 个树种，以便尽量保持全周期经营作业法中培育形成以树种混交林为主的目标林相群落，上层林木以落叶阔叶树或者针叶树种为主，中、下层林木以常绿与落叶阔叶树、针叶树，甚至一些先锋速生小乔木、灌木等树种可呈一定数量的比例混交结构。各类树种存在生命周期不同（即龄组成长年限不同），森林多树种结构类型可为目标林相培育中的全周期森林经营利用提供木材利用最大化和生态防护最优化的可能。在人工林经营培育中，慢生、长寿树种和速生、短命树种林木在全周期森林经营过程中可交替占据森林的上层结构，可为上层林木的定株采伐收获，提供相对持续的木材产品最大化，顶极长寿树种最终将占据目标林相群落中的森林上层结构，它们在科学的森林经营系统中，将维持着目标林相中森林结构组成各要素间的永续动态平衡。

第一节　森林结构组成类型分析与评价

一、云南森林结构组成类型

按前文所述森林结构类型划分方法和原理，森林结构类型可划分为 8 个类型，20 个亚型。结合 2017 年完成的云南第七次森林资源连续清查成果数据统计、整理，记录到的云南森林结构类型为 8 个类型，18 个亚型，259 个类型组。详见表 4-1。

表 4-1　云南森林结构组成类型表

类型（8）	亚型（18）	类型组（259）
Ⅰ.人工同龄纯林类型	1.人工同龄针叶纯林亚型	华山松纯林、杉木纯林 2 个类型组
	2.人工同龄阔叶纯林亚型	桉树纯林、黑荆树纯林、泡核桃纯林、橡胶纯林、银荆树纯林等 5 个类型组

续表 4-1

类型（8）	亚型（18）	类型组（259）
Ⅱ．人工异龄纯林类型	3.人工异龄针叶纯林亚型	杉木纯林、柏树纯林、高山松纯林、华山松纯林、思茅松纯林、秃杉纯林、云南松纯林、柳杉纯林等8个类型组
	4.人工异龄阔叶纯林亚型	桉树纯林、八角纯林、云南樟纯林、旱冬瓜纯林、核桃纯林、黑荆树纯林、橡胶纯林、柚木纯林、西南桦纯林、楝树纯林等10个类型组
Ⅲ．人工同龄混交林类型	5.人工同龄针叶混交林亚型	机械抽样，未记录到样本，但云南境内有分布
	6.人工同龄阔叶混交林亚型	黑荆树-昆明朴-直杆桉阔叶混交林1个类型组
	7.人工同龄针阔叶混交林亚型	杉木-杯状栲针阔叶混交林1个类型组
Ⅳ．人工异龄混交林类型	8.人工异龄针叶混交林亚型	华山松、柳杉、杉木、云杉为优势树种的4个类型组
	9.人工异龄阔叶混交林亚型	桉树（含蓝桉、直杆桉、赤桉、其他桉类）、八角、旱冬瓜、核桃（核桃、泡核桃）、红椿（含香椿）、头状四照花、漆树、西南桦、橡胶等为优势树种的9个类型组
	10.人工异龄针阔叶混交林亚型	桉树（含蓝桉、直杆桉、其他桉类）、柏树（含藏柏、圆柏、其他柏）、旱冬瓜、华山松、杉木、思茅松、秃杉、云南松、长苞冷杉等为优势种的9个类型组
Ⅴ．天然同龄纯林类型	11.天然同龄针叶纯林亚型	高山松林、冷杉林、怒江冷杉林、思茅松林、铁杉林、云南铁杉林、云南松林、云杉林等8个类型组
	12.天然同龄阔叶纯林亚型	滇青冈、多变石栎、高山栲、高山栎、旱冬瓜、麻栎、木荷林、青冈林、栓皮栎林、杨树林及锥连栎林11个类型组
Ⅵ．天然同龄混交林类型	13.天然同龄针叶混交林亚型	机械抽样，未记录到样本，但云南滇中、滇西等均有分布
	14.天然同龄阔叶混交林亚型	麻栎-毛叶青冈-滇杨、锥连栎-滇青冈-高山栲等2个类型组
	15.天然同龄针阔叶混交林亚型	旱冬瓜-川梨、丽江云杉-栎类、栎类-油杉-大果楠、云南铁杉-长苞冷杉-毛叶曼青冈-软阔类等4个类型组
Ⅶ．天然异龄纯林类型	16.天然异龄针叶纯林亚型	云南松林、高山松林、思茅松林、滇油杉林、扭曲云南松林、华山松林、长苞冷杉林、中甸冷杉林、川滇冷杉林、丽江云杉林、云杉林等11个类型组
	17.天然异龄阔叶纯林亚型	滇青冈纯林、小叶青冈纯林、黄毛青冈纯林、高山栎纯林、旱冬瓜纯林、黄背栎纯林、麻栎纯林、高山栲纯林、光叶石栎纯林、岩栎纯林、元江栲纯林、锥连栎纯林、川滇高山栎纯林、大叶石栎纯林、滇石栎纯林、多变石栎纯林、清香木纯林、栓皮栎纯林、腾冲栲纯林、香面叶纯林、野核桃纯林、云南樟纯林、柞栎纯林等23个类型组

续表 4-1

类型（8）	亚型（18）	类型组（259）
Ⅷ. 天然异龄混交林类型	18. 天然异龄针叶混交林亚型	高山松－华山松林、高山松－丽江云杉林、落叶松－冷杉林、云南松－扭曲云南松林、云南松－华山松林、云南松－油杉林、云南松－圆柏林、中甸冷杉－冷杉林、长苞冷杉－大果红杉林、冷杉－丽江云杉林、干香柏－冷杉林、圆柏－云杉－冷杉林、黄杉－滇油杉林及思茅松－油杉林等 14 个类型组
	19. 天然异龄阔叶混交林亚型	优势树种分别为：刺栲、滇青冈、滇石栎、高山栲、旱冬瓜、红木荷、桦木、黄毛青冈、麻栎、木荷、楠木、硬阔类、青冈、西南桦、锥连栎、栎类、多变石栎、黄背栎、白花羊蹄甲、银木荷、截头石栎、云南黄杞、高山栎、泡桐、山合欢、香面叶、小叶青冈、元江栲、杯状栲、短刺栲、软阔类、杨树、大叶石栎、光叶高山栎、光叶石栎、头状四照花、杨梅、云南泡花树等组成的森林，共 78 个类型组
	20. 天然异龄针阔叶混交林亚型	优势树种分别为：思茅松、栎类、滇油杉、旱冬瓜、华山松、麻栎、黄毛青冈、高山松、软阔类、长苞冷杉、滇青冈、黄背栎、中甸冷杉等组成的森林，共 59 个类型组

二、云南森林结构组成类型评价

（一）云南森林结构组成类型面积蓄积占比分析

云南森林结构组成类型面积蓄积占比统计显示：①混交林的单位面积蓄积量（114.4m³/hm²）总体比纯林（94.7m³/hm²）高。②异龄混交林的单位面积蓄积量比异龄纯林高。③天然异龄混交林面积占到乔木林面积的 63.8%，蓄积量高达乔木林总蓄积的 71.5%，为云南森林的主要组成结构类型。详见表 4-2。

表 4-2 云南森林结构组成类型面积、蓄积占比情况统计表

森林结构组成类型		样地数量（块）	面积占比（%）	蓄积占比（%）	公顷蓄积（m³/hm²）
树种结构	Ⅰ. 人工同龄纯林类型	46	1.2	0.9	81.9
	Ⅱ. 人工同龄混交林类型	2	0.1	0.0	0.4
	Ⅲ. 人工异龄纯林类型	402	10.5	5.0	52.3
	Ⅳ. 人工异龄混交林类型	360	9.4	5.2	60.0
	Ⅴ. 天然同龄纯林类型	218	5.6	9.0	172.6
	Ⅵ. 天然同龄混交林类型	8	0.2	0.3	143.3
	Ⅶ. 天然异龄纯林类型	351	9.2	8.1	96.6
	Ⅷ. 天然异龄混交林类型	2448	63.8	71.5	122.4

从上述森林单位面积蓄积量高低情况及森林结构类型面积占比 2 个方面分析：优质的天然异龄混交林结构类型，从抽样样地分布面积占比（63.8%）和森林蓄积量占比（71.5%）统计，均大大超过总量的 50%，占有绝对优势，这表明，云南森林结构组成类型总体现状处于优质状态。笔者认为，在今后一段时间内，森林经营的工作重心应该以森林多功能经营利用为目标，网格化分类经营思想为指导，森林结构组成优化调整技术为手段，普遍实施森林结构组成优化调整和造林困难地区生态修复

绿化工程为主线，全面提升森林质量和数量。同时，从森林全周期目标林相经营法中，探索"云南各水平和垂直气候带谱上适宜的科学森林经营法和保护管理措施，践行"绿水青山就是金山银山"的核心要义，助力实现把云南建设成为全国生态文明排头兵的战略部署。

（二）云南森林结构类型分析评价

森林结构类型的优劣除了主要分析森林质量（例如：以单位面积蓄积量、生长率或生长量值的高低情况为指标，衡量研究区森林生长力的强弱、森林质量的优劣等方法），还应结合培育利用森林的主要功能需求为导向，即培育利用目标林相为导向（例如：森林的景观需求、稀有性需求、产值最大化需求等森林的各类系统功能需求，以及对森林密度、胸径、树高、郁闭度、年龄等森林和林木生长因子进行综合分析评价）。本节将对云南省 2017 年完成的第九次森林资源连续清查成果数据中记录统计到的 8 个类型、18 个亚型、259 个类型组的森林结构组成类型特点、优化方案做简要分析评价，为森林结构优化调整中编制调整方案、技术参数以及森林目标林相规划设计等森林经营技术路线的制定提供参考。

Ⅰ. 人工同龄纯林类型

该类型记录到人工同龄针叶纯林和人工同龄阔叶纯林 2 个亚型。

1. 人工同龄针叶纯林亚型

人工同龄针叶纯林亚型记录到人工同龄华山松纯林、杉木纯林 2 个类型组。详见表 4-3。

表 4-3　人工同龄针叶纯林亚型结构类型组组成因子表

优势树种	公顷株数（株）	公顷蓄积（m³）	林木种类（种）	平均胸径（cm）	平均树高（m）	蓄积年生长量（m³）	蓄积年生长率（%）	郁闭度	平均年龄（年）	分布海拔（m）
华山松	275	263.5	1	41.2	20.8	0.0172	7.0	0.40	47	2460
杉木	338	161.7	1	30.1	18.9	0.0053	9.7	0.22	42	1260

统计数据显示，该亚型记录到的树种组成主要特点为：树种均为用材树种，森林郁闭度低下（0.22 ~ 0.40），林木密度不高（小于 400 株 /hm²），但是单位蓄积量均高于全省森林平均水平（102.9m³/hm²）；林木径高比（胸径与树高的比值，下同）小于 2，年龄为近（成）熟林，是林层结构优化调整培育中理想的上层林结构林木；森林林木蓄积年生长率大于 7.0%，处于生长盛期；森林树种组成简单（仅检尺到 1 种），物种组成多样性丰富度不高；林木龄级组成为同龄林，林层差异不明显，影响了森林空间垂直结构利用效率。该类型适宜通过人工促进自然育林方式在林窗和林下培育下层林木，增加森林树种组成，改善林层结构，逐步形成 2 个和 2 个以上稳定的异龄针阔混交林或者针叶混交林结构类型，不急于采伐利用。

2. 人工同龄阔叶纯林亚型

人工同龄阔叶纯林亚型主要记录到人工同龄桉树纯林、黑荆树纯林、泡核桃纯林、橡胶纯林、银荆树纯林等 5 个类型组。详见表 4-4。

表 4-4　人工同龄阔叶纯林亚型结构类型组组成因子表

优势树种	公顷株数（株）	公顷蓄积（m³）	林木种类（种）	平均胸径（cm）	平均树高（m）	郁闭度	平均年龄（年）	分布海拔（m）
桉树	700	4.7	1 ~ 2	4.8	5.5	0.56	3	1250 ~ 1750
黑荆树	50	0.3	1	4.0	1.6	0.30	3	1109 ~ 2040
泡核桃	32	0.0	1	4.7	2.4	0.24	5	1610 ~ 2250

续表 4-4

优势树种	公顷株数（株）	公顷蓄积（m³）	林木种类（种）	平均胸径（cm）	平均树高（m）	郁闭度	平均年龄（年）	分布海拔（m）
橡胶	380	110.6	1 ~ 2	22.6	17.6	0.72	24	140 ~ 1050
银荆树	13	0.1	1	2	1	0.25	4	2240

统计数据显示，本研究记录到该亚型的类型组不多（共 5 个类型组），主要特点是组成树种多为速生先锋树种或经济林木树种。橡胶林除外，其余林分均为 3 ~ 5 年生幼龄林，且森林林木密度不大，胸径不足 5cm，基本无林木蓄积量；森林树种（仅检尺到 1 种）、龄级（均为同龄）组成单一，森林生产力低下，需进行混交林结构优化改造，并可考虑通过选择培育长寿、慢生优质顶极乡土树种，逐渐更替现有速生先锋树种。该类型培育可从现阶段主要考虑以目标树全周期经营作业法中，地表增绿、扩绿性绿化修复阶段的造林绿化，向区域性顶极目标林相结构培育转化，为处于森林目标林相培育演替过程中的初期调整规划设计阶段，需要及时进行森林结构的调整培育。记录到的橡胶林为经济和用材兼用林，但均以经济用途为优先，用材和生态防护需求多为连带利用，植被空间结构调整常常考虑灌木层和草本层调整，调整主要考虑因素是预防森林有害生物入侵危害需求和地表水土保持需求，也适当考虑经济用途如咖啡种植、牧草种植等林下综合经营需求。因此，现存的橡胶林类型应以乔木经济林经营措施进行经营管理培育，暂时不应考虑按生态林和用材林的森林结构组成进行调整优化。

Ⅱ. 人工异龄纯林类型

该类型记录到人工异龄针叶纯林和人工异龄阔叶纯林 2 个亚型。

3. 人工异龄针叶纯林亚型

人工异龄针叶纯林亚型主要记录到人工异龄杉木纯林、柏树纯林、高山松纯林、华山松纯林、思茅松纯林、秃杉纯林、云南松纯林、柳杉纯林 8 个类型组。详见表 4-5。

表 4-5　人工异龄针叶纯林亚型结构类型组组成因子表

优势树种	公顷株数（株）	公顷蓄积（m³）	林木种类（种）	平均胸径（cm）	平均树高（m）	郁闭度	平均年龄（年）	分布海拔（m）
杉木	38	0.4	1	3.0	2.2	0.25	3	670
柏树	1013	32.3	1 ~ 3	9.8	7.5	0.49	10	1695
高山松	775	6.3	1	6.1	3.1	0.45	10	3160
华山松	2023	94.2	3	12.8	9.0	0.64	29	1920 ~ 2483
思茅松	1603	57.8	4	11.3	8.6	0.68	9	1373
秃杉	1380	69.6	2 ~ 3	10.8	7.4	0.61	10	1780 ~ 2180
云南松	1181	74.3	1 ~ 5	11.4	8.8	0.51	26	1492 ~ 2564
柳杉	1175	12.0	1	6.2	5.6	0.55	5	1420

统计数据显示，该森林结构组成亚型的主要特点是森林年龄总体不大，除了华山松林和云南松林（起源为人工，年龄大于 20 年）达近熟林外，其他森林均处于幼龄林（10 年内生长的人工林）阶段。同时，华山松林和云南松林的径高比偏高（均大于 1.2），显示林分高生长不够充分，与相同年龄段其他森林结构类型的华山松林、云南松林的林木平均因子相比较，林分平均胸径、树高总体偏

小，森林单位面积蓄积量偏低，森林质量不高。从森林郁闭度、林木密度（即：公顷株数）、平均胸径、平均树高综合分析，该类型除华山松林需要再作间伐降密、降郁闭度（林木密度降至每公顷1700 株左右，郁闭度保持不低于 0.60）、促进林木有充分的径生长（即：粗生长）条件外，均适宜通过播种或植苗等人工促进更新方式，促成林下幼苗、幼树更新层快速形成下层林分，以增加森林综合密度，促进上层树木径、高均衡生长，并逐渐形成稳定的多林层异龄混交优质森林结构，这是一类迫切需要进行森林结构优化调整的结构组成类型。

4. 人工异龄阔叶纯林亚型

人工异龄阔叶纯林亚型记录到桉树纯林、八角纯林、云南樟纯林、旱冬瓜纯林、核桃纯林、黑荆树纯林、橡胶纯林、柚木纯林、西南桦纯林、楝树纯林等 10 个类型组。详见表 4-6。

表 4-6 人工异龄阔叶纯林亚型结构类型组组成因子表

优势树种	公顷株数（株）	公顷蓄积（m³）	树种种类（种）	平均胸径（cm）	平均树高（m）	郁闭度	平均年龄（年）	分布海拔（m）
桉树	1419	82.3	1 ~ 5	11.8	14.4	0.67	8	790 ~ 2120
八角	775	44.1	1	12.5	9.1	0.50	12	1400
云南樟	725	15.2	1	8.7	4.8	0.35	14	1200
旱冬瓜	754	75.0	2	14.0	11.6	0.61	8	1760 ~ 2300
核桃	354	22.1	1 ~ 2	10.7	6.8	0.40	11	1304 ~ 2500
黑荆树	603	32.0	1 ~ 2	11.8	8.4	0.43	13	1990
橡胶	504	48.6	2	14.2	11.8	0.52	11	710 ~ 900
柚木	1657	46.8	1 ~ 2	10.0	7.7	0.68	11	220 ~ 1270
西南桦	1017	71.0	2 ~ 3	13.9	13.0	0.63	10	1180 ~ 1520
楝树	413	5.7	1	7.2	5.8	0.60	5	340

统计数据显示，该森林结构类型的主要特点是：森林均处于幼龄林阶段。除桉树林和柚木林外，森林密度总体偏低，森林树木的各组成因子值，如：公顷蓄积量、胸径、树高、郁闭度均不大，除桉树林类型中局部类群的树种组成达 5 个树种以外，其余类型的森林组成树种多数为 1 ~ 2 种，而且八角、核桃、橡胶、楝树等经济和用材兼用林，其主要以经济效益经营为主，用材和生态防护效益为辅。从组成森林的林木综合因子分析，该类型的森林结构也是处于迫切需要进行结构组成优化调整培育的主要类型。

Ⅲ. 人工同龄混交林类型

该类型记录到人工同龄阔叶混交林和人工同龄针阔叶混交林 2 个亚型。

5. 人工同龄阔叶混交林亚型

人工同龄阔叶混交林亚型仅记录到人工同龄黑荆树 – 昆明朴 – 直杆桉阔叶混交林 1 个类型组。样地分布海拔 1800m，林分年龄为 6 年，处幼龄林期。林分虽然已郁闭（郁闭度 0.30），但测量到的平均胸径（4.0cm）、平均树高（1.6m）较小，为未达到检尺幼龄林（森林资源清查技术规定，胸径 5cm 以下不检尺）；活立木密度每公顷 1120 株，较云南该树种合理造林密度（每公顷 1650 株）偏疏。该类型适宜通过点播或者人工抚育，促进林下实生苗成林以及引进乡土针叶树种等方式培育林木，增加森林树木密度，提高地表植被覆盖，促进树木快速生长。

6. 人工同龄针阔叶混交林亚型

人工同龄针阔叶混交林亚型仅记录到人工同龄杉木 – 杯状栲针阔叶混交林 1 个类型组。样地分布海拔 1500m，林分平均胸径 4.0cm，平均树高 2.1m，平均郁闭度 0.50，平均年龄 4 年，为未达检尺幼龄林，活立木密度每公顷 1567 株。该类型与同龄其他类型相比较，除了森林郁闭度略偏低外，树木组成其他各项因子值均较为理想，但尚未达到森林结构调整阶段，仍处于森林结构的中层、上层后备林培育阶段，主要经营管护措施可采取透光修枝、打杈等森林抚育方式。

Ⅳ．人工异龄混交林类型

该类型记录到人工异龄针叶混交林、人工异龄阔叶混交林和人工异龄针阔叶混交林 3 个亚型。

7．人工异龄针叶混交林亚型

人工异龄针叶混交林亚型记录到以华山松与云南松、柳杉与杉木、杉木与秃杉、云杉与冷杉等为优势树种的 4 个类型组。详见表 4-7。

表 4-7　人工异龄针叶混交林亚型结构类型组组成因子表

优势树种	公顷株数（株）	公顷蓄积（m³）	林木种类（种）	平均胸径（cm）	平均树高（m）	郁闭度	平均年龄（年）	分布海拔（m）
华山松 – 云南松等	1448	84.6	3	12.1	7.8	0.54	24	1980 ~ 2690
柳杉 – 杉木等	1072	50.5	3 ~ 4	12.2	7.5	0.34	13	1880 ~ 1970
杉木 – 秃杉等	923	50.8	3 ~ 5	11.8	7.1	0.50	13	1420 ~ 2000
云杉 – 冷杉等	800	29.8	2 ~ 4	9.7	4.7	0.48	27	3700 ~ 3860

统计数据显示，该森林结构组成类型的主要特点是：森林组成林木密度低，郁闭度小，径高比值大（一定程度上反映林木高生长不足）；森林树种组成丰富（2 种以上），具有较好的自然抗病虫害传播能力；森林年龄处于中龄林和近熟林阶段，理论上为森林经营周期中生长力最旺盛的时期，但因组成林木密度低、高生长明显不足，造成森林公顷蓄积量同比偏低，森林生产力水平不高。本类型处在最适宜做林层结构培育调整阶段，应在保持现有林层向上层林结构发展的同时，积极进行下层林（即幼龄层）的培育。

8．人工异龄阔叶混交林亚型

人工异龄阔叶混交林亚型记录到以桉树（含蓝桉、直杆桉、赤桉、其他桉类）与旱冬瓜、八角与木荷、旱冬瓜与木荷、核桃（含各类泡核桃品种）与滇青冈、红椿（含香椿）与泡桐、头状四照花与黄连木、漆树与香椿、西南桦与木荷、橡胶与桦木等为优势树种的 9 个类型组。详见表 4-8。

表 4-8　人工异龄阔叶混交林亚型结构类型组组成因子表

优势树种	公顷株数（株）	公顷蓄积（m³）	林木种类（种）	平均胸径（cm）	平均树高（m）	郁闭度	平均年龄（年）	分布海拔（m）
桉树 – 旱冬瓜等	961	84.4	5.0	14.7	15.1	0.58	11	820 ~ 1950
八角 – 木荷等	548	19.4	5.0	9.8	6.6	0.48	16	820 ~ 1330
旱冬瓜 – 木荷等	773	52.6	5.0	11.6	9.9	0.49	10	980 ~ 2400
核桃 – 滇青冈等	278	28.9	4.0	11.7	6.7	0.33	12	1155 ~ 2200
红椿 – 泡桐等	392	30.2	4.0	13.7	9.7	0.47	16	930 ~ 2000
头状四照花 – 黄连木等	582	13.1	6.5	14.5	7.0	0.55	20	1740 ~ 1830
漆树 – 香椿等	734	46.3	6.7	12.3	9.2	0.52	23	620 ~ 2110

续表 4-8

优势树种	公顷株数（株）	公顷蓄积（m³）	林木种类（种）	平均胸径（cm）	平均树高（m）	郁闭度	平均年龄（年）	分布海拔（m）
西南桦 – 木荷等	1258	66.8	7.1	11.4	11.4	0.62	10	1040 ~ 2023
橡胶 – 桦木等	492	75.2	4.1	26.2	12.9	0.51	19	550 ~ 930

统计数据显示，该森林结构组成类型的主要特点是：森林主要处于幼中龄林生长期，生产经营管理粗放，树种组成十分丰富（每个类型组基本在 4 个树种以上），人工营造目标树种与天然更新非目标树种之间已形成混交配置结构，呈现出近自然森林结构趋形；森林林木密度（即公顷株数）低、郁闭度小、高生长不足（树木径高比值大），公顷蓄积量较低（均小于云南森林总体平均109.2m³/hm²）、林分质量差。需培育下层幼龄林，改善林层结构，提高森林林木密度，改善林木组成年龄结构，最终通过森林结构组成的优化培育以提高森林的总体质量。

9. 人工异龄针阔叶混交林亚型

人工异龄针阔叶混交林亚型记录到以桉树（含蓝桉、直杆桉、其他桉类）与针叶树类、柏树（含藏柏、圆柏、其他柏）与阔叶树类、旱冬瓜与针叶树类、华山松与阔叶树类、杉木与阔叶树类、思茅松与阔叶树类、秃杉与阔叶树类、云南松与阔叶树类、长苞冷杉与阔叶树类等为优势种的 9 个类型组。详见表 4-9。

表 4-9　人工异龄针阔叶混交林亚型结构类型组组成因子表

优势树种	公顷株数（株）	公顷蓄积（m³）	林木种类（种）	平均胸径（cm）	平均树高（m）	郁闭度	平均年龄（年）	分布海拔（m）
桉树 – 针叶树	821	38.8	4.2	10.1	7.2	0.47	15	1110 ~ 2270
柏木 – 阔叶树	600	33.8	3.9	11.2	8.8	0.48	17	1040 ~ 2560
旱冬瓜 – 针叶树	1064	62.4	4.7	12.0	8.4	0.54	11	960 ~ 2440
华山松 – 阔叶树	1328	93.3	5.3	13.1	9.5	0.58	25	1720 ~ 2650
杉木 – 阔叶树	1342	72.6	6.3	12.4	9.3	0.58	17	840 ~ 2240
思茅松 – 阔叶树	1690	74.4	6.9	11.7	9.9	0.64	12	970 ~ 1900
秃杉 – 阔叶树	1121	72.7	4.3	16.2	12.1	0.44	14	1100 ~ 2000
云南松 – 阔叶树	1062	67.9	5.0	12.0	8.0	0.49	19	1200 ~ 2920
冷杉类 – 阔叶树	1013	51.8	5.0	10.4	6.2	0.40	28	3860

统计数据显示，该森林结构组成类型的主要特点是：组成类型多，森林生长平均年龄不到 30 年，处于幼中龄林阶段。组成树种十分丰富（每个类型组均在 4 种以上），作为幼中龄林阶段的森林，林木密度总体不高（其中人工思茅松阔叶混交林的公顷株数 1690 株为比较理想型，但树高生长与胸径生长相比，仍然显得高生长明显不足），郁闭度不大（均在 0.65 以下），公顷蓄积量较低（均小于云南森林总体平均 109.2m³/hm²），林分质量不高，需加强森林经营抚育管理，进行森林结构优化培育，培育多林层结构。通过培育下层幼龄层，提高森林林木总体密度，改善林木年龄结构组成，促进各林层树木有充分的高生长和径生长，提高森林总体质量。

Ⅴ. 天然同龄纯林类型

该类型记录到天然同龄针叶纯林、天然同龄阔叶纯林 2 个亚型。

10. 天然同龄针叶纯林亚型

天然同龄针叶纯林亚型记录到高山松纯林、冷杉纯林、怒江冷杉纯林、思茅松纯林、铁杉纯林、云南铁杉纯林、云南松纯林、云杉（含丽江云杉等）纯林等8个类型组。详见表4-10。

表4-10　天然同龄针叶纯林亚型结构类型组组成因子表

优势树种	公顷株数（株）	公顷蓄积（m³）	树种数量（种）	胸径（cm）	树高（m）	郁闭度	平均年龄（年）	分布海拔（m）
高山松	423	202.5	1	26.7	17.0	0.60	89	423
冷杉	244	302.5	1	37.1	20.2	0.57	148	3000～4230
怒江冷杉	113	299.8	1	49.3	26.3	0.40	143	3260～3460
思茅松	328	92.2	1	21.5	15.1	0.46	31	1100～1530
铁杉	306	726.5	1	55.5	26.0	0.66	196	2800～3420
云南铁杉	200	244.0	1	40.0	18.0	0.70	125	2780
云南松	398	183.4	1	26.1	16.6	0.59	66	1557～2780
云杉	172	288.5	1	40.3	22.8	0.56	126	2900～4410

统计数据显示，该森林结构组成类型的主要特点是：思茅松林除外，森林年龄普遍较大，森林树木基本处于生长期的顶极年龄阶段，为森林组成目标林相经营中，目标树最终达到的生活、生长因子主要参考值，是研究目标林相的最佳时期；森林组成树木的平均冠幅较大，基本就1个乔木林层，下层林木位置多被杜鹃等灌木树种长期占据（多数为20世纪80年代人工不合理伐木干扰形成，如滇西北现有的部分天然丽江云杉纯林结构），森林林木密度不大（公顷株数不足500株）。树木冠幅大，郁闭度适中，平均胸径、树高基本达到目标理想值，公顷蓄积量最大达726.5m³，处于全周期森林培育追求的目标林相优质森林状态。理论上，森林结构优化调整，可考虑人工促进下层灌木层中的乔木目标树天然更新，培育中、下层林层结构，改善林层结构和树种组成结构。但实地考察中，这类森林多位于自然保护地内山高坡陡、人为活动极少、生态区位十分脆弱的区域（例如：迪庆州的白马雪山自然保护区南段和西侧中山上部区域），森林生态系统的自我平衡和调节能力非常强，若无人为活动干扰，林下空地中，顶极目标树的幼树自然更新能力非常强，只要很好地封育管护，即可保持顶极森林生态系统的动态平衡。此外，表中天然同龄思茅松针叶纯林的情况，从调查因子数据显示与其他类型组的森林结构明显不同：从年龄结构分析，该森林处于近熟林生长期，为生长旺盛期；从森林林木密度（公顷株数平均328株，为较低）、公顷蓄积量（92.2m³，正常）、平均胸径（21.5cm，正常）、平均树高（15.1m，偏低）分析，该类型急需培育中、下林层，改善林层结构和森林林木密度结构，是适宜进行森林结构优化调整培育的主要类型。

11. 天然同龄阔叶纯林亚型

天然同龄阔叶纯林亚型记录到滇青冈纯林、多变石栎纯林、高山栲纯林、高山栎纯林、旱冬瓜纯林、麻栎纯林、木荷纯林、青冈纯林、栓皮栎纯林、杨树纯林及锥连栎纯林等11个类型组。详见表4-11。

表 4–11　天然同龄阔叶纯林亚型结构类型组组成因子表

优势树种	公顷株数（株）	公顷蓄积（m³）	树种数量（种）	胸径（cm）	树高（m）	郁闭度	平均年龄（年）	分布海拔（m）
滇青冈	413	169.2	1	28.5	13.6	0.75	123	2950
多变石栎	500	459.0	1	38.0	27.0	0.70	105	3100
高山栲	1000	34.0	1	10.0	7.0	0.80	20	2430
高山栎	381	37.5	1	16.0	11.6	0.50	42	2960 ~ 3020
旱冬瓜	546	93.6	1	16.9	12.6	0.54	33	1625 ~ 2730
麻栎	1194	18.6	1 ~ 5	6.8	5.8	0.48	11	1180 ~ 1390
木荷	888	800.0	1	36.5	20.0	0.75	130	2600
青冈	419	283.7	1	32.0	20.0	0.75	123	2610 ~ 3220
栓皮栎	550	5.1	1	6.5	4.4	0.35	8	1890
杨树	1125	86.3	1	13.8	8.2	0.75	45	3780
锥连栎	925	5.8	2	6.1	4.6	0.40	13	2160

　　统计数据显示，该森林结构组成类型的主要特点是组成类型多、森林年龄结构组成丰富（龄组为幼、中、近、成、过熟林均有分布）。其中，公顷蓄积量高达 800m³，年龄上百年的森林结构组成类型（顶极目标林相结构类型）是全周期森林经营过程中，培育森林目标林相群落最好的参考依据。

　　表中龄组为近、成、过熟（表中平均年龄大于 45 年的森林）森林的郁闭度均较大（0.70 以上），但林木密度总体偏小，表明该类森林中、上层近、成过熟林林层的树木冠幅较大，对森林空间光、热、水的吸收非常充分，已体现了较好的群团状目标林相森林的结构组成模式，是群团状（即：小块状）目标林相培育参数设计的主要参考依据。

　　表中龄组为幼中龄林的类型组主要为高山栲林、麻栎林、栓皮栎林、锥连栎林 4 个类型组，其主要特点是森林组成优势树种均为壳斗科栎类乔木树种，森林树木平均生长年龄不超过 20 年，成林年限很短，可能是人为采薪等人为干扰因素所致。森林树木密度均低于每公顷 1200 株，较云南栎类合理造林密度每公顷约 1650 株偏低，森林树木各生长因子值也不接近理想状态（平均胸径最大10.0cm，树高最高 7.0m，径高比大于 1，公顷蓄积量最高 34.0m³），森林的生长力不强，质量低下。本类型需通过人工促进更新，增加针叶树种等混交配置，提高森林林木密度等方式进行森林结构的优化调整培育，以改善森林结构，提高森林林木生长力，进而提升森林总体质量。

　　Ⅵ . 天然同龄混交林类型
　　该类型记录到天然同龄阔叶混交林和天然同龄针阔叶混交林 2 个亚型。

　　12. 天然同龄阔叶混交林亚型
　　天然同龄阔叶混交林亚型记录到麻栎 – 毛叶青冈 – 滇杨混交林、锥连栎 – 滇青冈 – 高山栲混交林等 2 个类型组。详见表 4–12。

表 4–12　天然同龄阔叶混交林亚型结构类型组组成因子表

优势树种	公顷株数（株）	公顷蓄积（m³）	树种数量（种）	胸径（cm）	树高（m）	郁闭度	平均年龄（年）	分布海拔（m）
麻栎等阔叶树	863	7.6	4.0	6.6	5.1	0.63	9.0	1720 ~ 1970
锥连栎等阔叶树	1000	8.5	3.5	6.2	4.9	0.50	17.5	1710 ~ 1970

统计数据显示，该森林结构组成类型的主要特点是森林均处于幼龄林期，组成树种丰富，从森林树种检尺木公顷株数少（只统计胸径达5cm以上的检尺木），而林分郁闭度相对较大的现状分析，森林中未达检尺树木数量应该不少，树木个体组成的密度总体不小，呈现出森林成林初期常见的结构组成特征。森林结构调整措施建议：加强森林管护，逐步淘汰林中先锋树种，逐步通过树种更替，增加针叶树种和常绿目标树种的培育；通过定株抚育等手段，培育以栎类、针叶树以及落叶阔叶树种混交为主的上层林，阴生（或耐阴）树种为主的中层、下层林。在上层林木进入成熟林之后，上层林郁闭度调整保持在0.25 ~ 0.4之间，公顷株数保持在400 ~ 600株；下层林郁闭度保持在0.5 ~ 0.7之间，公顷株数保持在1200株以上。

13. 天然同龄针阔叶混交林亚型

天然同龄针阔叶混交林亚型记录到旱冬瓜－云南松－川梨林、丽江云杉－栎类林、栎类－油杉－大果楠林、云南铁杉－长苞冷杉－毛叶曼青冈－软阔类林等4个类型组。详见表4-13。

表4-13　天然同龄针阔叶混交林亚型结构类型组组成因子表

优势树种	公顷株数（株）	公顷蓄积（m³）	树种数量（种）	胸径（cm）	树高（m）	郁闭度	平均年龄（年）	分布海拔（m）
旱冬瓜－云南松等	125	57.3	3	28.8	9.4	0.24	28	2060
丽江云杉－栎类等	413	95.0	2	20.0	16.5	0.45	75	2980
栎类－油杉－大果楠等	4613	60.0	5	6.5	6.0	0.80	16	1300
云南铁杉－毛叶曼青冈等	125	902.3	4	95.1	29.4	0.60	128	2960

统计数据显示，该森林组成结构类型的主要特点是年龄结构中有过熟的原始天然林（如：云南铁杉针阔叶混交林、丽江云杉针阔混交林），也有幼龄的天然次生林（栎类针阔叶混交林）和中龄的天然次生林（旱冬瓜针阔叶混交林）。

云南铁杉针阔叶混交林类型组的公顷蓄积量最大（902.3m³）、森林最原始，从林木密度小（即公顷株数少）和平均郁闭度（0.60）不低等因子综合分析，该类型组森林优势树种云南铁杉的冠幅较大，且多为过熟的上层同龄级树木，而与之伴生的阔叶树种分布在其下与其林层高差不大的近上层林位（因为该类型组调查显示均为单层林），严格意义上的中层林缺乏，下层林有可能为杜鹃等灌木层占据，但地面表土层中存储有丰富的云南铁杉种籽资源，一旦上层树木枯死或因采伐形成林窗，表土中的种籽资源将很快萌发新生幼苗，快速形成下层林。当然，如果突然形成大面积林窗，失去森林林中促成种籽萌发并成长的地表有利湿度和温度条件，那林下自然更新就会出问题，甚至很难形成林层。该类型组的各项森林、林木指标值为森林目标林相规划设计参数提供了最直接的参考依据。

丽江云杉针阔叶混交林类型组的郁闭度（0.45）、林木密度（即公顷株数不大）均偏低，但径高比值相对合理，公顷蓄积量不高（低于全省森林综合水平109.2m³/hm²），主要是丽江云杉分布海拔线较高，其间所分布的阔叶树种较丽江云杉生长缓慢，胸径和树高较小所致，该类型森林林层结构明显（上层丽江云杉，下层阔叶树加丽江云杉自然更新幼树），森林经营周期相对较长，但已达到相对稳定的森林结构组成状态，该类型组由于上层林木——丽江云杉处于适生区，高生长较林中阔叶树生长快速，如无人为干扰，最终将演替为丽江云杉纯林（为分布区顶极目标林相群落）的概率较大。

旱冬瓜针阔叶混交林类型组的径高比值过大，森林高生长明显不足，森林林木密度较低（即公顷株数特别少），郁闭度（0.24）稀疏，森林质量低下，适宜森林林层结构优化调整。

栎类针阔叶混交林类型组的密度较大（公顷株数4613株），郁闭度较高，径高比值（6.5/6.0）比较理想，本类型组树种结构合理，建议加强管护和修枝抚育，待树木高生长进入相对缓慢期（树高达15m左右）后，进行疏伐以促进树木的径生长，形成中层林。同时，通过人工促进落种等自然更新措施，一并培育下层林木。

Ⅶ.天然异龄纯林类型

该类型记录到天然异龄针叶纯林和天然异龄阔叶纯林 2 个亚型。

14. 天然异龄针叶纯林亚型

天然异龄针叶纯林亚型记录到云南松林、高山松林、思茅松林、滇油杉林、扭曲云南松林、华山松林、长苞冷杉林、中甸冷杉林、川滇冷杉林、丽江云杉林、云杉林等 11 个类型组。详见表 4-14。

表 4-14　天然异龄针叶纯林亚型结构类型组组成因子表

优势树种	公顷株数（株）	公顷蓄积（m³）	树种数量（种）	胸径（cm）	树高（m）	郁闭度	平均年龄（年）	分布海拔（m）
云南松	1378	94.2	3	12.7	9.1	0.58	30	1270 ~ 3110
高山松	1910	115.4	3	12.1	8.9	0.64	36	2930 ~ 3350
思茅松	1130	117.4	4	15.0	12.2	0.55	29	1350 ~ 1695
滇油杉	1465	65.1	3	11.5	7.3	0.58	28	1750 ~ 1970
扭曲云南松	1313	73.2	2	11.7	7.7	0.61	33	2020 ~ 2346
华山松	1014	78.3	2	14.8	9.3	0.59	35	2142 ~ 2900
长苞冷杉	1480	269.1	2	21.5	14.0	0.49	120	3940 ~ 4028
中甸冷杉	542	648.5	2	35.6	26.6	0.53	143	3820 ~ 3920
川滇冷杉	250	137.5	1	23.7	20.0	0.35	111	3770
丽江云杉	500	261.6	3	24.5	13.4	0.40	84	3560
云杉	113	140.0	1	38.0	26.0	0.40	145	3570

统计数据显示，该森林结构组成类型的主要特点是类型组较丰富（11 个类型组），森林树种组成不多，优势树种结构明显（多为云南常见自然分布的松、杉类树种），郁闭度总体不高，龄组平均在中龄林（20 ~ 30 年）以上，不少为成、过熟林。森林林木公顷株数最少为 113 株，最多为 1910株；公顷蓄积量最小为 65.1m³，最大达 648.5m³。其中：中甸冷杉林、长苞冷杉林、川滇冷杉林、丽江云杉林、云杉林等 5 个类型组的公顷株数、公顷蓄积、平均胸径、平均树高、郁闭度、树种组成（2 种）等 6 项森林树木生长特征因子值，可作为云南该类型组中森林全生命周期生长目标林相在中层林阶段的树木培育指标设计参考值；扭曲云南松林在立地条件较好的地方，适宜逐渐进行树种更替为云南松、滇油杉以及栎类等阔叶树，最终转变成优质针阔混交林树种结构，而对分布在生态脆弱区域或者地形地势等生境较恶劣区域的生态林，则需要通过植被演替原理和森林效益最大化理论等知识，结合实地森林、生态因子综合情况，研判是否适宜进行森林树种结构的优化调整，并及时针对性地制定相应的森林经营措施。

15. 天然异龄阔叶纯林亚型

天然异龄阔叶纯林亚型记录到滇青冈纯林、小叶青冈纯林、黄毛青冈纯林、高山栎纯林、旱冬瓜纯林、黄背栎纯林、麻栎纯林、高山栲纯林、光叶石栎纯林、岩栎纯林、元江栲纯林、锥连栎纯林、川滇高山栎纯林、大叶石栎纯林、滇石栎纯林、多变石栎纯林、清香木纯林、栓皮栎纯林、腾冲栲纯林、香面叶纯林、野核桃纯林、云南樟纯林、柞栎纯林等 23 个类型组。详见表 4-15。

表4-15　天然异龄阔叶纯林亚型结构类型组组成因子表

优势树种	公顷株数（株）	公顷蓄积（m³）	树种数量（种）	样地平均胸径（cm）	样地平均树高（m）	郁闭度	平均年龄（年）	分布海拔（m）
滇青冈	1790	123.9	3	13.4	11.5	0.78	46	2166
高山栎	2194	82.9	3	12.0	8.7	0.66	51	2873
旱冬瓜	745	100.1	3	16.6	11.4	0.48	16	2242
黄背栎	1779	63.9	2	9.6	5.5	0.59	30	3201
黄毛青冈	2792	93.6	4	9.1	6.3	0.78	26	2340
麻栎	871	73.7	3	16.1	10.1	0.50	33	1630
高山栲	2238	34.8	3	7.5	5.6	0.58	20	2053
光叶石栎	800	197.2	4	19.7	17.7	0.55	94	1660
岩栎	1082	76.6	4	13.1	6.3	0.64	42	1880
元江栲	994	18.3	3	7.6	6.2	0.60	21	2362
锥连栎	844	61.3	3	14.0	7.2	0.48	58	2200
川滇高山栎	2438	25.0	1	7.0	5.0	0.65	24	3800
大叶石栎	2238	86.7	3	10.3	7.5	0.50	19	1280
滇石栎	1213	29.1	3	8.5	6.7	0.60	10	2020
多变石栎	1963	14.4	1	6.3	4.8	0.65	18	2760
清香木	750	8.4	1	6.7	4.0	0.33	11	1790
栓皮栎	1425	584.6	8	21.1	12.2	0.60	81	3340
腾冲栲	1425	186.2	1	16.4	8.9	0.55	65	2560
香面叶	400	49.1	2	16.0	10.2	0.50	20	2120
小叶青冈	1975	358.0	2	17.9	15.1	0.90	70	2360
野核桃	775	20.1	3	9.1	6.0	0.50	15	1500
云南樟	1125	55.3	3	10.4	8.2	0.55	16	2120
柞栎	713	221.0	1	24.9	19.3	0.75	72	1840

　　统计数据显示，该森林结构组成类型的主要特点是记录到的类型组丰富（23个类型组），常见组成优势树种以壳斗科栎属、栲属、石栎属、青冈属为优势（占78.3%）。栎类龄组组成从幼龄林（年龄≤40年）到成熟林（年龄81～120年）均有分布，从年龄结构分析，顶极树种进入目标林相阶段（年龄≥71年）的森林有光叶石栎林、栓皮栎林、柞栎林、小叶青冈林等栎类阔叶树种。其中：天然栓皮栎异龄阔叶纯林的公顷蓄积量（584.6m³）最大，组成树种最丰富（样木树种8种），密度结构（每公顷1425株）、郁闭度（0.60）适中，是全周期森林经营中较为理想的顶极目标林相结构状态，是森林培育过程中可复制、可参考的森林组成结构因子指标，是培育多林层结构林中，可持续培育、稳定利用的中层和上层林木组成目标结构；滇青冈林、高山栎林、岩栎林的树木生长指标可作为以中龄林树木为主要组成成分的中层林目标林相设计参数指标；黄毛青冈、黄背栎、高山栲、川滇高山栎、大叶石栎、多变石栎可作为以幼龄层树木为主要组成成分的下层林目标林相设计参数指

标；处于幼、中龄林期的旱冬瓜林、麻栎林、清香木林、野核桃林、云南樟林等类型组，因森林年龄结构与对应的树木结构的树木密度偏低，各生长因子值有提升空间，就森林结构组成方面进行分析，是急需进行结构优化调整的类型组。

Ⅷ. 天然异龄混交林类型

该类型记录到天然异龄针叶混交林、天然异龄阔叶混交林和天然异龄针阔叶混交林 3 个亚型。

16. 天然异龄针叶混交林亚型

本研究中天然异龄针叶混交林亚型记录到高山松 – 华山松林、高山松 – 丽江云杉林、落叶松 – 冷杉林、云南松 – 扭曲云南松林、云南松 – 华山松林、云南松 – 油杉林、云南松 – 圆柏林、中甸冷杉 – 冷杉林、长苞冷杉 – 大果红杉林、冷杉 – 丽江云杉林、干香柏 – 冷杉林、圆柏 – 云杉 – 冷杉林、黄杉 – 滇油杉林及思茅松 – 油杉林 14 个类型组。详见表 4–16。

表 4–16　天然异龄针叶混交林亚型结构类型组组成因子表

优势树种	公顷株数（株）	公顷蓄积（m³）	树种数量（种）	样地平均胸径（cm）	样地平均树高（m）	郁闭度	平均年龄（年）	分布海拔（m）
高山松 – 华山松	1760	120.1	3	17.5	11.0	0.61	36	3181
高山松 – 丽江云杉	2332	286.4	4	15.5	10.8	0.75	33	3324
落叶松 – 冷杉	532	220.0	2.5	29.3	18.1	0.70	139	4180
云南松 – 扭曲云南松	1327	47.7	3	10.5	6.2	0.53	28	2367
云南松 – 华山松	1215	90.0	3	13.9	8.9	0.56	31	2411
云南松 – 油杉	941	72.2	3	13.6	8.9	0.52	32	2020
云南松 – 圆柏	1050	36.7	3	10.5	6.9	0.60	14	1870
中甸冷杉 – 冷杉	1882	206.0	5.5	14.6	10.8	0.78	49	3775
长苞冷杉 – 大果红杉	588	111.8	2	15.9	7.8	0.45	55	4151
冷杉 – 丽江云杉	788	194.2	4	24.3	18.9	0.75	142	3890
干香柏 – 冷杉	1538	510.7	3	48.8	20.5	0.50	180	4280
圆柏 – 云杉 – 冷杉	763	24.9	5	9.6	6.0	0.40	30	4200
黄杉 – 滇油杉	588	117.1	2	21.9	14.3	0.40	58	1910
思茅松 – 油杉	950	30.4	3	12.5	8.8	0.40	22	1900

统计数据显示，该森林结构组成类型的主要特点是：类型组比较丰富（14 个），作为混交林结构，森林树种组成简单（多为 3 种），平均胸径总体偏小，年龄结构（林分年龄）与森林生产力强度关系（公顷蓄积量）不尽合理（年龄大，公顷蓄积量偏低）。但也存在理想的目标林相结构森林，如：干香柏 – 冷杉类型组的林龄最大（180 年，偏大），公顷蓄积量（510.7m³）最高，公顷株数（1538 株）合理。上层郁闭度（0.50）表明其森林冠幅不大，上层树种组成的空间占比理想，是目标林相经营中比较理想的森林结构组成类型。

从上表中，森林组成结构的各因子值对比分析，该类型中，高山松 – 华山松林、高山松 – 丽江云杉林、云南松 – 华山松林、中甸冷杉 – 冷杉林等类型组的森林结构组成均为较理想的自然结构状态，森林结构组成各林分、林木因子值可作为森林全周期经营规划中，设计各阶段目标林相培育指标的参考值；处于幼、中龄林期的云南松－扭曲云南松林、云南松－华山松林、云南松－油杉林、云南松－圆柏林、思茅松－油杉林等类型组从年龄组成和森林林木密度、平均胸径、树高、郁闭度等指标综合分析，需要进行森林结构的优化调整。

17. 天然异龄阔叶混交林亚型

本研究中记录到天然异龄阔叶混交林78个类型组。其中，样本数≥5份的类型组有38个，各森林类型组的优势树种分别为：刺栲、滇青冈、滇石栎、高山栲、黄毛青冈、麻栎、青冈、锥连栎、多变石栎、截头石栎、黄背栎、高山栎、小叶青冈、元江栲、杯状栲、短刺栲、大叶石栎、光叶高山栎、光叶石栎、栎类、西南桦、白花羊蹄甲、银木荷、云南黄杞、泡桐、山合欢、旱冬瓜、红木荷、桦木、木荷、楠木、香面叶、杨树、头状四照花、杨梅、云南泡花树、其他硬阔类、其他软阔类。详见表4–17。样本数＜5份的有40个类型组（详见上一章节），因样本数较少，样本特征因子已不能很好地描述相应类型组的总体本质特点，故本节不予以总结分析。

表 4–17 天然异龄阔叶混交林亚型常见结构类型组组成因子表

优势树种	公顷株数（株）	公顷蓄积（m³）	树种数量（种）	样地平均胸径（cm）	样地平均树高（m）	郁闭度	平均年龄（年）	分布海拔（m）
栎类	1474	149.2	6	15.7	11.5	0.65	43	1602
旱冬瓜	853	117.7	8	18.4	12.4	0.52	23	1932
红木荷	1237	113.3	11	14.3	11.6	0.61	27	1458
高山栲	1551	105.2	8	13.4	9.7	0.63	35	2064
木荷	1124	128.7	7	14.1	11.1	0.57	31	1417
麻栎	1375	66.6	8	11.7	8.7	0.57	27	1597
滇青冈	1463	131.0	8	14.0	10.1	0.68	38	1970
硬阔类	856	172.9	6	18.4	13.7	0.61	39	1448
青冈	1504	117.6	7	14.0	10.3	0.64	37	1855
滇石栎	1754	111.0	9	13.3	9.9	0.69	32	2096
楠木	1016	181.5	6	18.2	12.8	0.65	48	1586
西南桦	1052	147.4	13	16.0	13.0	0.62	32	1461
黄毛青冈	1275	114.4	7	15.9	11.6	0.57	41	1796
锥连栎	1903	112.8	9	11.3	8.9	0.68	32	1969
刺栲	1502	111.5	14	13.1	11.4	0.70	42	1379
桦木	1009	157.7	9	15.8	12.9	0.60	35	1398
多变石栎	1179	168.0	7	17.5	11.1	0.58	46	2106
黄背栎	1324	68.5	3	11.3	7.2	0.54	32	2812
白花羊蹄甲	780	100.0	8	17.8	10.8	0.53	33	1079
银木荷	1138	88.9	9	12.8	8.5	0.57	20	1858
截头石栎	1463	135.4	10	16.5	11.3	0.66	46	1707
云南黄杞	1516	99.6	12	11.7	9.5	0.61	18	1348

续表 4-17

优势树种	公顷株数（株）	公顷蓄积（m³）	树种数量（种）	样地平均胸径（cm）	样地平均树高（m）	郁闭度	平均年龄（年）	分布海拔（m）
高山栎	1754	69.2	6	10.2	8.0	0.74	43	2898
泡桐	961	60.0	9	12.1	10.1	0.52	15	1303
山合欢	925	60.2	9	11.5	8.2	0.48	26	1351
香面叶	822	133.0	6	14.6	10.9	0.56	34	1454
小叶青冈	1377	164.6	9	16.2	11.1	0.70	51	2025
元江栲	2877	177.4	8	12.4	9.3	0.82	36	2416
杯状栲	1417	192.3	11	17.3	15.5	0.71	56	1532
短刺栲	2711	125.1	14	11.4	10.5	0.78	37	1608
软阔类	740	47.5	7	11.9	8.7	0.48	21	1418
杨树	1538	85.4	8	11.3	8.8	0.69	25	2483
大叶石栎	1388	198.1	7	17.1	10.5	0.55	42	1912
光叶高山栎	1565	62.5	6	10.5	6.7	0.67	34	2204
光叶石栎	1830	59.3	8	11.6	8.6	0.67	16	1304
头状四照花	843	41.0	7	11.0	7.1	0.44	14	2352
杨梅	1150	66.8	8	10.6	8.9	0.52	10	2053
云南泡花树	1373	121.4	8	12.2	9.0	0.52	18	1846

据统计数据分析，该森林结构组成类型的主要特点是：类型组成最丰富（78 个类型组），森林龄组为中龄林以下，组成林木尚未进入成熟阶段，公顷株数平均在 800 ~ 1700 株之间，最高达 2877 株（元江栲幼龄林），公顷蓄积平均为 41 ~ 198m³ 之间，最高达 198.1m³；树种组成（生物多样性）最丰富（森林平均组成树种 6 ~ 10 种），森林郁闭情况较理想（郁闭度多在 0.50 ~ 0.80 之间）；森林优势树种组成主要为壳斗科树木（38 个常见类型组中，有 20 个类型组的森林优势树种为壳斗科树木，占 52.6%）。通过各森林结构类型组的公顷株数、公顷蓄积、平均胸径、平均树高、郁闭度、年龄、分布海拔等组成因子和影响相关因子的对比分析研究，我们可以在几种因子间的相互制约或促进关系中找到森林全周期经营规划中各经营阶段（即组成森林树木的各年龄生命阶段）、各森林组成结构最适宜的指标参数设计值。例如：当需要森林高生长为主体需求时，可增加培育森林密度，找到最适宜的密度值，当森林高增长达到一定林龄段时，可通过疏伐措施促进树粗（树径）生长状态而找出最适宜树粗生长的森林密度值。同时，通过疏伐可培育下层目标林相组成的后备林木，并促进森林树种组成群落个体渐次向顶极林木转化，最终满足目标林相中的个体林木数量在各种间伐利用过程中保持动态平衡、稳定森林组成结构和外貌特征持续存在，实现森林的持续利用和森林生态系统的动态平衡。

18. 天然异龄针阔叶混交林亚型

本研究中记录到天然异龄针阔叶混交林 59 个类型组。其中：样本数 ≥ 10 份的有 15 个类型组，其优势树种分别为：云南松、思茅松、栎类、滇油杉（油杉）、旱冬瓜、华山松、麻栎、黄毛青冈、高山松、软阔类、长苞冷杉、扭曲云南松、滇青冈、黄背栎、中甸冷杉；样本数在 5 ~ 10 份间的有 6 个类型组，优势树种分别为：高山栎、滇石栎、冷杉、丽江云杉、杨树、红木荷；样本数 < 5 份的

有 38 个类型组（详见上一章节），这些类型组因样本数量较少，样本特征因子已不能很好地描述相应类型组的总体本质特点，故本节不予以总结分析。样本数 ≥ 5 份的类型组见表 4-18。

表 4-18　天然异龄针阔叶混交林亚型常见结构类型组组成因子表

优势树种	树种结构类型组	公顷株数（株）	公顷蓄积（m³）	树种数量（种）	平均胸径（cm）	平均树高（m）	郁闭度	平均年龄（年）	分布海拔（m）	样地数量（块）
云南松	云南松 - 滇青冈等	1272	101.7	4	14.2	9.9	0.57	31	2091	471
思茅松	思茅松 - 红木荷等	1236	124.6	9	15.2	11.9	0.59	32	1426	106
栎类	栎类 - 油杉 - 云南松等	1597	116.9	5	12.6	9.3	0.62	34	1720	62
滇油杉（油杉）	滇油杉（油杉）- 滇青冈等	1369	67.6	6	12.3	7.4	0.57	28	1941	35
旱冬瓜	旱冬瓜 - 云南松等	923	116.6	5	16.9	11.6	0.49	24	2256	30
华山松	华山松 - 滇青冈等	1160	117.1	6	15.3	9.7	0.64	33	2433	26
麻栎	麻栎 - 云南松等	1237	73.8	6	12.5	8.5	0.54	32	1962	25
黄毛青冈	黄毛青冈 - 云南松等	1490	117	7	15.1	8.6	0.63	51	2091	20
高山松	高山松 - 白桦等	1671	136.5	4	14.6	9.7	0.62	45	3387	19
软阔类	软阔类 - 思茅松等	1643	120.9	7	11.9	9.1	0.63	29	2117	18
长苞冷杉	高山松 - 桦木等	675	393.9	4	32.7	17	0.57	115	3603	17
扭曲云南松	扭曲云南松 + 滇青冈等	1299	71.7	5	12.5	7.3	0.52	35	2139	15
滇青冈	滇青冈 - 云南松等	1516	85.7	6	12.7	8.8	0.61	38	2222	14
黄背栎	黄背栎 - 冷杉等	1034	159.1	5	19.4	9.7	0.57	93	3184	14
中甸冷杉	中甸冷杉 - 红桦等	701	371	5	33.8	18.7	0.57	133	3733	11
高山栎	高山栎 - 华山松等	1520	217.8	6	16.9	11.9	0.64	84	3102	9
滇石栎	滇石栎 - 云南松等	2008	124.1	7	11.5	9.2	0.66	32	2240	7
冷杉	冷杉 - 红桦等	818	412.9	4	34.4	16.7	0.57	93	3885	7
丽江云杉	丽江云杉 - 白桦等	1298	355	7	22.9	14.2	0.66	95	3519	7
杨树	杨树 - 云南松等	1690	104.5	6	12.5	10.7	0.75	19	2992	6
红木荷（木荷）	红木荷（木荷）- 云南松等	958	53.4	9	10.9	8.3	0.5	19	1704	5

　　统计数据显示，该森林结构亚型组成类型的主要特点是：组成类型组（共记录到 59 个类型组）、森林树种组成（平均 6 种）特别丰富，森林郁闭度多数在 0.50 ~ 0.65 之间、公顷株数平均 1300 株、公顷蓄积平均约 160m³、林木平均胸径约 17.0cm、林木平均树高约 11.0m、森林龄组处于中龄林以上，是云南森林组成结构优化调整中，各配合因子值最有研究和借鉴价值的森林结构类型，同时，也是最能代表和反映云南优质森林结构的主要组成部分，是目前云南森林经营培育中最值得关注的森林结构类型。

　　综上所述，天然异龄混交林结构类型是云南森林结构组成现状中，组成类群最多（151 个类型组，占云南森林结构类型组总数的 58.8%）、面积占比最大（占 63.8%）、分布范围最广（全省各地范围均有分布）、森林蓄积量占比最大（占 71.5%）的类型，是今后森林结构优化调整的主要对象。同时，要根据不同区域、不同森林结构类型中，先锋树种与顶极目标树种的生长力表现情况，选择当地最适宜的优化调整备选树种；提高森林结构组成优化调整的技术水平，实现结构调整的优质、高效；要强化森林经营规划与管理，确保目标树的培育年限，在顶极目标林相全周期经营培育过程中达到最佳利用年限；针对各类森林的不同培育目的主体功能需求，设计森林结构组成的主要调整因子，例如：以培育木材利用和木材储备为主的森林经营，就应该重点经营森林上层顶极木（实现定株经营和小型群团状经营，以获取主要的木材产品收益）和中层抚育木，搞活下层林木及发展林下经济等短周期抚育性经营，当森林结构组成达到目标林相后，森林中层（稳定层）目标树和上层（主要利用层）顶极木在采伐性经营利用中，其林木个体数量始终能保持动态平衡，维持顶极森林结构组成的持续存在，实现森林目标林相的可持续经营和利用。

第二节　森林结构优化培育技术探讨及应用

一、基本概念

（一）近自然森林及结构

近自然森林是指通过近自然方式培育起来的森林，强调的是培育森林的方式，主要表达的特点是森林形成前的地类特征、状况。近自然森林结构一般为近自然异龄混交林结构，是基于混交、竞争和空间分布格局的空间结构模式，而非空间结构作为主要约束条件进行分析探讨，例如：分析经营利用类型与目标乔木主林层、次林层的株数比例以及采伐作业法选择等相互关系的研究等。

（二）近自然异龄混交林结构特点

近自然异龄混交林的优势和主要特点有：①近自然林的林木起源是以自然落种或萌蘖、分蘖等天然为主，辅以人工播种、植苗的人工造林生长起来的天然人工混交林，其主体林木的生长省去了大量的造林成本，同时林木的生存是对生境适应的结果，故抗逆性强、不易死亡。②异龄林中的林木个体年龄各异，导致林木不同的高生长而占据林分的不同空间层次，形成复层林；不同的林层享有不同的光照、水热配置等自然条件而显示不同的生长力；异龄的对象是林木个体的年龄差异，异龄的优点是形成不同的林层结构，处在不同林层的林木个体可充分利用该林层的光照和水热条件，使光、热、水条件的利用空间立体化而达到最大利用效果。③混交林是由 2 个或 2 个以上树种组成的乔木林，强调的是林分整体而非林木个体，混交林的优势在于森林灾害的阻隔作用，同时，各物种对有限生境空间条件中的无机和有机成分形成分散、高效的偶合利用，从而最大化地提升森林单位面积蓄积以及提供物种多样性生存空间等。有些学者建议把混交林的概念再延伸扩展，如林木起源混交、林木年龄混交、林木树种混交等。这样，经过近自然培育形成的森林结构其实就是一种混交林结构。④异龄混交林结构的森林，其林木个体组成呈新、老更替、自然循环、可持续利用；合理的定株经营可维持森林的永续存在，持续发挥其生态和经济价值效益，进而体现"绿水青山就是金山银山"的新时代生态文明建设的核心要义。

二、森林结构优化培育理念

（一）森林结构优化目的

森林结构优化是有效提高森林质量，促进森林资源由单纯追求数量增长向数量和质量同时增长转变的重要途径，也是关系到生态安全，实现人与自然和谐及森林生态系统健康、稳定，可持续发展利用的重要任务。改造纯林，调整树种组成结构、空间分布结构、起源结构、组成林木龄级结构，构建起多树种、多起源、多林层、异龄混交、并具有空间有序林分结构，以提高林分质量，维护和丰富森林生态系统及景观的完整性、多样性及稳定性，进而促进森林生态系统步入健康、稳定、持续发展利用的良性循环。

（二）森林结构优化对象

森林结构优化对象可主要考虑以下几种类型：人工乔木纯林，生产力较低的天然次生林，易受病虫害侵袭的乔木林、非目标林相的乔木林，疏林、灌木林，结构不合理的乔木林，萌生的乔木矮林等。例如：人工桉树等纯林、"萌栎等小老头树"、生长衰退无培育前途的多代萌生杉木林、山黄麻、盐肤木等非目的先锋树种为主组成的乔木林、郁闭度在 0.2 以下的疏林地、遭受严重自然灾害的林分、生产力过低的残次林分、密度过大的林分等。

（三）森林结构优化意义

通过森林的空间结构、树种组成结构、树龄结构、起源结构等森林结构组成因子的优化调整，以实现森林林木生长总量提高，形成森林树种组成多样性结构、多林层树龄结构、多样化森林景观，达到森林顶极目标群落的正向演替。最终在培育形成森林的主体规划利用目标功能需求的同时，实现健康的、稳定的森林生态系统的多功能永续利用。

（四）森林结构优化调整的主要措施

可采用近自然森林结构优化调整培育技术、退化森林修复结构调整培育技术、森林采伐技术、造林绿化技术等多种常用的森林经营作业法为主要手段，林下经济培育林层结构以及景观林林层结构培育调整为辅的多功能森林结构优化调整经营措施。

（五）森林结构优化类型

主要指森林培育周期达到目标群落林相，进入永续利用阶段后的理想森林群落层次结构状态，强调的是森林培育成效，多为近自然多林层异龄混交林结构。近自然森林结构优化类型的基本命名原则是基本现状（初始条件）——演替经营参数（全周期经营设计）——目标林分结构（又称目标林相，由目标树种的顶极群落组成的多林层森林生态系统结构）。例如：重点公益林区针叶与常绿阔叶异龄混交林结构优化类型；用材与经济兼用林区针叶与落叶阔叶异龄混交林结构优化类型等。

三、树种结构调整与森林结构优化

（一）树种结构调整

树种结构调整内容指通过造林和采伐措施，对森林目标树种进行选择或者更替。

造林首先是树种选择，主要技术要点包括：选择乡土和适生树种，树龄结构相异，空间形态结构及生长特性互补等，如针叶与阔叶、常绿与落叶、灌木与乔木、速生与慢生等树种；其次，是造林技术，主要技术要点是选择人工挖塘植苗造林，还是近自然播种育林等技术；同时，造林技术的选择要尽量减少对造林区域地表土壤的扰动，造林树种的选择要与小区水量情况相协调，做到量水选树。

树种结构调整主要通过调整各林层的树种组成来实现，常用的技术有廊道式皆伐技术、斑块式皆伐技术、补植和疏伐技术、封山育林技术、混交林营造技术、林木定株培育与择伐技术、近自然育林技术等 7 种作业法。

（二）森林结构优化调整

森林结构优化调整技术要充分结合成熟的近自然育林技术、造林绿化技术、封山育林技术、退化林修复技术、森林采伐作业技术、生物防灾林带建设技术以及生物廊道建设技术等多种森林经营技术，按各地森林目标林相的主体功能需求进行森林结构优化培育调整。具体为，通过开展森林分类经营，按森林发展的顶极目标林相设计相应的全周期森林培育经营作业法、区划森林经营固定小班、建立森林资源档案资料、设计顶极目标群落林相结构；开展纯林结构近自然转变为混交林结构的提质改造样板林示范建设；开展退化森林生态修复样板林示范建设等措施，进行森林结构优化调整技术的探讨和总结推广。森林结构优化调整技术设计中，要考虑清理地被物促进自然落种与林窗结构调整相结合、自然更新与林下造林相结合、局部造林与整体调整相结合、封育与育改相结合，疏伐与树种结构调整相结合、退化林修复中林层与树种调整培育相结合、森林结构布局与生物防火防虫林带建设相结合、森林结构布局与生物廊道建设相结合等。

（三）森林结构优化模型

森林结构优化模型可参考汤孟平编著的《林分择伐空间结构优化模型研究》一书中提出的模型目标函数，该书中提出的模型集成现代森林经理学理论、生物多样性保护与信息技术，并成功地与检查法相结合。模型属非线性多目标整数规划，目标函数是基于混交、竞争和空间分布格局的空间结构，非空间结构作为主要约束条件，该模型求解的可行方法主要用 Monte Carlo 法。

四、森林结构组成优化调整案例分析和探讨

（一）目标林相培育中目标树种选择原则

（1）选择云南森林常见采伐树种

据前文所述，研究期云南森林主要采伐树种有桉树、柏树、高山松、华山松、桦木、冷杉、栎类、木荷、杉木、思茅松、铁杉、杨树、油杉、云南松、云杉、其他软阔类、其他硬阔类等 17 种；常见采伐树种有高山栎、柳杉、桤木、青冈、樟、泡桐等 6 个采伐树种；偶尔采伐树种有黄杉、香椿、池杉、枫香、水杉、柚木、核桃、柳树、白穗石栎、大叶石栎、滇石栎、多变石栎、光叶石栎、厚鳞石栎、截头石栎、杯状栲、刺栲、短刺栲、高山栲、小果栲、银叶栲、印度栲、元江栲、川滇高山栎、川西栎、光叶高山栎、黄背栎、灰背栎、栓皮栎、锥连栎、黄毛青冈、曼青冈、毛叶曼青冈、毛叶青冈、小叶青冈、披针叶楠、粗壮琼楠、滇厚朴、滇润楠、黄丹木姜子、尖叶桂樱、楝、毛叶黄杞、云南黄杞、南酸枣、三尖杉、云南泡花树、云南厚壳桂、橡胶、水冬瓜等 50 多个树种。

（2）选择云南珍贵和常见用材顶极乡土树种

据前文统计分析与研究，云南森林组成树种中，主要珍贵用材顶极树种有：紫檀、桦木、木荷、水青冈、高山松、圆柏、华山松、冷杉、云杉、杉木、思茅松、铁杉、油杉、云南松、楠木、润楠、樟、香椿、红椿、团花、望天树、枫香、柚木、榉木、黄杞、南酸枣、三尖杉、泡花树、朴树、香果树、银杏、水杉、含笑、雪松、榆树、铁核桃、蝴蝶果、滇桐、东京桐、八宝树、喜树、白蜡树、蚬木等，其中：望天树、蚬木、紫檀、柚木、蝴蝶果等一些树种的分布为窄域分布，主要分布在云南亚热带南部地区的热带雨林、季雨林和季风常绿阔叶林等分布区域，各造林区域尽量适地、适树地选择当地乡土树种和适生外来树种造林。

（3）选择云南珍稀濒危乡土树种

黄杉、红椿、翠柏、七叶树、榉木、西藏柏木、福建柏、秃杉、红豆杉、榧树、巧家五针松、云南肉豆蔻、厚朴、长蕊木兰、马褂木、木莲、楠木、润楠、水青树、黄檀、红豆、西畴青冈、三棱栎、千果榄仁、云南金钱槭、蚬木、土沉香、青梅、蒜头果、珙桐等。

（4）选择耐瘠、耐旱、耐湿、耐寒等云南极端立地环境适生树种及先锋生态绿化树种

耐瘠、耐旱乡土树种主要有：云南松、刺栎、清香木、柏树类、高山栲、锥连栗、麻栎、栓皮栎、滇清冈等；耐瘠、耐寒树种主要有：云杉、冷杉、高山松、落叶松、白桦、黄背栎、槭树等；耐湿树种主要有：水杉、水松、中山杉、杨树、柳树、桤木等。常见先锋生态绿化树种有：中平树、山黄麻、麻栎、余甘子、山鸡椒、盐肤木、杯状栲、旱冬瓜、滇山杨、桦木等。

（5）选择景观、美化、经济等特殊用途树种

常见的景观、美化树种可分为观叶树木类：漆树、银杏、杨树、枫香、松柏类、马蹄荷、红叶石楠、榈木、稠李、红椿、槭树等；观花树木类：山茶、玉兰、含笑、桂花、蓝花楹、凤凰木、梨

花、李花、杏花、樱花、木瓜、海棠、杜鹃等；观果树木类：槭树、顶果木、海船、栾树、石楠、樱桃、杨梅、柿树、黄连木、清香木、杨梅、头状四照花、槭树、漆树、胡杨等；观形树木类：棕榈、榕树、樟树、木兰、松杉类等。

经济树种类有：核桃、板栗、花椒、澳洲坚果（干果和蜜源树）、龙眼、荔枝、杧果、木瓜、杨梅、樱桃（水果和蜜源树）、苹果（水果和蜜源树）、梨（水果和蜜源树）、杏（水果和蜜源树）、番木瓜、松类（采脂）、楝树（药用）、密蒙花（灌木蜜源植物）、野坝子（灌木蜜源植物）、沉香（采香）、牛肋巴（紫胶寄主植物）等。

（二）森林分类经营与森林结构优化调整相结合的原则

云南森林结构优化调整要与两类林分类经营方案相结合，保持政策的连续性和一贯性，并以此确定森林结构优化调整的经营尺度和范围。

（1）公益林禁伐区森林结构优化调整原则

禁伐区主要分布在自然保护地，生物多样性保护中心，大江、大河源头及两岸面山范围内生态极端脆弱敏感区域、生态防护区域、生物多样性重点区域等国家重点公益林区或者林地保护等级为Ⅰ级的林地保护区域。禁伐区要求禁止一切森林采伐，减少人为活动和干扰，森林生态系统依靠自然调节，保持自然平衡。为此，森林结构优化调整原则可通过近自然森林生态恢复模式，对林中空地等非林木分布区域重点进行松土、点播、散播、人工促进自然更新等方式，培育当地适生、慢生顶极目标树种。以物种多样性为主要保护对象的自然保护地除外，对长期由低质先锋树种（如盐肤木林、中平树林、山麻黄林等）反复控制、坡度平缓（一般25°以下）的非困难造林地带区域，可通过树种渐次更替改造等方式逐渐转化为由顶极目标树种组成的森林。禁伐区森林结构优化的主要调整目标是通过林中空地造林、森林抚育等人工促进更新的方式，丰富树种组成多样性结构和森林林层结构，在实际森林经营管理中，对该区域进行森林结构优化调整的空间极小。

（2）公益林限伐区森林结构优化调整原则

限伐区一般分布在生态脆弱区、生态环境保护区等地方性公益林区和林地保护等级为Ⅱ级、Ⅲ级的林地保护区内。限伐区原则上可以进行少量的林木采伐经营，但要求严格限制对森林的大量或过量采伐利用，限制对森林生态系统的过度扰动，经营目标是森林生态效益优先，森林资源保护为主，限制采伐性经营利用，尽量减少林区人为活动和干扰，突出森林生态系统多功能、多效益经营目标。限伐区森林结构优化调整目标主要是根据森林多功能属性中主体功能培育设计需求，对森林树种组成结构、起源结构、树木年龄结构以及林层结构等组成因子进行整体调整。

（3）商品林经营区森林结构优化调整原则

商品林经营区一般位于生态环境压力不大，地表植被的变化、更替调整不易引发区域性和全域性生态问题、生物多样性等环境问题的区域。商品林经营区要求以森林经营利用为主，产品要满足人类生产、生活中多种功能的需求。商品林经营既要发挥森林的生态功能，又要实现对森林木材的采伐利用或林副产品的采收利用。商品林经营区是森林经营的主场地，是森林结构优化调整的重点区域。商品林经营主要是林地范围内的森林经营，但也可能是耕地、牧地等非林地范围内的森林经营（主要为农民自主的种植结构调整产生）。分析国内、国外商品林经营管理模式和经营技术的历史发展经验，走近自然多功能持续林经营管理之道是人类可从森林生态系统中收获最大效益的途径，也是我国生态文明建设的必然选择。森林结构优化调整目标主要是森林树种组成结构、林木起源结构、林木年龄结构以及林层结构的综合调整。通过多林层林木生长的时间迭代、树种迭代，各林层林木的定株培育与采伐利用，实现森林的持续稳定存在，组成森林各龄级、各林层活立木总数量和生态系统的相对动态平衡，森林林木量的全周期均衡采伐利用。换言之，一旦目标林相的森林培育形成，就可以周期性地从中持续性获取一定量的木材利用，同时还能从稳定的森林生态系统中收获森林本身固有的生态效益和社会效益，实现森林的多功能、多效益永续发展与利用，真正体现"绿水青山就是金山银山"的核心要义。

（三）森林全周期经营与森林组成结构调整的理想模型

（1）森林的典型演替模式

非森林（造林、育林）→幼林→中林→近熟林→成熟林→过熟林。在非森林向森林的转化过程中，对耕地、采伐迹地、荒地、无立木林地等立地条件较好的造林区域，直接营造目标树种，经过全周期森林经营结构优化培育，培育目标林相结构；对在石漠化、干热河谷等困难造林地区恢复森林植被时，要量水而行，首先选择营造先锋树种林，甚至是营造先锋灌草植被，再从先锋树种林（或者灌草植被→先锋乔木林）中造林，逐步恢复至先锋乔木树种林，最终培育转化成区域顶极树种的目标林相群落。

（2）森林的全周期经营利用

幼龄林层：抚育伐除弱树、劣树获取薪材、纸浆材、刨花板材；森林为复层林时，下层幼树抚育后密度可保持在每公顷1200株以上；森林为单层林时，抚育后森林总密度可保持在每公顷2500～4500株，以促进森林活立木的高生长和自然整枝，为培育多林层结构创造树木组成条件。当所处森林总体达到目标林相后，幼龄段林木主要为森林林层结构中的下层活立木。

中龄林层：抚育伐除干扰树、Ⅳ木及修枝打杈获取薪材、纸浆材、刨花板材、小径材；森林为复层林时，密度可保持在每公顷1200～1600株；森林为单层林时密度可保持在每公顷1800～2500株。当所处森林总体达到目标林相后，中龄段林木主要为森林林层结构中的中层活立木，有极少部分可能仍处在下层林木中。

近熟林层：透光疏伐、生长伐等抚育采伐，以促进森林活立木的径生长，采伐获取中、小径材原木、薪材、纸浆材、刨花板材等。抚育调整后，该林层活立木密度可保持在每公顷800～1200株，主要培育形成森林林层结构中的中上层活立木。

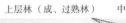
上层林（成、过熟林）　　中层林（中、近熟林）　　　　　　　下层林（更新层，幼、中龄林）

左：近自然异龄针叶混交林（块状混交）　　　　　　右：天然异龄阔叶混交林（株间混交）

图4-1　森林林层结构示意图

成熟林层：少量采伐收获木材利用层。根据林层调整实际需要，采取修枝或定株采伐等方式调整微区域林层林木郁闭范围，采伐获取大、中径材原木、薪材、纸浆材、刨花板材等，优化调整后，森林上层活立木密度可保持在每公顷300～600株。该类林木主要分布在森林林层结构中的上层林位置。

过熟林层：主要采伐收获木材利用层。通过周期性定株采伐或群团状、块状采伐过熟林木收获木材，获取大径材原木、板材等高价值木材产品，采伐后，森林林层结构中的上层活立木密度可保持在每公顷300～500株，所处林层郁闭度保持在0.20～0.40之间。该类林木主要分布在森林林层结构中的上层林位置。

在理想型森林林层结构组成的全周期经营培育过程中，森林林层结构如图4-1所示。

（3）森林结构组成因子

从森林组成密度结构、林层结构、树种结构、年龄组成结构、起源结构五大结构要素，分析云南森林近自然育林技术要点。

密度结构与森林的高生长和径生长密切相关，当森林林木在生长旺盛期（如幼、中龄林期）时，应保持森林的高密度状态，以促进林木的高生长和自然整枝；当林木的高生长进入和接近生长缓慢期（如近熟龄、成熟龄林期）时，应通过适当降低森林密度，促进树木的径生长。

林层结构与保持森林生态系统的稳定性关系较大，稳定的森林林层结构一般要求在3个林层以上，至少要具有上、中、下3个相对稳定的林层结构。上层为森林生态系统的稳定层和目标树采伐利用（培育大径材采伐利用）的主林层，是维持森林生态系统相对稳定以及获取森林林木经济、生态收益最大的林层，上层林木的采伐利用，将采用定株渐伐或带状、群团状采伐更替的原则进行大径材的培育利用；中、下层林木为更新层，是确保森林生态系统质量高低的关键层，是林木资源从林木下层向上层渐次递升的输送层，下层林木的树种种质情况、树种多样性情况将决定整片森林的质量及森林生态系统的持续性，故下层林木的培育从树种选择搭配、种质质量状况、幼林抚育质量等环节，均应严格按相应的森林经营技术方案和技术措施及时经管到位；中层林是上层林木的输送层、后备层，也具备森林生态系统稳定层的功能，该层中的目标树，要选择培育前途大（树种材质优良、出材等级高、用途广泛、能长成大径材、长寿的顶极树种）、生长质量最好的林木培育后进入上层林。林层林木生长的更新顺序为：下层→中层→上层→定株采伐利用。上层木的采伐时机为：大量的中层木进入上层木结构，而且其生长明显被压或者从中层木进入到上层木的林木郁闭度已在0.20以上，可单独形成林层时进行。

树种结构是维持森林多样性的关键要素，组成树种越丰富，森林生态系统的生物生境及食物链就越复杂多样，生态系统就越容易平衡和稳定；同时，树种结构越复杂，如针叶与阔叶树种、常绿与落叶树种、乔木与灌木树种、乔木与竹类树种等多成分适量混交，将极大地丰富森林的营养空间，使其能为人类提供更多的原木、林副、林下等直接或间接的森林产品以及优质的环境资源产品，实现森林的多功能、多效益经营。

年龄组成结构主要体现为森林各林层林木个体的空间结构组成，即：上层木多为成熟或过熟林木组成，中层木多为中龄或近熟、成熟林木组成，下层木多为中龄或幼龄、幼苗树木组成。由此看来，森林组成林木的多龄级世代同堂结构是森林保持多林层结构的基础，是形成优质森林结构的关键。

林木起源结构中，天然起源的森林，其林木个体的存在和生长是区域自然环境选择的结果，相比人工起源的林木来说，生长力最旺盛、抗逆能力最强，人力干扰小、育林成本低；而人工起源的森林，相比易成林，抗逆能力弱、人力干扰大、成林成本高。天然促进和人工植苗相结合的近自然方式育林，培育出的森林组成林木，既具有天然林的优点，又能尽快成林，同时，育林成本相较单纯的人工林低。因此，近自然方式育林形成的森林，其林木个体起源为人工、天然混杂，抗逆能力强，育林成本低，成林质量高。

（4）森林结构优化调整目标

林层结构：上层，定株间伐、主伐利用层（简称经营收获层），树形为伞形结构；中层，森林生态系统与森林结构组成动态稳定层（简称稳定培育层）；下层，森林植被演替和树种更新层（简称更新培育层）。

年龄结构：上层林，主要为成熟和过熟林木及极少量的近熟林木；中层林，主要为中龄和近熟林木；下层林，主要为幼龄林木和少量的中龄林木。

密度及郁闭度结构：上层林，密度为每公顷300～600株，郁闭度0.20～0.40；中层林，密度为每公顷800～1200株，郁闭度0.50～0.70；下层林，密度为每公顷1200～1800株，郁闭度不作要求。

树种组成结构：上层林，落叶阔叶树和冠幅较小的针叶树、阔叶树优选；中、下层林，针叶树、常绿阔叶树、落叶阔叶树混交。

起源结构：由目标母树自然落种更新或人工促进落种更新、人工点播、散播或者植苗造林。

森林经营全周期目标林相及上层林结构中定株培育木经营案例，如图4-2所示。

左：人工同龄针阔叶混交林（块状混交幼林）

右：人工同龄针叶纯林（幼龄林）

左：人工同龄华山松针叶纯林（近熟林）

右：人工异龄针叶纯林（中、幼龄2林层结构）

左：天然异龄阔叶混交林（上、中、下3林层结构）

右：天然异龄阔叶混交林（上、下2林层结构）

顶极目标林相可持续经营的定株目标树

视林相结构因子进入定株更替利用的上层目标树

图4-2　森林经营全周期目标林相及上层林结构中定株培育木经营案例

（5）森林结构优化调整其他因子

森林结构优化调整其他因子主要有林区海拔与坡度、森林土壤、目标树种生物学与生态学特性及所采用的经营作业法等。当然，各种人力与技术成本因素也是开展森林结构优化调整区域的关键。

海拔坡度。就光的采集利用单方面而言，山地森林其林层垂直空间单位面积的采光范围较平原（地）上的森林空间更优越，在林区土壤条件允许的坡度范围内（如45°坡），山地坡度越大，单位投影面积的地表斜面范围就越广，可承载的单位面积林木生长株数就越多，单位投影面积的公顷株数（即森林密度）就越大。同时，森林林层的绝对层高差也越大，形成森林成长对环境营养的吸取范围就越宽，特别是森林的光照条件，优势尤其突出，这些是森林生长的有利因素。与之形成反面制约因素的是热量和水量的分布，受风的影响，山地海拔越高、坡度越大，森林地表因风带走的热量就越多，森林内空气温度就越低。据资料记载，山地海拔每升高100m，气温平均下降约0.2℃；同时，在一定海拔范围（如云南山地海拔3000m以下、山体中部及以下区域）内，云南山地地表空气中的水量（即空气湿度）与地表风力、高温条件以及坡度大小也可能存在一定的负相关关系，热量和水量因而成为森林存在和生长的制约因素。由此，笔者认为，平地（原）的森林在水、热资源配合上较山地上的森林优越。以上各因素对森林林层空间中光、热、水的分布及配合利用是综合地相互促进又相互制约的复杂关系，深入研究它们，对森林生长力的提升至关重要。同时，对全周期森林经营作业法的选择也有较好的指导意义，一般地，就森林林木目标树经营作业法类型而言，平地上的森林适合小块状或带状采伐更替作业，而山地上的森林更适宜定株采伐更替作业。

森林土壤。近自然森林结构优化调整林分，应尽量选择在土壤厚度为中厚层的森林中进行，土壤质地和干湿度是优化调整措施的主要参考因子。土壤干湿度是近自然育林成效的关键，土壤湿度越大，含水量越多，越有利于植物的生长，育林成效就越好。当然，阳性树种和阴生树种对土壤湿度大小的要求各有差异，需配合土壤质地情况综合选择适宜的造林树种。土壤质地主要与造林树种选择、造林整地方式等育林措施有关。例如：地表土壤质地为中壤、轻壤、沙壤、砂质、石砾土且土壤湿度干燥的造林区域，一般适宜选择针叶树、旱生阔叶树等阳性、耐旱树种造林，造林整地适宜采用地表穴状清理挖塘、带状清理松土后促进自然落种、人工散播、点播或植苗造林；地表土壤质地为重壤的造林区域，适宜选择阴生树种造林，造林整地适宜采用地表穴状清理、挖塘后采取点播或植苗造林更新。

目标树与作业法。一般地，以阴生树种为优势的山地阴坡、半阴坡、半阳坡坡面的森林经营作业法宜选择定株采伐利用更新；以中性树种为优势的山地森林经营作业法宜选择带状、小块状和定株采伐利用更新；以强阳性树种为优势的山地阳坡、半阳坡坡面的森林经营作业法，应结合林区地形地貌情况，宜选择带状、块状和定株采伐利用更新。平地森林经营作业法主要考虑森林结构组成的科学性、合理性以及可持续经营利用程度，对采伐利用更新方式影响不大。顶极目标林相持续培育与经营作业法，如图4-3示例。

图 4-3 云南森林顶极目标林相经营作业法示例图

第三节　云南森林结构类型与顶极优势树种分析

据 2017 年云南第七次森林资源连续清查样地统计显示，在云南森林结构类型中，每公顷蓄积量 > 500m³ 的乔木林样地有 56 块，记录到优势树种 25 种。如果把每公顷蓄积量 > 500m³ 的乔木林组成优势树种视为森林经营目标群落顶极树种（顶极树种一般为长寿树种），则本研究样本中各顶极优势树种的森林目标林相组成因子及相关因子调查值如表 4-19 所示。

表 4-19　云南森林资源清查样地分布的主要顶极优势树种森林组成结构因子表

优势树种	森林结构类型	森林类别	年龄（年）/龄组	平均胸径（cm）	平均树高（m）	郁闭度	土层厚（cm）	海拔（m）	公顷株数（株）	公顷蓄积（m³）	树种数（种）	蓄积年生长率（%）	县级分布区域
白穗石栎	天然异龄阔叶混交林型	公益林	103/成	38.2	20.2	0.80	60	2371	1113	507.9	≥5	2.42	隆阳
杯状栲	天然异龄阔叶混交林型	公益林	160/过	37.6	33	0.75	90	2300	888	588.7	≥5	3.94	澜沧
川滇冷杉	天然异龄针阔叶混交林型	公益林	172/过	83.9	20.3	0.50	50	3340	238	698.4	≥5	0.55	德钦
川滇冷杉	天然异龄针阔叶混交林型	公益林	130/过	54.6	38	0.70	70	3400	1063	847.8	≥5	0.62	德钦
大树杜鹃	天然异龄阔叶混交林型	公益林	125/过	75.8	21.8	0.43	90	3070	225	1049.7	≤2	0.32	盈江
多变石栎	天然异龄阔叶混交林型	商品林	84/成	30.7	20.7	0.65	80	2500	1275	569.6	≥5	2.75	福贡
干香柏	天然异龄针叶混交林型	公益林	180/过	48.8	20.5	0.50	60	4280	1538	510.7	3～4种	1.51	香格里拉
高山松	天然同龄针叶纯林型	公益林	89/过	38.0	26	0.60	50	2500	513	556.2	≤2	1.25	贡山
高山松	天然同龄针叶纯林型	公益林	109/过	50.0	26	0.70	50	3080	413	850	≤2	0.68	贡山
光叶高山栎	天然异龄针阔叶混交林型	公益林	110/成	35.9	24.4	0.70	30	2500	638	586.4	3～4种	1.17	玉龙
冷杉	天然同龄针叶纯林型	公益林	186/过	63.9	28.5	0.46	75	4120	138	770.8	≤2	0.62	德钦
冷杉	天然同龄针叶纯林型	公益林	145/过	67.7	24.9	0.30	80	3990	163	1010.9	≤2	0.20	德钦

续表 4-19

优势树种	森林结构类型	森林类别	年龄（年）/龄组	平均胸径（cm）	平均树高（m）	郁闭度	土层厚（cm）	海拔（m）	公顷株数（株）	公顷蓄积（m³）	树种数（种）	蓄积年生长率（%）	县级分布区域
冷杉	天然异龄针阔叶混交林型	公益林	93/成	46.8	24.8	0.50	45	4140	488	882.2	≤2	1.28	香格里拉
冷杉	天然异龄针阔叶混交林型	公益林	204/过	40.0	24.4	0.75	65	4115	1125	742.2	3～4种	1.16	香格里拉
冷杉	天然同龄针叶纯林型	公益林	124/过	42.0	23.5	0.70	30	4030	375	628.1	≤2	1.06	香格里拉
冷杉	天然同龄针叶纯林型	公益林	255/过	50.0	25	0.60	50	3800	250	725.8	≤2	0.76	贡山
丽江铁杉	天然异龄针阔叶混交林型	公益林	170/过	57.2	21.5	0.50	45	3200	538	641.6	≥5	0.74	玉龙
丽江铁杉	天然异龄针阔叶混交林型	公益林	138/过	34.9	18.9	0.65	80	3120	738	635.8	≥5	1.84	玉龙
丽江云杉	天然异龄针阔叶混交林型	公益林	135/过	32.7	24.6	0.65	80	3800	1625	689.3	≥5	1.91	香格里拉
丽江云杉	天然异龄针阔叶混交林型	公益林	139/过	43.4	26.4	0.60	70	3640	475	642.4	3～4种	0.74	香格里拉
栎类	天然异龄阔叶混交林型	公益林	68/近	22.3	13.1	0.80	86	2620	1450	553.6	≥5	3.29	腾冲
栎类	天然异龄阔叶混交林型	公益林	100/成	19.6	11.9	0.60	60	2880	1963	707.1	≥5	3.84	腾冲
栎类	天然异龄阔叶混交林型	公益林	93/成	20.1	15.4	0.75	100	2710	1938	508	≥5	3.84	腾冲
栎类	天然异龄阔叶混交林型	公益林	67/近	22.7	15.3	0.90	90	2360	2263	731.8	3～4种	3.29	沧源
栎类	天然异龄阔叶纯林型	公益林	94/成	29.4	12.7	0.80	88	2480	1163	569.7	3～4种	2.37	孟连
曼青冈	天然异龄针阔叶混交林型	公益林	121/过	53.6	16.1	0.65	80	2790	775	656.2	≥5	0.89	维西
木果石栎	天然异龄阔叶混交林型	公益林	70/近	18.4	13.8	0.80	85	2740	3288	519.6	3～4种	2.23	永德
木荷	天然同龄阔叶纯林型	公益林	130/过	36.5	20	0.80	60	2600	888	800	≤2	2.58	福贡

续表 4-19

优势树种	森林结构类型	森林类别	年龄（年）/龄组	平均胸径（cm）	平均树高（m）	郁闭度	土层厚（cm）	海拔（m）	公顷株数（株）	公顷蓄积（m³）	树种数（种）	蓄积年生长率（%）	县级分布区域
楠木	天然异龄阔叶混交林型	公益林	83/成	19.4	11.9	0.85	86	2850	2050	553.2	≥5	3.56	腾冲
楠木	天然异龄阔叶混交林型	公益林	140/过	30.9	16.2	0.80	85	2140	813	539	≥5	2.05	澜沧
其他硬阔类	天然异龄阔叶混交林型	公益林	53/过	26.8	24	0.80	80	2920	1000	501.5	≥5	2.65	隆阳
其他硬阔类	天然异龄阔叶混交林型	公益林	88/过	28.0	21.1	0.80	90	1990	1350	661.2	3～4种	2.44	澜沧
其他硬阔类	天然异龄阔叶混交林型	公益林	41/近	25.8	20.2	0.75	80	950	1238	561.2	≥5	2.65	勐腊
青冈	天然异龄阔叶混交林型	商品林	124/过	38.1	26	0.80	80	1690	600	550	3～4种	1.26	广南
栓皮栎	天然异龄阔叶纯林型	公益林	81/成	21.1	12.2	0.60	50	3340	1425	584.6	≥5	2.36	玉龙
思茅黄肉楠	天然异龄阔叶混交林型	公益林	125/过	35.0	12.8	0.75	50	2450	1175	558.5	≥5	1.55	耿马
铁杉	天然同龄针叶纯林型	公益林	209/过	50.0	24	0.45	60	3420	250	516.5	≤2	0.92	贡山
铁杉	天然同龄针叶纯林型	公益林	234/过	58.0	29	0.65	50	3060	238	666.1	≤2	0.81	贡山
铁杉	天然同龄针叶纯林型	公益林	229/过	79.0	29	0.75	50	3150	213	1267	≤2	0.14	贡山
铁杉	天然异龄针阔叶混交林型	公益林	75/近	18.4	17.8	0.85	80	2674	863	987.6	≥5	4.21	隆阳
银叶桴	天然异龄阔叶混交林型	公益林	115/成	38.9	21.6	0.80	90	2170	813	536	3～4种	1.12	文山
云南松	天然同龄针叶纯林型	公益林	94/过	42.0	30	0.75	60	2580	525	867.8	≤2	1.47	贡山
云南松	天然异龄针阔叶混交林型	公益林	62/过	25.0	18.4	0.85	60	3120	3338	554.6	≥5	3.19	玉龙
云南铁杉	天然异龄针阔叶混交林型	公益林	85/成	25.1	14.7	0.35	85	3520	1025	527.6	≥5	0.69	德钦

续表 4-19

优势树种	森林结构类型	森林类别	年龄（年）/龄组	平均胸径（cm）	平均树高（m）	郁闭度	土层厚（cm）	海拔（m）	公顷株数（株）	公顷蓄积（m³）	树种数（种）	蓄积年生长率（%）	县级分布区域
云南铁杉	天然同龄针阔叶混交林型	公益林	128/过	95.1	29.4	0.60	65	2960	125	902.3	3～4种	0.69	兰坪
云杉	天然同龄针叶纯林型	商品林	154/过	52.0	31	0.60	50	3100	175	529.5	≤2	1.12	贡山
长苞冷杉	天然异龄针阔叶混交林型	公益林	200/过	37.1	15.4	0.65	90	4020	725	634.6	3～4种	1.34	德钦
长苞冷杉	天然异龄针叶纯林型	公益林	143/过	34.0	25	0.80	50	4028	700	702.8	3～4种	1.47	香格里拉
长苞冷杉	天然异龄针阔叶混交林型	公益林	130/过	31.3	24.1	0.75	80	3700	775	519.2	3～4种	2.30	香格里拉
长苞冷杉	天然异龄针阔叶混交林型	商品林	225/过	74.5	30.3	0.65	40	3480	163	832.3	3～4种	0.83	兰坪
长苞冷杉	天然异龄针阔叶混交林型	公益林	165/过	68.8	28.5	0.75	80	3080	300	1151.2	≥5	0.90	兰坪
中甸冷杉	天然异龄针阔叶混交林型	公益林	130/过	45.0	21.9	0.75	45	3990	500	849.5	≥5	1.41	香格里拉
中甸冷杉	天然异龄针阔叶混交林型	公益林	180/过	43.7	25.1	0.50	45	4125	475	799.6	≤2	0.95	香格里拉
中甸冷杉	天然异龄针叶纯林型	公益林	190/过	39.5	25	0.75	80	3920	525	746.3	3～4种	1.49	香格里拉
中甸冷杉	天然异龄针叶纯林型	公益林	127/过	40.1	27.6	0.45	35	3850	488	702.9	≤2	1.49	香格里拉
中甸冷杉	天然异龄针阔叶混交林型	公益林	144/过	44.2	32.8	0.65	75	3830	438	625.1	≤2	0.95	香格里拉

实践中，森林结构类型优化调整工作可结合全省国有林场森林经营方案编制工作以及全省正在开展的各类生态修复项目中的退化林修复工程实施，并综合使用国家标准中的7种全周期森林经营作业法、森林生态修复绿化造林技术、退化林修复技术、林分空间结构优化调整技术以及林层培育调整技术等技术措施，在国有林场内建立森林结构优化调整样板基地。重点对人工起源的国有林区森林进行森林结构优化调整探索性试验、示范，不断总结工作经验和积累技术方法，示范经营成效、展示效益优势、带动区域性全面推广实施森林结构类型优化调整工程，实现森林结构的优质培育与高质、高效利用，实现全面提升云南森林质量和效益。

第四节　森林结构类型优化调整案例探讨

一、云南松林

（一）公益林地限伐区天然云南松同龄纯林类型

1.森林结构优化调整现状（调整前）

森林结构类型为天然同龄云南松针叶纯林类型。森林结构及林木主要因子值为：①优势树种及林层为云南松单层林。②平均年龄65年，龄组为过熟林。③平均胸径42cm。④平均树高30.0m。⑤郁闭度0.75。⑥组成树种1种。⑦森林公顷株数525株，公顷蓄积867.8m³。⑧分布区土壤厚度60cm，海拔2580m。⑨森林主体功能需求为水土保持为主的公益林限伐区。

2.森林结构优化调整思路及技术措施

重点以调整林木冠幅为主，结合密度调整，采用近自然育林技术措施，调整培育多林层结构，实现单层林向复层林转变，最终调整形成上、中、下3层优质森林林层组成结构，实现优质木材储备，并从持续性经营顶极目标群落林相中，周期性地收获木材效益。下层育林技术措施主要为：透光修枝、打杈，带状去除地表枯枝、落叶及灌木草本等地被物，使优质母树种子或人工点播、散播等目的树种种子顺利入土萌发；人工促进落种育苗应采取高密度育苗，确保幼树自然高生长充足、自然整枝充分及优质林木培育个体选择性充足，且便于收获一定量的中、幼林抚育材。

当森林进入相对稳定、可持续经营的顶极目标群落林相以后，森林的经营顺序为：①中层林木抚育间伐后，保持一定密度的优质林木进入上层林。②下层林木抚育间伐后，保持一定密度的优质顶极树种林木进入中层林。③上层目标林相群落林木在保持动态平衡的前提下，进行周期性定株或带状疏伐利用。④对新产生的林中空地和林下空隙进行新生林木的栽植或促进落种更新，培育新一代下层林木。

3.森林结构优化调整目标（调整后）

森林结构类型调整目标为持续培育近自然异龄针阔叶混交林类型。原森林结构及林木主要因子值调整为：①优势树种以云南松、光叶高山栎、桦木、桤木及华山松等2～4个树种混交（人工增加更新层树种，树种选择要充分考虑阳性和阴性树种的生境需求）。②林层从单层林逐渐调整转化为复层林，最终转化为相对稳定的2～3个森林林层结构。③上层活立木密度调至每公顷500～600株，通过降密调郁闭度、调冠幅、修枝打杈（下同），逐渐将上层郁闭度调整至0.20～0.40之间，中、下层综合郁闭度调至0.60～0.80之间。④林木的疏伐利用，要求伐后森林总体活立木每公顷蓄积量相对稳定地保持在600m³以上。

（二）公益林限伐区天然云南松异龄混交林类型

1.森林结构优化调整现状（调整前）

森林结构类型为天然异龄云南松针阔叶混交林类型。森林结构及林木主要因子值为：①优势树种为云南松、华山松与光叶高山栎。②平均年龄62年，龄组为过熟林。③平均胸径25cm。④平均树高18.4m。⑤郁闭度0.85。⑥组成树种5种以上。⑦森林公顷株数3338株，公顷蓄积554.6m³。⑧分布区土壤厚度90cm、海拔3120m。⑨单层林。⑩地理分布为云南松与高山松交混过渡的区域。⑪森林主体功能需求为生态防护优先的公益林限伐区。

2.森林结构优化调整思路及技术措施

可通过林木定株疏伐，将森林整体密度降低至每公顷2500株左右，综合郁闭度调至0.60～0.65之间，以近自然育林技术调整培育林层结构，调整形成相对稳定的上、中、下3林层的优质森林组成结构，实现优质木材储备，并从持续性经营顶极目标群落林相中，周期性地收获木材效益。

3. 森林结构优化调整目标（调整后）

森林结构类型仍然保持为天然异龄针阔叶混交林类型。原森林结构及林木主要因子值调整为：①优势树种仍为云南松、华山松、光叶高山栎等（人工近自然促进培育林下更新层多树种幼树）。②林层从单层林逐渐转化为相对稳定的复层林，形成相对稳定的 2 ~ 3 个林层结构。③森林活立木密度调整为：上层每公顷 500 ~ 600 株，中层每公顷 800 ~ 1000 株，下层每公顷 1200 株以上。④上层郁闭度主要通过调降林木密度，逐渐降至 0.20 ~ 0.40 之间，中、下层活立木密度通过近自然培育，整体综合调增至 0.60 ~ 0.80 之间。⑤林木的采伐利用，要求采伐后森林总体活立木每公顷蓄积量仍相对稳定地保持在 500m³ 以上。

（三）商品林经营区人工云南松异龄纯林类型

1. 森林结构优化调整现状（调整前）

森林结构类型为人工异龄云南松针叶纯林类型。森林结构及林木主要因子值：①优势树种为云南松，林层为单层林。②平均年龄 24 年，龄组为近熟林。③平均胸径 10.9cm。④平均树高 6.9m。⑤郁闭度 0.54。⑥组成树种 1 种。⑦森林公顷株数 982 株，公顷蓄积 51.3m³。⑧分布区土壤厚度 70cm，海拔 1900 ~ 2500m。⑨单层林。⑩地理分布为云南松分布中心。⑪森林主体功能需求为商品林经营区。

2. 森林结构优化调整思路及技术措施

林木的高生长和径生长均明显与林木年龄不匹配，生长不充分，森林活立木密度明显偏小，郁闭度偏低，生产力低下（单位蓄积量仅 51.3m³/hm²），树种组成单一。

技术措施应以近自然育林的模式，通过撒播、点播等人工促进林下幼树层更新，同时在林间空地上通过栽植华山松（海拔 2000m 以上）、榉木、枫香、楠木、喜树、山杨、四照花、旱冬瓜、山樱花、滇朴、栾树、栓皮栎、滇油杉、樟树、银桦等形成混交林。通过增密，首先促进现有林木的高生长，逐步实现单层林向复层林转变，最终调整形成相对稳定的上、中、下 3 林层优质森林结构，实现优质木材储备，并从持续性经营顶极目标林相群落中，周期性地收获木材效益。

3. 森林结构优化调整目标（调整后）

森林结构类型调整为近自然异龄针阔叶混交林类型。原森林结构及林木主要因子值调整为：①通过人工近自然促进培育林下幼树层更新树种，各林层优势树种可调整为云南松、华山松、榉木、枫香、楠木、喜树、山杨、四照花、旱冬瓜、山樱花、滇朴、栾树、栓皮栎、滇油杉、樟树、银桦等。②林层从单层林逐渐转化为复层林，最终转化为相对稳定的 2 ~ 3 个林层结构。③森林活立木密度调整至：上层每公顷 300 ~ 500 株，树高 20m 以上；中层每公顷 900 ~ 1100 株，树高 10m 以上；下层每公顷 1400 株以上。④上层郁闭度主要通过调降林木密度，逐渐降至 0.15 ~ 0.40，中、下层活立木密度通过近自然培育，调增至综合郁闭度为 0.60 ~ 0.85。⑤林木的采伐利用，要求伐后森林总体活立木每公顷蓄积量相对稳定地保持在不低于 300m³。

二、高山松林

1. 森林结构优化调整现状（调整前）

森林结构类型为天然同龄高山松针叶纯林类型。森林结构及林木主要因子值为：①优势树种为高山松，林层为单层林。②年龄 89 年以上，龄组为过熟林。③平均胸径 38.0cm。④平均树高 26.0m。⑤郁闭度 0.60 以上。⑥检尺组成树种仅 1 种。⑦森林活立木密度为每公顷 400 株，每公顷蓄积 550.0m³。⑧分布区土壤厚度 50cm，海拔 2500m 以上。⑨森林主体功能需求为生态防护为主的公益林限伐区。

2. 森林结构优化调整思路及技术措施

以调整活立木冠幅为主，结合适度调整活立木密度，以近自然育林技术措施，调整培育形成森林多林层异龄混交林结构，实现单层林向复层林转变，最终调整形成相对稳定的上、中、下3层优质森林林层结构组成，实现优质木材储备，并从可持续性经营顶极目标林相群落中，周期性地收获木材效益。

3. 森林结构优化调整目标（调整后）

森林结构类型调整为近自然异龄针阔叶混交林类型。原森林结构及林木主要因子值调整为（即目标林相因子）：①通过增加更新层树种培育，优势树种可调整为高山松、黄背栎、白桦、槭树、楠木及华山松等2~4个混交树种。②林层从单层林逐渐转变为复层林，最终转变为相对稳定的2~3个林层结构。③森林活立木密度调整至上层每公顷400~600株，中层每公顷800~1000株，下层每公顷1200株以上。④通过各林层郁闭度、林木冠幅调整，森林郁闭度逐渐调整至上层，郁闭度保持在0.20~0.40之间、中层和下层林，郁闭度保持在0.60~0.80之间，森林活立木每公顷蓄积量相对稳定地持续保持在500m³以上时，方可进行上层林木的定株疏伐利用，上层林木的定株疏伐利用强度和疏伐周期，视中层林木进入上层林木的数量比例和林木成熟度情况确定。

三、杉木林

（一）商品林经营区人工杉木同龄纯林类型

1. 森林结构优化调整现状（调整前）

森林结构类型为人工同龄杉木针叶纯林类型；森林结构及林木主要因子值为。①森林树种组成仅杉木1种，林层为单层林。②林分平均胸径30.1cm，平均树高18.9m。③森林郁闭度0.22。④平均年龄42年，过熟林。⑤森林活立木密度为每公顷338株，公顷蓄积量161.7m³。⑥林木单株胸径年平均生长量0.472cm、年平均生长率4.3%。⑦单株蓄积年平均生长量0.0053m³、年平均生长率9.7%。⑧样地海拔1260m，为滇东南重点商品林经营区森林。

2. 森林结构优化调整思路及技术措施

以调整林层结构和树种结构为主，以近自然育林技术措施，调整培育形成森林多林层异龄混交林结构，实现单层林向复层林、纯林向混交林、同龄向异龄结构转变，最终调整形成相对稳定的上、中、下3层优质森林林层结构组成，实现优质木材储备和从可持续性经营顶极目标林相群落中，周期性地从各林层中收获木产品效益。

3. 森林结构优化调整目标（调整后）

森林结构类型调整为近自然或人工异龄针阔叶混交林类型或针叶混交林类型；原森林结构及林木主要因子值调整为。①采用人工植苗或点播等方式培育下层林结构，树种可选择杉木、榉木、枫香、喜树、朴树、楠树、西南桦、旱冬瓜、泡桐、栲、秃杉、福建柏等阔叶和针叶树种1~4个树种（其中，阳生树种考虑块状混交阴生树种，可直接在林下育苗，下同），形成树种混交结构；伐后萌生的杉木幼树进入中层林后（甚至在下层林中）逐渐考虑抚育采伐利用，不建议培育其进入上层林；进入上层林的林木均考虑实生苗育林。②林层从单层林逐渐转化为复层林，最终转化为相对稳定的3个林层结构。③森林活立木密度保持在上层每公顷300~500株，高20m以上；中层每公顷800~1000株，高10m以上；下层每公顷1200株以上。④通过各林层郁闭度、林木冠幅调整，森林郁闭度逐渐调整至上层林郁闭度维持在0.20~0.40之间、中层和下层林综合郁闭度保持在0.60~0.80之间，森林活立木每公顷蓄积量相对稳定地持续保持在400m³以上时，方可进行上层林木的疏伐利用，上层林木的疏伐利用强度和疏伐周期，视中层林木进入上层林木的数量比例和林木成熟度情况综合确定。

（二）商品林经营区人工异龄杉木针叶纯林

1. 森林结构优化调整现状（调整前）

森林结构类型为人工异龄杉木针叶纯林类型。森林结构及林木主要因子值为：①森林树种组成仅杉木1种，林层为单层林结构。②样地林分平均胸径10.8cm，平均树高8.3m。③森林郁闭度0.58。

④中龄林。⑤森林活立木密度每公顷 1706 株，每公顷蓄积量 74.6m³。⑥林木单株胸径年平均生长量 0.56cm、年平均生长率 4.7%。⑦森林单株蓄积年平均生长量 0.0066m³、年平均生长率 10.5%。⑧样地平均海拔 1549m，为云南热区重点商品林经营区森林。

2. 森林结构优化调整思路及技术措施

以调整树种结构为主，以人工育林技术措施为主，调整培育形成多树种异龄混交林结构森林，实现纯林向混交林、单层林向复层林转变，最终调整形成相对稳定的上、中、下 3 层优质混交林层结构组成，实现优质木材储备和利用。

3. 森林结构优化调整目标（调整后）

森林结构类型调整为近自然或人工异龄针阔叶混交林类型或针叶混交林类型；原森林结构及林木主要因子值调整为：①采用人工植苗或点播等方式培育下层林结构，树种可选择杉木、柳杉、秃杉、柏树、西南桦、榉木、枫香、旱冬瓜、檫木、红木荷等针、阔叶树种中的 1～3 个树种，形成树种混交结构。②进入上层林的林木均考虑用实生苗培育。③林层逐渐转化为显著的复层林，最终转化为相对稳定的 3 个林层结构。④森林活立木密度保持在上层每公顷 300～500 株（现状森林活立木中，大龄木待平均高大于 16m 后，逐步疏伐，培育形成稳定的上层林；小龄木结合更新层增密抚育逐步培育成中层林）。⑤通过修枝整形抚育，并结合更新层植苗或点播，培育上层和中层林木。⑥通过各林层林木冠幅和密度调整，森林郁闭度逐渐调整至：上层林郁闭度维持在 0.20～0.40 之间，中层和下层林木综合郁闭度保持在 0.60～0.80 之间，森林活立木每公顷蓄积量相对稳定地持续保持在 400m³ 以上时，可逐步进行上层林木的更替利用，上层林木的疏伐利用强度和疏伐周期视中层林木进入上层林木的数量比例和林木成熟度情况综合确定。

四、华山松林

（一）公益林限伐区人工同龄华山松针叶纯林

1. 森林结构优化调整现状（调整前）

森林结构类型为人工同龄华山松针叶纯林类型。森林结构及林木主要因子值为：①森林树种组成仅华山松 1 种，林层为单层林。②林分平均胸径 41.2cm，平均树高 20.8m。③森林郁闭度 0.40。④成熟林。⑤森林活立木密度为每公顷 275 株，公顷蓄积量 263.5m³。⑥林木单株胸径年平均生长量 0.571cm、年平均生长率 3.2%。⑦单株蓄积年平均生长量 0.0172m³、年平均生长率 7.0%。⑧样地海拔 2460m，为公益林限伐区森林，主体功能为生态防护兼优质木材储备类森林。

2. 森林结构优化调整思路及技术措施

以调整林层结构、林木年龄结构及树种组成结构为主，以人工育林技术措施为主，通过适当整枝，降低郁闭度，为幼苗、幼龄树种从林窗、林下进入提供空间条件，调整培育形成森林多林层异龄混交林结构，实现单层林向复层林、同龄向异龄、纯林向混交林转变，最终调整形成相对稳定的上、中、下 3 林层优质异龄混交林林层结构组成，实现优质木材储备，并从可持续性经营顶极目标林相群落中，周期性地从各林层中收获一定的木材效益。

3. 森林结构优化调整目标（调整后）

森林结构类型调整为近自然或人工异龄针阔叶混交林类型或针叶混交林类型；原森林结构及林木主要因子值调整为：①采用人工植苗或点播等方式培育下层林结构，树种可选择华山松、旱冬瓜、木荷、石栎、青冈、麻栎、云南松、滇油杉等针、阔叶树种 1～3 个树种，形成树种混交结构。②林层从单层林逐渐转化为复层林，最终转化为相对稳定的 3 个林层结构。③森林活立木密度保持在上层每公顷 300～500 株，中层每公顷 800～1100 株，下层每公顷 1200 株以上。④通过修枝抚育，结合植苗或点播措施，开始培育下层林木。⑤通过各林层林木冠幅和密度抚育调整，森林郁闭度逐渐调整至：上层林郁闭度维持在 0.20～0.40 之间，中层和下层林综合郁闭度保持在 0.60～0.80 之间，森林活立木蓄积量相对稳定地持续保持在每公顷 400m³ 以上时，可逐步进行上层林木的更替利用，上层林木的疏伐利用强度和疏伐周期视中层林木进入上层林木的数量比例和林木成熟度情况综合确定。

（二）公益林限伐区人工异龄华山松针叶纯林

1. 森林结构优化调整现状（调整前）

森林结构类型为人工异龄华山松针叶纯林类型。森林结构及林木主要因子值为：①森林树种组成为华山松 1 种，林层为明显的单层。②平均胸径 12.8cm，平均树高 9.0m。③森林郁闭度 0.64。④平均龄组为近熟林。⑤森林活立木密度为每公顷 2023 株，公顷蓄积量 94.2m³。⑥林木单株胸径年平均生长量 0.386cm、年平均生长率 3.7%。⑦单株蓄积年平均生长量 0.0041m³，年平均生长率 8.5%。⑧样地综合海拔 1920～2483m，为公益林限伐区森林，主体功能为生态防护兼优质木材储备类森林。

2. 森林结构优化调整思路及技术措施

以调整林层结构和树种结构为主，以人工育林技术措施为主，结合近自然育林技术，通过适当整枝，降低郁闭度，促进幼苗、幼龄树种从林窗、林下进入，形成下层林结构，并与现有林层形成异龄混交林结构，实现单层林向复层林转变，最终调整形成相对稳定的上、中、下 3 层优质森林林层结构组成，实现优质木材储备，并从可持续性经营顶极目标林相群落中，周期性地从各林层中收获一定的木材效益。

3. 森林结构优化调整目标（调整后）

森林结构类型调整为近自然或人工异龄针阔叶混交林类型或针叶混交林类型。原森林结构及林木主要因子值调整为：①采用人工植苗或点播等方式培育下层林结构，树种可选择华山松、滇油杉、旱冬瓜、栎类、云南松等针、阔叶树种 1～3 个树种，形成树种混交结构。②林层从单层林逐渐转化为复层林，最终转化为相对稳定的 3 个林层结构。③森林活立木密度保持在上层每公顷 300～500 株，中层每公顷 800～1100 株，下层每公顷 1200 株以上。④通过修枝整形抚育，结合植苗或点播，开始培育上层和中层林木。⑤通过各林层林木冠幅和密度调整，森林郁闭度逐渐调整至：上层林郁闭度维持在 0.20～0.40 之间，中层和下层林木综合郁闭度保持在 0.60～0.80 之间，森林活立木蓄积量相对稳定地持续保持在每公顷 400m³ 以上时，可逐步进行上层林木的更替利用，上层林木的疏伐利用强度和疏伐周期视中层林木进入上层林木的数量比例和林木成熟度情况综合确定。

五、思茅松林

1. 森林结构优化调整现状（调整前）

森林结构类型为人工异龄思茅松针叶纯林类型。森林结构及林木主要因子值为：①森林树种组成为思茅松 1 个树种，林层为单层林。②森林平均胸径为 11.3cm，平均树高 8.6m。③森林平均郁闭度 0.68。④平均年龄 9 年，为幼龄林。⑤森林活立木密度为每公顷 1603 株，公顷蓄积量为 57.8m³。⑥林木单株胸径年平均生长量 0.67cm，年平均生长率 6.1%。⑦单株蓄积年平均生长量 0.0061m³、年平均生长率 12.5%。⑧分布区海拔 950～1550m，平均海拔 1373m，为人工商品林经营区森林。

2. 森林结构优化调整思路及技术措施

以培育多林层、多树种混交结构为主，通过森林抚育措施，结合近自然育林技术，适当整枝，降低郁闭度，促进幼苗、幼龄树种从林窗、林下进入，形成下层林结构，并与现有林层形成异龄混交林结构，实现单层林向复层林、纯林向混交林转变，最终调整形成相对稳定的上、中、下 3 层优质混交林林层结构组成，实现优质木材储备，并从可持续性经营顶极目标林相群落中，周期性地从各层林中收获一定的木材效益。

3. 森林结构优化调整目标（调整后）

森林结构类型调整为近自然或人工异龄针阔叶混交林类型；原森林结构及林木主要因子值调整为：①采用人工植苗或点播等方式培育下层林结构，树种可选择思茅松为优势、黄杉、柳杉、柏树、枫香、榉木、喜树、楠木、润楠、西南桦、旱冬瓜、木荷等针、阔叶树种 1～3 个树种，形成树种混交结构。②林层从单层林逐渐转化为显著的复层林，最终转化为相对稳定的 3 个林层结构。③森林活立木密度保持在上层每公顷 400～600 株，中层每公顷 900～1100 株，下层每公顷 1400 株以上。④通过修枝整形抚育，结合植苗或点播，开始培育上层和中层林木。⑤通过各林层林木冠幅和活立木密度调整，森林郁闭度逐渐调整至：上层林郁闭度维持在 0.20～0.40 之间，中层和下层林木综合郁闭度保持在 0.60～0.80 之间。森林活立木每公顷蓄积量相对稳定地持续保持在 400m³ 以上时，可逐步进行上层林木的更替利用，上层林木的疏伐利用强度和疏伐周期视中层林木进入上层林木的数量比例和林木成熟度情况综合确定，中层林木在抚育间伐中，需维持本林层活立木密度每公顷始终不应低于 900 株，即：中层林木进入上层林时的活立木密度保持在每公顷 900～1100 株。

六、桉树林

1. 森林结构优化调整现状（调整前）

森林结构类型为人工同龄直杆桉阔叶纯林类型。森林结构及林木主要因子值为：①森林树种组成以直杆桉为单优势种，单层林。②森林平均胸径 11.8cm，平均树高 14.4m。③郁闭度 0.67。④幼龄林。⑤森林活立木密度为每公顷 1419 株，公顷蓄积量 82.3m³。⑥森林单株胸径年平均生长量 0.93cm、年平均生长率 7.2%。⑦单株蓄积年平均生长量 0.0162m³、年平均生长率 16.1%。⑧分布区海拔为 1400m，为滇东南人工商品林经营区森林。

2. 森林结构优化调整思路及技术措施

以培育多林层、多树种混交、异龄结构为主，通过森林抚育措施，结合人工育林技术，适当降低活立木密度，通过林窗和林下造林，形成下层林结构，并与现有林层形成异龄混交林结构，实现单层林向异龄复层林、纯林向混交林转变，最终调整形成相对稳定的上、下 2 层优质森林林层结构组成，实现优质木材的储备和利用，短轮伐期利用木材可考虑带状利用。

3. 森林结构优化调整目标（调整后）

森林结构类型调整为人工异龄直杆桉针阔叶（或阔叶）混交林类型。原森林结构及林木主要因子值调整为：①采用人工植苗方式培育下层林结构，树种选择以直杆桉为优势，云南松、杉木、柏树、尾叶桉等区域适宜的针阔叶树种，进行带状或块状混交配置，丰富森林生态系统的生物多样性，降低森林自然灾害发生风险。②林层从单层林逐渐转化为复层林（团状、带状异龄复层或者株间异龄复层），最终转化为相对稳定的 2～3 个林层结构。③森林活立木密度保持在上层每公顷 300～500 株，中层每公顷 900～1100 株，下层每公顷 1200 株以上。④通过修枝整形抚育，结合植苗、点播等造林方式，开始培育中层和下层林木。⑤通过各林层林木冠幅和活立木密度调整，森林郁闭度逐渐调整至：上层林郁闭度维持在 0.20～0.40 之间，中、下层林木综合郁闭度保持在 0.60～0.80 之间，森林活立木蓄积量相对稳定地持续保持在每公顷 300m³ 以上时，逐步进行上层林木的更替利用，上层林木的疏伐利用强度和疏伐周期视中层林木进入上层林木的数量比例和林木成熟度情况综合确定。当然，上层林木的定株经营和中、下层林木的抚育利用也要考虑各径材的培育利用目标，对速生中小径材的获取，主要从中、下层林的抚育采伐中收获，上层林木作为森林的稳定层，应始终维持森林结构的相对动态稳定，即保持该层郁闭度始终在 0.20 以上，并根据中层林木进入的数量和成熟度情况，周期性地收获一定数量的大径材。从各林层林木数量指标分析，中层林木为该类型主要的木材收获层。

七、旱冬瓜林

1. 森林结构优化调整现状（调整前）

森林结构类型为人工同龄旱冬瓜阔叶纯林类型。森林结构及林木主要因子值为：①森林树种以旱冬瓜为绝对优势种，林层为单层林。②森林平均胸径 14.0cm，平均树高 11.6m。③森林平均郁闭度 0.61。④龄组为中龄林。⑤森林活立木密度为每公顷 754 株，公顷蓄积量 75.0m³。⑥单株胸径年平均生长量 0.97cm、年平均生长率 7.4%。⑦单株蓄积年平均生长量 0.0177m³、年平均生长率 17.4%。⑧分布区海拔 1760～2300m，为地方公益林限伐区人工森林。

2. 森林结构优化调整思路及技术措施

以培育多林层、多树种混交结构为主，通过森林抚育措施，结合人工育林技术，培育多树种混交结构的更新层幼树，与现有林层形成异龄混交林结构，实现单层林向复层林、纯林向混交林、同龄向异龄结构转变，最终调整形成稳定的上、中、下 3 层优质森林林层结构组成，实现优质木材储备和利用。

3. 森林结构优化调整目标（调整后）

森林结构类型调整为人工异龄旱冬瓜针阔叶混交林类型；原森林结构及林木主要因子值调整为：①采用人工穴状植苗或点播方式培育下层林树木，树种选择华山松、滇油杉、雪松、藏柏、旱冬瓜、滇樟、润楠、杜英、银桦等针阔叶树种中的 1 ~ 3 种，培育形成树种混交结构。②林层从单层林逐渐转化为复层林，最终转化为相对稳定的 2 ~ 3 个林层结构。③森林活立木密度保持在上层每公顷 300 ~ 600 株左右，中层每公顷 900 ~ 1100 株左右，下层每公顷 1200 株以上。④通过修枝、打杈整形抚育，结合植苗、点播、撒播等造林方式，开始培育下层林木。⑤通过各林层林木冠幅和活立木密度调整，森林郁闭度逐渐调整至：上层林郁闭度维持在 0.20 ~ 0.40 之间，中层和下层林木综合郁闭度保持在 0.60 ~ 0.80 之间，森林活立木每公顷蓄积量相对稳定地持续保持在 400m³ 以上时，逐步进行上层林木的更替利用，上层林木的疏伐利用强度和疏伐周期，视中层林木进入上层林木的数量比例和林木成熟度综合情况确定。

八、西南桦林

1. 森林结构优化调整现状（调整前）

森林结构类型为人工同龄西南桦阔叶纯林类型。森林结构及林木主要因子值为：①树种组成以西南桦为绝对优势树种，林层为单层林。②森林综合平均胸径 13.9cm，平均树高 13.0m，径高比接近 1，高生长相对充分。③森林平均郁闭度 0.63。④平均龄组为中龄林。⑤森林活立木密度为每公顷 1017 株，公顷蓄积量 71.0m³。⑥林木单株胸径年平均生长量 0.77cm、年平均生长率 6.2%。⑦林木单株蓄积年平均生长量 0.0112m³、年平均生长率 15.1%。⑧滇西南人工商品林经营区森林，样地分布海拔 1180 ~ 1420m。

2. 森林结构优化调整思路及技术措施

以培育多林层、多树种、异龄混交结构为主，通过修枝、打杈、整形等森林抚育措施，适当降低森林郁闭度，在林窗和林下，结合人工近自然育林技术造林，培育更新层林木，形成下层林，并与现有林层形成异龄多林层混交林结构，实现单层林向复层林、纯林向混交林、同龄向异龄转变，最终调整形成稳定的上、中、下 3 层优质森林林层结构组成和 2 个以上顶极用材树种组成结构，培育和经营顶极目标林相群落，实现优质木材储备和上层目标林相组成林木的动态永续平衡利用。

3. 森林结构优化调整目标（调整后）

森林结构类型调整为人工异龄西南桦针阔叶混交林类型；原森林结构及林木主要因子值调整为：①采用人工穴状植苗或点播方式培育下层林树木，树种选择以西南桦为主，旱冬瓜、楠木、樟木、云南泡花树、秃杉、杉木、滇油杉、云南松（思茅松）等针阔叶树种中的 1 ~ 3 种，培育形成树种混交结构。②林层从单层林逐渐转化为复层林，最终转化为相对稳定的 2 ~ 3 个林层结构。③森林活立木密度保持在上层每公顷 300 ~ 500 株，中层每公顷 900 ~ 1100 株，下层每公顷 1200 株以上。④通过修枝、打杈整形抚育，结合植苗、点播等造林方式，开始培育更新层新生林木，其中：林中空地选择栽植阳性树种，林下选择栽植阴生树种，新生层树木密度按最大可栽植密度植入，以便森林自然整枝和促进林木高生长，同时，为各经营周期收获一定的抚育材作物质基础准备。⑤通过各林层林木冠幅和活立木密度调整，森林郁闭度逐渐调整至：上层林郁闭度动态维持在 0.20 ~ 0.40 之间，中层和下层林木综合郁闭度保持在 0.60 ~ 0.80 之间，森林活立木蓄积量相对稳定地持续保持在每公顷 400m³ 以上时，逐步进行上层林木的更替利用，上层林木的疏伐利用强度和疏伐周期视中层林木进入上层林木的数量比例和林木成熟度综合情况确定。

九、冷杉林

1. 森林结构优化调整现状（调整前）

森林结构类型为天然同龄冷杉针叶纯林类型；森林结构及林木主要因子值为：①森林优势树种为冷杉，林层为单层林。②森林综合平均胸径为 37.1cm，平均树高 20.2m。③森林平均郁闭度 0.57。④平均年龄 120 年，为过熟林。⑤森林活立木密度为每公顷 244 株，公顷蓄积量 302.5m³。⑥林木单株胸径年平均生长量 0.15cm、年平均生长率 0.65%。⑦林木单株蓄积年平均生长量 0.0126m³、年平均生长率 1.6%。⑧样地分布海拔 3000 ～ 4230m，为地方级公益林限伐区森林。

2. 森林结构优化调整思路及技术措施

该类型主要分布在滇西北高山和极高山山地寒温性气候带区域，全年空气湿度相对较大，年均积温低。历史上，森林病虫害、火灾等森林自然灾害发生较少。在维持现有森林结构的基础上，尽量培育下层林木，以增加林层，培育异龄多林层森林结构为主要方向。通过对林地内坡度相对较小、地表穴状或带状整地、植苗等育林措施不易引起水土流失等生态恶化的区域，进行现有林木修枝、打杈、清枯落物、地表松土、翻土等森林抚育措施，为林下下层新生林木的培育形成创造空间条件；结合人工近自然育林技术，通过林窗和林下造林、人工促进自然落种更新等方式，培育下层新生林木，并与现有林层形成异龄多林层结构，实现单层林向复层林转变，最终调整形成相对稳定的上、中、下 3 层或者上、下 2 层优质森林林层结构组成，2 个以上顶极针叶用材树种结构组成，培育和经营顶极目标林相群落，实现优质木材储备和上层目标林相组成林木的周期性动态永续平衡利用。

3. 森林结构优化调整目标（调整后）

森林结构类型调整为近自然异龄冷杉针叶混交林类型。原森林结构及林木主要因子值调整为：①采用人工穴状植苗、点播或地表清理、松土等方式促进自然落种，培育下层林新生树木，树种选择冷杉、苍山冷杉、丽江云杉、大果红杉等针叶树种中的 1 ～ 2 种，也可以少量配置白桦、黄背栎、槭树等一些温带分布的阔叶树种，培育形成以针叶树为优势的树种混交结构。②林层从单层林逐渐转化为复层林，最终转化为相对稳定的 2 ～ 3 个林层结构。③森林活立木密度保持在上层每公顷 300 ～ 500 株，中层每公顷 800 ～ 900 株，下层每公顷 1100 株以上或者上层每公顷 600 ～ 800 株，下层每公顷 1700 株以上；现状森林活立木密度为每公顷 244 株，平均树高 20.2m，是最好的上层林结构，可能为 20 世纪 70 年代采伐剩余木，可能因林下灌木丛生、地表枯枝层较厚、种子难以落土等原因缺乏自然更新层林木所致。④培育下层新生林木，以林下灌木层团状伐除及地表枯枝落物清理、地表松土（10 ～ 20cm）等方式优先促进冷杉幼苗天然更新，视冷杉天然更新区域情况辅以少量的人工栽植或点播丽江云杉等其他混交树种，以培育温性针叶混交林为主，适宜区域亦可考虑针阔混交林结构。⑤通过各林层林木冠幅和活立木密度调整，森林郁闭度逐渐调整至：上层林郁闭度动态维持在 0.20 ～ 0.40 之间，中层和下层林木综合郁闭度保持在 0.60 ～ 0.80 之间，森林活立木每公顷蓄积量相对稳定地持续保持在 400m³ 以上时，可逐步进行上层林木的更替采伐利用，上层林木的疏伐利用强度和疏伐周期视中层林木进入上层林木的数量比例和待采林木的成熟度情况综合确定。

十、滇青冈林

1. 森林结构优化调整现状（调整前）

森林结构类型为天然同龄滇青冈阔叶纯林类型。森林结构及林木主要因子值为：①森林优势树种为滇青冈，林层为单层林。②森林平均胸径 28.5cm，平均树高 13.6m。③森林郁闭度 0.75。④平均年龄 123 年，为过熟林。⑤森林活立木密度为每公顷 413 株，公顷蓄积量 169.2m³。⑥林木单株胸径年平均生长量 0.22cm、年平均生长率 2.0%。⑦林木单株蓄积年平均生长量 0.0032 m³，年平均生长率 5.8%。⑧样地分布海拔 2950m，为滇西片区公益林限伐区内天然林。

2. 森林结构优化调整思路及技术措施

从森林结构组成因子分析，该森林活立木密度较低（每公顷 413 株），但林木冠幅较大（森林郁闭度 0.75）。森林结构优化主要考虑调整林层结构、树种结构以及年龄结构。林层结构调整主要通过打权，降低森林郁闭度，为林下幼树层更新提供生长空间条件；树种结构调整主要在更新层引入针叶或者阔叶珍贵用材树种培育；年龄结构调整主要通过林层调整，使相同或相近年龄的林木尽量分布在同一个林层上。当然，林层的划分主要以林木个体的生长高度为主要划分依据，不同树种间亦适当考虑林木个体的年龄结构，当林木高差不大时（相差值在 2m 范围内），相同龄级的林木原则上归为同一个林层，便于经营管理。结合公益林限伐区经营类型要求，该类型森林主要为生态防护林，以保护和发展优质木材储备优先，兼顾利用。

3. 森林结构优化调整目标（调整后）

森林结构类型调整为近自然异龄滇青冈针阔叶混交林类型。原森林结构及林木主要因子值调整为：①采用人工穴状植苗、点播造林或以地表清理、松土等方式促进自然落种，培育下层林新生树木，树种选择华山松、云南铁杉、云南松、滇油杉、滇青冈、桦木等针阔叶树种中的 2 ~ 3 种，培育形成树种混交结构。②林层从单层林逐渐转化为复层林，最终转化为相对稳定的 2 ~ 3 个林层结构。③森林活立木密度保持在上层每公顷 300 ~ 600 株，中层每公顷 800 ~ 900 株，下层每公顷 1100 株以上或者上层每公顷 500 ~ 800 株，下层每公顷 1400 株以上；现状森林活立木密度每公顷 413 株，平均树高 13.6m，为过熟龄林木，是最好的上层林结构，因林分郁闭度较大（0.75）、地表枯枝层较厚等原因，致种子难以落土而缺乏自然更新层，通过适当的修枝、打权等抚育措施降低郁闭度，为下层新生林木进入提供空间条件。④培育下层新生林木，以地表枯落物清理、地表松土（10 ~ 20cm）等方式优先促进滇青冈自然更新，并以人工栽植华山松、云南铁杉、云南松、滇油杉、桦木、榉木等针阔叶树种，以培育针阔叶树种混交结构。⑤通过各林层林木冠幅和活立木密度调整，森林郁闭度逐渐调整至：上层林郁闭度动态维持在 0.20 ~ 0.40 之间，中层和下层林木综合郁闭度保持在 0.60 ~ 0.80 之间，森林活立木蓄积量相对稳定地持续保持在每公顷 300m³ 以上时，可逐步进行上层林木的更替采伐利用，上层林木的疏伐利用强度和疏伐周期视中层林木进入上层林木的数量比例和林木成熟度情况以及拟采伐木的枯老情况综合确定。

十一、杨树林

1. 森林结构优化调整现状（调整前）

森林结构类型为天然同龄杨树阔叶纯林类型。森林结构及林木主要因子值为：①森林优势树种为杨树，林层为单层林。②林分平均胸径 13.8cm，平均树高 8.2m。③森林郁闭度 0.75。④平均年龄 30 年，为成熟林。⑤森林活立木密度为每公顷 1125 株，公顷蓄积量 86.3m³。⑥林木单株胸径年平均生长量 0.16cm、年平均生长率 1.9%。⑦林木单株蓄积年平均生长量 0.0013m³、年平均生长率 5.0%。⑧样地分布海拔 3780m，为滇西北片区地方公益林内限伐区森林。

2. 森林结构优化调整思路及技术措施

从森林结构组成因子分析，该森林活立木密度较正常人工造林初植密度小（正常造林每公顷 1667 株），林木冠幅不小（森林郁闭度 0.75），森林进入成熟龄期，但森林单位蓄积量明显偏低，年均生长量和年均生长率也较小。森林结构优化调整，主要考虑调整林层结构、树种结构及年龄结构。林层结构调整主要通过打权，降低森林郁闭度，为林下幼树层更新提供生长空间条件，及时培育下层林；树种结构调整主要在更新层引入针叶或者阔叶珍贵用材树种；年龄结构调整主要通过林层调整，使相同或相近年龄的林木尽量分布在同一个林层上，并培育多林层异龄混交结构；森林经营目标为生态防护优先，实现优质木材储备和适当的木材动态持续利用。

3. 森林结构优化调整目标（调整后）

森林结构类型调整为近自然异龄杨树针阔叶混交林类型；原森林结构及林木主要因子值调整为：①采用人工穴状植苗、点播或杨树扦插等方式，培育下层林新生树木，树种选择冷杉、丽江云杉、高山松（云南松）、华山松、圆柏、高山柏、杨树等针阔叶树种中的 2～3 种，培育形成树种混交结构。②林层从单层林逐渐转化为复层林，最终转化为相对稳定的 2～3 个林层结构。③森林活立木密度保持在上层每公顷 400～600 株，中层每公顷 800～1000 株，下层每公顷 1200 株以上或者上层每公顷 500～800 株，下层每公顷 1400 株以上；现状森林活立木密度为每公顷 1125 株，可培育为上层林结构，因林分郁闭度较大（0.75）、可通过适当的修枝、打杈、降密（每公顷不低于 800 株）等抚育措施降低郁闭度，为下层新生林木进入提供空间条件。④培育下层新生林木，以人工栽植或点播冷杉、丽江云杉、高山松、华山松、圆柏、黄背栎、杨树等树种，以培育针阔叶树种混交结构。⑤通过各林层林木冠幅和活立木密度调整，森林郁闭度逐渐调整至：上层林郁闭度动态维持在 0.20～0.40 之间，中层和下层林木综合郁闭度保持在 0.60～0.80 之间，森林活立木蓄积量相对稳定地持续保持在每公顷 300m^3 以上时，可逐步进行上层林木的更替采伐利用，上层林木的疏伐利用强度和疏伐周期视中层林木进入上层林木的数量比例和林木成熟度情况以及拟采伐木的枯老情况综合确定。

第五章　森林植被类型及其结构优化调整模式

第一节　独特的自然地理环境

一、地理位置特殊

云南北依广袤的亚洲大陆，南濒热带海洋，西南距孟加拉湾 600km，东南距北部湾 400km，正处在东亚季风和南亚季风的过渡区域，又受青藏高原的影响，从而形成了复杂多样的自然地理环境。

二、地貌呈北高南低的斜面，斜面之陡为全国罕见

云南位于青藏高原的东南部，总的地势特点是北高南低，大致由西北向东南呈阶梯状递降。境内西北部和东北部高，西南部和东南部低。西北部最高峰与东南部最低点，直线距离约 840km，海拔高度相差 6664m，坡降达 8‰，斜面之陡为全国罕见。

三、云南气候类型复杂多样，气候特点显著

受低纬度、高海拔地理条件综合影响，云南气候兼具低纬气候、季风气候、垂直地带性山原气候三大特点。其中，垂直地带性山原气候特征，使云南除南热带和中热带以外的全国其余各个气候带和高原气候区都具备。气候类型之丰富为全国之最，这也是云南生物物种多样性丰富，种质资源繁多，植被类型复杂多样的主要原因之一。

据王宇等编著的《云南省农业气候资源及区划》记载，以全省 134 个气象站的历史资料数据计算表明，除昭通市的镇雄、威信 2 个县具备极弱的大陆度外，其余各地均显示较强的海洋性气候特点。由此得出，云南气候总的特点为海洋性气候特点。

第二节　乔木植被类型及其森林结构优化模式设计

《中国植被》一书，将植被分为自然植被和栽培植被两大类别，其中：自然植被分 9 个植被型组，31 个植被型；栽培植被分 3 个植被型组，11 个植被型。云南涉及自然植被的 6 个植被型组和 21 个植被型以及栽培植被的全部 11 个植被型。针对本书研究的森林（主要指乔木林）主要植被类型，自然乔木植被涉及 2 个植被型组、11 个植被型（不含竹林）；栽培乔木植被涉及 1 个植被型组、3 个植被型。详见表 5-1。

表 5-1　中国植被类型划分标准表（本表仅列出云南涉及部分）

类别	植被型组	植被型	备注
自然乔木植被	一、针叶林	1. 寒温性针叶林	分布于北温带或其他带有一定海拔高度地区，主要由冷杉属、云杉属和落叶松属的树种组成的针叶林。云南主要为滇西北植被垂直带谱分布上线区域分布
		2. 温性针叶林	分布于中温带和南温带地区平原、丘陵、低山以及亚热带、热带中山垂直带谱上的针叶林
		3. 温性针阔叶混交林	分布于上述地区针叶树与阔叶树混交的森林
		4. 暖性针叶林	分布于亚热带低山、丘陵和平地的针叶林
		5. 暖性针阔叶混交林	分布于上述地区针叶树与阔叶树混交的森林
	二、阔叶林	6. 落叶阔叶林	以落叶阔叶树种为主的森林，落叶成分所占比例在 70% 以上
		7. 常绿落叶阔叶混交林	以落叶树种和常绿树种共同组成的森林，落叶或常绿树种的比例均不超过 70%
		8. 常绿阔叶林	以常绿阔叶树种为主的森林，常绿成分所占比例在 70% 以上
		9. 硬叶常绿阔叶林	以壳斗科栎属中高山栎组树种组成的森林，叶绿色革质坚硬，叶缘常具尖刺或锐齿
		10. 季雨林	分布于北热带有周期性干、湿季节交替地区的一种森林类型。特征是干季部分或全部落叶，有明显的季节变化
		11. 雨林	分布于北热带高温多雨地区，由热带种类组成的高大且终年常绿的森林植被
栽培植被	木本类型	1. 针叶林型	由针叶乔木树种组成的人工植被
		2 针阔叶混交林型	由针叶和阔叶乔木树种组成的人工植被
		3. 阔叶林型	由阔叶乔木树种组成的人工植被

一、云南自然乔木植被

（一）针叶林

1. 寒温性针叶林植被型

主要有寒温性落叶针叶林和寒温性常绿针叶林 2 个植被亚型。

（1）寒温性落叶针叶林：主要为落叶松林群系组。

落叶松林群系组中的大果红杉林，主要分布在滇西北的德钦、香格里拉、维西等县（市）。

（2）寒温性常绿针叶林：主要为云（冷）杉林和圆柏林 2 个群系组。

①云（冷）杉林：主要建群种包括长苞冷杉、苍山冷杉、丽江云杉等。

②圆柏林：主要建群种为曲枝圆柏。

森林目标林相结构模式设计列举如下：

例 1：森林现状为天然异龄落叶松针叶纯林类型，分布区域：滇西北，树种结构以落叶松为优势种，有极少量的冷杉、急尖长苞冷杉、白桦等树种分布。林分平均胸径 29.3cm，平均树高 18.1m，郁闭度 0.70，平均年龄 139 年，森林活立木密度为平均每公顷 532 株，平均公顷蓄积量 220.0m³。

例 2：森林现状为树种结构以长苞冷杉为优势种，有极少量的大果红杉分布，分布于滇西北。林分平均胸径 15.9cm，平均树高 7.8m，郁闭度 0.45，平均年龄 55 年，森林活立木密度为每公顷 588

株，公顷蓄积量 111.8m³。

例 3：森林现状为树种结构主要以冷杉针叶纯林和冷杉针叶纯林内分布有少量的硬阔类树种组成。分布海拔 3000～4230m，林分平均胸径 37.1cm，平均树高 20.2m，平均郁闭度 0.57，平均年龄148 年，森林活立木密度为每公顷 244 株，公顷蓄积量 302.5m³。

例 4：森林现状为云杉针叶纯林。样地分布海拔 3453m，林分平均胸径 40.3cm，平均树高22.8m，郁闭度 0.56，平均年龄 126 年，森林活立木密度为每公顷 172 株，公顷蓄积量 288.5m³。

例 5：森林现状为丽江云杉针叶纯林，样地分布海拔 3560m，树种以丽江云杉为优势种，有极少量的红桦、黄背栎分布，林分平均胸径 24.5cm，平均树高 13.4m，郁闭度 0.40，平均年龄 84 年，森林活立木密度为每公顷 500 株，公顷蓄积量 261.6m³。

例 6：森林现状为滇西北高山山体上部，海拔 4200m，树种结构以圆柏为优势种，形成圆柏林，林内有极少量的云杉、冷杉、落叶松、杜鹃等树种分布。林分平均胸径 9.6cm，平均树高 6.0m，郁闭度 0.40，平均年龄 30 年，森林活立木密度为每公顷 763 株，公顷蓄积量 24.9m³。

森林目标林相结构模式设计：设计 2～3 个林层的复层林结构，各林层高差 10m 以上。上层林树种可保留落叶松、冷杉、长苞冷杉、急尖长苞冷杉、丽江云杉、圆柏等针叶树种为主，林木个体高保持在 20m 以上，活立木密度每公顷 300～500 株，林层郁闭度 0.20～0.40；中层林树种可保留落叶松、冷杉、长苞冷杉、急尖长苞冷杉、丽江云杉、圆柏、白桦、杨树等针阔叶混交树种为主，林木个体平均高 12m 以上，活立木密度每公顷 900～1100 株，林层郁闭度 0.50～0.65；下层林优势树种可选落叶松、冷杉、长苞冷杉、急尖长苞冷杉、丽江云杉、圆柏、白桦、杨树等针阔叶树混交为主，林木个体高 10m 以下，活立木密度每公顷 1200 株以上，下层密度越大，对地表保温效果越好；森林目标林相群落总体单位蓄积量达到并保持在每公顷 500m³ 以上。

2. 温性针叶林植被型

主要有温性松林、柳杉林 2 个群系组。

（1）温性松林：建群种主要为华山松、高山松等。

（2）柳杉林：建群种主要为柳杉。

森林目标林相结构模式设计列举如下：

例 1：森林现状为树种结构以华山松为绝对优势种组成的华山松纯林结构，亦分布有少量的旱冬瓜、云南松等树种。分布海拔 2142～2900m，林分平均胸径 14.8cm，平均树高 9.3m，平均郁闭度0.59，平均年龄 35 年，森林活立木密度为平均每公顷 1014 株，平均公顷蓄积量 78.3m³，为人工华山松自然更新形成的华山松 2 代林。

例 2：森林现状为树种结构以高山松为绝对优势种组成的高山松纯林结构，有少量的川滇高山栎、高山栎、杜鹃、黄背栎、麻栎、杨树、多变石栎、华山松、云南松等树种分布。海拔2930～3350m，林分平均胸径 12.1cm，平均树高 8.9m，平均郁闭度 0.64，平均年龄 36 年；森林活立木密度为平均每公顷 1910 株，平均公顷蓄积量 115.4m³。

森林目标林相结构模式设计：设计 2～3 个林层的复层林结构，各林层高差 10m 以上。上层林树种可保留华山松、高山松、柳杉、高山栎等针叶树种为主，保留少量阔叶树（优先考虑针叶与阔叶混交树种，阔叶树种以落叶类顶极树种为优选），林木个体高 20m 以上，胸径 50cm 以上，活立木密度每公顷 400～600 株，林层郁闭度 0.20～0.40；中层林树种可保留华山松、高山松、柳杉、杨树、旱冬瓜、高山栎等保持针叶树种优势，针阔叶树种混交结构，林木个体高 10m 以上，活立木密度每公顷 800～1000 株，林层郁闭度 0.40～0.60；下层林树种可选华山松、高山松、柳杉、杨树、旱冬瓜、高山栎等针阔叶树种混交结构，林木个体平均高 10m 以内，活立木密度每公顷 1200 株以上，下层密度越大，对地表保温效果越好；森林目标林相群落总体单位蓄积量达到并保持在每公顷400m³ 以上。

3. 温性针阔叶混交林植被型

主要有温性松类针阔叶混交林和铁杉针阔叶混交林 2 个群系组。

（1）温性松类针阔叶混交林：由温性松林群系组的松树种类和阔叶树共建的森林群落。

（2）铁杉针阔叶混交林：由铁杉属树种与阔叶树混交组成的森林群落。

森林目标林相结构模式设计列举如下：

例1：森林现状为树种结构以华山松为优势种，还有铁杉、云南松等针叶树种与白穗石栎、旱冬瓜、槲栎、柳树、水红木、杨树、山矾、滇润楠、猴子木、疏齿栲、野八角、檫木、石楠、川西栎、滇石栎、厚皮香、木荷、木莲、大树杜鹃、滇鹅耳枥、高山栎、梁旺茶、马缨花、四照花等阔叶树种组成的针阔叶混交林。分布海拔2100～3100m，林分平均胸径15.3cm，平均树高9.7m，平均郁闭度0.64，平均年龄33年，森林活立木密度为平均每公顷1160株，平均公顷蓄积量117.1m³。

例2：森林现状为树种结构以高山松为优势种，还有华山松、丽江云杉等针叶树种与白桦、大白花杜鹃、黄背栎、南烛、杨树、川滇高山栎、滇杨、其他软阔类等组成的针阔叶混交林。分布海拔2930～3900m，林分平均胸径14.6cm，平均树高9.7m，平均郁闭度0.62，平均年龄45年，森林活立木密度为平均每公顷1671株，平均公顷蓄积量136.5m³。

例3：森林现状为树种结构以铁杉为优势种，还有油杉等针叶树与白桦、杜鹃、红桦、五角枫、青冈、滇石栎、桦木、楠木、野八角、樟、其他软阔类等组成的针阔叶混交林。分布海拔2997m，林分平均胸径17.0cm，平均树高12.5m，郁闭度0.83，平均年龄55年，森林活立木密度为平均每公顷982株，平均公顷蓄积量575.3m³。

例4：森林现状为树种结构以云南铁杉为优势种，与川滇高山栎、西南桦、杜鹃、红桦、冷杉、五角枫、高山栎、青榨槭等组成的针阔叶混交林。此外，树种结构组成中，其他针叶树种还有高山松、华山松、冷杉、铁杉等，分布海拔3063m，林分平均胸径21.9cm，平均树高9.9m，郁闭度0.50，平均年龄73年，森林活立木密度为平均每公顷1213株，平均公顷蓄积量314.7m³。

森林目标林相结构模式设计：设计2～3个林层的复层林结构，各林层高差10m以上。上层林树种可保留华山松、高山松、铁杉、云南铁杉、丽江铁杉、高山栎、白穗石栎、槲栎、滇润楠、疏齿栲、檫木、川西栎、滇石栎、木荷、木莲、大树杜鹃等1～2个树种（优先考虑针叶与阔叶混交树种，阔叶树种以落叶类顶极树种为优选）混交结构，林木个体高20m以上，胸径50cm以上，活立木密度每公顷300～500株，林层郁闭度0.20～0.40；中层林树种可保留华山松、高山松、铁杉、云南铁杉、丽江铁杉、高山栎、白穗石栎、旱冬瓜、槲栎、杨树、滇润楠、疏齿栲、野八角、檫木、石楠、川西栎、滇石栎、木荷、木莲、大树杜鹃、滇鹅耳枥、四照花等针阔叶树混交结构，林木个体高10m以上，活立木密度每公顷900～1100株，林层郁闭度0.50～0.70；下层林树种在中层林的基础上，可适当增加当地短轮伐期用材、地表增绿等特殊用途树种，林木个体平均高10m以内，活立木密度每公顷1200株以上，下层密度越大，对地表保温效果及林木自然整枝越好；目标森林林相总体单位蓄积量达到并保持在每公顷500m³以上。

4.暖性针叶林植被型

主要有暖性松林、油杉林、杉木林和柏木林4个群系组。

（1）暖性松林：建群种以云南松、思茅松、乔松为主的森林。

（2）油杉林：建群种以滇油杉为主的森林。

（3）杉木林：建群种以杉木为主的森林，主要为萌生的第二代人工杉木林（视作自然植被）。

（4）柏木林：建群种为柏木、冲天柏等柏属树种为主的森林。

森林目标林相结构模式设计列举如下：

例1：森林现状为树种结构以云南松为绝对优势种，有少量的白穗石栎、黄背栎、滇青冈、软阔类、滇石栎、华山松、杜鹃、旱冬瓜、麻栎、南烛、多变石栎、光叶高山栎、青冈、杨树、高山栲、清香木、高山栎、黄毛青冈、油杉、毛叶青冈、核桃、红木荷、毛叶黄杞、杨梅、岩栎、厚皮香、榕树、槲栎、银木荷、桦木、蓝桉、直杆桉、滇油杉、马桑、扭曲云南松、硬阔类、西南桦、山合欢、云南黄杞、山玉兰等1种或多种树种分布其中。分布海拔1270～3110m，林分平均胸径12.7cm，平均树高9.1m，平均郁闭度0.58，平均年龄30年，森林活立木密度平均为每公顷1378株，公顷蓄积量平均为 94.2m³。

例 2：森林现状为树种结构以思茅松为绝对优势种，有粗糠柴、钝叶黄檀、麻栎、木荷、山合欢、余甘子、其他软阔类、槲栎、毛叶黄杞、母猪果、锥连栎、其他食用原料树、西南桦等 1 种或多种分布其中。分布海拔 1350 ~ 1695m，林分平均胸径 15.0cm，平均树高 12.2m，平均郁闭度 0.55，平均年龄 29 年，森林活立木密度平均为每公顷 1130 株，平均公顷蓄积量 117.4m³。

例 3：森林现状为树种结构以滇油杉为优势种，有栎类、云南松、白桦、旱冬瓜、麻栎、川梨、圆柏、滇青冈等 1 种或多种分布其中。分布海拔 1750 ~ 1970m，林分平均胸径 11.5cm，平均树高 7.3m，平均郁闭度 0.58，平均年龄 28 年，森林活立木密度为每公顷 1465 株，公顷蓄积量 65.1m³。

例 4：森林现状为森林优势树种为杉木二代萌生树，形成的天然萌生杉木林，林内有少量的油杉、云南松、华山松、旱冬瓜、八角、木荷等树种零星分布其中。分布海拔 1740m，林分平均胸径 6.2cm，平均树高 4.7m，郁闭度 0.40，平均年龄 14 年，森林活立木密度为每公顷 1475 株，公顷蓄积量 37.8m³。

例 5：森林现状为树种结构以圆柏为优势种形成的圆柏林，林分中还分布有极少量的云南松、旱冬瓜等树种。分布海拔 1890m，林分平均胸径 10.5cm，平均树高 6.9m，郁闭度 0.60，平均年龄 14 年，森林活立木密度为平均每公顷 1050 株，公顷蓄积量 36.7m³。

森林目标林相结构模式设计：培育 2 ~ 3 个林层的复层林目标林相结构，各林层高差 10m 以上。上层林树种可保留云南松、思茅松、油杉、杉木、柏树、木荷、西南桦、榉木、枫香等暖性针阔叶树种中的 1 ~ 2 个树种（优先考虑针叶与阔叶混交树种，常绿与落叶混交树种），林木个体高 20m 以上，胸径 40cm 以上，活立木密度每公顷 300 ~ 500 株，林层郁闭度 0.20 ~ 0.40；中层林树种选择可保留与上、下层林树种选择形成树种混交互补结构，重点考虑培育 2 ~ 3 个顶极树种即可，林木个体高 10m 以上，活立木密度每公顷 900 ~ 1100 株，林层郁闭度 0.50 ~ 0.65；下层林树种可选育云南松、思茅松、油杉、杉木、柏树、滇青冈、滇石栎、槲栎、栓皮栎、木荷、旱冬瓜、西南桦、滇朴、喜树、榉木、枫香、四照花、泡桐、银杏、樱花、滇樟等树种中的 5 ~ 6 种，其中，顶极用材树种（顶极树种一般均为长命树种）选择不少于 3 种，同时可选择一定比例的景观、绿化等用苗树种以及短轮伐期用材树种等（该层树种选择阳性树种时宜采用块状培育），该层林木个体平均高一般在 10m 以内，活立木密度每公顷 1400 株以上。达森林目标林相时，森林总体单位蓄积量达到并保持在每公顷 400m³ 以上。

5. 暖性针阔叶混交林植被型

主要有暖性松类针阔叶混交林、杉木针阔叶混交林及扁平叶型针叶树种针阔叶混交林 3 个群系组。

（1）暖性松类针阔叶混交林

由暖性松林群系组的松树种类与阔叶树种混交形成的森林群落。

（2）杉木针阔叶混交林：由杉木与阔叶树混交组成的森林群落。

（3）扁平叶型针叶树种针阔叶混交林：由红豆杉类、三尖杉等扁平叶型针叶树种与阔叶树混交组成的森林群落。

森林目标林相结构模式设计列举如下：

例 1：森林现状为树种结构以云南松为优势种，与旱冬瓜、木荷、牛筋条、喜树、核桃、羊蹄甲、黑黄檀、黄杞、白桦、杨树、水红木、白枪杆、红椿、清香木、香椿、野八角、黄连木、马蹄荷、光叶石栎、麻栎、青冈、高山栲、栎类、栲类、石栎类、青冈类等上百个乔木树种中的 1 种或者几种树种共同组成的云南松针阔叶混交林。分布海拔 700 ~ 3300m，林分平均胸径 14.2cm，平均树高 9.9m，平均郁闭度 0.57，平均年龄 31 年，森林活立木密度为平均每公顷 1272 株，平均公顷蓄积量 101.7m³。

例 2：森林现状为树种结构以思茅松为优势种，与柏木、油杉、云南油杉、算盘子、茶梨、石栎、槲栎、山黄麻、栓皮栎、西南桦、岗枹、桦木、栎类、木荷、青冈、樟、锥连栎、柏那参、旱冬瓜、麻栎、毛叶青冈、杨梅、樟、杯状栲、粗糠柴、滇青冈、高山栎、黄毛青冈、金合欢、银柴、云南黄杞、川梨、短刺栲、钝叶黄檀、高山栲、栲树、瑞丽山龙眼、三桠乌药、水锦树、其他软阔类、其他硬阔类等近百个种树中的 1 种或者几种树种共同组成的思茅松针阔叶混交林、思茅松 – 柏树 – 西南桦针阔叶混交林结构。分布海拔 939 ～ 2220m，林分平均胸径 15.2cm，平均树高 11.9m，平均郁闭度 0.59，平均年龄 32 年，森林活立木密度为平均每公顷 1236 株，平均公顷蓄积量 124.6m³。

例 3：森林现状为树种结构以滇油杉为优势，与云南松、扁担杆、锥连栎、厚朴、滇青冈、高山栲、旱冬瓜、椋木、川梨、盐肤木、杨树、漆树、樱桃、青冈、黄毛青冈、柞木、窄叶石栎、其他软阔等树种中的 1 种或者几种共同组成的滇油杉针阔叶混交林。分布海拔 1650 ～ 2410m，林分平均胸径 11.6cm，平均树高 6.9m，平均郁闭度 0.62，平均年龄 26 年，森林活立木密度为平均每公顷 1590 株，平均公顷蓄积量 69.4m³。

例 4：森林现状为树种结构以杉木和旱冬瓜为优势，还有其他软阔类等树种共同组成的针阔叶混交林。分布海拔 1950m，林分平均胸径 24.6cm，平均树高 21.2m，郁闭度 0.40，平均年龄 24 年，森林活立木密度为平均每公顷 438 株，平均公顷蓄积量 70.6m³。

森林目标林相结构模式设计：该植被类型在云南的山地分布海拔一般为 1000 ～ 2700m。在纬度水平带上，纬度越低（向南），一般山体坡位分布越高，常分布在水平带山原地貌的中、上部位区域；纬度越高（向北），一般山体坡位分布越低，常分布在水平带山原地貌的中、下部位，甚至分布到山原平面下陷的干热河谷中、上部位两岸。该植被类型是云南从南到北、从西至东均有分布的一个常见且分布较广的植被类型。从分布区域看，本类型与暖性针叶林、半湿润常绿阔叶林等植被类型一起形成云南森林的主要组成部分，分布遍及云南的各个行政区域。该类型的目标林相可设计培育 2 ～ 3 个林层的复层林结构，各林层高差 10m 以上。上层林优势树种可保留云南松、思茅松、油杉、杉木、木荷、西南桦、榉木、枫香、朴树、楠木等暖性针阔叶树种中的 1 ～ 2 种顶极树种（优先考虑针叶与阔叶混交树种，常绿与落叶混交树种搭配），林木个体高 20m 以上，胸径 40cm 以上，活立木密度每公顷 400 ～ 500 株，林层郁闭度 0.20 ～ 0.40；中层林树种选择可保留与上、下林层树种选择形成混交互补结构，重点考虑培育 2 ～ 3 个顶极树种即可，林木个体高 10m 以上，活立木密度每公顷 900 ～ 1100 株，林层郁闭度 0.40 ～ 0.60；下层林树种可选育云南松、思茅松、油杉、杉木、柏树、滇青冈、滇石栎、槲栎、栓皮栎、木荷、旱冬瓜、西南桦、滇朴、喜树、榉木、枫香、楠木、四照花、泡桐、银杏、樱花、滇樟等树种中的 5 ～ 6 种，其中，顶极用材树种选择不少于 3 种，阳性树种采用团块状培育。同时，结合林木产品市场需求和营林区的立地、交通运输等综合条件，可选择一定比例的景观、绿化等用苗树种以及短轮伐期用材树种等。该层林木个体平均高一般在 10m 以内，活立木密度每公顷 1200 株以上。达目标林相森林群落时，总体单位蓄积量达到并保持在每公顷 500m³ 以上。

（二）阔叶林

1. 落叶阔叶林植被型

主要包括典型落叶阔叶林和山地杨桦林 2 个植被亚型。

（1）典型落叶阔叶林：包括栎类落叶阔叶林和落叶阔叶杂木林 2 个群系组。

①栎类落叶阔叶林：由落叶栎属树种为建群种的栎类林，如槲栎林、麻栎林、栓皮栎林等。

②落叶阔叶杂木林：由槭树科、榆属、椴属、枫香属等科属中落叶树种组成的落叶阔叶杂木林。

（2）山地杨桦林：包括山杨林和桦木桤木林 2 个群系组。

①山杨林：以山杨为建群种的森林。

②桦木桤木林：以桦木属和桤木属树种为优势的森林。

森林目标林相结构模式设计列举如下：

例 1：森林现状为森林树种结构以麻栎为优势种形成的麻栎林。林内局部零星分布有旱冬瓜、毛叶黄杞、余甘子等树种，分布海拔 1180 ～ 1390m，林分平均胸径 6.8cm，平均树高 5.8m，平均郁闭度 0.48，平均年龄 11 年，森林活立木密度为每公顷 1194 株，公顷蓄积量 18.6m³。

例2：森林现状为森林树种结构以栓皮栎为优势种形成的栓皮栎林。分布海拔1890m，林分平均胸径6.5cm，平均树高4.4m，郁闭度0.35，年龄8年，森林活立木密度为每公顷550株，公顷蓄积量5.1m³。

例3：森林现状为树种结构以枫香为优势种，与槭树、云南黄杞、木棉、漆树、山合欢、楝、西南桦等多种落叶阔叶树中的1种或多种组成的落叶阔叶混交林。林分平均胸径14.6cm，平均树高11.5m，平均郁闭度0.49，平均年龄15年，森林活立木密度为平均每公顷738株，平均公顷蓄积量83.1m³。

例4：森林现状为树种结构以核桃为优势种的天然核桃林，有少量软阔类阔叶分布。分布海拔1500m，林分平均胸径9.1cm，平均树高6.0m，郁闭度0.50，平均年龄15年，森林活立木密度为每公顷775株，公顷蓄积量20.1m³。

例5：森林现状为树种结构类型为杨树纯林。分布海拔3780m，林分平均胸径13.8cm，平均树高8.2m，郁闭度0.75，年龄45年，森林活立木密度为每公顷1125株，公顷蓄积量86.3m³。

例6：森林现状为树种结构类型为旱冬瓜纯林。分布海拔1625～2730m，林分平均胸径16.9cm，平均树高12.6m，平均郁闭度0.54，平均年龄33年，森林活立木密度为每公顷546株，公顷蓄积量93.6m³。

森林目标林相结构模式设计：培育2～3个林层的复层林结构，各林层高差10m以上。上层林树种可保留槲栎、麻栎、栓皮栎、槭树、榆树、椴树、枫香、杨树、桤木、桦木以及可引入培育生长的云南松、思茅松、华山松、冷杉、丽江云杉等针叶树种中的1～2种顶极树种培育针阔叶混交林，林木个体高18m以上，胸径40cm以上，活立木密度每公顷300～500株，林层郁闭度0.20～0.40；中层林树种选择可保留与上、下层林树种选择形成混交互补结构，重点考虑培育2～3个顶极树种即可，林木个体高8m以上，活立木密度每公顷800～1100株，林层郁闭度0.40～0.60；下层林树种根据森林分布区域的气候特点和现有母树情况，可引入云南松、滇油杉、黄杉、思茅松、华山松、铁杉等针叶树种，并选育槲栎、麻栎、栓皮栎、槭树、榆树、椴树、枫香、杨树、桤木、桦木等母树树种中的5～6种，其中，顶极用材树种的选择不少于3种，同时，结合林木产品的市场需求和营林区的立地、交通运输等综合条件，可选择一定比例的景观、绿化等用苗树种以及短轮伐期用材树种等，通过近自然方式或人工植苗方式造林培育。该层林木个体平均高一般在8m以内，活立木密度每公顷1200株以上。达目标林相森林群落时，总体单位蓄积量达到并保持在每公顷300m³以上。

2. 常绿落叶阔叶混交林植被型

主要有落叶常绿阔叶混交林、山地常绿落叶阔叶混交林、石灰山常绿落叶阔叶混交林3个植被亚型。

（1）落叶常绿阔叶混交林：包括落叶栎类常绿阔叶混交林和落叶杂木树常绿阔叶混交林2个群系组。

①落叶栎类常绿阔叶混交林：以壳斗科的落叶栎类为优势种与常绿树种混交形成的森林。

②落叶杂木树常绿阔叶混交林：以落叶杂木为优势种与常绿树种混交形成的森林。

（2）山地常绿落叶阔叶混交林：包括青冈石栎落叶阔叶混交林、水青冈常绿阔叶混交林、常绿杂木落叶阔叶混交林3个群系组。

①青冈石栎落叶阔叶混交林：以壳斗科的青冈或石栎为优势种与落叶阔叶树混交形成的森林。

②水青冈常绿阔叶混交林：落叶成分为水青冈，常绿阔叶成分较复杂，混交形成的森林。

③常绿杂木落叶阔叶混交林：以常绿的杂木为优势种与落叶阔叶树混交形成的森林。

（3）石灰山常绿落叶阔叶混交林：分布于石灰岩地区的中低山，由青冈、石栎、石楠等常绿树种与化香、合欢等落叶树种组成的森林。

森林目标林相结构模式设计列举如下：

例1：森林现状为树种结构类型为麻栎－槲栎－樟树－石楠等落叶栎类常绿阔叶林。分布海拔1720～1970m，林分平均胸径6.6cm，平均树高5.1m，平均郁闭度0.63，平均年龄9年，森林活立木密度为每公顷863株，公顷蓄积量7.6m³。

例2：森林现状为树种结构以桦木为优势种，与楝、香椿、木荷、樟、楠木等阔叶树种形成的落叶常绿阔叶混交林。分布海拔1240～1750m，林分平均胸径20.4cm，平均树高15.4m，平均郁闭度

0.80，平均年龄 50 年，森林活立木密度为平均每公顷 1200 株，平均公顷蓄积量 300.7m³。

例 3：森林现状为树种结构以盐肤木为优势种，与金合欢、八角枫、构树、栎类、木荷、山鸡椒、香叶树等形成的落叶杂木常绿阔叶混交林。分布海拔 545～1480m，林分平均胸径 8.5cm，平均树高 8.0m，平均郁闭度 0.46，平均年龄 10 年，森林活立木密度为平均每公顷 497 株，平均公顷蓄积量 16.0m³。

例 4：森林现状为树种结构以滇青冈为优势种，分别与野核桃、槲栎、麻栎、盐肤木、栓皮栎、滇石栎、泡桐、旱冬瓜等形成的青冈石栎落叶阔叶混交林，分布海拔 1360～2950m，林分平均胸径 14.0cm，平均树高 10.1m，平均郁闭度 0.68，平均年龄 38 年，森林活立木密度为平均每公顷 1463 株，平均公顷蓄积量 131.0m³。

例 5：森林现状为树种结构以水青冈为优势种，与白花羊蹄甲、思茅豆腐柴、香面叶、阴香、银木荷、余甘子等形成的水青冈常绿阔叶混交林，分布海拔 1400m，林分平均胸径 16.5cm，平均树高 12.7m，郁闭度 0.60，年龄 29 年，森林活立木密度为每公顷 1263 株，公顷蓄积量 221.7m³。该类型在文山州广南县九龙山保护地呈小规模分布。

例 6：森林现状为树种结构以头状四照花为优势种，与毛叶木姜子、白檀、川梨、旱冬瓜、桦木、野漆等形成的常绿杂木落叶阔叶混交林，分布海拔 2060～2140m，林分平均胸径 10.1cm，平均树高 5.8m，平均郁闭度 0.43，平均年龄 11 年，森林活立木密度为平均每公顷 712 株，平均公顷蓄积量 26.3m³。

例 7：森林现状为树种结构以滇青冈、滇石栎为优势种，与山合欢、冬青、卫矛、麻栎、盐肤木、高山栲、余甘子、白枪杆、清香木等形成的石灰山常绿落叶阔叶混交林，分布海拔 1060～1940m，林分平均胸径 11.5cm，平均树高 8.2m，平均郁闭度 0.48，平均年龄 26 年，森林活立木密度为平均每公顷 925 株，平均公顷蓄积量 60.2m³。

森林目标林相结构模式设计：该植被类型属非地带性分布类型，是云南分布比较广泛的植被类型之一。目标林相可设计为培育 2～3 个林层的复层林结构，各林层高差一般要求 10m 以上（其中：石山林区 5m 以上）。上层林树种可保留麻栎、槲栎、桦木、楝、香椿、野核桃、栓皮栎、泡桐、水青冈、旱冬瓜、野漆等落叶阔叶树以及樟树、石楠、木荷、楠木、滇青冈、滇石栎、高山栲、阴香、头状四照花、毛叶木姜子、冬青等常绿阔叶树种中的 1～2 种顶极树种，林木个体高 20m 以上（其中：石山林区 15m 以上），胸径 40cm 以上，活立木密度每公顷 300～500 株，林层郁闭度 0.20～0.40；中层林树种选择可保留与上、下层林树种选择形成混交互补结构，重点考虑培育 2～3 个顶极树种即可，林木个体高 10m 以上（其中：石山林区 8m 以上），活立木密度每公顷 800～1100 株，林层郁闭度 0.40～0.60；下层林树种根据森林分布区域的气候特点和现有母树情况，可引入云南松、滇油杉、黄杉、思茅松、华山松、铁杉等针叶树种，并选育保留麻栎、槲栎、桦木、楝、香椿、盐肤木、八角枫、构树、山鸡椒、野核桃、栓皮栎、泡桐、水青冈、羊蹄甲、豆腐柴、旱冬瓜、余甘子、白檀、川梨、野漆、山合欢等落叶阔叶树以及樟树、石楠、木荷、楠木、香叶树、滇青冈、滇石栎、高山栲、栎类、香面叶、阴香、银木荷、头状四照花、毛叶木姜子、冬青、卫矛、白枪杆、清香木等常绿阔叶母树树种中的 5～6 种，其中，顶极用材树种的选择不少于 3 种，同时，结合林木产品的市场需求和营林区的立地、交通运输等综合条件，可选择一定比例的景观、绿化等用苗树种以及短轮伐期用材树种等，通过近自然方式或人工植苗方式造林培育。该层林木个体平均高一般在 8～10m 以内，活立木密度每公顷 1200 株以上。达目标林相森林群落时，除石灰山等石山林区总体单位蓄积量可偏低外，其他土山区域总体单位蓄积量达到并保持在每公顷 400m³ 以上。

3. 常绿阔叶林植被型

主要包括典型常绿阔叶林、季风常绿阔叶林、山地常绿阔叶苔藓林和山顶苔藓矮曲林 4 种植被亚型。

（1）典型常绿阔叶林：包括栲类林、青冈石栎林、楠（樟）木林、常绿杂木林 4 个群系组。

①栲类林：以元江栲为主组成的森林。

②青冈石栎林：由壳斗科的青冈属或石栎属树种为主形成的森林。

③楠（樟）木林：由楠属、樟属、桢楠属树种为主形成的森林。

④常绿杂木林：除上述常绿树种以外的其他常绿树种为优势的常绿阔叶林，包括木莲、木荷、杜英、冬青、阿丁枫等。

森林目标林相结构模式设计列举如下：

例1：森林现状为天然元江栲阔叶纯林类型，样地位于滇中地区。分布海拔 2000 ~ 2700m，树种结构以元江栲为绝对优势种，有少量的滇石栎、早冬瓜等 1 至多个树种分布。林分综合平均胸径 7.6cm，平均树高 6.2m，平均郁闭度 0.60，平均年龄 21 年，森林活立木密度为平均每公顷 994 株，平均每公顷蓄积量 18.3m³。森林结构组成的次生性质显著。

例2：森林现状为天然同龄滇青冈阔叶纯林。样地位于滇西。分布海拔 2950m，林分平均胸径 28.5cm，平均树高 13.6m，郁闭度 0.75，年龄 123 年，森林活立木密度为每公顷 413 株，公顷蓄积量 169.2m³。

例3：森林现状为天然异龄云南樟阔叶纯林，样地位于保山市。分布海拔 2120m，树种结构以云南樟为优势种，组成云南樟 – 早冬瓜阔叶纯林。林分平均胸径 10.4cm，平均树高 8.2m，郁闭度 0.55，年龄 16 年，森林活立木密度为每公顷 1125 株，公顷蓄积量 55.3m³。

例4：森林现状为天然同龄木荷阔叶纯林，样地位于文山州。分布海拔 1900m，林分平均胸径 18.6cm，平均树高 10.5m，郁闭度 0.70，年龄 40 年，森林活立木密度为每公顷 1160 株，公顷蓄积量 160.8m³。

森林目标林相结构模式设计：培育 2 ~ 3 个林层的复层林结构，各林层高差 10m 以上。上层林树种可保留元江栲、青冈类、石栎类、楠木、桢楠、樟树、润楠、木莲、木荷、杜英、冬青、阿丁枫等常绿阔叶树种以及可引入适宜当地生长的云南松、思茅松、华山松等树种中的 1 ~ 2 种顶极针叶树种培育形成针阔叶混交林结构，林木个体高 18m 以上，胸径 40cm 以上，活立木密度每公顷 400 ~ 600 株，林层郁闭度 0.20 ~ 0.40；中层林树种选择可保留与上、下层林树种选择形成混交互补结构，重点考虑培育 2 ~ 3 个顶极树种（优先考虑培育针叶与阔叶混交树种，常绿与落叶混交树种）即可，林木个体高 8m 以上，活立木密度每公顷 900 ~ 1100 株，林层郁闭度 0.40 ~ 0.60；下层林树种根据森林分布区域的气候特点和现有母树情况，可引入云南松、滇油杉、黄杉、思茅松、华山松、铁杉、等针叶树种，并选育现存母树树种中的 5 ~ 6 种幼苗培育，其中，顶极用材树种的选择不少于 4 种，同时，结合林木产品的市场需求和营林区的立地、交通运输等综合条件，可选择培育一定比例的景观、绿化等用苗树种以及短轮伐期用材树种等，该层林木个体平均高一般在 8m 以内，活立木密度每公顷 1200 株以上。达目标林相森林群落时，总体单位蓄积量达到并保持在每公顷 400m³ 以上。

（2）季风常绿阔叶林：包括由刺栲（红椎）、印栲等为标志的栲类林，以常绿杂木树种为优势的具有南亚热带板根等雨林特征和季风气候特征的森林。

森林目标林相结构模式设计列举如下：

森林现状为天然异龄刺栲阔叶混交林。样地主要位于滇南，在滇西南亦有记录。样地分布海拔 910 ~ 1960m，平均分布海拔 1379m。树种结构以刺栲为优势种，分别与短刺栲、合果木、红木荷、密花树、南酸枣、厚皮香、华南石栎、湄公栲、八宝树、杯状栲、粗壮润楠、杜英、截头石栎、白颜树、粗糠柴、多穗石栎、青冈、西南桦、滇石梓、木棉、千张纸、滇南风吹楠、滇润楠、重阳木、大叶木莲、木莲、云南樟、岗柃、银木荷、黄毛青冈、黄杞、毛叶黄杞、云南黄杞、大果青冈、榕树、山合欢、野柿、樱桃、马蹄荷等 1 至多个树种组成阔叶混交林。记录到的样地中，森林树种组成数量不少于 14 种，林分平均胸径 10.8cm，平均树高 12.6m，平均郁闭度 0.70，平均年龄 26 年，森林活立木密度为平均每公顷 1502 株，平均公顷蓄积量 111.5m³。

森林目标林相结构模式设计：该植被类型树种组成十分丰富（14 种以上），林木径高比接近 1.2（12.6/10.8=1.16），大于 1。显示树木个体极强的空间光竞争而产生的高生长优势，是人工通过大密度、多树种配合促进森林林木高生长培育模式较好的具体范例。同时，该植被类型在滇南的主要分布区域，也是我省优质用材和采脂双用途速生树种思茅松的主要分布适生区。森林目标林相模式设计，可考虑培育 2 ~ 3 个林层的复层林结构，各林层高差 10m 以上。上层林树种可保留短刺栲、合果木、红木荷、密花树、南酸枣、华南石栎、湄公栲、八宝树、杯状栲、粗壮润楠、杜英、截头石栎、白颜树、多穗石栎、青冈、西南桦、滇石梓、木棉、滇南风吹楠、滇润楠、重阳木、大叶木莲、木莲、云南樟、银木荷、黄毛青冈、黄杞、毛叶黄杞、云南黄杞、大果青冈、榕树、野柿、樱桃、马蹄荷等常绿阔叶树种以及可引入适宜当地生长的思茅松、杉木、福建柏、柳杉等树种中的 1 ～ 2 种顶极针叶树种培育形成针阔叶混交林结构，林木个体高 25m 以上，胸径 40cm 以上，活立木密度每公顷 300 ～ 500 株，林层郁闭度 0.20 ～ 0.40；中层林树种选择可保留与上、下层林树种选择形成混交互补结构，重点考虑培育 2 ～ 3 个顶极树种（优先考虑培育针叶与阔叶混交树种）即可，林木个体高 14m 以上，活立木密度每公顷 900 ～ 1100 株，林层郁闭度 0.40 ～ 0.60；下层林树种根据森林分布区域的气候特点和现有母树情况，可引入思茅松、油杉、黄杉、杉木、柳杉、福建柏、翠柏、池杉等针叶树种，并选育现存母树树种中的 5 ～ 6 种幼苗培育，其中，顶极用材树种的选择不少于 4 种，同时，结合林木产品的市场需求和营林区的立地、交通运输等综合条件，可选择培育一定比例的景观、绿化等用苗树种以及短轮伐期用材树种等，该层林木个体平均高一般在 10m 以内，活立木密度每公顷 1400 株以上。达目标林相森林群落时，总体单位蓄积量达到并保持在每公顷 450m³ 以上。

（3）山地常绿阔叶苔藓林：分布在云南东南部山地以及各山体中上部植被垂直分布带上，生境空间多为潮湿区域，致使树上苔藓植物发达的常绿阔叶林。

在云南植被垂直分布带谱上，该类型常位于山地湿润常绿阔叶林与山顶苔藓矮曲林之间，为二者垂直地理空间分布上的过渡类型，主要表现为地表相对低温、潮湿的植被生长在极端气候生境条件下，乔木林林相群落（山地常绿阔叶苔藓林群落）即将向灌木林林相群落（山顶苔藓矮曲林林相群落，它是一类以乔木树种灌木化生长和灌木树种分布为主的林相）分布过渡之区域。该森林类型的生态系统自我平衡调节能力普遍脆弱，主要作为公益林禁伐区或者自然保护地核心区域的重点生态保护区域加以保护，以维持森林生态系统的自然平衡功能，禁止人为经营干扰活动。

（4）山顶苔藓矮曲林：分布于亚热带山地，具有一定海拔高度的山脊和山顶，包括杜鹃矮曲林和杂木矮曲林。

该类型主要分布在云南高大山体的上（顶）部或者上部山脊处，在云南植被垂直分布带谱上，为森林向高山灌丛、高山草甸（草地）过渡的类型（滇西北的各大雪山上部常见），主要表现为常年地表低温、潮湿的植被生长在极端气候生境条件下，以乔木树种灌木化、矮化生长为主要成分组成的灌木林林相群落分布的一类特殊植被类型。该森林类型的生态系统自我平衡调节能力十分脆弱，主要作为公益林禁伐区或者自然保护地核心区域的重点生态保护区域加以保护，以维持森林生态系统的自然平衡功能，禁止人为经营干扰活动。

4. 硬叶常绿阔叶林植被型

主要包括山顶硬叶阔叶林和河谷硬叶阔叶林 2 个植被亚型。

（1）山顶硬叶阔叶林：分布在海拔 2000 ～ 2600m 以上山地，由黄背栎、高山栎等组成的森林。

（2）河谷硬叶阔叶林：干热河谷由锥连栎、光叶高山栎、灰背栎等组成的森林。

森林目标林相结构模式设计列举如下：

例 1：森林现状为天然同龄高山栎阔叶纯林，样地位于滇西北。分布海拔 2960 ～ 3020m，平均分布海拔 2990m，林分平均胸径 16.0cm，平均树高 11.6m，平均郁闭度 0.50，平均年龄 41.5 年，森林活立木密度为每公顷 381 株，公顷蓄积量 37.5m³。

例 2：森林现状为天然异龄黄背栎阔叶纯林，样地位于滇西、滇西北。分布海拔 2490 ～ 4270m，树种结构以黄背栎为绝对优势种，有少量的冷杉、柳树、云南松、云南移核等 1 种或多个树种分布，林分平均胸径 9.6cm，平均树高 5.5m，平均郁闭度 0.59，平均年龄 30 年，森林活立木密度为平均每公顷 1779 株，平均公顷蓄积量 63.9m³。

例 3：森林现状为天然同龄锥连栎阔叶纯林类型，样地位于滇西。分布海拔 2160m，林分平均胸径 6.1cm，平均树高 4.6m，郁闭度 0.40，年龄 13 年，森林活立木密度为每公顷 925 株，公顷蓄积量 5.8m³。

例 4：森林现状为天然同龄锥连栎混交林类型，样地位于滇西、滇北。分布海拔
1710～1970m，森林树种结构类型为锥连栎、滇青冈、高山栲、盐肤木等阔叶混交林和锥连栎、高
山栲、灰背栎等阔叶混交林。林分平均胸径 6.2cm，平均树高 4.9m，平均郁闭度 0.50，平均年龄 17.5
年，森林活立木密度为每公顷 1000 株，公顷蓄积量 8.5m³。

森林目标林相结构模式设计：该植被类型分布区位（山顶或河谷）特殊，致使分布区地表小区
植被生存、生长的气候和水分条件异常，地表树木多以硬叶（硬叶蜡质可减少植物叶面水分蒸腾散
发）类分布为主，因缺乏水分，树木常表现出高生长严重不足，现存自然分布的森林，也常表现出稀
疏、低矮的外貌特征。森林结构目标林相模式设计，可考虑培育上、下 2 个林层的复层林结构，林层
高差 10m 以上。上层林树种可保留高山栎、黄背栎、冷杉、柳树、云南松等适生母树树种（山顶区
域），或者锥连栎、滇青冈、高山栲、盐肤木、灰背栎、云南松等乡土适生母树树种（河谷区域）
中的 1～2 种顶极树种即可，林木个体高 15m 以上，胸径 40cm 以上，活立木密度每公顷 350～600
株，林层郁闭度 0.30～0.50；下层林树种根据森林分布区域的气候特点和现有母树分布情况，选育
现存母树树种中的 5～6 种幼苗培育，其中，顶极用材树种的选择不少于 2 种，该层林木个体平均高
一般在 10m 以内，活立木密度每公顷 1200 株以上。达到目标林相森林群落时，总体单位蓄积量达到
并保持在每公顷 300m³ 以上。

5. 季雨林植被型

主要包括落叶季雨林、半常绿季雨林、石灰山季雨林 3 个植被亚型。

（1）落叶季雨林：云南南部干热河谷由木棉、楹树等热性落叶树种组成的森林。

（2）半常绿季雨林：分布在北热带（热带北缘），由榕树、假萍婆、青梅、麻楝、铁力木等组
成的森林。

（3）石灰山季雨林：分布于热带海拔 700m 以下的石灰岩山地，由蚬木、四数木等树种组成的
森林。

季雨林植被型在云南分布范围相对狭窄，因为历史上国家战略物资，如橡胶种植以及热区经济
作物开发种植的需要，滇南、滇东南、滇西南等主要分布区域的大部分原始季雨林植被均已被人工植
被所替代，现保存相对完好或者大面积集中分布的天然季雨林植被型均已纳入分布区相应各级自然保
护地，以禁止人为活动的保护方式加以严格保护。该区森林结构类型的优化经营，主要针对该植被类
型地理分布区域内的人工森林植被，局部有少量天然植被零星分布的区域，除了在林中空地等无树木
分布区域，可通过地表清理、播种等方式促进天然母树落种更新措施外，应禁止人为经营活动，让林
地休养生息，恢复原生植被。

6. 雨林植被型

主要有湿润雨林、半常绿雨林和山地雨林 3 个植被亚型。

（1）湿润雨林：分布于热带迎风坡前的山地下部或沟谷，由坡垒、毛坡垒、青梅、肉豆蔻、长
毛羯布罗香等组成的森林。

（2）半常绿雨林：雨林向季雨林过渡的类型，主要树种有千果榄仁、番龙眼、箭毒木、望天树等。

（3）山地雨林：分布在滇南海拔 800～1000m 的山地，由滇楠、假含笑、缅漆等组成的森林。

热带雨林植被是地球上赤道线向南、向北分布的绿色明珠，其地理分布区位特殊，影响植被类
型分布的气候条件特别，在云南分布范围较季雨林植被型更为狭窄。雨林植被生态系统最为复杂，一
旦破坏，难以恢复，极易沦为荒漠。长期以来，云南分布的雨林植被得到社会各界的关注和重视，从
而得到了有效的保护。目前，云南分布的天然热带雨林植被型均已纳入分布区相应各级自然保护地，
以禁止人为活动的保护方式加以严格保护。该区森林结构类型的优化经营，主要针对该植被类型地理
分布区域内的人工森林植被，局部有少量天然植被零星分布的区域，除了在林中空地等无树木分布区
域，可通过地表清理、播种等方式促进天然母树落种更新措施外，应禁止人为经营活动，让林地休养
生息，恢复原生雨林植被。

二、云南栽培乔木植被

该植被类型因起源为人工,是现阶段实施云南森林提质增效各类工程建设中重点经营的对象,是森林结构优化调整培育的主战场。该植被类型主要包括木本栽培植被型组内的针叶林型、阔叶林型和针阔叶混交林型3个植被型。

（一）针叶林型：由针叶乔木树种组成的人工植被

针叶林树种是云南主要的用材造林对象,全省分布广泛,主要针叶造林树种有云南松、华山松、思茅松、杉木、柏树类、云杉类、冷杉类、秃杉、柳杉、油松、湿地松、湿加松、滇油杉等。人工针叶林目标林相结构模式主要从树种混交结构、林层空间结构2个方面作优化调整转变,尽可能把大面积的针叶纯林结构转变为针叶混交或者针阔叶混交复层林结构。施工作业中,重点选择一些耐火、防虫、抗病的阔叶树种,结合生物防火廊道、森林病虫害阻隔林带、生物围栏建设等方式转变成优质混交林结构。本类型的森林结构目标林相优化案例如下:

案例1:林分现状为人工异龄华山松针叶纯林。样地海拔2428m,林分平均胸径11.1cm,平均树高7.4m,郁闭度0.64,平均年龄25年,森林活立木密度为每公顷2171株,公顷蓄积量101.8m³。林木单株胸径年平均生长量0.386cm,年平均生长率3.7%;单株蓄积年平均生长量0.0041m³,年平均生长率8.5%。

森林目标林相结构模式设计,可考虑林层结构优化调整至上、中、下3林层结构,各林层林木结构组成设计:上层,培育华山松为优势树种,林层高20m以上,成、过熟林木,林木密度每公顷300～500株,林层郁闭度0.25～0.35;中层,以华山松为优势,配置旱冬瓜、银杏、樟木、润楠、桦木、杨树、核桃、香椿等阔叶树种5～7种,林层高12m以上,中龄和近熟林木,林木密度每公顷900～1100株,林层郁闭度0.50～0.70;下层,以华山松为优势（数量占5成左右）,树种配置在涵盖中、上层林的目标林木种类基础上,按树种生物学、生态学、生理学互补特性,多选配几种共生互利树种,林层高10m以内,幼龄林木,活立木密度每公顷1200株以上。达森林目标林相结构群落时,乔木树单位面积蓄积量将达到并保持在每公顷400m³以上。

案例2:林分现状为人工异龄杉木针叶纯林。样地分布海拔为1090～1620m,树种组成仅杉木1种,林分平均胸径10.4cm,平均树高7.8m,平均郁闭度0.60,平均年龄12年,森林活立木密度每公顷1271株,每公顷蓄积量74.1m³。林木单株胸径年平均生长量0.56cm,年平均生长率4.7%;单株蓄积年平均生长量0.0066m³,年平均生长率10.5%。

森林目标林相结构模式设计,可考虑林层结构优化调整至上、中、下3林层结构,各林层林木结构组成设计:上层,培育杉木为优势树种,林层高20m以上,成、过熟林木,林木密度每公顷300～500株,林层郁闭度0.25～0.35;中层,以杉木为优势种,配置木荷（耐火树种）、樟木、楠木、润楠、西南桦、榉木、枫香、红椿、香椿、蝴蝶果、木棉、柚木（滇南、滇东南南亚热带、热带区域）、泰国木棉（速生树种）等阔叶树种6～10种,林层高12m以上,中龄和近熟林木,林木密度每公顷900～1100株,林层郁闭度0.50～0.70;下层,以杉木为优势（数量占5成左右）,树种配置在涵盖中、上层林的目标林木树种基础上,按各造林树种生物学、生态学、生理学等互补特性,多选配几种共生互利树种,林层高10m以内,幼、中龄林木,活立木密度每公顷1300株以上。达森林目标林相结构群落时,乔木树单位面积蓄积量将达到并保持在每公顷550m³以上。

案例3:林分现状为人工异龄云南松针叶纯林。森林树种组成仅云南松1种,样地海拔1934～2510m,平均胸径10.9cm,平均树高6.9m,平均郁闭度0.54,平均年龄24年,森林活立木密度为每公顷982株,公顷蓄积量51.3m³。

森林目标林相结构模式设计,可考虑林层结构优化调整至上、中、下3林层结构,各林层林木结构组成设计:上层,培育云南松为优势种,层高20m以上,成、过熟林木,林木密度每公顷300～500株,林层郁闭度0.25～0.35;中层,以云南松为优势种,配置滇朴、四照花、旱冬瓜、滇樟、楠木、银杏、榉木、枫香、香椿、石楠、苦楝、黄连木、滇杨等阔叶树种5～7种,林层高12m

以上，中龄和近熟林木，林木密度每公顷 900 ~ 1100 株，林层郁闭度 0.50 ~ 0.70；下层，以云南松为优势树种（块状混交模式），树种配置在涵盖中、上层目标林木树种的基础上，按各造林树种生物学、生态学、生理学等互补特性，多选配几种共生互利树种，林层高 10m 以内，幼、中龄林木，活立木密度每公顷 1200 株以上。达森林目标林相结构群落时，乔木树单位面积蓄积量将达到并保持在每公顷 400m³ 以上。

案例 4：林分现状为人工异龄圆柏针叶纯林。样地分布海拔 2060m，林分平均胸径 13.7cm，平均树高 10.9m，郁闭度 0.72，平均年龄 14 年，森林活立木密度约为每公顷 1500 株，平均每公顷蓄积量 86.3m³。树木单株胸径年平均生长量 0.33cm，年平均生长率 3.3%；单株蓄积年平均生长量 0.0028 m³，年平均生长率 8.1%。

森林目标林相结构模式设计，考虑林层结构优化调整至上、中、下 3 林层结构，各林层林木结构组成设计：上层，培育圆柏为优势种，层高 20m 以上，成、过熟林木，林木密度每公顷 400 ~ 600 株，林层郁闭度 0.25 ~ 0.35；中层，以圆柏为优势种，配置木荷（耐火树种）、银杏、榉木、枫香、香椿、滇朴、旱冬瓜、滇樟、滇楠、滇杨、银桦、石楠等阔叶树种 5 ~ 7 种，林层高 12m 以上，中龄和近熟林木，林木密度每公顷 1000 ~ 1200 株，林层郁闭度 0.50 ~ 0.70；下层，以圆柏为优势树种，树种配置在涵盖中、上层目标林木树种的基础上，按各造林树种生物学、生态学、生理学等互补特性，多选配几种共生互利树种，林层高 10m 以内，幼、中龄林木，活立木密度每公顷 1400 株以上。达森林目标林相结构群落时，乔木树单位面积蓄积量将达到并保持在每公顷 500m³ 以上。

（二）阔叶林型：由阔叶乔木树种组成的人工植被

阔叶乔木乡土树种是原生植被的主要组成成分，其中的许多代表性建群种的分布范围是云南自然植被划分的主要依据，是云南森林树种组成的主要部分。常用于造林绿化的主要树种有桉树类、旱冬瓜、西南桦、银杏、香椿、红椿、楝、黑荆树、银荆树、合欢、樟木、楠木、杨树、核桃、八角、樱桃、四照花、橡胶、榕树、泡桐、石楠、滇青冈等。人工阔叶林目标林相结构模式也主要从树种混交结构、林层空间结构 2 个方面作优化调整转变，尽可能把现有的阔叶纯林结构转变为阔叶混交或针阔叶混交复层林结构。森林结构优化调整要结合生物防火廊道、森林病虫害阻隔林带、生物围栏等林区营林建设工程，将现有阔叶纯林逐步转变成优质混交林结构。本类型的森林目标林相结构优化案例如下：

案例 1：林分现状为人工桉树纯林。样地海拔为 1453m，树种组成仅直杆桉 1 种，样地平均胸径 9.8cm，平均树高 11.7m，郁闭度 0.63，年龄 6 年，森林活立木密度为每公顷 1253 株，公顷蓄积量 44.8m³，树木单株胸径年平均生长量 0.93cm，年平均生长率 7.3%；单株蓄积年平均生长量 0.015m³，年平均生长率 16.1%。

20 世纪 80—90 年代，桉树曾一度为云南主要经济造林选择树种，深受林农的喜爱。主要经营方向（用途）集中在两种：一种以培育获取工业原料林副产品为主要经营方向，树种主要以蓝桉、直杆桉为主，利用方式为桉叶提取桉油获取经济效益；另一种以培育获取短轮伐期中、小径材用材为主要经营方向，树种主要以直杆桉、巨尾桉、赤桉为主，利用方式主要有纸浆材、采矿坑道木、轨道枕木、各类撑杆等中小径材原木和浆材木。在云南，桉树为一种速生造林树种，有怕冻、速生的特点。其幼、中龄阶段（甚至到近熟林阶段）生长速度过快，与之配置种植的其他树种往往因早期生长竞争失利等原因而死亡，特别在滇中水量不太充足的区域，造林表现更为明显，为此，桉树类树种很少成为各地生态保护绿化类造林选择树种，而且混交式造林模式也极为少见。

随着云南森林经营实施以生态保护为优先战略定位的转变，桉树的利用方式逐渐收缩，经营方式也逐渐从小径材利用向大径材培育；从经济用材为主向生态防护为主的转变，桉树单层纯林结构有必要向混交复层林转变，甚至在生态敏感区域（特别在地下水量缺乏区域），逐步培育优质乡土树种以更替桉树树种。森林目标林相结构模式设计，可按经营利用方向分别考虑林层和树种结构优化调整方向。例如：以滇东南片区纸浆材和短轮伐期用材为代表的桉树纯林目标林相结构模式设计为上、下 2 林层针阔叶混交林结构，各林层林木结构组成设计：上层，培育直杆桉和杉木为优势种，层高 25m 以上，成、过熟林木，林木密度每公顷 250 ~ 400 株，林层郁闭度 0.25 ~ 0.40；下层，以直杆桉、巨尾桉、赤桉等现有桉树类为优势种，配置木荷（耐火树种）、杉木、思茅松（滇南区）等树种 1～2 种，林层高 20m 以内，林木密度每公顷 1400 株以上。森林达目标林相时，上层林木利用更替要保持林层动态持续存在，重点短周期经营下层林木。以滇中生态防护和用材多功能用途林为代表的林地桉树纯林（非林地森林的林农经营结构调整变数大，故不作讨论）的目标林相结构模式，可设计为上、中、下 3 林层针阔叶混交林结构，各林层林木结构组成设计：上层，林木培育以桉树、云南松、常绿阔叶类（预防桉树冻害）顶极树种为优势种，林层高 20m 以上，林木密度每公顷 300～500 株，林层郁闭度 0.25～0.40；中层，以柏树、云南松、桉树、滇青冈等耐旱树种为优势种，配置木荷、滇朴、旱冬瓜、滇杨、黄连木等阔叶速生树种 4～6 种，林层高 12m 以上，林木密度每公顷 900～1100 株，林层郁闭度 0.50～0.70；下层，树种配置在涵盖中、上层目标林木树种的基础上，按各造林树种生物学、生态学、生理学等互补特性，多选配几种共生互利树种，林层高 10m 以内，活立木密度每公顷 1200 株以上。达森林目标林相结构群落时，乔木树单位面积蓄积总量将达到并保持在每公顷 300m³ 以上。

案例 2：林分现状为人工旱冬瓜纯林。样地分布海拔 1760m，组成树种仅旱冬瓜 1 种，林分平均胸径 16.0cm，平均树高 15.4m，郁闭度 0.70，平均年龄 17 年，森林活立木密度为每公顷 813 株，公顷蓄积量 110.0m³。

森林目标林相结构模式设计，考虑林层和树种结构优化调整至上、中、下 3 林层混交林结构，各林层林木结构组成设计：上层，培育旱冬瓜和云南松为优势种，层高 20m 以上，成、过熟林木，林木密度每公顷 300～500 株，林层郁闭度 0.20～0.40；中层，以旱冬瓜和云南松为优势种，配置木荷、杉木、西南桦、蝴蝶果、瑞木、榉木、枫香、椿树、樟树等阔叶树种 5～7 种，林层高 12m 以上，中龄和近熟林木，林木密度每公顷 900～1100 株，林层郁闭度 0.50～0.70；下层，树种配置在涵盖中、上层目标林木树种的基础上，按各造林树种生物学、生态学、生理学等互补特性，多选配几种共生互利树种，林层高 10m 以内，活立木密度每公顷 1200 株以上。达森林目标林相结构群落时，乔木树单位面积蓄积总量将达到并保持在每公顷 300m³ 以上。

（三）针阔叶混交林型：由针叶和阔叶乔木树种混生组成的人工植被

从树木生理学、生态学等结构特征分析，针阔叶混交林理论上是比较理想的森林树种结构组成模式，是森林生态学经营所推崇的主要模式。本类型的森林目标林相结构优化案例，以林分现状为人工旱冬瓜与华山松等针阔叶树种混交林结构样地为例，样地分布海拔 2430m，树种结构组成以旱冬瓜为优势种，与华山松、云南松形成针阔叶混交林。林分平均胸径 8.4cm，平均树高 6.2m，郁闭度 0.80，平均年龄 7 年，森林活立木密度为每公顷 2625 株，公顷蓄积量 75.8m³。

森林目标林相结构模式设计，主要考虑林层结构优化调整至上、中、下 3 林层结构，林层层高 10m 以上，各林层林木结构组成设计：上层，培育云南松、华山松及旱冬瓜为优势种，层高 20m 以上，林木密度每公顷 300～400 株，林层郁闭度 0.25～0.35；中层，以华山松和旱冬瓜为优势种，配置云南松、枫香、杜英、四照花、润楠、红叶石楠、香椿、核桃等阔叶树种 3～5 种，林层高 10m 以上，林木密度每公顷 900～1100 株，林层郁闭度 0.50～0.70；下层，树种配置在涵盖中、上层目标林木树种的基础上，按各造林树种生物学、生态学、生理学等互补特性，多选配几种共生互利树种，林层高 10m 以内，活立木密度每公顷 1400 株以上。达森林目标林相结构群落时，乔木树单位面积蓄积总量将达到并保持在每公顷 500m³ 以上。

受篇幅和调查分析研究样地数量的限制，云南乔木植被类型及其森林结构优化模式设计仅以示范性案例讨论，所列举的模式仅提供一种设计思路，并重点从森林结构的空间配置与树种配置相结合，围绕树木生长所必需的光、水、热配合利用模式以及树木生长相互促进与制约机制方面，分析设计森林目标林相结构的优化组合方案，供广大从业者参考使用，具体到某地森林结构类型的优化设计方案，还应结合小区立地条件、营林气候条件、区域性交通运输条件、从业人才资源条件以及其他社会经济条件等综合因素，进一步深入规划设计，并做好档案管理，以便从业者对照研究和不断地总结优化方案。

附 表

附表 1　云南乔木树分树种相对龄级与对应胸径值估算表（起测龄级胸径为 5cm）

树种名称	林分起源	5年期胸径年均生长率(%)	10年期胸径年均生长率（%）	15年期胸径年均生长率（%）	综合年均生长率（%）	龄级期限（年）	估算用胸径年均生长率（%）	龄级胸径（cm）					
								起测龄级	Ⅰ龄级	Ⅱ龄级	Ⅲ龄级	Ⅳ龄级	Ⅴ龄级
桉树	人工	7.2	6.55	3.07	7	5	7.2	5	7.2	10.4	14.9	21.4	30.9
八角	人工	4.17	0.9	0.42	2.94	10	0.9	5	5.5	6	6.6	7.2	7.8
赤桉	人工	5.19	3.55	3.4	4.47	5	5.19	5	6.5	8.4	10.9	14.2	18.4
干香柏	人工	0.69	0.53	0.62	0.63	20	0.63	5	5.7	6.4	7.3	8.3	9.4
高山松	人工	2.22	2	1.84	2.09	10	2	5	6.1	7.5	9.1	11.2	13.6
构树	人工	3.25	2.82	2.61	3.02	10	2.82	5	6.6	8.8	11.7	15.6	20.7
旱冬瓜	人工	4.59	3.73	3.33	4.16	5	4.59	5	6.3	7.9	10	12.6	15.8
核桃	人工	5.85	4.26	2.66	5.31	10	4.26	5	7.7	11.9	18.3	28.2	43.5
黑荆	人工	6.3	6.01	4.39	6.19	5	6.3	5	6.9	9.4	13	17.8	24.5
红椿	人工	4.66	4.35	3.82	4.47	10	4.35	5	7.8	12.1	18.8	29.3	45.6
华山松	人工	3.98	3.43	3.09	3.7	10	3.43	5	7.1	10	14.1	20	28.3
昆明朴	人工	2.17	1.38	1.53	1.85	10	1.38	5	5.7	6.6	7.6	8.7	10
蓝桉	人工	6.59	5.53	4.21	6.19	5	6.59	5	7	9.7	13.6	18.9	26.4
楝	人工	3.18	2.72	2.24	2.93	5	3.18	5	5.9	6.9	8.1	9.5	11.1
柳杉	人工	6.57	4.93	4.51	5.83	5	6.57	5	7	9.7	13.5	18.8	26.2
泡核桃	人工	8.68	5.43		8.1	10	5.43	5	8.7	15.2	26.6	46.4	81
漆树	人工	4.39	3.68	3.21	4.07	5	4.39	5	6.2	7.8	9.7	12.1	15.1
杉木	人工	5.42	3.95	3.25	4.8	5	5.42	5	6.6	8.6	11.3	14.9	19.5
思茅松	人工	4.09	3.25	2.83	3.64	10	3.25	5	6.9	9.6	13.4	18.6	25.8
头状四照花	人工	4.29	3.84	3.38	4.08	5	4.29	5	6.2	7.7	9.5	11.8	14.7
秃杉	人工	8.16	5.88	3.86	7.45	5	8.16	5	7.6	11.4	17.3	26.2	39.6
西南桦	人工	5.73	4.57	3.47	5.24	10	4.57	5	8	12.7	20.2	32.1	51.2
香椿	人工	6.03	5.49	4.71	5.77	10	5.49	5	8.8	15.4	27.1	47.6	83.7
橡胶	人工	4.32	2.25		3.7	10	2.25	5	6.3	7.9	9.8	12.3	15.5
银荆	人工	6.28	5.82	5.32	6.11	10	5.82	5	9.1	16.6	30.2	55	100.1
柚木	人工	4.87	4.17	3.53	4.76	10	4.17	5	7.6	11.7	17.8	27.2	41.5
圆柏	人工	4.4	2.71	2.29	3.76	20	3.76	5	11	24.3	53.6	—	—
云南松	人工	4.02	3.22	2.84	3.61	10	3.61	5	7.1	10.2	14.6	21.1	30.4

续附表1

树种名称	林分起源	5年期胸径年均生长率(%)	10年期胸径年均生长率(%)	15年期胸径年均生长率(%)	综合年均生长率(%)	龄级期限（年）	估算用胸径年均生长率(%)	起测龄级	I龄级	II龄级	III龄级	IV龄级	V龄级
长苞冷杉	人工	2.01	1.52	1.26	1.74	10	1.52	5	5.8	6.8	7.9	9.2	10.7
直杆桉	人工	6.74	7.18	1.95	6.85	5	6.74	5	7	9.9	13.9	19.5	27.4
白花羊蹄甲	天然	3.01	2.23	1.98	2.63	10	2.23	5	6.3	7.8	9.8	12.2	15.3
白桦	天然	1.4	1.18	1.11	1.28	10	1.18	5	5.6	6.3	7.1	8	9
白穗石栎	天然	3.16	2.44	2.26	2.82	20	2.82	5	8.9	15.9	28.5	50.8	90.7
白颜树	天然	2.7	2.09	2.27	2.42	20	2.42	5	8.2	13.4	22	36	59.1
薄叶山矾	天然	2.66	2.13	2.15	2.4	10	2.13	5	6.2	7.7	9.5	11.8	14.6
杯状栲	天然	3.67	2.78	2.19	3.21	20	3.21	5	9.7	18.9	36.8	71.6	139.4
川滇高山栎	天然	2.03	1.75	1.41	1.86	20	1.86	5	7.3	10.6	15.5	22.5	32.8
川滇冷杉	天然	1.73	1.36	1	1.5	20	1.5	5	6.8	9.2	12.4	16.8	22.7
川西栎	天然	3.68	3.55	3.27	3.61	20	3.61	5	10.6	22.7	48.3	102.9	–
刺栲	天然	3.89	3.3	2.93	3.61	20	3.61	5	10.6	22.7	48.3	102.9	–
粗糠柴	天然	3.64	2.97	2.01	3.31	20	3.31	5	9.9	19.8	39.4	78.3	–
大果红杉	天然	2.24	2.02	1.71	2.1	20	2.1	5	7.7	11.7	18	27.5	42.1
滇鹅耳枥	天然	3.12	2.85	2.64	3.02	20	3.02	5	9.3	17.4	32.5	60.5	112.9
滇青冈	天然	3.08	2.52	2.18	2.8	20	2.8	5	8.9	15.8	28.1	49.9	88.8
滇石栎	天然	3.13	2.52	2.25	2.83	20	2.83	5	8.9	16	28.6	51.3	91.7
滇杨	天然	3.6	2.84	2.44	3.25	10	2.84	5	6.7	8.9	11.8	15.7	20.9
短刺栲	天然	2.8	2.39	2.25	2.6	20	2.6	5	8.5	14.5	24.7	42	71.6
多变石栎	天然	3.06	2.66	2.28	2.86	20	2.86	5	9	16.2	29.2	52.6	94.8
枫香	天然	3.63	3.23	2.84	3.4	10	3.23	5	6.9	9.6	13.3	18.4	25.5
高山栲	天然	3.12	2.65	2.38	2.9	20	2.9	5	9.1	16.5	30	54.5	99

续附表 1

树种名称	林分起源	5年期胸径年均生长率(%)	10年期胸径年均生长率(%)	15年期胸径年均生长率(%)	综合年均生长率(%)	龄级期限（年）	估算用胸径年均生长率(%)	龄级胸径（cm）					
								起测龄级	I 龄级	II 龄级	III 龄级	IV 龄级	V 龄级
高山栎	天然	2.28	1.77	1.63	2.02	20	2.02	5	7.5	11.3	17.1	25.7	38.8
光叶高山栎	天然	2.04	1.68	1.39	1.84	20	1.84	5	7.3	10.5	15.3	22.2	32.2
光叶石栎	天然	3.78	2.97	2.71	3.43	20	3.43	5	10.2	20.9	42.7	87.3	－
旱冬瓜	天然	4.59	3.73	3.33	4.16	5	4.59	5	6.3	7.9	10	12.6	15.8
合果木	天然	3.66	3.08	2.58	3.4	20	3.4	5	10.2	20.6	41.8	85	－
核桃	天然	5.85	4.26	2.66	5.31	10	4.26	5	7.7	11.9	18.3	28.2	43.5
红桦	天然	1.51	1.26	1.14	1.37	10	1.26	5	5.7	6.4	7.3	8.3	9.4
红木荷	天然	3.78	3.2	2.63	3.48	10	3.2	5	6.9	9.5	13.2	18.2	25.1
厚鳞石栎	天然	2.68	2.26	2.02	2.46	20	2.46	5	8.3	13.7	22.6	37.3	61.6
槲栎	天然	3.36	2.63	2.09	2.97	20	2.97	5	9.2	17	31.4	57.9	－
华南石栎	天然	2.54	2.19	2.11	2.36	20	2.36	5	8.1	13.1	21.2	34.3	55.4
桦木	天然	5.27	4.15	3.63	4.77	10	4.15	5	7.6	11.6	17.7	26.9	41.1
黄背栎	天然	1.98	1.59	1.27	1.77	20	1.77	5	7.2	10.2	14.6	20.9	29.9
黄连木	天然	2.9	2.36	2.4	2.67	5	2.9	5	5.8	6.7	7.7	8.9	10.3
黄毛青冈	天然	2.68	2.25	1.93	2.45	20	2.45	5	8.2	13.6	22.4	37	61
黄杉	天然	3.23	2.79	2.84	3.03	10	2.79	5	6.6	8.8	11.6	15.4	20.4
灰背栎	天然	3.02	2.62	2.48	2.81	20	2.81	5	8.9	15.9	28.3	50.4	89.8
截头石栎	天然	3.42	2.98	2.61	3.18	20	3.18	5	9.7	18.7	36.1	69.7	－
栲树	天然	3.27	2.55	2.03	2.89	20	2.89	5	9.1	16.4	29.8	54	97.9
冷杉	天然	1.1	0.93	0.74	0.98	20	0.98	5	6.1	7.4	9	11	13.4
丽江铁杉	天然	2.3	1.7	1.51	2.03	20	2.03	5	7.5	11.4	17.2	26	39.2
丽江云杉	天然	2.81	2.42	1.93	2.56	20	2.56	5	8.4	14.3	24.1	40.6	68.6
栎类	天然	2.98	2.48	2.18	2.71	20	2.71	5	8.7	15.2	26.5	46.2	80.5

续附表 1

树种名称	林分起源	5年期胸径年均生长率(%)	10年期胸径年均生长率(%)	15年期胸径年均生长率(%)	综合年均生长率(%)	龄级期限（年）	估算用胸径年均生长率(%)	龄级胸径（cm）					
								起测龄级	Ⅰ龄级	Ⅱ龄级	Ⅲ龄级	Ⅳ龄级	Ⅴ龄级
落叶松	天然	2.38	1.85	1.04	2.02	20	2.02	5	7.5	11.3	17.1	25.7	38.8
麻栎	天然	3.53	2.97	2.59	3.25	20	3.25	5	9.8	19.3	37.8	74.2	–
曼青冈	天然	1.07	0.77	0.71	0.9	20	0.9	5	6	7.2	8.6	10.3	12.3
毛叶黄杞	天然	2.67	2.26	1.97	2.44	5	2.67	5	5.7	6.5	7.5	8.5	9.8
毛叶曼青冈	天然	0.97	0.61	0.5	0.76	20	0.76	5	5.8	6.8	7.9	9.2	10.7
毛叶青冈	天然	2.77	2.4	2.18	2.58	20	2.58	5	8.5	14.4	24.4	41.3	70
木果石栎	天然	1.62	1.47	1.22	1.5	20	1.5	5	6.8	9.2	12.4	16.8	22.7
木荷	天然	3.42	2.84	2.35	3.1	10	2.84	5	6.7	8.9	11.8	15.7	20.9
木莲	天然	3.24	2.93	2.8	3.07	20	3.07	5	9.4	17.8	33.5	63.3	–
楠木	天然	2.52	2.05	1.79	2.26	20	2.26	5	7.9	12.5	19.9	31.5	49.9
扭曲云南松	天然	2.8	2.39	2.11	2.57	10	2.39	5	6.4	8.1	10.3	13.1	16.6
泡桐	天然	4.74	3.82	3.33	4.32	5	4.74	5	6.3	8.1	10.2	13	16.4
披针叶楠	天然	3.94	3.13	2.71	3.52	20	3.52	5	10.4	21.8	45.4	94.8	–
普文楠	天然	2.73	2.41	2.28	2.56	20	2.56	5	8.4	14.3	24.1	40.6	68.6
其他软阔类	天然	2.78	2.2	1.96	2.5	5	2.78	5	5.7	6.6	7.6	8.7	10
其他硬阔类	天然	2.55	2.08	1.89	2.32	20	2.32	5	8	12.9	20.6	33.1	53.1
青冈	天然	3.1	2.41	2.07	2.77	20	2.77	5	8.8	15.6	27.6	48.7	85.9
青榨槭	天然	2.53	2	1.94	2.29	10	2	5	6.1	7.5	9.1	11.2	13.6
清香木	天然	2.57	2.19	1.93	2.43	20	2.43	5	8.2	13.5	22.1	36.3	59.7
榕树	天然	2.94	2.23	1.93	2.6	10	2.23	5	6.3	7.8	9.8	12.2	15.3
三尖杉	天然	3.52	3.08	2.68	3.24	20	3.24	5	9.8	19.2	37.6	73.6	–
三棱栎	天然	2.42	2.23	2.21	2.33	20	2.33	5	8	12.9	20.8	33.4	53.7
山合欢	天然	3.88	3.31	2.85	3.59	5	3.88	5	6.1	7.4	9	10.9	13.2

续附表 1

树种名称	林分起源	5年期胸径年均生长率(%)	10年期胸径年均生长率（%）	15年期胸径年均生长率（%）	综合年均生长率（%）	龄级期限（年）	估算用胸径年均生长率（%）	起测龄级	龄级胸径（cm）				
									I龄级	II龄级	III龄级	IV龄级	V龄级
栓皮栎	天然	2.84	2.4	2.32	2.63	20	2.63	5	8.6	14.7	25.2	43.1	73.9
水冬瓜	天然	4.12	3.38	2.95	3.7	5	4.12	5	6.1	7.6	9.3	11.4	14.1
水青树	天然	3.57	3.4	3.1	3.46	10	3.4	5	7	9.9	14	19.7	27.8
思茅松	天然	4.09	3.25	2.83	3.64	10	3.25	5	6.9	9.6	13.4	18.6	25.8
四蕊朴	天然	4.19	3.11	1.85	3.68	10	3.11	5	6.8	9.4	12.8	17.5	24
腾冲栲	天然	1.5	1.06	1.11	1.28	20	1.28	5	6.5	8.4	10.8	14	18.1
铁杉	天然	3.3	3.15	2.94	3.2	20	3.2	5	9.7	18.8	36.6	71	–
瓦山栲	天然	2.73	2.16	1.92	2.42	20	2.42	5	8.2	13.4	22	36	59.1
西南花楸	天然	1.74	1.37	1.21	1.53	5	1.74	5	5.5	6	6.5	7.1	7.7
西南桦	天然	5.73	4.57	3.47	5.24	10	4.57	5	8	12.7	20.2	32.1	51.2
喜树	天然	5.49	5.48	4.51	5.44	10	5.48	5	8.8	15.4	27	47.4	83.2
香面叶	天然	3.12	2.47	2.02	2.77	20	2.77	5	8.8	15.6	27.6	48.7	85.9
小果栲	天然	2.42	2.14	1.94	2.25	20	2.25	5	7.9	12.5	19.7	31.2	49.3
小叶青冈	天然	2.71	2.09	1.86	2.41	20	2.41	5	8.2	13.4	21.9	35.7	58.4
小叶青皮槭	天然	2.06	1.79	1.38	1.88	10	1.79	5	6	7.2	8.6	10.3	12.3
星果槭	天然	1.29	1.06	0.98	1.15	10	1.06	5	5.6	6.2	6.9	7.6	8.5
岩栎	天然	3.06	2.65	2.99	2.95	20	2.95	5	9.2	16.9	31	56.9	–
盐肤木	天然	5.44	4.19	2.65	5.19	5	5.44	5	6.6	8.6	11.4	14.9	19.6
杨树	天然	2.69	2.22	1.91	2.43	5	2.69	5	5.7	6.5	7.5	8.6	9.8
野核桃	天然	4.34	3.75	2.94	4.03	10	3.75	5	7.3	10.7	15.6	22.8	33.3
银木荷	天然	3.59	2.78	2.01	3.16	10	2.78	5	6.6	8.8	11.6	15.3	20.3
隐翼	天然	3.49	3.2	3.07	3.34	10	3.2	5	6.9	9.5	13.2	18.2	25.1
印度栲	天然	3.38	3.09	2.84	3.22	20	3.22	5	9.7	19	37.1	72.3	–
榅树	天然	3.84	3.1	2.03	3.4	5	3.84	5	6.1	7.4	8.9	10.8	13.1
硬斗石栎	天然	2.72	2.21	1.71	2.43	20	2.43	5	8.2	13.5	22.1	36.3	59.7

续附表 1

树种名称	林分起源	5年期胸径年均生长率(%)	10年期胸径年均生长率(%)	15年期胸径年均生长率(%)	综合年均生长率(%)	龄级期限(年)	估算用胸径年均生长率(%)	起测龄级	龄级胸径（cm）				
									I 龄级	II 龄级	III 龄级	IV 龄级	V 龄级
油麦吊云杉	天然	1.06	0.76	0.68	0.89	20	0.89	5	6	7.1	8.5	10.2	12.2
油杉	天然	2.89	2.61	2.45	2.74	10	2.61	5	6.5	8.5	11	14.3	18.6
元江栲	天然	3.02	2.65	2.37	2.81	20	2.81	5	8.9	15.9	28.3	50.4	89.8
云南黄杞	天然	3.16	2.58	2.42	2.89	5	3.16	5	5.9	6.9	8	9.4	11.0
云南泡花树	天然	2.66	2.12	1.65	2.36	10	2.12	5	6.2	7.7	9.5	11.7	14.5
云南松	天然	3.31	2.85	2.56	3.06	10	2.85	5	6.7	8.9	11.8	15.8	21
云南铁杉	天然	2.52	1.83	1.42	2.14	20	2.14	5	7.7	11.9	18.4	28.5	44
云南油杉	天然	3.03	2.68	2.45	2.84	10	2.68	5	6.5	8.6	11.2	14.7	19.2
云南樟	天然	3.96	2.88	2.43	3.46	20	3.46	5	10.3	21.2	43.6	89.7	–
柞栎	天然	2.33	1.98	1.69	2.13	20	2.13	5	7.7	11.9	18.3	28.2	43.5
长苞冷杉	天然	2.01	1.52	1.26	1.74	20	1.74	5	7.1	10.1	14.4	20.4	29
长梗润楠	天然	1.64	1.44	1.36	1.53	10	1.44	5	5.8	6.7	7.7	8.9	10.3
中甸冷杉	天然	2.4	1.89	1.09	2.08	20	2.08	5	7.6	11.6	17.7	27.1	41.3
锥连栎	天然	3.08	2.74	2.74	2.94	20	2.94	5	9.2	16.8	30.8	56.4	–

注：本表中所指的年均生长率值均为单株树木的年均生长率值。

附表2　研究期乔木林主要组成结构中采伐树种蓄积占比动态统计表

研究期采伐频率（次）	乔木林样地中主要采伐树种	统计年度（年）	样地平均采伐量（m³/hm²）	起源结构（%）		龄组结构（%）					密度结构（%）			树种数量结构（%）			龄级结构（%）	
				人工	天然	幼龄林	中龄林	近熟林	成熟林	过熟林	疏	中	密	2种以内	3~4个树种	4个树种以上	同龄林	异龄林
研究期综合		2002	16.9	26.3	73.7	23.6	17.3	15.2	19.4	24.6	74.8	14.4	10.9	34.2	37.8	28	7.9	92.1
		2007	16.2	33.9	66.1	23.1	22.6	10.6	20.9	22.8	70.0	18.1	11.9	22.2	44.2	33.6	1.3	98.7
		2012	13.1	38.1	61.9	22	15.9	16.2	29.9	16	58.5	17.6	23.8	18.7	39.6	41.7	2.4	97.6
		2017	12.4	19.4	80.6	32.9	27	13.6	16.9	9.6	77	16.1	7	13.1	21.6	65.2	2.6	97.4
4	桉树	2002	7.7	82.1	17.9	13.2	72.2	14.6			100			82.5	17.5			100
	桉树	2007	7.3	38.1	61.9	30.9	58.2	10.9			71.8	28.2		11.7	30.8	57.5	9.6	90.4
	桉树	2012	13.8	79.5	20.5	28.7	30.2	31.5	9.6		14.4	5.2	80.4	45.5	29.7	24.8		100
	桉树	2017	17.3	61.6	38.4	60.4	33.2	5	1.4		16		84	64.9	1.3	33.8		100
4	柏木	2002	4.4	8.5	91.5	4.4	0.5			95.1	100			97.5		2.5		100
	柏木	2007	0.3	100		100					100					100		100
	柏木	2012	1.7	75.6	24.4	75.6	0	24.4			24.4		75.6			100		100
	柏木	2017	1	75.5	24.5	24.5	75.5				75.5	24.5			24.5	75.5		100
	西藏柏木	2017	83.6	100			100				100				100			100
4	高山松	2002	10.8		100	12.7	26	12.9	18.2	30.2	34.5	46.4	19.1	41.8	35.1	23.1	77.6	22.4
	高山松	2007	12.1		100	8.4	31.6	18.7	13.9	27.4	37.4	49.2	13.4	35.5	32.4	32.1	8.2	91.8
	高山松	2012	10.6		100	27.6	24.6	38.8	9		22.8	36.2	40.9	46.9	12.8	40.3	10.1	89.9
	高山松	2017	14.6		100		15.5	19.5	16.1	48.9	19	19.7	61.3	17.1	63.1	19.8		100
4	华山松	2002	6.7	44.6	55.4	10.2	10.2	20.7	44.5	14.4	51.8		48.2	41.9	44.1	14	89.2	10.8
	华山松	2007	14.8	67.9	32.1	38.9	6	17.6	25	12.5	33.1	9.9	57	31.6	62.6	5.8	1.3	98.7
	华山松	2012	8.3	40.7	59.3	13.9	14.2	18.8	20.4	32.7	48.3	16	35.7	24.4	29.5	46.1		100
	华山松	2017	9.6	50.5	49.5		22.6	11.4	28	38	35.9	28.6	35.5	24.9	26.8	48.3		100
4	桦木	2002	7.8	8.2	91.8	8.9	11.3	30.7	6.6	42.5	87.1	12.9		46.2	21.2	32.6		100
	桦木	2007	10	46.9	53.1	19.1	7	21.8	24.3	27.8	38.9	61.1		47.5	23	29.5		100
	桦木	2012	3.8	27.8	72.2	10.8	9	10.1		70.1	67.2	15.4	17.3	8.8	81.3	9.9		100
	桦木	2017	3.4	78.6	21.4	11.4	25.1	63.5			71.4	28.6	0	66.4	15	18.6		100
	红桦	2017	4.3		100	100					100					100		100
	西南桦	2017	38.1	1.5	98.5		88.4	0.7	10.9		98.5	1.5			96.2	3.8		100

续附表 2

研究期采伐频率（次）	乔木林样地中主要采伐树种	统计年度（年）	样地平均采伐量（m³/hm²）	起源结构（%）		龄组结构（%）					密度结构（%）			树种数量结构（%）			龄级结构（%）	
				人工	天然	幼龄林	中龄林	近熟林	成熟林	过熟林	疏	中	密	2种以内	3~4个树种	4个树种以上	同龄林	异龄林
4	冷杉	2002	107.1		100	71.5	8.7	0.1	9.8	9.9	100			57.8	42.2		21	79
	冷杉	2007	112.1		100				43.2	56.8	67.7	12.6	19.7	26.3	53.7	20		100
	冷杉	2012	0.6		100	30.9			30.9	38.2	34.6	50.2	15.2	5.7	40	54.3		100
	冷杉	2017	0.2		100					100	100				100			100
	长苞冷杉	2017	40.6	0.4	99.6	43.5	27		29.5		100			51	48.8	0.2		100
	中甸冷杉	2017	10.8		100			1.9	96.2	1.9	100			98.1		1.9		100
	川滇冷杉	2017	3.6		100				100		100			100				100
4	栎类	2002	17.9	20.4	79.6	18	21.4	17.2	19.6	23.8	42.4	29.1	28.5	40.2	25.7	34.1	5.8	94.2
	栎类	2007	16.3	55	45	11.6	16.7	12.7	22.4	36.6	44.9	35.5	19.6	33.2	31.9	34.9	10.4	89.6
	栎类	2012	13.1	78.2	21.8	12.2	11.7	12.9	18.8	44.4	38	32.7	29.2	23.2	36.4	40.4	1.3	98.7
	栎类	2017	13.9	29.4	70.6	15.3	15.8	9.5	48.9	10.5	55	20.9	24.1	73.6	11.3	15	34.1	65.9
4	木荷	2002	11.8	0.7	99.3	28.7	22.7		48.6		100			30.4	45	24.6		100
	木荷	2007	8.4	65.2	34.8	28.4	29.4	42.2			100			3.5	46.7	49.8		100
	木荷	2012	8.7	26.2	73.8	62.9	29.4	3.7	4		35.1	50.7	14.2	23.1	24.9	52		100
	红木荷	2017	12.7	46.5	53.5	60.7	0	39.3			69.7	30.3			90	10		100
	木荷	2017	7	61.5	38.5	31.1	8.8	47.1		13	37	44.1	18.9	2.1	74.8	23.2		100
	银木荷	2017	4.8	90.7	9.3	48.2	49.6	2.2			93.4	6.6		90.7		9.3		100
4	其他软阔	2002	22	0.3	99.7	21.5	7.6	11.2	40.4	19.3	48.3	7.4	44.3	50.1	16.3	33.6		100
	其他软阔类	2007	16.4	60.6	39.4	19.6	26.9	18.7	14	20.8	41.6	25.2	33.2	35.8	31.7	32.5		100
	其他软阔类	2012	13	63.3	36.7	20	20	21.6	22	16.4	37.4	28.9	33.7	16.6	39.9	43.5		100
	其他软阔类	2017	10.8	63.9	36.1	25.7	20.5	20.5	9.4	23.9	60.7	26.3	13	52	25.1	22.9	28.6	71.4

续附表 2

研究期采伐频率（次）	乔木林样地中主要采伐树种	统计年度（年）	样地平均采伐量（m³/hm²）	起源结构（%）		龄组结构（%）					密度结构（%）			树种数量结构（%）			龄级结构（%）	
				人工	天然	幼龄林	中龄林	近熟林	成熟林	过熟林	疏	中	密	2种以内	3~4个树种	4个树种以上	同龄林	异龄林
4	其他硬阔	2002	23.8	51.6	48.4	20	19.2	37.8	17.8	5.2	38	55.2	6.8	24.6	19.1	56.3		100
	其他硬阔类	2007	22.6	55.1	44.9	14.9	28.6	26.6	21.3	8.6	34.4	35.8	29.8	33	40.6	26.4		100
	其他硬阔类	2012	22.1	69.9	30.1	19.9	10	29.2	38.3	2.6	47.9	13.8	38.3	67.2	15.3	17.5	4.3	95.7
	其他硬阔类	2017	5.7	1.7	98.3	40.7	32.1	8.5	8.7	10	43.9	44	12.1	19.7	34.8	45.5		100
4	杉木	2002	10	50.7	49.3	57.1	35.6		4	3.3	39.5	0	60.5	27.6	34	38.4		100
	杉木	2007	20.1	76.2	23.8	48	15.1	9.1	7.6	20.2	34.2	59.3	6.5	25.3	18.2	56.5		100
	杉木	2012	19.7	45.1	54.9	34.6	11.3	9.6	33.2	11.3	21.3	23	55.6	27.8	28.8	43.4		100
	杉木	2017	33.3	20	80	38.8	5	1.3	3.5	51.4	86.3	10.5	3.2	56.1	21.8	22.2	78.8	21.2
4	思茅松	2002	19.7	67.4	32.6	31.8	29.4	19.4	19.4		54.6	23	22.4	29.7	29.6	40.7		100
	思茅松	2007	19.8	18.7	81.3	35.5	22.4	21.1	21		41.6	18	40.4	42.6	31.6	25.8		100
	思茅松	2012	28.1	77.9	22.1	24.6	39.8	21.6	14		16.6	21.4	62	43.2	34.8	22		100
	思茅松	2017	19.9	75.6	24.4	37.1	18.3	12	9.3	23.3	61.8	29.3	8.9	53.6	16.9	29.5	79.5	20.5
4	铁杉	2002	36.1		100				52.9	47.1	100					100		100
	铁杉	2007	28.9		100		62		32	6	100				48.4	51.6		100
	铁杉	2012	14		100		95.4		4.6		100				4.6	95.4		100
	丽江铁杉	2017	70.8		100		100				100					100		100
	云南铁杉	2017	11.8		100			100			100					100		100
4	杨树	2002	21.7	20.5	79.5	2.7	2.5	12.8	12.8	69.2	90.6	9.4	0	11.8	19	69.2		100
	杨树	2007	16.1	36.7	63.3	2.2	4.5	12.4	10.7	70.2	60	26.5	13.5	28.1	46.9	25		100
	杨树	2012	12	90.8	9.2	15	7.6	46.8	29.8	0.8	55.9	28.2	16	83.6	3.9	12.5		100
	杨树	2017	9.3	66.4	33.6		18	9	7	66	81.5	13.3	5.2	73.6	10.2	16.2		100
	滇杨	2017	10.2	79.6	20.4		57.6		42.4		94.6	5.4			3.1	96.9		100

续附表2

研究期采伐频率（次）	乔木林样地中主要采伐树种	统计年度（年）	样地平均采伐量（m³/hm²）	起源结构（%）		龄组结构（%）					密度结构（%）			树种数量结构（%）			龄级结构（%）	
				人工	天然	幼龄林	中龄林	近熟林	成熟林	过熟林	疏	中	密	2种以内	3~4个树种	4个树种以上	同龄林	异龄林
4	油杉	2002	8.3	3.6	96.4	29.8	22.7	27.1	20.4		43.7	49.2	7.1	24	30	46		100
	油杉	2007	4.2	64.4	35.6	20.7	39.5	24.7	15.1		31.8	16	52.2	24.5	35.6	39.9		100
	油杉	2012	9.1	82.5	17.5	10.3	12.8	38.6	34.5	3.8	19	40.3	40.8	23.3	47.8	28.9		100
	油杉	2017	7.4		100	9.1	18	37	9.3	26.6	45.5	6.5	48	14.6	24.3	61		100
4	云南松	2002	12.5	32.9	67.1	16	22.5	21.8	21.9	17.8	40.8	31	28.2	25.2	34.2	40.6	14	86
	云南松	2007	11.5	28.6	71.4	13.6	19.3	19.1	31.3	16.7	38.9	38.2	22.9	24	29.9	46.1	7.1	92.9
	云南松	2012	10.9	47.6	52.4	10.2	18.1	18.1	14.5	39.1	36.8	40.1	23.1	22.4	37.7	39.9	53.4	46.6
	云南松	2017	11.5	43.8	56.2	13.9	20.7	22.7	18.1	24.6	44.7	28.5	26.8	23.5	36	40.5		100
4	云杉	2002	22.4		100	1.4			98.6		100			41	59			100
	云杉	2007	22.7		100		3		97		100				100			100
	云杉	2012	18.3	5.8	94.2		22.8		70.8	6.4	100			51.5	2.9	45.6	1	99
	丽江云杉	2017	64.2		100		0.4		99.6		99.6		0.4	23.8	76.2			100
	油麦吊云杉	2017	2.5		100			100			100					100		100
3	高山栎	2002	19.8		100	29.1	16.1	11.4	36.2	7.2	66	33.7	0.3	32.9	38.8	28.3		100
	高山栎	2007	24.9		100	2.1	40.6	6	49.5	1.8	43.3	56	0.7	50.8	10.2	39		100
	高山栎	2017	6.4		100	24.9	27.2	0	47.9	0	80.3	13.4	6.3	5.5	67.6	26.9		100
3	柳杉	2002	20.8	100				100			100				100			100
	柳杉	2012	56.7	100				100				100			100			100
	柳杉	2017	52.9	100					100		100				100			100
3	樟	2002	8.5		100		100					100			100			100
	樟	2012	2.9		100					100	100				100			100
	云南樟	2017	6.2	51.2	48.8	30.3	69.7				100				44.4	55.6		100
3	泡桐	2007	2	45.7	54.3		54.3			45.7	100				100			100
	泡桐	2012	16.6	93.2	6.8	3	3.5			93.5	100				94.2	5.8		100
	泡桐	2017	7.6	82.6	17.4	9.6			7.4	83	100					100		100

续附表2

研究期采伐频率（次）	乔木林样地中主要采伐树种	统计年度（年）	样地平均采伐量（m³/hm²）	起源结构（%）		龄组结构（%）					密度结构（%）			树种数量结构（%）			龄级结构（%）	
				人工	天然	幼龄林	中龄林	近熟林	成熟林	过熟林	疏	中	密	2种以内	3~4个树种	4个树种以上	同龄林	异龄林
3	桤木	2002	8.7	39.4	60.6	23.1	18.5	5.7	26	26.7	35.4	26.2	38.4	39.4	34.4	26.2	28.4	71.6
	桤木	2007	16.3	24.4	75.6	5.2	26.6	20.3	12	35.9	59.5	14.7	25.8	55.1	18.9	26		100
	桤木	2017	17.9	60.3	39.7	31.9	14.7	29.9	14.6	8.9	35.5	62.2	2.3	35.2	24.8	40		100
3	青岗	2002	4.7		100	61.5	11.1		27.4		32.1	67.9		25.1	74.9			100
	青冈	2007	26.6		100	26.3	61	11.8	0.9		97.2		2.8	1.3	32.6	66.1		100
	青冈	2017	11.8		100	44.7	26.1		3.2	26	99.3		0.7		64	36		100
	滇青冈	2017	13.3		100	27	26.1	2.7	43.7	0.5	67.9	17.9	14.2	3	38	59		100
2	红椿	2002	24.3	100		100					100				100			100
	红椿	2007	11.8	100			100				100				100			100
2	槲栎	2002	17.6		100	100					100				100			100
	槲栎	2017	0.1		100			100			100					100		100
2	麻栎	2002	14		100	12.1	17.4	70.5			100			3.2	61.5	35.3		100
	麻栎	2007	12.7		100	19.2		0.8	80		100				26.3	73.7		100
2	扭曲云南松	2002	5.1	44.4	55.6	15.3	25.2	20.6	38.9		92.6	7.4		14.5	23.3	62.2		100
	扭曲云南松	2007	4.8		100	7.3	4.7	11.1	0.3	76.6	54.3	38.9	6.8	34.6	49	16.4		100
2	落叶松	2007	51.6		100					100	100			100				100
	落叶松	2012	69.6		100				100		100					100		100
2	楠木	2012	7.3		100	24.8	40.6	17.5	11.5	5.6	32.6	9.5	58		37.7	62.3		100
	楠木	2017	7.8	34.5	65.5	21.1	34.9	9	31.4	3.6	22.5	77.1	0.4	18.8	48.8	32.4		100
2	红豆杉	2012	3.9		100				100		100					100		100
	云南红豆杉	2017	11.8		100				87.5	12.5	100					100		100
1	枫树	2002	180.6	0.6	99.4	0.6				99.4	100			99.4		0.6		100
1	黄杉	2002	0.1		100				100		100				100			100
1	其他阔叶	2002	19.7	13.7	86.3	16.9	18.9	21	15.5	27.7	45.4	32.4	22.2	40.5	28.8	30.7		100
1	桐类	2002	3.5	100						100	100			100				100

续附表 2

研究期采伐频率（次）	乔木林样地中主要采伐树种	统计年度（年）	样地平均采伐量（m³/hm²）	起源结构（%）		龄组结构（%）					密度结构（%）			树种数量结构（%）			龄级结构（%）	
				人工	天然	幼龄林	中龄林	近熟林	成熟林	过熟林	疏	中	密	2种以内	3～4个树种	4个树种以上	同龄林	异龄林
1	池杉	2007	3.8		100	100					100					100		100
1	枫香	2007	49.8		100	18.5			81.5		100				81.5	18.5		100
1	水杉	2007	13.4		100				100		100				100			100
1	柚木	2007	0.8	100		100					100			100				100
1	杜鹃	2012	0.7		100				100		100				100			100
1	核桃	2012	0.5	100		100					100				29.3	70.7		100
1	柳树	2012	3.8		100				100		100				100			100
1	其他灌木	2012	3.8		100	58.1	16.4	25.5			100				76.6	23.4		100
1	其他松类	2012	0.2		100				100		100				100			100
1	乌柏	2012	7.8		100	55.1	44.9					44.9	55.1			100		100
1	白穗石栎	2017	129.5		100				1.5	98.5	100				100		98.5	1.5
1	大叶石栎	2017	10.3	17.8	82.2	34	24.8	34.8	6.4		82.2		17.8			100		100
1	滇石栎	2017	6.7	16.4	83.6	35.6	41.2	23.2			31.5	48.1	20.4	36.7	0.8	62.5		100
1	多变石栎	2017	13.4		100	0.4	79.4	18.1	2.1		98.8	0.5	0.7			100		100
1	光叶石栎	2017	3.7		100	32.7		40.1	0	27.2	32.1	67.9			23.1	76.9		100
1	厚鳞石栎	2017	0.5		100	100					100				100			100
1	截头石栎	2017	12.3		100	99.5		0.5			100				96	4		100
1	杯状栲	2017	2.6		100	15.9			84.1		84.1	15.9				100		100
1	刺栲	2017	3.5		100	73	27					41.9	58.1			100		100
1	短刺栲	2017	1.6		100		100						100			100		100
1	高山栲	2017	6.8		100	71.8	15.7	11.2	1.3		59.6	34.7	5.7			100		100
1	小果栲	2017	0.1		100	100					100					100		100

续附表 2

研究期采伐频率（次）	乔木林样地中主要采伐树种	统计年度（年）	样地平均采伐量（m³/hm²）	起源结构（%）		龄组结构（%）					密度结构（%）			树种数量结构（%）			龄级结构（%）	
				人工	天然	幼龄林	中龄林	近熟林	成熟林	过熟林	疏	中	密	2种以内	3～4个树种	4个树种以上	同龄林	异龄林
1	银叶桉	2017	2.2		100	100					100				100			100
1	印度桉	2017	27.6		100	100					100					100		100
1	元江栲	2017	9.5		100	11.3	86.9		1.8		85.6		14.4	5.5	4.2	90.3		100
1	川滇高山栎	2017	12.8		100	82.3		17.7			82.3	17.7			17.7	82.3		100
1	川西栎	2017	4.7		100	32.8		67.2			67.2		32.8			100		100
1	光叶高山栎	2017	29.3		100			93.3	1.1	5.6	1.7	98.3			1.7	98.3		100
1	黄背栎	2017	15.2		100	5	2.6	48.8	8	35.6	53.2	46.8		72.5		27.5		100
1	灰背栎	2017	0.1		100					100	100			100				100
1	栓皮栎	2017	7.7		100	30.3	30.5	39.2			33		67		56.4	43.6		100
1	锥连栎	2017	10.3		100	34.4	19	13.8	32.8		53.4	30	16.6		68.8	31.2		100
1	黄毛青冈	2017	15		100	1.3	26.8	71.9			71.9	26.4	1.7		30.1	69.9		100
1	曼青冈	2017	126.6		100					100	100				100			100
1	毛叶曼青冈	2017	18.9		100		100				100			100				100
1	毛叶青冈	2017	25.5		100		7.6	3.5	88.9		100					100		100
1	小叶青冈	2017	14.5		100	84	11.9	4.1			10	90			7.9	92.1		100
1	披针叶楠	2017	19.4		100		100				100					100		100
1	粗壮琼楠	2017	1		100	100					100			100				100
1	滇厚朴	2017	2		100	100					100				100			100
1	滇润楠	2017	4.8		100		100						100			100		100
1	黑荆树	2017	11.7	100				100			100				100			100
1	香椿	2017	0.6	100				89.8	10.2		100					100		100
1	黄丹木姜子	2017	2.9		100	100					100				100			100

续附表 2

研究期采伐频率（次）	乔木林样地中主要采伐树种	统计年度（年）	样地平均采伐量（m³/hm²）	起源结构（%）		龄组结构（%）					密度结构（%）			树种数量结构（%）			龄级结构（%）	
				人工	天然	幼龄林	中龄林	近熟林	成熟林	过熟林	疏	中	密	2种以内	3～4个树种	4个树种以上	同龄林	异龄林
1	尖叶桂樱	2017	7.5		100				100		100				100			100
1	楝	2017	12.9		100		79	21			100				21	79		100
1	毛叶黄杞	2017	4		100	84.4				15.6	15.6	84.4			15.6	84.4		100
1	云南黄杞	2017	35.9	73.1	26.9	57.6			21.9	20.5	100			57.6	20.5	21.9		100
1	南酸枣	2017	11.2	100			100				100					100		100
1	三尖杉	2017	16.4		100				100		100					100		100
1	石楠	2017	3.2		100	22.2	77.8				100					100		100
1	水冬瓜	2017	8.4		100	0	100				100					100		100
1	香面叶	2017	4.6		100	21.4	29.8	0.9	47.9		51.3	48.7			70.2	29.8		100
1	橡胶	2017	18.7	100					100		100					100		100
1	云南厚壳桂	2017	3.2		100	100						100				100		100
1	云南泡花树	2017	28.9		100	10.6	85.8	0.9		2.7	99.4		0.6	9.2		90.8		100

附表3　研究期样地采伐树种按胸径径级占比动态统计表

乔木林主要采伐树种	调查年度（年）	胸径 5 ~ 12cm		胸径 12 ~ 18cm		胸径 18 ~ 24cm		胸径 24cm 以上	
		株数（%）	蓄积（%）	株数（%）	蓄积（%）	株数（%）	蓄积（%）	株数（%）	蓄积（%）
研究期综合	2002	65.7	22.5	15.8	16	8.9	14.8	9.6	46.3
	2007	61.9	21.6	19.6	20.1	7.1	12.9	11.4	45.3
	2012	71	32.5	11	13.8	6.5	17.8	11.5	35.8
	2017	71.1	37.9	14.9	20.7	5.8	12.7	8.2	28.7
桉树	2002	76.6	32.5	16.7	36.2	6.7	31.3		0
柏木	2002	87.5	4.9					12.5	95.1
枫树	2002	14.4	0.5	40.1	6.7	27.1	8.6	18.4	84.2
高山栎	2002	46.4	5.5	20.9	11.5	18.2	20.9	14.5	62.1
高山松	2002	66.5	13.7	21.3	24.1	5.7	15.2	6.5	47
红椿	2002	68.2	19.6	18.2	23	4.5	14.1	9.1	43.3
槲栎	2002	50	4.2	10	7.8	20	26.9	20	61.1
华山松	2002	84.3	33.5	7.7	14.4	5.4	22.5	2.6	29.6
桦木	2002	61.9	11	20.6	12.5	9.3	15.4	8.2	61.1
黄杉	2002	100	100						
冷杉	2002	35.6	0.8	14	1.5	5.4	1.3	45	96.4
栎类	2002	76.6	18	13.7	15.9	5	13.7	4.7	52.4
柳杉	2002	75	26	18.8	33.7	3.1	15.6	3.1	24.7
麻栎	2002	85.3	19.3	7	7.8	3.2	9.6	4.5	63.3
木荷	2002	46	7.4	26.4	15.1	16.1	22.8	11.5	54.7
扭云南松	2002	77.1	31.6	17.8	32.9	3.4	17.6	1.7	17.9
桤木	2002	71.4	15.6	19.5	21.6	4.7	13.1	4.4	49.7
其他阔叶	2002	71.9	13.5	16.1	14.4	5	10.7	7	61.4
其他软阔	2002	65	12.2	21.5	16.5	7.2	13	6.3	58.3
其他硬阔	2002	63.7	9.8	16.8	10.2	8.8	13.3	10.7	66.7
青岗栎	2002	80.7	40.5	16.1	41.2	3.2	18.3		
杉木	2002	79.4	49.6	19.3	43.2	1.3	7.2		
思茅松	2002	70.4	15.5	15.9	16.4	7.1	18.5	6.6	49.6
铁杉	2002	50	5.4	18.7	6.8	18.8	12.5	12.5	75.3
桐类	2002	100	100						
杨树	2002	74.4	12.3	18.5	13.7	2.9	5.2	4.2	68.8
油杉	2002	83.6	29.5	9.4	17.9	4	18.8	3	33.8

续附表3

乔木林主要采伐树种	调查年度（年）	胸径 5~12cm		胸径 12~18cm		胸径 18~24cm		胸径 24cm以上	
		株数（%）	蓄积（%）	株数（%）	蓄积（%）	株数（%）	蓄积（%）	株数（%）	蓄积（%）
云南松	2002	75	21.7	16.7	24.7	5.2	19.3	3.1	34.3
云杉	2002	33.3	0.7					66.7	99.3
樟树	2002		19.4	33.3	9.3	66.7	71.3	0	0
桉树	2007	79.1	26.7	15.8	27.2	3.8	19.2	1.3	26.9
柏木	2007	100	100						
池杉	2007	90	50.3	10	49.7				
枫香	2007	36.4	3.3	31.8	9.8	18.2	10	13.6	76.9
高山栎	2007	41.3	4.2	23	14.1	23.5	27.5	12.2	54.2
高山松	2007	67.6	10.8	16.2	15	8.1	16.3	8.1	57.9
红椿	2007	68.8	26.2	18.8	24.9	12.4	48.9		
华山松	2007	68.8	17.7	23	23.1	3.3	8.2	4.9	51
桦木	2007	64.3	16.2	23.3	24.8	6.2	16	6.2	43
冷杉	2007	33.8	1.2	20.5	2.5	8.7	2.8	37	93.5
栎类	2007	76.1	19.3	14.5	17.4	4.8	13.9	4.6	49.4
落叶松	2007					37.5	9.4	62.5	90.6
麻栎	2007	85.2	25.6	6.9	9	6.4	26.4	1.5	39
木荷	2007	76.6	22.5	13.2	24.4	6.3	24.5	3.9	28.6
扭曲云南松	2007	69.7	17.4	18.7	21.8	5.8	17.6	5.8	43.2
泡桐	2007	60	10.2	40	89.8				
桤木	2007	74.4	12.3	15.3	11.2	4.6	9	5.7	67.5
其他软阔类	2007	74.9	17.3	14.8	16.1	4.8	12.9	5.5	53.7
其他硬阔类	2007	66	11.5	17.5	14	7.6	14.2	8.9	60.3
青冈栎	2007	58.5	8.9	25	16.7	6.8	9.9	9.7	64.5
杉木	2007	66.4	28.2	27.5	43.5	4.7	16.5	1.4	11.8
水杉	2007			80	27.4	0	0	20	72.6
思茅松	2007	65.7	12.9	15.7	15.8	11.6	27.6	7	43.7
铁杉	2007	14.3	0.9	28.6	6.8	7.1	3.3	50	89
杨树	2007	57.6	11.4	26.9	21.4	7.5	15.5	8	51.7
油杉	2007	85.8	48.8	11.8	29.8	1.6	8.8	0.8	12.6
柚木	2007	100	100						

续附表 3

乔木林主要采伐树种	调查年度（年）	胸径 5～12cm		胸径 12～18cm		胸径 18～24cm		胸径 24cm 以上	
		株数（%）	蓄积（%）	株数（%）	蓄积（%）	株数（%）	蓄积（%）	株数（%）	蓄积（%）
云南松	2007	75.6	22.8	16.4	24.2	4.7	16.8	3.3	36.2
云杉	2007	37.5	1.2	12.5	1.8			50	97
桉树	2012	90	53.4	6.7	13.6	1.4	8.7	1.9	24.3
柏木	2012	84.6	60.7	15.4	39.3				
杜鹃	2012	100	100						
高山松	2012	67.3	14.1	18.6	22.9	9.6	28.2	4.5	34.8
核桃	2012	100	100						
华山松	2012	83.8	31.4	9.6	17.9	5.2	24.2	1.4	26.5
桦木	2012	78.3	15	13	15.8	6.5	18.4	2.2	50.8
冷杉	2012	100	100						
栎类	2012	78.5	20.5	13.7	17.4	4.2	13	3.6	49.1
柳杉	2012	27.8	4.3	41.7	31.8	19.4	29.1	11.1	34.8
柳树	2012							100	100
落叶松	2012							100	100
木荷	2012	72.1	20.8	15.6	21.2	5.6	18.2	6.7	39.8
楠木	2012	72.9	19.3	17.1	19.1	4.3	12.1	5.7	49.5
泡桐	2012	52.6	5	10.5	3	15.8	14.4	21.1	77.6
其他灌木	2012	92.2	69.5	6.5	22.9	1.3	7.6		
其他软阔类	2012	72.4	15.4	15.2	16	6.3	16.7	6.1	51.9
其他松类	2012	100	100						
其他硬阔类	2012	70.7	12	16.2	11.5	6.1	10.4	7	66.1
杉木	2012	70.2	29.4	23.4	37.8	5.2	19.9	1.2	12.9
思茅松	2012	61.5	11.9	19.2	18	11.7	26.1	7.6	44
铁杉	2012	66.7	5.4	11.1	4.6			22.2	90
乌桕	2012	89.4	52.8	5.3	13.3	5.3	33.9		
杨树	2012	74	18.2	14.4	18.6	5	14.7	6.6	48.5
油杉	2012	76.4	25.2	14.8	21.7	5.1	18.8	3.7	34.3
云南松	2012	71.9	23.4	20.8	31	4.7	18	2.6	27.6
云杉	2012	64.7	5.7	8.8	3.5	8.8	14.1	17.7	76.7
樟	2012	75	15.3			25	84.7		

续附表3

乔木林主要采伐树种	调查年度（年）	胸径5~12cm		胸径12~18cm		胸径18~24cm		胸径24cm以上	
		株数（%）	蓄积（%）	株数（%）	蓄积（%）	株数（%）	蓄积（%）	株数（%）	蓄积（%）
红豆杉	2012	66.7	15.2			33.3	84.8		
桉树	2017	89	61.5	10.2	29.3	0.3	2.2	0.5	7
白花羊蹄甲	2017	40	8.3	20	6.6			40	85.1
白穗石栎	2017	46.1	0.7	23.1	1			30.8	98.3
柏木	2017	85.7	52.3	14.3	47.7				
柏那参	2017	91	47.1	5.4	14.5	1.8	15	1.8	23.4
杯状栲	2017	75	26.8	12.5	37.3	12.5	35.9		
茶梨	2017	88.5	57.2	8.6	19.1	2.9	23.7		
柴桂	2017	95.7	83.2	4.3	16.8				
赤桉	2017	84.2	53.3	15.8	46.7				
川滇高山栎	2017	80.6	25.5	12.9	16.1			6.5	58.4
川西栎	2017	82.7	24.1	13	24.7			4.3	51.2
刺栲	2017	73.7	39.4	26.3	60.6				
楤木	2017	66.7	2.3	0	0			33.3	97.7
粗糠柴	2017	77.3	24.1	18.2	31.7	1.1	3.4	3.4	40.8
粗壮琼楠	2017			100	100				
大叶石栎	2017	66.6	12.2	15.6	13.4	11.1	26.9	6.7	47.5
灯台树	2017	95.2	78.9	4.8	21.1				
滇鹅耳枥	2017	33.4	11.4	33.3	14.9			33.3	73.7
滇厚朴	2017	66.7	39.1	33.3	60.9				
滇青冈	2017	79	21.8	14.2	18.6	3.2	11.9	3.6	47.7
滇润楠	2017	81.8	40.2	18.2	59.8				
滇石栎	2017	84.6	37.4	10	25.8	4.3	22.9	1.1	13.9
滇杨	2017	63.4	14.7	22	21.2	7.3	20.2	7.3	43.9
短刺栲	2017	66.7	52.7	33.3	47.3				
多变石栎	2017	58.4	7.2	20.8	9.3	8.3	9.6	12.5	73.9
高山栲	2017	83.1	42.9	12.5	24.7	3.8	23.5	0.6	8.9
高山栎	2017	73.4	20.3	17	26.8	8.5	24.7	1.1	28.2
高山松	2017	75.7	16.5	13	16.3	5.4	14	5.9	53.2
光叶高山栎	2017	49.4	8	21.7	14.4	15.9	26.5	13	51.1

续附表 3

乔木林主要采伐树种	调查年度（年）	胸径 5～12cm		胸径 12～18cm		胸径 18～24cm		胸径 24cm 以上	
		株数（%）	蓄积（%）	株数（%）	蓄积（%）	株数（%）	蓄积（%）	株数（%）	蓄积（%）
光叶石栎	2017	81.6	43	16.4	42.2	2	14.8		
旱冬瓜	2017	62.4	9.6	18.4	14.1	11.6	19.4	7.6	56.9
黑荆树	2017	70	28.9	25	48.5	5	22.6		
红果树	2017	90	55.9	10	44.1				
红桦	2017	80	22.5			20	77.5		
红木荷	2017	71.2	25.5	19.2	29.2	6.4	26.7	3.2	18.6
猴子木	2017	90.3	16.1	3.2	3.3			6.5	80.6
厚鳞石栎	2017	100	100						
槲栎	2017	100	100						
华山松	2017	77.3	28.7	13.8	25.2	6.9	26.1	2	20
桦木	2017	80.4	24	10.9	15	6.5	30	2.2	31
黄背栎	2017	50	4.1	17.9	8.2	9	11.3	23.1	76.4
黄丹木姜子	2017	66.7	26.3	33.3	73.7				
黄毛青冈	2017	59	10	18.9	17.4	14.2	28.5	7.9	44.1
灰背栎	2017	100	100						
尖叶桂樱	2017	70	24.4	10	11.2	20	64.4		
截头石栎	2017	81.6	19	10.5	13.6	2.6	9	5.3	58.4
栲树	2017	70.2	12.4	14	13.6	3.5	9	12.3	65
蓝桉	2017	93.1	76.5	6.9	23.5				
冷杉	2017	100	100						
丽江铁杉	2017	60	2.3					40	97.7
丽江云杉	2017	31.2	1			18.8	4.3	50	94.7
楝	2017	57.5	6.6	15.2	10.1	15.2	20.6	12.1	62.7
柳杉	2017	7.7	1	7.7	1.4	30.8	18.1	53.8	79.5
柳树	2017			100	100				
柳叶润楠	2017	100	100						
落叶松	2017	10	0.4	10	1.3	30	8.2	50	90.1
麻栎	2017	79.3	28.6	15.1	24.7	2.7	10.5	2.9	36.2
曼青冈	2017	38.8	0.8	27.8	5.5	5.6	2.2	27.8	91.5
毛叶黄杞	2017	69.2	37.2	23.1	35.7	7.7	27.1		

续附表 3

乔木林主要采伐树种	调查年度（年）	胸径 5～12cm		胸径 12～18cm		胸径 18～24cm		胸径 24cm 以上	
		株数（%）	蓄积（%）	株数（%）	蓄积（%）	株数（%）	蓄积（%）	株数（%）	蓄积（%）
毛叶曼青冈	2017	57.2	21.1	35.7	51.3	7.1	27.6		
毛叶木姜子	2017	83.3	52.7	16.7	47.3				
毛叶青冈	2017	60.6	11.9	21.3	17.7	11.5	23.5	6.6	46.9
毛叶柿	2017	92.9	66.1	7.1	33.9				
木荷	2017	78.5	29.3	14.1	23.7	4.3	18.2	3.1	28.8
南酸枣	2017	88.8	34	5.6	7.1			5.6	58.9
楠木	2017	47.8	8.6	29.2	23.1	11.5	18.8	11.5	49.5
泡桐	2017	33.4	6.2	50	27.6	8.3	10.6	8.3	55.6
披针叶楠	2017	74.1	14.3	18.5	33.1	3.7	12.5	3.7	40.1
其他软阔类	2017	72.3	16.4	15.3	17	6.2	15.9	6.2	50.7
其他硬阔类	2017	78	20.9	14.3	20.9	2.9	8.7	4.8	49.5
茜树	2017	82.8	26.8	9.6	14.1	3.8	13.5	3.8	45.6
青冈	2017	80.7	26.8	14.1	23.7	2.1	7.4	3.1	42.1
三尖杉	2017	33.3	1.1					66.7	98.9
山鸡椒	2017	96.6	90.5	3.4	9.5				
山韶子	2017	57.1	14.8	14.3	17.9	14.3	26.1	14.3	41.2
杉木	2017	56.4	18.3	32.3	38.1	7.9	21.7	3.4	21.9
石楠	2017	80	49.7	20	50.3				
栓皮栎	2017	82.8	41.2	12.5	26.2	3.1	15.5	1.6	17.1
水冬瓜	2017	63.6	25.2	9.1	8.6	27.3	66.2		
思茅松	2017	61.1	10.4	16.8	12.8	12.1	22.6	10	54.2
五角枫	2017	66.7	25.7	25	49.3	8.3	25		
西藏柏木	2017	65.1	20	25	29.3	6.3	17.1	3.6	33.6
西南桦	2017	57.7	6.2	17.5	9.8	6.2	8.7	18.6	75.3
香椿	2017	100	100						
香面叶	2017	82.4	43.8	12.3	25.3	3.5	15.2	1.8	15.7
橡胶	2017	50	2					50	98
小叶青冈	2017	66	10.8	19.1	13.8	4.3	9.9	10.6	65.5
星果槭	2017	48.3	4.8	20.7	7.7	13.8	19.9	17.2	67.6
盐肤木	2017	83.7	47.1	16.3	52.9				

续附表3

乔木林主要采伐树种	调查年度（年）	胸径 5～12cm		胸径 12～18cm		胸径 18～24cm		胸径 24cm 以上	
		株数（%）	蓄积（%）	株数（%）	蓄积（%）	株数（%）	蓄积（%）	株数（%）	蓄积（%）
杨树	2017	80.8	26.8	11.4	19.4	3	14.3	4.8	39.5
银木荷	2017	53.7	13.4	32.1	33	7.1	21.4	7.1	32.2
印度栲	2017	87	64.5	13	35.5				
樱桃	2017	85.2	51.8	11.1	27.8	3.7	20.4		
油杉	2017	70.7	18.4	17.2	21	6.6	18.9	5.5	41.7
柚木	2017	50	8.7	50	91.3				
榆树	2017	88.9	51.6			11.1	48.4		
元江栲	2017	84.3	26.1	4.7	6.2	6.3	24.3	4.7	43.4
云南红豆杉	2017	28.5	3.8	28.6	9.8	14.3	13.5	28.6	72.9
云南厚壳桂	2017	100	100						
云南黄杞	2017	58.5	9.5	15.1	9.2	9.4	12.1	17	69.2
云南泡花树	2017	63.7	9.3	17.5	13.1	3.8	5.3	15	72.3
云南松	2017	70.2	19.3	19.3	25.2	6.8	22.4	3.7	33.1
云南铁杉	2017	75	21.1	12.5	8.5			12.5	70.4
云南樟	2017	89.2	37.5	6	24.8	4.8	37.7		
柞栎	2017	85.7	23.7			14.3	76.3		
长苞冷杉	2017	27.3	0.2					72.7	99.8
直杆桉	2017	100	100						
中甸冷杉	2017	92.9	8.3					7.1	91.7
锥连栎	2017	78.2	30.1	16.8	35.4	3.7	17.5	1.3	17

附表4　研究期乔木林样地枯损树种结构类型蓄积占比统计表

样地主要枯损树种	研究期采伐频率（次）	统计年度（年）	样地平均枯损量（m³/hm²）	起源结构（%）		龄组结构（%）					密度结构（%）			树种数量结构（%）			龄级结构（%）	
				人工	天然	幼龄林	中龄林	近熟林	成熟林	过熟林	疏	中	密	2种以内	3~4个树种	5个树种及以上	同龄林	异龄林
研究期综合		2002	9.5	11.9	88.1	16.2	20.4	18.9	18.6	26	74.1	7.4	18.5	38.1	39.2	22.7	5.7	94.3
		2007	8.9	77.1	22.9	19.5	14.9	17.4	23.6	24.5	70	16.7	13.2	24.1	41.2	34.7	0.5	99.5
		2012	7.8	29.6	70.4	19.1	22.4	16.2	18	24.3	57.9	16.2	25.9	12	45.2	42.9	5.7	94.3
		2017	11.1	29.6	70.4	10.8	15.9	18.7	18.6	36	43.1	33.6	23.3	29.3	32.5	38.2	59	41
桉树		2002	0.8	100			100				100			100				100
桉树	4	2007	1.5	18.9	81.1	14.2	7.9	77.9			81.1	18.9		90.5	9.5			100
桉树		2012	0.4	100			100				83.9		16.1	14.4	85.6			100
桉树		2017	6	6.1	93.9	4.4	93.3	0	1.7	0.6	96.7	3.3		16.3	1.1	82.6		100
华山松		2002	0.6	82.5	17.5		17.5	82.5			87.3		12.7	68.8	5.7	25.5		100
华山松	4	2007	86.5	100			0.3		37.1	62.6	78	19.2	2.8	27.6	70.2	2.2		100
华山松		2012	7.4	9.9	90.1	0.9	46.6	2.4	19.7	30.4	1.6	30.8	67.6	2.8	3.5	93.7		100
华山松		2017	7.7	9.1	90.9	8.1	4.3	7.4	1.6	78.6	88.2	8	3.8	3.4	7.8	88.8		100
桦木		2002	15		100	27.2	32.3	32.9	0.3	7.3	95.7	0	4.3	58.8	21.1	20.1		100
桦木	4	2007	9.4	47.5	52.5	4.1	9.5	12.2	29	45.2	49.2	33.2	17.6	46.8	26.9	26.3		100
桦木		2012	19.4		100	29.8	2.3	8.2	19.2	40.5	33.4	5.1	61.5	0.5	61	38.5		100
桦木		2017	7.1	41.1	58.9	6.6	8.3	0.9		84.2	63.3	4.3	32.4	46.3	15.2	38.5		100
落叶松		2002	0.6		100			100			100				100			100
落叶松	4	2007	5.1	100			2.9	22.1	73.7		1.3	96.7	3.3	6.9	41.1	52		100
落叶松		2012	0.7		100					100	100				100			100
落叶松		2017	1.1		100					100	100			100				100
木荷		2002	3.5		100	2.3	0.7	2.5	94.5		100				36.9	63.1		100
木荷		2007	4.3	90.3	9.7	5.4	14.3	42.8	16.7	20.8	79.5	11.8	8.7	71.9	21.6	6.5		100
木荷	4	2012	8.5	23.6	76.4	3.1	7	80.5	1.2	8.2	73.1	12.6	14.3		82.2	17.8		100
木荷		2017	4.1	52.6	47.4	22.6	18.8	43.1	15.5		27.9	53.4	18.7	43.4	26.3	30.3		100
红木荷		2017	6.5		100	22.5	8.8	26.1	42.6		85.5	11.1	3.4	9.3	69	21.7		100

续附表 4

样地主要枯损树种	研究期采伐频率（次）	统计年度（年）	样地平均枯损量（m³/hm²）	起源结构（%）		龄组结构（%）					密度结构（%）			树种数量结构（%）			龄级结构（%）	
				人工	天然	幼龄林	中龄林	近熟林	成熟林	过熟林	疏	中	密	2种以内	3~4个树种	5个树种及以上	同龄林	异龄林
其他软阔		2002	5.9		100	6.1	7.9	3.3	19.1	63.6	36.5		63.5	30	23.4	46.6		100
其他软阔类	4	2007	6.3	73.5	26.5	14.2	24.2	24.6	36.6	0.4	41.8	17.7	40.5	31.8	41.5	26.7		100
其他软阔类		2012	7.5	36.3	63.7	13.4	13.7	31.2	21.9	19.8	40.4	32.4	27.2	36.1	27.2	36.7	15.7	84.3
其他软阔类		2017	13.3	12.8	87.2	13.2	20.2	21.8	20.9	23.9	46.1	35	18.9	51.1	26.4	22.5	25	75
其他硬阔		2002	15.1		100	14.5	19.8	26.8	31	7.9	58.4		41.6	57.6	32.3	10.1		100
其他硬阔类	4	2007	5.2	100						100	100					100		100
其他硬阔类		2012	10.7	12.6	87.4	4.4	24.4	21.2	29.2	20.8	27.5	27.3	45.2	50.4	19.2	30.4		100
其他硬阔类		2017	12.5	13.8	86.2	6.9	8	15.6	31.2	38.3	61.4	23.6	15	48.6	16.6	34.8		100
杉木		2002	1	100				80.5		19.5	78.3		21.7	80.5	19.5			100
杉木	4	2007	3.1		100	100					100					100		100
杉木		2012	2.6	100			32.2	12.4		55.4	23	27	50	2.8	73	24.2		100
杉木		2017	2.1	49.9	50.1	13.2	4.4	34.5		47.9	30.1	23.7	46.2	12.1	64.6	23.3	53.6	46.4
思茅松		2002	7.8	6.5	93.5	27	22.3	23.7	27		69.5		30.5	37	26.9	36.1		100
思茅松	4	2007	0.7	100			8.8	24.1	56.9	10.2	45.4	19.5	35.1	9.1	38.8	52.1		100
思茅松		2012	8.4	13.2	86.8	9.3	23.8	45.9	21		37.9	34.6	27.5	16.2	46.8	37		100
思茅松		2017	15.5	19.5	80.5	2.2	11.1	15.5	23.9	47.3	32.3	31.3	36.4	0.5	37.8	61.7		100
柏木		2002	6.7		100				5.5	94.5	94.5		5.5	100				100
柏木	3	2007	0.3		100	100					100					100		100
柏木		2017	2.2	21.7	78.3	78.3	21.7				100					100		100
檫木		2007	1.1	100		100					100					100		100
檫木	3	2012	1.5	100				100			100					100		100
檫木		2017	5.1	100			100				100					100		100

续附表4

样地主要枯损树种	研究期采伐频率（次）	统计年度（年）	样地平均枯损量（m³/hm²）	起源结构（%）		龄组结构（%）					密度结构（%）			树种数量结构（%）			龄级结构（%）	
				人工	天然	幼龄林	中龄林	近熟林	成熟林	过熟林	疏	中	密	2种以内	3～4个树种	5个树种及以上	同龄林	异龄林
高山栎		2002	12.5		100		2.4	22.2	57.7	17.7	52.2		47.8	47.7	41	11.3		100
高山栎	3	2007	6.6	100		5	2.1	2.1	11.7	79.1	24.1	70.3	5.6	12.4	78	9.6	14	86
高山栎		2017	4.9		100	17.7	4.5	20.9	56.9		73.4	2.2	24.4	74	16.2	9.8		100
高山松		2002	2.5		100	1.5	24.8	16.9	20.4	36.4	17	68.8	14.2	21.4	46.9	31.7	25.2	74.8
高山松	3	2012	5.4		100	38.1	13.7	5.2	23.6	19.4	54.3	34.6	11.1	23.7	75.4	0.9	25.8	74.2
高山松		2017	6.8		100	29.2	17.9	39.6	13.3		47.4	23.7	28.9	56.9	28.2	14.9	59	41
槲栎		2002	19.5		100	100					100			100				100
槲栎	3	2007	6.1	98.5	1.5	27.8	4.7	43.9	23.6		57.3	42.7		68.6	4.8	26.6		100
槲栎		2017	3.7		100	100						100			100			100
冷杉		2002	33.8		100		1.7	0.8	27.4	70.1	100			24.4	75.6		46.5	53.5
冷杉		2012	30.2		100	0.8			27.6	71.6	88.3	4.9	6.8	29	68.9	2.1		100
冷杉		2017	1.6		100				91.6	8.4	100			89.8	10.2			100
中甸冷杉	3	2017	52.7		100	0.1		64.7	0.2	35	50.6	49.3	0.1	29.9	47.1	23		100
长苞冷杉		2017	23		100		1.9	88.3	2.4	7.4	86.2	13.8		88	12			100
川滇冷杉		2017	30.3		100			100			100			100				100
栎类		2002	9.3	2.1	97.9	9.1	17.4	13.7	28.3	31.5	47.6	28.6	23.8	50.3	28.3	21.4	76.2	23.8
栎类	3	2012	9.5	68.3	31.7	6.6	14	24.2	20.8	34.4	34.6	40.8	24.6	39.6	28.6	31.8		100
栎类		2017	12.4	8.5	91.5	12	20.9	21.6	28.2	17.3	40.1	42	17.9	23.4	39.6	37		100
楝		2012	12.9		100	100					100				100			100
楝	3	2017	5.5		100	68.7			31.3	0	31.3	68.7			100			100
楝树		2007	51.6	100						100	100				100			100
柳树		2007	4.2	100		5	15.6	19.7	59.7		61.8	38.2		18.6	38.1	43.3		100
柳树	3	2012	0.6		100	100					100				100			100
柳树		2017	7.6	7.6	92.4		4.3		59.4	36.3	100				12.8	87.2		100

续附表 4

样地主要枯损树种	研究期采伐频率（次）	统计年度（年）	样地平均枯损量（m³/hm²）	起源结构（%）		龄组结构（%）					密度结构（%）			树种数量结构（%）			龄级结构（%）	
				人工	天然	幼龄林	中龄林	近熟林	成熟林	过熟林	疏	中	密	2种以内	3～4个树种	5个树种及以上	同龄林	异龄林
麻栎	3	2002	1.7		100			100			100				100			100
麻栎		2007	0.3	100			100				100				100			100
麻栎		2017	9.1		100	18.8	14.8	25.3	41.1		52.5	34.3	13.2	1.7	69.5	28.8		100
楠木	3	2007	7.2	95.6	4.4	6.9	16.6	16.6	20.7	39.2	38.6	31.2	30.2	33.5	31.2	35.3		100
楠木		2012	11.9		100	0.2	76.7	9.1	8.3	5.7	66.4	33.6			24.4	75.6		100
楠木		2017	23.3		100	2.2	36.3	17.5	10.7	33.3	63.4	20.3	16.3	24.6	61.1	14.3		100
扭曲云南松	3	2007	11.9	100		9.2	27.4	21.1	25.1	17.2	32.6	24.8	42.6	38.4	30.3	31.3		100
扭曲云南松		2017	1.7	10.9	89.1		28.4	48.9	22.7		12.1	21.7	66.2	6.3	22.4	71.3		100
扭曲云南松		2002	5.1		100	96.3	2.7	1			100			1.9	98.1			100
泡桐	3	2007	12.5	100		0.2	97.3	0.2	1	1.3	95.5	3.9	0.6	99.1	0.9			100
泡桐		2012	3.5		100		100				100			100				100
泡桐		2017	4.6		100	100					100					100		100
桤木	3	2002	3.1	4.5	95.5	32.4	14.1	10.4	32	11.1	68.6	6	25.4	18.8	52	29.2		100
桤木		2007	1.1		100		5.8		94.2	0	75.9	0	24.1	65.4	29.6	5		100
旱冬瓜		2017	7.9	29.3	70.7	7.6	7.4	18.8	12.2	54	47.4	21.7	30.9	5.6	47.3	47.1		100
铁杉	3	2002	34		100						100	100				100		100
铁杉		2007	0.1		100	100						100		100				100
丽江铁杉		2017	321.3		100				100			100				100		100
杨树	3	2002	24.3		100	29.4	2	3.5	1.7	63.4	93.5	0.6	5.9		19.1	80.9		100
杨树		2012	1.6	78.2	21.8	4.5	10.4	0	45.3	39.8	41.3	21.8	36.9	1.8	65.2	33		100
杨树		2017	3.5	33.9	66.1	18.7	11.9	31.3	7.6	30.5	24.2	17.4	58.4	1.8	37.8	60.4		100
滇杨		2017	3.6		100	8.4	4.5	9.1	27.6	50.4	51.5	2.6	45.9		77.1	22.9		100
油杉	3	2002	1		100	47.7	15.2	15.2	21.9		6.6		93.4	17.5	19.3	63.2		100
油杉		2012	0.9		100	35.2	7.2	8.7	48.9		36.5	25.6	37.9	32.1	44.5	23.4		100
油杉		2017	3.3		100	11.1	8.3	13.8	3.8	63	62.3	5	32.7	17.1	28.7	54.2		100

续附表 4

样地主要枯损树种	研究期采伐频率（次）	统计年度（年）	样地平均枯损量（m³/hm²）	起源结构（%）		龄组结构（%）					密度结构（%）			树种数量结构（%）			龄级结构（%）	
				人工	天然	幼龄林	中龄林	近熟林	成熟林	过熟林	疏	中	密	2种以内	3~4个树种	5个树种及以上	同龄林	异龄林
云南松		2002	5.4	14.4	85.6	19	26.4	16.9	29.7	8	51.7	13.5	34.8	38.8	34.9	26.3		100
云南松	3	2012	4.1	39	61	9.8	9.4	23.5	22.2	35.1	36	31.9	32.1	22.6	41.4	36	89.9	10.1
云南松		2017	6.2	43.5	56.5	12	9.7	15.6	15.2	47.5	42.2	28.8	29	21.4	28.8	49.8	16.1	83.9
云杉		2002	22.4		100	1.4				98.6	100				41	59		100
云杉		2012	31.3		100		18.4		4	77.6	54	9.6	36.4	3.1	80.7	16.2		100
云杉	3	2017	0.7	77.2	22.8		77.2	22.8			100			8.2	78.9	12.9		100
油麦吊云杉		2017	33.2		100			100			100				100			100
丽江云杉		2017	59.8		100				100		100				100			100
红椿		2007	1.5	84.6	15.4	27.3	17.5	51.9	3.3		72.6	20.1	7.3	4.6	14	81.4		100
红椿	2	2017	1.5	100				100			100			100				100
柳杉		2007	9	100			1.2		2	96.8	98.2	1.8			1.5	98.5		100
柳杉	2	2012	1.4	100		100							100		100			100
青岗栎		2002	1.9		100	1.1	28.9		70		22.4	53.1	24.5	50.1	49.9			100
青冈	2	2017	17.1	24.5	75.5	12.1	23.7		52.4	11.8	37.5	59.5	3	36.6	24	39.4		100
樟		2017	4		100		21.4		78.6		21.4		78.6			100		100
樟树	2	2002	8.5		100	100					100				100			100
白桦	1	2017	34.1		100	0.9	5.2	93.6	0.3		1.2		98.8	0.9	99.1			100
白穗石栎	1	2017	1.1		100				100		100				100		100	
柏那参	1	2017	22.3		100		100				100					100		100
杯状栲	1	2017	6.8		100	15.8	84.2				6.8	93.2				100		100
池杉	1	2007	3.2	100				100			100				100			100
川滇高山栎	1	2017	0.6		100	62.4		17		20.6	70.9		29.1		29.1	70.9		100
川西栎	1	2017	7.5		100	2.8		1.1	96.1		96.2	1	2.8			100		100
刺栲	1	2017	19		100	100						0.6	99.4			100		100

续附表 4

样地主要枯损树种	研究期采伐频率（次）	统计年度（年）	样地平均枯损量（m³/hm²）	起源结构（%） 人工	天然	龄组结构（%） 幼龄林	中龄林	近熟林	成熟林	过熟林	密度结构（%） 疏	中	密	树种数量结构（%） 2种以内	3~4个树种	5个树种及以上	龄级结构（%） 同龄林	异龄林
粗壮琼楠	1	2017	10.2		100	92.9	7.1				100			92.9	7.1			100
大果楠	1	2017	45.9		100				5.9	94.1	100					100		100
大树杜鹃	1	2017	9.2		100	17	46.4		7.5	29.1	80	20		66	6.2	27.8		100
大叶石栎	1	2017	8	23.1	76.9	48	37.3	5.6	9.1		76.9		23.1			100		100
灯台树	1	2017	0.3		100		100				100					100		100
滇鹅耳枥	1	2017	38.5		100	0.4			99.6		100				0.4	99.6		100
滇榄仁	1	2017	21.7		100	100					100					100		100
滇青冈	1	2017	14.1		100	4.5	20.2	2.5	15.3	57.5	40	36.4	23.6	76.4	7.9	15.7		100
滇润楠	1	2017	9.3		100		100					100				100		100
滇石栎	1	2017	8.9		100	16.4	28.4	14.8	40.4		34.6	53.6	11.8	0	46.2	53.8		100
杜英	1	2017	0.3		100		100				100					100		100
短刺栲	1	2017	4.5		100		49.9			50.1	50.1		49.9			100		100
钝叶黄檀	1	2017	0.9		100				100		100					100		100
多变石栎	1	2017	72.8	35	65			65		35	100					100		100
多色杜鹃	1	2017	9.2		100	100							100			100		100
峨眉栲	1	2017	31.1		100				100		100					100		100
枫香	1	2007	8.3	100		2.4	4.5	20.3	66.8	6	8.4	90.3	1.3	22.5	72.8	4.7		100
枫杨	1	2017	0.4		100			100			100					100		100
高山栲	1	2017	9.6		100	24.1	6.8	8.7	1.3	59.1	18.1	6.3	75.6	29.2	4.1	66.7		100
钩栲	1	2017	9.2		100		100				100					100		100
光叶高山栎	1	2017	0.5		100				100		100				100			100

续附表4

样地主要枯损树种	研究期采伐频率（次）	统计年度（年）	样地平均枯损量（m³/hm²）	起源结构（%）		龄组结构（%）					密度结构（%）			树种数量结构（%）			龄级结构（%）	
				人工	天然	幼龄林	中龄林	近熟林	成熟林	过熟林	疏	中	密	2种以内	3~4个树种	5个树种及以上	同龄林	异龄林
光叶石栎	1	2017	1.5		100			56.2		43.8	100				100			100
合果木	1	2017	3		100	66.2	33.8				100					100		100
黑荆树	1	2017	13.6	39.8	60.2	60.2		39.8			39.8	60.2		2.1	97.9			100
红桦	1	2017	17.4		100			87.6	6.7	5.7	84.5	12.6	2.9		14.5	85.5		100
厚鳞石栎	1	2017	62.6		100				100		100			100				100
厚皮树	1	2017	1.4		100	100					100					100		100
黄背栎	1	2017	13.7		100	19.1	1.9	0	65.4	13.6	16.6	4	79.4	20.6	69	10.4		100
黄丹木姜子	1	2017	14.1		100	100					100				100			100
黄连木	1	2017	19.3		100		100				100					100		100
黄毛青冈	1	2017	9.1		100	5	11.5	28.5	16.5	38.5	50.7	22.9	26.4	44.7	43.7	11.6		100
黄心树	1	2017	15.3		100			100				100			100			100
灰背栎	1	2017	8.8		100	100						100			100			100
尖叶桂樱	1	2017	11.2		100	100					100				100			100
截头石栎	1	2017	45.7		100			100			100				100			100
栲树	1	2017	84.9		100			100			100			100				100
蓝桉	1	2017	14	95.9	4.1	73.3	12.7	8.4	5.6		100				89.8	10.2		100
曼青冈	1	2017	3.1		100					100	0	100			100			100
毛叶黄杞	1	2017	0.7		100	28.7				71.3	71.3	28.7			71.3	28.7		100
毛叶曼青冈	1	2017	8.5		100			100					100	100				100
毛叶木姜子	1	2017	0.8		100	100					100					100		100

续附表 4

样地主要枯损树种	研究期采伐频率（次）	统计年度（年）	样地平均枯损量（m³/hm²）	起源结构（%）		龄组结构（%）					密度结构（%）			树种数量结构（%）			龄级结构（%）	
				人工	天然	幼龄林	中龄林	近熟林	成熟林	过熟林	疏	中	密	2种以内	3~4个树种	5个树种及以上	同龄林	异龄林
毛叶青冈	1	2017	6.6		100		84.5	15.5			15.5		84.5			100		100
毛叶油丹	1	2017	24.1		100	100					100				100			100
木果石栎	1	2017	26.6		100	4		96			16.4		83.6		83.6	16.4		100
银木荷	1	2017	7.8		100		97.4			2.6	53.9	46.1				100		100
木莲	1	2017	2.2		100			100			100					100		100
木棉	1	2017	1		100				100			100				100		100
其他灌木	1	2012	1.6		100	84.2	15.8				100				11.2	88.8		100
其他阔叶	1	2002	11.3		100	5	14.3	18.4	17	45.3	47.6	21.9	30.5	46.3	30.3	23.4		100
青榨槭	1	2017	2.7		100			100			100				42.7	57.3		100
榕树	1	2017	1.7		100			100			100					100		100
山鸡椒	1	2017	6		100	100					100				100			100
山玉兰	1	2017	0.6		100				100		100				100			100
石楠	1	2017	149.8		100		85.6		14.4		100					100		100
栓皮栎	1	2017	3.3		100	32.7		5	62.3		56.9	43.1		21.5	6.2	72.3		100
水青冈	1	2017	0.2		100	100					100					100		100
水青树	1	2017	8.2		100		100				100					100		100
水杉	1	2007	9	98.7	1.3		1.9	4.2	6.7	87.2	78.7		21.3	2.8	72	25.2		100
思茅豆腐柴	1	2017	35.3		100				100		100					100		100
四角蒲桃	1	2017	12		100		100				100					100		100
腾冲栲	1	2017	0.8		100			100				100		100				100
秃杉	1	2007	4.6	50.9	49.1	11.8	21.6	14.6	22.4	29.6	45.5	22	32.5	23.3	32.2	44.5		100
乌桕	1	2017	8.4		100			100					100			100		100

续附表 4

样地主要枯损树种	研究期采伐频率（次）	统计年度（年）	样地平均枯损量（m³/hm²）	起源结构（%）		龄组结构（%）					密度结构（%）			树种数量结构（%）			龄级结构（%）	
				人工	天然	幼龄林	中龄林	近熟林	成熟林	过熟林	疏	中	密	2种以内	3～4个树种	5个树种及以上	同龄林	异龄林
乌鸦果	1	2017	0.7		100		100				100			100				100
五角枫	1	2017	1.6		100	50				50	100				50	50		100
西南花楸	1	2017	8.7		100		74.4		25.6		100			18.5	66.8	14.7		100
西南桦	1	2017	1.5	50.1	49.9		80		20		54.2	38.6	7.2	26.7	66.7	6.6		100
细齿叶柃	1	2017	0.3	100					100		100					100		100
相思	1	2007	22.7	100				3		97	100				100			100
香椿	1	2017	9.7	100				73.5	26.5		100					100		100
香面叶	1	2017	18.3		100	34.4	30.4	8	27.2		36.7	63.3			63.3	36.7		
小果楮	1	2017	42.6		100	100					100					100		100
小漆树	1	2017	3.1		100	100							100			100		100
小叶青冈	1	2017	11.9		100	1		99			42.7	0.5	56.8	56.8	42.7	0.5		100
小叶青皮槭	1	2017	25.1		100				100		100					100		100
星果槭	1	2017	15		100				31.3	68.7	68.7	31.3			68.7	31.3		100
岩栎	1	2017	1.6		100	100					100					100		100
盐肤木	1	2017	0.2	100					100			100				100		100
银柴	1	2017	13.8		100				97.2	2.8	100					100		100
银荆树	1	2017	95.6	100		100					100			100			100	
银叶楮	1	2017	3.2		100	73.3			26.7		100				100			100
楹树	1	2017	1.2		100		100					100				100		100
硬斗石栎	1	2017	3.3		100		100					100				100		100
柚木	1	2017	0.9	100		100							100	100				100
元江楮	1	2017	7.3		100	100					96.1		3.9	39.9		60.1		100
圆柏	1	2017	0.2		100	100						100			100			100

续附表 4

样地主要枯损树种	研究期采伐频率（次）	统计年度（年）	样地平均枯损量（m³/hm²）	起源结构（%）		龄组结构（%）					密度结构（%）			树种数量结构（%）			龄级结构（%）	
				人工	天然	幼龄林	中龄林	近熟林	成熟林	过熟林	疏	中	密	2种以内	3~4个树种	5个树种及以上	同龄林	异龄林
云南厚壳桂	1	2017	27.6		100	100						100				100		100
云南黄杞	1	2017	2		100	100					34.5	65.5				100		100
云南泡花树	1	2017	6.9		100			100			100					100		100
云南樟	1	2017	18.9	1.4	98.6	7.6	92.4				100				7.6	92.4		100
柞栎	1	2017	8.2		100	36.5	25.9	37.6			28.7	71.3	0	1.3		98.7		100
锥连栎	1	2017	6.4		100	18.5	61.1			20.4	17.3	58.6	24.1		39.8	60.2		100
长穗高山栎	1	2017	6.3		100		100				100					100		100

附表 5　研究期样地枯损树种按胸径径级占比动态统计表

乔木林主要枯损树种	调查年度（年）	胸径 5 ~ 12cm		胸径 12 ~ 18cm		胸径 18 ~ 24cm		胸径 24cm 以上	
		株数（%）	蓄积（%）	株数（%）	蓄积 %	株数（%）	蓄积（%）	株数（%）	蓄积（%）
研究期综合	2002	62.4	23.4	13.3	13.3	6.8	12.4	17.5	50.9
	2007	61	26.3	16	13.8	12.2	16.6	10.8	43.3
	2012	78.4	36.3	11.9	17.5	5.4	13.4	4.3	32.7
	2017	67.7	30.7	17.3	22.5	5.2	10.7	9.8	36.1
桉树	2002	100	100						
柏木	2002	33.3	0.9	33.3	4.6			33.3	94.5
高山栎	2002	34.2	2.9	23.7	8.1	26.3	20.2	15.8	68.7
高山松	2002	80.5	26	14.3	25.5	1.3	8.2	3.9	40.4
槲栎	2002							100	100
华山松	2002	90	61.3	10	38.7				
桦木	2002	65.8	2.7	7.9	2.2	7.9	5	18.4	90.1
冷杉	2002	52.9	2.1	21.4	4.1	4.3	1.8	21.4	92
栎类	2002	66.2	11.4	18.2	13.5	7.6	12.7	8	62.4
落叶松	2002	100	100						
麻栎	2002	80	57.7	20	42.3				
木荷	2002	50	9.6	21.4	18.8	21.4	45.1	7.1	26.6
扭云南松	2002	37.5	3.5	12.5	6.4	25	16.8	25	73.3
桤木	2002	66.3	13.1	19.6	19.6	6.5	19.3	7.6	48
其他阔叶	2002	69.8	11.8	16.4	12.3	5.6	10.2	8.3	65.8
其他软阔	2002	68.3	19.2	22.8	25.4	4.1	9.2	4.8	46.2
其他硬阔	2002	58.5	6.6	15.9	8.4	10	12.1	15.7	73
青岗栎	2002	70	18.7	15	18.8	15	62.5		
杉木	2002	89.5	58.5	10.5	41.5				
思茅松	2002	67.8	10.6	14	11	8.6	17.4	9.6	61
铁杉	2002							100	100
杨树	2002	77.7	9	16.9	7	2	1.7	3.4	82.2
油杉	2002	88.9	35.8	8.3	15.8			2.8	48.5
云南松	2002	85.7	27.1	8.6	13.4	2.2	9.4	3.5	50.2
云杉	2002	33.3	0.7					66.7	99.3
樟树	2002	57.1	19.4	14.3	9.3	28.6	71.3		

续附表 5

乔木林主要枯损树种	调查年度（年）	胸径 5～12cm		胸径 12～18cm		胸径 18～24cm		胸径 24cm 以上	
		株数（%）	蓄积（%）	株数（%）	蓄积%（%）	株数（%）	蓄积（%）	株数（%）	蓄积（%）
桉树	2007	100	100						
柏木	2007	100	100						
檫木	2007	100	100						
池杉	2007			50	39.8	50	60.2		
枫香	2007	42.9	7	21.4	25.1	31	52.7	4.8	15.3
高山栎	2007	68	15.1	17.2	20.6	9.8	28.5	4.9	35.8
红椿	2007	71.4	14.9	23.8	39.5			4.8	45.6
槲栎	2007	56.2	12.6	31.5	28.8	6.8	18.7	5.5	39.9
华山松	2007	40.5	1.4	21.5	2.8	4.4	1.4	33.5	94.5
桦木	2007	68.3	11.7	16.5	12.7	6.6	11.6	8.7	64
楝树	2007					37.5	9.4	62.5	90.6
柳杉	2007	87.5	2.6					12.5	97.4
柳树	2007	46.2	5.2	34.6	28	7.7	17.6	11.5	49.1
落叶松	2007	58.3	3.1	8.3	2.2	8.3	5.6	25	89
麻栎	2007	100	100						
木荷	2007	67.8	10	21.2	13.9	4.2	8.2	6.8	67.9
楠木	2007	74.2	15.2	15	16.2	4.4	11.4	6.4	57.1
扭曲云南松	2007	63.4	10.1	17.5	12.5	8.2	13.7	10.8	63.6
泡桐	2007	26.1	2.8	34.8	17.4	13	10.4	26.1	69.5
桤木	2007	92.3	23.4					7.7	76.6
其他软阔类	2007	73.7	15.3	11.5	12	8.4	24.3	6.4	48.4
其他硬阔类	2007			66.7	44.3	33.3	55.7		
杉木	2007					100	100		
水杉	2007	65.1	11	22.1	18.3	2.3	3.8	10.5	66.9
思茅松	2007	86.2	48.5	10.3	32.5	3.4	19		
铁杉	2007	100	100						
秃杉	2007	81.8	25.7	12.3	18.9	3.1	12.4	2.8	43
相思	2007	37.5	1.2	12.5	1.8			50	97
桉树	2012	75	25.2	25	74.8				
檫木	2012	80	30.1	20	69.9				

续附表5

乔木林主要枯损树种	调查年度（年）	胸径5～12cm		胸径12～18cm		胸径18～24cm		胸径24cm以上	
		株数（%）	蓄积（%）	株数（%）	蓄积%（%）	株数（%）	蓄积（%）	株数（%）	蓄积（%）
高山松	2012	86.5	24.9	7.2	12.2	3.1	15.8	3.1	47.1
华山松	2012	83.5	39	9.4	17.1	5.3	25.8	1.8	18.1
桦木	2012	56.3	4.5	20.5	7.7	7.1	5.4	16.1	82.4
冷杉	2012	51.5	2.7	25.8	5.7	10.6	5.3	12.1	86.3
栎类	2012	71.9	15.4	16.2	15.9	6	13.8	5.9	54.9
楝	2012	42.9	9.3	14.3	11.8	28.6	40.5	14.3	38.4
柳杉	2012	100	100						
柳树	2012	100	100						
落叶松	2012	100	100						
木荷	2012	83.7	12.1						
楠木	2012	74.6	12.4	11.1	10.5	7.9	18.1	6.3	59
泡桐	2012	100	100						
其他灌木	2012	60	14.5	20	18.9	20	66.6		
其他软阔类	2012	76.5	19	14.6	18.4	4.5	13.1	4.4	49.6
其他硬阔类	2012	70.8	14.1	15.7	14.2	6.7	13.3	6.7	58.3
杉木	2012	82.5	52.8	15	31.4	2.5	15.9		
思茅松	2012	73.3	15.9	13.3	13.5	6.2	16.1	7.2	54.4
杨树	2012	89.9	48.7	7.6	29	2.5	22.3		
油杉	2012	93	68.8	6	21.1	1	10.1		
云南松	2012	78.4	22.9	14.8	22	4	16.3	2.8	38.8
云杉	2012	72.9	3.4	10	2.9	5.7	4.7	11.4	89
桉树	2017	73.9	13.2	15.2	19.7	4.3	15.8	6.5	51.3
白桦	2017	26.5	2	12.2	5.8	28.6	26.1	32.7	66
白穗石栎	2017	50	33.3	50	66.7				
柏木	2017	50	17.4	50	82.6				
薄叶山矾	2017	50	23.2	50	76.8				
杯状栲	2017	75	33	15.4	28.8	7.7	25.4	1.9	12.8
檫木	2017							100	100
川滇高山栎	2017	100	100						
川滇冷杉	2017							100	100

续附表 5

乔木林主要枯损树种	调查年度（年）	胸径 5 ~ 12cm		胸径 12 ~ 18cm		胸径 18 ~ 24cm		胸径 24cm 以上	
		株数（%）	蓄积（%）	株数（%）	蓄积 %（%）	株数（%）	蓄积（%）	株数（%）	蓄积（%）
川西栎	2017	77.8	6.4			11.1	10.3	11.1	83.3
刺栲	2017	67.6	20.2	17.6	16.9	8.8	16	5.9	46.9
粗壮琼楠	2017	58.3	14.7	25	18.6			16.7	66.7
大白花杜鹃	2017	60	2.5					40	97.5
大果楠	2017	40	2.5	13.3	2.3	6.7	3.4	40	91.8
大叶石栎	2017	52.2	9.4	34.8	27.4	4.3	8.4	8.7	54.8
滇鹅耳枥	2017	52.9	14.7	27.5	22	11.8	24.8	7.8	38.4
滇榄仁	2017	53.8	13.3	38.5	34			7.7	52.7
滇青冈	2017	78.2	11.3	10.2	8	5.4	10.5	6.2	70.2
滇润楠	2017	84	52.1	16	47.9				
滇石栎	2017	77.3	32.9	16.9	33.4	4.7	23.7	1.2	9.9
滇杨	2017	80.4	29.1	9.8	16.1	2	5.8	7.8	49.1
杜英	2017	100	100						
短刺栲	2017	76.5	35.4	17.6	39.9	5.9	24.7		
钝叶黄檀	2017	100	100						
多变石栎	2017	55.2	5.1	15.5	4.6	10.3	6.6	19	83.8
峨眉栲	2017	36.4	6.5	36.4	32	13.6	20.7	13.6	40.8
枫杨	2017	100	100						
高山栲	2017	71.8	21.7	19.7	31.9	6.9	25.1	1.6	21.2
高山栎	2017	80.5	21.3	11	15.1	2.4	6.7	6.1	56.9
高山松	2017	74.5	16.1	15.2	16.6	3.3	11.3	7.1	56
钩栲	2017	50	20.8	40	53.9	10	25.3		
光叶高山栎	2017	100	100						
光叶石栎	2017	88.9	78.1	11.1	21.9				
旱冬瓜	2017	55.9	11.2	29	25.9	8.8	20.5	6.3	42.4
合果木	2017	81.3	45.6	12.5	30.9	6.3	23.5		
黑荆树	2017	67.2	26.2	26.6	47.5	6.3	26.3		
红椿	2017			100	100				
红桦	2017	52	3.4	28	12.8	4	4.1	16	79.7
红木荷	2017	50	8.9	32.1	20.6	7.1	12.9	10.7	57.6

续附表 5

乔木林主要枯损树种	调查年度（年）	胸径 5～12cm		胸径 12～18cm		胸径 18～24cm		胸径 24cm 以上	
		株数（%）	蓄积（%）	株数（%）	蓄积%（%）	株数（%）	蓄积（%）	株数（%）	蓄积（%）
厚鳞石栎	2017							100	100
椆栎	2017	100	100						
华山松	2017	78.1	10.5	16.2	7.6	1.9	2	3.8	79.9
桦木	2017	50	2.6	16.7	5.4	8.3	6.1	25	85.9
黄背栎	2017	62.5	9.7	7.5	4.7	14.2	28.3	15.8	57.3
黄丹木姜子	2017	58.3	6.6	16.7	11.1	8.3	13.2	16.7	69.1
黄连木	2017	83.3	23.7	12.5	19.8			4.2	56.5
黄毛青冈	2017	66	13.5	15.6	14.4	10.2	23.9	8.2	48.2
黄心树	2017	77.8	25.6	11.1	12.6	5.6	21.6	5.6	40.2
灰背栎	2017	87.5	52.7	12.5	47.3				
尖叶桂樱	2017	88	50.8	8	18.5			4	30.7
截头石栎	2017	35	2.2	10	3	35	20.2	20	74.6
栲树	2017	33.3	2.1		0	11.1	2.3	55.6	95.6
蓝桉	2017	75.4	25.9	16.9	25.4	3.4	11.2	4.2	37.5
冷杉	2017	62.5	30.1	37.5	69.9				
丽江铁杉	2017	63.2	1.1	10.5	0.8	5.3	0.8	21.1	97.3
丽江云杉	2017	34.8	1	17.4	1.7	8.7	3.2	39.1	94.2
栎类	2017	68.4	15.7	18.5	18.1	7	16	6.1	50.3
楝	2017	94.1	53.1	2.9	5			2.9	41.9
落叶松	2017	100	100						
麻栎	2017	72.6	17.4	15.2	16.1	7	15.6	5.2	50.9
曼青冈	2017	50	7.2	50	92.8				
毛叶黄杞	2017	75	36.1	25	63.9				
毛叶曼青冈	2017	50	25.1	40	53.5	10	21.4		
毛叶木姜子	2017	50	19.4	50	80.6		0		
毛叶青冈	2017	54.5	9.5	18.2	17.5	27.3	73		
毛叶油丹	2017	83.3	23.1	4.2	3	8.3	22.3	4.2	51.6
木果石栎	2017	54.5	11.1	22.7	14.1	13.6	18.6	9.1	56.1
木荷	2017	76.6	16.9	8.5	9.6	8.5	22	6.4	51.5
木莲	2017	80	48.8	20	51.2				

续附表5

乔木林主要 枯损树种	调查年度 （年）	胸径 5 ~ 12cm		胸径 12 ~ 18cm		胸径 18 ~ 24cm		胸径 24cm 以上	
		株数 （%）	蓄积 （%）	株数 （%）	蓄积 % （%）	株数 （%）	蓄积 （%）	株数 （%）	蓄积 （%）
木棉	2017	100	100						
楠木	2017	63.2	6	15.4	6.2	7.9	7.9	13.5	79.9
泡桐	2017	50	13.5	25	28.6	25	57.8	0	0
其他软阔类	2017	70.1	13.7	16.8	15.7	6.5	14.7	6.6	55.9
其他硬阔类	2017	67.8	10.7	16.8	10.8	7.3	11	8.1	67.5
青冈	2017	72.9	17.5	16.8	13.8	4.5	9.7	5.8	59
山鸡椒	2017	80	9					20	91
山玉兰	2017	100	100						
杉木	2017	78	44.1	18.3	35.2	3.7	20.8		
石楠	2017	47.8	0.6	13	0.7	13	2	26.1	96.7
栓皮栎	2017	76	40.5	20	31.6	4	27.9		
水青冈	2017	100	100						
水青树	2017	82.4	58.9	17.6	41.1				
思茅松	2017	60.7	8.6	19.6	13.8	9.5	15.6	10.2	62
腾冲栲	2017	100	100						
五角枫	2017	0	0	100	100				
西南花楸	2017	60.5	13.3	36.8	72			2.6	14.7
西南桦	2017	94.7	41.8			5.3	58.2		
香椿	2017	57.1	4.2	14.3	5.3	14.3	16.9	14.3	73.5
香面叶	2017	63.4	15.9	24.1	20.9	6.3	17.7	6.3	45.5
小果栲	2017	64.7	5.9	17.6	6.1	5.9	6.8	11.8	81.2
小叶青冈	2017	66.7	19.2	17.8	25.8	11.1	30.6	4.4	24.3
星果械	2017	37.5	2.5	12.5	6.2	12.5	11.3	37.5	80.1
岩栎	2017	100	100						
杨树	2017	83.8	36.4	11.8	30	2.9	17.2	1.5	16.4
银柴	2017	66.7	2.8					33.3	97.2
银荆树	2017	36.1	8.6	43.4	44.2	19.3	43.1	1.2	4
银木荷	2017	58.1	23.1	35.5	59.2	6.5	17.7		
银叶栲	2017	81.8	48.6	18.2	51.4				
樱桃	2017	62.5	33.4	37.5	66.6				

续附表 5

乔木林主要枯损树种	调查年度（年）	胸径 5～12cm		胸径 12～18cm		胸径 18～24cm		胸径 24cm 以上	
		株数（%）	蓄积（%）	株数（%）	蓄积%（%）	株数（%）	蓄积（%）	株数（%）	蓄积（%）
楹树	2017	100	100						
硬斗石栎	2017	88.9	71	11.1	29				
油麦吊云杉	2017	70.4	16.7	14.8	11.6	3.7	9.2	11.1	62.5
油杉	2017	70	19.9	15	16.4	8.3	21.4	6.7	42.4
柚木	2017	100	100						
元江栲	2017	96.5	73.4	2.3	5.8			1.2	20.8
圆柏	2017	100	100						
云南厚壳桂	2017	90.9	6.4					9.1	93.6
云南黄杞	2017	62.5	27.8	37.5	72.2				
云南泡花树	2017	75	26.5	16.7	44.6	8.3	28.9		
云南松	2017	78.2	23.3	13.3	19.8	5.4	20.6	3.1	36.2
云南樟	2017	42.1	4.5	23.7	11.5	21.1	25.2	13.2	58.7
云杉	2017	100	100						
柞栎	2017	76	10.4	8	5.1	4	4.2	12	80.3
樟	2017	71.4	24.1	14.3	22.5			14.3	53.5
长苞冷杉	2017	63.9	2.8	11.1	2.7	5.6	3.3	19.4	91.3
长穗高山栎	2017	71.4	21.1	14.3	34.6	14.3	44.3		
直杆桉	2017	82.8	45.7	17.2	54.3				
中甸冷杉	2017	42.2	1.2	13.3	1.3	2.2	0.8	42.2	96.8
锥连栎	2017	79	32.2	14.8	29.4	5.6	27.5	0.6	10.9

附表6　研究期乔木林分树种按林木起测单株胸径年均生长量和年均生长率综合估算表

树种	起测胸径（cm）	单株胸径年均生长量（cm）	单株胸径年均生长率（%）	单株蓄积年均生长量（m³）	单株蓄积年均生长率（%）	树种	起测胸径（cm）	单株胸径年平均生长率（cm）	单株胸径年平均生长率（%）	单株蓄积年平均生长量（m³）	单株蓄积年平均生长率（%）
侧柏	6	0.03	0.46	0.0001	1.27	侧柏	10	0.04	0.43	0.0003	1.13
侧柏	16	0.05	0.33	0.0009	0.81	侧柏	20	0.06	0.32	0.0014	0.8
侧柏	22	0.08	0.36	0.0021	0.89	圆柏	6	0.3	3.99	0.0015	9.42
圆柏	8	0.41	4.11	0.003	9.81	圆柏	10	0.46	3.85	0.0043	9.47
圆柏	12	0.5	3.64	0.006	9.09	圆柏	14	0.49	3.11	0.0071	7.79
圆柏	16	0.64	3.34	0.0121	8.25	圆柏	18	0.71	3.42	0.0153	8.46
柏木	6	0.44	5.3	0.0026	12.06	柏木	8	0.39	3.88	0.0028	9.34
柏木	10	0.53	4.29	0.0054	10.36	柏木	12	0.48	3.47	0.0056	8.75
柏木	14	0.47	3	0.0065	7.58	柏木	16	0.57	3.16	0.0097	8.02
柏木	18	0.65	3.19	0.0135	7.98	柏木	20	0.61	2.76	0.0144	6.98
柏木	22	0.34	1.46	0.0089	3.72	西藏柏木	6	1.16	11.26	0.0091	22.59
西藏柏木	8	0.74	6.56	0.0062	15.01	西藏柏木	10	0.59	4.61	0.006	10.89
西藏柏木	12	0.33	2.45	0.0034	6.35	西藏柏木	14	0.36	2.17	0.0053	5.43
西藏柏木	16	0.65	3.6	0.0114	9.11	西藏柏木	18	0.55	2.72	0.011	6.89
西藏柏木	20	0.4	1.86	0.0089	4.8	西藏柏木	22	0.63	2.43	0.019	5.97
西藏柏木	26	0.45	1.62	0.0147	4.08	云南铁杉	6	0.4	5.07	0.0036	10.13
云南铁杉	8	0.51	4.95	0.0061	10.06	云南铁杉	10	0.33	2.71	0.0051	5.7
云南铁杉	38	0.15	0.38	0.0104	0.9	云南铁杉	40	0.26	0.62	0.019	1.47
云南铁杉	46	0.44	0.93	0.0402	2.2	云南铁杉	56	0.24	0.42	0.0276	0.99
丽江铁杉	6	0.24	3.28	0.0018	6.82	丽江铁杉	8	0.3	3.15	0.0032	6.59
丽江铁杉	10	0.27	2.35	0.0037	5.11	丽江铁杉	12	0.34	2.47	0.0056	5.4
丽江铁杉	14	0.33	2.05	0.0069	4.51	丽江铁杉	16	0.32	1.84	0.0075	4.12
丽江铁杉	24	0.11	0.43	0.004	1	丽江铁杉	26	0.42	1.41	0.0204	3.24
丽江铁杉	28	0.32	1.07	0.0156	2.5	丽江铁杉	50	0.41	0.79	0.0424	1.86
云杉	6	0.52	6.56	0.004	16.29	云杉	8	0.54	5.45	0.006	14.06
云杉	10	0.52	4.41	0.0072	11.55	云杉	12	0.58	4.06	0.0114	10.6
云杉	14	0.48	3.1	0.0111	8.25	丽江云杉	6	0.31	3.85	0.0025	9.66
丽江云杉	8	0.34	3.47	0.0036	8.91	丽江云杉	10	0.44	3.59	0.0069	9.16
丽江云杉	12	0.43	3.13	0.0078	8.27	丽江云杉	14	0.42	2.68	0.0098	7.11

续附表6

树种	起测胸径（cm）	单株胸径年均生长量（cm）	单株胸径年均生长率（%）	单株蓄积年均生长量（m³）	单株蓄积年均生长率（%）	树种	起测胸径（cm）	单株胸径年平均生长量（cm）	单株胸径年平均生长率（%）	单株蓄积年平均生长量（m³）	单株蓄积年平均生长率（%）
丽江云杉	16	0.42	2.38	0.012	6.32	丽江云杉	18	0.49	2.44	0.0173	6.4
丽江云杉	20	0.32	1.49	0.0129	3.95	丽江云杉	22	0.26	1.1	0.0112	2.91
丽江云杉	24	0.39	1.51	0.0202	3.96	丽江云杉	26	0.36	1.28	0.0206	3.34
丽江云杉	28	0.37	1.23	0.024	3.2	丽江云杉	30	0.17	0.53	0.0116	1.39
丽江云杉	32	0.25	0.74	0.0187	1.91	丽江云杉	34	0.32	0.91	0.0279	2.34
丽江云杉	36	0.21	0.55	0.0189	1.4	丽江云杉	38	0.26	0.66	0.0254	1.68
丽江云杉	40	0.2	0.5	0.0212	1.27	丽江云杉	42	0.27	0.62	0.0303	1.56
丽江云杉	46	0.14	0.3	0.017	0.75	丽江云杉	48	0.09	0.18	0.0115	0.45
云南油杉	6	0.29	3.88	0.0015	9.13	云南油杉	8	0.29	3.07	0.002	7.48
云南油杉	10	0.31	2.72	0.003	6.69	云南油杉	12	0.32	2.38	0.0039	5.93
云南油杉	14	0.34	2.19	0.0051	5.49	云南油杉	16	0.35	1.98	0.0061	4.98
云南油杉	18	0.36	1.86	0.0074	4.67	云南油杉	20	0.4	1.83	0.0095	4.6
云南油杉	22	0.36	1.5	0.0098	3.74	云南油杉	24	0.37	1.44	0.0116	3.59
云南油杉	26	0.37	1.34	0.0125	3.33	云南油杉	28	0.33	1.11	0.0123	2.75
云南油杉	30	0.34	1.08	0.0138	2.67	云南油杉	32	0.42	1.22	0.0195	2.97
云南油杉	34	0.36	1.02	0.0181	2.48	云南油杉	38	0.42	1.02	0.0247	2.47
云南油杉	42	0.38	0.86	0.0252	2.04	云南油杉	44	0.28	0.61	0.019	1.46
云南油杉	46	0.16	0.35	0.0114	0.82	黄杉	6	0.33	4.3	0.0015	10.47
黄杉	8	0.47	4.67	0.0033	11.33	黄杉	10	0.55	4.44	0.0053	11.02
黄杉	12	0.5	3.63	0.0057	9.22	黄杉	20	0.33	1.52	0.0077	3.89
黄杉	22	0.21	0.9	0.0052	2.31	黄杉	26	0.36	1.31	0.0114	3.31
黄杉	34	0.39	1.09	0.0189	2.71	云南松	6	0.33	4.22	0.0021	10.58
云南松	8	0.34	3.46	0.0032	8.8	云南松	10	0.35	3.02	0.0045	7.79
云南松	12	0.37	2.67	0.0061	6.91	云南松	14	0.38	2.38	0.0077	6.18
云南松	16	0.38	2.16	0.0095	5.58	云南松	18	0.38	1.93	0.0112	4.98
云南松	20	0.37	1.7	0.0126	4.38	云南松	22	0.35	1.49	0.0139	3.83
云南松	24	0.36	1.39	0.0159	3.54	云南松	26	0.35	1.25	0.0171	3.19
云南松	28	0.36	1.2	0.0197	3.04	云南松	30	0.36	1.13	0.0216	2.85
云南松	32	0.35	1.03	0.0226	2.57	云南松	34	0.34	0.95	0.0235	2.36

续附表6

树种	起测胸径（cm）	单株胸径年均生长量（cm）	单株胸径年均生长率（%）	单株蓄积年均生长量（m³）	单株蓄积年均生长率（%）	树种	起测胸径（cm）	单株胸径年平均生长率（%）	单株胸径年平均生长率（%）	单株蓄积年平均生长量（m³）	单株蓄积年平均生长率（%）
云南松	36	0.31	0.82	0.0236	2.02	云南松	38	0.29	0.74	0.0243	1.85
云南松	40	0.31	0.74	0.0265	1.81	云南松	42	0.26	0.59	0.0255	1.47
云南松	44	0.34	0.75	0.0354	1.85	云南松	46	0.25	0.53	0.0287	1.31
云南松	48	0.31	0.63	0.0375	1.55	云南松	50	0.38	0.73	0.0424	1.79
云南松	52	0.2	0.37	0.0247	0.9	云南松	54	0.24	0.45	0.0312	1.1
思茅松	6	0.54	6.12	0.0042	13.28	思茅松	8	0.53	5.04	0.0052	11.43
思茅松	10	0.52	4.13	0.0067	9.73	思茅松	12	0.51	3.53	0.0082	8.53
思茅松	14	0.52	3.17	0.0103	7.77	思茅松	16	0.48	2.63	0.0115	6.55
思茅松	18	0.46	2.25	0.0127	5.63	思茅松	20	0.43	1.96	0.0138	4.95
思茅松	22	0.41	1.71	0.0149	4.28	思茅松	24	0.42	1.61	0.0171	4.04
思茅松	26	0.39	1.41	0.0182	3.55	思茅松	28	0.36	1.2	0.0181	3.02
思茅松	30	0.39	1.22	0.0218	3.05	思茅松	32	0.42	1.22	0.026	3.04
思茅松	34	0.39	1.08	0.0259	2.71	思茅松	36	0.38	0.98	0.0279	2.45
思茅松	38	0.34	0.86	0.0264	2.15	思茅松	40	0.35	0.86	0.029	2.13
思茅松	42	0.39	0.9	0.0351	2.23	思茅松	44	0.29	0.65	0.0273	1.61
思茅松	46	0.36	0.75	0.0364	1.85	思茅松	48	0.26	0.54	0.0276	1.32
华山松	6	0.38	4.86	0.0023	10.83	华山松	8	0.39	4.02	0.0033	9.19
华山松	10	0.42	3.51	0.0046	8.13	华山松	12	0.45	3.18	0.0062	7.36
华山松	14	0.45	2.8	0.0075	6.49	华山松	16	0.46	2.54	0.009	5.86
华山松	18	0.48	2.4	0.0107	5.56	华山松	20	0.5	2.25	0.0124	5.15
华山松	22	0.51	2.11	0.0146	4.78	华山松	24	0.53	2.03	0.0171	4.56
华山松	26	0.51	1.79	0.0182	3.99	华山松	28	0.52	1.71	0.0198	3.82
华山松	30	0.57	1.75	0.024	3.86	华山松	32	0.6	1.71	0.0277	3.76
华山松	34	0.5	1.38	0.0246	3.03	华山松	36	0.46	1.21	0.0243	2.65
华山松	38	0.61	1.5	0.0334	3.31	华山松	40	0.57	1.36	0.0336	3
华山松	42	0.5	1.14	0.031	2.46	华山松	44	0.34	0.74	0.0218	1.62
华山松	46	0.49	1.04	0.0328	2.23	华山松	48	0.37	0.73	0.0269	1.54
高山松	6	0.2	2.82	0.0012	7.97	高山松	8	0.23	2.44	0.002	6.62
高山松	10	0.25	2.2	0.003	5.92	高山松	12	0.23	1.77	0.0036	4.71

续附表6

树种	起测胸径（cm）	单株胸径年均生长量（cm）	单株胸径年均生长率（%）	单株蓄积年均生长量（m³）	单株蓄积年均生长率（%）	树种	起测胸径（cm）	单株胸径年平均生长量（cm）	单株胸径年平均生长率（%）	单株蓄积年平均生长量（m³）	单株蓄积年平均生长率（%）
高山松	14	0.25	1.67	0.0049	4.37	高山松	16	0.26	1.5	0.0059	3.88
高山松	18	0.25	1.31	0.0068	3.35	高山松	20	0.27	1.28	0.0085	3.24
高山松	22	0.26	1.1	0.0091	2.76	高山松	24	0.25	0.98	0.01	2.45
高山松	26	0.26	0.95	0.0115	2.34	高山松	28	0.25	0.86	0.0122	2.1
高山松	30	0.27	0.86	0.014	2.09	高山松	32	0.23	0.69	0.013	1.67
高山松	34	0.19	0.54	0.0115	1.29	高山松	36	0.16	0.43	0.0108	1.03
乌桕	6	0.3	3.95	0.0017	9.75	乌桕	8	0.28	2.95	0.0024	7.53
乌桕	10	0.27	2.34	0.0032	5.94	乌桕	12	0.27	2.07	0.0037	5.35
乌桕	14	0.25	1.65	0.004	4.18	乌桕	16	0.31	1.77	0.0061	4.42
乌桕	18	0.32	1.64	0.0071	4.06	钝叶黄檀	6	0.35	4.87	0.0019	10.99
钝叶黄檀	8	0.33	3.53	0.0025	8.2	钝叶黄檀	10	0.29	2.61	0.0029	6.11
钝叶黄檀	12	0.35	2.47	0.0048	5.7	钝叶黄檀	16	0.42	2.4	0.0075	5.64
钝叶黄檀	24	0.35	1.33	0.0103	3.09	黑黄檀	6	0.23	3.28	0.0012	8.05
黑黄檀	8	0.25	2.73	0.0018	6.38	黑黄檀	10	0.28	2.38	0.0033	5.95
黑黄檀	12	0.28	2.16	0.0034	5.17	黑黄檀	14	0.44	2.72	0.0084	6.71
白花羊蹄甲	6	0.38	4.88	0.0025	11.71	白花羊蹄甲	8	0.29	3.1	0.0025	7.6
白花羊蹄甲	10	0.29	2.48	0.0034	6.15	白花羊蹄甲	12	0.32	2.26	0.0051	5.43
白花羊蹄甲	14	0.35	2.15	0.0072	5.25	白花羊蹄甲	16	0.32	1.82	0.0069	4.43
白花羊蹄甲	18	0.38	1.82	0.0108	4.31	白花羊蹄甲	20	0.22	1.06	0.0062	2.61
白花羊蹄甲	22	0.33	1.31	0.0122	3.09	白花羊蹄甲	24	0.38	1.44	0.0143	3.5
白花羊蹄甲	26	0.18	0.68	0.007	1.63	白花羊蹄甲	28	0.17	0.58	0.0075	1.41
白花羊蹄甲	30	0.28	0.84	0.0145	2.04	白花羊蹄甲	32	0.39	1.14	0.022	2.75
白花羊蹄甲	34	0.27	0.76	0.0148	1.81	白花羊蹄甲	36	0.23	0.63	0.0137	1.47
大果冬青	6	0.35	4.49	0.0021	11.05	大果冬青	8	0.42	3.98	0.0046	9.36
大果冬青	10	0.39	3.34	0.0043	8.12	大果冬青	12	0.47	3.23	0.0072	7.72
大果冬青	14	0.28	1.75	0.0056	4.39	红桦	6	0.2	2.65	0.0011	6.96
红桦	8	0.13	1.5	0.0009	4.15	红桦	10	0.19	1.68	0.0019	4.56
红桦	12	0.2	1.43	0.003	3.8	红桦	14	0.28	1.75	0.0053	4.53
红桦	16	0.21	1.22	0.0044	3.26	红桦	18	0.2	1.06	0.0052	2.81

续附表6

树种	起测胸径（cm）	单株胸径年均生长量（cm）	单株胸径年均生长率（%）	单株蓄积年均生长量（m³）	单株蓄积年均生长率（%）	树种	起测胸径（cm）	单株胸径年平均生长率（cm）	单株胸径年平均生长率（%）	单株蓄积年平均生长量（m³）	单株蓄积年平均生长率（%）
红桦	20	0.16	0.75	0.0049	1.99	红桦	22	0.26	1.13	0.0089	2.98
红桦	24	0.22	0.87	0.0085	2.29	红桦	26	0.45	1.46	0.0238	3.6
红桦	28	0.19	0.64	0.0089	1.67	红桦	30	0.14	0.47	0.0074	1.23
红桦	32	0.12	0.38	0.007	0.98	红桦	34	0.31	0.86	0.02	2.2
红桦	40	0.49	1.08	0.0456	2.66	红桦	52	0.3	0.56	0.0356	1.38
桦木	6	0.65	7.24	0.0054	16.82	桦木	8	0.64	5.8	0.0072	13.96
桦木	10	0.7	5.32	0.0103	12.98	桦木	12	0.74	4.82	0.014	11.91
桦木	14	0.78	4.44	0.0176	11.03	桦木	16	0.62	3.29	0.0157	8.37
桦木	18	0.87	3.91	0.0284	9.75	桦木	20	0.71	3	0.0254	7.57
桦木	22	0.59	2.38	0.023	6.08	桦木	24	0.79	2.82	0.0368	7.07
桦木	26	0.57	1.95	0.0284	4.94	桦木	28	0.82	2.58	0.0453	6.48
桦木	30	0.53	1.63	0.0302	4.16	桦木	32	0.54	1.58	0.0332	4.03
桦木	34	0.53	1.49	0.0358	3.78	桦木	36	0.58	1.51	0.0423	3.82
桦木	38	0.65	1.57	0.0536	3.89	桦木	40	0.18	0.45	0.0147	1.14
桦木	42	0.56	1.26	0.0507	3.16	桦木	44	0.11	0.25	0.0103	0.63
桦木	46	0.49	1	0.0515	2.46	桦木	48	0.48	0.94	0.0513	2.33
桦木	58	0.27	0.43	0.0371	1.06	白桦	6	0.14	1.93	0.0007	5.25
白桦	8	0.13	1.42	0.0009	3.82	白桦	10	0.18	1.58	0.0018	4.26
白桦	12	0.17	1.29	0.0023	3.49	白桦	14	0.17	1.16	0.0029	3.13
白桦	16	0.18	1.08	0.0038	2.91	白桦	18	0.18	0.93	0.0044	2.49
白桦	20	0.2	0.97	0.0057	2.56	白桦	22	0.18	0.8	0.006	2.12
白桦	24	0.2	0.8	0.0081	2.11	白桦	28	0.17	0.61	0.0082	1.58
白桦	32	0.22	0.67	0.013	1.72	白桦	34	0.23	0.66	0.0148	1.68
白桦	36	0.19	0.5	0.0128	1.29	白桦	38	0.15	0.39	0.011	1
白桦	42	0.1	0.25	0.0088	0.62	西南桦	6	0.72	7.94	0.0058	18.16
西南桦	8	0.69	6.25	0.0074	15.03	西南桦	10	0.71	5.46	0.01	13.45
西南桦	12	0.76	4.97	0.0137	12.23	西南桦	14	0.72	4.28	0.0149	10.84
西南桦	16	0.74	3.86	0.0195	9.73	西南桦	18	0.71	3.39	0.0212	8.65
西南桦	20	0.67	2.95	0.0221	7.54	西南桦	22	0.8	3.06	0.034	7.62

续附表6

树种	起测胸径（cm）	单株胸径年均生长量（cm）	单株胸径年均生长率（%）	单株蓄积年均生长量（m³）	单株蓄积年均生长率（%）	树种	起测胸径（cm）	单株胸径年平均生长量（cm）	单株胸径年平均生长率（%）	单株蓄积年平均生长量（m³）	单株蓄积年平均生长率（%）
西南桦	24	0.7	2.54	0.0314	6.42	西南桦	26	0.8	2.72	0.0401	6.84
西南桦	28	0.71	2.28	0.0386	5.78	西南桦	30	0.7	2.08	0.0418	5.26
西南桦	32	0.72	2.02	0.0468	5.08	西南桦	34	0.84	2.22	0.0594	5.54
西南桦	36	0.39	0.98	0.0305	2.43	西南桦	38	0.62	1.5	0.0506	3.77
西南桦	40	0.67	1.6	0.0554	4.03	西南桦	42	0.49	1.12	0.0384	2.67
西南桦	44	0.54	1.13	0.0516	2.75	西南桦	46	0.33	0.67	0.0324	1.64
西南桦	62	0.52	0.79	0.0807	1.92	截头石栎	6	0.38	4.68	0.0025	9.87
截头石栎	8	0.33	3.35	0.0027	7.38	截头石栎	10	0.4	3.31	0.0044	7.42
截头石栎	12	0.41	2.99	0.0055	6.97	截头石栎	14	0.42	2.64	0.0066	6.15
截头石栎	16	0.43	2.39	0.0079	5.59	截头石栎	18	0.34	1.73	0.0073	4.11
截头石栎	20	0.32	1.47	0.008	3.54	截头石栎	22	0.37	1.51	0.0112	3.62
截头石栎	24	0.49	1.81	0.0173	4.32	截头石栎	26	0.23	0.85	0.0078	2.06
截头石栎	28	0.42	1.42	0.0173	3.4	截头石栎	30	0.37	1.18	0.0168	2.87
截头石栎	34	0.3	0.85	0.0164	2.05	华南石栎	6	0.25	3.46	0.0014	7.48
华南石栎	8	0.24	2.56	0.0018	5.7	华南石栎	10	0.31	2.62	0.0032	5.89
华南石栎	12	0.29	2.08	0.0039	4.8	华南石栎	14	0.35	2.15	0.0058	4.94
华南石栎	16	0.32	1.78	0.0057	4.15	华南石栎	18	0.34	1.71	0.007	3.98
华南石栎	20	0.26	1.24	0.006	2.92	华南石栎	22	0.49	2.03	0.0142	4.81
华南石栎	24	0.34	1.34	0.01	3.17	华南石栎	26	0.35	1.28	0.0116	3.05
华南石栎	28	0.36	1.22	0.0129	2.9	华南石栎	32	0.31	0.93	0.0147	2.23
木果石栎	6	0.24	3.06	0.0015	6.78	木果石栎	8	0.24	2.47	0.002	5.8
木果石栎	10	0.23	2.01	0.0023	4.74	木果石栎	12	0.32	2.26	0.0047	5.32
木果石栎	14	0.26	1.59	0.0046	3.79	木果石栎	16	0.32	1.66	0.0072	3.93
木果石栎	18	0.18	0.93	0.0044	2.23	木果石栎	20	0.16	0.72	0.0041	1.78
木果石栎	22	0.14	0.62	0.0039	1.52	木果石栎	24	0.21	0.82	0.0072	2
木果石栎	26	0.19	0.7	0.0067	1.72	木果石栎	28	0.15	0.5	0.006	1.23
木果石栎	30	0.21	0.65	0.0099	1.58	木果石栎	32	0.36	1.02	0.0194	2.46
木果石栎	34	0.17	0.49	0.009	1.19	木果石栎	36	0.18	0.49	0.0102	1.19
木果石栎	38	0.19	0.48	0.0112	1.15	硬斗石栎	6	0.24	3.22	0.0013	7.78

续附表6

树种	起测胸径（cm）	单株胸径年均生长量（cm）	单株胸径年均生长率（%）	单株蓄积年均生长量（m³）	单株蓄积年均生长率（%）	树种	起测胸径（cm）	单株胸径年平均生长率（%）	单株胸径年平均生长量（cm）	单株蓄积年平均生长量（m³）	单株蓄积年平均生长率（%）
硬斗石栎	8	0.31	3.27	0.0024	7.84	硬斗石栎	10	0.28	2.39	0.0029	5.67
硬斗石栎	12	0.26	1.92	0.0037	4.65	硬斗石栎	14	0.28	1.78	0.0046	4.29
硬斗石栎	16	0.28	1.63	0.0054	3.96	硬斗石栎	18	0.29	1.48	0.0065	3.64
硬斗石栎	20	0.27	1.3	0.0068	3.21	硬斗石栎	22	0.26	1.11	0.0076	2.73
滇石栎	6	0.29	3.94	0.0015	9.99	滇石栎	8	0.29	3.06	0.0021	7.68
滇石栎	10	0.32	2.73	0.0033	6.74	滇石栎	12	0.31	2.29	0.0039	5.67
滇石栎	14	0.29	1.89	0.0045	4.62	滇石栎	16	0.3	1.68	0.0056	4.06
滇石栎	18	0.29	1.46	0.0061	3.51	滇石栎	20	0.34	1.56	0.0084	3.74
滇石栎	22	0.38	1.57	0.0109	3.72	滇石栎	24	0.33	1.3	0.0103	3.08
滇石栎	26	0.38	1.37	0.013	3.26	滇石栎	28	0.42	1.41	0.0161	3.33
滇石栎	30	0.3	0.97	0.0124	2.31	滇石栎	32	0.28	0.85	0.0116	1.99
滇石栎	34	0.38	1.07	0.0171	2.48	滇石栎	36	0.3	0.83	0.0159	1.96
滇石栎	38	0.22	0.57	0.0116	1.31	滇石栎	40	0.36	0.86	0.0222	2.01
滇石栎	42	0.15	0.36	0.0082	0.82	滇石栎	44	0.31	0.67	0.0189	1.5
滇石栎	46	0.3	0.62	0.0202	1.39	滇石栎	48	0.39	0.79	0.0263	1.74
滇石栎	50	0.3	0.59	0.0203	1.29	大叶石栎	6	0.32	3.97	0.0021	9.15
大叶石栎	8	0.38	3.75	0.0033	8.47	大叶石栎	10	0.36	3.03	0.004	7.02
大叶石栎	12	0.36	2.61	0.0048	6.2	大叶石栎	14	0.37	2.37	0.0059	5.68
大叶石栎	16	0.48	2.53	0.0101	5.88	大叶石栎	18	0.4	2.03	0.0088	4.91
大叶石栎	20	0.4	1.85	0.01	4.44	大叶石栎	22	0.52	2.09	0.0167	4.98
大叶石栎	24	0.41	1.54	0.0131	3.66	大叶石栎	26	0.26	0.95	0.0093	2.3
大叶石栎	28	0.37	1.22	0.015	2.95	大叶石栎	30	0.28	0.9	0.0113	2.12
大叶石栎	32	0.2	0.6	0.0092	1.44	大叶石栎	36	0.31	0.83	0.0177	2
大叶石栎	40	0.21	0.5	0.0131	1.2	大叶石栎	42	0.16	0.38	0.0106	0.91
高山栲	6	0.31	4.05	0.0017	10.75	高山栲	8	0.28	3.02	0.0022	7.82
高山栲	10	0.33	2.81	0.0034	7.04	高山栲	12	0.34	2.53	0.0044	6.34
高山栲	14	0.34	2.17	0.0053	5.34	高山栲	16	0.37	2.09	0.0068	5.08
高山栲	18	0.35	1.78	0.0074	4.29	高山栲	20	0.37	1.71	0.0089	4.08
高山栲	22	0.25	1.08	0.0068	2.57	高山栲	24	0.27	1.07	0.0083	2.53

续附表6

树种	起测胸径（cm）	单株胸径年均生长量（cm）	单株胸径年均生长率（%）	单株蓄积年均生长量（m³）	单株蓄积年均生长率（%）	树种	起测胸径（cm）	单株胸径年平均生长量（cm）	单株胸径年平均生长率（%）	单株蓄积年平均生长量（m³）	单株蓄积年平均生长率（%）
高山栲	26	0.32	1.15	0.0108	2.69	高山栲	28	0.3	1.02	0.0113	2.38
高山栲	30	0.33	1.04	0.0127	2.39	高山栲	32	0.24	0.71	0.0102	1.67
高山栲	34	0.26	0.72	0.0126	1.69	高山栲	36	0.22	0.59	0.0102	1.33
高山栲	38	0.31	0.78	0.0156	1.76	高山栲	40	0.2	0.47	0.0121	1.1
高山栲	42	0.19	0.45	0.0114	1.02	高山栲	44	0.3	0.66	0.0181	1.48
高山栲	46	0.31	0.65	0.0188	1.42	高山栲	48	0.23	0.48	0.0146	1.05
高山栲	50	0.19	0.38	0.0126	0.83	高山栲	54	0.26	0.48	0.0187	1.04
高山栲	56	0.28	0.49	0.0232	1.08	腾冲栲	6	0.16	2.11	0.0009	4.83
腾冲栲	8	0.11	1.29	0.0008	3.08	腾冲栲	10	0.15	1.37	0.0014	3.25
腾冲栲	12	0.17	1.25	0.0022	3.04	腾冲栲	14	0.15	1	0.0023	2.45
腾冲栲	16	0.22	1.27	0.0043	3.1	腾冲栲	18	0.24	1.27	0.0053	3.11
腾冲栲	26	0.22	0.81	0.0077	2	腾冲栲	32	0.12	0.38	0.0059	0.92
瓦山栲	6	0.31	3.94	0.0019	8.47	瓦山栲	8	0.3	3.1	0.0024	7
瓦山栲	10	0.32	2.63	0.0034	5.95	瓦山栲	12	0.36	2.59	0.0047	5.96
瓦山栲	14	0.31	1.99	0.0049	4.7	瓦山栲	16	0.23	1.34	0.0042	3.21
瓦山栲	18	0.32	1.65	0.0073	4.02	瓦山栲	20	0.16	0.75	0.0037	1.84
瓦山栲	22	0.26	1.12	0.0077	2.73	瓦山栲	24	0.32	1.18	0.0108	2.77
瓦山栲	26	0.32	1.13	0.0111	2.73	瓦山栲	28	0.4	1.27	0.018	2.98
瓦山栲	32	0.16	0.48	0.0076	1.18	瓦山栲	34	0.5	1.36	0.026	3.23
瓦山栲	42	0.18	0.42	0.0123	1.01	小果栲	6	0.29	3.69	0.0018	7.68
小果栲	8	0.26	2.72	0.0019	6.09	小果栲	10	0.3	2.55	0.0032	5.78
小果栲	12	0.3	2.18	0.0039	5.08	小果栲	14	0.29	1.88	0.0045	4.48
小果栲	16	0.32	1.8	0.0057	4.3	小果栲	18	0.32	1.6	0.0069	3.83
小果栲	20	0.29	1.35	0.0071	3.26	小果栲	22	0.28	1.17	0.0077	2.79
小果栲	24	0.42	1.6	0.0141	3.82	小果栲	26	0.35	1.28	0.0115	3.02
小果栲	28	0.43	1.44	0.0169	3.41	大果青冈	6	0.37	4.83	0.0021	10.75
大果青冈	8	0.39	3.81	0.0033	8.76	大果青冈	10	0.39	3.35	0.004	7.73
大果青冈	18	0.19	1	0.004	2.4	大果青冈	22	0.37	1.49	0.0104	3.48
大果青冈	24	0.29	1.11	0.0086	2.65	滇青冈	6	0.28	3.81	0.0014	10.02

续附表6

树种	起测胸径（cm）	单株胸径年均生长量（cm）	单株胸径年均生长率（%）	单株蓄积年均生长量（m³）	单株蓄积年均生长率（%）	树种	起测胸径（cm）	单株胸径年平均生长率（cm）	单株胸径年平均生长率（%）	单株蓄积年平均生长量（m³）	单株蓄积年平均生长率（%）
滇青冈	8	0.29	3.12	0.0022	7.95	滇青冈	10	0.3	2.61	0.003	6.53
滇青冈	12	0.29	2.18	0.0037	5.44	滇青冈	14	0.3	1.94	0.0046	4.78
滇青冈	16	0.31	1.8	0.0056	4.4	滇青冈	18	0.32	1.62	0.0067	3.92
滇青冈	20	0.3	1.38	0.0074	3.3	滇青冈	22	0.28	1.21	0.0077	2.88
滇青冈	24	0.28	1.11	0.0086	2.61	滇青冈	26	0.29	1.04	0.0101	2.45
滇青冈	28	0.26	0.9	0.0097	2.12	滇青冈	30	0.31	0.98	0.0126	2.29
滇青冈	32	0.33	0.96	0.0153	2.24	滇青冈	34	0.25	0.7	0.0112	1.6
滇青冈	36	0.24	0.65	0.0121	1.5	滇青冈	38	0.28	0.7	0.0152	1.62
滇青冈	40	0.27	0.65	0.0163	1.48	滇青冈	42	0.17	0.4	0.0102	0.93
滇青冈	44	0.33	0.71	0.021	1.61	滇青冈	46	0.24	0.5	0.0153	1.12
滇青冈	48	0.26	0.52	0.0177	1.16	滇青冈	52	0.18	0.34	0.0122	0.73
滇青冈	54	0.27	0.5	0.024	1.14	滇青冈	56	0.18	0.31	0.0135	0.68
滇青冈	64	0.15	0.23	0.0159	0.52	滇青冈	66	0.18	0.28	0.0179	0.61
毛叶曼青冈	6	0.25	3.52	0.0012	9.83	毛叶曼青冈	8	0.11	1.26	0.0007	3.74
毛叶曼青冈	10	0.16	1.53	0.0015	4.15	毛叶曼青冈	12	0.08	0.61	0.0009	1.7
毛叶曼青冈	14	0.09	0.64	0.0013	1.65	毛叶曼青冈	16	0.08	0.51	0.0014	1.29
毛叶曼青冈	18	0.06	0.35	0.0013	0.86	毛叶曼青冈	20	0.06	0.32	0.0014	0.78
毛叶曼青冈	22	0.13	0.56	0.0033	1.33	毛叶曼青冈	24	0.1	0.42	0.0027	0.99
毛叶青冈	6	0.21	2.9	0.0011	6.71	毛叶青冈	8	0.28	3.01	0.0022	7.04
毛叶青冈	10	0.31	2.66	0.0031	6.21	毛叶青冈	12	0.31	2.31	0.0038	5.49
毛叶青冈	14	0.32	2.02	0.0047	4.75	毛叶青冈	16	0.28	1.63	0.0049	3.88
毛叶青冈	18	0.33	1.7	0.0067	4.05	毛叶青冈	20	0.34	1.55	0.0083	3.66
毛叶青冈	22	0.32	1.37	0.0084	3.25	毛叶青冈	24	0.51	1.9	0.0165	4.42
毛叶青冈	26	0.26	0.95	0.0081	2.21	毛叶青冈	28	0.18	0.63	0.0061	1.48
毛叶青冈	36	0.39	1.03	0.0187	2.32	青冈	6	0.31	4.22	0.0017	10.85
青冈	8	0.3	3.24	0.0023	8.28	青冈	10	0.29	2.54	0.0029	6.32
青冈	12	0.31	2.24	0.0039	5.48	青冈	14	0.36	2.28	0.0058	5.46
青冈	16	0.32	1.78	0.0062	4.23	青冈	18	0.35	1.72	0.0079	4.08
青冈	20	0.3	1.37	0.0073	3.24	青冈	22	0.25	1.07	0.007	2.57

续附表 6

树种	起测胸径（cm）	单株胸径年均生长量（cm）	单株胸径年均生长率（%）	单株蓄积年均生长量（m³）	单株蓄积年均生长率（%）	树种	起测胸径（cm）	单株胸径年平均生长量（cm）	单株胸径年平均生长率（%）	单株蓄积年平均生长量（m³）	单株蓄积年平均生长率（%）
青冈	24	0.32	1.24	0.01	2.94	青冈	26	0.32	1.12	0.0109	2.65
青冈	28	0.38	1.25	0.0149	2.96	青冈	30	0.31	0.96	0.0127	2.24
青冈	32	0.24	0.73	0.0104	1.74	青冈	34	0.3	0.85	0.0141	2.01
青冈	36	0.26	0.7	0.0128	1.61	青冈	38	0.22	0.55	0.0109	1.26
青冈	40	0.23	0.56	0.0128	1.28	青冈	42	0.25	0.59	0.0156	1.39
青冈	44	0.4	0.82	0.0323	1.89	青冈	48	0.49	0.94	0.0411	2.21
青冈	56	0.35	0.6	0.0363	1.4	青冈	88	0.32	0.35	0.052	0.79
高山栎	6	0.21	2.84	0.0011	7.91	高山栎	8	0.22	2.33	0.0016	6.26
高山栎	10	0.2	1.81	0.0019	4.76	高山栎	12	0.23	1.75	0.0028	4.51
高山栎	14	0.22	1.47	0.0033	3.74	高山栎	16	0.21	1.19	0.0037	2.94
高山栎	18	0.17	0.91	0.0035	2.21	高山栎	20	0.25	1.14	0.0059	2.73
高山栎	22	0.18	0.8	0.0047	1.9	高山栎	24	0.19	0.77	0.0055	1.81
高山栎	26	0.15	0.54	0.0046	1.25	高山栎	28	0.19	0.65	0.0065	1.51
高山栎	30	0.21	0.67	0.0078	1.52	高山栎	32	0.19	0.58	0.0078	1.31
高山栎	34	0.21	0.6	0.0089	1.35	高山栎	36	0.19	0.52	0.0086	1.18
高山栎	38	0.26	0.67	0.0124	1.5	高山栎	40	0.21	0.5	0.0105	1.1
高山栎	56	0.16	0.29	0.0115	0.61	光叶高山栎	6	0.17	2.4	0.0008	7.42
光叶高山栎	8	0.19	2.07	0.0013	5.83	光叶高山栎	10	0.21	1.85	0.002	4.93
光叶高山栎	12	0.2	1.55	0.0024	4.11	光叶高山栎	14	0.22	1.51	0.0033	3.85
光叶高山栎	16	0.25	1.44	0.0043	3.59	光叶高山栎	18	0.28	1.47	0.0057	3.59
光叶高山栎	20	0.3	1.43	0.0068	3.44	光叶高山栎	22	0.39	1.66	0.0105	3.91
光叶高山栎	24	0.35	1.39	0.0102	3.27	光叶高山栎	26	0.27	1.01	0.0085	2.36
光叶高山栎	28	0.22	0.76	0.0075	1.75	光叶高山栎	34	0.17	0.48	0.0071	1.07
光叶高山栎	36	0.2	0.53	0.0087	1.17	长穗高山栎	6	0.18	2.59	0.0009	7.96
长穗高山栎	8	0.21	2.35	0.0015	6.63	长穗高山栎	10	0.23	2.07	0.0021	5.56
长穗高山栎	12	0.27	2.01	0.0034	5.21	长穗高山栎	14	0.25	1.7	0.0038	4.37
长穗高山栎	16	0.24	1.42	0.0041	3.53	长穗高山栎	18	0.19	1.02	0.0039	2.53
川滇高山栎	6	0.21	2.92	0.0011	8.82	川滇高山栎	8	0.21	2.26	0.0015	6.35
川滇高山栎	10	0.21	1.91	0.0021	5.08	川滇高山栎	12	0.21	1.59	0.0026	4.17

续附表6

树种	起测胸径（cm）	单株胸径年均生长量（cm）	单株胸径年均生长率（%）	单株蓄积年均生长量（m³）	单株蓄积年均生长率（%）	树种	起测胸径（cm）	单株胸径年平均生长量（cm）	单株胸径年平均生长率（%）	单株蓄积年平均生长量（m³）	单株蓄积年平均生长率（%）
川滇高山栎	14	0.19	1.27	0.0029	3.26	川滇高山栎	16	0.19	1.13	0.0034	2.83
川滇高山栎	18	0.17	0.9	0.0034	2.22	川滇高山栎	20	0.18	0.88	0.0042	2.11
川滇高山栎	22	0.18	0.76	0.0046	1.82	川滇高山栎	24	0.18	0.71	0.0049	1.67
川滇高山栎	26	0.14	0.51	0.0043	1.18	川滇高山栎	30	0.11	0.37	0.0039	0.83
川滇高山栎	32	0.09	0.26	0.0033	0.58	川滇高山栎	34	0.32	0.83	0.0147	1.82
川滇高山栎	38	0.11	0.29	0.0054	0.63	岩栎	6	0.29	4.04	0.0014	11.7
岩栎	8	0.32	3.44	0.0023	9.24	岩栎	10	0.29	2.54	0.0028	6.62
岩栎	12	0.23	1.77	0.0029	4.57	岩栎	14	0.26	1.73	0.0039	4.39
岩栎	16	0.21	1.27	0.0038	3.17	岩栎	18	0.12	0.65	0.0023	1.61
岩栎	20	0.14	0.67	0.003	1.63	川西栎	6	0.3	4.04	0.0015	11.27
川西栎	8	0.34	3.58	0.0025	9.58	川西栎	10	0.37	3.27	0.0035	8.44
川西栎	12	0.4	3.01	0.0049	7.65	川西栎	14	0.39	2.51	0.006	6.17
川西栎	16	0.33	1.94	0.0056	4.79	柞栎	6	0.24	3.32	0.0012	7.98
柞栎	8	0.24	2.61	0.0017	6.19	柞栎	10	0.29	2.45	0.003	5.72
柞栎	12	0.4	2.72	0.0057	6.12	柞栎	14	0.29	1.89	0.0045	4.5
柞栎	16	0.3	1.67	0.0053	3.97	柞栎	18	0.24	1.24	0.0047	2.95
柞栎	20	0.3	1.39	0.0073	3.33	柞栎	22	0.32	1.34	0.0086	3.16
柞栎	24	0.35	1.34	0.0105	3.13	柞栎	26	0.24	0.86	0.0078	2.01
柞栎	28	0.21	0.74	0.0073	1.74	柞栎	30	0.24	0.77	0.0088	1.81
柞栎	32	0.39	1.13	0.0173	2.61	锥连栎	6	0.24	3.39	0.0012	9.92
锥连栎	8	0.28	3.01	0.0021	8.14	锥连栎	10	0.31	2.75	0.0032	7.08
锥连栎	12	0.35	2.59	0.0045	6.54	锥连栎	14	0.35	2.25	0.0055	5.52
锥连栎	16	0.27	1.57	0.0049	3.85	锥连栎	18	0.32	1.67	0.0066	4
锥连栎	20	0.28	1.34	0.0066	3.17	锥连栎	22	0.27	1.09	0.008	2.51
锥连栎	24	0.4	1.52	0.013	3.53	锥连栎	26	0.38	1.34	0.014	3.12
锥连栎	28	0.25	0.84	0.0088	1.97	锥连栎	30	0.29	0.91	0.0108	2.1
锥连栎	32	0.19	0.58	0.0077	1.36	锥连栎	42	0.26	0.61	0.016	1.43
锥连栎	44	0.31	0.68	0.018	1.52	三棱栎	10	0.41	3.39	0.0046	7.9
三棱栎	12	0.42	3.06	0.0058	7.29	三棱栎	14	0.38	2.4	0.0065	5.73

续附表6

树种	起测胸径（cm）	单株胸径年均生长量（cm）	单株胸径年均生长率（%）	单株蓄积年均生长量（m³）	单株蓄积年均生长率（%）	树种	起测胸径（cm）	单株胸径年平均生长量（cm）	单株胸径年平均生长率（%）	单株蓄积年平均生长量（m³）	单株蓄积年平均生长率（%）
三棱栎	16	0.33	1.95	0.0062	4.74	三棱栎	18	0.41	2.11	0.0093	5.19
三棱栎	22	0.52	2.16	0.0158	5.26	三棱栎	24	0.36	1.4	0.0122	3.43
三棱栎	26	0.36	1.33	0.0133	3.26	喜树	6	0.74	7.64	0.0079	17.43
喜树	8	0.7	6.56	0.0074	15.77	喜树	10	0.78	6.11	0.0107	14.76
喜树	12	0.76	5.07	0.0137	12.12	喜树	14	0.82	4.73	0.0171	11.18
喜树	16	0.88	4.61	0.0208	10.88	喜树	18	1.09	4.92	0.0322	11.35
臭椿	6	0.58	7.18	0.0038	16.56	臭椿	8	0.36	3.67	0.0031	8.95
臭椿	10	0.22	2.05	0.0021	5.19	臭椿	12	0.32	2.38	0.0044	5.86
红椿	6	0.74	7.93	0.0063	16.7	红椿	8	0.82	7.19	0.0089	15.6
红椿	10	0.53	4.52	0.0056	10.94	红椿	12	0.82	5.23	0.013	11.96
红椿	14	0.87	4.8	0.0165	10.83	红椿	16	1.05	5.03	0.0262	11.09
红椿	18	0.63	3	0.0145	7.06	红椿	20	1.13	4.38	0.0331	9.69
红椿	22	1.45	4.91	0.0508	10.48	红椿	26	0.86	2.89	0.0315	6.65
红椿	28	1.06	3.26	0.047	7.58	红椿	32	0.67	1.87	0.0298	4.28
红椿	36	0.86	2.19	0.0437	5.03	香椿	6	0.86	8.86	0.007	18.75
香椿	8	0.63	5.66	0.0062	13.16	香椿	10	0.96	6.69	0.0135	15.03
香椿	12	0.79	5.06	0.0126	11.7	香椿	14	0.71	4.23	0.0118	10.1
香椿	16	0.68	3.62	0.0136	8.64	香椿	18	0.81	3.95	0.018	9.39
红花木莲	6	0.25	3.2	0.0017	6.91	红花木莲	8	0.25	2.56	0.0022	5.84
红花木莲	10	0.22	1.8	0.0027	4.22	红花木莲	12	0.19	1.3	0.0027	2.96
红花木莲	16	0.36	2.02	0.0073	4.83	红花木莲	20	0.17	0.79	0.0044	1.92
红花木莲	28	0.19	0.64	0.0074	1.54	红花木莲	30	0.12	0.41	0.0045	0.97
木莲	6	0.39	4.83	0.0026	10.78	木莲	8	0.43	4.25	0.0037	9.77
木莲	10	0.45	3.69	0.0051	8.37	木莲	12	0.4	2.88	0.0055	6.88
木莲	14	0.36	2.34	0.0056	5.51	木莲	16	0.46	2.52	0.0093	6.02
木莲	18	0.5	2.44	0.011	5.78	木莲	20	0.41	1.91	0.0103	4.6
木莲	24	0.51	1.9	0.0161	4.4	木莲	28	0.69	2.17	0.0312	5.11
木莲	30	0.26	0.78	0.0121	1.84	合果木	6	0.35	4.54	0.0022	9.92
合果木	8	0.31	3.22	0.0025	7.48	合果木	10	0.5	3.87	0.0062	8.76

续附表 6

树种	起测胸径（cm）	单株胸径年均生长量（cm）	单株胸径年均生长率（%）	单株蓄积年均生长量（m³）	单株蓄积年均生长率（%）	树种	起测胸径（cm）	单株胸径年平均生长量（cm）	单株胸径年平均生长率（%）	单株蓄积年平均生长量（m³）	单株蓄积年平均生长率（%）
合果木	12	0.33	2.36	0.0049	5.48	合果木	14	0.57	3.29	0.0111	7.68
合果木	16	0.48	2.69	0.0097	6.48	合果木	18	0.46	2.25	0.0102	5.31
青榨槭	6	0.35	4.48	0.0023	11.17	青榨槭	8	0.35	3.58	0.003	9.02
青榨槭	10	0.38	3.18	0.0048	7.95	青榨槭	12	0.34	2.39	0.0051	5.89
青榨槭	14	0.27	1.74	0.0046	4.29	青榨槭	16	0.24	1.36	0.0047	3.31
青榨槭	18	0.25	1.25	0.0057	3.03	青榨槭	20	0.28	1.31	0.007	3.15
青榨槭	24	0.15	0.61	0.0046	1.46	青榨槭	26	0.14	0.51	0.0046	1.19
青榨槭	28	0.15	0.51	0.0055	1.2	青榨槭	30	0.4	1.23	0.0191	2.88
青榨槭	32	0.24	0.69	0.0108	1.53	青榨槭	34	0.41	1.12	0.0198	2.53
青榨槭	36	0.47	1.23	0.0278	2.86	青榨槭	40	0.45	1.05	0.0255	2.3
青榨槭	42	0.27	0.63	0.0162	1.43	星果槭	6	0.15	2.15	0.0008	5.74
星果槭	8	0.1	1.08	0.0007	2.94	星果槭	10	0.17	1.48	0.0019	3.73
星果槭	12	0.16	1.23	0.0021	3.11	星果槭	14	0.16	1.1	0.0026	2.72
星果槭	16	0.19	1.11	0.0035	2.72	星果槭	18	0.23	1.18	0.0049	2.83
星果槭	20	0.2	0.98	0.0049	2.32	星果槭	22	0.16	0.72	0.0043	1.69
星果槭	26	0.03	0.1	0.0007	0.22	西南花楸	6	0.22	3.15	0.0011	8.59
西南花楸	8	0.15	1.65	0.0011	4.44	西南花楸	10	0.13	1.18	0.0012	3.07
西南花楸	12	0.3	2.21	0.0043	5.36	西南花楸	14	0.24	1.58	0.0038	3.91
西南花楸	16	0.24	1.36	0.0045	3.31	西南花楸	18	0.2	1.03	0.0042	2.52
西南花楸	20	0.16	0.75	0.0038	1.79	西南花楸	22	0.21	0.92	0.0056	2.18
云南泡花树	6	0.24	3.31	0.0014	8.21	云南泡花树	8	0.29	3.02	0.0025	7.26
云南泡花树	10	0.29	2.46	0.0033	5.96	云南泡花树	12	0.31	2.26	0.0048	5.37
云南泡花树	14	0.28	1.83	0.0048	4.4	云南泡花树	16	0.2	1.14	0.004	2.81
云南泡花树	18	0.33	1.51	0.0092	3.5	云南泡花树	20	0.23	1.01	0.0075	2.43
云南泡花树	22	0.19	0.81	0.0057	2	云南泡花树	24	0.21	0.82	0.008	2.02
滇南风吹楠	6	0.27	3.72	0.0015	9.79	滇南风吹楠	8	0.29	3.1	0.0025	8.19
滇南风吹楠	10	0.23	2.09	0.0028	5.63	滇南风吹楠	12	0.3	2.27	0.0044	5.72
滇南风吹楠	14	0.36	2.27	0.0069	5.73	滇南风吹楠	18	0.37	1.84	0.0099	4.52
滇南风吹楠	20	0.41	1.8	0.013	4.34	高榕	6	0.28	3.86	0.0016	8.97

续附表6

树种	起测胸径（cm）	单株胸径年均生长量（cm）	单株胸径年均生长率（%）	单株蓄积年均生长量（m³）	单株蓄积年均生长率（%）	树种	起测胸径（cm）	单株胸径年平均生长量（cm）	单株胸径年平均生长率（%）	单株蓄积年平均生长量（m³）	单株蓄积年平均生长率（%）
高榕	8	0.38	3.54	0.0044	7.73	高榕	10	0.24	1.98	0.0031	4.75
高榕	12	0.27	1.97	0.004	4.72	高榕	14	0.43	2.59	0.0092	6.22
高榕	18	0.38	1.96	0.0095	4.79	榕树	6	0.35	4.67	0.0021	11.85
榕树	8	0.32	3.28	0.0028	8.2	榕树	10	0.25	2.18	0.003	5.72
榕树	12	0.59	3.62	0.0123	8.29	榕树	14	0.46	2.86	0.0091	7.01
榕树	16	0.23	1.34	0.0047	3.32	榕树	18	0.29	1.51	0.0073	3.74
瑞丽山龙眼	6	0.23	2.95	0.0015	7.83	瑞丽山龙眼	8	0.22	2.47	0.0018	6.55
瑞丽山龙眼	10	0.29	2.44	0.0038	6.12	瑞丽山龙眼	12	0.2	1.57	0.0029	4.06
瑞丽山龙眼	14	0.3	1.9	0.0055	4.78	瑞丽山龙眼	16	0.48	2.65	0.0111	6.4
瑞丽山龙眼	20	0.45	1.96	0.0145	4.72	灯台树	6	0.56	6.59	0.0046	15.71
灯台树	8	0.75	6.69	0.0087	15.37	灯台树	10	0.51	4.22	0.006	10.34
灯台树	12	0.5	3.45	0.0082	8.36	灯台树	14	0.68	3.91	0.0147	9.39
灯台树	16	0.97	5.02	0.0223	11.88	灯台树	20	0.35	1.64	0.0095	3.98
灯台树	22	0.39	1.64	0.0115	3.98	灯台树	24	0.58	2.13	0.0204	5.01
头状四照花	6	0.42	5.32	0.0025	13	头状四照花	8	0.45	4.56	0.0039	11.24
头状四照花	10	0.41	3.52	0.0047	8.81	头状四照花	12	0.43	3.15	0.0063	7.88
头状四照花	14	0.45	2.9	0.0078	7.23	头状四照花	16	0.43	2.42	0.0093	5.98
头状四照花	18	0.51	2.6	0.0119	6.42	头状四照花	20	0.56	2.5	0.0172	6.01
毛叶柿	6	0.19	2.54	0.0011	7.35	毛叶柿	8	0.14	1.53	0.0009	4.31
毛叶柿	10	0.2	1.84	0.002	4.61	毛叶柿	12	0.24	1.8	0.0031	4.56
毛叶柿	14	0.16	1.06	0.0022	2.74	毛叶柿	16	0.16	0.95	0.0028	2.36
毛叶柿	18	0.19	0.92	0.0042	2.22	蓝桉	6	0.72	7.91	0.0065	18.14
蓝桉	8	0.84	7.23	0.0105	16.44	蓝桉	10	0.84	6.13	0.0127	13.92
蓝桉	12	0.82	5.28	0.0139	12.26	蓝桉	14	0.71	4.26	0.0131	10.16
蓝桉	16	0.93	4.7	0.0221	10.83	蓝桉	18	0.74	3.42	0.0194	7.97
蓝桉	20	1.04	4	0.0369	8.84	蓝桉	22	1.15	4.26	0.0411	9.57
蓝桉	24	0.97	3.44	0.0363	7.85	蓝桉	26	0.76	2.56	0.0315	5.94
赤桉	6	0.58	6.59	0.0047	15.46	赤桉	8	0.47	4.54	0.0045	11.2
赤桉	10	0.42	3.54	0.0047	8.73	赤桉	12	0.67	4.23	0.0122	9.68

续附表 6

树种	起测胸径（cm）	单株胸径年均生长量（cm）	单株胸径年均生长率（%）	单株蓄积年均生长量（m³）	单株蓄积年均生长率（%）	树种	起测胸径（cm）	单株胸径年平均生长率（%）	单株胸径年平均生长量（cm）	单株蓄积年平均生长量（m³）	单株蓄积年平均生长率（%）
赤桉	14	0.59	3.48	0.0113	8.11	十齿花	6	0.34	4.35	0.0021	10.43
十齿花	8	0.22	2.4	0.0018	5.92	十齿花	10	0.26	2.26	0.0028	5.71
十齿花	12	0.37	2.61	0.0056	6.33	十齿花	14	0.27	1.75	0.0044	4.36
十齿花	16	0.42	2.33	0.0088	5.7	十齿花	18	0.41	2.11	0.0096	5.22
十齿花	20	0.36	1.69	0.0099	4.12	滇杨	6	0.38	4.8	0.0025	11.65
滇杨	8	0.42	4.16	0.0039	10.14	滇杨	10	0.48	3.6	0.0074	8.42
滇杨	12	0.45	3.1	0.007	7.54	滇杨	14	0.41	2.49	0.0076	6.02
滇杨	16	0.36	2.05	0.0071	4.99	滇杨	18	0.5	2.4	0.013	5.68
滇杨	20	0.64	2.69	0.0193	6.23	滇杨	22	0.57	2.25	0.0184	5.26
杨树	6	0.28	3.46	0.0019	8.58	杨树	8	0.24	2.53	0.0021	6.46
杨树	10	0.29	2.42	0.0034	5.99	杨树	12	0.34	2.37	0.005	5.81
杨树	14	0.35	2.09	0.0065	5	杨树	16	0.35	1.89	0.0075	4.51
杨树	18	0.42	2.06	0.0103	4.84	杨树	20	0.46	2	0.013	4.67
杨树	22	0.33	1.4	0.0097	3.31	杨树	24	0.32	1.26	0.0099	2.94
杨树	26	0.62	2.07	0.0244	4.69	杨树	28	0.6	1.94	0.0247	4.47
杨树	30	0.44	1.37	0.0184	3.13	杨树	32	0.36	1.07	0.0157	2.46
杨树	34	0.4	1.12	0.0185	2.57	榆树	6	0.21	2.97	0.0012	7.45
榆树	8	0.32	3.35	0.0031	8.6	榆树	10	0.38	3.3	0.0047	8.18
榆树	12	0.36	2.6	0.0062	6.42	榆树	14	0.36	2.3	0.0067	5.71
榆树	16	0.39	2.15	0.0098	5.26	榆树	18	0.24	1.22	0.006	3.05
榆树	20	0.28	1.32	0.0081	3.23	云南樟	6	0.51	6.09	0.0039	13.92
云南樟	8	0.46	4.54	0.0046	10.39	云南樟	10	0.37	3.07	0.0047	7.2
云南樟	12	0.48	3.23	0.008	7.53	云南樟	14	0.51	3.2	0.0095	7.64
云南樟	16	0.55	2.81	0.0134	6.57	云南樟	18	0.56	2.73	0.0145	6.59
云南樟	20	0.32	1.51	0.0092	3.7	云南樟	22	0.33	1.4	0.0105	3.45
云南樟	24	0.27	1.07	0.0099	2.6	云南樟	26	0.21	0.79	0.0084	1.93
云南樟	28	0.38	1.28	0.017	3.08	云南樟	32	0.3	0.88	0.0164	2.15
樟	6	0.34	4.22	0.0024	10.42	樟	8	0.36	3.57	0.0034	8.8
樟	10	0.27	2.35	0.0032	5.88	樟	12	0.36	2.63	0.0056	6.48

续附表 6

树种	起测胸径（cm）	单株胸径年均生长量（cm）	单株胸径年均生长率（%）	单株蓄积年均生长量（m³）	单株蓄积年均生长率（%）	树种	起测胸径（cm）	单株胸径年平均生长量（cm）	单株胸径年平均生长率（%）	单株蓄积年平均生长量（m³）	单株蓄积年平均生长率（%）
樟	14	0.35	2.2	0.0064	5.42	樟	16	0.34	1.93	0.0073	4.74
樟	18	0.25	1.25	0.0061	3.05	樟	20	0.22	1.01	0.006	2.47
樟	22	0.32	1.36	0.01	3.25	樟	24	0.25	0.96	0.0088	2.31
樟	26	0.35	1.16	0.0163	2.66	樟	28	0.22	0.74	0.0085	1.78
樟	30	0.47	1.49	0.0226	3.54	普文楠	6	0.29	3.61	0.002	8.34
普文楠	8	0.3	2.99	0.003	6.85	普文楠	10	0.33	2.73	0.0041	6.41
普文楠	12	0.29	2.08	0.0043	4.96	普文楠	14	0.27	1.75	0.0047	4.26
普文楠	16	0.28	1.59	0.0059	3.91	普文楠	18	0.38	1.93	0.0096	4.73
普文楠	20	0.62	2.63	0.0196	6.24	普文楠	22	0.44	1.78	0.0152	4.31
普文楠	24	0.55	2.07	0.0219	5	普文楠	26	0.41	1.46	0.0176	3.61
普文楠	28	0.57	1.9	0.0245	4.58	大果楠	6	0.32	4.25	0.002	9.82
大果楠	8	0.37	3.71	0.0036	8.64	大果楠	10	0.35	2.83	0.0048	6.8
大果楠	12	0.22	1.65	0.003	4.11	大果楠	14	0.31	1.95	0.0057	4.76
大果楠	16	0.4	2.18	0.009	5.24	大果楠	18	0.57	2.7	0.016	6.5
大果楠	20	0.42	1.94	0.0119	4.66	大果楠	22	0.37	1.53	0.0124	3.72
大果楠	24	0.41	1.56	0.015	3.68	大果楠	28	0.36	1.22	0.0169	2.91
大果楠	30	0.3	0.94	0.0161	2.22	大果楠	34	0.15	0.43	0.0086	1
黄丹木姜子	6	0.32	4.33	0.0017	10.48	黄丹木姜子	8	0.33	3.42	0.0027	8.39
黄丹木姜子	10	0.26	2.36	0.0025	5.98	黄丹木姜子	12	0.32	2.34	0.0043	5.7
黄丹木姜子	14	0.25	1.64	0.0038	4.03	黄丹木姜子	18	0.23	1.19	0.0046	2.92
黄丹木姜子	24	0.3	1.16	0.0092	2.79	毛叶木姜子	6	0.33	3.99	0.0022	9.54
毛叶木姜子	8	0.32	3.26	0.0026	8.08	毛叶木姜子	10	0.35	3.02	0.0034	7.5
毛叶木姜子	12	0.43	3.18	0.0054	7.77	毛叶木姜子	14	0.43	2.65	0.0067	6.31
毛叶木姜子	16	0.52	2.5	0.0123	5.64	毛叶木姜子	18	0.5	2.52	0.0104	6.04
山鸡椒	6	0.33	4.52	0.0017	11.9	山鸡椒	8	0.36	3.87	0.0028	9.79
山鸡椒	10	0.38	3.19	0.0045	7.73	山鸡椒	12	0.53	3.87	0.007	9.44
山鸡椒	16	0.39	2.2	0.0085	5.38	黄心树	6	0.23	3.06	0.0013	6.9
黄心树	8	0.27	2.76	0.0022	6.36	黄心树	10	0.28	2.31	0.0031	5.36
黄心树	12	0.23	1.75	0.0029	4.17	黄心树	14	0.41	2.48	0.0067	5.61

续附表6

树种	起测胸径（cm）	单株胸径年均生长量（cm）	单株胸径年均生长率（%）	单株蓄积年均生长量（m³）	单株蓄积年均生长率（%）	树种	起测胸径（cm）	单株胸径年平均生长量（cm）	单株胸径年平均生长率（%）	单株蓄积年平均生长量（m³）	单株蓄积年平均生长率（%）
黄心树	16	0.31	1.79	0.0056	4.28	黄心树	18	0.29	1.46	0.0062	3.44
黄心树	20	0.52	2.34	0.0134	5.56	黄心树	22	0.48	1.9	0.0143	4.46
黄心树	28	0.53	1.78	0.0223	4.3	毛叶油丹	6	0.34	4.02	0.0029	9.99
毛叶油丹	8	0.35	3.47	0.0037	8.91	毛叶油丹	10	0.27	2.33	0.0033	6.16
毛叶油丹	12	0.49	3.26	0.009	8.04	毛叶油丹	14	0.44	2.6	0.0093	6.38
毛叶油丹	16	0.48	2.58	0.0122	6.25	毛叶油丹	18	0.55	2.43	0.0178	5.62
毛叶油丹	20	0.38	1.75	0.0112	4.27	毛叶油丹	24	0.77	2.75	0.0316	6.38
密花树	6	0.22	3.08	0.0012	8.59	密花树	8	0.23	2.59	0.002	6.93
密花树	10	0.23	2.08	0.0025	5.44	密花树	12	0.29	2.23	0.0043	5.84
密花树	14	0.36	2.41	0.007	6.17	密花树	16	0.72	3.76	0.0181	8.93
密花树	20	0.14	0.71	0.0039	1.75	滇楸	6	0.14	1.98	0.0008	5.22
滇楸	8	0.19	2.11	0.0014	5.34	滇楸	10	0.23	2.07	0.0024	5.25
滇楸	12	0.18	1.41	0.0022	3.54	滇楸	14	0.06	0.42	0.0011	1.05
其他软阔类	6	0.26	3.38	0.0016	8.82	其他软阔类	8	0.27	2.8	0.0025	7.22
其他软阔类	10	0.28	2.42	0.0035	6.18	其他软阔类	12	0.29	2.12	0.0046	5.35
其他软阔类	14	0.31	1.94	0.0059	4.85	其他软阔类	16	0.32	1.79	0.0074	4.44
其他软阔类	18	0.32	1.61	0.0087	3.96	其他软阔类	20	0.33	1.49	0.0098	3.65
其他软阔类	22	0.32	1.31	0.0111	3.19	其他软阔类	24	0.34	1.29	0.0131	3.11
其他软阔类	26	0.34	1.19	0.0144	2.86	其他软阔类	28	0.38	1.24	0.0179	2.96
其他软阔类	30	0.42	1.3	0.0211	3.05	其他软阔类	32	0.35	1.03	0.0187	2.43
其他软阔类	34	0.36	0.98	0.0211	2.29	其他软阔类	36	0.38	0.97	0.0239	2.28
其他软阔类	38	0.32	0.79	0.021	1.82	其他软阔类	40	0.49	1.14	0.0357	2.64
其他软阔类	42	0.36	0.82	0.027	1.9	其他软阔类	44	0.37	0.8	0.0299	1.81
其他软阔类	46	0.33	0.68	0.0279	1.57	其他软阔类	48	0.36	0.72	0.0321	1.64
其他软阔类	50	0.43	0.83	0.038	1.83	其他软阔类	52	0.35	0.64	0.034	1.46
其他软阔类	54	0.43	0.75	0.044	1.68	其他软阔类	56	0.3	0.52	0.0311	1.17
其他软阔类	58	0.34	0.56	0.0424	1.34	其他软阔类	60	0.35	0.56	0.0403	1.28
其他软阔类	62	0.18	0.29	0.0206	0.66	其他软阔类	64	0.44	0.65	0.0498	1.38
其他软阔类	66	0.34	0.51	0.0398	1.11	其他软阔类	70	0.27	0.37	0.0316	0.79

续附表 6

树种	起测胸径（cm）	单株胸径年均生长量（cm）	单株胸径年均生长率（%）	单株蓄积年均生长量（m³）	单株蓄积年均生长率（%）	树种	起测胸径（cm）	单株胸径年平均生长率（cm）	单株胸径年平均生长率（%）	单株蓄积年平均生长量（m³）	单株蓄积年平均生长率（%）
其他硬阔类	6	0.24	3.26	0.0014	7.31	其他硬阔类	8	0.26	2.72	0.0021	6.23
其他硬阔类	10	0.27	2.29	0.0027	5.28	其他硬阔类	12	0.28	2.09	0.0036	4.93
其他硬阔类	14	0.3	1.89	0.0047	4.41	其他硬阔类	16	0.3	1.7	0.0055	4.01
其他硬阔类	18	0.32	1.59	0.0068	3.76	其他硬阔类	20	0.3	1.37	0.0073	3.25
其他硬阔类	22	0.27	1.16	0.0074	2.74	其他硬阔类	24	0.27	1.03	0.008	2.42
其他硬阔类	26	0.32	1.13	0.0113	2.65	其他硬阔类	28	0.31	1.03	0.0112	2.44
其他硬阔类	30	0.29	0.92	0.0117	2.17	其他硬阔类	32	0.32	0.93	0.014	2.17
其他硬阔类	34	0.28	0.78	0.0127	1.84	其他硬阔类	36	0.22	0.6	0.0109	1.4
其他硬阔类	38	0.36	0.89	0.0202	2.1	其他硬阔类	40	0.3	0.72	0.0171	1.69
其他硬阔类	42	0.34	0.78	0.0209	1.83	其他硬阔类	44	0.32	0.7	0.0203	1.6
其他硬阔类	46	0.28	0.58	0.0187	1.34	其他硬阔类	48	0.31	0.62	0.0225	1.43
其他硬阔类	50	0.46	0.88	0.0343	2.04	其他硬阔类	52	0.49	0.9	0.0386	2.06
其他硬阔类	54	0.54	0.95	0.0484	2.2	其他硬阔类	56	0.38	0.64	0.0323	1.48
其他硬阔类	82	0.33	0.39	0.0465	0.88	其他硬阔类	86	0.33	0.38	0.0481	0.85
柳杉	6	0.65	7.12	0.0045	14.94	柳杉	8	0.8	7.14	0.0074	15.55
柳杉	10	0.92	6.61	0.0117	14.52	柳杉	12	0.66	4.33	0.0095	10.03
柳杉	14	0.75	4.31	0.0132	10.19	柳杉	16	0.8	4	0.0175	9.43
柳杉	18	0.81	3.75	0.0194	8.97	柳杉	20	0.99	4.06	0.0287	9.73
柳杉	22	0.98	3.87	0.0296	9.38	柳杉	26	1.21	3.98	0.0476	9.56
杉木	6	0.64	7.27	0.0041	15.49	杉木	8	0.63	5.87	0.0055	13.12
杉木	10	0.59	4.69	0.0063	10.88	杉木	12	0.54	3.75	0.0071	8.96
杉木	14	0.49	3.03	0.0076	7.34	杉木	16	0.5	2.74	0.0092	6.67
杉木	18	0.49	2.42	0.0105	5.96	杉木	20	0.47	2.13	0.0114	5.26
杉木	22	0.44	1.84	0.0118	4.58	杉木	24	0.46	1.75	0.0142	4.33
杉木	26	0.44	1.59	0.0152	3.96	杉木	28	0.4	1.38	0.0149	3.43
杉木	30	0.43	1.34	0.0177	3.31	杉木	32	0.39	1.17	0.0178	2.91
杉木	34	0.32	0.92	0.0158	2.28	杉木	36	0.5	1.32	0.0273	3.24
秃杉	6	1.04	11.21	0.0073	22.95	秃杉	8	0.86	8.14	0.007	18.03
秃杉	10	1.02	7.67	0.0118	17.16	秃杉	12	0.98	6.36	0.0142	14.8

续附表6

树种	起测胸径（cm）	单株胸径年均生长量（cm）	单株胸径年均生长率（%）	单株蓄积年均生长量（m³）	单株蓄积年均生长率（%）	树种	起测胸径（cm）	单株胸径年平均生长量（cm）	单株胸径年平均生长率（%）	单株蓄积年平均生长量（m³）	单株蓄积年平均生长率（%）
秃杉	14	0.89	5.23	0.015	12.29	秃杉	16	0.99	5.04	0.0203	11.96
秃杉	18	0.98	4.42	0.0245	10.46	秃杉	20	0.63	2.86	0.015	7.07
秃杉	22	0.74	2.91	0.0221	7.09	秃杉	24	0.78	2.91	0.0254	7.16
秃杉	26	0.74	2.62	0.0263	6.44	冷杉	6	0.46	5.66	0.0042	13.15
冷杉	8	0.24	2.47	0.0026	6.13	冷杉	10	0.26	2.21	0.0038	5.52
冷杉	12	0.24	1.82	0.0042	4.67	冷杉	14	0.18	1.23	0.0039	3.17
冷杉	16	0.18	1.09	0.0046	2.85	冷杉	18	0.18	0.93	0.0053	2.4
冷杉	20	0.18	0.89	0.0064	2.29	冷杉	22	0.21	0.92	0.0092	2.34
冷杉	24	0.15	0.61	0.0069	1.56	冷杉	26	0.17	0.64	0.0089	1.62
冷杉	28	0.25	0.86	0.0148	2.15	冷杉	34	0.2	0.58	0.0164	1.46
冷杉	36	0.18	0.49	0.0151	1.24	冷杉	38	0.18	0.46	0.0174	1.17
冷杉	40	0.19	0.47	0.0182	1.16	冷杉	50	0.16	0.31	0.0198	0.76
冷杉	52	0.14	0.26	0.0191	0.64	冷杉	54	0.07	0.13	0.0106	0.33
冷杉	56	0.1	0.17	0.0144	0.41	冷杉	58	0.15	0.25	0.0231	0.6
冷杉	60	0.11	0.18	0.0182	0.42	冷杉	62	0.15	0.24	0.0253	0.57
冷杉	64	0.17	0.26	0.0301	0.62	长苞冷杉	6	0.28	3.75	0.0021	8.94
长苞冷杉	8	0.29	3	0.0031	7.28	长苞冷杉	10	0.24	2.1	0.0034	5.28
长苞冷杉	12	0.23	1.66	0.0041	4.22	长苞冷杉	14	0.17	1.13	0.0036	2.93
长苞冷杉	16	0.21	1.2	0.0055	3.05	长苞冷杉	18	0.23	1.18	0.0078	2.98
长苞冷杉	20	0.29	1.32	0.0119	3.33	长苞冷杉	22	0.23	0.98	0.0095	2.5
长苞冷杉	24	0.28	1.06	0.0136	2.68	长苞冷杉	26	0.37	1.28	0.0218	3.21
长苞冷杉	28	0.29	0.98	0.0183	2.45	长苞冷杉	30	0.21	0.66	0.0137	1.66
长苞冷杉	32	0.31	0.91	0.0228	2.3	长苞冷杉	34	0.21	0.58	0.0162	1.47
长苞冷杉	36	0.2	0.53	0.0178	1.34	长苞冷杉	38	0.15	0.39	0.0144	0.98
长苞冷杉	40	0.2	0.48	0.0201	1.18	长苞冷杉	42	0.18	0.41	0.0202	1.03
长苞冷杉	44	0.23	0.51	0.0279	1.25	长苞冷杉	46	0.11	0.25	0.0138	0.61
长苞冷杉	48	0.23	0.47	0.029	1.14	长苞冷杉	50	0.15	0.29	0.0194	0.72
长苞冷杉	52	0.22	0.41	0.0326	1	长苞冷杉	60	0.13	0.21	0.021	0.5
长苞冷杉	62	0.29	0.45	0.0511	1.07	长苞冷杉	64	0.35	0.53	0.0702	1.27

续附表6

树种	起测胸径（cm）	单株胸径年均生长量（cm）	单株胸径年均生长率（%）	单株蓄积年均生长量（m³）	单株蓄积年均生长率（%）	树种	起测胸径（cm）	单株胸径年平均生长量（cm）	单株胸径年平均生长率（%）	单株蓄积年平均生长量（m³）	单株蓄积年平均生长率（%）
长苞冷杉	66	0.3	0.44	0.0624	1.07	长苞冷杉	68	0.26	0.37	0.0575	0.9
长苞冷杉	70	0.32	0.45	0.0757	1.09	长苞冷杉	72	0.46	0.62	0.1082	1.48
中甸冷杉	6	0.28	3.83	0.0019	9.4	中甸冷杉	8	0.32	3.4	0.0031	8.41
中甸冷杉	10	0.33	2.9	0.0045	7.32	中甸冷杉	12	0.35	2.59	0.0065	6.56
中甸冷杉	14	0.29	1.85	0.0064	4.76	中甸冷杉	16	0.25	1.45	0.0066	3.76
中甸冷杉	18	0.32	1.64	0.0101	4.19	中甸冷杉	20	0.25	1.2	0.0092	3.09
中甸冷杉	22	0.14	0.62	0.0057	1.58	中甸冷杉	24	0.27	1.05	0.0132	2.67
中甸冷杉	26	0.26	0.95	0.0135	2.43	中甸冷杉	28	0.17	0.6	0.0102	1.53
中甸冷杉	30	0.32	1	0.0217	2.52	中甸冷杉	32	0.28	0.84	0.0205	2.09
中甸冷杉	34	0.28	0.79	0.0212	1.97	中甸冷杉	36	0.27	0.72	0.0223	1.8
中甸冷杉	38	0.24	0.62	0.022	1.54	中甸冷杉	40	0.25	0.6	0.0246	1.49
中甸冷杉	42	0.26	0.59	0.0261	1.46	中甸冷杉	44	0.17	0.38	0.0191	0.95
中甸冷杉	46	0.27	0.58	0.0323	1.41	中甸冷杉	48	0.21	0.43	0.026	1.05
中甸冷杉	50	0.16	0.32	0.0207	0.79	中甸冷杉	52	0.18	0.34	0.0243	0.82
中甸冷杉	54	0.29	0.52	0.0434	1.25	中甸冷杉	56	0.16	0.28	0.0245	0.68
中甸冷杉	58	0.31	0.52	0.0502	1.26	中甸冷杉	60	0.37	0.61	0.0609	1.46
中甸冷杉	62	0.2	0.32	0.035	0.78	中甸冷杉	64	0.22	0.34	0.0389	0.81
中甸冷杉	66	0.22	0.32	0.0408	0.77	中甸冷杉	68	0.22	0.32	0.0425	0.76
中甸冷杉	70	0.18	0.25	0.0351	0.59	中甸冷杉	72	0.16	0.22	0.0326	0.51
中甸冷杉	74	0.15	0.21	0.0327	0.49	中甸冷杉	78	0.35	0.45	0.081	1.05
高山松	38	0.21	0.53	0.0147	1.25	高山松	40	0.19	0.45	0.0138	1.08
高山松	42	0.29	0.67	0.0235	1.57	高山松	44	0.16	0.37	0.0138	0.86
高山松	46	0.13	0.28	0.0114	0.65	高山松	50	0.15	0.29	0.0146	0.68
高山松	52	0.15	0.28	0.0155	0.65	落叶松	6	0.42	5.44	0.0026	13.47
落叶松	8	0.3	3.08	0.0027	7.78	落叶松	10	0.51	4.18	0.0072	10.34
落叶松	12	0.41	2.9	0.0069	7.32	落叶松	14	0.57	3.22	0.0134	7.68
落叶松	16	0.2	1.15	0.0046	2.99	落叶松	22	0.15	0.63	0.0053	1.61
落叶松	24	0.07	0.28	0.0024	0.71	落叶松	26	0.08	0.31	0.0033	0.77
落叶松	28	0.16	0.55	0.0076	1.38	落叶松	30	0.17	0.54	0.0089	1.34

续附表6

树种	起测胸径（cm）	单株胸径年均生长量（cm）	单株胸径年均生长率（%）	单株蓄积年均生长量（m³）	单株蓄积年均生长率（%）	树种	起测胸径（cm）	单株胸径年平均生长量（cm）	单株胸径年平均生长率（%）	单株蓄积年平均生长量（m³）	单株蓄积年平均生长率（%）
落叶松	32	0.21	0.66	0.0123	1.63	落叶松	34	0.19	0.53	0.0123	1.3
落叶松	36	0.24	0.63	0.0163	1.53	落叶松	40	0.15	0.37	0.0116	0.91
大果红杉	6	0.2	2.96	0.001	7.58	大果红杉	8	0.29	3.12	0.0024	8
大果红杉	10	0.25	2.31	0.0027	6.03	大果红杉	12	0.32	2.47	0.0045	6.48
大果红杉	14	0.25	1.62	0.0047	4.16	大果红杉	16	0.24	1.42	0.0053	3.72
大果红杉	18	0.3	1.55	0.008	3.97	大果红杉	20	0.33	1.52	0.0105	3.89
大果红杉	22	0.25	1.08	0.0085	2.77	大果红杉	24	0.26	1.03	0.0105	2.62
大果红杉	38	0.14	0.35	0.0104	0.86	八角	6	0.52	6.59	0.0038	17.14
八角	8	0.43	4.49	0.0043	11.97	八角	10	0.4	3.4	0.0056	8.87
八角	12	0.27	2.01	0.0044	5.16	八角	14	0.42	2.75	0.0087	7.03
八角	16	0.49	2.76	0.0114	6.92	野八角	6	0.14	2.07	0.0007	5.96
野八角	8	0.17	1.83	0.0012	4.96	野八角	10	0.18	1.69	0.0017	4.42
野八角	12	0.23	1.72	0.0028	4.33	野八角	14	0.23	1.53	0.0033	3.83
野八角	16	0.19	1.06	0.0038	2.58	野八角	18	0.69	3.27	0.0179	7.78
野八角	20	0.19	0.89	0.0046	2.18	野八角	22	0.22	0.94	0.0063	2.3
野八角	24	0.26	1.03	0.0083	2.54	野八角	28	0.34	1.11	0.0146	2.68
银柴	6	0.22	3.1	0.0013	8.85	银柴	8	0.2	2.13	0.0017	5.88
银柴	10	0.16	1.46	0.0018	3.96	银柴	12	0.25	1.81	0.0039	4.59
银柴	14	0.23	1.54	0.0042	3.91	银柴	16	0.2	1.15	0.0041	2.89
银柴	18	0.31	1.52	0.0088	3.63	银柴	22	0.35	1.49	0.0115	3.62
银柴	36	0.28	0.74	0.0167	1.75	中平树	6	0.75	7.87	0.0074	17.98
中平树	8	0.62	5.99	0.0064	14.85	中平树	10	0.47	4	0.006	10.48
中平树	12	0.51	3.67	0.008	9.22	中平树	14	0.5	3.13	0.0096	7.8
中平树	16	0.18	1.07	0.0035	2.67	杜英	6	0.25	3.31	0.0015	7.14
杜英	8	0.23	2.46	0.0018	5.46	杜英	10	0.39	3.22	0.0042	7.28
杜英	12	0.41	2.8	0.0058	6.39	杜英	14	0.36	2.26	0.0053	5.27
杜英	16	0.48	2.61	0.0092	6	杜英	18	0.45	2.16	0.0097	5
杜英	20	0.27	1.22	0.0064	2.88	黑荆树	6	0.63	7.46	0.0045	17.67
黑荆树	8	0.69	6.64	0.0067	16.01	黑荆树	10	0.63	5.16	0.0075	12.45

续附表6

树种	起测胸径（cm）	单株胸径年均生长量（cm）	单株胸径年均生长率（%）	单株蓄积年均生长量（m³）	单株蓄积年均生长率（%）	树种	起测胸径（cm）	单株胸径年平均生长率（%）	单株蓄积年平均生长量（m³）	单株蓄积年平均生长率（%）
黑荆树	12	0.76	5.18	0.0121	12.31	黑荆树	14	0.69	4.26	0.0125	10.27
黑荆树	16	0.7	3.84	0.0146	9.05	银荆树	6	0.71	8.5	0.005	18.89
银荆树	8	0.65	6.24	0.0059	15.03	银荆树	10	0.75	5.77	0.0097	13.63
银荆树	12	0.9	5.46	0.018	12.61	银荆树	14	0.71	4.13	0.0141	9.67
云南黄杞	6	0.29	3.85	0.0019	9.41	云南黄杞	8	0.32	3.13	0.0032	7.51
云南黄杞	10	0.31	2.67	0.0037	6.46	云南黄杞	12	0.34	2.41	0.0053	5.83
云南黄杞	14	0.43	2.57	0.0087	6.17	云南黄杞	16	0.42	2.32	0.0096	5.62
云南黄杞	18	0.4	2.02	0.0103	4.91	云南黄杞	20	0.62	2.7	0.0199	6.45
云南黄杞	22	0.38	1.61	0.0123	3.93	云南黄杞	24	0.27	1.09	0.0093	2.65
云南黄杞	26	0.37	1.34	0.0148	3.31	云南黄杞	28	0.49	1.54	0.0243	3.69
毛叶黄杞	6	0.27	3.7	0.0015	9.74	毛叶黄杞	8	0.25	2.68	0.0021	7.1
毛叶黄杞	10	0.33	2.82	0.0043	7.16	毛叶黄杞	12	0.32	2.37	0.0051	6.1
毛叶黄杞	14	0.3	1.88	0.006	4.67	毛叶黄杞	16	0.28	1.6	0.0063	3.98
毛叶黄杞	18	0.37	1.79	0.0104	4.33	毛叶黄杞	20	0.31	1.45	0.0093	3.54
毛叶黄杞	22	0.18	0.8	0.0055	1.94	毛叶黄杞	26	0.36	1.31	0.015	3.11
毛叶黄杞	28	0.31	1.01	0.0144	2.34	毛叶黄杞	30	0.31	0.96	0.0155	2.22
泡核桃	6	1.05	11.01	0.0095	22.84	泡核桃	8	0.94	8.64	0.0101	19.18
泡核桃	10	0.97	7.39	0.0134	16.77	泡核桃	12	0.98	6.3	0.0168	14.38
泡核桃	14	0.64	3.87	0.0122	9.16	泡核桃	16	1.06	5.44	0.0256	12.61
野核桃	6	0.53	6.39	0.0035	14.98	野核桃	8	0.67	6.16	0.0065	14.2
野核桃	10	0.48	3.94	0.0055	9.32	野核桃	12	0.76	5.04	0.0118	11.64
野核桃	14	0.52	3.21	0.009	7.66	野核桃	16	0.8	4.11	0.0181	9.72
野核桃	18	0.73	3.36	0.0196	7.88	野核桃	20	0.6	2.66	0.0169	6.35
野核桃	22	0.67	2.47	0.0236	5.66	野核桃	26	0.85	2.88	0.0319	6.76
旱冬瓜	6	0.77	8.01	0.0069	17.73	旱冬瓜	8	0.74	6.43	0.0087	15.01
旱冬瓜	10	0.73	5.41	0.0109	13.09	旱冬瓜	12	0.66	4.32	0.012	10.7
旱冬瓜	14	0.63	3.7	0.0133	9.37	旱冬瓜	16	0.59	3.16	0.0147	8.11
旱冬瓜	18	0.6	2.88	0.0173	7.39	旱冬瓜	20	0.58	2.57	0.0195	6.59
旱冬瓜	22	0.55	2.24	0.0206	5.77	旱冬瓜	24	0.56	2.1	0.0237	5.38

续附表6

树种	起测胸径（cm）	单株胸径年均生长量（cm）	单株胸径年均生长率（%）	单株蓄积年均生长量（m³）	单株蓄积年均生长率（%）	树种	起测胸径（cm）	单株胸径年平均生长量（cm）	单株胸径年平均生长率（%）	单株蓄积年平均生长量（m³）	单株蓄积年平均生长率（%）
旱冬瓜	26	0.54	1.91	0.0258	4.89	旱冬瓜	28	0.49	1.63	0.0256	4.16
旱冬瓜	30	0.61	1.85	0.0361	4.69	旱冬瓜	32	0.52	1.51	0.0325	3.82
旱冬瓜	34	0.48	1.32	0.0325	3.36	旱冬瓜	36	0.47	1.23	0.0348	3.11
旱冬瓜	38	0.48	1.2	0.0378	3.01	旱冬瓜	40	0.49	1.16	0.0416	2.9
旱冬瓜	42	0.48	1.06	0.0444	2.63	旱冬瓜	44	0.44	0.95	0.0425	2.37
旱冬瓜	46	0.38	0.78	0.0384	1.94	旱冬瓜	48	0.45	0.89	0.0477	2.19
旱冬瓜	50	0.42	0.8	0.0477	1.98	旱冬瓜	52	0.24	0.46	0.0283	1.13
旱冬瓜	54	0.5	0.89	0.0627	2.18	旱冬瓜	56	0.29	0.5	0.0373	1.23
旱冬瓜	58	0.56	0.94	0.0771	2.29	旱冬瓜	60	0.24	0.4	0.034	0.97
水冬瓜	6	0.69	8.05	0.0049	18.45	水冬瓜	8	0.67	5.99	0.0075	13.94
水冬瓜	10	0.45	3.66	0.0056	9.27	水冬瓜	12	0.58	3.76	0.0105	9.29
水冬瓜	14	0.7	4.03	0.0155	10.02	水冬瓜	16	0.6	3.24	0.0143	8.37
水冬瓜	18	0.54	2.64	0.0154	6.79	水冬瓜	20	0.67	2.92	0.0223	7.5
水冬瓜	24	0.56	2.17	0.0224	5.63	枫香	6	0.57	6.64	0.0052	17.47
枫香	8	0.57	5.5	0.007	14.35	枫香	10	0.58	4.48	0.01	11.02
枫香	12	0.65	4.39	0.0127	10.99	枫香	14	0.74	4.24	0.0189	10.33
枫香	16	0.63	3.43	0.0178	8.43	枫香	18	0.46	2.37	0.0124	5.86
枫香	20	0.5	2.23	0.0173	5.44	枫香	22	0.51	2.09	0.0198	4.96
枫香	24	0.36	1.37	0.0154	3.25	白穗石栎	6	0.41	5.16	0.0026	12.52
白穗石栎	8	0.34	3.54	0.0028	8.58	白穗石栎	10	0.37	3.16	0.0039	7.47
白穗石栎	12	0.34	2.48	0.0045	6.07	白穗石栎	14	0.32	2.12	0.005	5.22
白穗石栎	16	0.17	1	0.0029	2.46	白穗石栎	18	0.21	1.08	0.0043	2.6
白穗石栎	20	0.24	1.09	0.0058	2.59	白穗石栎	24	0.12	0.47	0.0035	1.13
白穗石栎	28	0.18	0.6	0.0065	1.38	白穗石栎	30	0.14	0.46	0.0052	1.07
白穗石栎	32	0.27	0.79	0.0118	1.86	白穗石栎	34	0.44	1.14	0.0258	2.68
白穗石栎	38	0.41	1.01	0.0264	2.42	白穗石栎	40	0.21	0.52	0.0134	1.24
白穗石栎	52	0.29	0.56	0.0237	1.26	光叶石栎	6	0.32	4.35	0.0018	10.58
光叶石栎	8	0.33	3.53	0.0025	8.56	光叶石栎	10	0.34	2.98	0.0035	7.2
光叶石栎	12	0.4	2.88	0.0053	6.93	光叶石栎	14	0.48	2.98	0.0078	7.11

续附表6

树种	起测胸径（cm）	单株胸径年均生长量（cm）	单株胸径年均生长率（%）	单株蓄积年均生长量（m³）	单株蓄积年均生长率（%）	树种	起测胸径（cm）	单株胸径年平均生长量（cm）	单株胸径年平均生长率（%）	单株蓄积年平均生长量（m³）	单株蓄积年平均生长率（%）
光叶石栎	16	0.49	2.58	0.0103	6.06	光叶石栎	18	0.45	2.24	0.0102	5.36
光叶石栎	20	0.53	2.35	0.0142	5.58	光叶石栎	22	0.47	1.93	0.0145	4.61
光叶石栎	24	0.31	1.21	0.0099	2.9	光叶石栎	26	0.3	1.11	0.0102	2.65
光叶石栎	28	0.3	1	0.0107	2.38	光叶石栎	30	0.61	1.79	0.0268	4.13
光叶石栎	32	0.41	1.2	0.0171	2.79	厚鳞石栎	6	0.34	4.42	0.0019	9.59
厚鳞石栎	8	0.25	2.76	0.0018	6.19	厚鳞石栎	10	0.31	2.74	0.0029	6.15
厚鳞石栎	12	0.41	2.78	0.0056	6.28	厚鳞石栎	14	0.66	3.84	0.011	8.63
厚鳞石栎	16	0.34	1.85	0.0063	4.26	厚鳞石栎	18	0.48	2.33	0.0105	5.44
厚鳞石栎	20	0.43	1.95	0.0101	4.54	厚鳞石栎	22	0.27	1.17	0.0073	2.82
厚鳞石栎	24	0.49	1.78	0.0168	4.16	厚鳞石栎	26	0.36	1.27	0.0131	3.03
多变石栎	6	0.3	3.94	0.0016	10.54	多变石栎	8	0.3	3.18	0.0024	8.14
多变石栎	10	0.35	3.01	0.0037	7.44	多变石栎	12	0.35	2.53	0.0049	6.16
多变石栎	14	0.36	2.32	0.0059	5.68	多变石栎	16	0.35	1.98	0.0068	4.79
多变石栎	18	0.37	1.84	0.0083	4.44	多变石栎	20	0.34	1.58	0.0084	3.8
多变石栎	22	0.31	1.29	0.009	3.13	多变石栎	24	0.37	1.43	0.0124	3.42
多变石栎	26	0.45	1.58	0.0165	3.74	多变石栎	28	0.19	0.65	0.0073	1.58
多变石栎	30	0.38	1.16	0.0168	2.75	多变石栎	32	0.63	1.79	0.0321	4.21
多变石栎	34	0.67	1.78	0.0389	4.22	多变石栎	42	0.45	1.01	0.028	2.28
多穗石栎	6	0.29	3.99	0.0015	9.2	多穗石栎	8	0.28	3.04	0.0022	7.16
多穗石栎	10	0.28	2.36	0.003	5.56	多穗石栎	12	0.22	1.72	0.0029	4.25
多穗石栎	14	0.36	2.27	0.0064	5.47	多穗石栎	16	0.34	1.92	0.0066	4.63
多穗石栎	18	0.25	1.3	0.0055	3.2	多穗石栎	20	0.43	1.96	0.0115	4.78
杯状栲	6	0.44	5.3	0.003	11.16	杯状栲	8	0.48	4.65	0.0042	10.17
杯状栲	10	0.36	3.04	0.0039	6.92	杯状栲	12	0.43	3.15	0.0056	7.34
杯状栲	14	0.41	2.56	0.0063	5.99	杯状栲	16	0.35	1.97	0.0065	4.64
杯状栲	18	0.57	2.75	0.0125	6.31	杯状栲	20	0.31	1.4	0.0077	3.3
杯状栲	22	0.56	2.15	0.0166	4.9	杯状栲	24	0.37	1.41	0.0108	3.27
杯状栲	28	0.9	2.68	0.0396	6.1	杯状栲	34	0.24	0.69	0.0104	1.63
杯状栲	36	0.19	0.51	0.0088	1.19	杯状栲	38	0.71	1.7	0.0387	3.94

续附表6

树种	起测胸径（cm）	单株胸径年均生长量（cm）	单株胸径年均生长率（%）	单株蓄积年均生长量（m³）	单株蓄积年均生长率（%）	树种	起测胸径（cm）	单株胸径年平均生长量（cm）	单株胸径年平均生长率（%）	单株蓄积年平均生长量（m³）	单株蓄积年平均生长率（%）
杯状栲	40	0.27	0.65	0.0153	1.53	短刺栲	6	0.25	3.32	0.0015	7.19
短刺栲	8	0.27	2.84	0.0022	6.46	短刺栲	10	0.31	2.6	0.0034	5.92
短刺栲	12	0.33	2.39	0.0042	5.56	短刺栲	14	0.36	2.22	0.0057	5.16
短刺栲	16	0.59	3.06	0.0123	7.07	短刺栲	18	0.74	3.45	0.0185	8.02
短刺栲	20	0.59	2.58	0.0156	6.01	短刺栲	22	0.45	1.85	0.013	4.44
短刺栲	24	0.54	2.07	0.0169	4.89	短刺栲	26	0.35	1.23	0.012	2.92
短刺栲	28	0.38	1.3	0.0142	3.11	短刺栲	30	0.36	1.16	0.0151	2.8
峨眉栲	6	0.23	3.06	0.0011	7.61	峨眉栲	8	0.29	3.09	0.002	7.92
峨眉栲	10	0.26	2.26	0.0025	5.75	峨眉栲	12	0.27	1.99	0.0034	4.99
峨眉栲	14	0.21	1.38	0.003	3.47	峨眉栲	16	0.29	1.63	0.005	3.95
峨眉栲	18	0.29	1.49	0.0056	3.62	峨眉栲	20	0.44	1.99	0.0105	4.72
峨眉栲	22	0.28	1.17	0.0072	2.79	峨眉栲	26	0.3	1.1	0.0094	2.58
峨眉栲	36	0.08	0.22	0.0037	0.51	栲树	6	0.33	4.21	0.0021	9.46
栲树	8	0.35	3.6	0.0028	8.45	栲树	10	0.47	3.82	0.0053	8.78
栲树	12	0.45	3.2	0.0063	7.55	栲树	14	0.43	2.62	0.0073	6.18
栲树	16	0.3	1.72	0.0056	4.15	栲树	18	0.41	2.02	0.0097	4.87
栲树	20	0.26	1.23	0.0062	2.99	栲树	22	0.23	0.95	0.0069	2.3
栲树	24	0.29	1.13	0.0093	2.71	栲树	26	0.31	1.11	0.0105	2.63
栲树	28	0.19	0.65	0.0075	1.57	栲树	30	0.36	1.14	0.0154	2.74
栲树	32	0.31	0.92	0.0139	2.18	栲树	34	0.26	0.75	0.0127	1.8
栲树	36	0.42	1.11	0.0224	2.62	栲树	44	0.41	0.89	0.0263	2.07
湄公栲	6	0.37	4.82	0.0022	10.39	湄公栲	8	0.36	3.8	0.0029	8.99
湄公栲	10	0.32	2.72	0.0032	6.36	湄公栲	12	0.26	1.88	0.0033	4.38
湄公栲	14	0.23	1.53	0.0032	3.61	湄公栲	16	0.38	2.1	0.0066	4.87
湄公栲	18	0.3	1.44	0.0063	3.35	湄公栲	50	0.35	0.67	0.0255	1.56
银叶栲	6	0.42	5.15	0.0027	10.61	银叶栲	8	0.31	3.17	0.0025	6.94
银叶栲	10	0.32	2.73	0.0031	6.23	银叶栲	12	0.32	2.34	0.0041	5.44
银叶栲	14	0.35	2.27	0.0054	5.29	银叶栲	16	0.34	1.94	0.0061	4.57
银叶栲	18	0.32	1.61	0.0065	3.77	银叶栲	20	0.38	1.73	0.0093	4.05

续附表6

树种	起测胸径（cm）	单株胸径年均生长量（cm）	单株胸径年均生长率（%）	单株蓄积年均生长量（m³）	单株蓄积年均生长率（%）	树种	起测胸径（cm）	单株胸径年平均生长量（cm）	单株胸径年平均生长率（%）	单株蓄积年平均生长量（m³）	单株蓄积年平均生长率（%）
银叶栲	22	0.48	1.95	0.0138	4.54	银叶栲	24	0.39	1.51	0.0115	3.56
银叶栲	26	0.36	1.29	0.0123	3.06	银叶栲	28	0.24	0.81	0.0085	1.9
银叶栲	30	0.37	1.16	0.0144	2.7	银叶栲	32	0.31	0.89	0.0153	2.11
银叶栲	34	0.26	0.73	0.0121	1.73	银叶栲	36	0.27	0.73	0.0133	1.71
印度栲	6	0.42	5.37	0.0025	11.71	印度栲	8	0.33	3.47	0.0026	8.12
印度栲	10	0.37	3.24	0.0038	7.66	印度栲	12	0.37	2.64	0.0053	6.34
印度栲	14	0.37	2.26	0.0064	5.37	印度栲	16	0.41	2.29	0.0082	5.54
印度栲	18	0.33	1.69	0.0078	4.14	元江栲	6	0.27	3.66	0.0014	10.26
元江栲	8	0.28	3.07	0.0021	8.15	元江栲	10	0.31	2.7	0.003	6.96
元江栲	12	0.29	2.17	0.0035	5.52	元江栲	14	0.31	1.99	0.0048	4.93
元江栲	16	0.27	1.53	0.0046	3.77	元江栲	18	0.27	1.39	0.0057	3.34
元江栲	20	0.24	1.11	0.0055	2.67	元江栲	22	0.21	0.91	0.0052	2.17
元江栲	24	0.22	0.87	0.0061	2.06	元江栲	26	0.3	1.1	0.0091	2.57
元江栲	28	0.23	0.78	0.0077	1.82	元江栲	32	0.21	0.63	0.0085	1.43
刺栲	6	0.39	4.92	0.0024	10.43	刺栲	8	0.46	4.51	0.004	9.9
刺栲	10	0.42	3.54	0.0044	7.88	刺栲	12	0.47	3.26	0.0065	7.38
刺栲	14	0.51	3.07	0.0084	6.99	刺栲	16	0.4	2.2	0.0073	5.07
刺栲	18	0.32	1.61	0.0066	3.8	刺栲	20	0.62	2.69	0.0161	6.22
刺栲	22	0.46	1.95	0.0128	4.62	刺栲	24	0.44	1.69	0.0132	3.99
刺栲	26	0.31	1.13	0.0103	2.69	刺栲	28	0.48	1.58	0.0184	3.71
刺栲	30	0.3	0.96	0.0121	2.27	黄毛青冈	6	0.25	3.43	0.0013	9.86
黄毛青冈	8	0.26	2.79	0.0019	7.62	黄毛青冈	10	0.26	2.27	0.0025	6
黄毛青冈	12	0.25	1.92	0.0032	5	黄毛青冈	14	0.27	1.78	0.0042	4.48
黄毛青冈	16	0.27	1.58	0.0049	3.9	黄毛青冈	18	0.29	1.52	0.0061	3.7
黄毛青冈	20	0.28	1.29	0.0066	3.09	黄毛青冈	22	0.24	1.03	0.0065	2.45
黄毛青冈	24	0.22	0.86	0.0064	2.04	黄毛青冈	26	0.23	0.84	0.0075	1.97
黄毛青冈	28	0.21	0.71	0.0073	1.66	黄毛青冈	30	0.23	0.72	0.0086	1.66
黄毛青冈	32	0.26	0.77	0.0106	1.78	黄毛青冈	34	0.22	0.63	0.0102	1.45
黄毛青冈	36	0.28	0.73	0.0127	1.63	黄毛青冈	38	0.23	0.58	0.0108	1.28

续附表 6

树种	起测胸径（cm）	单株胸径年均生长量（cm）	单株胸径年均生长率（%）	单株蓄积年均生长量（m³）	单株蓄积年均生长率（%）	树种	起测胸径（cm）	单株胸径年平均生长量（cm）	单株胸径年平均生长率（%）	单株蓄积年平均生长量（m³）	单株蓄积年平均生长率（%）
黄毛青冈	40	0.29	0.71	0.017	1.63	黄毛青冈	42	0.2	0.46	0.0111	1.03
黄毛青冈	44	0.16	0.35	0.0088	0.78	黄毛青冈	46	0.18	0.38	0.0111	0.87
黄毛青冈	48	0.18	0.36	0.0107	0.8	曼青冈	6	0.15	2.28	0.0007	6.76
曼青冈	8	0.15	1.56	0.0012	4.11	曼青冈	10	0.11	1.06	0.001	2.92
曼青冈	12	0.21	1.52	0.0029	3.92	曼青冈	14	0.14	0.91	0.002	2.34
曼青冈	16	0.16	0.93	0.0029	2.3	曼青冈	18	0.21	1.08	0.0043	2.66
曼青冈	20	0.17	0.81	0.0038	1.96	曼青冈	22	0.27	1.12	0.0077	2.72
曼青冈	24	0.13	0.49	0.0039	1.17	曼青冈	26	0.1	0.37	0.0031	0.87
曼青冈	28	0.09	0.33	0.0031	0.76	曼青冈	30	0.1	0.33	0.0036	0.75
曼青冈	32	0.18	0.55	0.0071	1.25	曼青冈	38	0.09	0.23	0.004	0.5
曼青冈	54	0.23	0.42	0.0155	0.89	曼青冈	56	0.1	0.18	0.007	0.37
小叶青冈	6	0.29	3.84	0.0016	10.24	小叶青冈	8	0.3	3.06	0.0024	7.74
小叶青冈	10	0.31	2.61	0.0033	6.54	小叶青冈	12	0.37	2.67	0.005	6.67
小叶青冈	14	0.31	1.95	0.0051	4.81	小叶青冈	16	0.23	1.32	0.0041	3.28
小叶青冈	18	0.29	1.49	0.0063	3.62	小叶青冈	20	0.24	1.12	0.0057	2.71
小叶青冈	22	0.28	1.21	0.0075	2.89	小叶青冈	24	0.29	1.14	0.0093	2.71
小叶青冈	26	0.23	0.86	0.0078	2.05	小叶青冈	28	0.24	0.82	0.0089	1.94
小叶青冈	30	0.34	1.06	0.0155	2.52	小叶青冈	32	0.19	0.56	0.0083	1.33
小叶青冈	34	0.33	0.92	0.0163	2.14	小叶青冈	36	0.17	0.47	0.009	1.09
小叶青冈	38	0.34	0.87	0.0177	1.98	小叶青冈	40	0.44	1.04	0.026	2.39
小叶青冈	44	0.45	0.98	0.0313	2.25	小叶青冈	46	0.22	0.47	0.0158	1.1
小叶青冈	48	0.27	0.55	0.0217	1.3	水青冈	6	0.63	7.23	0.0046	15.43
水青冈	8	0.61	5.83	0.0057	12.88	水青冈	10	0.58	4.62	0.007	10.56
水青冈	12	0.58	4.06	0.0084	9.61	水青冈	14	0.56	3.51	0.0094	8.46
水青冈	16	0.74	3.88	0.0167	9.21	水青冈	18	0.58	2.76	0.0146	6.63
水青冈	20	0.45	2.09	0.012	5.11	水青冈	22	0.6	2.44	0.0189	5.92
黄背栎	6	0.21	2.94	0.001	8.93	黄背栎	8	0.21	2.32	0.0015	6.57
黄背栎	10	0.19	1.72	0.0018	4.66	黄背栎	12	0.2	1.53	0.0026	4.02
黄背栎	14	0.18	1.22	0.0028	3.12	黄背栎	16	0.18	1.04	0.0032	2.59

续附表6

树种	起测胸径（cm）	单株胸径年均生长量（cm）	单株胸径年均生长率（%）	单株蓄积年均生长量（m³）	单株蓄积年均生长率（%）	树种	起测胸径（cm）	单株胸径年平均生长量（cm）	单株胸径年平均生长率（%）	单株蓄积年平均生长量（m³）	单株蓄积年平均生长率（%）
黄背栎	18	0.2	1.04	0.004	2.54	黄背栎	20	0.18	0.84	0.0041	2.03
黄背栎	22	0.18	0.81	0.0047	1.92	黄背栎	24	0.16	0.63	0.0045	1.48
黄背栎	26	0.23	0.82	0.0074	1.9	黄背栎	28	0.18	0.63	0.0063	1.47
黄背栎	30	0.2	0.63	0.0074	1.44	黄背栎	32	0.17	0.51	0.0066	1.14
黄背栎	34	0.25	0.71	0.0107	1.58	黄背栎	36	0.2	0.55	0.0092	1.21
黄背栎	38	0.16	0.42	0.0076	0.92	黄背栎	40	0.08	0.2	0.0039	0.43
黄背栎	42	0.12	0.29	0.0064	0.63	黄背栎	44	0.18	0.4	0.0096	0.86
黄背栎	46	0.07	0.14	0.0037	0.31	黄背栎	50	0.1	0.19	0.006	0.4
灰背栎	6	0.28	3.71	0.0015	9.86	灰背栎	8	0.26	2.75	0.0018	7.18
灰背栎	10	0.32	2.78	0.0032	7.08	灰背栎	12	0.31	2.33	0.0038	5.92
灰背栎	14	0.32	2.05	0.0047	5.11	灰背栎	16	0.33	1.93	0.0056	4.75
灰背栎	18	0.37	1.93	0.0075	4.67	灰背栎	20	0.29	1.36	0.0067	3.29
槲栎	6	0.38	5.04	0.0021	12.29	槲栎	8	0.37	3.8	0.0029	9.33
槲栎	10	0.37	3.25	0.0037	8.03	槲栎	12	0.37	2.66	0.005	6.52
槲栎	14	0.33	2.11	0.0049	5.12	槲栎	16	0.29	1.65	0.0053	3.99
槲栎	18	0.22	1.14	0.0044	2.75	槲栎	20	0.35	1.63	0.0082	3.89
槲栎	22	0.31	1.32	0.0082	3.14	槲栎	24	0.35	1.34	0.0104	3.16
槲栎	26	0.41	1.43	0.0138	3.35	槲栎	28	0.36	1.22	0.0126	2.82
槲栎	30	0.28	0.89	0.0102	2.05	槲栎	32	0.27	0.81	0.0106	1.87
槲栎	34	0.3	0.82	0.0132	1.84	槲栎	36	0.17	0.45	0.0074	1.03
槲栎	38	0.27	0.67	0.0131	1.51	槲栎	40	0.19	0.46	0.0098	1.05
麻栎	6	0.35	4.61	0.0019	11.76	麻栎	8	0.34	3.52	0.0026	8.84
麻栎	10	0.34	2.91	0.0034	7.21	麻栎	12	0.32	2.39	0.0041	5.93
麻栎	14	0.36	2.3	0.0055	5.62	麻栎	16	0.33	1.88	0.006	4.56
麻栎	18	0.34	1.73	0.007	4.18	麻栎	20	0.37	1.7	0.009	4.05
麻栎	22	0.28	1.19	0.0073	2.81	麻栎	24	0.33	1.26	0.0099	2.97
麻栎	26	0.29	1.03	0.0093	2.41	麻栎	28	0.33	1.13	0.012	2.64
麻栎	30	0.33	1.04	0.0126	2.41	麻栎	32	0.24	0.73	0.0101	1.68
麻栎	34	0.31	0.88	0.0134	2	麻栎	36	0.18	0.49	0.0083	1.12

续附表6

树种	起测胸径（cm）	单株胸径年均生长量（cm）	单株胸径年均生长率（%）	单株蓄积年均生长量（m³）	单株蓄积年均生长率（%）	树种	起测胸径（cm）	单株胸径年平均生长量（cm）	单株胸径年平均生长率（%）	单株蓄积年平均生长量（m³）	单株蓄积年平均生长率（%）
麻栎	38	0.32	0.81	0.0172	1.89	麻栎	40	0.44	1.05	0.0257	2.38
麻栎	42	0.24	0.56	0.0141	1.29	麻栎	46	0.53	1.09	0.0338	2.43
麻栎	48	0.24	0.48	0.0162	1.06	麻栎	50	0.2	0.4	0.0139	0.89
栓皮栎	6	0.31	4.03	0.0017	10.21	栓皮栎	8	0.3	3.17	0.0023	7.99
栓皮栎	10	0.26	2.28	0.0025	5.75	栓皮栎	12	0.27	2.03	0.0033	5.1
栓皮栎	14	0.31	1.99	0.0048	4.94	栓皮栎	16	0.29	1.68	0.0052	4.09
栓皮栎	18	0.34	1.69	0.0074	4.01	栓皮栎	20	0.21	0.98	0.0047	2.36
栓皮栎	22	0.28	1.2	0.0072	2.84	栓皮栎	24	0.27	1.05	0.0077	2.46
栓皮栎	26	0.25	0.92	0.0077	2.14	栓皮栎	28	0.27	0.92	0.0093	2.14
栓皮栎	30	0.27	0.86	0.0102	1.97	栓皮栎	32	0.3	0.88	0.0118	2.01
栓皮栎	34	0.23	0.65	0.0096	1.46	栓皮栎	36	0.23	0.62	0.0106	1.41
栓皮栎	38	0.17	0.43	0.008	0.98	栓皮栎	40	0.23	0.56	0.0116	1.24
栎类	6	0.31	4.09	0.0018	9.22	栎类	8	0.32	3.29	0.0025	7.55
栎类	10	0.33	2.79	0.0034	6.45	栎类	12	0.34	2.45	0.0043	5.76
栎类	14	0.34	2.17	0.0054	5.1	栎类	16	0.35	1.97	0.0064	4.64
栎类	18	0.34	1.71	0.0072	4.07	栎类	20	0.36	1.62	0.0086	3.84
栎类	22	0.33	1.39	0.0091	3.29	栎类	24	0.32	1.25	0.0099	2.95
栎类	26	0.33	1.2	0.0112	2.83	栎类	28	0.33	1.09	0.012	2.58
栎类	30	0.32	1.01	0.0128	2.37	栎类	32	0.32	0.94	0.0137	2.21
栎类	34	0.31	0.87	0.0144	2.04	栎类	36	0.29	0.78	0.0147	1.83
栎类	38	0.31	0.78	0.0169	1.83	栎类	40	0.3	0.7	0.0169	1.64
栎类	42	0.29	0.67	0.0174	1.56	栎类	44	0.3	0.65	0.0189	1.5
栎类	46	0.29	0.6	0.0195	1.39	栎类	48	0.29	0.58	0.0206	1.35
栎类	50	0.27	0.53	0.0205	1.23	栎类	52	0.3	0.56	0.0241	1.3
栎类	54	0.32	0.58	0.0261	1.34	栎类	56	0.29	0.5	0.0245	1.15
栎类	58	0.35	0.58	0.0315	1.32	栎类	60	0.3	0.49	0.0296	1.11
栎类	62	0.23	0.36	0.0223	0.82	栎类	64	0.16	0.24	0.0145	0.54
栎类	66	0.28	0.41	0.0301	0.92	栎类	68	0.18	0.27	0.0204	0.62
栎类	70	0.33	0.46	0.0385	1.05	栎类	72	0.35	0.47	0.0448	1.08

续附表6

树种	起测胸径（cm）	单株胸径年均生长量（cm）	单株胸径年均生长率（%）	单株蓄积年均生长量（m³）	单株蓄积年均生长率（%）	树种	起测胸径（cm）	单株胸径年平均生长量（cm）	单株胸径年平均生长率（%）	单株蓄积年平均生长量（m³）	单株蓄积年平均生长率（%）
栎类	74	0.47	0.61	0.0547	1.36	栎类	76	0.16	0.21	0.0206	0.46
栎类	78	0.21	0.27	0.0294	0.6	栎类	88	0.42	0.46	0.0535	0.96
栎类	146	0.15	0.1	0.047	0.23	川楝	6	0.34	4.62	0.0021	12.78
川楝	8	0.77	7.16	0.0085	17.15	川楝	10	0.64	5.18	0.0084	12.49
川楝	12	0.35	2.43	0.0052	5.72	川楝	14	0.64	3.79	0.0122	9.07
川楝	16	0.5	2.73	0.0119	6.7	川楝	20	0.6	2.62	0.0196	6.35
楝	6	0.32	4.06	0.0023	10.56	楝	8	0.37	3.63	0.0038	9.02
楝	10	0.37	3.05	0.0052	7.69	楝	12	0.45	3	0.0087	7.24
楝	14	0.4	2.46	0.0082	6.16	楝	16	0.53	2.75	0.0137	6.6
楝	18	0.4	1.96	0.0113	4.76	楝	20	0.46	2.04	0.0149	4.87
楝	22	0.6	2.39	0.0217	5.66	楝	24	0.5	1.86	0.0208	4.33
楝	26	0.42	1.46	0.0177	3.42	楝	28	0.68	2.16	0.0332	4.95
楝	30	0.42	1.29	0.0212	2.99	楝	32	0.67	1.87	0.038	4.26
楝	36	0.52	1.34	0.0316	3.06	木棉	6	0.42	5.43	0.0027	12.97
木棉	8	0.43	4.24	0.0042	10.15	木棉	10	0.28	2.32	0.0038	5.74
木棉	12	0.5	3.41	0.0086	8.07	木棉	16	0.63	3.32	0.016	7.9
木棉	22	0.45	1.83	0.0156	4.39	黄连木	6	0.24	3.24	0.0012	8.43
黄连木	8	0.26	2.7	0.0022	6.6	黄连木	10	0.29	2.45	0.003	5.97
黄连木	12	0.27	2.07	0.0035	5.26	黄连木	14	0.29	1.86	0.0045	4.54
南酸枣	6	0.43	4.97	0.0032	10.98	南酸枣	8	0.55	5.27	0.0051	11.9
南酸枣	10	0.51	4.22	0.0054	10.03	南酸枣	12	0.53	3.54	0.0077	8.21
南酸枣	14	0.43	2.69	0.0071	6.37	南酸枣	16	0.54	2.98	0.0108	7.11
南酸枣	18	0.86	3.88	0.021	8.76	南酸枣	20	1.18	4.72	0.0334	10.44
南酸枣	22	0.27	1.18	0.0079	2.86	石楠	6	0.28	3.72	0.0017	9.43
石楠	8	0.36	3.77	0.0031	9.39	石楠	10	0.27	2.37	0.0032	6.02
石楠	12	0.3	2.22	0.0042	5.58	石楠	14	0.36	2.31	0.0063	5.74
石楠	16	0.58	2.99	0.0146	7.09	石楠	24	0.4	1.57	0.014	3.82
尖叶桂樱	6	0.14	1.99	0.0007	5.21	尖叶桂樱	8	0.22	2.36	0.0019	6.04
尖叶桂樱	10	0.25	2.24	0.0028	5.61	尖叶桂樱	12	0.14	1.07	0.0018	2.71

续附表 6

树种	起测胸径（cm）	单株胸径年均生长量（cm）	单株胸径年均生长率（%）	单株蓄积年均生长量（m³）	单株蓄积年均生长率（%）	树种	起测胸径（cm）	单株胸径年平均生长量（cm）	单株胸径年平均生长率（%）	单株蓄积年平均生长量（m³）	单株蓄积年平均生长率（%）
尖叶桂樱	16	0.03	0.18	0.0006	0.47	尖叶桂樱	18	0.08	0.41	0.0017	1.03
尖叶桂樱	28	0.23	0.78	0.01	1.89	腺叶桂樱	6	0.41	5.38	0.0025	13.44
腺叶桂樱	8	0.35	3.62	0.0032	8.97	腺叶桂樱	10	0.21	1.87	0.0022	4.79
腺叶桂樱	12	0.27	2.1	0.0036	5.32	腺叶桂樱	14	0.21	1.4	0.0035	3.46
腺叶桂樱	16	0.2	1.21	0.0039	3.01	腺叶桂樱	18	0.12	0.66	0.0026	1.63
腺叶桂樱	22	0.16	0.66	0.005	1.65	樱桃	6	0.39	5.02	0.0023	11.78
樱桃	8	0.36	3.68	0.0029	8.96	樱桃	10	0.44	3.72	0.0049	8.95
樱桃	12	0.37	2.69	0.0049	6.62	樱桃	14	0.39	2.51	0.0062	6.08
樱桃	16	0.29	1.67	0.0051	4.1	樱桃	18	0.25	1.3	0.0053	3.18
樱桃	20	0.3	1.37	0.0073	3.25	樱桃	22	0.47	1.97	0.0137	4.67
樱桃	24	0.3	1.19	0.0097	2.83	木荷	6	0.41	5.09	0.0031	12.44
木荷	8	0.41	4.12	0.0041	10.18	木荷	10	0.4	3.3	0.0051	8.26
木荷	12	0.41	2.89	0.0068	7.16	木荷	14	0.42	2.6	0.0082	6.45
木荷	16	0.41	2.24	0.0097	5.48	木荷	18	0.41	2.05	0.0112	5.02
木荷	20	0.4	1.79	0.0123	4.34	木荷	22	0.35	1.44	0.0118	3.46
木荷	24	0.35	1.36	0.0132	3.27	木荷	26	0.37	1.32	0.0156	3.14
木荷	28	0.38	1.28	0.0173	3.02	木荷	30	0.43	1.32	0.021	3.09
木荷	32	0.35	1.04	0.0187	2.44	木荷	34	0.37	1.03	0.0207	2.39
木荷	36	0.43	1.12	0.0259	2.58	木荷	38	0.35	0.87	0.0221	1.98
木荷	40	0.3	0.73	0.0204	1.66	木荷	42	0.31	0.72	0.0222	1.65
木荷	44	0.39	0.83	0.0295	1.89	木荷	46	0.3	0.63	0.0239	1.42
木荷	48	0.31	0.61	0.0247	1.36	木荷	50	0.37	0.7	0.0321	1.55
木荷	52	0.43	0.79	0.0412	1.79	木荷	54	0.51	0.89	0.0543	2.03
木荷	56	0.32	0.55	0.0325	1.22	木荷	58	0.34	0.58	0.0333	1.25
木荷	60	0.47	0.75	0.0531	1.66	木荷	66	0.53	0.77	0.0642	1.69
木荷	68	0.47	0.67	0.0614	1.5	木荷	72	0.19	0.26	0.0261	0.58
水青树	6	0.33	4.15	0.002	9.61	水青树	8	0.47	4.65	0.0038	10.04
水青树	10	0.52	4.19	0.0059	9.21	水青树	12	0.54	3.63	0.0081	8.48
水青树	14	0.33	2.02	0.0058	4.7	水青树	16	0.27	1.55	0.0047	3.77

续附表 6

树种	起测胸径（cm）	单株胸径年均生长量（cm）	单株胸径年均生长率（%）	单株蓄积年均生长量（m³）	单株蓄积年均生长率（%）	树种	起测胸径（cm）	单株胸径年平均生长量（cm）	单株胸径年平均生长率（%）	单株蓄积年平均生长量（m³）	单株蓄积年平均生长率（%）
楹树	6	0.51	5.96	0.004	13.14	楹树	8	0.45	4.25	0.005	9.58
楹树	10	0.43	3.53	0.0057	8.51	楹树	12	0.43	2.97	0.007	7.1
楹树	14	0.32	1.99	0.0065	4.93	楹树	16	0.52	2.81	0.0137	6.82
楹树	18	0.44	2.24	0.0118	5.43	楹树	22	0.27	1.15	0.01	2.81
楹树	24	0.22	0.9	0.0072	2.16	楹树	26	0.31	1.07	0.0134	2.57
直杆桉	6	0.85	8.49	0.009	18.56	直杆桉	8	0.91	7.59	0.0124	17
直杆桉	10	0.89	6.42	0.0145	14.7	直杆桉	12	0.78	5.14	0.014	12.28
直杆桉	14	0.67	4.11	0.0131	10.07	直杆桉	16	0.65	3.6	0.0142	8.79
直杆桉	18	0.72	3.48	0.0191	8.36	直杆桉	20	0.77	3.44	0.0234	8.25
直杆桉	22	0.71	2.98	0.0232	7.12	直杆桉	24	0.78	2.86	0.0289	6.6
直杆桉	26	0.97	3.38	0.0392	7.85	四角蒲桃	6	0.27	3.5	0.0016	7.29
四角蒲桃	8	0.29	3.02	0.0022	6.7	四角蒲桃	10	0.29	2.53	0.0028	5.67
四角蒲桃	12	0.26	1.99	0.003	4.61	四角蒲桃	14	0.43	2.71	0.0064	6.24
四角蒲桃	16	0.52	2.77	0.0098	6.3	四角蒲桃	18	0.3	1.51	0.0063	3.49
四角蒲桃	20	0.22	1.04	0.0049	2.46	四角蒲桃	22	0.34	1.48	0.0084	3.5
四角蒲桃	24	0.11	0.45	0.0029	1.05	泡桐	6	0.66	7.54	0.0053	17.52
泡桐	8	0.89	7.26	0.0123	16.13	泡桐	10	0.52	4.18	0.0071	10.28
泡桐	12	0.65	4.21	0.0121	10.05	泡桐	14	0.58	3.41	0.0121	8.3
泡桐	16	0.61	3.2	0.0153	7.74	泡桐	18	0.55	2.69	0.0145	6.54
泡桐	20	0.57	2.56	0.0176	6.17	泡桐	22	0.68	2.73	0.0228	6.52
泡桐	24	0.64	2.42	0.0251	5.69	泡桐	26	1.22	3.7	0.0578	8.13
泡桐	32	0.24	0.74	0.0119	1.75	柳树	6	0.29	3.99	0.0016	10.43
柳树	8	0.28	3.06	0.0023	7.81	柳树	10	0.32	2.67	0.004	6.53
柳树	12	0.3	2.11	0.0044	5.23	柳树	14	0.28	1.84	0.0049	4.55
柳树	16	0.36	1.9	0.0082	4.51	柳树	18	0.6	2.76	0.0163	6.44
柳树	20	0.45	2.01	0.0121	4.75	柳树	22	0.47	1.85	0.0152	4.25
柳树	24	0.34	1.21	0.0141	2.81	柳树	26	0.57	1.89	0.0254	4.31
柳树	28	0.44	1.48	0.0171	3.45	柳树	32	0.35	1.06	0.0162	2.44
云南厚壳桂	6	0.46	5.24	0.0036	10.68	云南厚壳桂	8	0.58	5.37	0.0059	11.48

续附表6

树种	起测胸径（cm）	单株胸径年均生长量（cm）	单株胸径年均生长率（%）	单株蓄积年均生长量（m³）	单株蓄积年均生长率（%）	树种	起测胸径（cm）	单株胸径年平均生长量（cm）	单株胸径年平均生长率（%）	单株蓄积年平均生长量（m³）	单株蓄积年平均生长率（%）
云南厚壳桂	10	0.59	4.65	0.0073	10.4	云南厚壳桂	12	0.55	3.82	0.0081	8.84
云南厚壳桂	14	0.48	3.01	0.0081	7.03	云南厚壳桂	16	0.68	3.66	0.014	8.61
云南厚壳桂	18	0.47	2.36	0.0103	5.68	柴桂	6	0.36	4.68	0.0022	10.41
柴桂	8	0.41	3.99	0.0038	9.06	柴桂	10	0.25	2.24	0.0024	5.33
柴桂	12	0.3	2.31	0.0039	5.57	柴桂	14	0.5	3.09	0.0085	7.33
柴桂	16	0.52	2.77	0.0106	6.52	柴桂	18	0.09	0.48	0.002	1.19
柴桂	20	0.33	1.48	0.008	3.44	红梗润楠	6	0.28	3.7	0.0019	9.77
红梗润楠	8	0.47	4.36	0.0053	10.57	红梗润楠	10	0.42	3.51	0.0055	8.89
红梗润楠	12	0.35	2.57	0.0053	6.55	红梗润楠	14	0.39	2.47	0.0073	6.29
红梗润楠	16	0.45	2.52	0.0101	6.22	红梗润楠	18	0.52	2.47	0.0154	5.87
粗壮琼楠	6	0.12	1.88	0.0006	4.62	粗壮琼楠	8	0.27	2.8	0.0025	6.41
粗壮琼楠	10	0.25	2.02	0.0033	4.63	粗壮琼楠	12	0.37	2.56	0.0063	5.94
粗壮琼楠	14	0.36	2.2	0.0067	5.29	粗壮琼楠	16	0.51	2.69	0.0125	6.34
粗壮琼楠	20	0.28	1.27	0.0084	3.11	滇润楠	6	0.34	4.47	0.0022	10.13
滇润楠	8	0.29	3.01	0.0025	7.08	滇润楠	10	0.31	2.67	0.0036	6.32
滇润楠	12	0.42	2.89	0.0067	6.77	滇润楠	14	0.44	2.76	0.0078	6.63
滇润楠	16	0.34	1.87	0.0071	4.49	滇润楠	18	0.42	2.11	0.0104	5.13
滇润楠	20	0.33	1.54	0.0093	3.77	滇润楠	22	0.45	1.81	0.016	4.34
滇润楠	24	0.41	1.55	0.016	3.72	滇润楠	26	0.36	1.22	0.0167	2.92
滇润楠	28	0.33	1.07	0.0151	2.54	滇润楠	32	0.44	1.26	0.0256	3.01
滇润楠	38	0.39	0.98	0.0271	2.38	滇润楠	40	0.36	0.86	0.0261	2.06
长梗润楠	6	0.11	1.62	0.0006	4.21	长梗润楠	8	0.18	1.98	0.0015	5.03
长梗润楠	10	0.14	1.29	0.0015	3.2	长梗润楠	12	0.13	1.05	0.0018	2.61
长梗润楠	20	0.42	1.9	0.0128	4.6	思茅黄肉楠	6	0.32	3.86	0.0024	8.69
思茅黄肉楠	8	0.24	2.58	0.002	6.42	思茅黄肉楠	10	0.19	1.73	0.0021	4.43
思茅黄肉楠	12	0.23	1.75	0.0033	4.23	思茅黄肉楠	16	0.19	1.16	0.0036	2.88
思茅黄肉楠	18	0.32	1.6	0.0084	3.85	思茅黄肉楠	20	0.39	1.83	0.0114	4.45
思茅黄肉楠	22	0.26	1.11	0.0083	2.72	思茅黄肉楠	26	0.17	0.64	0.0066	1.6
思茅黄肉楠	28	0.36	1.21	0.0165	2.94	楠木	6	0.24	3.28	0.0015	8.57

续附表6

树种	起测胸径（cm）	单株胸径年均生长量（cm）	单株胸径年均生长率（%）	单株蓄积年均生长量（m³）	单株蓄积年均生长率（%）	树种	起测胸径（cm）	单株胸径年平均生长量（cm）	单株胸径年平均生长率（%）	单株蓄积年平均生长量（m³）	单株蓄积年平均生长率（%）
楠木	8	0.26	2.71	0.0023	7.01	楠木	10	0.28	2.38	0.0034	6.08
楠木	12	0.31	2.23	0.005	5.62	楠木	14	0.29	1.84	0.0056	4.6
楠木	16	0.33	1.82	0.0076	4.46	楠木	18	0.33	1.64	0.0087	4.01
楠木	20	0.32	1.47	0.0099	3.56	楠木	22	0.29	1.22	0.0099	2.93
楠木	24	0.27	1.04	0.0097	2.5	楠木	26	0.27	0.96	0.0114	2.28
楠木	28	0.31	1.03	0.0138	2.42	楠木	30	0.28	0.87	0.0139	2.05
楠木	32	0.31	0.92	0.0156	2.14	楠木	34	0.31	0.85	0.0174	1.95
楠木	36	0.27	0.72	0.0154	1.67	楠木	38	0.32	0.8	0.0196	1.84
楠木	40	0.63	1.48	0.0437	3.35	楠木	42	0.36	0.79	0.026	1.75
楠木	44	0.35	0.76	0.0255	1.7	楠木	46	0.34	0.71	0.027	1.6
楠木	48	0.31	0.63	0.0267	1.43	楠木	50	0.43	0.82	0.0371	1.78
楠木	52	0.28	0.53	0.0265	1.21	楠木	54	0.24	0.43	0.0218	0.94
楠木	56	0.32	0.55	0.0311	1.21	楠木	58	0.31	0.52	0.032	1.16
檫木	6	1.2	11.68	0.0113	23.17	檫木	8	1	8.3	0.0116	18.3
檫木	12	1.02	6.39	0.0178	14.82	檫木	14	0.96	5.54	0.0194	13.11
檫木	16	0.68	3.4	0.0162	8.12	檫木	18	1.02	4.38	0.0299	9.96
檫木	24	0.61	2.26	0.0223	5.35	香面叶	6	0.28	3.65	0.0016	7.94
香面叶	8	0.38	3.83	0.0033	8.44	香面叶	10	0.4	3.36	0.0043	7.55
香面叶	12	0.29	2.14	0.0038	4.97	香面叶	14	0.34	2.13	0.0055	4.94
香面叶	16	0.41	2.2	0.0081	5.11	香面叶	18	0.28	1.45	0.0059	3.44
香面叶	20	0.36	1.63	0.0086	3.79	香面叶	22	0.36	1.5	0.0101	3.51
香面叶	24	0.27	1.03	0.0082	2.41	香面叶	26	0.38	1.38	0.0124	3.27
香面叶	28	0.27	0.91	0.0093	2.13	香面叶	30	0.34	1.08	0.0131	2.54
香面叶	32	0.26	0.78	0.0104	1.84	香面叶	34	0.4	1.1	0.0184	2.57
香面叶	36	0.3	0.81	0.0146	1.89	香面叶	38	0.32	0.81	0.0174	1.91
香面叶	44	0.17	0.37	0.0101	0.87	香叶树	6	0.41	5.1	0.0025	11.63
香叶树	8	0.39	3.92	0.0034	8.94	香叶树	10	0.45	3.64	0.0052	8.35
香叶树	12	0.54	3.59	0.0082	8.16	香叶树	14	0.46	2.83	0.0078	6.58
香叶树	16	0.5	2.64	0.0104	6.13	香叶树	18	0.45	2.26	0.0097	5.35

续附表 6

树种	起测胸径（cm）	单株胸径年均生长量（cm）	单株胸径年均生长率（%）	单株蓄积年均生长量（m³）	单株蓄积年均生长率（%）	树种	起测胸径（cm）	单株胸径年平均生长量（cm）	单株胸径年平均生长率（%）	单株蓄积年平均生长量（m³）	单株蓄积年平均生长率（%）
香叶树	20	0.61	2.63	0.0162	6.09	香叶树	22	0.45	1.87	0.012	4.37
香叶树	26	0.57	1.98	0.0217	4.69	香叶树	28	0.38	1.23	0.0144	2.89

附表 7 研究期乔木林按树种、起源、地类单株分年生长量和年生长率综合估算表

树种名称	林分起源	地类	单株最大胸径年平均生长量（cm）	单株胸径综合年平均生长量（cm）	单株最大材积年平均生长量（m³）	单株材积综合年平均生长量（m³）	树种名称	林分起源	地类	单株最大胸径年平均生长量（cm）	单株胸径综合年平均生长量（cm）	单株最大材积年平均生长量（m³）	单株材积综合年平均生长量（m³）
桉树	综合		3.64	0.88	0.0958	0.0146	桉树	计	纯林	3.64	0.951	0.0958	0.0158
桉树	计	混交林	2.32	0.546	0.0636	0.0086	桉树	天然	计	2.32	0.824	0.0666	0.018
桉树	天然	纯林	1.58	0.739	0.0666	0.0191	桉树	天然	混交林	2.32	0.847	0.0636	0.0177
桉树	人工	计	3.64	0.875	0.0958	0.0149	桉树	人工	纯林	3.64	0.933	0.0958	0.0162
桉树	人工	混交林	2.26	0.514	0.039	0.007	桉树	萌生	计	1.54	0.984	0.0212	0.0083
桉树	萌生	纯林	1.54	1.249	0.0156	0.0105	桉树	萌生	混交林	0.8	0.148	0.0212	0.0015
八宝树	综合		1.92	0.522	0.0542	0.014	八宝树	计	混交林	1.92	0.522	0.0542	0.014
八宝树	天然	计	1.92	0.522	0.0542	0.014	八宝树	天然	混交林	1.92	0.522	0.0542	0.014
八角	综合		1.28	0.304	0.0292	0.0037	八角	计	纯林	0.78	0.46	0.0072	0.0032
八角	计	混交林	1.28	0.287	0.0292	0.0038	八角	天然	计	0.74	0.101	0.0185	0.0015
八角	天然	混交林	0.74	0.101	0.0185	0.0015	八角	人工	计	1.28	0.602	0.0292	0.007
八角	人工	纯林	0.78	0.46	0.0072	0.0032	八角	人工	混交林	1.28	0.649	0.0292	0.0082
巴东栎	综合		0.28	0.12	0.002	0.0008	巴东栎	计	混交林	0.28	0.12	0.002	0.0008
巴东栎	天然	计	0.28	0.12	0.002	0.0008	巴东栎	天然	混交林	0.28	0.12	0.002	0.0008
白花羊蹄甲	综合		3	0.323	0.1044	0.0062	白花羊蹄甲	计	混交林	3	0.323	0.1044	0.0062
白花羊蹄甲	天然	计	3	0.32	0.1044	0.0062	白花羊蹄甲	天然	混交林	3	0.32	0.1044	0.0062
白花羊蹄甲	人工	计	0.62	0.513	0.0054	0.0034	白花羊蹄甲	人工	混交林	0.62	0.513	0.0054	0.0034
白花羊蹄甲	萌生	计	0.62	0.392	0.0057	0.0029	白花羊蹄甲	萌生	混交林	0.62	0.392	0.0057	0.0029
白桦	综合		1.46	0.163	0.0872	0.0032	白桦	计	混交林	1.46	0.163	0.0872	0.0032
白桦	天然	计	1.46	0.163	0.0872	0.0032	白桦	天然	混交林	1.46	0.163	0.0872	0.0032
白穗石栎	综合		1.68	0.332	0.1303	0.0065	白穗石栎	计	纯林	1.38	0.464	0.0434	0.0194
白穗石栎	计	混交林	1.68	0.328	0.1303	0.0061	白穗石栎	天然	计	1.68	0.331	0.1303	0.0065
白穗石栎	天然	纯林	1.38	0.464	0.0434	0.0194	白穗石栎	天然	混交林	1.68	0.327	0.1303	0.0061
白穗石栎	人工	计	0.94	0.94	0.0082	0.0077	白穗石栎	人工	混交林	0.94	0.94	0.0082	0.0077
白颜树	综合		1.019	0.38	0.0325	0.0096	白颜树	计	混交林	1.019	0.38	0.0325	0.0096
白颜树	天然	计	1.019	0.38	0.0325	0.0096	白颜树	天然	混交林	1.019	0.38	0.0325	0.0096
柏木	综合		2.18	0.421	0.04	0.0042	柏木	计	纯林	2.18	0.779	0.04	0.0116
柏木	计	混交林	1.76	0.414	0.0276	0.0041	柏木	天然	计	1.16	0.557	0.0154	0.0067
柏木	天然	纯林	0.3	0.214	0.0034	0.0026	柏木	天然	混交林	1.16	0.594	0.0154	0.0072

续附表7

树种名称	林分起源	地类	单株最大胸径年平均生长量（cm）	单株胸径综合年平均生长量（cm）	单株最大材积年平均生长量（m³）	单株材积综合年平均生长量（m³）	树种名称	林分起源	地类	单株最大胸径年平均生长量（cm）	单株胸径综合年平均生长量（cm）	单株最大材积年平均生长量（m³）	单株材积综合年平均生长量（m³）
柏木	人工	计	2.18	0.41	0.04	0.004	柏木	人工	纯林	2.18	1.155	0.04	0.0176
柏木	人工	混交林	1.76	0.402	0.0276	0.0038	薄叶山矾	综合		1.16	0.302	0.0212	0.0048
薄叶山矾	计	混交林	1.16	0.302	0.0212	0.0048	薄叶山矾	天然	计	1.16	0.302	0.0212	0.0048
薄叶山矾	天然	混交林	1.16	0.302	0.0212	0.0048	杯状栲	综合		2.28	0.424	0.1806	0.0087
杯状栲	计	纯林	1.2	0.227	0.1806	0.0096	杯状栲	计	混交林	2.28	0.507	0.115	0.0083
杯状栲	天然	计	2.28	0.424	0.1806	0.0087	杯状栲	天然	纯林	1.2	0.227	0.1806	0.0096
杯状栲	天然	混交林	2.28	0.506	0.115	0.0083	杯状栲	萌生	计	1.14	0.62	0.0076	0.004
杯状栲	萌生	混交林	1.14	0.62	0.0076	0.004	伯乐树	综合		1.36	0.4	0.0371	0.0057
伯乐树	计	混交林	1.36	0.4	0.0371	0.0057	伯乐树	天然	计	1.36	0.4	0.0371	0.0057
伯乐树	天然	混交林	1.36	0.4	0.0371	0.0057	侧柏	综合		0.32	0.083	0.017	0.0026
侧柏	计	混交林	0.32	0.083	0.017	0.0026	侧柏	天然	计	0.32	0.083	0.017	0.0026
侧柏	天然	混交林	0.32	0.083	0.017	0.0026	檫木	综合		2.76	0.93	0.0709	0.0191
檫木	计	纯林	2.2	1.82	0.0292	0.0274	檫木	计	混交林	2.76	0.916	0.0709	0.019
檫木	天然	计	2.06	0.55	0.0408	0.0118	檫木	天然	混交林	2.06	0.55	0.0408	0.0118
檫木	人工	计	2.76	1.152	0.0709	0.0234	檫木	人工	纯林	2.2	1.82	0.0292	0.0274
檫木	人工	混交林	2.76	1.135	0.0709	0.0233	檫木	萌生	计	1.019	0.86	0.0224	0.016
檫木	萌生	混交林	1.019	0.86	0.0224	0.016	柴桂	综合		2.039	0.346	0.0782	0.0047
柴桂	计	纯林	1	0.287	0.0782	0.0062	柴桂	计	混交林	2.039	0.374	0.0324	0.004
柴桂	天然	计	2.039	0.346	0.0782	0.0047	柴桂	天然	纯林	1	0.287	0.0782	0.0062
柴桂	天然	混交林	2.039	0.374	0.0324	0.004	常绿榆	综合		2.18	0.681	0.0662	0.024
常绿榆	计	混交林	2.18	0.681	0.0662	0.024	常绿榆	天然	计	2.18	0.686	0.0662	0.0249
常绿榆	天然	混交林	2.18	0.686	0.0662	0.0249	常绿榆	人工	计	0.9	0.573	0.0136	0.0077
常绿榆	人工	混交林	0.9	0.573	0.0136	0.0077	赤桉	综合		1.46	0.408	0.0138	0.0034
赤桉	计	混交林	1.46	0.408	0.0138	0.0034	赤桉	天然	计	0.68	0.38	0.006	0.0029
赤桉	天然	混交林	0.68	0.38	0.006	0.0029	赤桉	人工	计	1.46	0.409	0.0138	0.0034
赤桉	人工	混交林	1.46	0.409	0.0138	0.0034	臭椿	综合		1.08	0.45	0.0322	0.01
臭椿	计	混交林	1.08	0.45	0.0322	0.01	臭椿	天然	计	1.08	0.45	0.0322	0.01
臭椿	天然	混交林	1.08	0.45	0.0322	0.01	川滇高山栎	综合		2.08	0.202	0.101	0.0027
川滇高山栎	计	纯林	0.4	0.345	0.0023	0.0016	川滇高山栎	计	混交林	2.08	0.202	0.101	0.0027

续附表7

树种名称	林分起源	地类	单株最大胸径年平均生长量（cm）	单株胸径综合年平均生长量（cm）	单株最大材积年平均生长量（m³）	单株材积综合年平均生长量（m³）	树种名称	林分起源	地类	单株最大胸径年平均生长量（cm）	单株胸径综合年平均生长量（cm）	单株最大材积年平均生长量（m³）	单株材积综合年平均生长量（m³）
川滇高山栎	天然	计	2.08	0.202	0.101	0.0027	川滇高山栎	天然	纯林	0.4	0.345	0.0023	0.0016
川滇高山栎	天然	混交林	2.08	0.202	0.101	0.0027	川滇冷杉	综合		0.9	0.308	0.1254	0.0257
川滇冷杉	计	纯林	0.84	0.37	0.0834	0.0217	川滇冷杉	计	混交林	0.9	0.27	0.1254	0.0281
川滇冷杉	天然	计	0.9	0.308	0.1254	0.0257	川滇冷杉	天然	纯林	0.84	0.37	0.0834	0.0217
川滇冷杉	天然	混交林	0.9	0.27	0.1254	0.0281	川楝	综合		1.88	0.503	0.0294	0.0081
川楝	计	纯林	0.819	0.247	0.0104	0.004	川楝	计	混交林	1.88	0.528	0.0294	0.0085
川楝	天然	计	1.88	0.413	0.0294	0.0069	川楝	天然	纯林	0.32	0.152	0.006	0.0029
川楝	天然	混交林	1.88	0.442	0.0294	0.0073	川楝	人工	计	1	0.79	0.0202	0.0117
川楝	人工	纯林	0.819	0.82	0.0104	0.0104	川楝	人工	混交林	1	0.788	0.0202	0.0118
川西栎	综合		1.16	0.326	0.0558	0.0029	川西栎	计	混交林	1.16	0.326	0.0558	0.0029
川西栎	天然	计	1.16	0.326	0.0558	0.0029	川西栎	天然	混交林	1.16	0.326	0.0558	0.0029
刺栲	综合		2.26	0.428	0.1991	0.0062	刺栲	计	纯林	0.22	0.21	0.001	0.001
刺栲	计	混交林	2.26	0.428	0.1991	0.0062	刺栲	天然	计	2.26	0.424	0.1991	0.0063
刺栲	天然	纯林	0.2	0.2	0.001	0.001	刺栲	天然	混交林	2.26	0.424	0.1991	0.0063
刺栲	人工	计	1.04	0.545	0.0098	0.0049	刺栲	人工	纯林	0.22	0.22	0.001	0.001
刺栲	人工	混交林	1.04	0.55	0.0098	0.005	粗壮琼楠	综合		2	0.305	0.1076	0.008
粗壮琼楠	计	纯林	1.06	0.207	0.0832	0.0054	粗壮琼楠	计	混交林	2	0.496	0.1076	0.0131
粗壮琼楠	天然	计	2	0.305	0.1076	0.008	粗壮琼楠	天然	纯林	1.06	0.207	0.0832	0.0054
粗壮琼楠	天然	混交林	2	0.496	0.1076	0.0131	粗壮润楠	综合		1.18	0.372	0.0371	0.0118
粗壮润楠	计	混交林	1.18	0.372	0.0371	0.0118	粗壮润楠	天然	计	1.18	0.351	0.0371	0.0119
粗壮润楠	天然	混交林	1.18	0.351	0.0371	0.0119	粗壮润楠	人工	计	0.79	0.665	0.0097	0.0094
粗壮润楠	人工	混交林	0.79	0.665	0.0097	0.0094	大果冬青	综合		1.5	0.376	0.0254	0.0049
大果冬青	计	混交林	1.5	0.376	0.0254	0.0049	大果冬青	天然	计	1.5	0.376	0.0254	0.0049
大果冬青	天然	混交林	1.5	0.376	0.0254	0.0049	大果红杉	综合		0.96	0.248	0.0284	0.0048
大果红杉	计	纯林	0.72	0.412	0.0047	0.0023	大果红杉	计	混交林	0.96	0.246	0.0284	0.0048
大果红杉	天然	计	0.96	0.246	0.0284	0.0048	大果红杉	天然	混交林	0.96	0.246	0.0284	0.0048
大果红杉	人工	计	0.72	0.412	0.0047	0.0023	大果红杉	人工	纯林	0.72	0.412	0.0047	0.0023
大果木莲	综合		0.08	0.068	0.0004	0.0004	大果木莲	计	混交林	0.08	0.068	0.0004	0.0004
大果木莲	天然	计	0.08	0.068	0.0004	0.0004	大果木莲	天然	混交林	0.08	0.068	0.0004	0.0004

续附表 7

树种名称	林分起源	地类	单株最大胸径年平均生长量（cm）	单株胸径综合年平均生长量（cm）	单株最大材积年平均生长量（m³）	单株材积综合年平均生长量（m³）	树种名称	林分起源	地类	单株最大胸径年平均生长量（cm）	单株胸径综合年平均生长量（cm）	单株最大材积年平均生长量（m³）	单株材积综合年平均生长量（m³）
大果楠	综合		1.839	0.351	0.0596	0.0089	大果楠	计	混交林	1.839	0.351	0.0596	0.0089
大果楠	天然	计	1.839	0.351	0.0596	0.0089	大果楠	天然	混交林	1.839	0.351	0.0596	0.0089
大果青冈	综合		0.96	0.325	0.027	0.0062	大果青冈	计	混交林	0.96	0.325	0.027	0.0062
大果青冈	天然	计	0.96	0.325	0.027	0.0062	大果青冈	天然	混交林	0.96	0.325	0.027	0.0062
大叶钓樟	综合		0.5	0.275	0.0072	0.0037	大叶钓樟	计	混交林	0.5	0.275	0.0072	0.0037
大叶钓樟	天然	计	0.5	0.275	0.0072	0.0037	大叶钓樟	天然	混交林	0.5	0.275	0.0072	0.0037
大叶木莲	综合		1.1	0.51	0.0196	0.0098	大叶木莲	计	混交林	1.1	0.51	0.0196	0.0098
大叶木莲	天然	计	1.1	0.51	0.0196	0.0098	大叶木莲	天然	混交林	1.1	0.51	0.0196	0.0098
大叶山楝	综合		1.16	0.399	0.0342	0.0068	大叶山楝	计	混交林	1.16	0.399	0.0342	0.0068
大叶山楝	天然	计	1.16	0.399	0.0342	0.0068	大叶山楝	天然	混交林	1.16	0.399	0.0342	0.0068
大叶石栎	综合		2.52	0.362	0.068	0.0057	大叶石栎	计	纯林	0.72	0.351	0.0144	0.004
大叶石栎	计	混交林	2.52	0.362	0.068	0.0058	大叶石栎	天然	计	2.52	0.378	0.068	0.0062
大叶石栎	天然	纯林	0.72	0.351	0.0144	0.004	大叶石栎	天然	混交林	2.52	0.38	0.068	0.0063
大叶石栎	人工	计	1.38	0.249	0.017	0.0022	大叶石栎	人工	混交林	1.38	0.249	0.017	0.0022
滇鹅耳枥	综合		1.36	0.314	0.02	0.0033	滇鹅耳枥	计	混交林	1.36	0.314	0.02	0.0033
滇鹅耳枥	天然	计	1.36	0.301	0.02	0.0033	滇鹅耳枥	天然	混交林	1.36	0.301	0.02	0.0033
滇鹅耳枥	人工	计	1.18	0.412	0.0094	0.0033	滇鹅耳枥	人工	混交林	1.18	0.412	0.0094	0.0033
滇桂木莲	综合		0.98	0.214	0.0188	0.0056	滇桂木莲	计	混交林	0.98	0.214	0.0188	0.0056
滇桂木莲	天然	计	0.98	0.214	0.0188	0.0058	滇桂木莲	天然	混交林	0.98	0.214	0.0188	0.0058
滇桂木莲	人工	计	0.32	0.213	0.0016	0.0009	滇桂木莲	人工	混交林	0.32	0.213	0.0016	0.0009
滇厚朴	综合		1.2	0.38	0.0424	0.0065	滇厚朴	计	混交林	1.2	0.38	0.0424	0.0065
滇厚朴	天然	计	1.2	0.38	0.0424	0.0065	滇厚朴	天然	混交林	1.2	0.38	0.0424	0.0065
滇榄仁	综合		1.82	0.299	0.0416	0.0033	滇榄仁	计	混交林	1.82	0.299	0.0416	0.0033
滇榄仁	天然	计	1.82	0.299	0.0416	0.0033	滇榄仁	天然	混交林	1.82	0.299	0.0416	0.0033
滇南风吹楠	综合		1.14	0.308	0.0374	0.0061	滇南风吹楠	计	混交林	1.14	0.308	0.0374	0.0061
滇南风吹楠	天然	计	1.14	0.308	0.0374	0.0061	滇南风吹楠	天然	混交林	1.14	0.308	0.0374	0.0061
滇青冈	综合		2.24	0.289	0.1626	0.0035	滇青冈	计	纯林	2	0.218	0.1626	0.0033
滇青冈	计	混交林	2.24	0.301	0.1154	0.0035	滇青冈	天然	计	2.24	0.288	0.1626	0.0035
滇青冈	天然	纯林	2	0.217	0.1626	0.0032	滇青冈	天然	混交林	2.24	0.301	0.1154	0.0035

续附表7

树种名称	林分起源	地类	单株最大胸径年平均生长量（cm）	单株胸径综合年平均生长量（cm）	单株最大材积年平均生长量（m³）	单株材积综合年平均生长量（m³）	树种名称	林分起源	地类	单株最大胸径年平均生长量（cm）	单株胸径综合年平均生长量（cm）	单株最大材积年平均生长量（m³）	单株材积综合年平均生长量（m³）
滇青冈	人工	计	1.9	0.518	0.0406	0.0101	滇青冈	人工	纯林	0.9	0.598	0.0406	0.028
滇青冈	人工	混交林	1.9	0.509	0.0231	0.0081	滇青冈	萌生	计	0.68	0.68	0.0054	0.0054
滇青冈	萌生	混交林	0.68	0.68	0.0054	0.0054	滇楸	综合		1.5	0.183	0.0486	0.0024
滇楸	计	纯林	0.18	0.091	0.001	0.0004	滇楸	计	混交林	1.5	0.188	0.0486	0.0025
滇楸	天然	计	1.5	0.183	0.0486	0.0024	滇楸	天然	纯林	0.18	0.091	0.001	0.0004
滇楸	天然	混交林	1.5	0.188	0.0486	0.0025	滇润楠	综合		2.6	0.347	0.1264	0.0069
滇润楠	计	纯林	0.78	0.219	0.0152	0.0031	滇润楠	计	混交林	2.6	0.357	0.1264	0.0071
滇润楠	天然	计	2.6	0.34	0.0918	0.0065	滇润楠	天然	纯林	0.78	0.219	0.0152	0.0031
滇润楠	天然	混交林	2.6	0.349	0.0918	0.0068	滇润楠	人工	计	2.02	1.073	0.1264	0.0395
滇润楠	人工	混交林	2.02	1.073	0.1264	0.0395	滇石栎	综合		2.5	0.297	0.0818	0.0036
滇石栎	计	纯林	0.68	0.279	0.0122	0.0019	滇石栎	计	混交林	2.5	0.297	0.0818	0.0036
滇石栎	天然	计	2.5	0.296	0.0818	0.0036	滇石栎	天然	纯林	0.66	0.275	0.0122	0.0018
滇石栎	天然	混交林	2.5	0.296	0.0818	0.0036	滇石栎	人工	计	0.98	0.43	0.0112	0.0031
滇石栎	人工	纯林	0.68	0.68	0.0036	0.0036	滇石栎	人工	混交林	0.98	0.427	0.0112	0.0031
滇石栎	萌生	计	0.96	0.559	0.0057	0.0034	滇石栎	萌生	混交林	0.96	0.559	0.0057	0.0034
滇石梓	综合		0.98	0.36	0.0308	0.0044	滇石梓	计	混交林	0.98	0.36	0.0308	0.0044
滇石梓	天然	计	0.98	0.36	0.0308	0.0044	滇石梓	天然	混交林	0.98	0.36	0.0308	0.0044
滇杨	综合		1.92	0.341	0.0572	0.0041	滇杨	计	纯林	0.64	0.254	0.0082	0.0024
滇杨	计	混交林	1.92	0.343	0.0572	0.0041	滇杨	天然	计	1.56	0.294	0.0572	0.0038
滇杨	天然	纯林	0.64	0.254	0.0082	0.0024	滇杨	天然	混交林	1.56	0.295	0.0572	0.0038
滇杨	人工	计	1.92	0.759	0.0258	0.0097	滇杨	人工	混交林	1.92	0.759	0.0258	0.0097
滇杨	萌生	计	1.22	0.551	0.0156	0.0045	滇杨	萌生	混交林	1.22	0.551	0.0156	0.0045
杜英	综合		2.16	0.311	0.0578	0.0042	杜英	计	纯林	0.34	0.118	0.0044	0.0014
杜英	计	混交林	2.16	0.313	0.0578	0.0043	杜英	天然	计	2.16	0.317	0.0578	0.0043
杜英	天然	纯林	0.34	0.118	0.0044	0.0014	杜英	天然	混交林	2.16	0.32	0.0578	0.0044
杜英	人工	计	0.32	0.078	0.0022	0.0006	杜英	人工	混交林	0.32	0.078	0.0022	0.0006
杜仲	综合		1.22	0.427	0.0136	0.0033	杜仲	计	混交林	1.22	0.427	0.0136	0.0033
杜仲	天然	计	1.22	0.427	0.0136	0.0033	杜仲	天然	混交林	1.22	0.427	0.0136	0.0033
短刺栲	综合		2.24	0.331	0.139	0.0056	短刺栲	计	混交林	2.24	0.331	0.139	0.0056

续附表 7

树种名称	林分起源	地类	单株最大胸径年平均生长量（cm）	单株胸径综合年平均生长量（cm）	单株最大材积年平均生长量（m³）	单株材积综合年平均生长量（m³）	树种名称	林分起源	地类	单株最大胸径年平均生长量（cm）	单株胸径综合年平均生长量（cm）	单株最大材积年平均生长量（m³）	单株材积综合年平均生长量（m³）
短刺栲	天然	计	2.24	0.327	0.139	0.0056	短刺栲	天然	混交林	2.24	0.327	0.139	0.0056
短刺栲	人工	计	1.62	0.835	0.0194	0.0117	短刺栲	人工	混交林	1.62	0.835	0.0194	0.0117
钝叶桂	综合		1.66	0.364	0.1018	0.0098	钝叶桂	计	混交林	1.66	0.364	0.1018	0.0098
钝叶桂	天然	计	1.66	0.364	0.1018	0.0098	钝叶桂	天然	混交林	1.66	0.364	0.1018	0.0098
钝叶黄檀	综合		1.839	0.348	0.0386	0.0045	钝叶黄檀	计	纯林	0.76	0.328	0.0036	0.0021
钝叶黄檀	计	混交林	1.839	0.349	0.0386	0.0047	钝叶黄檀	天然	计	1.32	0.334	0.0386	0.0044
钝叶黄檀	天然	纯林	0.76	0.328	0.0036	0.0021	钝叶黄檀	天然	混交林	1.32	0.334	0.0386	0.0046
钝叶黄檀	人工	计	1.839	1.27	0.019	0.0158	钝叶黄檀	人工	混交林	1.839	1.27	0.019	0.0158
钝叶黄檀	萌生	计	0.58	0.453	0.0062	0.0036	钝叶黄檀	萌生	混交林	0.58	0.453	0.0062	0.0036
钝叶榕	综合		1.96	1.146	0.0714	0.026	钝叶榕	计	混交林	1.96	1.146	0.0714	0.026
钝叶榕	天然	计	1.96	1.146	0.0714	0.026	钝叶榕	天然	混交林	1.96	1.146	0.0714	0.026
多变石栎	综合		2.5	0.328	0.1094	0.0052	多变石栎	计	纯林	2.5	0.316	0.0888	0.0094
多变石栎	计	混交林	2.16	0.33	0.1094	0.0047	多变石栎	天然	计	2.5	0.319	0.1094	0.0051
多变石栎	天然	纯林	2.5	0.316	0.0888	0.0094	多变石栎	天然	混交林	1.86	0.32	0.1094	0.0046
多变石栎	人工	计	2.16	0.658	0.0504	0.0085	多变石栎	人工	混交林	2.16	0.658	0.0504	0.0085
多穗石栎	综合		1.26	0.308	0.0835	0.0051	多穗石栎	计	混交林	1.26	0.308	0.0835	0.0051
多穗石栎	天然	计	1.26	0.288	0.0835	0.0053	多穗石栎	天然	混交林	1.26	0.288	0.0835	0.0053
多穗石栎	萌生	计	0.96	0.477	0.0078	0.0029	多穗石栎	萌生	混交林	0.96	0.477	0.0078	0.0029
峨眉栲	综合		1	0.257	0.0246	0.0043	峨眉栲	计	混交林	1	0.257	0.0246	0.0043
峨眉栲	天然	计	1	0.233	0.0246	0.004	峨眉栲	天然	混交林	1	0.233	0.0246	0.004
峨眉栲	人工	计	0.94	0.42	0.0246	0.0063	峨眉栲	人工	混交林	0.94	0.42	0.0246	0.0063
鹅掌楸	综合		0.8	0.333	0.0454	0.0091	鹅掌楸	计	混交林	0.8	0.333	0.0454	0.0091
鹅掌楸	天然	计	0.8	0.333	0.0454	0.0091	鹅掌楸	天然	混交林	0.8	0.333	0.0454	0.0091
肥荚红豆	综合		0.58	0.3	0.0028	0.0014	肥荚红豆	计	混交林	0.58	0.3	0.0028	0.0014
肥荚红豆	天然	计	0.58	0.3	0.0028	0.0014	肥荚红豆	天然	混交林	0.58	0.3	0.0028	0.0014
枫香	综合		1.9	0.554	0.1502	0.0164	枫香	计	混交林	1.9	0.554	0.1502	0.0164
枫香	天然	计	1.9	0.554	0.1502	0.0164	枫香	天然	混交林	1.9	0.554	0.1502	0.0164
枫杨	综合		1.839	0.439	0.1106	0.0118	枫杨	计	混交林	1.839	0.439	0.1106	0.0118
枫杨	天然	计	1.839	0.461	0.1106	0.0125	枫杨	天然	混交林	1.839	0.461	0.1106	0.0125

续附表7

树种名称	林分起源	地类	单株最大胸径年平均生长量（cm）	单株胸径综合年平均生长量（cm）	单株最大材积年平均生长量（m³）	单株材积综合年平均生长量（m³）	树种名称	林分起源	地类	单株最大胸径年平均生长量（cm）	单株胸径综合年平均生长量（cm）	单株最大材积年平均生长量（m³）	单株材积综合年平均生长量（m³）
枫杨	人工	计	0.22	0.094	0.001	0.0003	枫杨	人工	混交林	0.22	0.094	0.001	0.0003
高山栲	综合		2.66	0.312	0.1782	0.0039	高山栲	计	纯林	1.78	0.192	0.016	0.0013
高山栲	计	混交林	2.66	0.324	0.1782	0.0042	高山栲	天然	计	2.66	0.311	0.1782	0.0039
高山栲	天然	纯林	1.78	0.192	0.016	0.0013	高山栲	天然	混交林	2.66	0.324	0.1782	0.0042
高山栲	人工	计	0.94	0.49	0.0095	0.0041	高山栲	人工	混交林	0.94	0.49	0.0095	0.0041
高山栲	萌生	计	0.94	0.82	0.0106	0.0084	高山栲	萌生	混交林	0.94	0.82	0.0106	0.0084
高山栎	综合		1.9	0.208	0.0576	0.0024	高山栎	计	纯林	1.6	0.192	0.0222	0.0015
高山栎	计	混交林	1.9	0.217	0.0576	0.0028	高山栎	天然	计	1.9	0.208	0.0576	0.0024
高山栎	天然	纯林	1.6	0.192	0.0222	0.0015	高山栎	天然	混交林	1.9	0.217	0.0576	0.0028
高山松	综合		1.76	0.231	0.0682	0.0037	高山松	计	纯林	1.44	0.207	0.0546	0.0032
高山松	计	混交林	1.76	0.279	0.0682	0.0046	高山松	天然	计	1.76	0.231	0.0682	0.0037
高山松	天然	纯林	1.44	0.207	0.0546	0.0032	高山松	天然	混交林	1.76	0.279	0.0682	0.0046
高山松	人工	计	0.5	0.49	0.0023	0.0022	高山松	人工	纯林	0.5	0.49	0.0023	0.0022
珙桐	综合		0.72	0.318	0.0126	0.0039	珙桐	计	混交林	0.72	0.318	0.0126	0.0039
珙桐	天然	计	0.72	0.318	0.0126	0.0039	珙桐	天然	混交林	0.72	0.318	0.0126	0.0039
光叶高山栎	综合		1.66	0.203	0.0494	0.0025	光叶高山栎	计	纯林	1.12	0.151	0.0115	0.0016
光叶高山栎	计	混交林	1.66	0.23	0.0494	0.003	光叶高山栎	天然	计	1.66	0.203	0.0494	0.0025
光叶高山栎	天然	纯林	1.12	0.151	0.0115	0.0016	光叶高山栎	天然	混交林	1.66	0.23	0.0494	0.003
光叶石栎	综合		2.2	0.356	0.1356	0.0045	光叶石栎	计	纯林	1.56	0.334	0.1356	0.0074
光叶石栎	计	混交林	2.2	0.358	0.0824	0.0042	光叶石栎	天然	计	2.2	0.354	0.1356	0.0044
光叶石栎	天然	纯林	1.56	0.334	0.1356	0.0074	光叶石栎	天然	混交林	2.2	0.356	0.0824	0.0041
光叶石栎	人工	计	1.12	0.609	0.034	0.0126	光叶石栎	人工	混交林	1.12	0.609	0.034	0.0126
旱冬瓜	综合		4.42	0.631	0.3332	0.0155	旱冬瓜	计	纯林	3.42	0.733	0.2036	0.0189
旱冬瓜	计	混交林	4.42	0.616	0.3332	0.015	旱冬瓜	天然	计	4.42	0.608	0.3332	0.0156
旱冬瓜	天然	纯林	3.42	0.658	0.2036	0.0193	旱冬瓜	天然	混交林	4.42	0.603	0.3332	0.0152
旱冬瓜	人工	计	4.18	0.814	0.1268	0.0143	旱冬瓜	人工	纯林	2.9	0.967	0.124	0.0177
旱冬瓜	人工	混交林	4.18	0.761	0.1268	0.0131	旱冬瓜	萌生	计	2.96	0.838	0.085	0.0173
旱冬瓜	萌生	纯林	2.96	0.813	0.085	0.0183	旱冬瓜	萌生	混交林	2.06	0.91	0.0612	0.0145
合果木	综合		1.96	0.36	0.0417	0.005	合果木	计	混交林	1.96	0.36	0.0417	0.005

续附表 7

树种名称	林分起源	地类	单株最大胸径年平均生长量（cm）	单株胸径综合年平均生长量（cm）	单株最大材积年平均生长量（m³）	单株材积综合年平均生长量（m³）	树种名称	林分起源	地类	单株最大胸径年平均生长量（cm）	单株胸径综合年平均生长量（cm）	单株最大材积年平均生长量（m³）	单株材积综合年平均生长量（m³）
合果木	天然	计	1.96	0.356	0.0417	0.005	合果木	天然	混交林	1.96	0.356	0.0417	0.005
合果木	人工	计	0.76	0.672	0.0042	0.0038	合果木	人工	混交林	0.76	0.672	0.0042	0.0038
黑黄檀	综合		0.919	0.25	0.0196	0.0024	黑黄檀	计	混交林	0.919	0.25	0.0196	0.0024
黑黄檀	天然	计	0.919	0.25	0.0196	0.0024	黑黄檀	天然	混交林	0.919	0.25	0.0196	0.0024
黑荆树	综合		2.42	0.649	0.0684	0.0072	黑荆树	计	纯林	2	0.599	0.0438	0.0062
黑荆树	计	混交林	2.42	0.786	0.0684	0.0101	黑荆树	天然	计	0.7	0.645	0.0098	0.0078
黑荆树	天然	混交林	0.7	0.645	0.0098	0.0078	黑荆树	人工	计	2.42	0.649	0.0684	0.0072
黑荆树	人工	纯林	2	0.599	0.0438	0.0062	黑荆树	人工	混交林	2.42	0.793	0.0684	0.0103
黑荆树	萌生	计	0.7	0.64	0.0098	0.0063	黑荆树	萌生	混交林	0.7	0.64	0.0098	0.0063
黑壳楠	综合		0.76	0.239	0.0204	0.0054	黑壳楠	计	纯林	0.76	0.254	0.0204	0.0068
黑壳楠	计	混交林	0.64	0.221	0.0098	0.0036	黑壳楠	天然	计	0.76	0.239	0.0204	0.0054
黑壳楠	天然	纯林	0.76	0.254	0.0204	0.0068	黑壳楠	天然	混交林	0.64	0.221	0.0098	0.0036
红椿	综合		2.92	0.825	0.1486	0.0238	红椿	计	纯林	1.26	0.861	0.0268	0.02
红椿	计	混交林	2.92	0.824	0.1486	0.0239	红椿	天然	计	2.92	0.834	0.1486	0.0237
红椿	天然	纯林	1.26	0.861	0.0268	0.02	红椿	天然	混交林	2.92	0.833	0.1486	0.0238
红椿	人工	计	1.76	0.761	0.0961	0.0244	红椿	人工	混交林	1.76	0.761	0.0961	0.0244
红梗润楠	综合		1.9	0.391	0.0462	0.0058	红梗润楠	计	混交林	1.9	0.391	0.0462	0.0058
红梗润楠	天然	计	1.9	0.39	0.0462	0.0059	红梗润楠	天然	混交林	1.9	0.39	0.0462	0.0059
红梗润楠	人工	计	0.58	0.46	0.0038	0.0035	红梗润楠	人工	混交林	0.58	0.46	0.0038	0.0035
红花木莲	综合		1.46	0.221	0.0344	0.0045	红花木莲	计	纯林	0.62	0.356	0.0142	0.0082
红花木莲	计	混交林	1.46	0.209	0.0344	0.0042	红花木莲	天然	计	1.46	0.2	0.0344	0.0046
红花木莲	天然	纯林	0.62	0.356	0.0142	0.0082	红花木莲	天然	混交林	1.46	0.183	0.0344	0.0042
红花木莲	人工	计	1.01	0.374	0.0109	0.004	红花木莲	人工	混交林	1.01	0.374	0.0109	0.004
红桦	综合		2.6	0.225	0.275	0.0085	红桦	计	纯林	0.16	0.074	0.0026	0.0009
红桦	计	混交林	2.6	0.231	0.275	0.0088	红桦	天然	计	2.6	0.225	0.275	0.0085
红桦	天然	纯林	0.16	0.074	0.0026	0.0009	红桦	天然	混交林	2.6	0.23	0.275	0.0088
红桦	人工	计	0.36	0.34	0.0018	0.0016	红桦	人工	混交林	0.36	0.34	0.0018	0.0016
红木荷	综合		2.88	0.43	0.139	0.0079	红木荷	计	纯林	1.3	0.42	0.0198	0.0044
红木荷	计	混交林	2.88	0.431	0.139	0.008	红木荷	天然	计	2.88	0.421	0.139	0.0078

续附表7

树种名称	林分起源	地类	单株最大胸径年平均生长量（cm）	单株胸径综合年平均生长量（cm）	单株最大材积年平均生长量（m³）	单株材积综合年平均生长量（m³）	树种名称	林分起源	地类	单株最大胸径年平均生长量（cm）	单株胸径综合年平均生长量（cm）	单株最大材积年平均生长量（m³）	单株材积综合年平均生长量（m³）
红木荷	天然	纯林	1.3	0.392	0.0198	0.0043	红木荷	天然	混交林	2.88	0.422	0.139	0.0079
红木荷	人工	计	1.96	0.642	0.0436	0.0113	红木荷	人工	纯林	0.94	0.768	0.0114	0.0061
红木荷	人工	混交林	1.96	0.637	0.0436	0.0114	红木荷	萌生	计	1.22	0.502	0.015	0.0044
红木荷	萌生	纯林	1.22	0.935	0.0098	0.0064	红木荷	萌生	混交林	0.74	0.368	0.015	0.0038
厚鳞石栎		综合	1.48	0.33	0.0985	0.008	厚鳞石栎	计	混交林	1.48	0.33	0.0985	0.008
厚鳞石栎	天然	计	1.48	0.331	0.0985	0.008	厚鳞石栎	天然	混交林	1.48	0.331	0.0985	0.008
厚鳞石栎	人工	计	0.12	0.12	0.0005	0.0006	厚鳞石栎	人工	混交林	0.12	0.12	0.0005	0.0006
槲栎		综合	2.34	0.348	0.112	0.005	槲栎	计	纯林	0.44	0.223	0.0062	0.002
槲栎	计	混交林	2.34	0.349	0.112	0.005	槲栎	大然	计	2.34	0.344	0.112	0.005
槲栎	天然	纯林	0.44	0.223	0.0062	0.002	槲栎	天然	混交林	2.34	0.346	0.112	0.005
槲栎	人工	计	1.54	0.59	0.0206	0.0077	槲栎	人工	混交林	1.54	0.59	0.0206	0.0077
槲栎	萌生	计	0.24	0.24	0.001	0.001	槲栎	萌生	混交林	0.24	0.24	0.001	0.001
华南石栎		综合	1.7	0.292	0.0442	0.0044	华南石栎	计	混交林	1.7	0.292	0.0442	0.0044
华南石栎	天然	计	1.7	0.292	0.0442	0.0045	华南石栎	天然	混交林	1.7	0.292	0.0442	0.0045
华南石栎	人工	计	0.8	0.262	0.006	0.0021	华南石栎	人工	混交林	0.8	0.262	0.006	0.0021
华山松		综合	2.86	0.409	0.1186	0.0052	华山松	计	纯林	2.86	0.386	0.0634	0.0041
华山松	计	混交林	2.52	0.433	0.1186	0.0064	华山松	天然	计	2.52	0.438	0.1186	0.0073
华山松	天然	纯林	1.78	0.384	0.0382	0.0055	华山松	天然	混交林	2.52	0.455	0.1186	0.0078
华山松	人工	计	2.86	0.393	0.0903	0.0041	华山松	人工	纯林	2.86	0.385	0.0634	0.0039
华山松	人工	混交林	2.44	0.406	0.0903	0.0046	华山松	萌生	计	1.54	0.738	0.038	0.0134
华山松	萌生	纯林	1.38	1.167	0.038	0.0252	华山松	萌生	混交林	1.54	0.497	0.023	0.0068
桦木		综合	3.32	0.674	0.2146	0.016	桦木	计	纯林	1.28	0.619	0.0266	0.0083
桦木	计	混交林	3.32	0.675	0.2146	0.0163	桦木	天然	计	3.32	0.651	0.2146	0.0171
桦木	天然	纯林	0.98	0.546	0.009	0.005	桦木	天然	混交林	3.32	0.652	0.2146	0.0172
桦木	人工	计	2.24	0.782	0.0406	0.0098	桦木	人工	纯林	1.28	0.635	0.0266	0.009
桦木	人工	混交林	2.24	0.815	0.0406	0.01	桦木	萌生	计	1.54	1.345	0.018	0.0126
桦木	萌生	混交林	1.54	1.345	0.018	0.0126	黄背栎		综合	1.46	0.194	0.0492	0.0026
黄背栎	计	纯林	1.06	0.177	0.0492	0.0027	黄背栎	计	混交林	1.46	0.2	0.0416	0.0025
黄背栎	天然	计	1.46	0.194	0.0492	0.0026	黄背栎	天然	纯林	1.06	0.177	0.0492	0.0027

续附表7

树种名称	林分起源	地类	单株最大胸径年平均生长量（cm）	单株胸径综合年平均生长量（cm）	单株最大材积年平均生长量（m³）	单株材积综合年平均生长量（m³）	树种名称	林分起源	地类	单株最大胸径年平均生长量（cm）	单株胸径综合年平均生长量（cm）	单株最大材积年平均生长量（m³）	单株材积综合年平均生长量（m³）
黄背栎	天然	混交林	1.46	0.2	0.0416	0.0025	黄丹木姜子	综合		1.34	0.305	0.022	0.0034
黄丹木姜子	计	混交林	1.34	0.305	0.022	0.0034	黄丹木姜子	天然	计	1.34	0.305	0.022	0.0034
黄丹木姜子	天然	混交林	1.34	0.305	0.022	0.0034	黄葛树	综合		1.3	0.427	0.011	0.0056
黄葛树	计	混交林	1.3	0.427	0.011	0.0056	黄葛树	天然	计	1.3	0.427	0.011	0.0056
黄葛树	天然	混交林	1.3	0.427	0.011	0.0056	黄连木	综合		2.12	0.259	0.0266	0.0024
黄连木	计	纯林	0.78	0.479	0.007	0.0032	黄连木	计	混交林	2.12	0.25	0.0266	0.0024
黄连木	天然	计	1.3	0.225	0.0168	0.002	黄连木	天然	纯林	0.78	0.479	0.007	0.0032
黄连木	天然	混交林	1.3	0.214	0.0168	0.002	黄连木	人工	计	2.12	0.559	0.0266	0.006
黄连木	人工	混交林	2.12	0.559	0.0266	0.006	黄连木	萌生	计	1	0.443	0.0155	0.0068
黄连木	萌生	混交林	1	0.443	0.0155	0.0068	黄毛青冈	综合		1.82	0.255	0.111	0.0031
黄毛青冈	计	纯林	1.08	0.275	0.0694	0.0067	黄毛青冈	计	混交林	1.82	0.255	0.111	0.003
黄毛青冈	天然	计	1.82	0.255	0.111	0.0031	黄毛青冈	天然	纯林	1.08	0.275	0.0694	0.0067
黄毛青冈	天然	混交林	1.82	0.255	0.111	0.003	黄杉	综合		1.46	0.387	0.0304	0.0066
黄杉	计	纯林	1.46	0.377	0.0304	0.0074	黄杉	计	混交林	1.28	0.41	0.0254	0.0048
黄杉	天然	计	1.46	0.387	0.0304	0.0066	黄杉	天然	纯林	1.46	0.377	0.0304	0.0074
黄杉	天然	混交林	1.28	0.41	0.0254	0.0048	黄心树	综合		2.3	0.271	0.072	0.0043
黄心树	计	混交林	2.3	0.271	0.072	0.0043	黄心树	天然	计	2.3	0.271	0.072	0.0043
黄心树	天然	混交林	2.3	0.271	0.072	0.0043	黄心树	萌生	计	0.56	0.39	0.006	0.0039
黄心树	萌生	混交林	0.56	0.39	0.006	0.0039	灰背栎	综合		1.36	0.291	0.019	0.0029
灰背栎	计	纯林	0.819	0.415	0.0114	0.0028	灰背栎	计	混交林	1.36	0.287	0.019	0.0029
灰背栎	天然	计	1.36	0.291	0.019	0.0029	灰背栎	天然	纯林	0.819	0.415	0.0114	0.0028
灰背栎	天然	混交林	1.36	0.287	0.019	0.0029	火绳树	综合		0.9	0.292	0.0376	0.0041
火绳树	计	混交林	0.9	0.292	0.0376	0.0041	火绳树	天然	计	0.9	0.288	0.0376	0.0041
火绳树	天然	混交林	0.9	0.288	0.0376	0.0041	火绳树	人工	计	0.66	0.386	0.0092	0.0038
火绳树	人工	混交林	0.66	0.386	0.0092	0.0038	家麻树	综合		0.7	0.404	0.011	0.0038
家麻树	计	混交林	0.7	0.404	0.011	0.0038	家麻树	天然	计	0.7	0.404	0.011	0.0038
家麻树	天然	混交林	0.7	0.404	0.011	0.0038	尖叶桂樱	综合		0.919	0.161	0.0246	0.0021
尖叶桂樱	计	纯林	0.919	0.358	0.007	0.003	尖叶桂樱	计	混交林	0.8	0.138	0.0246	0.002
尖叶桂樱	天然	计	0.919	0.161	0.0246	0.0021	尖叶桂樱	天然	纯林	0.919	0.358	0.007	0.003

续附表 7

树种名称	林分起源	地类	单株最大胸径年平均生长量（cm）	单株胸径综合年平均生长量（cm）	单株最大材积年平均生长量（m³）	单株材积综合年平均生长量（m³）	树种名称	林分起源	地类	单株最大胸径年平均生长量（cm）	单株胸径综合年平均生长量（cm）	单株最大材积年平均生长量（m³）	单株材积综合年平均生长量（m³）
尖叶桂樱	天然	混交林	0.8	0.138	0.0246	0.002	截头石栎	综合		1.96	0.371	0.0844	0.0052
截头石栎	计	混交林	1.96	0.371	0.0844	0.0052	截头石栎	天然	计	1.96	0.371	0.0844	0.0052
截头石栎	天然	混交林	1.96	0.371	0.0844	0.0052	君迁子	综合		0.98	0.442	0.0222	0.007
君迁子	计	混交林	0.98	0.442	0.0222	0.007	君迁子	天然	计	0.6	0.274	0.0172	0.0047
君迁子	天然	混交林	0.6	0.274	0.0172	0.0047	君迁子	人工	计	0.98	0.655	0.0222	0.0099
君迁子	人工	混交林	0.98	0.655	0.0222	0.0099	栲树	综合		2.5	0.363	0.1952	0.0069
栲树	计	纯林	1.44	0.401	0.0776	0.0077	栲树	计	混交林	2.5	0.35	0.1952	0.0066
栲树	天然	计	1.76	0.341	0.1952	0.0068	栲树	天然	纯林	1.44	0.401	0.0776	0.0077
栲树	天然	混交林	1.76	0.319	0.1952	0.0064	栲树	人工	计	2.5	0.684	0.0454	0.0091
栲树	人工	混交林	2.5	0.684	0.0454	0.0091	栲树	萌生	计	0.48	0.285	0.0042	0.0023
栲树	萌生	混交林	0.48	0.285	0.0042	0.0023	昆明朴	综合		0.34	0.233	0.0047	0.0032
昆明朴	计	混交林	0.34	0.233	0.0047	0.0032	昆明朴	天然	计	0.34	0.233	0.0047	0.0032
昆明朴	天然	混交林	0.34	0.233	0.0047	0.0032	蓝桉	综合		3.84	0.784	0.0966	0.0125
蓝桉	计	纯林	3.84	0.835	0.088	0.0136	蓝桉	计	混交林	3.379	0.714	0.0966	0.011
蓝桉	天然	计	3.379	0.699	0.0966	0.0113	蓝桉	天然	纯林	1.46	0.271	0.0128	0.0015
蓝桉	天然	混交林	3.379	0.762	0.0966	0.0127	蓝桉	人工	计	3.84	0.815	0.088	0.013
蓝桉	人工	纯林	3.84	0.867	0.088	0.0143	蓝桉	人工	混交林	2.52	0.647	0.0622	0.0091
蓝桉	萌生	计	1.52	0.772	0.035	0.0079	蓝桉	萌生	纯林	1.34	1.34	0.0092	0.0092
蓝桉	萌生	混交林	1.52	0.746	0.035	0.0078	冷杉	综合		0.94	0.177	0.0978	0.0119
冷杉	计	纯林	0.78	0.15	0.0978	0.0126	冷杉	计	混交林	0.94	0.275	0.0942	0.0091
冷杉	天然	计	0.8	0.166	0.0978	0.0118	冷杉	天然	纯林	0.78	0.15	0.0978	0.0126
冷杉	天然	混交林	0.8	0.229	0.0942	0.0087	冷杉	人工	计	0.94	0.814	0.0166	0.0135
冷杉	人工	混交林	0.94	0.814	0.0166	0.0135	丽江铁杉	综合		1.34	0.32	0.1256	0.0148
丽江铁杉	计	混交林	1.34	0.32	0.1256	0.0148	丽江铁杉	天然	计	1.34	0.32	0.1256	0.0148
丽江铁杉	天然	混交林	1.34	0.32	0.1256	0.0148	丽江云杉	综合		1.58	0.337	0.265	0.0119
丽江云杉	计	纯林	0.94	0.239	0.0514	0.0124	丽江云杉	计	混交林	1.58	0.361	0.265	0.0117
丽江云杉	天然	计	1.58	0.337	0.265	0.0119	丽江云杉	天然	纯林	0.94	0.239	0.0514	0.0124
丽江云杉	天然	混交林	1.58	0.361	0.265	0.0117	楝	综合		3.02	0.387	0.2236	0.0092
楝	计	纯林	1.16	0.91	0.0246	0.0147	楝	计	混交林	3.02	0.385	0.2236	0.0092

续附表 7

树种名称	林分起源	地类	单株最大胸径年平均生长量（cm）	单株胸径综合年平均生长量（cm）	单株最大材积年平均生长量（m³）	单株材积综合年平均生长量（m³）	树种名称	林分起源	地类	单株最大胸径年平均生长量（cm）	单株胸径综合年平均生长量（cm）	单株最大材积年平均生长量（m³）	单株材积综合年平均生长量（m³）
楝	天然	计	3.02	0.392	0.2236	0.0096	楝	天然	纯林	1.16	0.91	0.0246	0.0147
楝	天然	混交林	3.02	0.389	0.2236	0.0096	楝	人工	计	2.26	0.325	0.0354	0.0038
楝	人工	混交林	2.26	0.325	0.0354	0.0038	柳杉	人工	计	3.06	0.77	0.095	0.0115
柳杉	人工	混交林	3.06	0.77	0.095	0.0115	柳树	综合		1.8	0.293	0.1555	0.0059
柳树	计	纯林	0.78	0.205	0.0184	0.0022	柳树	计	混交林	1.8	0.298	0.1555	0.0061
柳树	天然	计	1.8	0.293	0.1555	0.0059	柳树	天然	纯林	0.78	0.205	0.0184	0.0022
柳树	天然	混交林	1.8	0.298	0.1555	0.0061	柳叶润楠	综合		0.96	0.228	0.0166	0.0032
柳叶润楠	计	混交林	0.96	0.228	0.0166	0.0032	柳叶润楠	天然	计	0.96	0.228	0.0166	0.0032
柳叶润楠	天然	混交林	0.96	0.228	0.0166	0.0032	落叶松	综合		2.32	0.269	0.0624	0.0083
落叶松	计	纯林	0.98	0.4	0.0162	0.0069	落叶松	计	混交林	2.32	0.264	0.0624	0.0084
落叶松	天然	计	2.32	0.269	0.0624	0.0083	落叶松	天然	纯林	0.98	0.4	0.0162	0.0069
落叶松	天然	混交林	2.32	0.264	0.0624	0.0084	麻栎	综合		2.26	0.336	0.0918	0.0038
麻栎	计	纯林	1.36	0.298	0.0302	0.0034	麻栎	计	混交林	2.26	0.34	0.0918	0.0038
麻栎	天然	计	2.26	0.335	0.0918	0.0038	麻栎	天然	纯林	1.36	0.296	0.0302	0.0034
麻栎	天然	混交林	2.26	0.339	0.0918	0.0038	麻栎	人工	计	1.78	0.549	0.0202	0.0054
麻栎	人工	纯林	1.34	0.97	0.0098	0.0092	麻栎	人工	混交林	1.78	0.531	0.0202	0.0053
麻栎	萌生	计	0.84	0.331	0.0077	0.0023	麻栎	萌生	混交林	0.84	0.331	0.0077	0.0023
麻楝	综合		0.98	0.231	0.0206	0.0023	麻楝	计	混交林	0.98	0.231	0.0206	0.0023
麻楝	天然	计	0.98	0.231	0.0206	0.0023	麻楝	天然	混交林	0.98	0.231	0.0206	0.0023
马蹄荷	综合		1.3	0.145	0.0106	0.0011	马蹄荷	计	混交林	1.3	0.145	0.0106	0.0011
马蹄荷	天然	计	1.3	0.141	0.0106	0.0011	马蹄荷	天然	混交林	1.3	0.141	0.0106	0.0011
马蹄荷	人工	计	0.62	0.62	0.0054	0.0054	马蹄荷	人工	混交林	0.62	0.62	0.0054	0.0054
马尾松	综合		0.42	0.299	0.0092	0.0067	马尾松	计	纯林	0.42	0.299	0.0092	0.0067
马尾松	天然	计	0.42	0.299	0.0092	0.0067	马尾松	天然	纯林	0.42	0.299	0.0092	0.0067
曼青冈	综合		0.98	0.162	0.119	0.0055	曼青冈	计	纯林	0.98	0.134	0.0624	0.0044
曼青冈	计	混交林	0.919	0.186	0.119	0.0063	曼青冈	天然	计	0.98	0.161	0.119	0.0055
曼青冈	天然	纯林	0.98	0.134	0.0624	0.0044	曼青冈	天然	混交林	0.919	0.183	0.119	0.0065
曼青冈	人工	计	0.64	0.262	0.0032	0.0013	曼青冈	人工	混交林	0.64	0.262	0.0032	0.0013
毛果黄肉楠	综合		0.94	0.459	0.031	0.0073	毛果黄肉楠	计	混交林	0.94	0.459	0.031	0.0073

续附表7

树种名称	林分起源	地类	单株最大胸径年平均生长量（cm）	单株胸径综合年平均生长量（cm）	单株最大材积年平均生长量（m³）	单株材积综合年平均生长量（m³）	树种名称	林分起源	地类	单株最大胸径年平均生长量（cm）	单株胸径综合年平均生长量（cm）	单株最大材积年平均生长量（m³）	单株材积综合年平均生长量（m³）
毛果黄肉楠	天然	计	0.94	0.459	0.031	0.0073	毛果黄肉楠	天然	混交林	0.94	0.459	0.031	0.0073
毛叶黄杞	综合		2.02	0.29	0.0858	0.0054	毛叶黄杞	计	混交林	2.02	0.29	0.0858	0.0054
毛叶黄杞	天然	计	2.02	0.289	0.0858	0.0054	毛叶黄杞	天然	混交林	2.02	0.289	0.0858	0.0054
毛叶黄杞	人工	计	0.64	0.44	0.0057	0.0035	毛叶黄杞	人工	混交林	0.64	0.44	0.0057	0.0035
毛叶曼青冈	综合		0.94	0.098	0.0142	0.0015	毛叶曼青冈	计	混交林	0.94	0.098	0.0142	0.0015
毛叶曼青冈	天然	计	0.94	0.098	0.0142	0.0015	毛叶曼青冈	天然	混交林	0.94	0.098	0.0142	0.0015
毛叶青冈	综合		2.2	0.268	0.0554	0.0033	毛叶青冈	计	混交林	2.2	0.268	0.0554	0.0033
毛叶青冈	天然	计	2.2	0.268	0.0554	0.0033	毛叶青冈	天然	混交林	2.2	0.268	0.0554	0.0033
毛叶青冈	萌生	计	0.56	0.271	0.005	0.0017	毛叶青冈	萌生	混交林	0.56	0.271	0.005	0.0017
帽斗栎	综合		0.38	0.33	0.0054	0.0032	帽斗栎	计	混交林	0.38	0.33	0.0054	0.0032
帽斗栎	天然	计	0.38	0.33	0.0054	0.0032	帽斗栎	天然	混交林	0.38	0.33	0.0054	0.0032
湄公栲	综合		1.26	0.331	0.0726	0.006	湄公栲	计	纯林	0.459	0.227	0.0026	0.0012
湄公栲	计	混交林	1.26	0.333	0.0726	0.006	湄公栲	天然	计	1.26	0.331	0.0726	0.006
湄公栲	天然	纯林	0.459	0.227	0.0026	0.0012	湄公栲	天然	混交林	1.26	0.333	0.0726	0.006
密脉石栎	综合		0.96	0.82	0.0064	0.0056	密脉石栎	计	混交林	0.96	0.82	0.0064	0.0056
密脉石栎	天然	计	0.96	0.82	0.0064	0.0056	密脉石栎	天然	混交林	0.96	0.82	0.0064	0.0056
木果石栎	综合		2.16	0.219	0.1132	0.0051	木果石栎	计	混交林	2.16	0.219	0.1132	0.0051
木果石栎	天然	计	2.16	0.219	0.1132	0.0051	木果石栎	天然	混交林	2.16	0.219	0.1132	0.0051
木荷	综合		3.1	0.397	0.2156	0.0084	木荷	计	纯林	1.26	0.393	0.0964	0.0084
木荷	计	混交林	3.1	0.397	0.2156	0.0084	木荷	天然	计	3.1	0.393	0.2156	0.0083
木荷	天然	纯林	1.08	0.387	0.0964	0.0081	木荷	天然	混交林	3.1	0.393	0.2156	0.0083
木荷	人工	计	2.42	0.551	0.0758	0.0106	木荷	人工	纯林	1.26	0.398	0.0758	0.0098
木荷	人工	混交林	2.42	0.584	0.0632	0.0108	木荷	萌生	计	1.7	0.511	0.119	0.0081
木荷	萌生	纯林	0.74	0.6	0.0072	0.006	木荷	萌生	混交林	1.7	0.507	0.119	0.0082
木莲	综合		2.12	0.417	0.1082	0.0083	木莲	计	混交林	2.12	0.417	0.1082	0.0083
木莲	天然	计	2.12	0.417	0.1082	0.0083	木莲	天然	混交林	2.12	0.417	0.1082	0.0083
木棉	综合		1.52	0.528	0.0748	0.0139	木棉	计	纯林	0.68	0.561	0.0094	0.0056
木棉	计	混交林	1.52	0.526	0.0748	0.0142	木棉	天然	计	1.52	0.509	0.0748	0.0135
木棉	天然	纯林	0.68	0.561	0.0094	0.0056	木棉	天然	混交林	1.52	0.507	0.0748	0.0138

续附表 7

树种名称	林分起源	地类	单株最大胸径年平均生长量（cm）	单株胸径综合年平均生长量（cm）	单株最大材积年平均生长量（m³）	单株材积综合年平均生长量（m³）	树种名称	林分起源	地类	单株最大胸径年平均生长量（cm）	单株胸径综合年平均生长量（cm）	单株最大材积年平均生长量（m³）	单株材积综合年平均生长量（m³）
木棉	人工	计	1.36	0.744	0.0324	0.0183	木棉	人工	混交林	1.36	0.744	0.0324	0.0183
南酸枣	综合		2.8	0.487	0.0842	0.0082	南酸枣	计	混交林	2.8	0.487	0.0842	0.0082
南酸枣	天然	计	2.8	0.46	0.0842	0.0077	南酸枣	天然	混交林	2.8	0.46	0.0842	0.0077
南酸枣	人工	计	1.76	0.646	0.0408	0.0109	南酸枣	人工	混交林	1.76	0.646	0.0408	0.0109
南亚枇杷	综合		1.26	0.461	0.0414	0.0081	南亚枇杷	计	混交林	1.26	0.461	0.0414	0.0081
南亚枇杷	天然	计	1.26	0.454	0.0414	0.0079	南亚枇杷	天然	混交林	1.26	0.454	0.0414	0.0079
南亚枇杷	人工	计	0.72	0.72	0.0154	0.0154	南亚枇杷	人工	混交林	0.72	0.72	0.0154	0.0154
楠木	综合		2.28	0.273	0.1668	0.0055	楠木	计	纯林	1.739	0.389	0.1134	0.0143
楠木	计	混交林	2.28	0.272	0.1668	0.0054	楠木	天然	计	2.28	0.272	0.1668	0.0056
楠木	天然	纯林	1.739	0.389	0.1134	0.0143	楠木	天然	混交林	2.28	0.271	0.1668	0.0054
楠木	人工	计	2.2	0.357	0.036	0.0045	楠木	人工	混交林	2.2	0.357	0.036	0.0045
柠檬桉	综合		1.08	0.677	0.015	0.0071	柠檬桉	计	混交林	1.08	0.677	0.015	0.0071
柠檬桉	天然	计	1.08	0.677	0.015	0.0071	柠檬桉	天然	混交林	1.08	0.677	0.015	0.0071
女贞	综合		2.16	0.371	0.0451	0.0044	女贞	计	纯林	0.36	0.197	0.002	0.0012
女贞	计	混交林	2.16	0.382	0.0451	0.0046	女贞	天然	计	1.08	0.331	0.0132	0.0032
女贞	天然	纯林	0.32	0.195	0.002	0.0013	女贞	天然	混交林	1.08	0.335	0.0132	0.0033
女贞	人工	计	2.16	0.63	0.0451	0.0119	女贞	人工	纯林	0.36	0.2	0.002	0.0011
女贞	人工	混交林	2.16	0.707	0.0451	0.0138	女贞	萌生	计	0.33	0.196	0.002	0.0012
女贞	萌生	纯林	0.33	0.196	0.002	0.0012	泡桐	综合		2.78	0.616	0.1806	0.0142
泡桐	计	混交林	2.78	0.616	0.1806	0.0142	泡桐	天然	计	2.64	0.583	0.097	0.0126
泡桐	天然	混交林	2.64	0.583	0.097	0.0126	泡桐	人工	计	2.78	1.288	0.1806	0.0472
泡桐	人工	混交林	2.78	1.288	0.1806	0.0472	披针叶楠	综合		2.06	0.422	0.07	0.0075
披针叶楠	计	混交林	2.06	0.422	0.07	0.0075	披针叶楠	天然	计	2.06	0.422	0.07	0.0075
披针叶楠	天然	混交林	2.06	0.422	0.07	0.0075	苹果榕	综合		1.66	0.268	0.0198	0.0032
苹果榕	计	混交林	1.66	0.268	0.0198	0.0032	苹果榕	天然	计	1.66	0.268	0.0198	0.0032
苹果榕	天然	混交林	1.66	0.268	0.0198	0.0032	普文楠	综合		2.54	0.331	0.064	0.0061
普文楠	计	混交林	2.54	0.331	0.064	0.0061	普文楠	天然	计	2.54	0.33	0.064	0.0062
普文楠	天然	混交林	2.54	0.33	0.064	0.0062	普文楠	人工	计	0.38	0.38	0.0023	0.0022
普文楠	人工	混交林	0.38	0.38	0.0023	0.0022	漆树	综合		2	0.446	0.038	0.0054

续附表7

树种名称	林分起源	地类	单株最大胸径年平均生长量（cm）	单株胸径综合年平均生长量（cm）	单株最大材积年平均生长量（m³）	单株材积综合年平均生长量（m³）	树种名称	林分起源	地类	单株最大胸径年平均生长量（cm）	单株胸径综合年平均生长量（cm）	单株最大材积年平均生长量（m³）	单株材积综合年平均生长量（m³）
漆树	计	纯林	1.62	1.025	0.0206	0.0132	漆树	计	混交林	2	0.439	0.038	0.0053
漆树	天然	计	2	0.41	0.038	0.0045	漆树	天然	混交林	2	0.41	0.038	0.0045
漆树	人工	计	1.62	0.597	0.028	0.009	漆树	人工	纯林	1.62	1.025	0.0206	0.0132
漆树	人工	混交林	1.36	0.567	0.028	0.0088	漆树	萌生	计	1.28	0.455	0.0126	0.0037
漆树	萌生	混交林	1.28	0.455	0.0126	0.0037	其他软阔类	综合		3.6	0.28	0.2352	0.0047
其他软阔类	计	纯林	2.96	0.355	0.2258	0.0063	其他软阔类	计	混交林	3.6	0.277	0.2352	0.0046
其他软阔类	天然	计	3.22	0.275	0.2352	0.0046	其他软阔类	天然	纯林	2.96	0.346	0.2258	0.0063
其他软阔类	天然	混交林	3.22	0.272	0.2352	0.0045	其他软阔类	人工	计	3.6	0.494	0.1572	0.0084
其他软阔类	人工	纯林	2.18	0.561	0.0476	0.0073	其他软阔类	人工	混交林	3.6	0.488	0.1572	0.0086
其他软阔类	萌生	计	1.639	0.435	0.0303	0.0046	其他软阔类	萌生	混交林	1.639	0.435	0.0303	0.0046
其他硬阔类	综合		3.2	0.269	0.6412	0.0043	其他硬阔类	计	纯林	2.18	0.255	0.0722	0.0038
其他硬阔类	计	混交林	3.2	0.27	0.6412	0.0043	其他硬阔类	天然	计	3.2	0.266	0.6412	0.0042
其他硬阔类	天然	纯林	2.18	0.248	0.0722	0.0038	其他硬阔类	天然	混交林	3.2	0.266	0.6412	0.0043
其他硬阔类	人工	计	2.28	0.456	0.0784	0.0058	其他硬阔类	人工	纯林	0.98	0.598	0.0108	0.0058
其他硬阔类	人工	混交林	2.28	0.448	0.0784	0.0058	其他硬阔类	萌生	计	0.84	0.364	0.0088	0.0023
其他硬阔类	萌生	混交林	0.84	0.364	0.0088	0.0023	千张纸	综合		0.819	0.463	0.006	0.0034
千张纸	计	纯林	0.16	0.16	0.0014	0.0014	千张纸	计	混交林	0.819	0.524	0.006	0.0038
千张纸	天然	计	0.819	0.524	0.006	0.0038	千张纸	天然	混交林	0.819	0.524	0.006	0.0038
千张纸	人工	计	0.16	0.16	0.0014	0.0014	千张纸	人工	纯林	0.16	0.16	0.0014	0.0014
茜树	综合		1.82	0.335	0.0362	0.0068	茜树	计	混交林	1.82	0.335	0.0362	0.0068
茜树	天然	计	1.82	0.334	0.0362	0.0068	茜树	天然	混交林	1.82	0.334	0.0362	0.0068
茜树	人工	计	0.4	0.4	0.003	0.003	茜树	人工	混交林	0.4	0.4	0.003	0.003
青冈	综合		2.52	0.308	0.2152	0.0046	青冈	计	纯林	1.6	0.299	0.0322	0.0032
青冈	计	混交林	2.52	0.309	0.2152	0.0047	青冈	天然	计	2.52	0.306	0.2152	0.0046
青冈	天然	纯林	1.6	0.295	0.0322	0.0032	青冈	天然	混交林	2.52	0.307	0.2152	0.0048
青冈	人工	计	1.3	0.466	0.0124	0.0037	青冈	人工	纯林	0.8	0.415	0.006	0.0027
青冈	人工	混交林	1.3	0.502	0.0124	0.0044	青冈	萌生	计	1.12	0.338	0.0082	0.002
青冈	萌生	混交林	1.12	0.338	0.0082	0.002	青榨槭	综合		1.839	0.302	0.0844	0.0063
青榨槭	计	纯林	0.459	0.141	0.0094	0.0025	青榨槭	计	混交林	1.839	0.311	0.0844	0.0065

续附表7

树种名称	林分起源	地类	单株最大胸径年平均生长量（cm）	单株胸径综合年平均生长量（cm）	单株最大材积年平均生长量（m³）	单株材积综合年平均生长量（m³）	树种名称	林分起源	地类	单株最大胸径年平均生长量（cm）	单株胸径综合年平均生长量（cm）	单株最大材积年平均生长量（m³）	单株材积综合年平均生长量（m³）
青榨槭	天然	计	1.839	0.295	0.0844	0.0057	青榨槭	天然	纯林	0.459	0.141	0.0094	0.0025
青榨槭	天然	混交林	1.839	0.303	0.0844	0.0059	青榨槭	人工	计	1.26	0.658	0.0826	0.0424
青榨槭	人工	混交林	1.26	0.658	0.0826	0.0424	青榨槭	萌生	计	1.14	0.69	0.0234	0.0149
青榨槭	萌生	混交林	1.14	0.69	0.0234	0.0149	清香木	综合		1.08	0.217	0.0115	0.002
清香木	计	纯林	0.66	0.134	0.0047	0.0009	清香木	计	混交林	1.08	0.24	0.0115	0.0024
清香木	天然	计	0.74	0.201	0.0115	0.0019	清香木	天然	纯林	0.66	0.128	0.0047	0.0008
清香木	天然	混交林	0.74	0.225	0.0115	0.0022	清香木	人工	计	1.08	0.372	0.0092	0.0036
清香木	人工	纯林	0.48	0.48	0.0023	0.0024	清香木	人工	混交林	1.08	0.368	0.0092	0.0036
清香木	萌生	计	0.647	0.207	0.0067	0.0023	清香木	萌生	混交林	0.647	0.207	0.0067	0.0023
球花石楠	综合		0.08	0.039	0.0004	0.0002	球花石楠	计	纯林	0.08	0.039	0.0004	0.0002
球花石楠	天然	计	0.08	0.039	0.0004	0.0002	球花石楠	天然	纯林	0.08	0.039	0.0004	0.0002
任豆	综合		0.3	0.16	0.0028	0.0016	任豆	计	混交林	0.3	0.16	0.0028	0.0016
任豆	天然	计	0.3	0.16	0.0028	0.0016	任豆	天然	混交林	0.3	0.16	0.0028	0.0016
绒毛番龙眼	综合		2.02	0.371	0.0892	0.0134	绒毛番龙眼	计	混交林	2.02	0.371	0.0892	0.0134
绒毛番龙眼	天然	计	2.02	0.371	0.0892	0.0134	绒毛番龙眼	天然	混交林	2.02	0.371	0.0892	0.0134
榕树	综合		3	0.334	0.118	0.0095	榕树	计	纯林	0.76	0.427	0.0115	0.0047
榕树	计	混交林	3	0.327	0.118	0.0099	榕树	天然	计	3	0.332	0.118	0.0096
榕树	天然	纯林	0.76	0.427	0.0115	0.0047	榕树	天然	混交林	3	0.324	0.118	0.01
榕树	人工	计	0.68	0.441	0.0114	0.0054	榕树	人工	混交林	0.68	0.441	0.0114	0.0054
肉桂	综合		0.88	0.303	0.038	0.0065	肉桂	计	混交林	0.88	0.303	0.038	0.0065
肉桂	天然	计	0.88	0.303	0.038	0.0065	肉桂	天然	混交林	0.88	0.303	0.038	0.0065
锐齿槲栎	综合		0.94	0.3	0.0176	0.0029	锐齿槲栎	计	纯林	0.7	0.415	0.0072	0.0035
锐齿槲栎	计	混交林	0.94	0.297	0.0176	0.0029	锐齿槲栎	天然	计	0.94	0.3	0.0176	0.0029
锐齿槲栎	天然	纯林	0.7	0.415	0.0072	0.0035	锐齿槲栎	天然	混交林	0.94	0.297	0.0176	0.0029
瑞丽山龙眼	综合		2.3	0.331	0.1454	0.0087	瑞丽山龙眼	计	混交林	2.3	0.331	0.1454	0.0087
瑞丽山龙眼	天然	计	2.3	0.331	0.1454	0.0087	瑞丽山龙眼	天然	混交林	2.3	0.331	0.1454	0.0087
三尖杉	综合		1.42	0.4	0.0286	0.0071	三尖杉	计	混交林	1.42	0.4	0.0286	0.0071
三尖杉	天然	计	1.053	0.274	0.0224	0.0058	三尖杉	天然	混交林	1.053	0.274	0.0224	0.0058
三尖杉	萌生	计	1.42	0.876	0.0286	0.0122	三尖杉	萌生	混交林	1.42	0.876	0.0286	0.0122

续附表 7

树种名称	林分起源	地类	单株最大胸径年平均生长量（cm）	单株胸径综合年平均生长量（cm）	单株最大材积年平均生长量（m³）	单株材积综合年平均生长量（m³）	树种名称	林分起源	地类	单株最大胸径年平均生长量（cm）	单株胸径综合年平均生长量（cm）	单株最大材积年平均生长量（m³）	单株材积综合年平均生长量（m³）
三棱栎	综合		0.76	0.388	0.0234	0.0083	三棱栎	计	混交林	0.76	0.388	0.0234	0.0083
三棱栎	天然	计	0.76	0.388	0.0234	0.0083	三棱栎	天然	混交林	0.76	0.388	0.0234	0.0083
三桠苦	综合		0.68	0.3	0.0088	0.0037	三桠苦	计	混交林	0.68	0.3	0.0088	0.0037
三桠苦	天然	计	0.68	0.3	0.0088	0.0037	三桠苦	天然	混交林	0.68	0.3	0.0088	0.0037
三桠乌药	综合		0.68	0.239	0.0122	0.0021	三桠乌药	计	混交林	0.68	0.239	0.0122	0.0021
三桠乌药	天然	计	0.68	0.239	0.0122	0.0021	三桠乌药	天然	混交林	0.68	0.239	0.0122	0.0021
伞花木	综合		0.5	0.365	0.0078	0.005	伞花木	计	混交林	0.5	0.365	0.0078	0.005
伞花木	天然	计	0.5	0.365	0.0078	0.005	伞花木	天然	混交林	0.5	0.365	0.0078	0.005
山黄麻	综合		1.88	0.424	0.0442	0.006	山黄麻	计	混交林	1.88	0.424	0.0442	0.006
山黄麻	天然	计	1.88	0.429	0.0442	0.0058	山黄麻	天然	混交林	1.88	0.429	0.0442	0.0058
山黄麻	人工	计	0.47	0.35	0.0127	0.0097	山黄麻	人工	混交林	0.47	0.35	0.0127	0.0097
山鸡椒	综合		1.58	0.35	0.0334	0.0031	山鸡椒	计	混交林	1.58	0.35	0.0334	0.0031
山鸡椒	天然	计	1.58	0.349	0.0334	0.0031	山鸡椒	天然	混交林	1.58	0.349	0.0334	0.0031
山鸡椒	人工	计	0.76	0.76	0.004	0.004	山鸡椒	人工	混交林	0.76	0.76	0.004	0.004
山香圆	综合		1.04	0.388	0.0104	0.0038	山香圆	计	混交林	1.04	0.388	0.0104	0.0038
山香圆	天然	计	1.04	0.388	0.0104	0.0038	山香圆	天然	混交林	1.04	0.388	0.0104	0.0038
山玉兰	综合		0.78	0.232	0.0072	0.0014	山玉兰	计	纯林	0.62	0.62	0.0072	0.0072
山玉兰	计	混交林	0.78	0.212	0.0047	0.0011	山玉兰	天然	计	0.78	0.237	0.0072	0.0014
山玉兰	天然	纯林	0.62	0.62	0.0072	0.0072	山玉兰	天然	混交林	0.78	0.216	0.0047	0.0011
山玉兰	人工	计	0.14	0.14	0.0004	0.0004	山玉兰	人工	混交林	0.14	0.14	0.0004	0.0004
杉木	综合		4.46	0.56	0.108	0.0064	杉木	计	纯林	4.46	0.571	0.091	0.0064
杉木	计	混交林	3.12	0.549	0.108	0.0065	杉木	天然	计	2.26	0.664	0.0709	0.0085
杉木	天然	纯林	1.12	0.87	0.0118	0.0077	杉木	天然	混交林	2.26	0.663	0.0709	0.0085
杉木	人工	计	4.46	0.548	0.108	0.0064	杉木	人工	纯林	4.46	0.562	0.091	0.0066
杉木	人工	混交林	3.12	0.534	0.108	0.0063	杉木	萌生	计	1.98	0.616	0.0276	0.0045
杉木	萌生	纯林	1.98	0.64	0.0276	0.0047	杉木	萌生	混交林	1.78	0.512	0.017	0.0039
珊瑚冬青	综合		1.06	0.681	0.0106	0.0074	珊瑚冬青	计	混交林	1.06	0.681	0.0106	0.0074
珊瑚冬青	天然	计	1.06	0.681	0.0106	0.0074	珊瑚冬青	天然	混交林	1.06	0.681	0.0106	0.0074
十齿花	综合		1.2	0.311	0.0324	0.005	十齿花	计	混交林	1.2	0.311	0.0324	0.005

续附表7

树种名称	林分起源	地类	单株最大胸径年平均生长量（cm）	单株胸径综合年平均生长量（cm）	单株最大材积年平均生长量（m³）	单株材积综合年平均生长量（m³）	树种名称	林分起源	地类	单株最大胸径年平均生长量（cm）	单株胸径综合年平均生长量（cm）	单株最大材积年平均生长量（m³）	单株材积综合年平均生长量（m³）
十齿花	天然	计	1.2	0.311	0.0324	0.005	十齿花	天然	混交林	1.2	0.311	0.0324	0.005
十齿花	人工	计	0.58	0.315	0.0076	0.0042	十齿花	人工	混交林	0.58	0.315	0.0076	0.0042
石楠	综合		2.24	0.335	0.0602	0.0047	石楠	计	纯林	0.3	0.12	0.003	0.001
石楠	计	混交林	2.24	0.362	0.0602	0.0052	石楠	天然	计	2.24	0.335	0.0602	0.0047
石楠	天然	纯林	0.3	0.12	0.003	0.001	石楠	天然	混交林	2.24	0.362	0.0602	0.0052
柿	综合		1.26	0.267	0.013	0.0021	柿	计	混交林	1.26	0.267	0.013	0.0021
柿	天然	计	1.26	0.267	0.013	0.0021	柿	天然	混交林	1.26	0.267	0.013	0.0021
疏齿栲	综合		0.72	0.219	0.0256	0.0052	疏齿栲	计	混交林	0.72	0.219	0.0256	0.0052
疏齿栲	天然	计	0.72	0.219	0.0256	0.0052	疏齿栲	天然	混交林	0.72	0.219	0.0256	0.0052
栓皮栎	综合		2.92	0.283	0.048	0.0034	栓皮栎	计	纯林	0.7	0.311	0.0098	0.0024
栓皮栎	计	混交林	2.92	0.282	0.048	0.0034	栓皮栎	天然	计	2.92	0.282	0.048	0.0034
栓皮栎	天然	纯林	0.64	0.283	0.006	0.0021	栓皮栎	天然	混交林	2.92	0.282	0.048	0.0034
栓皮栎	人工	计	0.7	0.386	0.0198	0.0047	栓皮栎	人工	纯林	0.7	0.375	0.0098	0.0032
栓皮栎	人工	混交林	0.66	0.408	0.0198	0.0077	栓皮栎	萌生	计	0.4	0.335	0.0018	0.0016
栓皮栎	萌生	混交林	0.4	0.335	0.0018	0.0016	水冬瓜	综合		2.34	0.538	0.0776	0.0122
水冬瓜	计	混交林	2.34	0.538	0.0776	0.0122	水冬瓜	天然	计	2.34	0.565	0.0776	0.0131
水冬瓜	天然	混交林	2.34	0.565	0.0776	0.0131	水冬瓜	人工	计	0.7	0.283	0.011	0.0037
水冬瓜	人工	混交林	0.7	0.283	0.011	0.0037	水青冈	综合		1.42	0.568	0.0378	0.0085
水青冈	计	纯林	0.2	0.2	0.0016	0.0016	水青冈	计	混交林	1.42	0.569	0.0378	0.0085
水青冈	天然	计	1.42	0.568	0.0378	0.0085	水青冈	天然	纯林	0.2	0.2	0.0016	0.0016
水青冈	天然	混交林	1.42	0.569	0.0378	0.0085	水青树	综合		2.08	0.42	0.0448	0.0057
水青树	计	混交林	2.08	0.42	0.0448	0.0057	水青树	天然	计	2.08	0.383	0.0448	0.0059
水青树	天然	混交林	2.08	0.383	0.0448	0.0059	水青树	人工	计	1.22	0.58	0.014	0.0049
水青树	人工	混交林	1.22	0.58	0.014	0.0049	水杉	综合		1.12	0.569	0.0104	0.0042
水杉	计	混交林	1.12	0.569	0.0104	0.0042	水杉	人工	计	1.12	0.569	0.0104	0.0042
水杉	人工	混交林	1.12	0.569	0.0104	0.0042	思茅黄肉楠	综合		1.2	0.279	0.1496	0.0102
思茅黄肉楠	计	混交林	1.2	0.279	0.1496	0.0102	思茅黄肉楠	天然	计	1.2	0.279	0.1496	0.0102
思茅黄肉楠	天然	混交林	1.2	0.279	0.1496	0.0102	思茅木兰	综合		1.14	0.22	0.0106	0.0016
思茅木兰	计	混交林	1.14	0.22	0.0106	0.0016	思茅木兰	天然	计	1.14	0.22	0.0106	0.0016

续附表7

树种名称	林分起源	地类	单株最大胸径年平均生长量（cm）	单株胸径综合年平均生长量（cm）	单株最大材积年平均生长量（m³）	单株材积综合年平均生长量（m³）	树种名称	林分起源	地类	单株最大胸径年平均生长量（cm）	单株胸径综合年平均生长量（cm）	单株最大材积年平均生长量（m³）	单株材积综合年平均生长量（m³）
思茅木兰	天然	混交林	1.14	0.22	0.0106	0.0016	思茅松	综合		3.66	0.489	0.1198	0.0095
思茅松	计	纯林	2.44	0.51	0.1198	0.0084	思茅松	计	混交林	3.66	0.479	0.1126	0.01
思茅松	天然	计	3.66	0.466	0.1198	0.0099	思茅松	天然	纯林	2.44	0.469	0.1198	0.009
思茅松	天然	混交林	3.66	0.465	0.1126	0.0102	思茅松	人工	计	2.62	0.66	0.1002	0.0061
思茅松	人工	纯林	2.18	0.674	0.1002	0.0061	思茅松	人工	混交林	2.62	0.643	0.0506	0.0062
思茅松	萌生	计	1.82	1.063	0.055	0.0265	思茅松	萌生	混交林	1.82	1.063	0.055	0.0265
四蕊朴	综合		1.14	0.49	0.0542	0.0132	四蕊朴	计	混交林	1.14	0.49	0.0542	0.0132
四蕊朴	天然	计	1.14	0.49	0.0542	0.0132	四蕊朴	天然	混交林	1.14	0.49	0.0542	0.0132
四数木	综合		0.32	0.32	0.0023	0.0024	四数木	计	混交林	0.32	0.32	0.0023	0.0024
四数木	萌生	计	0.32	0.32	0.0023	0.0024	四数木	萌生	混交林	0.32	0.32	0.0023	0.0024
梭罗树	综合		0.86	0.328	0.0074	0.0031	梭罗树	计	混交林	0.86	0.328	0.0074	0.0031
梭罗树	天然	计	0.86	0.328	0.0074	0.0031	梭罗树	天然	混交林	0.86	0.328	0.0074	0.0031
腾冲栲	综合		1.12	0.15	0.1034	0.0027	腾冲栲	计	纯林	1.12	0.198	0.0194	0.0034
腾冲栲	计	混交林	0.7	0.113	0.1034	0.0022	腾冲栲	天然	计	1.12	0.146	0.1034	0.0027
腾冲栲	天然	纯林	1.12	0.198	0.0194	0.0034	腾冲栲	天然	混交林	0.56	0.104	0.1034	0.0021
腾冲栲	人工	计	0.7	0.668	0.0088	0.006	腾冲栲	人工	混交林	0.7	0.668	0.0088	0.006
铁杉	综合		1.54	0.406	0.0451	0.0089	铁杉	计	纯林	0.6	0.478	0.0068	0.0052
铁杉	计	混交林	1.54	0.404	0.0451	0.009	铁杉	天然	计	1.54	0.393	0.0451	0.0088
铁杉	天然	纯林	0.6	0.478	0.0068	0.0052	铁杉	天然	混交林	1.54	0.391	0.0451	0.0089
铁杉	萌生	计	1.2	1.007	0.0208	0.0153	铁杉	萌生	混交林	1.2	1.007	0.0208	0.0153
头状四照花	综合		1.2	0.424	0.0368	0.0048	头状四照花	计	混交林	1.2	0.424	0.0368	0.0048
头状四照花	天然	计	1.2	0.444	0.0368	0.0055	头状四照花	天然	混交林	1.2	0.444	0.0368	0.0055
头状四照花	人工	计	1.1	0.369	0.0098	0.0031	头状四照花	人工	混交林	1.1	0.369	0.0098	0.0031
秃杉	综合		2.74	0.938	0.1128	0.0133	秃杉	计	纯林	2.44	0.956	0.0504	0.0161
秃杉	计	混交林	2.74	0.918	0.1128	0.01	秃杉	天然	计	2.74	0.926	0.0318	0.0097
秃杉	天然	混交林	2.74	0.926	0.0318	0.0097	秃杉	人工	计	2.44	0.946	0.1128	0.0139
秃杉	人工	纯林	2.44	0.956	0.0504	0.0161	秃杉	人工	混交林	1.78	0.93	0.1128	0.0104
秃杉	萌生	计	0.86	0.522	0.0092	0.004	秃杉	萌生	混交林	0.86	0.522	0.0092	0.004
团花	综合		0.78	0.37	0.0164	0.0053	团花	计	混交林	0.78	0.37	0.0164	0.0053

续附表7

树种名称	林分起源	地类	单株最大胸径年平均生长量（cm）	单株胸径综合年平均生长量（cm）	单株最大材积年平均生长量（m³）	单株材积综合年平均生长量（m³）	树种名称	林分起源	地类	单株最大胸径年平均生长量（cm）	单株胸径综合年平均生长量（cm）	单株最大材积年平均生长量（m³）	单株材积综合年平均生长量（m³）
团花	天然	计	0.78	0.37	0.0164	0.0053	团花	天然	混交林	0.78	0.37	0.0164	0.0053
瓦山栲	综合		1.8	0.297	0.0806	0.0048	瓦山栲	计	混交林	1.8	0.297	0.0806	0.0048
瓦山栲	天然	计	1.8	0.297	0.0806	0.0048	瓦山栲	天然	混交林	1.8	0.297	0.0806	0.0048
歪叶榕	综合		1.4	0.344	0.0534	0.0069	歪叶榕	计	纯林	0.08	0.07	0.0005	0.0006
歪叶榕	计	混交林	1.4	0.35	0.0534	0.007	歪叶榕	天然	计	1.4	0.347	0.0534	0.0067
歪叶榕	天然	纯林	0.08	0.07	0.0005	0.0006	歪叶榕	天然	混交林	1.4	0.354	0.0534	0.0069
歪叶榕	人工	计	0.43	0.265	0.0137	0.0095	歪叶榕	人工	混交林	0.43	0.265	0.0137	0.0095
围涎树	综合		1.82	0.483	0.0266	0.0063	围涎树	计	混交林	1.82	0.483	0.0266	0.0063
围涎树	天然	计	1.82	0.483	0.0266	0.0063	围涎树	天然	混交林	1.82	0.483	0.0266	0.0063
乌桕	综合		1.6	0.29	0.0282	0.0036	乌桕	计	混交林	1.6	0.29	0.0282	0.0036
乌桕	天然	计	1.6	0.291	0.0282	0.0037	乌桕	天然	混交林	1.6	0.291	0.0282	0.0037
乌桕	人工	计	0.36	0.259	0.0047	0.003	乌桕	人工	混交林	0.36	0.259	0.0047	0.003
五角枫	综合		1.86	0.269	0.1182	0.0072	五角枫	计	纯林	0.62	0.158	0.0094	0.0021
五角枫	计	混交林	1.86	0.278	0.1182	0.0076	五角枫	天然	计	1.86	0.269	0.1182	0.0072
五角枫	天然	纯林	0.62	0.158	0.0094	0.0021	五角枫	天然	混交林	1.86	0.279	0.1182	0.0077
五角枫	人工	计	0.3	0.22	0.0018	0.0011	五角枫	人工	混交林	0.3	0.22	0.0018	0.0011
西藏柏木	综合		2.28	0.742	0.0404	0.0079	西藏柏木	计	混交林	2.28	0.742	0.0404	0.0079
西藏柏木	天然	计	2.28	1.061	0.0238	0.0108	西藏柏木	天然	混交林	2.28	1.061	0.0238	0.0108
西藏柏木	人工	计	2.02	0.651	0.0404	0.0071	西藏柏木	人工	混交林	2.02	0.651	0.0404	0.0071
西南花楸	综合		2.5	0.242	0.2723	0.0077	西南花楸	计	纯林	0.86	0.394	0.01	0.0059
西南花楸	计	混交林	2.5	0.237	0.2723	0.0078	西南花楸	天然	计	2.5	0.234	0.2723	0.0077
西南花楸	天然	纯林	0.86	0.394	0.01	0.0059	西南花楸	天然	混交林	2.5	0.229	0.2723	0.0078
西南花楸	人工	计	0.86	0.75	0.0072	0.0063	西南花楸	人工	混交林	0.86	0.75	0.0072	0.0063
西南桦	综合		3.64	0.704	0.2084	0.015	西南桦	计	纯林	2.84	0.789	0.115	0.0127
西南桦	计	混交林	3.64	0.685	0.2084	0.0154	西南桦	天然	计	3.64	0.685	0.2084	0.0168
西南桦	天然	纯林	2.34	0.853	0.115	0.0179	西南桦	天然	混交林	3.64	0.675	0.2084	0.0168
西南桦	人工	计	2.84	0.751	0.1013	0.01	西南桦	人工	纯林	2.84	0.77	0.0548	0.0112
西南桦	人工	混交林	1.639	0.732	0.1013	0.0089	西南桦	萌生	计	1.1	0.782	0.0304	0.0122
西南桦	萌生	混交林	1.1	0.782	0.0304	0.0122	喜树	综合		2.44	0.64	0.119	0.011

续附表 7

树种名称	林分起源	地类	单株最大胸径年平均生长量（cm）	单株胸径综合年平均生长量（cm）	单株最大材积年平均生长量（m³）	单株材积综合年平均生长量（m³）	树种名称	林分起源	地类	单株最大胸径年平均生长量（cm）	单株胸径综合年平均生长量（cm）	单株最大材积年平均生长量（m³）	单株材积综合年平均生长量（m³）
喜树	计	纯林	1.68	0.596	0.119	0.0111	喜树	计	混交林	2.44	0.682	0.0684	0.0109
喜树	天然	计	1.22	0.504	0.021	0.0053	喜树	天然	混交林	1.22	0.504	0.021	0.0053
喜树	人工	计	2.44	0.702	0.119	0.0136	喜树	人工	纯林	1.68	0.596	0.119	0.0111
喜树	人工	混交林	2.44	0.972	0.0684	0.0199	细齿叶柃	综合		0.74	0.222	0.007	0.0018
细齿叶柃	计	混交林	0.74	0.222	0.007	0.0018	细齿叶柃	天然	计	0.74	0.194	0.007	0.0015
细齿叶柃	天然	混交林	0.74	0.194	0.007	0.0015	细齿叶柃	人工	计	0.54	0.236	0.0054	0.002
细齿叶柃	人工	混交林	0.54	0.236	0.0054	0.002	狭叶泡花树	综合		1.28	0.39	0.0362	0.0095
狭叶泡花树	计	混交林	1.28	0.39	0.0362	0.0095	狭叶泡花树	天然	计	1.28	0.39	0.0362	0.0095
狭叶泡花树	天然	混交林	1.28	0.39	0.0362	0.0095	狭叶山黄麻	综合		0.86	0.326	0.022	0.0035
狭叶山黄麻	计	混交林	0.86	0.326	0.022	0.0035	狭叶山黄麻	天然	计	0.86	0.326	0.022	0.0035
狭叶山黄麻	天然	混交林	0.86	0.326	0.022	0.0035	腺叶桂樱	综合		1.6	0.258	0.0354	0.0039
腺叶桂樱	计	纯林	0.34	0.34	0.002	0.002	腺叶桂樱	计	混交林	1.6	0.258	0.0354	0.0039
腺叶桂樱	天然	计	1.6	0.258	0.0354	0.0039	腺叶桂樱	天然	纯林	0.34	0.34	0.002	0.002
腺叶桂樱	天然	混交林	1.6	0.258	0.0354	0.0039	香椿	综合		2.46	0.738	0.0626	0.0112
香椿	计	混交林	2.46	0.738	0.0626	0.0112	香椿	天然	计	2.46	0.684	0.0626	0.0182
香椿	天然	混交林	2.46	0.684	0.0626	0.0182	香椿	人工	计	2.4	0.751	0.0348	0.0095
香椿	人工	混交林	2.4	0.751	0.0348	0.0095	香果树	综合		2.78	0.348	0.1434	0.0052
香果树	计	混交林	2.78	0.348	0.1434	0.0052	香果树	天然	计	2.78	0.348	0.1434	0.0052
香果树	天然	混交林	2.78	0.348	0.1434	0.0052	香面叶	综合		2.32	0.33	0.0532	0.005
香面叶	计	纯林	2.2	0.364	0.0528	0.0066	香面叶	计	混交林	2.32	0.328	0.0532	0.0049
香面叶	天然	计	2.32	0.327	0.0532	0.0049	香面叶	天然	纯林	2.2	0.364	0.0528	0.0066
香面叶	天然	混交林	2.32	0.325	0.0532	0.0048	香面叶	人工	计	2.06	0.511	0.0258	0.0072
香面叶	人工	混交林	2.06	0.511	0.0258	0.0072	香叶树	综合		2.68	0.434	0.066	0.0067
香叶树	计	纯林	0.459	0.302	0.0042	0.002	香叶树	计	混交林	2.68	0.437	0.066	0.0068
香叶树	天然	计	2.68	0.433	0.066	0.0067	香叶树	天然	纯林	0.459	0.302	0.0042	0.002
香叶树	天然	混交林	2.68	0.436	0.066	0.0068	香叶树	人工	计	1.2	0.466	0.0298	0.0066
香叶树	人工	混交林	1.2	0.466	0.0298	0.0066	橡胶	综合		2.64	0.864	0.1172	0.0382
橡胶	计	纯林	2.64	2.4	0.0412	0.0366	橡胶	计	混交林	1.58	0.71	0.1172	0.0384
橡胶	人工	计	2.64	0.864	0.1172	0.0382	橡胶	人工	纯林	2.64	2.4	0.0412	0.0366

续附表7

树种名称	林分起源	地类	单株最大胸径年平均生长量（cm）	单株胸径综合年平均生长量（cm）	单株材积最大材积年平均生长量（m³）	单株材积综合年平均生长量（m³）	树种名称	林分起源	地类	单株最大胸径年平均生长量（cm）	单株胸径综合年平均生长量（cm）	单株材积最大材积年平均生长量（m³）	单株材积综合年平均生长量（m³）
橡胶	人工	混交林	1.58	0.71	0.1172	0.0384	小萼菜豆树	综合		0.7	0.308	0.007	0.0022
小萼菜豆树	计	混交林	0.7	0.308	0.007	0.0022	小萼菜豆树	天然	计	0.7	0.308	0.007	0.0022
小萼菜豆树	天然	混交林	0.7	0.308	0.007	0.0022	小果栲	综合		2.1	0.3	0.0574	0.0049
小果栲	计	混交林	2.1	0.3	0.0574	0.0049	小果栲	天然	计	2.1	0.3	0.0574	0.005
小果栲	天然	混交林	2.1	0.3	0.0574	0.005	小果栲	人工	计	0.18	0.115	0.0043	0.002
小果栲	人工	混交林	0.18	0.115	0.0043	0.002	小叶青冈	综合		2.02	0.294	0.1076	0.005
小叶青冈	计	纯林	1.4	0.169	0.0574	0.0045	小叶青冈	计	混交林	2.02	0.356	0.1076	0.0052
小叶青冈	天然	计	2.02	0.294	0.1076	0.0049	小叶青冈	天然	纯林	1.4	0.169	0.0574	0.0045
小叶青冈	天然	混交林	2.02	0.356	0.1076	0.0052	小叶青冈	人工	计	0.72	0.33	0.0484	0.0206
小叶青冈	人工	混交林	0.72	0.33	0.0484	0.0206	小叶青皮槭	综合		1.2	0.232	0.2036	0.0062
小叶青皮槭	计	纯林	0.72	0.292	0.0052	0.0018	小叶青皮槭	计	混交林	1.2	0.22	0.2036	0.007
小叶青皮槭	天然	计	1.2	0.232	0.2036	0.0062	小叶青皮槭	天然	纯林	0.72	0.292	0.0052	0.0018
小叶青皮槭	天然	混交林	1.2	0.22	0.2036	0.007	星果槭	综合		0.86	0.161	0.0292	0.0031
星果槭	计	混交林	0.86	0.161	0.0292	0.0031	星果槭	天然	计	0.86	0.161	0.0292	0.0031
星果槭	天然	混交林	0.86	0.161	0.0292	0.0031	烟斗石栎	综合		1.24	0.182	0.0458	0.0024
烟斗石栎	计	混交林	1.24	0.182	0.0458	0.0024	烟斗石栎	天然	计	1.24	0.18	0.0458	0.0024
烟斗石栎	天然	混交林	1.24	0.18	0.0458	0.0024	烟斗石栎	人工	计	0.66	0.66	0.0034	0.0034
烟斗石栎	人工	混交林	0.66	0.66	0.0034	0.0034	岩栎	综合		1.28	0.265	0.0132	0.0022
岩栎	计	纯林	0.7	0.482	0.009	0.004	岩栎	计	混交林	1.28	0.262	0.0132	0.0022
岩栎	天然	计	1.28	0.265	0.0132	0.0022	岩栎	天然	纯林	0.7	0.482	0.009	0.004
岩栎	天然	混交林	1.28	0.262	0.0132	0.0022	杨树	综合		2.6	0.274	0.1238	0.0037
杨树	计	纯林	1	0.19	0.0104	0.0015	杨树	计	混交林	2.6	0.28	0.1238	0.0038
杨树	天然	计	2.6	0.253	0.1238	0.0033	杨树	天然	纯林	0.9	0.163	0.0092	0.0013
杨树	天然	混交林	2.6	0.259	0.1238	0.0034	杨树	人工	计	2.36	0.729	0.0658	0.0127
杨树	人工	纯林	1	0.645	0.0104	0.0051	杨树	人工	混交林	2.36	0.737	0.0658	0.0135
杨树	萌生	计	0.38	0.248	0.0026	0.0015	杨树	萌生	混交林	0.38	0.248	0.0026	0.0015
杨桐	综合		1.06	0.273	0.01	0.003	杨桐	计	混交林	1.06	0.273	0.01	0.003
杨桐	天然	计	1.06	0.273	0.01	0.003	杨桐	天然	混交林	1.06	0.273	0.01	0.003
野八角	综合		1.88	0.193	0.0626	0.0032	野八角	计	纯林	0.42	0.085	0.0064	0.0007

续附表 7

树种名称	林分起源	地类	单株最大胸径年平均生长量（cm）	单株胸径综合年平均生长量（cm）	单株最大材积年平均生长量（m³）	单株材积综合年平均生长量（m³）	树种名称	林分起源	地类	单株最大胸径年平均生长量（cm）	单株胸径综合年平均生长量（cm）	单株最大材积年平均生长量（m³）	单株材积综合年平均生长量（m³）
野八角	计	混交林	1.88	0.208	0.0626	0.0035	野八角	天然	计	1.88	0.193	0.0626	0.0032
野八角	天然	纯林	0.42	0.085	0.0064	0.0007	野八角	天然	混交林	1.88	0.208	0.0626	0.0035
野核桃	综合		2.62	0.625	0.1232	0.0158	野核桃	计	纯林	0.3	0.3	0.0018	0.0018
野核桃	计	混交林	2.62	0.626	0.1232	0.0158	野核桃	天然	计	2.4	0.652	0.1232	0.0182
野核桃	天然	纯林	0.3	0.3	0.0018	0.0018	野核桃	天然	混交林	2.4	0.654	0.1232	0.0183
野核桃	人工	计	2.62	0.509	0.065	0.0055	野核桃	人工	混交林	2.62	0.509	0.065	0.0055
野柿	综合		1.72	0.416	0.0336	0.0059	野柿	计	混交林	1.72	0.416	0.0336	0.0059
野柿	天然	计	1.72	0.41	0.0336	0.0059	野柿	天然	混交林	1.72	0.41	0.0336	0.0059
野柿	人工	计	0.8	0.71	0.0056	0.0049	野柿	人工	混交林	0.8	0.71	0.0056	0.0049
野树波罗	综合		1.58	0.769	0.0282	0.0116	野树波罗	计	混交林	1.58	0.769	0.0282	0.0116
野树波罗	天然	计	1.58	0.769	0.0282	0.0116	野树波罗	天然	混交林	1.58	0.769	0.0282	0.0116
伊桐	综合		0.9	0.283	0.0178	0.0047	伊桐	计	混交林	0.9	0.283	0.0178	0.0047
伊桐	天然	计	0.9	0.269	0.0178	0.0047	伊桐	天然	混交林	0.9	0.269	0.0178	0.0047
伊桐	人工	计	0.62	0.607	0.0056	0.0048	伊桐	人工	混交林	0.62	0.607	0.0056	0.0048
阴香	综合		1.06	0.262	0.038	0.0056	阴香	计	混交林	1.06	0.262	0.038	0.0056
阴香	天然	计	1.06	0.262	0.038	0.0056	阴香	天然	混交林	1.06	0.262	0.038	0.0056
银柴	综合		1.739	0.214	0.092	0.0032	银柴	计	纯林	0.04	0.04	0.0002	0.0002
银柴	计	混交林	1.739	0.214	0.092	0.0032	银柴	天然	计	1.739	0.214	0.092	0.0032
银柴	天然	纯林	0.04	0.04	0.0002	0.0002	银柴	天然	混交林	1.739	0.214	0.092	0.0032
银荆树	综合		2.34	0.712	0.0852	0.01	银荆树	计	混交林	2.34	0.712	0.0852	0.01
银荆树	天然	计	0.56	0.56	0.0022	0.0022	银荆树	天然	混交林	0.56	0.56	0.0022	0.0022
银荆树	人工	计	2.34	0.713	0.0852	0.0101	银荆树	人工	混交林	2.34	0.713	0.0852	0.0101
银木荷	综合		2.64	0.386	0.078	0.0068	银木荷	计	纯林	0.74	0.33	0.0225	0.0051
银木荷	计	混交林	2.64	0.388	0.078	0.0068	银木荷	天然	计	2.64	0.376	0.0702	0.0066
银木荷	天然	纯林	0.74	0.33	0.0225	0.0051	银木荷	天然	混交林	2.64	0.378	0.0702	0.0066
银木荷	人工	计	1.939	0.685	0.078	0.0123	银木荷	人工	混交林	1.939	0.685	0.078	0.0123
银杏	综合		0.58	0.409	0.0052	0.0023	银杏	计	纯林	0.58	0.409	0.0052	0.0023
银杏	人工	计	0.58	0.409	0.0052	0.0023	银杏	人工	纯林	0.58	0.409	0.0052	0.0023
银叶栲	综合		2.14	0.343	0.1016	0.0063	银叶栲	计	纯林	1.42	0.256	0.1016	0.0125

续附表7

树种名称	林分起源	地类	单株最大胸径年平均生长量（cm）	单株胸径综合年平均生长量（cm）	单株最大材积年平均生长量（m³）	单株材积综合年平均生长量（m³）	树种名称	林分起源	地类	单株最大胸径年平均生长量（cm）	单株胸径综合年平均生长量（cm）	单株最大材积年平均生长量（m³）	单株材积综合年平均生长量（m³）
银叶栲	计	混交林	2.14	0.358	0.0838	0.0053	银叶栲	天然	计	2.14	0.341	0.1016	0.0062
银叶栲	天然	纯林	1.42	0.256	0.1016	0.0125	银叶栲	天然	混交林	2.14	0.355	0.0838	0.0051
银叶栲	人工	计	1.31	0.591	0.0766	0.0253	银叶栲	人工	混交林	1.31	0.591	0.0766	0.0253
隐翼	综合		0.98	0.328	0.0132	0.0031	隐翼	计	混交林	0.98	0.328	0.0132	0.0031
隐翼	天然	计	0.98	0.328	0.0132	0.0031	隐翼	天然	混交林	0.98	0.328	0.0132	0.0031
印度栲	综合		1.28	0.384	0.0651	0.0061	印度栲	计	混交林	1.28	0.384	0.0651	0.0061
印度栲	天然	计	1.28	0.384	0.0651	0.0061	印度栲	天然	混交林	1.28	0.384	0.0651	0.0061
樱桃	综合		2.16	0.368	0.1676	0.0057	樱桃	计	纯林	0.84	0.286	0.0102	0.0025
樱桃	计	混交林	2.16	0.371	0.1676	0.0058	樱桃	天然	计	2.16	0.364	0.1676	0.0059
樱桃	天然	纯林	0.84	0.268	0.0102	0.0024	樱桃	天然	混交林	2.16	0.368	0.1676	0.006
樱桃	人工	计	1.14	0.484	0.0211	0.0057	樱桃	人工	纯林	0.6	0.52	0.0052	0.0041
樱桃	人工	混交林	1.14	0.481	0.0211	0.0058	樱桃	萌生	计	0.96	0.358	0.008	0.0028
樱桃	萌生	混交林	0.96	0.358	0.008	0.0028	楹树	综合		2.26	0.428	0.0884	0.0084
楹树	计	纯林	1	0.68	0.0074	0.0058	楹树	计	混交林	2.26	0.425	0.0884	0.0084
楹树	天然	计	2.26	0.391	0.0834	0.0076	楹树	天然	纯林	1	0.68	0.0074	0.0058
楹树	天然	混交林	2.26	0.387	0.0834	0.0076	楹树	人工	计	1.63	0.986	0.0884	0.0504
楹树	人工	混交林	1.63	0.986	0.0884	0.0504	楹树	萌生	计	1.26	0.499	0.012	0.0049
楹树	萌生	混交林	1.26	0.499	0.012	0.0049	硬斗石栎	综合		1.58	0.261	0.0225	0.0032
硬斗石栎	计	混交林	1.58	0.261	0.0225	0.0032	硬斗石栎	天然	计	1.58	0.261	0.0225	0.0032
硬斗石栎	天然	混交林	1.58	0.261	0.0225	0.0032	油麦吊云杉	综合		0.919	0.166	0.0664	0.0092
油麦吊云杉	计	混交林	0.919	0.166	0.0664	0.0092	油麦吊云杉	天然	计	0.919	0.166	0.0664	0.0092
油麦吊云杉	天然	混交林	0.919	0.166	0.0664	0.0092	油杉	综合		2	0.315	0.08	0.0039
油杉	计	纯林	1.52	0.279	0.0466	0.004	油杉	计	混交林	2	0.318	0.08	0.0039
油杉	天然	计	2	0.31	0.08	0.0038	油杉	天然	纯林	1.52	0.268	0.0364	0.0038
油杉	天然	混交林	2	0.314	0.08	0.0038	油杉	人工	计	1.66	0.605	0.0466	0.0074
油杉	人工	纯林	1.26	0.567	0.0466	0.0116	油杉	人工	混交林	1.66	0.619	0.0184	0.0059
油杉	萌生	计	1.72	0.947	0.0622	0.0175	油杉	萌生	纯林	0.819	0.607	0.0068	0.0045
油杉	萌生	混交林	1.72	1.118	0.0622	0.0239	油桐	综合		1.2	0.292	0.0084	0.0023
油桐	计	混交林	1.2	0.292	0.0084	0.0023	油桐	天然	计	0.94	0.94	0.007	0.007

续附表7

树种名称	林分起源	地类	单株最大胸径年平均生长量（cm）	单株胸径综合年平均生长量（cm）	单株最大材积年平均生长量（m³）	单株材积综合年平均生长量（m³）	树种名称	林分起源	地类	单株最大胸径年平均生长量（cm）	单株胸径综合年平均生长量（cm）	单株最大材积年平均生长量（m³）	单株材积综合年平均生长量（m³）
油桐	天然	混交林	0.94	0.94	0.007	0.007	油桐	人工	计	1.2	0.269	0.0084	0.0021
油桐	人工	混交林	1.2	0.269	0.0084	0.0021	油樟	综合		1.3	0.459	0.0212	0.0091
油樟	计	混交林	1.3	0.459	0.0212	0.0091	油樟	天然	计	1.3	0.459	0.0212	0.0091
油樟	天然	混交林	1.3	0.459	0.0212	0.0091	柚木	综合		1.18	0.406	0.012	0.0028
柚木	计	纯林	0.819	0.405	0.0086	0.0027	柚木	计	混交林	1.18	0.508	0.012	0.0052
柚木	人工	计	1.18	0.575	0.012	0.0042	柚木	人工	纯林	0.819	0.578	0.0078	0.0041
柚木	人工	混交林	1.18	0.508	0.012	0.0052	柚木	萌生	计	0.819	0.339	0.0086	0.0022
柚木	萌生	纯林	0.819	0.339	0.0086	0.0022	榆树	综合		1.56	0.286	0.0968	0.0055
榆树	计	混交林	1.56	0.286	0.0968	0.0055	榆树	天然	计	1.56	0.286	0.0968	0.0055
榆树	天然	混交林	1.56	0.286	0.0968	0.0055	元江栲	综合		1.98	0.275	0.0482	0.0027
元江栲	计	纯林	0.8	0.205	0.0126	0.0016	元江栲	计	混交林	1.98	0.281	0.0482	0.0028
元江栲	天然	计	1.98	0.275	0.0482	0.0027	元江栲	天然	纯林	0.8	0.205	0.0126	0.0016
元江栲	天然	混交林	1.98	0.281	0.0482	0.0028	圆柏	综合		1.62	0.371	0.02	0.003
圆柏	计	纯林	1.62	0.332	0.0185	0.0028	圆柏	计	混交林	1.38	0.538	0.02	0.0041
圆柏	天然	计	1.38	0.295	0.02	0.0024	圆柏	天然	纯林	1.1	0.18	0.01	0.0015
圆柏	天然	混交林	1.38	0.453	0.02	0.0036	圆柏	人工	计	1.62	0.53	0.0185	0.0044
圆柏	人工	纯林	1.62	0.494	0.0185	0.0042	圆柏	人工	混交林	1.34	1.04	0.0128	0.0071
圆柏	萌生	计	0.509	0.194	0.0098	0.0015	圆柏	萌生	纯林	0.509	0.194	0.0098	0.0015
云南榉树	综合		0.34	0.091	0.0088	0.0016	云南榉树	计	混交林	0.34	0.091	0.0088	0.0016
云南榉树	天然	计	0.34	0.091	0.0088	0.0016	云南榉树	天然	混交林	0.34	0.091	0.0088	0.0016
云南枫杨	综合		2.5	0.592	0.0564	0.0118	云南枫杨	计	混交林	2.5	0.592	0.0564	0.0118
云南枫杨	天然	计	2.5	0.592	0.0564	0.0118	云南枫杨	天然	混交林	2.5	0.592	0.0564	0.0118
云南红豆杉	综合		0.68	0.183	0.0242	0.0041	云南红豆杉	计	纯林	0.48	0.158	0.005	0.0019
云南红豆杉	计	混交林	0.68	0.185	0.0242	0.0043	云南红豆杉	天然	计	0.68	0.183	0.0242	0.0041
云南红豆杉	天然	纯林	0.48	0.158	0.005	0.0019	云南红豆杉	天然	混交林	0.68	0.185	0.0242	0.0043
云南厚壳桂	综合		1.98	0.524	0.0502	0.0067	云南厚壳桂	计	混交林	1.98	0.524	0.0502	0.0067
云南厚壳桂	天然	计	1.98	0.524	0.0502	0.0067	云南厚壳桂	天然	混交林	1.98	0.524	0.0502	0.0067
云南黄杞	综合		2.6	0.333	0.0696	0.0051	云南黄杞	计	纯林	0.4	0.108	0.0026	0.001
云南黄杞	计	混交林	2.6	0.335	0.0696	0.0052	云南黄杞	天然	计	2.6	0.334	0.0696	0.0051

续附表 7

树种名称	林分起源	地类	单株最大胸径年平均生长量（cm）	单株胸径综合年平均生长量（cm）	单株最大材积年平均生长量（m³）	单株材积综合年平均生长量（m³）	树种名称	林分起源	地类	单株最大胸径年平均生长量（cm）	单株胸径综合年平均生长量（cm）	单株最大材积年平均生长量（m³）	单株材积综合年平均生长量（m³）
云南黄杞	天然	纯林	0.4	0.108	0.0026	0.001	云南黄杞	天然	混交林	2.6	0.336	0.0696	0.0052
云南黄杞	人工	计	0.8	0.332	0.0167	0.0056	云南黄杞	人工	混交林	0.8	0.332	0.0167	0.0056
云南黄杞	萌生	计	1.62	0.323	0.0328	0.0047	云南黄杞	萌生	混交林	1.62	0.323	0.0328	0.0047
云南栲	综合		1.42	0.337	0.016	0.0035	云南栲	计	纯林	0.34	0.175	0.0018	0.0009
云南栲	计	混交林	1.42	0.343	0.016	0.0036	云南栲	天然	计	1.42	0.343	0.016	0.0035
云南栲	天然	纯林	0.34	0.175	0.0018	0.0009	云南栲	天然	混交林	1.42	0.35	0.016	0.0036
云南栲	萌生	计	0.04	0.03	0.0016	0.0012	云南栲	萌生	混交林	0.04	0.03	0.0016	0.0012
云南木樨榄	综合		0.86	0.275	0.0112	0.0024	云南木樨榄	计	混交林	0.86	0.275	0.0112	0.0024
云南木樨榄	天然	计	0.86	0.275	0.0112	0.0024	云南木樨榄	天然	混交林	0.86	0.275	0.0112	0.0024
云南拟单性木兰	综合		0.58	0.257	0.0042	0.0017	云南拟单性木兰	计	混交林	0.58	0.257	0.0042	0.0017
云南拟单性木兰	天然	计	0.58	0.251	0.0042	0.0017	云南拟单性木兰	天然	混交林	0.58	0.251	0.0042	0.0017
云南拟单性木兰	人工	计	0.32	0.32	0.0014	0.0014	云南拟单性木兰	人工	混交林	0.32	0.32	0.0014	0.0014
云南泡花树	综合		2.06	0.269	0.0754	0.0047	云南泡花树	计	混交林	2.06	0.269	0.0754	0.0047
云南泡花树	天然	计	2.06	0.269	0.0754	0.0047	云南泡花树	天然	混交林	2.06	0.269	0.0754	0.0047
云南七叶树	综合		0.98	0.561	0.0325	0.0123	云南七叶树	计	混交林	0.98	0.561	0.0325	0.0123
云南七叶树	天然	计	0.98	0.561	0.0325	0.0123	云南七叶树	天然	混交林	0.98	0.561	0.0325	0.0123
云南桤叶树	综合		0.38	0.154	0.0022	0.0008	云南桤叶树	计	混交林	0.38	0.154	0.0022	0.0008
云南桤叶树	天然	计	0.38	0.154	0.0022	0.0008	云南桤叶树	天然	混交林	0.38	0.154	0.0022	0.0008
云南肉豆蔻	综合		1.46	0.48	0.041	0.012	云南肉豆蔻	计	混交林	1.46	0.48	0.041	0.012
云南肉豆蔻	天然	计	1.46	0.48	0.041	0.012	云南肉豆蔻	天然	混交林	1.46	0.48	0.041	0.012
云南山枇花	综合		0.72	0.72	0.0047	0.0048	云南山枇花	计	混交林	0.72	0.72	0.0047	0.0048
云南山枇花	天然	计	0.72	0.72	0.0047	0.0048	云南山枇花	天然	混交林	0.72	0.72	0.0047	0.0048
云南山楂	综合		1.16	0.517	0.012	0.0047	云南山楂	计	混交林	1.16	0.517	0.012	0.0047
云南山楂	天然	计	1.16	0.517	0.012	0.0047	云南山楂	天然	混交林	1.16	0.517	0.012	0.0047
云南松	综合		2.9	0.345	0.1603	0.0056	云南松	计	纯林	2.9	0.316	0.1396	0.0047
云南松	计	混交林	2.82	0.371	0.1603	0.0064	云南松	天然	计	2.82	0.342	0.1603	0.0056

续附表7

树种名称	林分起源	地类	单株最大胸径年平均生长量（cm）	单株胸径综合年平均生长量（cm）	单株最大材积年平均生长量（m³）	单株材积综合年平均生长量（m³）	树种名称	林分起源	地类	单株最大胸径年平均生长量（cm）	单株胸径综合年平均生长量（cm）	单株最大材积年平均生长量（m³）	单株材积综合年平均生长量（m³）
云南松	天然	纯林	2.64	0.313	0.1396	0.0046	云南松	天然	混交林	2.82	0.371	0.1603	0.0064
云南松	人工	计	2.9	0.381	0.0868	0.0053	云南松	人工	纯林	2.9	0.404	0.0868	0.0063
云南松	人工	混交林	2.58	0.367	0.0864	0.0047	云南松	萌生	计	2	0.661	0.1282	0.0125
云南松	萌生	纯林	1.939	0.624	0.1282	0.0215	云南松	萌生	混交林	2	0.672	0.0708	0.01
云南藤黄	综合		0.72	0.303	0.0115	0.003	云南藤黄	计	混交林	0.72	0.303	0.0115	0.003
云南藤黄	天然	计	0.72	0.303	0.0115	0.003	云南藤黄	天然	混交林	0.72	0.303	0.0115	0.003
云南铁杉	综合		1.639	0.357	0.1456	0.0218	云南铁杉	计	混交林	1.639	0.357	0.1456	0.0218
云南铁杉	天然	计	1.639	0.357	0.1456	0.0218	云南铁杉	天然	混交林	1.639	0.357	0.1456	0.0218
云南梧桐	综合		0.64	0.458	0.0234	0.0183	云南梧桐	计	混交林	0.64	0.458	0.0234	0.0183
云南梧桐	天然	计	0.64	0.458	0.0234	0.0183	云南梧桐	天然	混交林	0.64	0.458	0.0234	0.0183
云南叶轮木	综合		1.32	0.29	0.0346	0.0045	云南叶轮木	计	混交林	1.32	0.29	0.0346	0.0045
云南叶轮木	天然	计	1.32	0.29	0.0346	0.0045	云南叶轮木	天然	混交林	1.32	0.29	0.0346	0.0045
云南银柴	综合		0.88	0.27	0.0322	0.0033	云南银柴	计	混交林	0.88	0.27	0.0322	0.0033
云南银柴	天然	计	0.88	0.265	0.0322	0.0033	云南银柴	天然	混交林	0.88	0.265	0.0322	0.0033
云南银柴	人工	计	0.58	0.555	0.0057	0.005	云南银柴	人工	混交林	0.58	0.555	0.0057	0.005
云南油杉	综合		2.1	0.308	0.061	0.0035	云南油杉	计	纯林	1.56	0.348	0.031	0.0041
云南油杉	计	混交林	2.1	0.299	0.061	0.0034	云南油杉	天然	计	2.1	0.307	0.061	0.0035
云南油杉	天然	纯林	1.42	0.346	0.031	0.0041	云南油杉	天然	混交林	2.1	0.298	0.061	0.0033
云南油杉	人工	计	1.56	0.556	0.0296	0.0068	云南油杉	人工	纯林	1.56	0.722	0.0296	0.0093
云南油杉	人工	混交林	1.5	0.505	0.026	0.0061	云南油杉	萌生	计	0.613	0.32	0.0235	0.0032
云南油杉	萌生	混交林	0.613	0.32	0.0235	0.0032	云南樟	综合		2.44	0.438	0.0608	0.0081
云南樟	计	纯林	1.04	0.522	0.0106	0.003	云南樟	计	混交林	2.44	0.433	0.0608	0.0084
云南樟	天然	计	2.44	0.432	0.0608	0.0084	云南樟	天然	混交林	2.44	0.432	0.0608	0.0084
云南樟	人工	计	1.7	0.522	0.026	0.0033	云南樟	人工	纯林	1.04	0.522	0.0106	0.003
云南樟	人工	混交林	1.7	0.522	0.026	0.0071	云杉	综合		1.16	0.55	0.0694	0.0088
云杉	计	纯林	1.1	0.564	0.0191	0.006	云杉	计	混交林	1.16	0.544	0.0694	0.0099
云杉	天然	计	1.14	0.547	0.0694	0.0157	云杉	天然	混交林	1.14	0.547	0.0694	0.0157
云杉	人工	计	1.16	0.55	0.0198	0.006	云杉	人工	纯林	1.1	0.564	0.0191	0.006
云杉	人工	混交林	1.16	0.541	0.0198	0.0061	枣	综合		0.12	0.07	0.0004	0.0003

续附表7

树种名称	林分起源	地类	单株最大胸径年平均生长量（cm）	单株胸径综合年平均生长量（cm）	单株最大材积年平均生长量（m³）	单株材积综合年平均生长量（m³）	树种名称	林分起源	地类	单株最大胸径年平均生长量（cm）	单株胸径综合年平均生长量（cm）	单株最大材积年平均生长量（m³）	单株材积综合年平均生长量（m³）
枣	计	混交林	0.12	0.07	0.0004	0.0003	枣	天然	计	0.12	0.07	0.0004	0.0003
枣	天然	混交林	0.12	0.07	0.0004	0.0003	柞栎	综合		2.9	0.262	0.0856	0.0045
柞栎	计	纯林	2.9	0.319	0.0856	0.0074	柞栎	计	混交林	0.94	0.231	0.0238	0.0028
柞栎	天然	计	2.9	0.263	0.0856	0.0045	柞栎	天然	纯林	2.9	0.321	0.0856	0.0075
柞栎	天然	混交林	0.94	0.231	0.0238	0.0028	柞栎	人工	计	0.36	0.19	0.0011	0.0007
柞栎	人工	纯林	0.36	0.19	0.0011	0.0007	柞木	综合		1.48	0.448	0.0248	0.0079
柞木	计	混交林	1.48	0.448	0.0248	0.0079	柞木	天然	计	1.48	0.448	0.0248	0.0079
柞木	天然	混交林	1.48	0.448	0.0248	0.0079	窄叶石栎	综合		1	0.234	0.0164	0.0021
窄叶石栎	计	纯林	0.32	0.32	0.0038	0.0032	窄叶石栎	计	混交林	1	0.232	0.0164	0.0021
窄叶石栎	天然	计	1	0.233	0.0164	0.0021	窄叶石栎	天然	纯林	0.32	0.32	0.0038	0.0032
窄叶石栎	天然	混交林	1	0.232	0.0164	0.0021	窄叶石栎	人工	计	0.32	0.27	0.0028	0.002
窄叶石栎	人工	混交林	0.32	0.27	0.0028	0.002	樟	综合		2.039	0.29	0.0426	0.0044
樟	计	纯林	0.06	0.06	0.0004	0.0004	樟	计	混交林	2.039	0.29	0.0426	0.0044
樟	天然	计	2.039	0.285	0.0426	0.0044	樟	天然	纯林	0.06	0.06	0.0004	0.0004
樟	天然	混交林	2.039	0.285	0.0426	0.0044	樟	人工	计	1	0.474	0.0174	0.0051
樟	人工	混交林	1	0.474	0.0174	0.0051	长苞冷杉	综合		1.98	0.244	0.2226	0.0111
长苞冷杉	计	纯林	1.26	0.251	0.2226	0.0117	长苞冷杉	计	混交林	1.98	0.238	0.1828	0.0106
长苞冷杉	天然	计	1.98	0.241	0.2226	0.0118	长苞冷杉	天然	纯林	1.26	0.251	0.2226	0.0117
长苞冷杉	天然	混交林	1.98	0.231	0.1828	0.0119	长苞冷杉	人工	计	1.2	0.281	0.0152	0.0029
长苞冷杉	人工	混交林	1.2	0.281	0.0152	0.0029	长梗润楠	综合		1.2	0.183	0.0428	0.004
长梗润楠	计	混交林	1.2	0.183	0.0428	0.004	长梗润楠	天然	计	1.2	0.183	0.0428	0.004
长梗润楠	天然	混交林	1.2	0.183	0.0428	0.004	长穗高山栎	综合		0.86	0.226	0.048	0.0028
长穗高山栎	计	混交林	0.86	0.226	0.048	0.0028	长穗高山栎	天然	计	0.86	0.226	0.048	0.0028
长穗高山栎	天然	混交林	0.86	0.226	0.048	0.0028	直杆桉	综合		4.16	0.856	0.1094	0.0134
直杆桉	计	纯林	4.16	0.929	0.1094	0.015	直杆桉	计	混交林	2.16	0.502	0.0406	0.0055
直杆桉	天然	计	2.16	0.8	0.0337	0.0119	直杆桉	天然	纯林	0.52	0.51	0.0054	0.0038
直杆桉	天然	混交林	2.16	0.848	0.0337	0.0132	直杆桉	人工	计	4.16	0.856	0.1094	0.0134
直杆桉	人工	纯林	4.16	0.929	0.1094	0.015	直杆桉	人工	混交林	1.92	0.484	0.0406	0.0051
中甸冷杉	综合		1.54	0.275	0.3402	0.0127	中甸冷杉	计	纯林	1.54	0.236	0.3402	0.018

续附表7

树种名称	林分起源	地类	单株最大胸径年平均生长量（cm）	单株胸径综合年平均生长量（cm）	单株最大材积年平均生长量（m³）	单株材积综合年平均生长量（m³）	树种名称	林分起源	地类	单株最大胸径年平均生长量（cm）	单株胸径综合年平均生长量（cm）	单株最大材积年平均生长量（m³）	单株材积综合年平均生长量（m³）
中甸冷杉	计	混交林	1.22	0.314	0.0644	0.0073	中甸冷杉	天然	计	1.54	0.275	0.3402	0.0127
中甸冷杉	天然	纯林	1.54	0.236	0.3402	0.018	中甸冷杉	天然	混交林	1.22	0.314	0.0644	0.0073
中平树	综合		2.62	0.563	0.073	0.0086	中平树	计	混交林	2.62	0.563	0.073	0.0086
中平树	天然	计	2.62	0.573	0.073	0.0088	中平树	天然	混交林	2.62	0.573	0.073	0.0088
中平树	人工	计	0.72	0.315	0.0146	0.0042	中平树	人工	混交林	0.72	0.315	0.0146	0.0042
重阳木	综合		0.72	0.179	0.0178	0.0037	重阳木	计	混交林	0.72	0.179	0.0178	0.0037
重阳木	天然	计	0.72	0.179	0.0178	0.0037	重阳木	天然	混交林	0.72	0.179	0.0178	0.0037
锥连栎	综合		2.66	0.277	0.12	0.0027	锥连栎	计	纯林	0.9	0.224	0.0162	0.0022
锥连栎	计	混交林	2.66	0.282	0.12	0.0027	锥连栎	天然	计	2.66	0.276	0.12	0.0027
锥连栎	天然	纯林	0.9	0.224	0.0162	0.0022	锥连栎	天然	混交林	2.66	0.282	0.12	0.0027
锥连栎	萌生	计	0.96	0.403	0.0066	0.0023	锥连栎	萌生	混交林	0.96	0.403	0.0066	0.0023
红豆杉	综合		1.06	0.607	0.0164	0.0067	红豆杉	天然	计	1.06	0.607	0.0164	0.0067
红豆杉	天然	纯林	0.919	0.92	0.0092	0.0092	红豆杉	天然	混交林	1.06	0.555	0.0164	0.0063

附　图

附图1　森林结构组成类型图

图1　人工同龄针叶纯林类型（云南松林）

图2　人工异龄针叶纯林类型（华山松林）

图3　人工同龄针叶混交林类型（云南松－华山松株间混交林）

图4　人工异龄针叶混交林类型（云南松－杉木块状混交林）

图5　人工同龄针阔叶混交林类型（云南松－滇樟块状混交林）

图6　人工异龄针阔叶混交林类型（云南松－攀枝花块状混交林）

图 7　人工同龄阔叶纯林类型　（楸木林）

图 8　人工异龄阔叶纯林类型（桉树林定株经营类型）

图 9　人工同龄阔叶混交林类型（滇樟 - 蓝花楹块状混交林）

图 10　人工异龄阔叶混交林类型（滇朴 - 银杏 - 滇樟 - 桉树混交林）

图 11　天然同龄针叶纯林类型（冷杉成熟林）

图 12　天然异龄针叶纯林类型（冷杉林幼龄、成熟龄 2 林层）

图 13 天然同龄针叶混交林类型（云南松－华山松－柏树混交）　图 14 天然异龄针叶混交林类型（落叶松－冷杉－云杉混交）

图 15 天然同龄阔叶纯林类型（滇山杨幼龄林）　图 16 天然异龄阔叶纯林类型（麻栎林）

图 17 天然同龄阔叶混交林类型（旱冬瓜与其它阔叶混交）　图 18 天然异龄阔叶混交林类型

图 19　天然同龄针阔混交林类型（云南松－麻栎混交）　　　图 20 天然异龄针阔混交林类型 （云南松－华山松－杨树混交）

附图 2　　森林多林层结构类型样式

附图 3　　云南森林顶极目标林相经营作业法示例图

附图 4　云南森林结构组成类型分区分布示意图

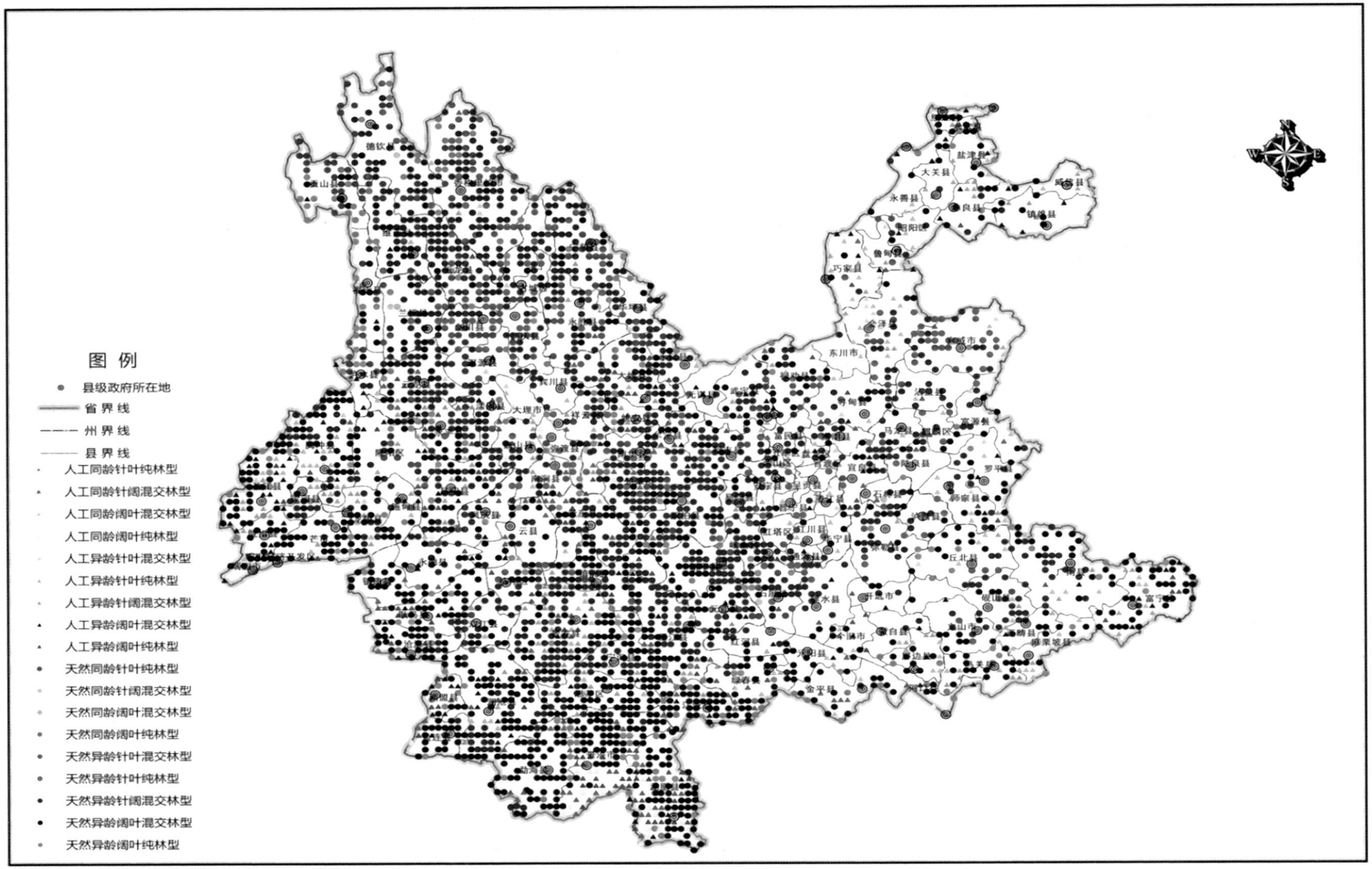
图 例
县级政府所在地
省界线
州界线
县界线
人工同龄针叶纯林型
人工同龄针阔混交林型
人工同龄阔叶混交林型
人工同龄阔叶纯林型
人工异龄针叶混交林型
人工异龄针叶纯林型
人工异龄针阔混交林型
人工异龄阔叶混交林型
人工异龄阔叶纯林型
天然同龄针叶纯林型
天然同龄针阔混交林型
天然同龄阔叶混交林型
天然同龄阔叶纯林型
天然异龄针叶混交林型
天然异龄针叶纯林型
天然异龄针阔混交林型
天然异龄阔叶混交林型
天然异龄阔叶纯林型

注：此图为分布示意图，图中行政界线已无规律做变形、拉伸等可视性脱密处理，不作为划界依据。

主要参考文献

一、专著论文、标准类（公开出版）

［1］吴征镒，朱彦丞．云南植被［M］．北京：科学出版社，1987.

［2］吴征镒．中国植被［M］．北京：科学出版社，1980.

［3］吴中伦．中国森林［M］．北京：中国科技出版社，1980.

［4］薛纪如，姜汉桥．云南森林［M］．北京：中国林业出版社，昆明：云南人民出版社，1984.

［5］孟宪宇．测树学［M］.3版．北京：中国林业出版社，1996.

［6］王宇．云南省农业气候资源及区划［M］．北京：气象出版社，1990.

［7］国家林业和草原局，农业农村部．国家重点保护野生植物名录［Z］.2021.

［8］中国科学院昆明植物研究所．云南植物志［M］．北京：科学出版社，2006.

［9］西南林学院，云南省林业厅．云南树木图志［M］．昆明：云南科技出版社，1990.

［10］吴征镒．中国被子植物科属综论［M］．北京：科学出版社，2003.

［11］刘胜祥．植物资源学［M］．武汉：武汉出版社，1992.

［12］全国森林资源标准化技术委员会．简明森林经营方案编制技术规程：LY/T 2008—2012［S］．北京：国家林业局，2012.

［13］国家林业局造林绿化管理司，国家林业局调查规划院．森林抚育规程：GB/T 15781—2015［S］．北京：中华人民共和国国家质量监督检验检疫总局，中国国家标准化管理委员会，2015.

［14］全国营造林标准化技术委员会．退化防护林修复技术规程：LY/T 3179—2020［S］．北京：国家林业和草原局，2020.

［15］中国林业科学院森林生态环境与保护研究所．西南山地退化天然林恢复规程：LY/T 2028—2012［S］．北京：国家林业局，2012.

［16］秋新选．云南森林土壤［M］．昆明：云南科技出版社，2018.

［17］赵志模．群落生态学原理与方法［M］．重庆：科学技术文献出版社重庆分社，1990.

［18］D.米勒－唐布依斯，H.埃仑伯格．植被生态学的目的和方法［M］．鲍显诚，姜汉侨译．北京：科学出版社，1986.

［19］何绍顺．浅析云南森林植被恢复和保护技术［J］．福建林业科技，2002（1）.

二、调查报告和其他类（未公开出版类资料）

［20］林业部中南林业调查规划大队．树木生长量汇编［Z］．湖南，1983.

［21］国家森林资源第六、七、八、九次连续清查暨云南省第四、五、六、七次森林资源复查操作细则［Z］．云南省森林资源连续清查办公室，2002—2017.

［22］云南省森林资源连续清查2002年、2007年、2012年、2017年清查原始数据［Z］．云南省林业调查规划院，2018.

［23］陆元昌．我国多功能近自然森林经营理论技术及应用案例［Z］．国家林业科学研究院，2018.

［24］房用．林分结构调整技术［Z］．山东省林业科学研究院，2014．

［25］李俊清．生态修复的理论与技术［Z］．北京林业大学，2019．

［26］王新杰．森林经营规划及其技术前沿［Z］．北京林业大学，2019．

［27］郑小贤．森林多功能经营［Z］．北京林业大学，2018．

［28］邵青还．德国林业经营思想和理论发展200年［Z］．国家林业科学研究院，2017．

［29］邵青还．德国接近自然的林业技术政策和路线［Z］．国家林业科学研究院，2017．

［30］邵青还．生态基础上的造林［Z］．国家林业科学研究院，2017．

［31］侯元兆．破解德国林业之谜［Z］．国家林业科学研究院，2017．

［32］自然资源部，财政部，生态环境部．山水林田湖草生态保护修复工程指南［Z］．2020．

［33］国家林业局昆明勘察设计院，国家林业局西南森林资源监测中心，云南省林业厅．第九次全国森林资源清查云南省森林资源清查成果［Z］．2018．

［34］段兴武．土壤调查和样品处理技术规范［Z］．云南大学，2022．